Excel VBA コードレシピ集

大村あつし 古川順平 著

技術評論社

動作確認環境

本書の記述、サンプルファイルの動作は、2020年11月現在のMicrosoft 365版Excel(バージョン2012)、永続版Excel 2019、永続版Excel2016、Excel2013(15.0.5293.1000)で確認しています。

注意

ご購入・ご利用の前に必ずお読み下さい

本書のプログラムをご利用になるには、Microsoft Excelが必要です。Excel 2019/2016/2013、およびサブスクリプションサービスMicrosoft 365で利用できるExcelに対応しています。

本書に記載された内容は、情報の提供のみを目的としています。したがって、本書を用いた運用は、必ずお客様自身の責任と判断によっておこなってください。これらの情報の運用の結果について、技術評論社および著者はいかなる責任も負いません。

本書記載の情報は、2020年11月現在のものを掲載していますので、ご利用時には、変更されている場合もあります。また、ソフトウェアに関する記述は、特に断りのないかぎり、2020年11月現在での最新バージョンをもとにしています。ソフトウェアはバージョンアップされる場合があり、本書での説明とは機能内容や画面図などが異なってしまうこともありえます。

以上の注意事項をご承諾いただいた上で、本書をご利用願います。これらの注意事項をお読みいただかずに、お問い合わせいただいても、技術評論社および著者は対処しかねます。あらかじめ、ご承知おきください。

本文中に記載されている製品名、会社名は、すべて関係各社の商標または登録証書です。なお、本文中には™マーク、®マークは明記しておりません。

はじめに

みなさまは、これまでに何冊のExcel VBAの解説書を手にしましたか。恐らくですが、本書が「初めての解説書」という方はほとんどいないと思います。なぜなら、本書はExcel VBAの基礎は理解している方を前提に執筆されたものだからです。

では、現実を見ると多くの人が何冊もの解説書を読まなければならないのはなぜでしょうか。Excel VBAはそれほど難しいものなのでしょうか。その答えは「いいえ」です。

ライターでもあり開発者でもある私は自信を持って断言できます。Excel VBAはとても平易な（しかし、非常に優れた）プログラミング言語であると。

ただし、プログラミングというのは「知識」だけではいずれ行き詰ります。その知識を生かす「知恵」が要求されるシーンに直面するからです。これは、Excelのマクロも例外ではありません。そして、「知恵」というのは「知識×経験」から生まれるものだと私は常々感じています。

今、このページを開いているみなさまは、恐らく十分な「知識」はお持ちのはずです。そして、その「知識」はあまたある解説書で習得したのではないでしょうか。

ところが、「経験」となりますと、それを教えてくれる解説書はほとんど存在しません。

かと言って、「3年、5年かけて、ご自身で実際に体験してください」では、あまりに非現実的です。誰もが本業を持ち、恐らくはその業務の改善のためにExcel VBAを必要としているのに、多忙な中で「自分で努力してください」と突き放すような者に「教える資格」はないと私は考えます。

そこで書き上げたのが本書『Excel VBAコードレシピ集』です。

先に私は、「知識×経験＝知恵」と述べましたが、実はもう1つのアプローチがあります。それが、「知識×テクニック＝知恵」です。

そして、本書にはそのテクニックが実に650個も収録されています。結果、本書を読めば、次から次へと「知恵」が溢れ出てくることになるでしょう。

どうか、その「知恵」を武器に素晴らしいExcelマクロを開発し、業務改善などさまざまなシーンでExcel VBAを活用してください。

本書がその一助となれば著者としてこれ以上の幸福はありません。

2020年11月　著者を代表して、大村あつし

本書の読み方

❶ 項目名

Excel VBAを使って実現したいテクニックを示しています。

❷ 利用シーン

実現したいテクニックがどのようなシーンで利用できるのかを示しています。

❸ 構文

目的のテクニックを実現するために必要なExcel VBAの機能と構文です。

❹ 本文

目的のテクニックを実現するために、どのExcel VBAの機能をどのような考え方で使用するかなど、方針や具体的な手順を解説しています。

❺ コード

サンプルファイルの中で、目的のテクニックを構成するExcel VBAコードを示しています。紙面の掲載コードだけでは動作が完結しない場合もあります。

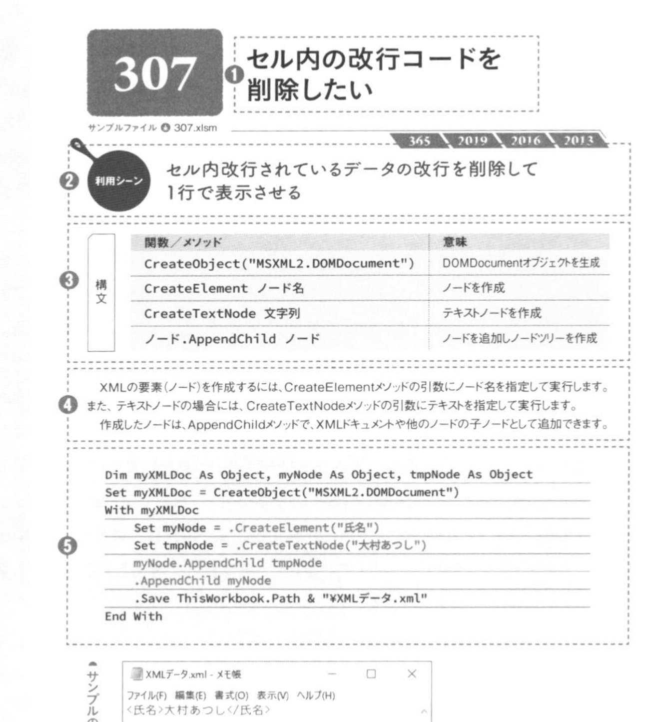

307 ❶ セル内の改行コードを削除したい

サンプルファイル 307.xlsm

365 2019 2016 2013

❷ 利用シーン セル内改行されているデータの改行を削除して1行で表示させる

❸ 構文

関数／メソッド	意味
CreateObject("MSXML2.DOMDocument")	DOMDocumentオブジェクトを生成
CreateElement ノード名	ノードを作成
CreateTextNode 文字列	テキストノードを作成
ノード.AppendChild ノード	ノードを追加しノードツリーを作成

❹ XMLの要素（ノード）を作成するには、CreateElementメソッドの引数にノード名を指定して実行します。また、テキストノードの場合には、CreateTextNodeメソッドの引数にテキストを指定して実行します。

作成したノードは、AppendChildメソッドで、XMLドキュメントや他のノードの子ノードとして追加できます。

❺
```
Dim myXMLDoc As Object, myNode As Object, tmpNode As Object
Set myXMLDoc = CreateObject("MSXML2.DOMDocument")
With myXMLDoc
    Set myNode = .CreateElement("氏名")
    Set tmpNode = .CreateTextNode("大村あつし")
    myNode.AppendChild tmpNode
    .AppendChild myNode
    .Save ThisWorkbook.Path & "¥XMLデータ.xml"
End With
```

サンプルの結果

398

コードの改行について

本書に掲載されているコードには、1行での掲載ができないため、折り返しマーク（⏎）を含んでいるものがあります。サンプルファイル中のコードでは1行で記述されており、実際に入力する際は必要ありませんのでご了承ください。また、❸構文中のコードには断りなく改行が含まれている場合があります。正確な表記はコード中の記述をご参照ください。

308 XMLの属性を作成・追加したい

サンプルファイル 308.xlsm

365 2019 2016 2013 ❼

利用シーン シート上のデータを元にXMLドキュメントを作成する

構文

関数／メソッド	意味
CreateObject("MSXML2.DOMDocument")	DOMDocumentオブジェクトを生成
ノード.SetAttribute 属性名, 値	ノードに属性を追加

Chap 10 書き出しに使えるテクニック

XMLの属性（アトリビュート）を追加するには、対象ノードに対して、SetAttributeメソッドの引数に、属性名と値を指定して実行します。

```
Dim myXMLDoc As Object, myNode As Object
Set myXMLDoc = CreateObject("MSXML2.DOMDocument")
With myXMLDoc
    Set myNode = .CreateElement("氏名")
    myNode.setAttribute "id", 1
    .AppendChild myNode
    .Save ThisWorkbook.Path & "¥XMLデータ.xml"
End With
```

サンプルの結果

XMLデータ.xml - メモ帳
ファイル(F) 編集(E) 書式(O) 表示(V) ヘルプ(H)
<氏名 id="1"/>

❽

POINT ▸▸ 属性値はデータ型を問わずに「""」で囲まれる

サンプルではid属性の値に数値の「1」を指定しています。書き出されたXMLデータを見ると、「id="1"」となっています。これは「文字列の「1」」を表しているわけではなく、「値が「1」」ということを表しています。XML形式では、属性値はデータ型を問わずに「""」で囲むというルールとなっているためです。

❾

399

❻ サンプルファイル

サンプルファイルのファイル名を示しています。

❼ 対応バージョン

紹介しているExcel VBAの機能に対応しているExcelバージョンを示しています。「※」マークが付いている場合、そのバージョンの最新アップデート版でのみ動作を確認しています。

❽ サンプルの結果

サンプルファイルを実行した結果を表すExcelや各種アプリケーションの表示を示しています。

❾ ポイント

テクニックの補足や関連情報です。

サンプルファイルについて

本書掲載の多くのテクニックは、サンプルファイルを用意しています。
以下の技術評論社Webサイトからダウンロード方法を確認してください。

URL https://gihyo.jp/book/2021/978-4-297-11785-6/support

CONTENTS

Chapter 1 セル選択のテクニック 029

001 セル番地や行・列番号でセルを取得したい …… 030
002 任意のセル範囲内から目的のセルを取得したい …… 031
003 セルが選択されているときだけ アドレスを取得したい …… 032
004 セルが選択されていないときも アドレスを取得したい …… 033
005 使用されているセル範囲を取得したい …… 034
006 表の先頭と終端のセルを取得したい …… 035
007 数式が入力されているセル範囲だけを操作したい …… 036
008 数値が入力されているセル範囲だけを操作したい …… 037
009 文字列が入力されているセル範囲だけを操作したい …… 038
010 基準セルを含む行全体を操作したい …… 039
011 基準セルを含む列全体を操作したい …… 040
012 空白セルだけを操作したい …… 041
013 空白セルを含む行全体を一括操作したい …… 042
014 結合セルかどうかや結合範囲を取得したい …… 043
015 2つ以上のセル範囲の集合を取得したい …… 044
016 2つのセル範囲の重なり合う範囲を取得したい …… 045
017 離れた位置にあるセルを固まりごとに操作したい …… 046
018 セルを検索して見つかったセルを操作したい …… 047
019 セルを検索して対象セルすべてを操作したい …… 048

020 「1行分」単位でセルを操作したい……050
021 グラフや図がどのセル上に置かれているかを知りたい……051
022 表示されているセル範囲だけを操作したい……052
023 非表示の行・列があるかどうかをチェックしたい……053
024 現在表示されているセル範囲を知りたい……054
025 シートの表示エリアを制限したい……055
026 指定セルが画面左上に来るようスクロールさせたい……056
027 アクティブではないシート上のセルへ移動したい……057
028 他のセルへジャンプ後に元のセルへと戻りたい……058

Chapter 2 セルの値と表示に関するテクニック 059

029 セルに値を入力したい……060
030 セルが空白かどうかを判定したい……061
031 セルの値が数値かどうかを判定したい……062
032 セルの値が日付かどうかを判定したい……063
033 セルの値が文字列かどうかを判定したい……064
034 セルに相対参照の考え方で数式を入力したい……065
035 セルに配列数式を入力したい……066
036 セルの計算結果ではなく数式を取得したい……067
037 セルに数式が入力してあるかどうかを判定したい……068
038 セルの数式がエラーかどうかを判定したい……069
039 セルの数式が参照しているセル範囲を取得したい……070
040 セルのシリアル値を取得したい……071
041 日付に変換させずに文字列として入力したい……072
042 日付値を年・月・日それぞれの値から作成したい……073
043 時刻値を時・分・秒それぞれの値から作成したい……075
044 VBE上で直接日付値を入力したい……076
045 日付から年月日や時分秒の値を取り出したい……077
046 月の最終日を取得したい ❶……078
047 月の最終日を取得したい ❷……079

048 10日後や3か月後の日付を計算したい 080
049 日付に指定書式を適用した文字列を取得したい 081
050 稼働日数を取得したい 082
051 指定日が休日かどうかを判定したい 084
052 「メモ」と「コメント」の違いを整理する 085
053 セルにメモを追加したい 086
054 メモの内容を更新したい 087
055 メモを削除したい 088
056 メモ内の文字列を一括検索したい 089
057 セルにコメントを追加したい 090
058 コメントの内容を更新したい 091
059 コメントに返信したい 092
060 コメントを削除したい 093
061 すべてのコメントをチェックしたい 094
062 セルのフリガナを取得したい 095
063 セルのフリガナ設定を変更したい 096
064 任意の文字列のフリガナを自動判別したい 097
065 漢字ごとの個別のフリガナを取得したい 098
066 フリガナを一括消去したい 099

Chapter 3 データの入力で役立つテクニック 101

067 規則を満たす値しか入力できないようにしたい 102
068 入力できる値をポップアップで表示したい 104
069 規則外の値の入力時に警告メッセージを表示したい 105
070 セルに入力規則が設定されているかを知りたい 106
071 入力規則が設定されているセルすべてを取得したい 107
072 入力規則の対応形式を再設定する 108
073 入力規則に反したデータ数と位置を取得したい❶ 110
074 入力規則に反したデータ数と位置を取得したい❷ 111
075 セルにハイパーリンクを挿入したい 112

076 セルに他ブックへのハイパーリンクを挿入したい …… 113
077 ハイパーリンクのポップヒントを変更したい …… 114
078 すべてのハイパーリンクのリンク先をまとめて開きたい …… 115
079 すべてのハイパーリンクを削除したい …… 116
080 特定セル範囲のハイパーリンクを削除したい …… 117
081 数式の結果でなく数式そのものを検索したい …… 118
082 特定の書式を持つセルを検索したい …… 119
083 色の付いているセルすべてを取得したい …… 120
084 特定の値を含むセルに色を付けたい …… 121
085 セルに特定の単語が含まれている個数を取得したい …… 122
086 MATCH関数で完全に一致するデータを検索したい …… 123
087 MATCH関数で特定範囲内の値を検索したい …… 125
088 VLOOKUP関数で目的のデータを表引きしたい …… 126
089 DCOUNTA関数で複雑な条件を満たすデータ数を取得したい …… 127
090 セルにスピル形式の数式を入力する …… 129
091 セルがスピル範囲かどうかを取得する …… 130
092 スピル形式の数式の結果セル範囲を取得する …… 131
093 UNIQUE関数でユニークなリストを取得したい …… 132
094 XLOOKUP関数で目的のデータを表引きしたい …… 133

Chapter 4 表形式でデータを扱うテクニック 135

095 表形式のセル範囲をテーブルに変換したい …… 136
096 テーブルの名前やスタイル書式を設定したい …… 137
097 テーブル設定を解除したい …… 139
098 テーブル全体のセル範囲を取得したい …… 140
099 テーブルの見出しとデータ範囲を分けて選択したい …… 141
100 テーブルで扱うセル範囲を更新したい …… 142
101 テーブルに「次のレコード」を追加したい …… 143
102 テーブルのデータをレコード単位で扱いたい …… 145
103 テーブルのレコード数を知りたい …… 146

104 テーブルのデータをフィールド単位で扱いたい …… 147
105 テーブルのスライサーを設定／消去したい …… 148
106 テーブルを構造化参照式で計算したい …… 150
107 テーブルのデータ範囲を構造化参照式で指定したい …… 151
108 テーブルの「現在のレコード」を取得したい …… 152
109 テーブルに集計行を追加したい …… 153
110 テーブルを操作するときの注意点❶ …… 154
111 テーブルを操作するときの注意点❷ …… 155
112 テーブルを使わずに表形式の考え方でデータを扱いたい …… 156
113 「次のデータ」を書き込む位置を取得したい❶ …… 157
114 「次のデータ」を書き込む位置を取得したい❷ …… 158
115 「次のデータ」を書き込む位置を取得したい❸ …… 159
116 フィールドの値の種類に合わせて書式を設定したい …… 161

Chapter 5 データの集積・集計を行うテクニック 163

117 複数シートに点在するデータを集めたい …… 164
118 開いているブックすべてからデータを集めたい …… 166
119 閉じているブックからデータを集めたい …… 167
120 指定フォルダー内のブックすべてからデータを集めたい …… 168
121 CSVファイルを開きたい …… 170
122 固定長形式のファイルを開きたい …… 171
123 「001」や「10-1」等の値を変換させずに読み込みたい …… 172
124 文字列として認識されているデータを数値に一括変換したい …… 174
125 文字コードを指定してテキストファイルを読み込みたい …… 175
126 Streamオブジェクトでファイルを読み込みたい …… 176
127 テキストファイルを指定位置から数行分だけ読み込みたい …… 178
128 テキストファイルから特定の文字を含む行だけ読み込みたい …… 180
129 セルの内容を特定の区切り文字で分割したい …… 182
130 セルの内容を指定文字数ごとに分割したい …… 183
131 QueryTableを使って好きな位置にデータを読み込みたい …… 184
132 XML形式のデータを読み込みたい …… 186

133 XPath式を使ってXML形式のデータを読み込みたい …… 188
134 Accessのデータベースに接続したい❶ …… 189
135 Accessのデータベースに接続したい❷ …… 190
136 Accessのテーブルを読み込みたい …… 191
137 Accessのテーブルをフィールド名も含めて読み込みたい …… 192
138 Accessのクエリの結果を読み込みたい …… 193
139 Accessのパラメータークエリの結果を読み込みたい …… 194
140 SQL文を使ってAccessからデータを読み込みたい …… 195
141 Accessのテーブルから5番目のレコードを読み込みたい …… 196
142 カーソルの種類を指定してAccessに接続したい …… 197
143 WebページをPC標準のブラウザーで表示したい …… 198
144 IEでWebページを表示したい …… 199
145 読み込み完了後にWebページの内容を取得したい …… 200
146 Webページの任意の部分を抜き出したい …… 202
147 Webページ内のフォームにデータを書き込んで送信したい …… 204
148 文字列をURLエンコードしたい …… 205
149 URLエンコードされた文字列をデコードしたい❶ …… 206
150 URLエンコードされた文字列をデコードしたい❷ …… 207
151 ブラウザーを介さずWebのデータを読み込みたい …… 208
152 名前空間を指定してデータを取得したい …… 209
153 JSON形式のデータを扱いたい …… 211

Chapter 6 Power Queryでデータを扱うテクニック 213

154 Power Queryを利用したい …… 214
155 Power Queryでデータを読み込む処理の基本手順 …… 215
156 Power Queryのクエリを登録したい …… 216
157 Power Queryのコマンドテキストを作成したい …… 217
158 Power Queryの結果を「テーブル」として展開したい …… 219
159 Power Queryの結果を展開したい …… 220
160 Power Queryで現在のブックのデータを扱いたい …… 221
161 Power Query上でシート単位のデータを扱いたい …… 223

162 Power Query上で1行目をフィールドとして扱いたい 224
163 Power Query上で複数テーブルを連結したい 225
164 Power Query上でブック内の全テーブルを扱いたい 226
165 Power Query上でブック内の全シートを扱いたい 228
166 Power Query上で複数テーブルを結合したい❶ 230
167 Power Query上で複数テーブルを結合したい❷ 231
168 Power Query上で抽出を行いたい 232
169 Power Queryで最新の5レコードのみ読み込みたい 233
170 Power Queryで必要な列だけ選択したい 234
171 Power QueryでAccessから読み込みたい 235
172 Power QueryでCSVファイルから読み込みたい 236
173 Power QueryでWebページ内のテーブルを読み込みたい 237
174 Power QueryでXMLやフィード情報を読み込みたい 238
175 Power Query上でJSON形式のデータを扱いたい 239
176 Power QueryでPDF内のデータを読み込みたい 240
177 Power Queryでフォルダー内のデータをすべて読み込みたい 242
178 Power Queryでクロス集計表のピボットを解除したい 244
179 Power Queryでカスタム関数を作成したい 246
180 Power Queryで連結セルやExcel方眼紙データを読み取りたい 248
181 Power Query側にパラメータを渡して更新したい 250
182 Power Query側で動的にフィールド名を取得したい 252
183 Power Queryで各フィールドのデータ型を変換したい 253
184 Power Queryで列名を一括変更したい 254
185 Power Queryで各フィールドにプレフィックスをつけたい 255
186 Power Queryで任意のフィールド名だけ変更したい 256
187 Power Queryで新たなフィールドを追加したい 257
188 Power Queryで新規テーブルを作成したい 258
189 Power Queryで集計・グループ化したい 259
190 「クエリ」や「接続」を一括消去したい 260

Chapter 7 データを分析するテクニック 261

191 セルを並び替えたい …… 262
192 4つ以上の列でソートしたい❶ …… 263
193 4つ以上の列でソートしたい❷ …… 264
194 フリガナを無視してソートしたい …… 265
195 行頭の数値でソートしたい …… 266
196 行頭の型番や枝番を抜き出してソートしたい …… 267
197 正規表現で行頭の型番や枝番を抜き出してソートしたい …… 268
198 一時的にソートして元に戻したい …… 269
199 フィルターで抽出したい …… 270
200 フィルター矢印を非表示にしたい …… 271
201 フィルターで空白のセルを抽出したい …… 272
202 フィルターで特定の文字を含む／含まないデータを抽出したい …… 273
203 フィルターで末尾の数値を元に抽出したい …… 274
204 フィルターで特定の色を抽出したい …… 275
205 フィルターで「あ行」のデータを抽出したい …… 276
206 フィルターでトップ3や上位10%のデータを抽出したい …… 277
207 シートのフィルター状態を調べたい …… 278
208 テーブルのあるシートのフィルター状態を調べたい …… 279
209 フィルターで特定期間を抽出したい …… 280
210 フィルターで今週や今月のデータを抽出したい …… 281
211 フィルターで抽出された件数を取得したい …… 283
212 フィルターの抽出結果のみを集計したい …… 284
213 フィルター状態を解除せずに全データを表示したい …… 285
214 フィルターが設定されているセル範囲を取得したい …… 287
215 フィルターで抽出されたデータをコピーしたい …… 288
216 フィルターで抽出した条件を取得したい …… 289
217 フィルターの詳細設定で複数条件を組み合わせて抽出したい …… 291
218 フィルターの詳細設定で「か行」のデータを抽出したい …… 293
219 フィルターの詳細設定で抽出結果を転記したい …… 294
220 フィルターの詳細設定で重複を除いたデータを取り出したい …… 295

221 必要なフィールドのみを好きな順番で転記する …… 296
222 フィルターの詳細設定で顧客別売上データを作成する …… 297

Chapter 8 分析を補助するテクニック 299

223 グラフシートを作成したい …… 300
224 グラフオブジェクトを作成したい …… 301
225 グラフの種類を指定して作成したい …… 302
226 グラフの元データとするセル範囲を更新したい …… 303
227 グラフの位置や大きさを指定したい …… 304
228 複数のグラフの位置や大きさをまとめて指定したい …… 305
229 グラフのタイトルを変更したい …… 306
230 第2軸を追加してスケールの異なるデータを見やすくしたい …… 307
231 任意のグラフを複製して新規グラフを作成したい …… 308
232 右クリックで新規グラフを作成したい …… 309
233 平均値を表す系列を追加したい …… 311
234 注目させる値のバーを強調したい …… 312
235 注目させる値のマーカーを強調したい …… 313
236 注目させる値の場所にシェイプを追加したい …… 315
237 バーを選択した時に任意のメッセージを表示したい …… 316
238 バーを選択したときに対応するセルを塗りつぶしたい …… 317
239 「■」記号を使った簡易グラフを作成したい …… 319
240 条件付き書式で特定のデータを強調したい …… 320
241 条件付き書式が設定されているセルを確認したい …… 321
242 条件付き書式をクリアしたい …… 322
243 売上金額ベスト3のデータを強調したい …… 323
244 平均以上・平均以下のデータを強調したい …… 324
245 1行おきに色を付けたい …… 325
246 2つ以上の条件付き書式の優先順位を決めたい …… 326
247 ピボットテーブルを作成したい …… 327
248 ピボットテーブルのレイアウトを変更したい …… 329
249 ピボットテーブルの値フィールドに書式を設定したい …… 330

250 ピボットテーブルの特定のアイテムの情報を取得したい …… 331
251 ピボットテーブルの特定のアイテムのセル範囲を選択したい …… 332
252 ピボットテーブルの特定の集計結果を取得したい …… 333
253 ピボットテーブルの特定フィールドに書式を設定したい …… 334

Chapter 9 作表に使えるテクニック 335

254 セルに表示されている状態で値を取得したい …… 336
255 セルに「###」が表示されていたら列幅を広げたい …… 337
256 セルに表示形式を設定したい …… 338
257 セルの表示形式をコピーしたい …… 339
258 セルに罫線を引きたい …… 340
259 セルの罫線の状態を細かく取得／設定したい …… 341
260 セルの値を置き換えたい …… 342
261 セルの内容を縮小して全体を表示したい …… 343
262 セル内の改行コードを削除したい …… 344
263 一部文字列のフォントを変えて「x^2 +y」という文字列を作りたい …… 345
264 “大村”と引用符のついた文字列を入力したい …… 346
265 「1」という数値を「VBA-001」といった文字列に変換したい …… 347
266 「11」を「011」や「110」といった文字列に変換したい …… 348
267 左右の余分な空白を消去したい …… 349
268 文字列内の空白を一括削除したい …… 350
269 文字列の全角／半角、ひらがな／カタカナを統一したい …… 351
270 数値を漢数字に変換したい …… 352
271 一覧表を元に表記の揺れを統一したい …… 353
272 カタカナのみを全角に統一したい …… 354
273 正規表現で値を置き換えたい …… 355
274 正規表現でマッチングした値を取り出したい …… 357
275 特定の文字を目安にして1列のデータを整理したい …… 359
276 値を1~10、11~20といった範囲ごとに分類したい …… 360
277 必要な列のデータのみを抜き出したい …… 361
278 リストアップ形式のデータから表形式のデータを作成したい …… 362

279 表形式のデータからリストアップ形式のデータを作成したい …… 363
280 入力されている値に合わせて行・列の幅を自動調整したい …… 364
281 現在の行・列の幅を少し拡張したい …… 365
282 表形式のデータをツリー形式にしたい …… 366
283 ツリー形式の表に罫線を引きたい …… 367
284 ツリー形式の表を表形式にしたい❶ …… 368
285 ツリー形式の表を表形式にしたい❷ …… 369
286 シェイプを追加したい …… 371
287 シェイプの位置や大きさを指定したい …… 373
288 シェイプの色を設定したい – Excelで扱う色についての整理 …… 375
289 シェイプの線の太さと色を変更したい …… 377
290 シェイプにスタイルを適用したい …… 378
291 シェイプにテキストを表示したい …… 379
292 特定種類のシェイプのみ種類を変更したい …… 380
293 吹き出しの引き出し線の位置を調整したい …… 381
294 シェイプを複製したい …… 382
295 シェイプを削除したい …… 383
296 選択しているシェイプに対して処理を行いたい …… 384
297 [フォーム]のコントロールを残して削除したい …… 385
298 シェイプを画像として書き出したい …… 386

Chapter 10 書き出しに使えるテクニック 389

299 セル範囲をCSV形式で書き出したい …… 390
300 セル範囲をテキスト形式で書き出したい …… 391
301 自由な形式でテキストファイルへ書き出したい …… 392
302 セルに表示されている値のまま書き出したい …… 393
303 自分の好みの形式に変換して書き出したい …… 394
304 既存ファイルへとデータを付け加えていきたい …… 395
305 文字コードをUTF-8として書き出したい …… 396
306 XMLドキュメントのXML宣言部分を作成したい …… 397
307 セル内の改行コードを削除したい …… 398

308 XMLの属性を作成・追加したい 399
309 セルの値を元にXMLツリーを作成して書き出したい 400
310 Wordドキュメントを作成したい 402
311 Wordドキュメントにセルの内容を書き出したい 403
312 Wordドキュメントに書式やスタイルを付けて書き出したい 404
313 Wordドキュメントの末尾にセルの内容を追記したい 406
314 Wordドキュメントの内の指定位置にグラフを張り付けたい 408
315 PowerPointプレゼンテーションを作成したい 409
316 PowerPointプレゼンテーションに表を書き出したい 410
317 PowerPointプレゼンテーションにグラフを書き出したい 412
318 Accessのテーブルにレコードを追加したい 414
319 AccessのDBにテーブルを追加したい 416
320 AccessのDBに対してSQLコマンドを実行したい 418
321 AccessのDBにトランザクション処理を実行したい 420
322 HTML形式で書き出したい 422
323 HTML形式用に文字列をエスケープしたい 423
324 セルの値から任意のタグの要素を作成したい 424
325 ハイパーリンクを持つ要素を作成したい 425
326 任意の要素を自由に作成できる関数を用意する 426
327 セル範囲をテーブル要素に変換したい 428
328 テンプレートを元にHTMLファイルを作成したい 429
329 JSON形式でデータを書き出したい 431
330 特定のシートのみを印刷したい 432
331 複数シートをまとめて印刷したい 433
332 ブック全体を5部ずつ印刷したい 433
333 特定のセル範囲のみを印刷したい 433
334 余白をセンチメートル単位で設定したい 434
335 1枚の用紙に収まるように印刷したい 435
336 特定ページのみを再印刷したい 435
337 ヘッダーやフッターに情報を印刷したい 436
338 マクロで改ページ位置を設定したい 438
339 印刷の総ページ数を取得したい 439
340 印刷後の区切り線を消去したい 439

341 行・列番号や枠線も含めて印刷したい 440
342 プリンターを選択したい 441
343 印刷設定の処理時間を短縮したい 442
344 ブックを印刷できないようにしたい 443
345 PDFとして出力したい 444
346 グラフを画像として出力したい 445

Chapter 11 ブックとシートを操作するテクニック 447

347 開いているブックを操作したい 448
348 新規に作成したブックを操作したい 449
349 マクロを記述してあるブックを操作したい 450
350 現在画面に表示されているブックを操作したい 450
351 ブックを開いて操作したい 451
352 パスワードのかかっているブックを開きたい 452
353 ブックが互換モードかどうかを判断したい 453
354 ブックが読み取り専用かどうかを判断したい 454
355 ブックの自動保存設定の状態を調べたい 455
356 ブックのリンクを更新せずに開きたい 456
357 マクロで開いたブックを履歴に残したい 457
358 マクロを自動実行させずにブックを開きたい 458
359 ブックの保存場所を取得したい 459
360 拡張子を除いたブック名を取得したい ❶ 460
361 拡張子を除いたブック名を取得したい ❷ 461
362 ブックを上書き保存したい 462
363 ブックを別名保存したい 462
364 ブックのコピーを保存したい 463
365 ブックにマクロが含まれるかどうかを判定したい 464
366 ブックの保護状態を取得したい 465
367 共有ブックを開いているユーザーを取得したい 466
368 ブックのプロパティを設定したい 467
369 他のブックのマクロを実行したい 469

370 ブックを閉じられないようにしたい 470
371 全ブックの変更を保存せずにExcelを終了させたい 471
372 確認メッセージを表示させずにブックを閉じたい 472
373 ブックにパスワードを設定して保存したい 473
374 開いているすべてのブックを上書き保存する 474
375 ブック保存前に再計算を実行したい 475
376 新規に作成したウィンドウを操作したい 476
377 分割されているウィンドウのペイン数を取得したい 477
378 2つのワークシートを左右に同時に表示したい 478
379 すべての複製ウィンドウをまとめて閉じたい 479
380 見出しを固定したい 480
381 見出しを固定してある位置を取得したい 481
382 ウィンドウのサイズを変更したい 482
383 ウィンドウの位置を変更したい 483
384 任意のセル範囲を画面いっぱいに表示したい 484
385 任意のシートを操作したい 485
386 新規シートを追加して操作したい 486
387 シートの位置を移動したい 487
388 シート名を変更したい 488
389 オブジェクト名でシートを扱いたい 489
390 シート数を取得したい 490
391 シートをコピーしたい 491
392 シートをコピーして新規ブックを作成したい 492
393 シートを削除したい 493
394 「前のシート」「後ろのシート」を取得したい 494
395 アクティブシートがワークシートかどうかを判断したい 495
396 ワークシートを保護／保護を解除したい 496
397 シートの保護状態を列挙したい 497
398 ユーザーが再表示できないようにシートを非表示にしたい 498
399 連番でワークシートを複数作成したい 499
400 他のシートへと移動する前にチェックを行いたい 500
401 複数シートをまとめて作業グループとして選択したい 501
402 作業グループ内の全シートに同じ処理をしたい 502

403 特定のシート以外を削除したい 503
404 ワークシートを名前順に並べ替えたい(バブルソート) 504

Chapter 12 すぐに使える実用テクニック 507

405 VBAでワークシート関数を利用したい 508
406 最終セルの下にSUM関数で合計値を入力したい 509
407 条件に一致するセルの値をSUMIF関数で合計したい 510
408 文字列の一部が一致する個数をCOUNTIF関数で取得したい 511
409 Excel方眼紙状のセルから値を取り出したい 512
410 フィルター結果のみをFILTER関数で取得したい 513
411 値のソート結果のみをSORT関数で取得したい 515
412 表引き結果をVLOOKUP関数で取得したい 516
413 表引き結果をXLOOKUP関数で取得したい 517
414 セル範囲の値を2次元配列として変数に代入したい 518
415 2次元配列の値をセル範囲に一括代入したい 519
416 配列のループ処理を高速化したい 520
417 イベントの発生を一時的に止めたい 522
418 画面の更新を一時的に止めたい 523
419 数式の計算を一時的に止めたい 524
420 数値の列番号をA1形式の見出し文字列に変換したい 525
421 全ブック内の全シートから検索を行いたい 526
422 新規ブックを指定のシート数で作成したい 528
423 1行おきに行を挿入したい 529
424 5行おきに罫線を引きたい 530
425 摂氏を華氏に変換するユーザー定義関数を作りたい 531
426 フィルターで抽出されなかったデータを削除する 532
427 2つの表の両方に存在する行だけを抽出したい 533
428 2つの表の片方にしか存在しない行を抽出したい 534
429 セルに名前を定義したい 536
430 任意のセル範囲を画像として貼り付けたい 538
431 任意のセル範囲をリンク付き画像として貼り付けたい 539

432 セルの値から1次元配列を作成したい 540
433 Collectionオブジェクトで重複しないデータを取り出したい 541
434 ループ処理で重複データを削除したい 542
435 RemoveDuplicatesメソッドで重複データを削除したい 543
436 UNIQUE関数でユニークなデータを取得したい 545
437 Excel上で変更があったセルを記録したい 546
438 レジストリにデータを保存したい 548
439 レジストリからデータを取得したい 549
440 レジストリからデータを削除したい 550

Chapter 13 ファイルやフォルダーを操作するテクニック 551

441 カレントフォルダーを取得したい 552
442 カレントフォルダーを変更したい 553
443 ブックを選択するダイアログを表示したい 554
444 ブックを選択して開くダイアログを表示したい 555
445 ファイルを保存するダイアログを表示したい 556
446 フォルダーをダイアログから選択したい❶ 557
447 フォルダーをダイアログから選択したい❷ 558
448 ZIP形式で圧縮するフォルダーを作成したい 559
449 ZIP形式で圧縮したい 560
450 ZIP形式のファイルを解凍したい 562
451 「デスクトップ」や「ドキュメント」のパスを取得したい 563

452 FSOを利用してファイル操作をする準備をしたい ···· 564
453 FSOでファイルやフォルダーを取得したい ···· 566
454 FSOでファイル情報やフォルダー情報を取得したい ···· 567
455 FSOでファイルを作成してデータを書き込みたい ···· 569
456 FSOで既存ファイルにデータを追記したい ···· 570
457 FSOでファイル内容を読み込みたい ···· 571
458 FSOでサブフォルダーを取得したい ···· 572
459 FSOでフォルダー内の合計サイズを取得したい ···· 573
460 FSOでドライブの一覧表を作成したい ···· 574
461 FSOでドライブの空き領域を知りたい ···· 575
462 FSOでデバイスの準備ができているかを調べたい ···· 576
463 FSOで指定フォルダーが存在しない場合は作成したい ···· 577
464 FSOでファイルを移動したい ···· 578
465 FSOでファイルをコピーしたい ···· 579
466 FSOでファイル名やフォルダー名を変更したい ···· 580
467 FSOでフォルダーごとファイルを移動したい ···· 581
468 FSOでフォルダーごとコピーしたい ···· 582
469 FSOでフォルダー内のファイルも含めて一括削除したい ···· 583
470 FSOでファイル名を入れ替えたい ···· 584
471 ファイル名に連番を付けたい ···· 585
472 ファイル名の連番をずらしたい ···· 587
473 シート上の一覧表に沿ってファイル名を変更したい ···· 588

Chapter 14 ショートカットキー等に登録して使いたいマクロ 591

474 どのブックからも利用できるマクロを作成したい ···· 592
475 個人用マクロブックの場所を調べて削除したい ···· 593
476 マクロをショートカットキーに登録したい ···· 594
477 VBAからマクロをショートカットキーに登録したい ···· 595
478 数式の表示／非表示を切り替えたい ···· 597
479 セルの枠線の表示／非表示を切り替えたい ···· 597

480 数式バーの表示／非表示を切り替えたい 598
481 ステータスバーの表示／非表示を切り替えたい 598
482 フリガナの表示／非表示を切り替えたい 599
483 改ページの区切り線の表示／非表示を切り替えたい 599
484 シートを一括で再表示したい 600
485 フィルターのオン／オフを切り替えたい 600
486 数式が入力されているセルだけを保護したい 601
487 表示倍率を切り替えたい 601
488 新規シートを末尾に追加したい 602
489 罫線を除いてセルを貼り付けたい 602
490 セルの内容を数式からその結果に置き換えたい 603
491 エラーを含む数式をクリアしたい 603
492 セルの名前定義を一括で削除したい 604
493 ブックを保存しているフォルダーをエクスプローラーで開きたい 604
494 重複した値に色を付けたい 605
495 入力値を元に選択セル範囲の値を一括更新したい 606
496 マクロをアドインブックとして配布したい 607
497 アドインブックをExcelに組み込みたい 608
498 アドインブックをマクロで組み込みたい 609
499 アドインブックをマクロで組み込み解除したい 610
500 アドインを組み込んだ時点でショートカットキー登録したい 611
501 アドインを組み込み解除した時点でマクロを実行したい 612
502 ユーザーフォームからマクロを実行したい 613
503 カスタムリボンからマクロを実行したい 614
504 個人用マクロブックをWorkbooksの対象から外したい 615

Chapter 15 ユーザーフォーム 作成時のテクニック 617

505 ユーザーフォームを作成したい 618
506 ユーザーフォームの基本フォントサイズを決めたい 620
507 2種類の方法でユーザーフォームを表示したい 621
508 ユーザーフォームの表示位置を指定したい 622

509 2種類の方法でユーザーフォームを閉じたい 623
510 ユーザーフォームを閉じる時に処理を実行したい 624
511 現在のセル位置によって表示するユーザーフォームを切り替えたい 625
512 ユーザーフォームから標準モジュールのマクロを実行したい 626
513 ユーザーフォームのタイトルとサイズを設定したい 627
514 オブジェクト名でコントロールを操作したい 628
515 コントロールの位置やサイズを設定したい 629
516 コントロールの使用可否を切り替えたい 630
517 テキストをラベルを使って配置したい 631
518 操作をボタンで実行したい 632
519 既定のボタンとキャンセルボタンを設定したい 633
520 テキストを入力するテキストボックスを配置したい 634
521 複数行入力が可能なテキストボックスを配置したい 635
522 長いテキストをテキストボックスで表示したい 636
523 必要の有無をチェックボックスで確認したい 637
524 チェック状態が変わった時点で処理を実行したい 638
525 複数チェックボックスのイベント処理をまとめて記述したい 639
526 どの選択肢を選んだのかをオプションボタンで確認したい 641
527 2つ以上の設問の選択肢をオプションボタンで確認したい 642
528 ユーザーフォーム上にリストを表示したい 643
529 ユーザーフォーム上にシート上の表を表示したい 644
530 リストボックスで選択した内容を取得したい 645
531 リストボックスに表示されている値を変更したい 646
532 リストボックスから複数のリストを選択したい 647
533 リストボックスに項目を追加／削除したい 649
534 ドロップダウン形式のリストから選択したい 650
535 任意のコントロールにフォーカスを当てたい 651
536 タブオーダーを設定して使いやすいフォームにしたい 652
537 実行時に動的にコントロールを配置したい 653

Chapter 16 入力用シート作成時のテクニック 655

538 シート上にボタンやリストを配置したい …… 656
539 コントロールに共通の仕組みを知りたい …… 657
540 コントロール固有の機能を活用したい …… 658
541 リストボックスを活用したい …… 659
542 コンボボックスを活用したい …… 660
543 チェックボックスを活用したい …… 661
544 オプションボタンを活用したい …… 661
545 オプションボタンをグループ管理したい …… 662
546 スピンボタンを活用したい …… 663
547 ボタンや図形に登録するマクロを切り替えたい …… 664
548 セル範囲の値を読み上げて確認したい …… 665
549 指定テキストを読み上げたい …… 666
550 セル入力した値を読み上げたい …… 667

Chapter 17 押さえておくと便利な文法 669

551 変数や定数を利用したい …… 670
552 変数名に工夫して扱いやすくしたい …… 672
553 配列を利用したい …… 673
554 配列の先頭番号と末尾の番号を指定したい …… 674
555 Array関数で手軽に配列を作成したい …… 675
556 2次元配列を利用したい …… 676
557 配列の先頭番号と末尾の番号を知りたい …… 677
558 配列で扱う要素数を実行中に変更したい …… 678
559 配列の先頭要素の番号を常に「1」から始めたい …… 679
560 区切り文字を基準に文字列から配列を作りたい …… 680
561 配列の値を連結して表示したい …… 681
562 値の追加・削除が簡単なリストを利用したい …… 682
563 連想配列を利用したい ❶ …… 683
564 連想配列を利用したい ❷ …… 684

565 列挙で選択肢をひとつのグループにまとめたい …… 686
566 複数の定数を使って選択肢を管理したい …… 687
567 ユーザー定義型を利用したい …… 688
568 Variant型変数に格納されたデータ型を確認したい …… 689
569 開発時に任意の変数に格納されたデータ型や値を調べたい …… 690
570 開発時にすべての変数に格納されたデータ型や値を調べたい …… 691
571 変数の値が変化したら一時停止して確かめたい …… 692
572 処理の一部をサブルーチン化したい …… 693
573 サブルーチンに引数を指定して実行したい …… 694
574 参照渡しと値渡しの違いを知りたい …… 695
575 引数で必要な情報を渡せる関数を作成したい …… 697
576 引数を省略可能にしたい …… 698
577 引数が省略されているかどうかを知りたい …… 699
578 複数の引数をパラメータとして受け取りたい …… 701
579 オブジェクトを返すユーザー定義関数を作成したい …… 702
580 カスタムクラス(オブジェクト)を作成したい …… 703
581 カスタムクラスにプロパティを定義したい …… 704
582 カスタムクラスにメソッドを定義したい …… 706
583 カスタムクラスに初期化処理を定義したい …… 707
584 カスタムクラスをまとめて扱うコレクション風のオブジェクトを作成したい …… 708
585 クラスモジュール特有の同じ「名前」の解決方法を知りたい …… 710
586 既存シートをカスタムオブジェクトと見なして扱いたい …… 711
587 エラーが発生したら処理を分岐したい …… 713
588 エラーの監視を解除したい …… 714
589 エラーを無視して次の行の処理を実行したい …… 715
590 エラーの種類を確認して処理を分岐したい …… 716
591 エラーに対応後に元の処理をやり直したい …… 717
592 エラー情報をクリアしたい …… 718
593 決まった文字数のデータを作成したい …… 719
594 右詰め、左詰めでデータを作成したい …… 720
595 イミディエイトウィンドウに見やすく値を表示したい …… 721
596 マクロを途中で抜けたい …… 722
597 マクロを途中で完全に終了したい …… 722

598 ループ処理内の残りの処理をスキップしたい……723
599 シート名を返すワークシート関数を作成したい……724
600 処理にかかった時間を計測したい……725

Chapter 18 開発時や確認時に役立つテクニック 727

601 イミディエイトウィンドウに値を出力したい……728
602 イミディエイトウィンドウに値を続けて出力したい……729
603 ちょっとしたステートメントを手軽に実行したい……730
604 もっと手軽に変数やセルの値を出力したい……731
605 少し長いステートメントを手軽に実行したい……732
606 開発中に手早く他のマクロに移動したい……733
607 範囲を指定して検索や置換を行いたい……734
608 チェック項目を満たさない場合は一時停止したい……735
609 開発中だけ実行する箇所を用意したい……736
610 VBA7ベースや64ビットOSベースを条件にコンパイル箇所を変更したい……737
611 ブレークポイントを設定せずにコードを一時中断するポイントを作成したい……738
612 VBEのフォントや背景色を変更したい……739
613 構文エラー時にエラーダイアログを表示させないようにしたい……740
614 プリンター一覧を取得したい……741
615 セル内改行に合わせて数式バーの表示行数を調整したい……742
616 ファイルのヘッダ情報を取得したい……743
617 OS名やバージョン番号を取得したい……744
618 Excelのバージョン情報を取得したい……745
619 VBEをコードから操作したい……746
620 モジュールをエクスポートしたい……747
621 モジュールを削除（解放）したい……748
622 モジュールをインポートしたい……749
623 モジュール内容を検索してマクロ一覧を作成したい……750
624 コードテキストを追加・修正したい……752
625 モジュール名を指定してマクロを呼び出したい……753
626 特定のプログラムを実行したい……754

627 DOSコマンドを実行したい 755
628 DOSコマンドの出力を受け取りたい 756
629 10分後にマクロを実行したい 757
630 一定間隔でマクロを実行したい 758
631 1秒以下の間隔でマクロを実行したい 759
632 配列を並べ替えたい(マージソート) 760
633 配列を並べ替えたい(マージ・クイックソート) 763
634 配列を並べ替えたい(クイックソート) 766

Chapter 19 APIを利用したテクニック 769

635 Windows APIの概要を知りたい 770
636 2種類のWindows APIについて知りたい 771
637 Windows APIをVBAから使用できるようにしたい 772
638 アプリケーションの重複起動を回避したい 774
639 アプリケーションが終了するまで待機したい 775
640 すべてのメモ帳を閉じたい 776
641 ウィンドウを前面に表示したい 777
642 ファイルやフォルダーをごみ箱に移動したい 778
643 画面解像度を取得したい 779
644 Excelの[閉じる]ボタンを無効にしたい 780
645 ユーザーフォームの[閉じる]ボタンを無効にしたい 781
646 ユーザーフォームの[閉じる]ボタンを消去したい 782
647 ユーザーフォームの最大化・最小化・リサイズを可能にしたい 783
648 ミリ秒単位でコードの実行速度を計測する 784
649 ミリ秒単位でコードの実行を中断する 785
650 拡張子に関連付けられているプログラムを知りたい 786

Index 787

セル選択の
テクニック

Chapter

1

セル番地や行・列番号でセルを取得したい

サンプルファイル 001.xlsm

365 2019 2016 2013

自分のわかりやすい方式で操作したいセルを指定する

構文

プロパティ	意味
Range(セル番地)	セル番地のセルを指定
Range(先頭セル, 終端セル)	先頭セルと終端セルを囲むセル範囲を指定
Cells(行番号, 列番号)	行番号、列番号を使って操作セルを指定

操作するセルを指定するには、Rangeプロパティを使用します。Rangeプロパティは、引数にA1形式のセル番地を渡して操作対象を指定します。

```
Range("A1").Value = "セルA1"          '単一セルを指定
Range("A3:A5").Value = "セルA3:A5"   'セル範囲を指定
```

また、Rangeプロパティは、引数として2つのセルを渡すと、その2つのセルで囲まれたセル範囲を操作対象とします。

```
'セルC1とセルD10を囲むセル範囲（セルC1:D10）を指定
Range(Range("C1"), Range("D10")).Value = "囲む範囲を指定"
```

行番号・列番号を使ってセルを指定するには、Cellsプロパティを使用します。Cellsプロパティは、引数に行番号、列番号を順番に渡します。また、列番号の部分は、ワークシート上の列見出しの文字列でも指定可能です。

```
Cells(1, 6).Value = "1行・6列"          '1行目・6列目のセルを指定
Cells(3, "F").Value = "3行・F列"        '3行目・F列目のセルを指定
```

サンプルの結果

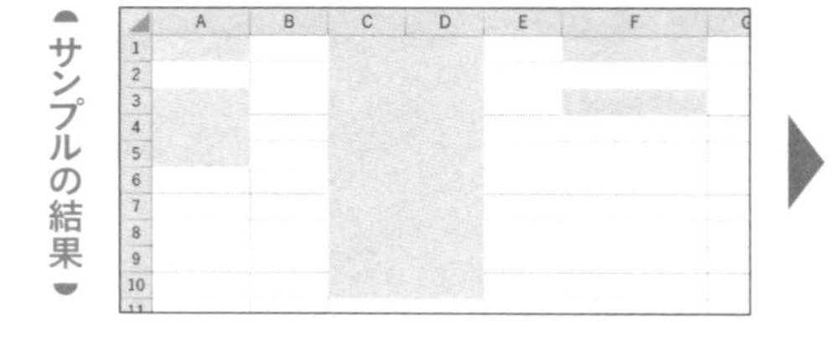

002 任意のセル範囲内から目的のセルを取得したい

サンプルファイル 002.xlsm

365 2019 2016 2013

「得意先一覧」などの特定のセル範囲内から、目的のセルを指定する

構文

プロパティ	意味
セル範囲.Cells(行番号, 列番号)	セル番地のセルを指定

任意のセル範囲に対して、CellsプロパティやRangeプロパティを使用すると、そのセル範囲内での相対的な行・列番号の位置にあるセルを取得できます。

```
Range("B2:F4").Cells(2, 1).Select     'セルB3を選択
```

サンプルの実行結果

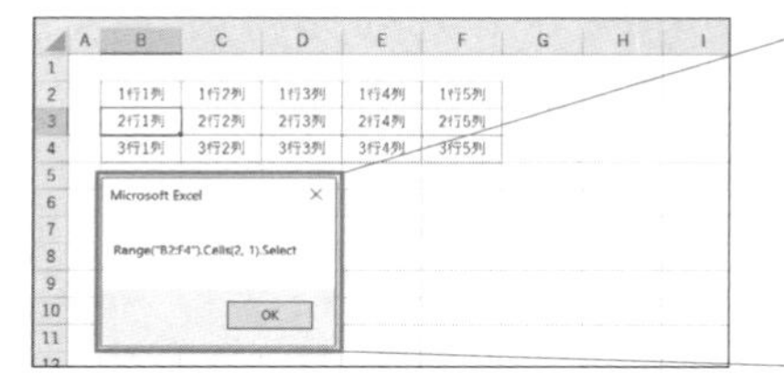

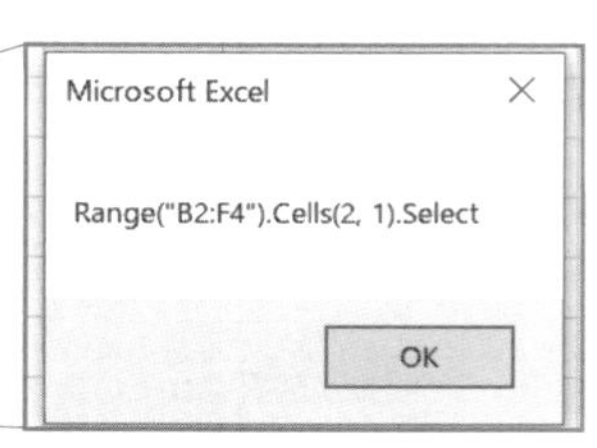

同様に、任意のセル範囲に対して、Rowsプロパティ／Columnsプロパティを使用すると、そのセル範囲内での任意の行・列全体のみを取得できます。

```
Range("B2:F4").Rows(1).Select         'セル範囲B2:F2を選択
Range("B2:F4").Columns(3).Select      'セル範囲D2:D4を選択
```

サンプルの実行結果

003 セルが選択されているときだけアドレスを取得したい

サンプルファイル 003.xlsm

365 2019 2016 2013

利用シーン

図形等を含むシート上で、セルを選択している時だけ処理を行いたい

構文

プロパティ／関数	意味
Selection	選択しているもの（セルや図形）を取得
TypeName(対象)	対象のタイプ（種類）を表す文字列を返す

通常、選択されているセル範囲はSelectionプロパティで取得できます。ただし、図形オブジェクトや埋め込みグラフを選択している場合には、Selectionプロパティはその図形オブジェクトやグラフを取得してしまいます。

そこで、引数のタイプを調べるTypeName関数を組み合わせてみましょう。セルが選択されている場合は「Range」という文字列が返されます。Selectionのタイプが「Range」かどうかを判定することで、セルが選択されている場合のみ、セルを操作対象とした任意の処理が実行できます。

```
If TypeName(Selection) = "Range" Then
    MsgBox "選択セル範囲：" & Selection.Address
Else
    MsgBox "セルが選択されていません"
End If
```

セルが選択されている場合

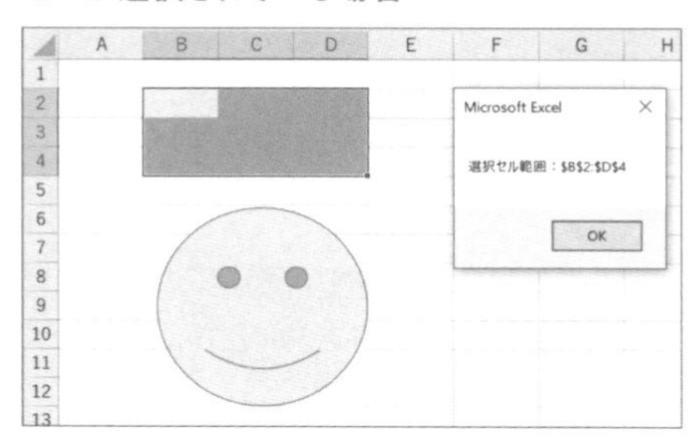

セルが選択されていない場合

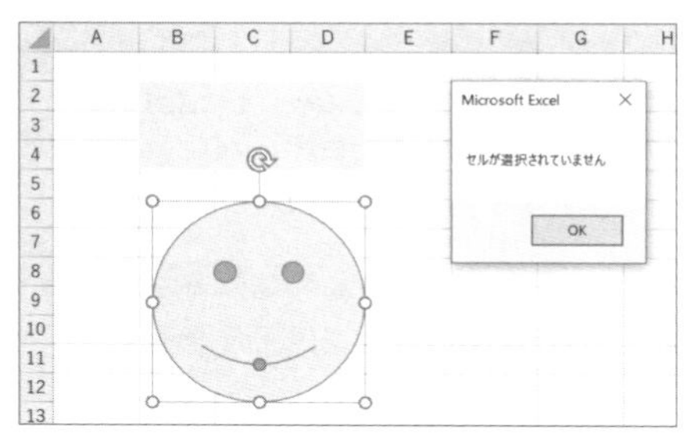

セルが選択されていないときもアドレスを取得したい

サンプルファイル 004.xlsm

365 2019 2016 2013

図形等を含むシート上で、最後に選択していたセルを操作したい

構文

プロパティ	意味
RangeSelection	最後に選択していたセルを取得

図形や埋め込みグラフが選択されている状態でも、とにかく最後に選択されていたセルを対象に操作したい場合には、WindowオブジェクトのRangeSelectionプロパティが便利です。

RangeSelectionプロパティは、セルが選択されている場合には、そのまま選択されているセルを取得し、図形等セル以外のものが選択されている場合には、最後に選択していたセルを取得するプロパティです。確実にセルを操作したい場合には、Selectionプロパティよりもこちらのほうが向いていますね。

```
'アクティブな画面（ウィンドウ）上の、選択セルのセル番地を表示
MsgBox ActiveWindow.RangeSelection.Address
```

セルが選択されている場合

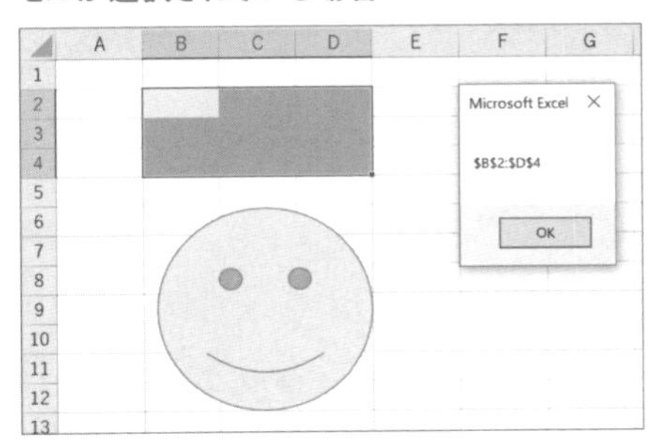

セルが選択されていない場合

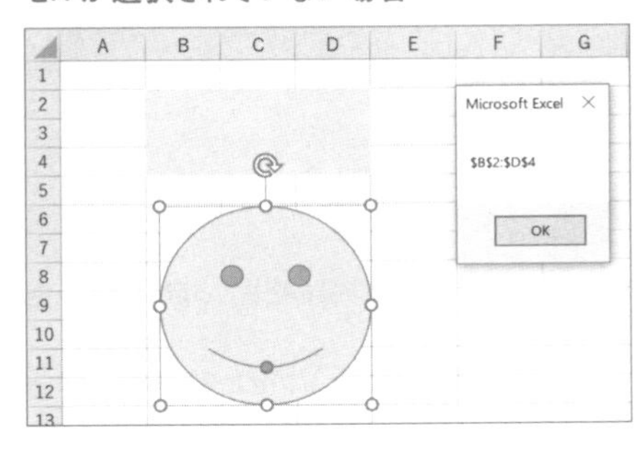

005 使用されているセル範囲を取得したい

サンプルファイル 005.xlsm

365 2019 2016 2013

利用シーン データの入力されているセル範囲を一括選択する

構文

プロパティ	意味
基準セル.CurrentRegion	基準セルを元にした表形式のセル範囲を取得
シート.UsedRange	指定シート内で利用されているセル範囲を取得

現時点でデータの入力されているセル範囲全体をまとめて取得したい場合、基準セルを元にCurrentRegionプロパティを使用すると、空白の行と列に囲まれたセル範囲（アクティブセル領域）を取得できます。

```
Range("B2").CurrentRegion.Select
```

しかし、CurrentRegionプロパティでは、下図左のように、途中に空白行があるようなケースでは、意図したセル範囲であるセル範囲B2:C11を取得できません。

この問題は、WorksheetオブジェクトのUsedRangeプロパティで解決できる場合があります。UsedRangeプロパティは、指定シート内で利用しているセル範囲を返すため、結果として、表の途中に空白行がある場合でも、表全体のセル範囲が取得できます。

```
ActiveSheet.UsedRange.Select
```

2つのプロパティの特徴を把握し、目的のセル範囲を取得していきましょう。

セルB2を起点にアクティブセル領域を選択

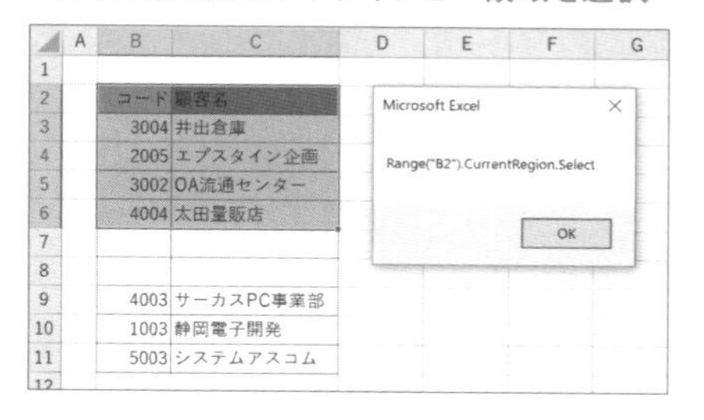

シートの使用セル範囲を選択

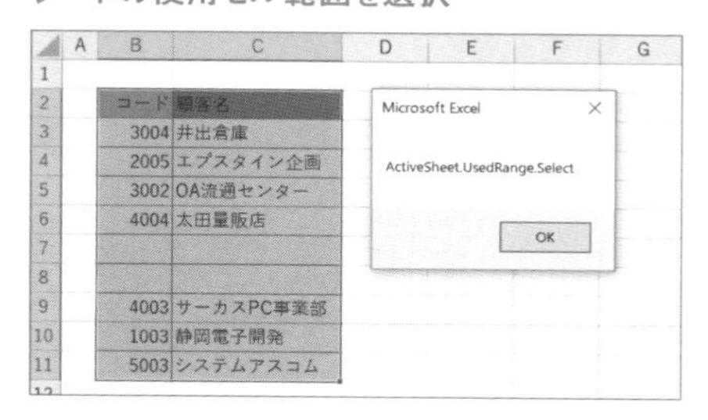

表の先頭と終端のセルを取得したい

サンプルファイル 006.xlsm

365 2019 2016 2013

扱うセル範囲の終端に位置するセルの行番号や列番号を取得する

構文

プロパティ	意味
セル範囲.Cells(1)	セル範囲の先頭セル（左上のセル）を取得
セル範囲.Cells(セル範囲.Count)	セル範囲の終端セル（右下のセル）を取得

Cellsプロパティは、通常「Cells(26, 1)」のように、行・列の番号を引数に指定しますが、「Cells(26).Address」のように、引数を1つだけ指定した場合、対象セル範囲内のセルを横方向→縦方向の順番で数えた位置にあるセルを取得できます。

```
Range("A1:C3").Cells(1)        'セルA1を取得
Range("A1:C3").Cells(4)        'セルA2を取得
```

この特性を利用すると、特定のセル範囲において、「セル範囲.Cells(1)」で、セル範囲の先頭セルを取得できます。同じく、「セル範囲.Cells(セル範囲.Count)」で、セル範囲の終端セル（右下のセル）を取得できます。

```
'使用されているセル範囲内で、最初に使用されているセルと、終端のセルを確認
With ActiveSheet.UsedRange
    MsgBox "先頭セル：" & .Cells(1).Address  & vbCrLf & _
           "終端セル：" & .Cells(.Cells.Count).Address
End With
```

サンプルの実行結果

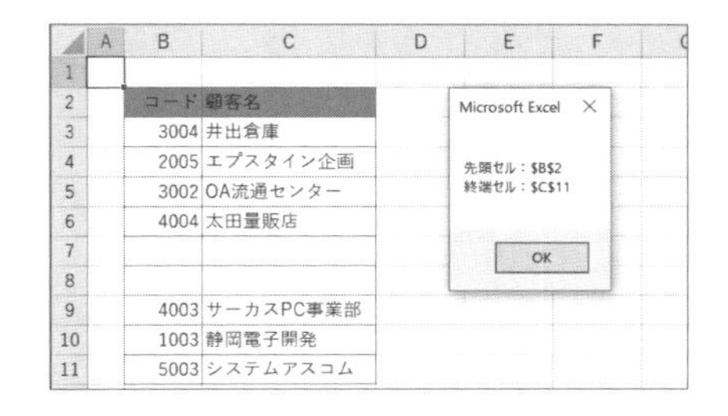

数式が入力されている セル範囲だけを操作したい

サンプルファイル 007.xlsm

365 2019 2016 2013

利用シーン 数式セルのみフォントの色を変更

構文

メソッド	意味
セル範囲.SpecialCells(Type:=xlCellTypeFormulas)	数式セルを取得

数式が入力されているセル範囲を取得するときには、SpecialCellsメソッドの第1引数に「xlCellTypeFormulas」を指定して使用します。

数式が入力されているセルがない場合にはエラーとなりますが、サンプルのように、エラー処理と組み合わせると、数式が入力されているセルがある場合とない場合に分けて、任意の処理を実行できます。

```
Dim myRange As Range
'一時的にエラーを無視
On Error Resume Next
Set myRange = Cells.SpecialCells(Type:=xlCellTypeFormulas)
On Error GoTo 0
'対象セルがあるかないかをNothingと比較して判定
If myRange Is Nothing Then
    MsgBox "数式が入力されているセルはありません"
Else
    myRange.Font.ColorIndex = 5 'フォントの色を「青」に変更
End If
```

サンプルの結果

	A	B	C	D
1	商品名	単価	数量	売上金額
2	商品A	300	20	6,000
3	商品B	270	15	4,050
4	商品C	190	18	3,420
5	商品D	430	22	9,460
6	商品E	550	7	3,850
7	商品F	210	32	6,720
8				
9				

	A	B	C	D
1	商品名	単価	数量	売上金額
2	商品A	300	20	6,000
3	商品B	270	15	4,050
4	商品C	190	18	3,420
5	商品D	430	22	9,460
6	商品E	550	7	3,850
7	商品F	210	32	6,720
8				
9				

数値が入力されている セル範囲だけを操作したい

サンプルファイル 008.xlsm

365 2019 2016 2013

文字や数式はそのまま残し、数値部分だけを消去して再利用する

構文

メソッド	意味
セル範囲.SpecialCells(Type:= xlCellTypeConstants, Value:=xlNumbers)	数値セルのみを取得

数値が入力されているセル範囲を取得するには、SpecialCellsメソッドの第1引数に「定数」を意味する「xlCellTypeConstants」を、そして、第2引数に「数値」を意味する「xlNumbers」を指定します。

数値が入力されているセルがない際にはエラーとなりますが、前トピックと同じく、エラー処理と組み合わせると、数値が入力されているセルがある場合とない場合に分けて、任意の処理を実行できます。

```
Dim myRange As Range
On Error Resume Next
Set myRange = Cells.SpecialCells(Type:=xlCellTypeConstants, 
Value:=xlNumbers)
On Error GoTo 0
If myRange Is Nothing Then
    MsgBox "数値が入力されているセルはありません"
Else
    myRange.ClearContents  '値をクリア
End If
```

サンプルの結果

	A	B	C	D
1	商品名	単価	数量	売上金額
2	商品A	300	20	6,000
3	商品B	270	15	4,050
4	商品C	190	18	3,420
5	商品D	430	22	9,460
6	商品E	550	7	3,850
7	商品F	210	32	6,720
8				
9				

▶

	A	B	C	D
1	商品名	単価	数量	売上金額
2	商品A			0
3	商品B			0
4	商品C			0
5	商品D			0
6	商品E			0
7	商品F			0
8				
9				

文字列が入力されている セル範囲だけを操作したい

サンプルファイル 009.xlsm

365 2019 2016 2013

まとめて文字の書式を整えたり 置換を行いたいセル範囲を取得する

構文

メソッド	意味
セル範囲.SpecialCells(Type:=xlCellTypeConstants, Value:=xlTextValues)	文字列セルを取得

文字列が入力されているセル範囲を取得するときには、SpecialCellsメソッドの第1引数に「定数」を意味する「xlCellTypeConstants」を、そして、第2引数に「文字列」を意味する「xlTextValues」を指定します。

文字列が入力されているセルがない場合にはエラーとなりますが、トピック008、009同様、エラー処理と組み合わせると、文字列が入力されているセルがある場合とない場合に分けて任意の処理を実行できます。

```
Dim myRange As Range
On Error Resume Next
Set myRange = Cells.SpecialCells( Type:=xlCellTypeConstants, 
Value:=xlTextValues)
On Error GoTo 0
If myRange Is Nothing Then
    MsgBox "文字列が入力されているセルはありません"
Else
    myRange.Font.Bold = True  'フォントを太字に変更
End If
```

サンプルの結果

	A	B	C	D
1	商品名	単価	数量	売上金額
2	商品A	300	20	6,000
3	商品B	270	15	4,050
4	商品C	190	18	3,420
5	商品D	430	22	9,460
6	商品E	550	7	3,850
7	商品F	210	32	6,720

▶

	A	B	C	D
1	**商品名**	**単価**	**数量**	**売上金額**
2	**商品A**	300	20	6,000
3	**商品B**	270	15	4,050
4	**商品C**	190	18	3,420
5	**商品D**	430	22	9,460
6	**商品E**	550	7	3,850
7	**商品F**	210	32	6,720

010 基準セルを含む行全体を操作したい

サンプルファイル 010.xlsm

365 2019 2016 2013

特定の値を検索し、ヒットした行全体を一括選択する

構文

プロパティ	意味
基準セル.EntireRow	基準セルを含む行全体を取得

次のステートメントを実行すると2行目全体が非表示になります。

```
Range("B2").Rows.Hidden = True
```

この結果を見る限り、「特定セルを含む行全体を取得するにはRowsプロパティを使えばよい」と思いがちですが、実はそうではありません。2行目全体が非表示になるのは、「セルB2だけ」を非表示にすることはできないからで、上記ステートメントは例外的なケースと考えてください。

では、特定のセル、たとえばアクティブセルが含まれる行全体を取得するときにはどうしたらよいのでしょう。この場合には、EntireRowプロパティを使用します。EntireRowプロパティは、Excelをデータベースとして使うときの定番のコマンドであるOffset、Resize、Endプロパティなどとよく一緒に使用されます。次のサンプルは、アクティブセルが含まれる行全体に対して、新しい行を挿入します。

```
'現在のセル位置に1行分セルを挿入
ActiveCell.EntireRow.Insert
```

コードの実行結果

	A	B	C
1	コード	顧客名	住所
2	3004	井出倉庫	愛知県名古屋市中川区愛知町XX
3	2005	エプスタイン企画	静岡県静岡市中沢XXX
4	3002	OA流通センター	愛知県名古屋市中区葵XX-XXX
5	4004	太田量販店	三重県名張市富貴ヶ丘2番町XX
6	5004	オンラインシステムズ	滋賀県八日市市大森町XX
7	1003	静岡電子開発	岐阜県高山市春日町XXX
8	5003	システムアスコム	滋賀県草津市青地町XXX-X
9			
10			
11			
12			

▶

	A	B	C
1	コード	顧客名	住所
2	3004	井出倉庫	愛知県名古屋市中川区愛知町XX
3	2005	エプスタイン企画	静岡県静岡市中沢XXX
4	3002	OA流通センター	愛知県名古屋市中区葵XX-XXX
5			
6	4004	太田量販店	三重県名張市富貴ヶ丘2番町XX
7	5004	オンラインシステムズ	滋賀県八日市市大森町XX
8	1003	静岡電子開発	岐阜県高山市春日町XXX
9	5003	システムアスコム	滋賀県草津市青地町XXX-X
10			
11			
12			

011 基準セルを含む列全体を操作したい

サンプルファイル 011.xlsm

365 2019 2016 2013

利用シーン 特定の値を検索し、ヒットした列の書式を一括変更する

構文

プロパティ	意味
基準セル.EntireColumn	基準セルを含む列全体を取得

前トピックに続いて、今度は任意のセルを含む列全体を取得する手法です。サンプルを紹介する前に、簡単な前置きをしましょう。次のステートメントを実行するとB列全体が非表示になりますが、だからといってColumnsプロパティで列全体を取得できるわけではありません。

```
Range("B2").Columns.Hidden = True
```

これは、Rowsプロパティでは行全体を取得できないのと同じ理由です。アクティブセルが含まれる列全体を取得するときには、EntireColumnプロパティを使用します。次のサンプルは、アクティブセルが含まれる列全体に対して、新しい列を挿入します。

```
'現在のセル位置に1列分セルを挿入
ActiveCell.EntireColumn.Insert
```

コードの実行結果

	A	B	C	D	E	F	G
1	コード	顧客名	住所				
2	3004	井出倉庫	愛知県名古屋市中川区愛知町XX				
3	2005	エプスタイン企画	静岡県静岡市中沢XXX				
4	3002	OA流通センター	愛知県名古屋市中区葵XX-XXX				
5	4004	太田量販店	三重県名張市富貴ヶ丘2番町XX				
6	5004	オンラインシステムズ	滋賀県八日市市大森町XX				

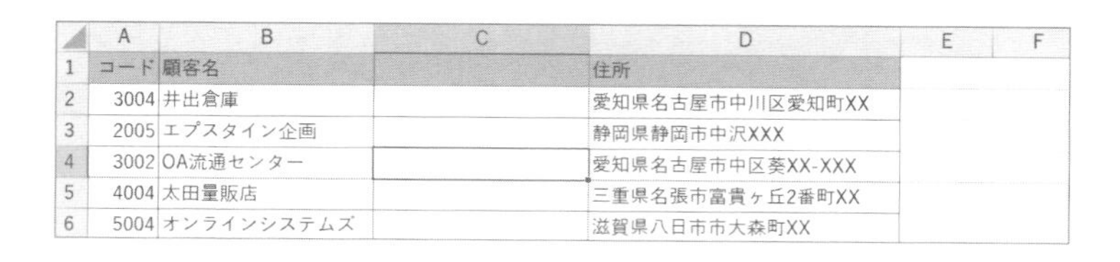

	A	B	C	D	E	F
1	コード	顧客名		住所		
2	3004	井出倉庫		愛知県名古屋市中川区愛知町XX		
3	2005	エプスタイン企画		静岡県静岡市中沢XXX		
4	3002	OA流通センター		愛知県名古屋市中区葵XX-XXX		
5	4004	太田量販店		三重県名張市富貴ヶ丘2番町XX		
6	5004	オンラインシステムズ		滋賀県八日市市大森町XX		

012 空白セルだけを操作したい

サンプルファイル 012.xlsm

365 2019 2016 2013

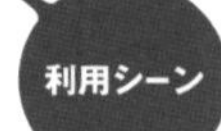

必要な値が入力されていないセルに一括して色を付けて強調する

構文

メソッド	意味
セル範囲.SpecialCells(Type:=xlCellTypeBlanks)	空白セルのみを取得

ワークシート上の「空白セル」を取得する際には、セル全体を表すCellsプロパティに対して、SpecialCellsメソッドの第1引数に「xlCellTypeBlanks」を指定して使用します

この場合の「空白セル」とは、「先頭のセル（セルA1）から最後に使用されているセルまでの間のセル範囲の中で空白のセル」という意味です。「ワークシート全体の中の空白のセルすべて」という意味ではありませんのでご安心を。もし使用されていない箇所の「空白セル」まで含まれたら、ものすごい数のセルが対象になってしまいますものね。

```
Dim myRange As Range
On Error Resume Next
Set myRange = ActiveSheet.Cells.SpecialCells(Type:=xlCellTypeBlan
ks)
On Error GoTo 0
If myRange Is Nothing Then
    MsgBox "空白セルはありません"
Else
    myRange.Select
    MsgBox myRange.Address
End If
```

サンプルの結果

	A	B	C
1	コード	顧客名	TEL
2	3004	井出倉庫	068-444-XXXX
3		エプスタイン企画	0549-67-XXXX
4	3002	OA流通センター	066-442-XXXX
5	4004	太田量販店	
6	5004		0734-26-XXXX
7		カルタン設計所	0818-97-XXXX
8	4003	サーカスPC事業部	0733-24-XXXX
9	1003		
10	5003	システムアスコム	0816-95-XXXX

Microsoft Excel

$A$3,$C$5,$B$6,$A$7,$B$9:$C$9

OK

空白セルを含む行全体を一括操作したい

サンプルファイル 013.xlsm

365 2019 2016 2013

表内の必要な値が入力されていない行だけを一括削除する

構文

プロパティ／メソッド	意味
セル範囲.SpecialCells(Type:=xlCellTypeBlanks)	空白セルのみを取得
基準セル.EntireRow	基準セルを含む行全体を取得

表形式で入力されているデータのうち、空白セルを含むデータを行単位で一括削除してみましょう。前トピックの通り、空白セルを取得するには、SpecialCellsメソッドに引数「xlCellTypeBlanks」を指定して実行します。

取得したセル範囲をさらに、空白セルを含む行全体が対象になるように拡大するには、EntireRowプロパティを組み合わせます。このセル範囲をDeleteメソッドで削除すれば完成です。

```
'セル範囲A1:E10内で、空白セルを含む行を一括削除
Range("A1:C10").SpecialCells(xlCellTypeBlanks).EntireRow.Delete
```

サンプルの結果

	A	B	C
1	コード	顧客名	TEL
2	3004	井出倉庫	068-444-XXXX
3		エプスタイン企画	0549-67-XXXX
4	3002	OA流通センター	066-442-XXXX
5	4004	太田量販店	
6	5004		0734-26-XXXX
7		カルタン設計所	0818-97-XXXX
8	4003	サーカスPC事業部	0733-24-XXXX
9	1003		
10	5003	システムアスコム	0816-95-XXXX
11			

▶

	A	B	C
1	コード	顧客名	TEL
2	3004	井出倉庫	068-444-XXXX
3	3002	OA流通センター	066-442-XXXX
4	4003	サーカスPC事業部	0733-24-XXXX
5	5003	システムアスコム	0816-95-XXXX
6			
7			
8			
9			
10			
11			

014 結合セルかどうかや結合範囲を取得したい

サンプルファイル 014.xlsm

365 2019 2016 2013

伝票形式のシート内の結合されたセル範囲を取得して値をクリアする

構文

プロパティ	意味
セル.MergeCells	結合している場合はTrueを、していない場合はFalseを返す
単一セル.MergeArea	結合セル全体となるセル範囲を取得

特定のセル、もしくはセル範囲が結合されているかどうかは、MergeCellsプロパティがTrueかどうかでわかります。また、特定セルを基準に、結合されているセル範囲全体を取得するときにはMergeAreaプロパティを使用します。ただし、MergeAreaプロパティは単一のセルに対してしか使用できません。特定セル範囲に対して利用する場合には、

```
Range("C3:D4").Cells(1).MergeArea
```

のように、「特定セル範囲内の1つのセル」を指定してから利用する、等のひと手間をかけて確認しましょう。

サンプルでは、セル範囲C3:D4が結合されているかどうかを判定し、結合されている場合には、その結合セル範囲のアドレスを表示します。

```
If Range("C3:D4").MergeCells = True Then
    MsgBox Range("C3:D4").Cells(1).MergeArea.Address
Else
    MsgBox "結合されたセルではありません"
End If
```

サンプルの結果

	A	B	C	D	E	F	G	H	I
1									
2		セル範囲B2:F5が結合されています							
3									
4									
5									
6									
7									
8									

Microsoft Excel

$B$2:$F$5

OK

015 2つ以上のセル範囲の集合を取得したい

サンプルファイル 015.xlsm

365 2019 2016 2013

利用シーン 特定の値や数式を持つセルすべてをまとめて扱う準備をする

構文

メソッド	意味
Union(セル範囲1, セル範囲2[,セル範囲3…])	引数に指定したセル範囲をすべてまとめたセル範囲を取得

2つ以上のセル範囲をまとめて1つにするときには、Unionメソッドを使用します。Unionメソッドは、引数に指定したセル範囲の集合となるセル範囲を返します。

「このメソッドは何に役に立つのか」と思う人もいるかもしれません。実はUnionメソッドは48ページで紹介するFindNextメソッドと組み合わせると、とても役に立ちます。そこで、本トピックでは、Unionメソッドの基本的な使用例を紹介します。

```
Dim myRange As Range
'3つの異なるセル範囲を統合
Set myRange = Union(Range("A1:D7"), Rows("2:5"), Columns("D:I"))
'3つのセル範囲をまとめて扱えるようになっている
myRange.Select
MsgBox myRange.Address
```

サンプルの結果

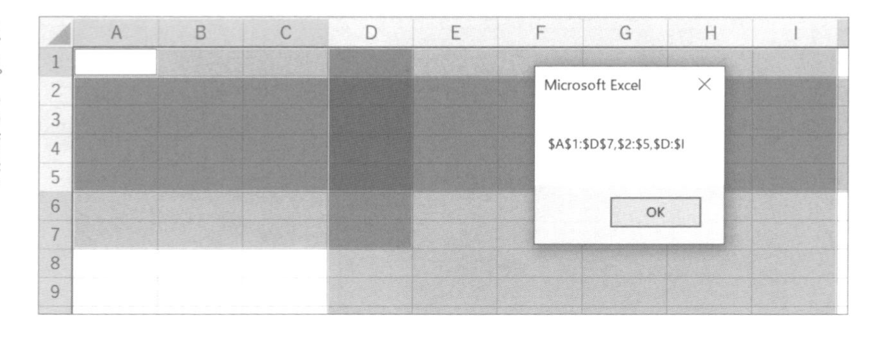

2つのセル範囲の重なり合う範囲を取得したい

サンプルファイル 016.xlsm

365 2019 2016 2013

利用シーン 特定セル範囲の値を変更した場合にのみ対応する処理を実行する

構文

メソッド	意味
Intersect(セル範囲1,セル範囲2[,セル範囲3…])	引数に指定したセル範囲のうち、重なるセル範囲を取得

Intersectメソッドを使うと、引数に指定した複数のセル範囲のうち、重なり合うセル範囲を取得できます。

一見、その有用性を疑問視する方もいるかもしれませんが、実は、ワークシートのイベントプロシージャと組み合わせると、「特定のセル範囲内のセルを操作した場合にのみ対応する処理を実行する」ために役立つテクニックです。覚えておいて損はありません。

```
Dim myRange As Range
Set myRange = Intersect(Range("A1:C10"), Columns("D:F"))
If myRange Is Nothing Then
    MsgBox "セルA1:C16とD列~F列には、共有部分はありません"
Else
    MsgBox "セルA1:C16とD列~F列の共有範囲：" & myRange.Address
End If
Set myRange = Intersect(Range("A1:C10"), Rows("7:9"))
If myRange Is Nothing Then
    MsgBox "セルA1:C16と7~9行目には、共有部分はありません"
Else
    MsgBox "セルA1:C16と7~9行目の共有範囲：" & myRange.Address
End If
```

重なり合うセルがない場合

重なり合うセルがある場合

017 離れた位置にあるセルを固まりごとに操作したい

サンプルファイル 017.xlsm

365 2019 2016 2013

Ctrlを押しながら選択したセルの色を固まりごとに塗り分ける

構文

プロパティ／コレクション	意味
セル範囲.Areas.Count	エリア数を取得
セル範囲.Areas(インデックス番号)	指定番号のエリアのセル範囲を取得

Excelでは、Ctrlキーを押しながらセルやセル範囲を選択すると、下図左のように、離れた位置にあるセル範囲をまとめて選択できます。

このとき、離れた位置にあるセルの情報は、「Areasコレクション」に個々の固まり（エリア）ごとに分割・整理されています。AreasコレクションのCountプロパティを利用すれば総エリア数が取得でき、インデックス番号を指定すれば対応するエリア番号のセル範囲が取得できます。

```
Dim i As Long
'選択セル範囲の全エリアごとにエリア番号を入力
For i = 1 To Selection.Areas.Count
    Selection.Areas(i).Value = "エリア" & i
Next
```

サンプルの結果

	A	B	C	D	E
1					
2					
3					
4					
5					
6					
7					
8					

	A	B	C	D	E
1					
2		エリア1			
3		エリア1		エリア3	
4		エリア1		エリア3	
5				エリア3	
6		エリア2			
7		エリア2		エリア4	
8					

018 セルを検索して見つかったセルを操作したい

サンプルファイル 018.xlsm

365 2019 2016 2013

利用シーン 名前を元に検索し、隣のセルの値を取得する

構文

メソッド	意味
セル範囲.Find(What:=検索したい文字列)	検索結果のセルを取得

下図の成績表から、「大村あつし」の点数を求めるときにはFindメソッドを使用します。ポイントは、セルの文字列検索をマクロ記録すると

```
Cells.Find(What:="大村あつし")
```

と記録されますが、すべてのセルを検索対象にする必要はないので、対象セル範囲を、

```
Range("A2:A10").Find(What:="大村あつし")
```

と、検索を行いたいセル範囲のみに絞っている点です。

```
Dim myRange As Range
Set myRange = Range("A2:A10").Find(What:="大村あつし")
If myRange Is Nothing Then
    MsgBox "「大村あつし」が見つかりません"
Else
    '検索結果のセルの1列隣のセルの値を表示
    MsgBox "大村あつしの成績は  " & myRange.Offset(0, 1).Value
End If
```

サンプルの結果

	A	B
1	氏名	成績
2	高野実優	83
3	古川康夫	68
4	井出登志男	6
5	大村あつし	77
6	斎藤忠	86
7	飯野正寛	85
8	井上めぐみ	57
9	佐野麻美	69
10	小林由美子	74

Microsoft Excel
大村あつしの成績は 77
OK

019 セルを検索して対象セルすべてを操作したい

サンプルファイル 019.xlsm

利用シーン 特定の名前を元に検索し、その隣のセルの値をすべて更新する

構文

メソッド	意味
セル範囲.Find(What:=検索したい文字列)	検索結果のセルを取得
セル範囲.FindNext(再検索の起点セル)	同一検索条件の「次のセル」を取得

ここで紹介するテクニックは、44ページのUnionメソッドと、前テクニックで紹介したFindメソッドの発展形であるFindNextメソッドを融合させた、みなさんのVBAスキルを1ランク引き上げるほどの極めて有用性の高いサンプルです。

まず最初に、サンプルをご覧ください。ここでは、全セルを対象に検索しています。

```
Dim myRange As Range
Dim myFirstCell As Range
Dim myUnion As Range
'検索条件を指定して検索開始
Set myRange = Cells.Find(What:="大村あつし") ――― ❶
If myRange Is Nothing Then ――― ❷
    MsgBox "「大村あつし」が見つかりません"
    Exit Sub
Else
    Set myFirstCell = myRange
    Set myUnion = myRange
End If
'「次のセル」の検索を続行
Do
    Set myRange = Cells.FindNext(myRange) ――― ❸
    If myRange.Address = myFirstCell.Address Then ――― ❹
        Exit Do
    Else
        Set myUnion = Union(myUnion, myRange) ――― ❺
    End If
Loop
'myUnionに格納しておいた全検索結果をまとめたセルを操作
MsgBox "「大村あつし」が " & myUnion.Count & "件見つかりました"
```

365 2019 2016 2013

❶では、Findメソッドを利用し、「大村あつし」と入力されたセルの検索を開始します。

❷からの箇所では、検索セルが見つかったかどうかを判定し、見つかった場合には「最初に見つかった位置のセル」を変数myFirstCellへと保存しておきます。また、すべてのセルの検索終了後に、対象セルをまとめて扱えるよう、変数myUnionにも保存します。

❸では、FindNextメソッドで「直前に実行したFindメソッドと同条件で検索」を行っています。このとき、引数には検索を開始する基準セルを指定できますが、これは、「直前の検索結果の位置のセル」を指定します。

続く❹が、このサンプルの鍵を握るのステートメントです。Do...Loopステートメントでループをするわけですが、❸のステートメントで取得した変数「myRange」が、最初の検索結果セルである「myFirstCell」と一致したら、すべての対象セルを検索し終わったと判断し、ループを終了します。

なお、この一致の判断は、必ずAddressプロパティの値で比較します。すなわち、FindNextメソッドで検索したセルの「アドレス」が、最初の検索結果セルの「アドレス」と一致したときが、すべての対象セルを検索し終えたときなのです。このAddressプロパティを省略してしまうと、Valueプロパティを指定したことになり、2つのRangeオブジェクトの値は当然どちらも「大村あつし」なのですから、このサンプルは正常に動作しません。

そして、❺で対象セルをUnionメソッドで集合体にしてオブジェクト変数に格納していることはおわかりですね。

このサンプルを実行すると、次図のような結果が得られます。

サンプルの結果

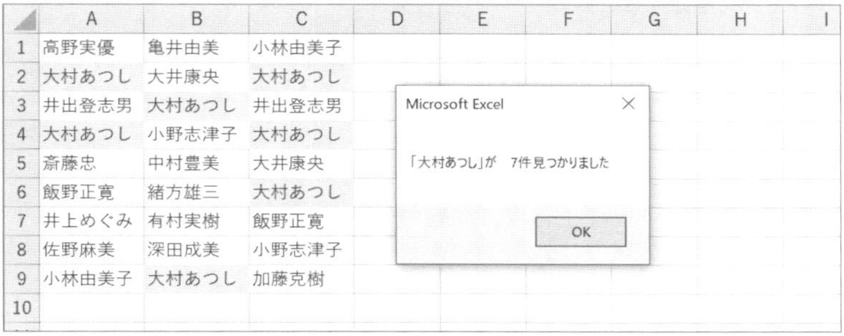

	A	B	C	D	E	F	G	H	I
1	高野実優	亀井由美	小林由美子						
2	大村あつし	大井康央	大村あつし						
3	井出登志男	大村あつし	井出登志男						
4	大村あつし	小野志津子	大村あつし						
5	斎藤忠	中村豊美	大井康央						
6	飯野正寛	緒方雄三	大村あつし						
7	井上めぐみ	有村実樹	飯野正寛						
8	佐野麻美	深田成美	小野志津子						
9	小林由美子	大村あつし	加藤克樹						
10									

Microsoft Excel

「大村あつし」が　7件見つかりました

OK

020 「1行分」単位でセルを操作したい

サンプルファイル 020.xlsm

365 2019 2016 2013

表形式のセル範囲の特定行をまとめてコピー

構文

プロパティ	意味
基準セル.End(方向)	指定方向の「終端セル」を取得

セルA1:E1のフォントを太字にするのであれば、次のステートメントで可能です。

```
Range("A1:E1").Font.Bold = True
```

しかし、列の項目が1列分増えたりと、列数が可変で終端のセルがわからない（E1とは限らない）というケースは頻繁にあります。

このようなときには、Endプロパティで右端の列が取得できる特性を利用して、次のサンプルのようなマクロを書きます。なお、Endプロパティの引数には、取得したい終端セルの「方向」によって、次の4つの定数のいずれかを指定します。

■ 終端セルの方向を指定する定数

右端	下端	左端	上端
xlToRight	xlDown	xlToLeft	xlUp

```
'セルA1と、セルA1を起点とした右方向の終端セルの間のセルを太字表示
Range("A1", Range("A1").End(xlToRight)).Font.Bold = True
```

サンプルの結果

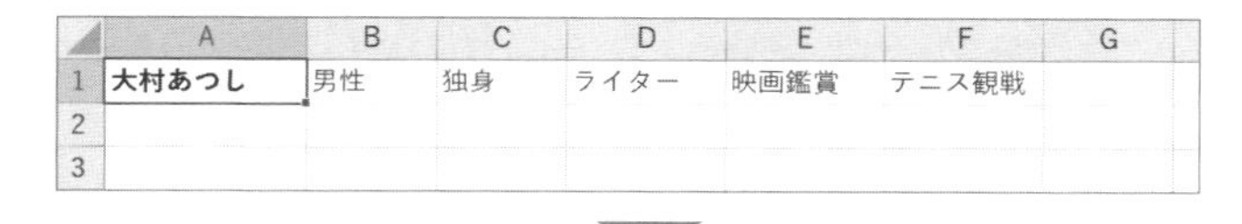

	A	B	C	D	E	F	G
1	**大村あつし**	**男性**	**独身**	**ライター**	**映画鑑賞**	**テニス観戦**	
2							
3							

021 グラフや図がどのセル上に置かれているかを知りたい

サンプルファイル 021.xlsm

365 2019 2016 2013

グラフの下に隠れているセル範囲を避けて値を入力する

構文

プロパティ	意味
図.TopLeftCell	図の左上の位置にあるセルを取得
図.BottomRightCell	図の右下の位置にあるセルを取得

グラフ、図形、フォームのコントロールなどは、Shapeオブジェクトとして扱えます。そして、Shapeオブジェクトには、左上のセルを返すTopLeftCellプロパティと、右下のセルを返すBottomRightCellプロパティがあります。

この2つのプロパティを使えば、容易に描画されているセル範囲を取得できます。

次のサンプルは、ワークシート上のすべてのShapeオブジェクトの左上と右下のセルのアドレスをメッセージボックスに表示します。

```
Dim myShape As Shape
For Each myShape In ActiveSheet.Shapes
    MsgBox "オブジェクトの左上のセル：" & _
            myShape.TopLeftCell.Address & _
            vbCrLf & _
            "オブジェクトの右下のセル：" & _
            myShape.BottomRightCell.Address
Next
```

サンプルの結果

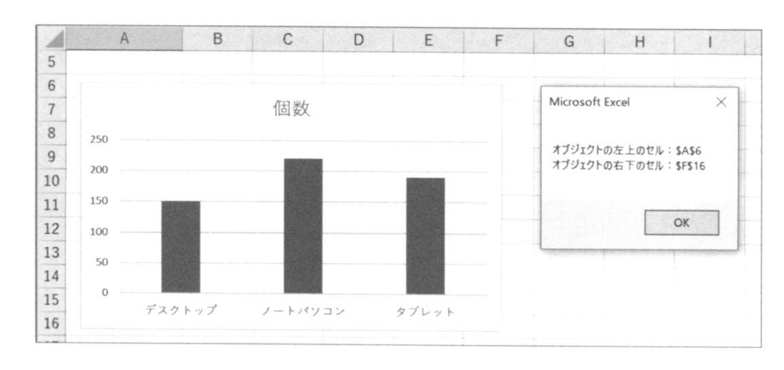

表示されているセル範囲だけを操作したい

サンプルファイル 022.xlsm

365 2019 2016 2013

作業用の行・列が隠れている場合には表示する

構文

メソッド	意味
セル範囲.SpecialCells(xlCellTypeVisible)	可視セルのみを取得

作表する際、計算用の作業列をユーザーには見えないように非表示にしてある場合があります。このセル範囲をそのままコピーすると、作業列の値まで一緒にコピーされます。

非表示列の値が必要ない場合は、表示されているセル範囲のみを選択してからコピーします。手動で選択する場合には、まず、セル範囲を選択してから、Ctrl＋Gキーで［ジャンプ］ダイアログボックスを表示し、［セル選択］ボタンをクリックします。すると、［選択オプション］ダイアログボックスが表示されるので、ここで［可視セル］を選択すれば、表示されているセル範囲のみが選択できます。

この操作をマクロにしたものが次のサンプルです。サンプルでは、C列とD列が非表示になっていますが、その範囲を除いたセル範囲が取得できていますね。

```
Range("A1:E10").Select
MsgBox Selection.SpecialCells(xlCellTypeVisible).Address
```

サンプルの結果

	A	B	E	F	G	H
1	コード	顧客名	TEL			
2	3004	井出倉庫	068-444-XXXX			
3	3001	エプスタイン企画	0549-67-XXXX			
4	3002	OA流通センター	066-442-XXXX			
5	4004	太田量販店	0734-25-XXXX			
6	5004	オンラインシステムズ	0817-96-XXXX			
7	5005	カルタン設計所	0818-97-XXXX			
8	4003	サーカスPC事業部	0733-24-XXXX			
9	1003	静岡電子開発	0445-33-XXXX			
10	5003	システムアスコム	0816-95-XXXX			
11						

Microsoft Excel

$A$1:$B$10,$E$1:$E$10

OK

023 非表示の行・列があるかどうかをチェックしたい

サンプルファイル 023.xlsm

365 2019 2016 2013

利用シーン 計算用の非表示行・列には手を付けず、残りの部分をクリアしたい

構文

メソッド	意味
Cells.SpecialCells(xlCellTypeVisible).Areas.Count > 1	非表示の有無を判定

トピック022の「表示されているセル範囲を取得する」方法と、トピック017の「セル範囲のエリア数を取得する」方法を組み合わせると、非表示の行・列が存在するかどうかをチェックできます。

シート内に非表示の行・列がある場合、セル全体に対する「可視セル」を取得すると、そのセル範囲は「複数のエリアを持った状態」であると言えます。一方、非表示の行・列がない場合には、エリア数は1つだけとなります。

つまり、可視セルとして取得できるセル範囲に対して、複数エリアを持つかどうかをチェックすることで、非表示の行・列が存在するかどうかが判定できるというわけですね。具体的には、SpecialCellsメソッドで取得した可視セル範囲のエリア数を、Areas.Countプロパティで取得し、「1」より大きければ非表示行・列があると判定できます。

```
If Cells.SpecialCells(xlCellTypeVisible).Areas.Count > 1 Then
    MsgBox "非表示の行、または列が存在します"
End If
```

サンプルの結果

	A	B	E	F	G	H	I
1	コード	顧客名	TEL				
2	3004	井出倉庫	068-444-XXXX				
3	3001	エプスタイン企画	0549-67-XXXX				
4	3002	OA流通センター	066-442-XXXX				
5	4004	太田量販店	0734-25-XXXX				
6	5004	オンラインシステムズ	0817-96-XXXX				
7	5005	カルタン設計所	0818-97-XXXX				
8	4003	サーカスPC事業部	0733-24-XXXX				
9	1003	静岡電子開発	0445-33-XXXX				
10	5003	システムアスコム	0816-95-XXXX				
11							

Microsoft Excel

非表示の行、または列が存在します

OK

024 現在表示されているセル範囲を知りたい

サンプルファイル 024.xlsm

365 2019 2016 2013

表示セル範囲を把握して画面の大きさに合わせた処理を実行する

構文

プロパティ	意味
ウィンドウ.VisibleRange	現在表示されているセル範囲を取得

VBAに精通した人でも、「現在、ウィンドウ内に表示されているセル範囲を取得してください」といわれると、頭を悩ます人も多いのではないでしょうか。下図では、セルA1:I14がウィンドウ内に表示されています。

実はVBAには、この表示されているセル範囲を取得するVisibleRangeという便利なプロパティがあります。表示範囲は、セルの一部でも表示されていれば「表示されている」とみなされます（もっとも、わずかしか表示されていないと「表示されていない」とみなされることもあります）。

また、VisibleRangeプロパティは、サンプルのようにWindowオブジェクトに対して使用する点にご注意ください。

```
'アクティブなウィンドウに表示されているセル範囲を確認
MsgBox ActiveWindow.VisibleRange.Address
```

サンプルの結果

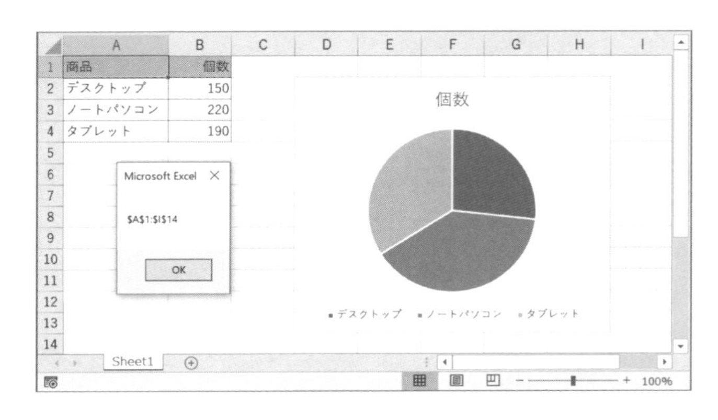

025 シートの表示エリアを制限したい

サンプルファイル 025.xlsm

365 2019 2016 2013

利用シーン

データの特定部分のみに注目させ、他の部分は選択できないようにする

構文

プロパティ	意味
シート.ScrollArea = "セル番地文字列"	表示エリアを文字列のセル範囲に限定する

Excelではシートごとに表示エリアを制限できます。この機能は、大量データを閲覧するときに重宝します。また、制限された表示エリアのことを「スクロールエリア」と呼びますが、スクロールエリアは次図のように、VBEで目的のワークシートを選択し、[プロパティ] ウィンドウで設定可能です。

スクロールエリアをVBE画面で設定する

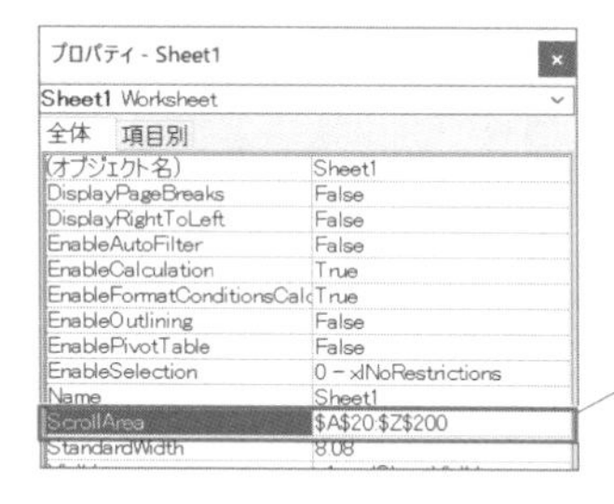

[プロジェクトエクスプローラー]から該当シートを選択し、[プロパティ] ウィンドウ上で設定する

VBAのコードで指定する場合には、ScrollAreaプロパティにスクロールエリアとしたいセル範囲のセル番地文字列を指定します。

```
'スクロールエリアをA20:Z200に制限してジャンプ
Worksheets(1).ScrollArea = "A20:Z200"
Application.Goto Range("A20"), True
```

表示エリアの制限を解除するには、ScrollAreaの値に「""(空白文字列)」を指定します。

```
'表示エリアの制限を解除
Worksheets(1).ScrollArea = ""
```

指定セルが画面左上に来るようスクロールさせたい

サンプルファイル 026.xlsm

365 2019 2016 2013

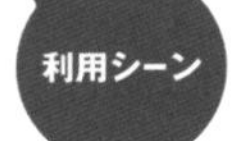

検索結果のセルを起点にシートのデータを見せたい

構文

プロパティ	意味
ウィンドウ.ScrollRow = 行番号	指定行が画面上端に表示されるように移動
ウィンドウ.ScrollColumn = 列番号	指定列が画面左端に表示されるように移動

検索の結果見つかったセルや、注目させたいデータの入力されているセルがある場合、そのセルを画面上の見やすい場所に持ってくると、スムーズに作業が進められます。

画面の表示位置を調整するには、ウィンドウを指定して、ScrollRowプロパティとScrollColumnプロパティを使用します。サンプルでは、セルZ50の行番号と列番号を2つのプロパティの値として指定することで、セルZ50が画面の左上にくる画面になるように調整しています。このとき、あくまでも画面がスクロールされるのみで、アクティブセルの位置は変化しません。

```
Dim myRange As Range
Set myRange = Range("Z50")
With ActiveWindow
    .ScrollRow = myRange.Row
    .ScrollColumn = myRange.Column
End With
```

サンプルの結果

	A	B	C	D	E
1					
2					
3					
4					
5					
6					
7					
8					
9					
10					
11					

▶

	Z	AA	AB	AC	AD
50					
51					
52					
53					
54					
55					
56					
57					
58					
59					
60					

027 アクティブではないシート上のセルへ移動したい

サンプルファイル 027.xlsm

365 2019 2016 2013

別シート上にある目的のデータへと画面を遷移させる

構文

メソッド	意味
Application.GoTo 目的のシート.セル範囲	指定シート・セルへと移動

Excel VBAでは、アクティブではないシートのセルを選択するとエラーが発生します。たとえば、「Sheet1」がアクティブなとき、次のステートメントはエラーとなります。

```
Worksheets("Sheet2").Range("B2:D8").Select
```

もちろん、こうしたケースでは、あらかじめ「Sheet2」をアクティブにしてから目的のセルを選択するのが定石ですが、サンプルのようにApplicationオブジェクトのGoToメソッドを使用しても、アクティブではないシートのセルを選択することができます。

```
'アクティブではないシート上のセルにジャンプ
Application.GoTo Worksheets("Sheet2").Range("B2:D8")
```

サンプルの実行結果

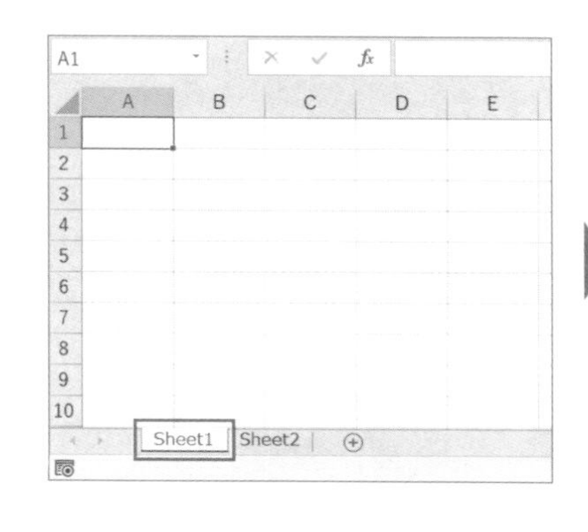

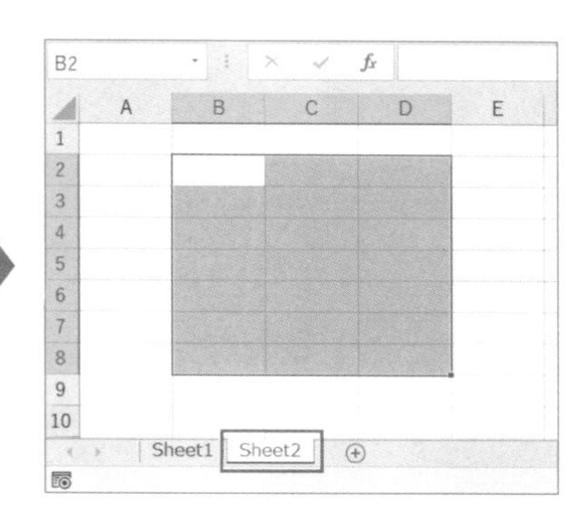

他のセルへジャンプ後に元のセルへと戻りたい

サンプルファイル 028.xlsm

365 2019 2016 2013

他のシート上の情報を確認後に元のセルを表示させたい

構文

メソッド	意味
Application.GoTo	直前にジャンプしたセルへと戻る

前トピックで紹介したGoToメソッドは、引数なしで実行すると、直前のGoToメソッドで「ジャンプ」した元のセルへと戻ります。この仕組みは、他のシートの値をちょっと確認して元の作業に戻りたい場合に便利です。

たとえば、次のようなコードで他のシートへジャンプしたとします。

```
Dim myRange As Range
'アクティブセルの値を元に他のシートを検索してジャンプ
Set myRange = Worksheets("顧客").Columns("B").Find(ActiveCell.
Value)
Application.GoTo myRange
```

そのあと、次のコードを実行すると、元の場所へと戻ります。

```
Application.GoTo
```

サンプルの結果

	A	B	C	D	E
1	ID	日付	顧客名	売上金額	担当者名
6	5	7月11日	井出倉庫	83,790	牧野光
7	6	7月11日	太田量販店	65,100	牧野光
8	7	7月12日	エプスタイン企画	365,400	牧野光
9	8	7月13日	カルタン設計所	478,800	牧野光
10	9	7月13日	システムアスコム	396,900	牧野光

明細 顧客

GoTo セル番地でジャンプ

引数なしでGoToで戻る

	A	B	C
1	コード	顧客名	住所
2	3004	井出倉庫	愛知県名古屋市中川区愛知町XX
3	2005	エプスタイン企画	静岡県静岡市中沢XXX
4	3002	OA流通センター	愛知県名古屋市中区葵XX-XXX
5	4004	太田量販店	三重県名張市富貴ヶ丘2番町XX
6	5004	オンラインシステムズ	滋賀県八日市市大森町XX

明細 顧客

セルの値と表示に関するテクニック

Chapter

2

029 セルに値を入力したい

サンプルファイル 029.xlsm

365 2019 2016 2013

マクロ内で求めた計算結果をセルへと書き込む

構文

プロパティ	意味
セル.Value = 値	指定した値をセルへと入力
セル = 値	指定した値をセルへと入力（簡易記述）

セルやセル範囲に値を入力するには、セルを指定してValueプロパティへと入力したい値を指定します。

```
Range("A1").Value = "Excel"   '単一セルに入力
Range("A3:A5").Value = "VBA"  'セル範囲に入力
```

また、Valueプロパティを省略し、以下のように記述しても入力可能です。

```
'Valueを省略して入力
Range("C1") = 100
Range("C3:C5") = 200
```

省略した記述方式は、コードの入力は簡単になりますが、可読性は著しく下がってしまいます。できるだけ省略しない書き方をお勧めします。また、省略はしないという方も、他の方が作成したマクロで省略形式を利用している場合に、「ああ、Valueを省略していて、値を入力しているんだな」と、内容を読み解けるよう知識として押さえておきましょう。

サンプルの実行結果

	A	B	C	D
1				
2				
3				
4				
5				
6				
7				

▶

	A	B	C	D
1	Excel		100	
2				
3	VBA		200	
4	VBA		200	
5	VBA		200	
6				
7				

セルが空白かどうかを判定したい

サンプルファイル 030.xlsm

365 2019 2016 2013

データが未入力かどうかを判断してメッセージを表示する

構文

プロパティ	意味
If セル.Value = "" Then	セルが空白の場合のみ処理を分岐する

ここで取り上げるテクニックは、知っている人にとっては初歩中の初歩で、VBAを学習し始めて真っ先に習得したものだと思いますが、ネットを見ていてとても気になったので紹介することにしました。セルの値が空白かどうかを判定するための、次のようなコードをネットで見ました。

```
If IsEmpty(Range("A1").Value) = True Then MsgBox "空白です"
```

また、次のようなコードを目にしたこともあります。

```
If Len(Range("A1").Value) = 0 Then MsgBox "空白です"
```

何を隠そう、実はどちらもMicrosoftのサポートページに掲載されていたものです。ですから、どちらも間違いとは言いませんが、空白かどうかは、セルの値が長さ0の文字列（""）かどうかを判定するだけでよいことを知っていれば、上記のようなコードを書く必要はありません。

次のサンプルは、❶がセルが空白かどうかを判定するもの、そして、❷がセルを空白にするものです。

```
If Range("A1").Value = "" Then MsgBox "空白です" ———❶
Range("A1").Value = "" ———❷
```

ちなみに、❷は以下のようにも記述できます。ClearContentsメソッドを使ったほうが処理は高速ですが、数万件もループする場合を除けば筆者はClearContentsメソッドはほとんど使用しません。

```
Range("A1").ClearContents
```

031 セルの値が数値かどうかを判定したい

サンプルファイル 031.xlsm

365 2019 2016 2013

セルに数値が入力されているかどうかをチェックしてから集計する

構文

関数	意味
IsNumeric(セル.Value)	セルの値が数値かどうかを判定する

集計作業を行う場合、数値が入力されていないセルが存在すると、意図した結果を得られない場合があります。項目数が少ないときは目視でも確認できますが、多い場合にはVBAを使って判定したほうが簡単です。

セルの値が数値かどうかを判定するときにはIsNumeric関数を使用します。次のサンプルでは、指定セル範囲のセルすべてに数値が入力されているかをチェックし、数値が入力されていない場合は該当セルを選択したうえでメッセージを表示します。

```
Dim myRange As Range
For Each myRange In Range("B2:D4")
    If IsNumeric(myRange.Value) = False Then
        myRange.Select
        MsgBox "数値が入力されていません：" & myRange.Address
        Exit Sub
    End If
Next
MsgBox "すべて数値が入力されています"
```

サンプルの結果

	A	B	C	D
1	商品	価格	数量	小計
2	デスクトップPC	98,000	2	196,000
3	タブレットノート	76,000	4	304,000
4	FAXプリンタ複合機	時価	1	不明

Microsoft Excel

数値が入力されていません：$B$4

OK

セルの値が日付かどうかを判定したい

サンプルファイル 032.xlsm

365 2019 2016 2013

セルに入力されている値が実在する日付なのかを判定してから計算を行う

構文

関数	意味
IsDate(セル.Value)	セルの値が日付として扱えるかどうかを判定する

日付を使った日数計算を行い場合、計算で使う値が日付としてきちんと認識できる値なのかどうかをチェックしたいケースがあります。たとえば、「13月1日」や「2020/2/30」等は、日付としてはありえない値ですが、うっかり間違って入力したり、月数や日数に対して、シリアル値ベースの繰り越し処理をしていない場合には出てきてしまうこともあります。

セルの値が日付かどうかを判定するときにはIsDate関数を使用します。なお、IsDate関数は時刻に対してはFalseを返します。次のサンプルでは、指定セル範囲のセルに入力されている値が日付かどうかをチェックし、結果を隣のセルに書き込みます。

```
Dim myRange As Range
For Each myRange In Range("A2:A6")
    myRange.Next.Value = IsDate(myRange.Value)
Next
```

●サンプルの結果●

	A	B
1	チェックする値	日付判定
2	2020/5/5	
3	5月5日	
4	5 月	
5	13月1日	
6	2020/2/30	
7		
8		

▶

	A	B
1	チェックする値	日付判定
2	2020/5/5	TRUE
3	5月5日	TRUE
4	5 月	FALSE
5	13月1日	FALSE
6	2020/2/30	FALSE
7		
8		

セルの値が文字列かどうかを判定したい

サンプルファイル 033.xlsm

365 2019 2016 2013

セルに入力されている値が文字列ではない場合に適切な値へと変換する

構文

関数	意味
TypeName(判定したいセル.Value) = "String"	セルの値が文字列であるか判定する

セルの値が数値かどうかを判定するときにはIsNumeric関数を使用します。また、日付かどうかを判定するときにはIsDate関数を使用します。しかし、セルの値が文字列かどうかを判定する関数はありません。

そこで、TypeName関数を利用してみましょう。TypeName関数は、下図のように、値に応じたデータ型を返します。下図ではセルA5の値が文字列であり、TypeName関数は「String」を返しています。つまり、TypeName関数の戻り値が「String」かどうかを判定すれば、セルの値が文字列かどうかの判定ができるというわけです。

```
Dim i As Long
For i = 2 To 7
    Cells(i, 3).Value = TypeName(Cells(i, 1).Value)
Next i
```

サンプルの結果

	A	B	C
1	チェックする値	備考	TypeName関数の結果
2	2020/5/5	日付値	Date
3	100	数値	Double
4	百	数値を「漢数字」書式で表示	Double
5	大村あつし	文字列	String
6		空白	Empty
7	#DIV/0!	エラー値	Error
8			

セルに相対参照の考え方で数式を入力したい

サンプルファイル 034.xlsm

365 2019 2016 2013

利用シーン

相対参照の数式を、参照関係を整理しながら入力する

構文

プロパティ	意味
セル.FormulaR1C1 = "R1C1形式の数式"	相対参照形式で数式を入力

セルB2に「=A1+C3」という数式を絶対参照で設定するのであれば、次のいずれのステートメントでも可能です。

```
Range("B2").Value = "=A1+C3"
Range("B2").Formula = "=A1+C3"
```

ただ、数式を考える場合には、数式を入力するセルを起点に、「1つ左上のセルと1つ右下のセルの合計値を求める」といったように、相対参照の考え方で数式を組み立てた方が考えやすいこともあるでしょう。このような場合には、相対参照の数式であるR1C1形式に対応したFormulaR1C1プロパティを使用すれば、相対参照の考え方そのままで、数式を入力できます。

```
Range("B2").FormulaR1C1 = "=R[-1]C[-1]+R[1]C[1]"
```

サンプルの結果

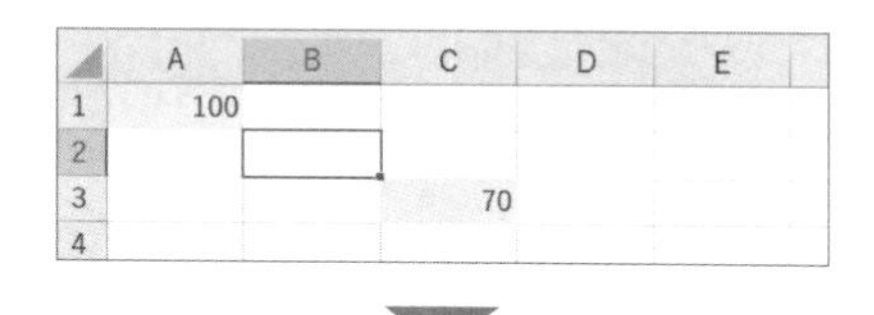

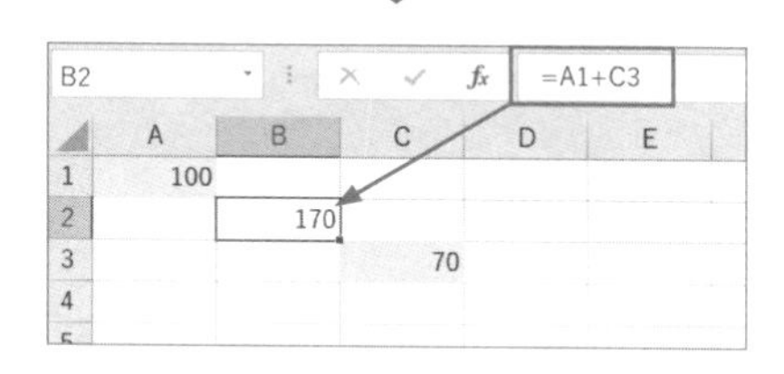

セルに配列数式を入力したい

サンプルファイル 035.xlsm

365 2019 2016 2013

小計用セルを使用せずにそのまま合計を求める配列数式を入力する

構文

プロパティ	意味
セル.FormulaArray = "配列数式の式"	式を配列数式として入力

Excelでは「配列数式」という計算方法が利用できます、まずは簡単に配列数式の例を紹介します。

配列数式の例

F2 {=SUM(B2:B4*C2:C4*D2:D4)}

	A	B	C	D	E	F	G	H	I
1	商品	単価	個数	回数		売上合計			
2	A	10	50	3		5,900			
3	B	20	40	1					
4	C	30	60	2					
5									

上図のセルF2では、3つの支店の売上合計を配列数式で求めています。行ごとの「単価」「個数」「回数」の値を、それぞれ「配列」として乗算し、その値を合計します。具体的な数式は次のようになります。

```
{=SUM(B2:B4*C2:C4*D2:D4)}
```

このような数式を「配列数式」と呼びます。配列数式は、Ctrl+Shift+Enterキーで入力しますが、そのときに冒頭と末尾に「{}」が自動的に付加されますので、この「{}」部分は手入力する必要はありません。

そして、VBAで配列数式を入力するときにはFormulaArrayプロパティを使用します。次のサンプルは、上図のセルF2に配列数式を入力するものです。

```
'配列数式を入力
Range("F2").FormulaArray = "=SUM(B2:B4*C2:C4*D2:D4)"
```

配列数式の文字列も、前後を「{}」で囲まなくてもOKです。セルへと入力する際には、自動的に付加されます。

036 セルの計算結果ではなく数式を取得したい

サンプルファイル 036.xlsm

365 2019 2016 2013

セルに表示されている数式の結果ではなく、数式そのものを取得する

構文

プロパティ	意味
セル.Formula	セルの数式を取得

下図のセルC3には、「=A1+B1」と数式が入力されており、計算結果の「30」が表示されています。セルに数式を入力するときには、ValueプロパティでもFormulaプロパティでも同じように入力できますが、セルの数式を取得するときには注意が必要です。

なぜなら、Valueプロパティの場合は「値」、すなわち、数式の計算結果を取得してしまうので、下図の場合は「30」を取得します。

一方、Formulaプロパティの場合は、「=A1+B1」と数式そのものを取得できます。

```
MsgBox "値：" & ActiveCell.Value & vbCrLf & _
       "式：" & ActiveCell.Formula
```

サンプルの結果

037 セルに数式が入力してあるかどうかを判定したい

サンプルファイル 037.xlsm

365 2019 2016 2013

セルに入力されている式に応じて処理内容を分岐させる

構文

プロパティ	意味
セル.HasFormula	セルに数式が入力されているかを判定
セル.HasArray	セルに配列数式が入力されているかを判定

セルの内容が数式か否かは、HasFormulaプロパティの値を調べればわかります。数式であればTrueを、そうでなければFalseを返します。

また、配列数式かどうかを調べるときにはHasArrayプロパティを使用します。

次のサンプルは、アクティブセルの内容が数式か否か、数式なら配列数式か否かを調べるものです。

```
If ActiveCell.HasFormula = True Then
    If ActiveCell.HasArray = True Then
        MsgBox "アクティブセルには配列数式が入力されています"
    Else
        MsgBox "アクティブセルには通常の数式が入力されています"
    End If
Else
    MsgBox "アクティブセルには数式が入力されていません"
End If
```

通常の数式が入力されている場合

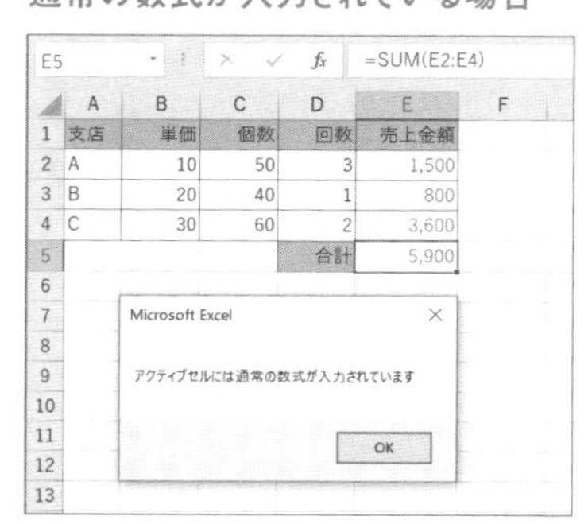

配列数式が入力されている場合

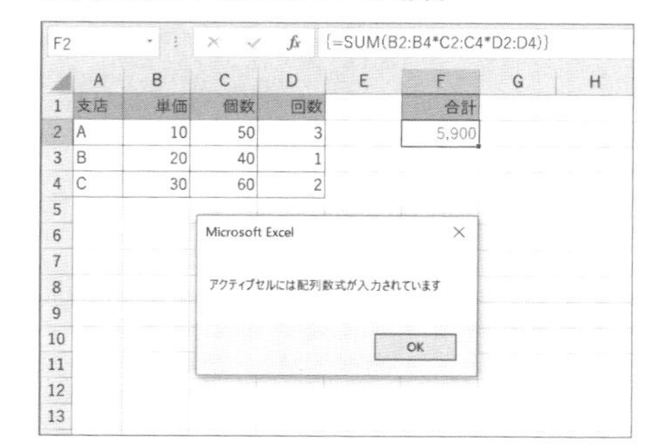

セルの数式がエラーかどうかを判定したい

サンプルファイル 038.xlsm

365 2019 2016 2013

数式の結果がエラー値となっている場合に処理を分岐する

構文

関数	意味
IsError(セル.Value)	セルの数式がエラーかどうかを判定

Excel VBAには、コード内で生成した値や数式がエラーかどうかを調べるIsError関数がありますが、この関数はセルに入力された数式に対しても使用できます。数式がエラーであればTrueを、そうでなければFalseを返します。

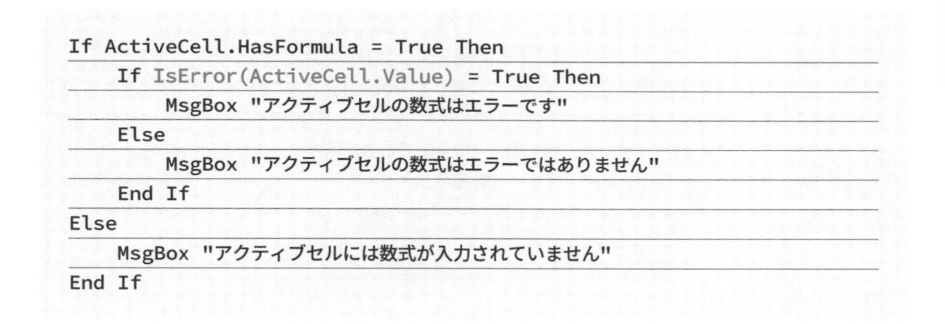

```
If ActiveCell.HasFormula = True Then
    If IsError(ActiveCell.Value) = True Then
        MsgBox "アクティブセルの数式はエラーです"
    Else
        MsgBox "アクティブセルの数式はエラーではありません"
    End If
Else
    MsgBox "アクティブセルには数式が入力されていません"
End If
```

数式にエラーがない場合

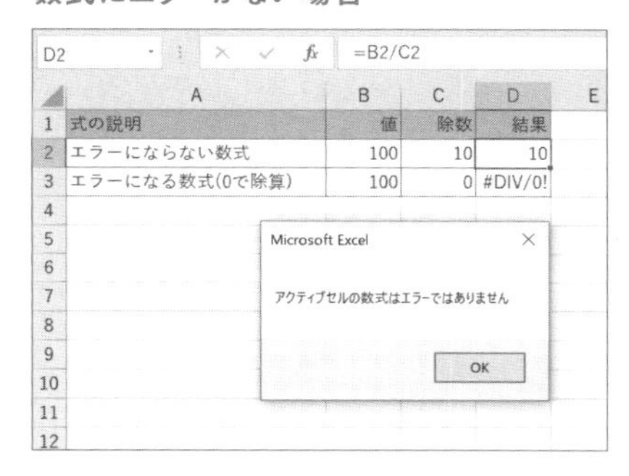

数式にエラーがある場合

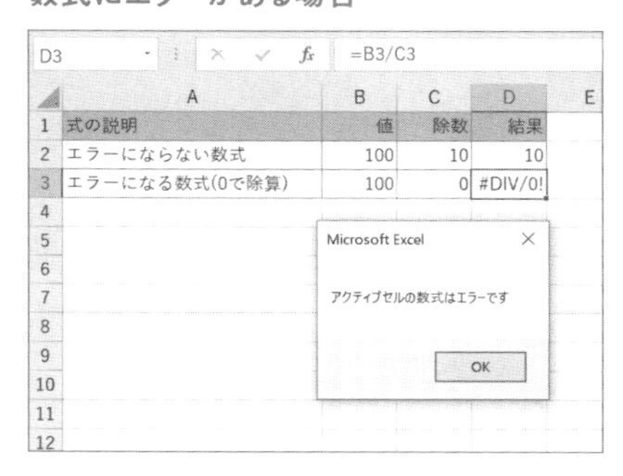

039 セルの数式が参照しているセル範囲を取得したい

サンプルファイル 039.xlsm

365 2019 2016 2013

利用シーン 数式の参照しているセル範囲に色を付ける

構文

プロパティ	意味
セル.Precedents	セルの数式が参照しているセル範囲

下図のセルE1には、「=SUM(A1:D1)」と数式が入力されています。この数式が参照しているセルは、A1、B1、C1、D1です。この数式が参照しているセル範囲はPrecedentsプロパティで取得できます。これは、一般操作の「ワークシート分析」に相当します。

ただし、注意点が2つあります。1つは、セルの数式が他のワークシートのセルを参照している場合、Precedentsプロパティではそのセル範囲を取得できません。この場合は、Formulaプロパティで数式を取得し、参照しているワークシートとセル範囲を文字列分析しなければなりません。

もう1つは、他のセル範囲を参照していないセルに対してPrecedentsプロパティを使用すると、「該当するセルが見つかりません。」とエラーが発生することです。あるセルに数式が入力されているかどうかはHasFormulaプロパティでわかりますが、他のセルを参照しているか否かをTrue、FalseのBoolean型で返すプロパティや関数はありませんので、エラーを無視するエラーのトラップを入れたほうが無難です。次のサンプルは、セルE1の数式で参照しているセルすべてを赤く塗りつぶします。

```
Dim myRange As Range
On Error Resume Next
For Each myRange In Range("E1").Precedents
    myRange.Interior.ColorIndex = 3
Next myRange
```

サンプルの結果

	A	B	C	D	E	F
1	1	2	3	4	10	
2						
3						
4						
5						

セルのシリアル値を取得したい

サンプルファイル 040.xlsm

365 2019 2016 2013

日付形式の値ではなくシリアル値を取得して計算に利用する

構文

プロパティ	意味
セル.Value2	セルの値をシリアル値の数値の状態で取得

下図のように日付形式で入力されているセルの値をValueプロパティで取得すると日付形式で値が取得できます。

この日付ですが、Excel VBA内部では、「1899/12/31 0:00:00」を「1.0」として、日付や時刻を数値で識別する「シリアル値」として扱われています。シリアル値では、整数部分が日付、小数点以下が時刻として管理されていますが、表示や入力をする際には日付の形式で処理されます。このシリアル値を明示的に数値の状態で取得したいときには、Value2プロパティを使用します。

```
MsgBox "日付形式：" & Range("A1").Value & vbCrLf & _
       "シリアル値：" & Range("A1").Value2
```

サンプルの結果

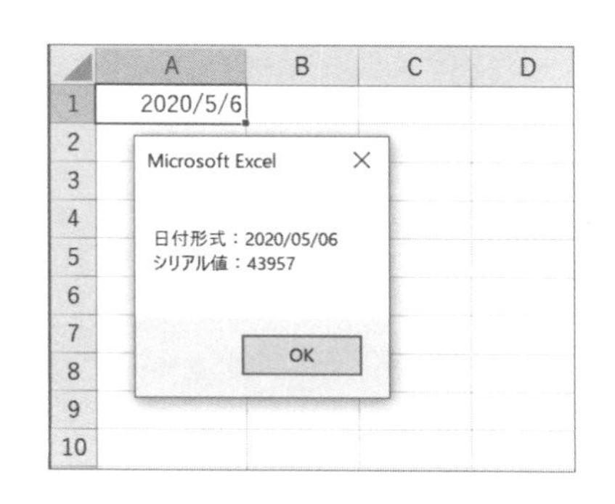

なお、ワークシート上（Excel本体）で計算する場合のシリアル値は、「1900/1/1 0:00:00」が「1.0」で、VBAとは日付が1日ずれています。これは、「1900/2/29」という存在しない日付（1900年はうるう年ではありません）にシリアル値を対応させてしまったExcel本体側のバグで、本体とVBAのシリアル値を一致させるために開始日が異なっています。ちなみに、VBA側には「1900/2/29」は存在しませんので、「1900/3/1」で両者のシリアル値が「61」に一致します。

日付に変換させずに文字列として入力したい

サンプルファイル 041.xlsm

365 2019 2016 2013

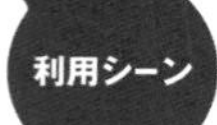

日付に変換されてしまう値を文字列として入力する

構文

プロパティ／メソッド	意味
セル.NumberFormat = "@" セル.Value = "日付に変換されてしまう値"	セルの書式設定を「文字列」に変更してから値を入力

セルに分数を入力する方法は意外なほど知られていなくて、「裏技」とまでいわれていますが、実はとても簡単で、「0 3/5」と入力すれば「3/5」(値は「0.6」)と入力されます。

また、書類の「全5ページ中の3ページ」という意図で「3/5」と入力することもありますが、ご存じのとおり勝手に「3月5日」と日付に変換されてしまいます。これは、「3-5」と入力した場合も同様です。接頭辞を付けて「'3/5」「'3-5」と入力すればよいことはよく知られていますが、この接頭辞を嫌う人も少なくありません。

こうしたケースでは、セルの表示形式を「文字列」に設定すれば、値が日付に変換されることはありません。この操作をVBAで行っているのが次のサンプルです。

留意してほしいのは、先にNumberFormatプロパティに「@」を設定してから値を代入している点です。先にValueプロパティで値を代入すると、その瞬間に日付に変換されてしまいますので、そのあとにNumberFormatプロパティに「@」を設定すると、日付がシリアル値に変換されて、そのシリアル値がセルに表示されてしまい、「3/5」や「3-5」といった目的の値の入力はできません。

```
Range("A1:A2").NumberFormat = "@"
Range("A1").Value = "3/5"
Range("A2").Value = "3-5"
```

サンプルの結果

	A	B	C
1	3/5		
2	3-5		
3			
4			
5			

042 日付値を年・月・日それぞれの値から作成したい

サンプルファイル 042.xlsm

365 2019 2016 2013

3つのセルに分けて入力された年・月・日の数値から日付を作成

構文

プロパティ	意味
`DateSerial(年の値, 月の値, 日の値)`	年・月・日の数値からシリアル値を作成
`DateValue(日付と見なせる文字列)`	文字列からシリアル値を作成

図のように、年月日が別々のセルに入力されている場合、各セルの値が「年」「月」「日」であるというのは人間の勝手な解釈で、Excelにとっては単なる独立した数値です。

このようなケースでは、引数に指定した3つの数値を「年」「月」「日」と解釈して、結合した年月日(日付シリアル値)を返してくれるDateSerial関数を使用しましょう。

```
Dim myDate As Date
myDate = _
  DateSerial(Range("A2").Value, Range("B2").Value, Range("C2").Value)
MsgBox myDate
```

サンプルの結果

	A	B	C	D
1	年	月	日	
2	2020	1	10	
3				
4				
5				
6				
7				
8				
9				
10				

Microsoft Excel

2020/01/10

OK

また、セルに入力されている値が、「2020年」「1月」「10日」というような文字列の場合には、引数に指定した文字列を日付と解釈し、日付シリアル値に変換してくれるDateValue関数が利用できます。

なお、別々のセルに文字列が入力されている場合には、個々の値を&演算子で連結するか、バージョンによってはCONCATワークシート関数やTEXTJOINワークシート関数をVBAから利用して連結させてから変換しましょう。

次のサンプルでは、3つのセルに入力されている文字列を&演算子で連結し、日付シリアル値を算出しています。

```
Dim myDate As Date, myDateStr As String
'3つのセルの文字列を連結
myDateStr = _
    Range("A2").Value & Range("B2").Value & Range("C2").Value
myDate = DateValue(myDateStr)
MsgBox myDate
```

サンプルの結果

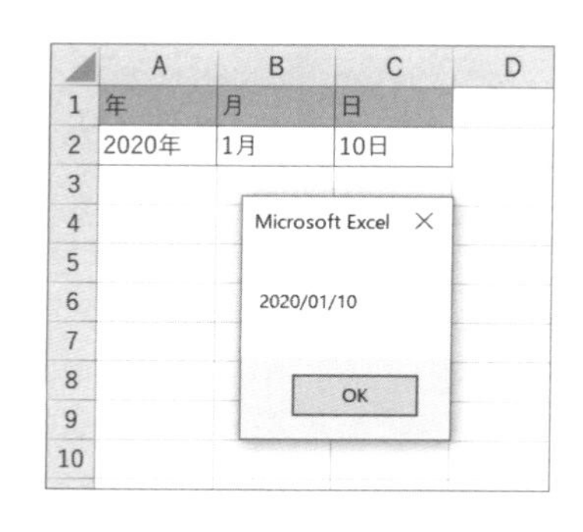

ちなみに、「1月10日」などの「年」の部分の指定がない文字列を変換した場合には、年部分は実行時の「年」であるものとして変換されます。2020年に「DateValue("1月10日")」を実行した場合には「2020/1/10」のシリアル値になるわけですね。

このため、年をまたいで利用するブックの場合、意図した日付と異なってしまうケースが出てきます。面倒と思うかもしれませんが、きちんと「年」の情報も入れておくのが「安全」ですね。

時刻値を時・分・秒それぞれの値から作成したい

サンプルファイル 043.xlsm

365 2019 2016 2013

3つのセルに分けて入力された時・分・秒の数値から時刻を作成

構文

プロパティ	意味
TimeSerial(時の値, 分の値, 秒の値)	時・分・秒の数値からシリアル値を作成
DateValue(時刻と見なせる文字列)	文字列からシリアル値を作成

前トピックでは日付シリアル値を作成しましたが、今度は時刻シリアル値を作成してみましょう。異なるセルにそれぞれ入力されている時・分・秒の数値から時刻シリアル値を作成するには、TimeSerial関数を利用します。

```
MsgBox TimeSerial(Range("A2").Value, Range("B2").Value,
Range("C2").Value)
```

また、「16時30分20秒」等の文字列から作成するには、TimeValue関数を利用します。個々の文字列が別々のセルに入力されている場合は、1つの文字列へと連結してからTimeValue関数を利用しましょう。

```
Dim myTimeStr As String
myTimeStr = _
    Range("E2").Value & Range("F2").Value & Range("G2").Value
MsgBox TimeValue(myTimeStr)
```

数値から求める場合

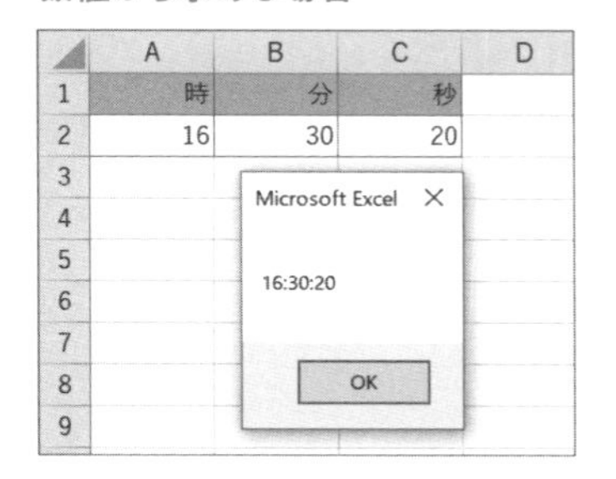

文字列から求める場合

	E	F	G	H	I
1	時	分	秒		
2	午後4時	30分	20秒		

Microsoft Excel

16:30:20

OK

VBE上で直接日付値を入力したい

サンプルファイル 044.xlsm

365 2019 2016 2013

数値や文字列のようにコードの中に直接日付シリアル値を記述する

構文

記述ルール	意味
#日付と認識できる値#	任意の日付の日付シリアル値を指定

VBAで日付を扱う場合には、数値や文字列と同様に、日付値そのもの（日付リテラル）を、そのままVBEに入力して扱うこともできます。文字列の場合は、「"（ダブルクォーテーション）」で文字列を囲みますが、日付値の場合は、「#（ハッシュ）」で日付と認識できる数列を囲みます。たとえば、「2020年9月3日」の日付値を入力したい場合には、「#2020/9/3#」のように入力します。入力した日付は、そのまま日付値としてコード内で使用できます。

ただし、VBEでこの日付値を入力すると、「#9/3/2020#」と、「#月/日/年#」の形式に自動変換されます。少々おせっかいな機能ですね。

自分でこの形式を利用しない場合でも、他の人が作成したコード内で「#」に囲まれた謎の数列を見かけたら、日付値が入力してあると判断するようにしましょう。ちなみに、時刻の場合は、「#22:30#」のように入力します。

次のサンプルでは、VBE上で入力した日付リテラルを、そのまま日付値として扱い、Format関数で元号形式の日付書式を適用して表示しています。

```
Dim myDate As Date
myDate = #9/3/2020#  '入力時は「#2020/9/3#」
MsgBox Format(myDate, "ggge年m月d日")
```

サンプルの結果

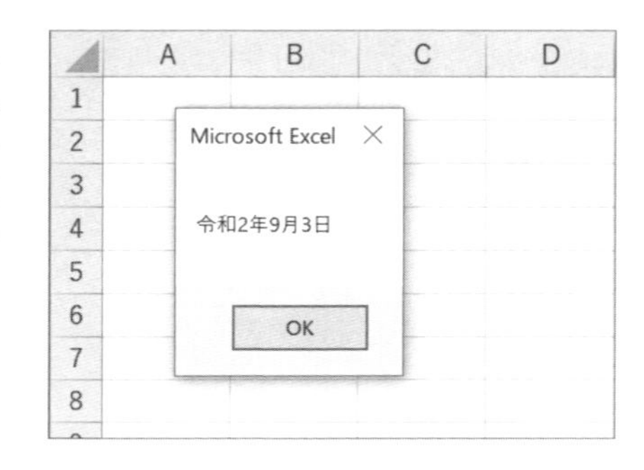

日付から年月日や時分秒の値を取り出したい

サンプルファイル 045.xlsm

365 2019 2016 2013

3つのセルに分けて入力された年・月・日の数値から日付を作成

構文

関数	意味
各種日付関数(シリアル値)	シリアル値から対応する値を取り出す

以下の関数を利用すると、特定の日付シリアル値から、対応する数値を取り出せます。「2020年10月5日14時30分」という値からそれぞれの関数で取り出せる値は、表の右端列の値となります。

関数	説明	結果
Year	「年」を取り出す	2020
Month	「月」を取り出す	10
Day	「日」を取り出す	5
Hour	「時」を取り出す	14
Minute	「分」を取り出す	30
Weekday	曜日を表す数値を返す(「1」が日曜)	2(月曜日)

また、マクロ実行時の日時を取得したい場合には、次の関数を使用します。

関数	取得できる値
Now	現在の日時
Date	現在の日付
Time	現在の時刻

サンプルの結果

	A	B	C	D	E	F	G
1	基準日時	2020/10/5 14:30					
2							
3	関数	取り出す値	結果		関数	取得する値	結果
4	Year	年	2020		Now	現在の日時	2020/5/5
5	Month	月	10		Date	現在の日付	2020/5/5
6	Day	日	5		Time	現在の時刻	12:30:34 PM
7	Hour	時	14				
8	Minute	分	30				
9	Weekday	曜日の数値	2				
10							
11							
12							

046 月の最終日を取得したい ❶

サンプルファイル 046.xlsm

365 2019 2016 2013

利用シーン 月末日を取得して締め日の計算に利用

構文

関数	意味
DateSerial(規準の年, 規準の月+1, 1) - 1	基準となる月の月末日を求める

1月なら31日。2月なら28日か29日。4月なら30日。こうした月の最終日をマクロの中で扱う場合にはどうしたらよいでしょうか。もちろん、12か月しかありませんので、IfステートメントやSelect Caseステートメントで条件判断してもよいでしょうが、その場合、うるう年の判断が面倒そうですね。

こうしたときには、発想を転換してみましょう。「ある月の最終日」は、当然ですが、「翌月の1日」の1日前の日になります。サンプルでは、この考え方に沿ってセルB1に入力してある日付の月末日を計算します。

まず、規準となる日付からYear関数で取り出した「年」の値と、Month関数で取り出した値に「1」だけ加えた「翌月」の値、さらに、「1日」の値である「1」を使って「翌月の1日」のシリアル値を計算します。さらにそこから、「1」を減算し、1日前の日付、つまり、月末日を取得します。

```
MsgBox DateSerial( _
        Year(Range("B1").Value), _
        Month(Range("B1").Value) + 1, _
        1 _
    ) - 1
```

サンプルの結果

	A	B	C
1	基準日	2020/2/4	
2			
3			
4			
5			
6			
7			
8			
9			

Microsoft Excel

2020/02/29

OK

047 月の最終日を取得したい ❷

サンプルファイル 047.xlsm

365 2019 2016 2013

月末日を取得して締め日の計算に利用

構文

関数	意味
DateSerial(規準の年, 規準の月+1, 0)	基準となる月の月末日を求める

前トピックに続き、ある日付を元に月末日を求めてみましょう。今回はDateSerial関数の仕組みを使って月末日を求めます。DateSerial関数は月数や日数を「超えた」場合、自動的に「超えた」分だけ繰り越し計算を行ってくれます。

たとえば、月数は通常1月～12月に対応する1～12を指定しますが、「13」を指定すると繰り越し計算を行い、「翌年の1月」として処理されます。

```
DateSerial(2020, 13, 1)    '2021/1/1のシリアル値を返す
```

同様に、日数に「0」を指定すると、「前月の最終日」として処理されます。

```
DateSerial(2020, 1, 0)    '2019/12/31のシリアル値を返す
```

この仕組みを知っていると、「月末日」というのは「来月の『0』日目」という考え方で求められることがわかりますね。サンプルでは、上記の考え方に沿って、セルB1に入力された日付の月末日を求めています。

```
MsgBox DateSerial(Year(Range("B1")), Month(Range("B1")) + 1, 0)
```

サンプルの結果

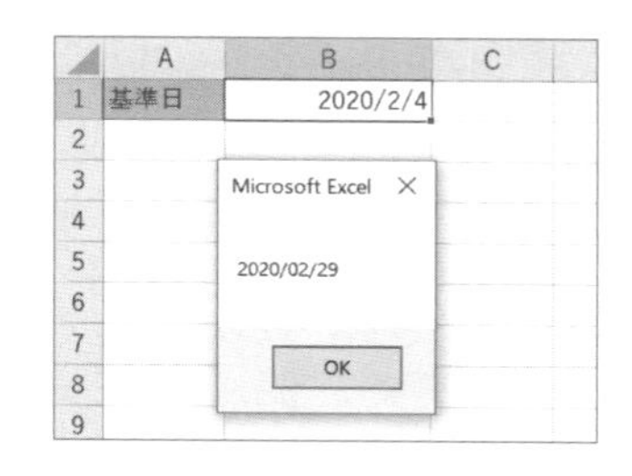

10日後や3か月後の日付を計算したい

サンプルファイル 048.xlsm

365 2019 2016 2013

月や年をまたいだ日付の計算を簡単に行う

構文

関数	意味
DateAdd(加算方式, 加算値, 規準の日付)	指定計算方法で日付計算を行う

10日後や3か月後といった計算は、月末日を超えたら翌月に、年末を超えたら次の年に繰り越す必要があります。単純に日数や月数に加算して、「1月38日」や「15月2日」という日付が出てきては困りますものね。

このような場合、日付シリアル値をベースに計算できるDateAdd関数が便利です。DateAdd関数は、1つ目の引数に「何を対象に加算を行うのか」を既定の文字列で指定し、2つ目の引数に加算する値を、3つ目の引数に規準となる日付を指定すると、基準日から対象の要素に加算、もしくは減算した日付を返します。

■ 計算方式と対応する文字列

計算方式	文字列	計算方式	文字列	計算方式	文字列
yyyy	年数	d	日数	n	分数
m	月数	h	時間数	s	秒数

次のサンプルは、セルA2に入力された2つの日付を元に、さまざまな形式で「10」だけを加算・減算した日付を算出しています。

```
Dim myDate As Date, i As Long
myDate = Range("A2").Value
For i = 2 To 7
    Cells(i, "E").Value = DateAdd(Cells(i, "C").Value, 10, myDate)
    Cells(i, "F").Value = DateAdd(Cells(i, "C").Value, -10, 
myDate)
Next
```

サンプルの結果

	A	B	C	D	E	F
1	基準の日付		加算方式	意味	10加算	10減算
2	2020/4/28		yyyy	年数(10年後／前)	2030/4/28	2010/4/28
3			m	月数(10カ月後／前)	2021/2/28	2019/6/28
4			d	日数(10日後／前)	2020/5/8	2020/4/18
5			h	時間数(10時間後／前)	2020/4/28 10:00	2020/4/27 14:00
6			n	分数(10分後／前)	2020/4/28 0:10	2020/4/27 23:50
7			s	秒数(10秒後／前)	2020/4/28 0:00	2020/4/27 23:59

049 日付に指定書式を適用した文字列を取得したい

サンプルファイル 049.xlsm

365 2019 2016 2013

利用シーン 日付を元に元号や曜日の文字列を取得する

構文 関数	意味
Format(日付シリアル値, 書式)	指定書式を適用した文字列を取得

日付を表示する場合、「2020/4/5」「2020年4月5日」「令和2年4月5日」と、いろいろな表記が考えられます。セルに入力した値であれば、書式設定を行えばよいのですが、コード内でこのような値を得たい場合もあります。

このような場合は、Format関数が便利です。Format関数は引数に、値と適用したい書式を指定すると、値に書式を適用した結果を得られます。日付に関する書式は、次表のものが用意されています。これらを組み合わせれば、好みの表記の文字列を作成できますね。

■ 日付に利用できる書式の文字列と「2020/4/5」に適用した時の値

意味	文字列	表示
西暦	yy	20
	yyyy	2020
月	m	4
	mm	04
日	d	5
	dd	05

意味	文字列	表示
曜日	aaa	火
	aaaa	火曜日
和暦	ge	R2
	gge	令2
	ggge	令和2

```
'セルA2の日付シリアル値に書式を適用した結果を表示
Range("D2").Value = Format(Range("A2").Value, "ggge年m月d日(aaaa)")
Range("D3").Value = Format(Range("A2").Value, "mm-dd")
Range("D4").Value = Format(Range("A2").Value, "yyyymmdd")
```

サンプルの結果

	A	B	C	D
1	基準の日付		適用する書式	結果
2	2020/4/5		ggge年m月d日(aaaa)	令和2年4月5日(日曜日)
3			mm-dd	04-05
4			yyyymmdd	20200405
5				
6				

稼働日数を取得したい

サンプルファイル 050.xlsm

稼働日数を元に納期までの個々の作業にかけられる日数を算出する

構文

メソッド	意味
NetworkDays_Intl（開始日，終了日，週末情報，休日リスト）	開始日から終了日までの稼働日数を取得

作業のスケジュールを立てる場合には、開始日から終了予定日までの「日数」ではなく、「稼働日数（週末・休日といった「休み」を除いた日数）」を元に考えることが多いかと思います。Excel2013以降では、この稼働日数を算出する際に便利なワークシート関数「NETWORKDAYS.INTL」が用意されています。

NETWORKDAYS.INTL関数

F2　=NETWORKDAYS.INTL(B1,B2,"0010010",D2:D6)

	A	B	C	D	E	F	G	H
1	開始日	2020/1/4		休日のリスト		稼働日数		
2	終了日	2020/2/29		2020/1/1		39		
3				2020/1/2				
4				2020/1/3				
5				2020/1/11				
6				2020/2/11				
7								

NETWORKDAYS.INTL関数は、引数に「開始日」、「終了日」、「週末の位置を指定する文字列」、「休日のリスト」を指定すると、稼働日数を返します。

「週末の位置を指定する文字列」とは、月曜日から日曜日までの稼働状況を順番に表している7桁の文字列です。「0」が稼働（出勤）、「1」が週末(休み)というルールで記述します。土日休みであれば「0000011」、水・土休みであれば「0010010」となります。

「休日のリスト」とは、週末以外の休日の日付のリストです。ワークシート関数の場合は、セルに休日の一覧表を作成し、そのセル範囲を指定するのがポピュラーな指定方法です。

非常に柔軟に週末・休日を設定できる便利な関数ですね。このワークシート関数は、VBAでも利用できるようになっています。VBAで利用する場合には、WorksheetFunctionオブジェクト（P.508参照）に用意されている、「NetworkDays_Intlメソッド」を利用します。設定する項目は同じです。また、休日のリスト部分は、セルに書き込んだ値を利用するだけでなく、直接配列を指定することも可能です。

次のサンプルでは、「水・土休み」「1月11日と2月11日は休日」というルールで、セルB1に入力された日付から、セルB2に入力された日付間の稼働日数を算出しています。

365 2019 2016 2013

```
Dim myStartDay As Date, myFinishDay As Date
Dim myWeekend As String, myHoliday As Variant
'開始日と終了日を指定
myStartDay = Range("B1").Value
myFinishDay = Range("B2").Value
'1週間の休日ルールを「水曜・土曜休み」に設定
myWeekend = "0010010"
'休日リストに「1月11日」と「2月11日」を設定
myHoliday = Array(#1/11/2020#, #2/11/2020#)
'稼働日を計算
MsgBox "日数：" & myFinishDay - myStartDay & vbCrLf & _
        "稼働日数：" & WorksheetFunction. _
            NetworkDays_Intl(myStartDay, myFinishDay, myWeekend, 
myHoliday)
```

サンプルの結果

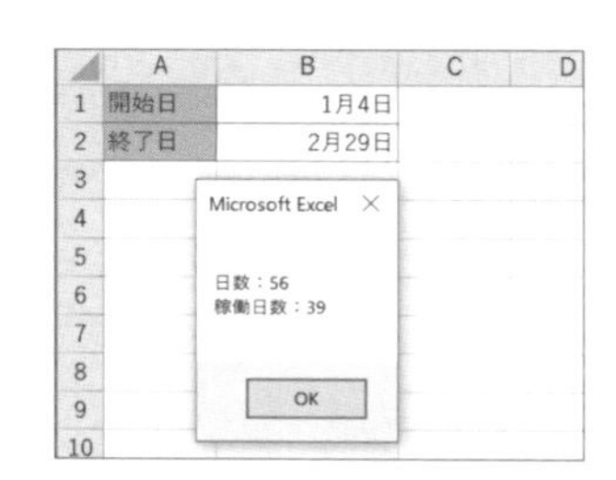

休日のリストを1年間分、あるいは、複数年分用意すれば、その期間は同じコードで稼働日数が取得できますね。

POINT ▶▶ 期間の計算

ある日付から別の日付までの日数を知りたい場合には、「シリアル値では『1日』を『1』として扱う」というルールを利用し、「終了日-開始日」という計算で求められます。

```
Debug.Print #2020/5/5# - #2020/5/4#    '結果は「1」
```

覚えておくと、ちょっとした期間の計算に役立つルールですね。

051 指定日が休日かどうかを判定したい

サンプルファイル 051.xlsm

365 2019 2016 2013

スケジュールを組む際に休日かどうかで処理を変更する

構文

メソッド	意味
NetworkDays_Intl (判定日, 判定日, 週末情報, 休日リスト)>0	稼働日かどうかを判定

前トピックで利用したNetworkDays_Intlメソッドを応用し、任意の日付が休日かどうかを判定する処理を作成してみましょう。まず、休日のルールは「土日は休み」「1月1日～1月3日、1月11日、2月11日は休み(1月2日・3日は土日)」とします。

判定時は、1つ目の引数である開始日と、2つ目の引数である終了日に同じ日付を指定します。こうすることで、「開始日から(同日の)終了日までの間の稼働日数が『0』の場合は休日、『1』の場合は稼働日」という形で判定できます。

```
Dim myRange As Range, myWeekend As String, myHoliday As Variant
myWeekend = "0000011"
myHoliday = Array(#1/1/2020#, #1/11/2020#, #2/11/2020#)
For Each myRange In Range("A2:A6")
    If WorksheetFunction.NetworkDays_Intl( _
        myRange.Value, myRange.Value, myWeekend, myHoliday) > 0 
Then
        myRange.Next.Value = "稼働日"
    Else
        myRange.Next.Value = "休日"
    End If
Next
```

サンプルの結果

	A	B	C	D
1	判定日	結果		
2	1月1日			
3	1月5日			
4	1月11日			
5	2月3日			
6	2月6日			
7				

▶

	A	B	C	D
1	判定日	結果		
2	1月1日	休日		
3	1月5日	休日		
4	1月11日	休日		
5	2月3日	稼働日		
6	2月6日	稼働日		
7				

052 「メモ」と「コメント」の違いを整理する

サンプルファイル 052.xlsm

365※ 2019※ 2016※ 2013※

利用シーン ブック内にコメントを残す手法を知る

構文

オブジェクト	意味
Commentオブジェクト	「メモ」機能を扱うオブジェクト
CommentThreadedオブジェクト	「コメント」機能を扱うオブジェクト

任意のセルにちょっとしたメモを表示するには「メモ」機能、もしくは、「コメント」機能が利用できます。2つの機能を整理しておきましょう。

「メモ」機能と「コメント」機能

メモ機能	旧来の「コメント」機能。セル選択時に簡単なメッセージが表示される。操作時に注意を促す用途に向いている。 どのバージョンのExcelでも利用可能。
コメント機能	Microsoft365版等に追加された機能。セルにスレッド形式でのメッセージのやりとりを残せる。他ユーザーとのディスカッションをする用途に向いている。 バージョン、アップデートの状態によっては利用不可能。

メモ機能は、セル選択時にメッセージが表示される機能、コメント機能はスレッド形式でメッセージのやりとりができる機能です。現在のコメント機能が追加される前は、メモ機能が「コメント」という名前でした。そのため、長くExcelを利用している方ほど、少々混乱する名前の2つの機能となっていますのでご注意を。

ちなみに、Excelの［校閲］タブの［メモ］欄には、「メモ」を「コメント」へと一括変換する機能も用意されています。新方式へと統一を図りたい方は、こちらが便利ですね。

053 セルにメモを追加したい

サンプルファイル 053.xlsm

365　2019　2016　2013

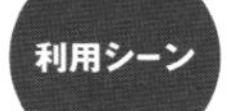

利用シーン　処理結果に応じて必要事項を関連セルへとメモしたい

構文

プロパティ／メソッド	意味
セル.Comment	セルに設定されているメモを取得
セル.AddComment "メモ文字列"	セルへ新規メモを追加

セルにメモを追加するときには、Rangeオブジェクトに対してAddCommentメソッドを使用します。また、メモの文字列も同時に入力するときは、その文字列をAddCommentメソッドの引数に指定します。

ただし、すでにメモが設定されているセルに対して、さらにメモを追加しようとするとエラーが発生します。そこで、まずは該当セルのCommentプロパティ経由でメモを扱うCommentオブジェクトにアクセスを試み、結果が「Nothing（存在しない）」である場合のみに、新規メモを追加するようにしましょう。

なお、「メモ」機能を扱う際のオブジェクト名は「Commentオブジェクト」であり、追加メソッドは「AddCommentメソッド」です。前トピックのような経緯があったため、少々ややこしい名前になっている点に注意しましょう。

```
If ActiveCell.Comment Is Nothing Then
    ActiveCell.AddComment "メモを挿入しました"
End If
```

サンプルの結果

	A	B	C
1	大村あつし		

	A	B	C	D
1	大村あつし	メモを挿入しました		

054 メモの内容を更新したい

サンプルファイル 054.xlsm

365 2019 2016 2013

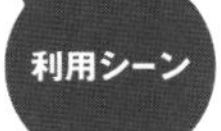

処理結果に応じてメモの内容を更新していく

構文

メソッド	意味
Comment.Text "新しいメモ内容"	メモの内容を更新

特定セルに設定されたメモの内容を更新するには、セルを指定後、Commentプロパティ経由で該当Commentオブジェクトを取得し、さらにTextメソッドで値を設定します。

実は、多くの人がVBAでセルのメモを編集するマクロの作成で頭を悩ませます。というのも、私たちは「Text」をプロパティとして扱うことが多いので、どうしても次のようなステートメントを書いてしまうからです。

```
ActiveCell.Comment.Text = "メモを編集しました"
```

しかし、このステートメントは間違いでエラーが発生します。なぜなら、Commentオブジェクトの場合の「Text」は「メソッド」だからです。当然、「=」で値を代入することはできません。

また、メモが設定されていない場合、存在しないCommentオブジェクトを操作しようとすると、当然エラーが発生します。そこで、メモを操作する際には、前もってメモの有無を確認する処理と組み合わせておくのがよいでしょう。

```
If Not ActiveCell.Comment Is Nothing Then
    ActiveCell.Comment.Text "メモを更新しました"
End If
```

▶サンプルの結果◀

	A	B	C
1	大村あつし	更新前のメモです	
2			
3			
4			
5			
6			
7			

	A	B	C
1	大村あつし	メモを更新しました	
2			
3			
4			
5			
6			
7			

055 メモを削除したい

サンプルファイル 055.xlsm

365 2019 2016 2013

シート作成時の補助として使っていたメモを一括削除する

構文

メソッド	意味
Comment.Delete	メモを削除
セル範囲.SpecialCells(xlCellTypeComments)	メモの設定されているセルのみ取得

セルのコメントを削除するときには、Commentオブジェクトに対してDeleteメソッドを使います。

また、特定セル範囲内から、メモの設定されているセルのみを取得するには、SpecialCellsメソッドに、引数「xlCellTypeComments」を指定して実行します。

サンプルでは、1列目全体からメモの設定されているセルを取得し、取得セル範囲内の個々のセルをループ処理することで、シート内のメモすべてを削除します。

```
Dim myRange As Range
For Each myRange In Columns(1).SpecialCells(xlCellTypeComments)
    myRange.Comment.Delete
Next
```

サンプルの結果

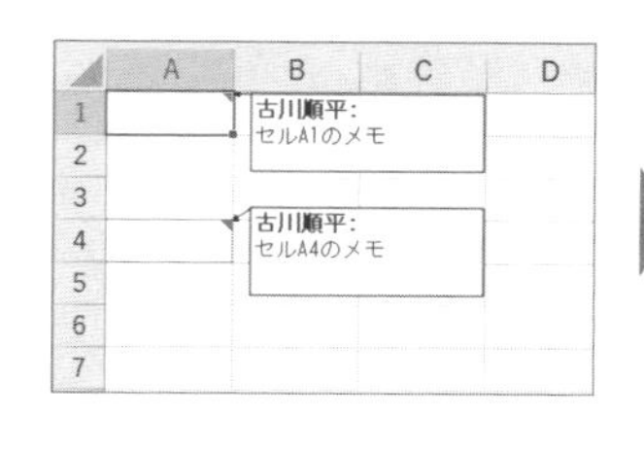

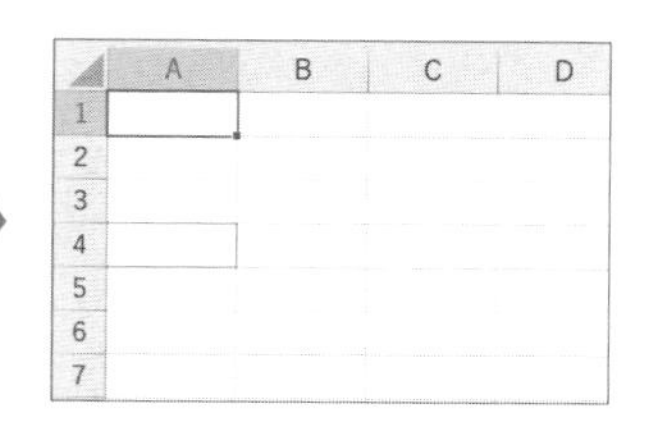

補足となりますが、実はメモ機能で表示されている「枠」は、分類的には「図形」と同じ扱いとなっています。したがって、Shapeオブジェクトと同じようにVBAで操作することも可能です。また、特定シートの図形全体をShapesプロパティ経由で扱おうとすると、メモの「枠」も、「図形」や「フォーム」と同じくメンバーとして扱われます。自分では操作しない場合でも、メモの「枠」はShapeオブジェクトと同じように扱える仕組みであることは、知っておいて損はないでしょう。

メモ内の文字列を一括検索したい

サンプルファイル 056.xlsm

365 2019 2016 2013

特定の作成者名の入っているメモを持つセルに色を付ける

構文

メソッド	意味
Comment.Text	メモの内容文字列を取得
セル範囲.SpecialCells(xlCellTypeComments)	メモの設定されているセルのみ取得

複数の人で管理するブックにメモを追加する場合、メモの作成者を書き込むケースもあるでしょう。こんな場合には、すべてのコメント内の文字列を検索し、特定の作成者名の文字列が見つかったら、そのセルの背景色を変更するなどの処理ができると実用的ですね。

次のサンプルは、セルA1:E10の中でコメントに「omura」という文字列が含まれていたら、そのセルの背景色を黄色にするものです。文字列の完全一致ではなく、「含まれていたら」という条件ですので、こんなときには迷わずにInStr関数を使いましょう。

なお、「Range("A1:E10")」の部分は、「Range("A1").CurrentRegion」と書きたくなりますが、たとえコメントが入力されていても、空白セルであったらCurrentRegionプロパティでは参照できませんので、その点は注意してください。

```
Dim myRange As Range
For Each myRange In Range("A1:E10").SpecialCells(xlCellTypeComments)
    If InStr(myRange.Comment.Text, "omura") > 0 Then
        myRange.Interior.ColorIndex = 3
    End If
Next myRange
```

サンプルの結果

	A	B	C	D	E
1	北海道	埼玉県	岐阜県	鳥取県	佐賀県
2	青森県	千葉県	静岡県	島根県	長崎県
3	岩手県	東京都	愛知県	岡山県	熊本県
4	宮城県	神奈川県	三重県	広島県	大分県
5	秋田県	新潟県	滋賀県	山口県	宮崎県
6	山形県	富山県	京都府	徳島県	鹿児島県
7	福島県	石川県	大阪府	香川県	沖縄県
8	茨城県	福井県	兵庫県	愛媛県	北海道
9	栃木県	山梨県	奈良県	高知県	千葉県
10	群馬県	長野県	和歌山県	福岡県	愛知県

▶

	A	B	C	D	E
1	北海道	埼玉県	岐阜県	鳥取県	佐賀県
2	青森県	千葉県	静岡県	島根県	長崎県
3	岩手県	東京都	愛知県	岡山県	熊本県
4	宮城県	神奈川県	三重県	広島県	大分県
5	秋田県	新潟県	滋賀県	山口県	宮崎県
6	山形県	富山県	京都府	徳島県	鹿児島県
7	福島県	石川県	大阪府	香川県	沖縄県
8	茨城県	福井県	兵庫県	愛媛県	北海道
9	栃木県	山梨県	奈良県	高知県	千葉県
10	群馬県	長野県	和歌山県	福岡県	愛知県

057 セルにコメントを追加したい

サンプルファイル 057.xlsm

コメント機能が利用できる環境の 365 2019 2016

利用シーン 処理結果に応じて必要事項を関連セルへとコメントしたい

構文

プロパティ／メソッド	意味
セル.CommentThreaded	セルに設定されているコメントを取得
セル.AddCommentThreaded "コメント文字列"	セルへ新規コメント追加

セルにコメントを追加するときには、RangeオブジェクトにたいしてAddCommentThreadedメソッドを使用します。また、コメントの文字列も同時に入力するときは、その文字列をAddCommentメソッドの引数に指定します。

ただし、すでにコメントが設定されているセルに対して、さらにメモを追加しようとするとエラーが発生します。そこで、まずは該当セルのCommentThreadedプロパティ経由でメモを扱うCommentThreadedオブジェクトにアクセスを試み、結果が「Nothing（存在しない）」である場合のみに、新規メモを追加するようにしましょう。

```
If ActiveCell.CommentThreaded Is Nothing Then
    ActiveCell.AddCommentThreaded "新しいコメント"
End If
```

サンプルの結果

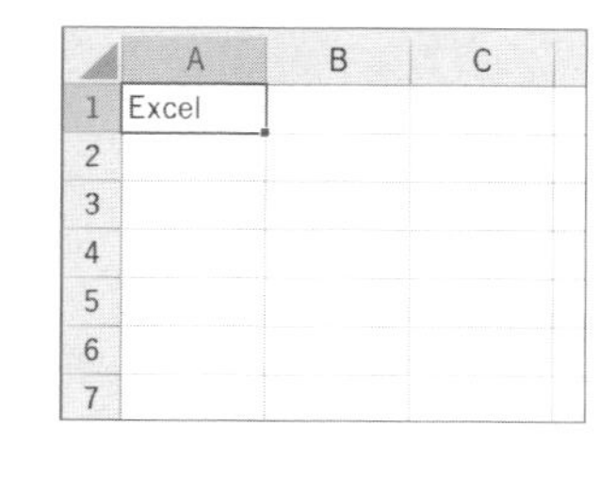

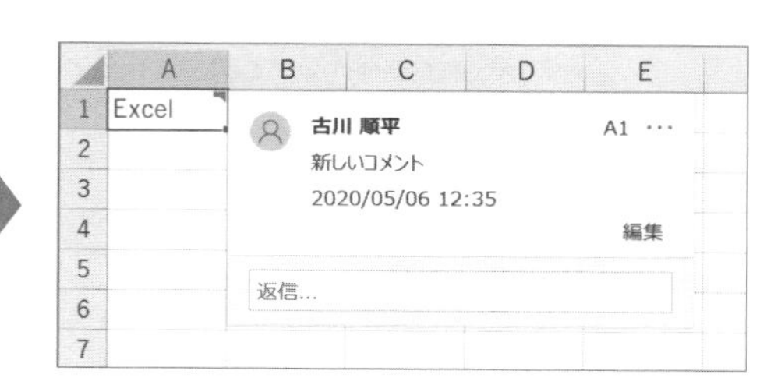

なお、コメントを追加した際には、自動的にユーザー名や日時などの情報も付加されます。

058 コメントの内容を更新したい

サンプルファイル 058.xlsm

コメント機能が利用できる環境の 365 2019 2016

利用シーン 処理結果に応じて関連セルのコメントを更新したい

構文

プロパティ／メソッド	意味
コメント.Text "新しいコメント内容"	コメントの内容を更新

特定セルのコメントを更新するには、セルを指定後、CommentThreadedプロパティ経由で該当CommentThreadedオブジェクトを取得し、さらにTextメソッドで値を設定します。トピック054でメモの内容を更新したときと同様、CommentThreadedオブジェクトの場合もText「メソッド」である点に注意しましょう。新しいコメントの内容は、イコールで代入するのではなく、メソッドの引数として指定します。

また、編集可能なコメントは、現ユーザーが作成したコメントのみです。他のユーザーが作成したコメントを操作しようとするとエラーとなります。そこで、エラー処理と組み合わせ、コメントの編集ができたかどうかをチェックする仕組みを用意しましょう。

```
On Error Resume Next
ActiveCell.CommentThreaded.Text "更新したコメント"
If Err.Number <> 0 Then
    MsgBox "現ユーザーでは編集できませんでした"
End If
On Error GoTo 0
```

サンプルの結果

059 コメントに返信したい

サンプルファイル 059.xlsm

コメント機能が利用できる環境の 365 2019 2016

利用シーン 処理結果に応じて関連セルのコメントに返信する

構文

プロパティ／メソッド	意味
コメント.AddReply "返信の内容"	コメントに返信を追加
コメント.Replies(インデックス番号)	コメントの個々の返信を取得

コメントに返信を追加するには、セルを指定後、CommentThreadedプロパティ経由で該当CommentThreadedオブジェクトを取得し、さらにAddReplyメソッドで値を設定します。前トピックのTextメソッド同様、返信の内容は、AddReplyメソッドの引数として指定します。

```
If Not ActiveCell.CommentThreaded Is Nothing Then
    ActiveCell.CommentThreaded.AddReply "追加した返信"
End If
```

サンプルの結果

なお、追加した個々の返信には、CommentThreadedオブジェクトのRepliesプロパティからアクセス可能です。次のコードは、1番目の返信のコメントテキストを取得します。

```
Activecell.CommentThreaded.Replies(1).Text
```

060 コメントを削除したい

サンプルファイル 060.xlsm

コメント機能が利用できる環境の 365 2019 2016

利用シーン 特定のコメントのみを削除したい

構文

プロパティ／メソッド	意味
コメント.Text	コメントのテキストを取得
コメント.Author.Name	コメントの制作者を取得
コメント.Delete	コメントを削除

コメントのテキスト内容は、CommentThreadedオブジェクトのTextメソッドで取得できます。また、コメントの登録者の情報は、Authorプロパティ経由でAuthorオブジェクトを取得し、さらにNameプロパティをたどって取得できます。

```
With ActiveCell.CommentThreaded
    Debug.Print "アドレス:", .Parent.Address
    Debug.Print "制作者：", .Author.Name
    Debug.Print "コメント：", .Text
End With
```

サンプルの結果

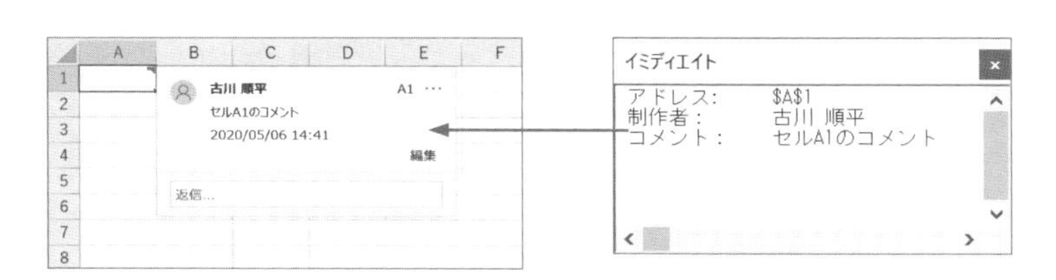

この仕組みを利用すると「特定の作成者のコメントであれば削除する」といった処理も作成可能です。コメントを削除するには、コメントを指定してDeleteメソッドを実行します。

```
'作成者名が「古川 順平」であればコメント削除
If ActiveCell.CommentThreaded.Author.Name = "古川 順平" Then
    ActiveCell.CommentThreaded.Delete
End If
```

061 すべてのコメントをチェックしたい

サンプルファイル 061.xlsm

コメント機能が利用できる環境の 365 2019 2016

利用シーン シート内のすべてのコメントに対して一括処理を行う

構文

プロパティ／コレクション／メソッド	意味
シート.CommentsThreaded	シート内のコメントのコレクションを取得
セル範囲.ClearComments	セル範囲内のコメントを一括削除

シート内の全コメントに処理を行いたい場合には、シートの「CommentsThreaded」プロパティ経由でCommentsThreadedコレクションを取得し、ループ処理を行います。コレクション名の末尾ではなく、「Comments」と、途中に複数形の「s」が付けられているという、他のコレクションと少し違う名づけルールとなっている点に注意してください。

次のサンプルでは、アクティブシート内のコメントがあるセルすべてに対して、背景色を設定します。

```
Dim myComThrd As CommentThreaded
For Each myComThrd In ActiveSheet.CommentsThreaded
    myComThrd.Parent.Interior.ColorIndex = 3
Next
```

サンプルの結果

	A	B	C	D
1				
2				
3				
4				
5				
6				

▶

	A	B	C	D
1				
2				
3				
4				
5				
6				

なお、すべてのコメントをまとめて削除したい場合には、セル範囲を指定してClearCommentsメソッドを実行するだけでOKです。

```
Cells.ClearComments    'シート上のコメントとメモを一括削除
```

ただし、「メモ」も混在している場合、そちらも削除されてしまう点にはご注意ください。

062 セルのフリガナを取得したい

サンプルファイル 062.xlsm

365 2019 2016 2013

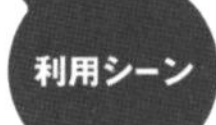

セルに設定されているフリガナの値を確認して利用する

構文

プロパティ	意味
セル.Phonetic.Text	セルのフリガナを取得

セルのフリガナを理解する前提として、フリガナは既定値では「全角カタカナ」であることと、文字の種類によって次のルールがあることを押さえておいてください。

数値	フリガナなし
アルファベット	アルファベットのまま
ひらがな	カタカナのフリガナとなる
カタカナ	カタカナのフリガナとなる
半角カタカナ	全角カタカナのフリガナとなる
漢字	変換前の読みがカタカナのフリガナとなる

では、セルのフリガナを取得して、右隣の列に表示するサンプルをご覧ください。

```
Dim myRange As Range
For Each myRange In Range("A1").CurrentRegion
    myRange.Next.Value = myRange.Phonetic.Text
Next myRange
```

サンプルの結果

	A	B	C
1	大村敦	オオムラアツシ	
2	おおむらあつし	オオムラアツシ	
3	オオムラアツシ	オオムラアツシ	
4	ｵｵﾑﾗｱﾂｼ	オオムラアツシ	
5	Atsushi Omura	Atsushi Omura	
6	Ａｔｕｓｈｉ　Ｏｍｕｒａ	Ａｔｕｓｈｉ　Ｏｍｕｒａ	
7	2000		
8			
9			

セルのフリガナ設定を変更したい

サンプルファイル 063.xlsm

365 2019 2016 2013

セルに表示されるフリガナの表記を見やすいものに変更する

構文

プロパティ	意味
セル.Phonetic.CharacterType = 設定値	セルのフリガナ設定を変更

前トピックでは、セルのフリガナの既定値は「全角カタカナ」であると述べましたが、これはPHONETICワークシート関数でフリガナを取得する場合も同様です。このセルのフリガナの設定は、CharacterTypeプロパティに次表の定数を設定することで変更可能です。

ひらがな	カタカナ	半角カタカナ	無変換
xlHiragana	xlKatakana	xlKatakanaHalf	xlNoConversion

また、PHONETICワークシート関数を利用している場合には、フリガナの設定を変更するのはPHONETICワークシート関数を入力したセル側でなく、元となるセル側という点に注意しましょう。次のサンプルでは、セルのフリガナをひらがなにしています。

```
Range("A1").CurrentRegion. _
    Phonetics.CharacterType = xlHiragana
```

サンプルの結果

	A	B	C
1	オオムラアツシ 大村敦	イイボシハナエ 飯干花江	
2	フカダ カスミ 深田霞	アシカワミユキ 芦川美由紀	
3	コジマ ケイコ 小島慶子	サノ ケンイチ 佐野健一	
4	サイトウカズヤ 斎藤和也	イワマ ヒデキ 岩間秀樹	
5	モチヅキヤスオ 望月康夫	カトウ ユミ 加藤由美	
6			

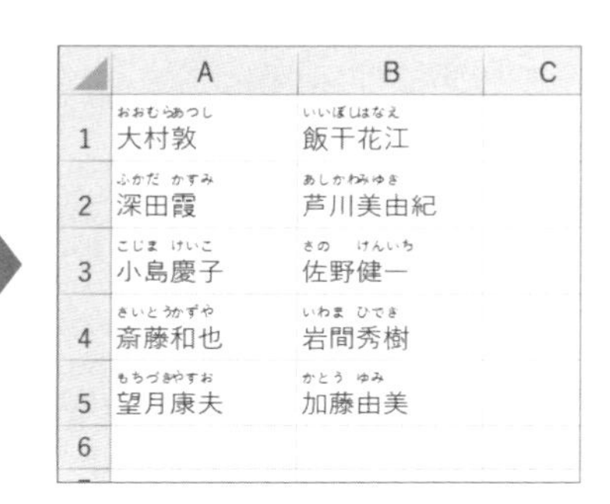

064 任意の文字列のフリガナを自動判別したい

サンプルファイル 064.xlsm

365 2019 2016 2013

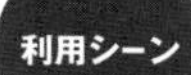

読み方が不明の漢字のフリガナを取得する

構文

メソッド	意味
Application.GetPhonetic(文字列)	PCが類推した文字列のフリガナを取得

GetPhoneticメソッドに任意の文字列を渡して実行すると、Excelがその文字列のフリガナを類推し、返してくれます。

もっとも、「愛」が「あい」なのか「めぐみ」なのか等、細かなケース分けなどはわからないため、GetPhoneticメソッドが必ず目的のフリガナを返してくれるわけではありませんが、とりあえず読みがわからない漢字を調べる場合に役に立ちます。

まず、GetPhoneticメソッドで可能な範囲でフリガナを取得し、あとから修正するという使用法が有効だと思われます。

```
Dim myRange As Range
For Each myRange In Range("A1:A5")
    myRange.Next.Value = _
        Application.GetPhonetic(myRange.Value)
Next
```

サンプルの結果

	A	B
1	賎機	
2	曳馬	
3	茱萸沢	
4	納米里	
5	丸子	
6		
7		
8		

	A	B	C
1	賎機	シズハタ	
2	曳馬	ヒクマ	
3	茱萸沢	グミサワ	
4	納米里	ナメリ	
5	丸子	マルコ	※「マリコ」
6			
7			
8			

漢字ごとの個別のフリガナを取得したい

サンプルファイル 065.xlsm

365 2019 2016 2013

フリガナがふられている箇所の個数や個々のフリガナを確認する

構文

プロパティ／コレクション	意味
セル.Phonetics	個別のフリガナを扱うコレクションを取得
フリガナ.Text	個別のフリガナのテキスト

セル内にひらがな・漢字交じりの文字列が入力されている場合、フリガナは漢字のある部分にのみ振られます。セル全体に対するフリガナではなく、この漢字のある部分のみのフリガナを取得したい場合には、Phoneticsプロパティを利用して、Phoneticsコレクションを取得します。Phoneticsコレクションのメンバーは、個々の「フリガナを振られた部分」であり、そのフリガナはTextプロパティで取得できます。

次のサンプルは、セルA1に入力されている文字の個々のフリガナを取り出します。なお、コードの最後では、Phoneticオブジェクトを使って、セル全体のフリガナを取り出しています。2つの手法で取り出せる値の違いを確認してみましょう。

```
Dim myFurigana As Phonetics
For Each myFurigana In Range("A1").Phonetics
    ActiveCell.Value = myFurigana.Text
    ActiveCell.Offset(1).Select
Next
ActiveCell.Value = Range("A1").Phonetic.Text
```

サンプルの結果

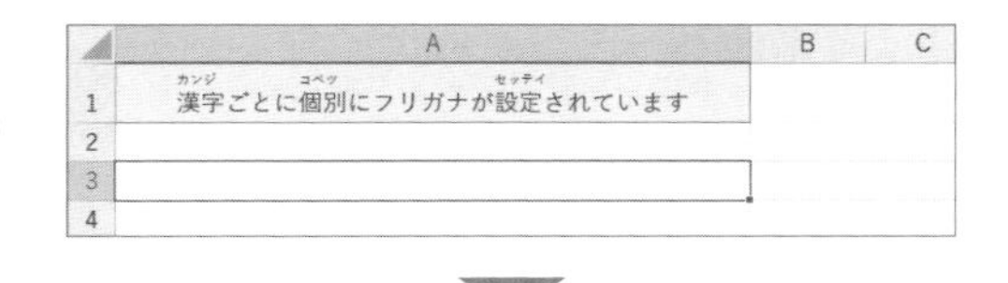

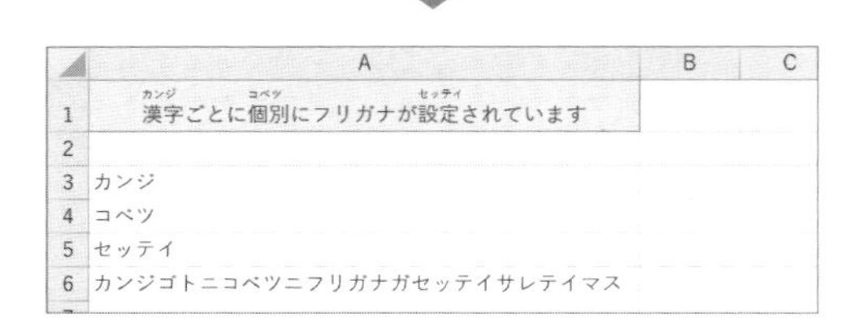

066 フリガナを一括消去したい

サンプルファイル 066.xlsm

365 2019 2016 2013

並べ替えの際にフリガナ順になってしまわないよう消去しておく

構文

メソッド／プロパティ	意味
セル範囲.Phonetics.Delete	セル範囲のフリガナ情報を一括削除
セル.Value = セル.Value	フリガナ情報を取り除いた値で上書きする

フリガナ機能は使用する場合には便利なのですが、とくに使用しない場合は邪魔になることもしばしばです。たとえば、データの並べ替えや検索を行う際、うっかり設定を間違えると、フリガナベースで並び替えられたり、目的の文字列がフリガナの中にあって検索対象のセルとしてリストアップされたりします。

このような場合には、フリガナの情報を取り除いてしまいましょう。方法はいたって簡単で、フリガナを取り除きたいセル範囲のPhoneticsコレクションに対してDeleteメソッドを実行するだけです。

```
セル範囲.Phonetics.Delete
```

また、フリガナを取り除きたいセル範囲のValueプロパティの値を、同じセル範囲のValueプロパティに再設定しても削除可能です。Valueプロパティはフリガナの情報までは扱わないので、結果的に同じ値をフリガナなしで再入力する形となります。

```
Dim myRange As Range
Set myRange = Range("A1").CurrentRegion
myRange.Value = myRange.Value
```

サンプルの結果

	A	B	C
1	オオムラアツシ 大村敦	イイボシハナエ 飯干花江	
2	フカダ カスミ 深田霞	アシカワミユキ 芦川美由紀	
3	コジマ ケイコ 小島慶子	サノ ケンイチ 佐野健一	
4	サイトウカズヤ 斎藤和也	イワマ ヒデキ 岩間秀樹	
5	モチヅキヤスオ 望月康夫	カトウ ユミ 加藤由美	
6			

	A	B	C
1	大村敦	飯干花江	
2	深田霞	芦川美由紀	
3	小島慶子	佐野健一	
4	斎藤和也	岩間秀樹	
5	望月康夫	加藤由美	
6			

COLUMN ▶▶ 実行環境の多様化に気を配ろう

　ExcelやOffice、そしてWindowsは、歴史を重ねるにつれバージョンアップを繰り返してきました。さらに、Officeアプリケーションの提供形態も、従来の買い切り形式は「永続版」という形で販売される一方、サブスクリプション形式の「Microsoft 365版(旧Office 365版)」という形での提供が広まりつつあります。

　その結果、現場ごとに様々なWindows環境やExcel環境が構築されるようになりました。つまりは開発を行う際、「開発中は意図通りに動いたけれども、現場に持って行ったら環境の違いで動かなかった」という事態が起きやすくなっています。

　開発を行う際は、まず「最終的に、どこでこのブックを利用するのか」をきちんと整理し、その現場の環境をチェックしてから始めるように心がけましょう。

　主に注意する点は、

- OSのバージョン　　：Windowsのバージョン、32bit版か64bit版か
- Excelのバージョン　：永続版かサブスクリプション版か

の2つとなります。

　その他にも、

- OneDriveなどのオンラインストレージ上で運用するかどうか
- コメント機能など、他ユーザーで共有する機能を利用するかどうか

などにも気を配りたいところです。

　残念ですが、現状、オンラインストレージとVBAの相性はあまり良いとは言えません。同期や更新のタイミングのためなのか、ローカルドライブ上では発生しないエラーが発生することもあります。運用的には「いったんローカルに移動し、一気にVBAで処理を行い、オンラインストレージへと戻す」といった対応の方が「安全」です。

　また、コメント機能や共有機能を利用する場合には、ログインしているユーザーの権限によって、ブック内で操作できる箇所が異なってきます。「開発中は開発者のアカウントで実行しているためできていた処理が、現場では現場担当者のアカウントで実行しているため動かなかった」というケースもあります。現場でのみ発生するエラーがある場合、権限絡みを調べてみると解決の糸口になるかもしれません。

データの入力で
役立つテクニック

Chapter

3

規則を満たす値しか入力できないようにしたい

サンプルファイル 067.xlsm

セルに条件を満たす値のみを入力できるようにしてミスを防止する

構文

メソッド	意味
セル.Validation.Delete	セルの入力規則を削除
セル.Validation.Add 各種の設定に応じた引数	セルに入力規則を追加

セルに条件を満たす日付しか入力できないようにするために、わざわざマクロでデータのチェックする必要はありません。みなさんよくご存じの「入力規則」を使用すればよいのです。ただし、毎回手作業で入力規則を設定するのが面倒なときには、入力規則を設定するマクロを作成すればよいでしょう。

入力規則はValidationオブジェクトのAddメソッドで指定します。データの種類を表すAddメソッドの引数Typeに指定できる定数は次表のとおりです。

■ 引数Typeに指定できる定数

xlValidateCustom	ユーザー設定
xlValidateList	リスト
xlValidateDate	日付
xlValidateTextLength	文字列の長さ
xlValidateDecimal	小数点を含む数
xlValidateTime	時刻
xlValidateInputOnly	すべての値
xlValidateWholeNumber	整数

たとえば、入力規則のセルにリストにあるセルしか入力できないようにするには、引数Typeに定数「xlValidateList」を指定します。ちなみに、その場合には、引数Formula1には「"=Sheet1!A1:A20"」のようにリスト元のデータを指定しなければなりません。

また、データの比較方法は引数Operatorに次表の定数を代入することで行います。

■ 引数Operatorに指定できる定数

xlBetween	値と値の間
xlLess	値より小さい
xlEqual	値と等しい
xlLessEqual	値以下
xlGreater	値より大きい
xlNotBetween	値と値の間以外
xlGreaterEqual	値以上
xlNotEqual	値と等しくない

マクロで入力規則を設定するときには、1つ注意点があります。それは、すでに入力規則が設定されているセルにさらに入力規則を設定しようとするとエラーが発生する点です。

したがって、サンプルではまずDeleteメソッドで入力規則を削除している点に注意してください。

サンプルは、「2020/3/13」以降の日付しか入力できない入力規則を設定しています。日付なので、引数Typeには定数「xlValidateDate」を、また「以降」というのはその値も含む「以上」なので、引数Operatorには定数「xlGreaterEqual」を代入しています。

```
'既存の入力規則を削除
Range("A:A").Validation.Delete
'新規入力規則を追加
Range("A:A").Validation.Add _
              Type:=xlValidateDate, _
              Operator:=xlGreaterEqual, _
              Formula1:="2020/3/13"
```

●サンプルの結果●

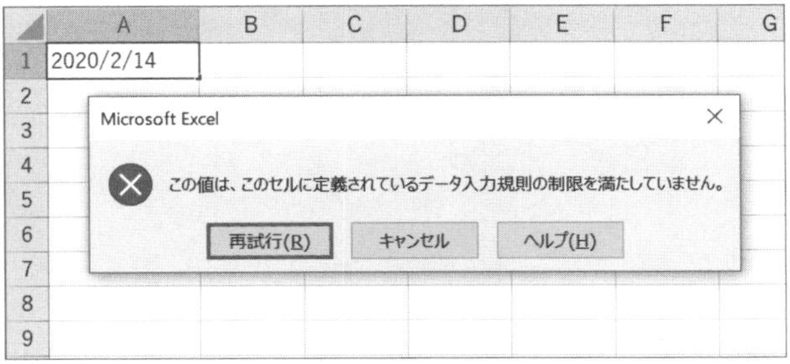

	A	B	C	D	E	F	G
1	2020/2/14						
2							
3							
4							
5							
6							
7							
8							
9							

Microsoft Excel

この値は、このセルに定義されているデータ入力規則の制限を満たしていません。

再試行(R) キャンセル ヘルプ(H)

入力できる値を ポップアップで表示したい

サンプルファイル 068.xlsm

365 2019 2016 2013

セルに設定されている入力規則の内容を知らせて ミスを未然に防ぐ

構文

プロパティ	意味
入力規則.InputTitle = "タイトル"	入力規則のポップアップのタイトルを設定
入力規則.InputMessage = "テキスト"	入力規則のポップアップのテキストを設定

セルの入力規則は、他人が作ったもののときは、いったいどのような入力規則が設定されているかわからないときがあります（自分で作った規則でも忘れることがあります）。そんなときに、わざわざ入力規則を確認しなくて済むように、入力できるデータをポップアップで表示してみましょう。

そのためには、ValidationオブジェクトのInputTitleプロパティとInputMessageプロパティを利用して、次のサンプルのように入力規則を設定します。これで、セル選択時にポップアップが表示されるようになります。

```
With Range("A:A").Validation
    .Delete
    .Add _
        Type:=xlValidateDate, _
        Operator:=xlGreaterEqual, _
        Formula1:="2020/3/13"
    .InputTitle = "入力規則："
    .InputMessage = "2020/3/13以降の日付を入力"
End With
```

サンプルの結果

	A	B	C	D
1				
2				
3				
4				
5				
6				

入力規則：

2020/3/13以降の日付を入力

規則外の値の入力時に警告メッセージを表示したい

サンプルファイル 069.xlsm

365 2019 2016 2013

利用シーン 間違ったデータ入力時に適切な修正方法を案内する

構文

メソッド	意味
入力規則.ErrorTitle = "タイトル"	入力規則エラー時のタイトルを設定
入力規則.ErrorMessage = "テキスト"	入力規則エラー時のテキストを設定

入力規則の設定されているセルに入力した値がエラーになった場合、あらためて入力規則を調べるというケースは少なくありません。

その手間を省くために工夫してみましょう。入力規則機能は、規則外のデータが入力された際にエラーダイアログを表示しますが、このダイアログに表示される内容は、ValidationオブジェクトのErrorTitleプロパティとErrorMessageプロパティで指定できます。

適切な案内をするメッセージを表示するよう設定すれば、入力する側にも意図が伝わりやすくなりますね。

```
With Range("A:A").Validation
    .Delete
    .Add _
        Type:=xlValidateDate, _
        Operator:=xlGreaterEqual, _
        Formula1:="2020/3/13"
    .ErrorTitle = "入力エラー"
    .ErrorMessage = "2020/3/13以降の日付を入力してください"
End With
```

サンプルの結果

	A	B	C	D	E	F
1	2020/2/24					

入力エラー

2020/3/13以降の日付を入力してください

再試行(R) キャンセル ヘルプ(H)

セルに入力規則が設定されているかを知りたい

サンプルファイル 070.xlsm

365 2019 2016 2013

特定のセルに入力規則が設定されているかどうかをチェックする

構文

コード	意味
If Err.Number = 0 Then	特定のオブジェクトを操作してみて、エラーが発生しなかった場合には「存在する」とみなす

特定のセルに、入力規則が設定されているかどうかを判定するにはどのようにしたらよいのでしょうか。次のサンプルは、アクティブセルに入力規則が設定されていたら、セルの背景色を黄色く塗りつぶします。

```
On Error Resume Next ―――――――――――――――――――――― ❶
If ActiveCell.Validation.Type > 0 Then ―――――――――― ❷
    If Err.Number = 0 Then ――――――――――――――――――― ❸
        ActiveCell.Interior.ColorIndex = 6
    End If
End If
```

考え方としては、「入力規則が設定されていることを前提として当たり障りのない操作を行い、エラーが発生しなければ『設定されている』とみなす」ものです。

あらかじめOn Error Resume Nextステートメントでエラーをトラップしておき（❶）、実際にValidationオブジェクトを操作し（❷）、操作の結果、エラー番号が「0」（エラーなし）であれば、入力規則が設定されていると判断しています（❸）。

サンプルの結果

	A	B	C	D
1	社員番号	名前	入社日	所属部署
2	1	大村敦	1992/4/1	代表取締
3	2	深田霞	1992/4/1	専務
4	3	小島慶子	1992/4/1	営業部長
5	4	斎藤和也	1993/4/1	経理部長
6	5	望月康夫	1998/4/1	営業

	A	B	C	D
1	社員番号	名前	入社日	所属部署
2	1	大村敦	1992/4/1	代表取締
3	2	深田霞	1992/4/1	専務
4	3	小島慶子	1992/4/1	営業部長
5	4	斎藤和也	1993/4/1	経理部長
6	5	望月康夫	1998/4/1	営業

入力規則が設定されているセルすべてを取得したい

サンプルファイル 071.xlsm

365 2019 2016 2013

特定のセル範囲内で入力規則が設定されているセルに対して一括処理する

構文

メソッド	意味
セル範囲.SpecialCells(xlCellTypeAllValidation)	入力規則の設定されているセルのみ取得

任意のセル範囲内にある入力規則の設定されているセルをまとめて取得するには、SpecialCellsメソッドの引数に、「xlCellTypeAllValidation」を指定して実行します。

また、入力規則の設定してあるセルがない場合には、エラーが発生するため、あらかじめOn Error Resume Nextステートメントでエラーをトラップしておき、SpecialCellsメソッド実行後にエラー番号が「0」(エラーなし)の場合のみに目的の処理を行います。

次のサンプルは、セルA1のアクティブセル領域にある入力規則が設定されているセルを黄色く塗りつぶします。

```
Dim myRange As Range
On Error Resume Next
Set myRange = Range("A1").CurrentRegion.SpecialCells(xlCellTypeAll
Validation)
If Err.Number = 0 Then
    myRange.Interior.ColorIndex = 6
End If
```

サンプルの結果

	A	B	C	D
1	社員番号	名前	入社日	所属部署
2	1	大村敦	1992/4/1	代表取締役
3	2	深田霞	1992/4/1	専務
4	3	小島慶子	1992/4/1	営業部長
5	4	斎藤和也	1993/4/1	経理部長
6	5	望月康夫	1998/4/1	営業
7	6	飯干花江	1999/10/1	経理
8	7	芦川美由紀	2002/4/1	営業

▶

	A	B	C	D
1	社員番号	名前	入社日	所属部署
2	1	大村敦	1992/4/1	代表取締役
3	2	深田霞	1992/4/1	専務
4	3	小島慶子	1992/4/1	営業部長
5	4	斎藤和也	1993/4/1	経理部長
6	5	望月康夫	1998/4/1	営業
7	6	飯干花江	1999/10/1	経理
8	7	芦川美由紀	2002/4/1	営業

入力規則の対応形式を再設定する

サンプルファイル 072.xlsm

意図した値と異なる値が入力された場合の扱いを再設定する

構文

メソッド	意味
入力規則.Add AlertStyle:=対応形式	新規追加する入力規則の対応方式を指定
入力規則.Modify AlertStyle:=対応形式	既存の入力規則の対応方式を再設定

入力規則は、通常、「規則外の無効な値が入力されたら、警告メッセージを表示して入力を拒否する」という対応が行われます。

では、「普段は入力規則のリストから入力するが、新規の顧客を開拓した際には、リスト外の値となる新規顧客名も入力したい」というような場合はどうすれば良いでしょうか。実は、入力規則は、規則外の値が入力された時の対応方式を3段階のレベルで指定できます。

■ 規則外の値への対応

対応	対応方式	定数
停止	無効な値は完全に入力を拒否する(初期値)	xlValidAlertStop
注意	注意アイコン付きメッセージを表示し、[はい]を押した場合は値の入力を許可	xlValidAlertWarning
情報	情報アイコン付きメッセージを表示し、[OK]を押した場合は値の入力を許可	xlValidAlertInformation

この対応方式をVBAから設定するには、Addメソッドで入力規則を設定する際に、引数AlertStyleに対応する定数を指定します。次のサンプルは、セルA2に、「注意」スタイルの対応方式で、リスト形式の入力規則を追加します。

```
With Range("A2").Validation
    .Add Type:=xlValidateList, Formula1:="=C2:C6", _
        AlertStyle:=xlValidAlertWarning
    .ErrorTitle = "リスト外の値を入力"
    .ErrorMessage = "リスト外の値を入力しようとしています。" & _
                    "このまま全て入力するには [はい] を押して下さい"
End With
```

サンプルの結果

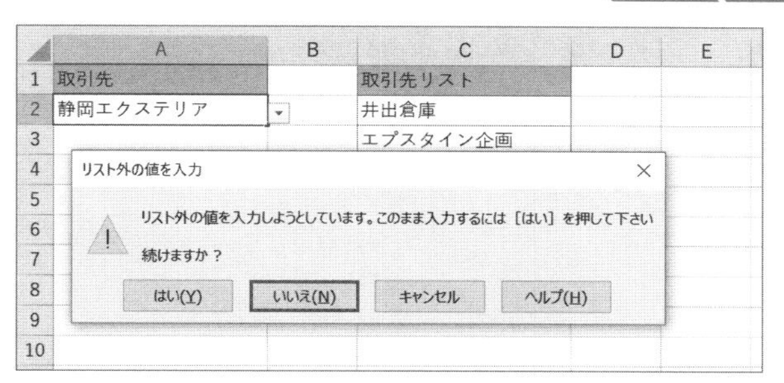

また、既存の入力規則の設定のうち、一部の設定のみを変更したい場合は、ValidationオブジェクトのModifyメソッドを利用します。

次のサンプルは、前述のマクロで作成したセルA2の入力規則の対応方式を「情報」スタイルに変更し、併せて、表示するメッセージも変更します。

```
With Range("A2").Validation
    .Modify AlertStyle:=xlValidAlertInformation
    .ErrorMessage = "リスト外の値を入力しました"
End With
```

サンプルの結果

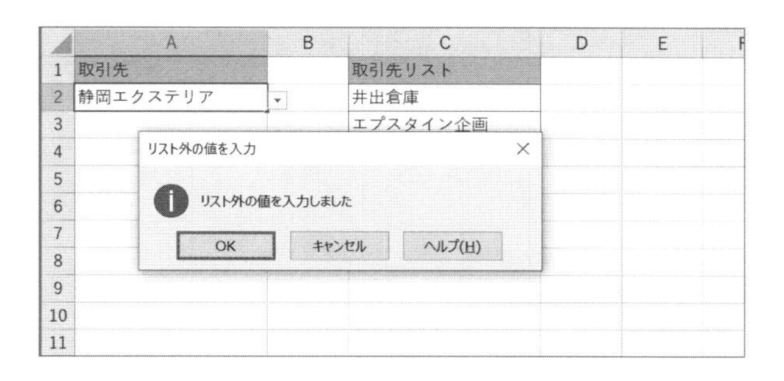

073 入力規則に反したデータ数と位置を取得したい❶

サンプルファイル 073.xlsm

365 2019 2016 2013

意図に反したデータの数と位置をすばやく把握してチェックする

構文

メソッド	意味
シート.CircleInvalid	入力規則に反するセルを赤丸で囲む

入力規則に反したデータが入力されているセルは、WorksheetオブジェクトのCircleInvalidメソッドによって、Shapeオブジェクトの赤い楕円で囲めます。すなわち、メソッド実行前と実行後のShapeオブジェクトの数が等しければ、入力規則に反したデータはないということになります。

それを判断しているのが次のサンプルです。対象セル範囲が膨大なときには、いつまでも赤い楕円の描画を続けてPCがフリーズしたような状態になってしまうため、OSに一時的に制御を返すDoEvents関数を併用しています。

また、件数が確認できればよいだけで、赤い楕円は不要という場合には、マクロの最後の行のコメントを外し、ClearCirclesメソッドを実行してください。

```
Dim i As Long
i = ActiveSheet.Shapes.Count
ActiveSheet.CircleInvalid
If i <> ActiveSheet.Shapes.Count Then
    DoEvents
    MsgBox "不正なデータの件数：" & ActiveSheet.Shapes.Count - i
End If
'ActiveSheet.ClearCircles
```

サンプルの結果

	A	B	C	D	E	F	G
1	社員番号	名前	入社日	所属部署			
2	1	大村敦	1992/4/1	代表取締役			
3	2	小島慶子	不明	営業部長			
4	退職	斎藤和也	1993/4/1	経理部長			
5	4	望月康夫	1998/4/1	営業			
6	退職	飯干花江	不明	経理			
7	6	芦川美由紀	不明	営業			
8	7	佐野健一	2003/10/1	営業			
9	退職	加藤由美	2010/10/1	営業			
10							

Microsoft Excel

不正なデータの件数：6

OK

074 入力規則に反したデータ数と位置を取得したい❷

サンプルファイル 074.xlsm

365 2019 2016 2013

利用シーン

意図に反したデータの数と位置をすばやく把握してチェックする

構文

プロパティ	意味
セル範囲.SpecialCells(xlCellTypeAllValidation)	入力規則が設定されているセルのみ取得
入力規則.Value	入力規則を満たしているかどうかを取得

前トピックでは、入力規則に反したデータを把握するため、赤い楕円で囲む方法を紹介しました。本トピックでは、同じく入力規則に反したデータを把握する方法ですが、ValidationオブジェクトのValueプロパティを利用します。

ValidationオブジェクトのValueプロパティは、入力規則を満たしている場合にはTrueを、満たしていない場合はFalseを返します。サンプルでは、まず、SpecialCellsメソッドの引数に「xlCellTypeAllValidation」を指定して、入力規則の設定されているセルのみを取得し、ループ処理を使って入力規則を満たしていないセルに色を付けています。

```
Dim myRange As Range
For Each myRange In Cells.SpecialCells(xlCellTypeAllValidation)
    If myRange.Validation.Value = False Then
        myRange.Interior.ColorIndex = 3
    End If
Next
```

サンプルの結果

	A	B	C	D
1	社員番号	名前	入社日	所属部署
2	1	大村敦	1992/4/1	代表取締役
3	2	小島慶子	不明	営業部長
4	退職	斎藤和也	1993/4/1	経理部長
5	4	望月康夫	1998/4/1	営業
6	退職	飯干花江	不明	経理
7	6	芦川美由紀	不明	営業
8	7	佐野健一	2003/10/1	営業
9	退職	加藤由美	2010/10/1	営業

▶

	A	B	C	D
1	社員番号	名前	入社日	所属部署
2	1	大村敦	1992/4/1	代表取締役
3	2	小島慶子	不明	営業部長
4	退職	斎藤和也	1993/4/1	経理部長
5	4	望月康夫	1998/4/1	営業
6	退職	飯干花江	不明	経理
7	6	芦川美由紀	不明	営業
8	7	佐野健一	2003/10/1	営業
9	退職	加藤由美	2010/10/1	営業

075 セルにハイパーリンクを挿入したい

サンプルファイル 075.xlsm

365 2019 2016 2013

ハイパーリンクを使ってWebページの表示やシート間の移動を行う

構文

メソッド	意味
Hyperlinks.Add 各種設定	ハイパーリンクを挿入

セルにハイパーリンクを挿入するときには、Hyperlinksコレクションに対してAddメソッドを使用します。引数Anchorにはハイパーリンクを挿入するセルを指定し、引数AddressにはURLを指定し、引数TextToDisplayに、セルに表示したい文字列を指定します。リンクをクリックすると、標準のブラウザが開き、引数Addressで指定したURLの内容が表示されます。

また、引数Addressに「""(空白文字列)」を指定し、引数SubAddresに「Sheet2!A1」等の形式で同一ブック内への参照式を指定すると、その位置へとジャンプするリンクも作成可能です。

```
With ActiveSheet.Hyperlinks
    .Add _
        Anchor:=Range("A1"), _
        Address:="https://gihyo.jp/book", _
        TextToDisplay:="技術評論社Webサイトへ"
    .Add _
        Anchor:=Range("A2"), _
        Address:="", _
        SubAddress:="Sheet2!A1", _
        TextToDisplay:="Sheet2のセルA1へ"
End With
```

サンプルの結果

	A	B
1	技術評論社Webサイトへ	
2	Sheet2のセルA1へ	
3		
4		
5		
6		
7		

076 セルに他ブックへのハイパーリンクを挿入したい

サンプルファイル 076.xlsm

365 2019 2016 2013

利用シーン 別ブックへのハイパーリンクを動的に変更する

構文

メソッド	意味
Hyperlinks.Add 各種設定	ハイパーリンクを挿入

ハイパーリンクを設定する際、Addメソッドの引数Addressにファイルパスを指定すると、そのファイルへのハイパーリンクを作成できます。

サンプルでは、マクロを実行するブックと同一フォルダー内にある「リンク先ブック.xlsx」へのハイパーリンクを、セルA1に追加します。

```
With ActiveSheet.Hyperlinks
    .Add _
        Anchor:=Range("A1"), _
        Address:=ThisWorkbook.Path & "¥リンク先ブック.xlsx", _
        TextToDisplay:="別ブックを開く"
End With
```

サンプルの結果

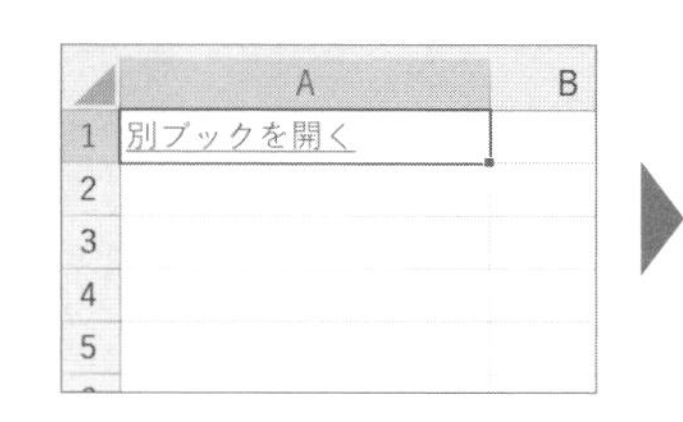

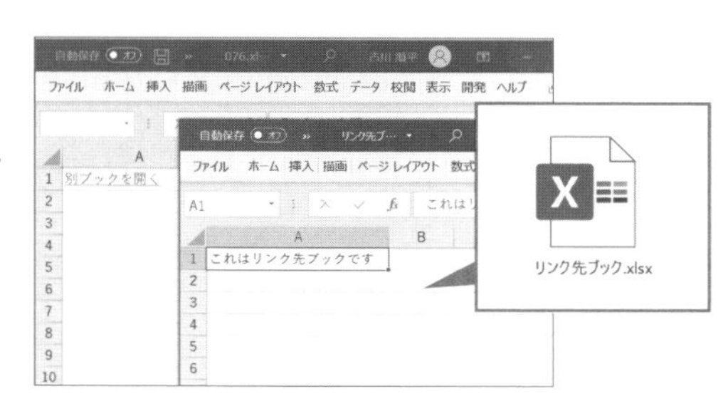

なお、リンク先として指定するファイルの種類や、お使いのセキュリティ用アプリケーションの設定によっては、セキュリティ制限にひっかかって開けない場合もあります。ご注意ください。

ハイパーリンクのポップヒントを変更したい

サンプルファイル 077.xlsm

365 2019 2016 2013

ハイパーリンクに関する適切な操作案内を表示する

構文

プロパティ	意味
ハイパーリンク.ScreenTip = "表示したいテキスト"	ポップヒントのテキストを設定

セルにハイパーリンクを挿入すると、デフォルトの状態では、「リンク先に移動するには～」というとても長いポップヒントが表示されます。

このポップヒントの内容は、HyperlinkオブジェクトのScreenTipプロパティで変更が可能です。

```
'セルA1に設定されているハイパーリンクのポップヒントを変更
Range("A1").Hyperlinks(1).ScreenTip = "ブラウザで該当サイトを開きます"
```

サンプルの結果

	A	B	C
1	技術評論社のWebサイト		

http://gihyo.jp/book - リンク先に移動するには、クリックします。このセルを選択するには、マウスのボタンを押し続け、ポインターの形が変わったらマウスのボタンを離します。

	A	B	C
1	技術評論社のWebサイト		

ブラウザで該当サイトを開きます

078 すべてのハイパーリンクのリンク先をまとめて開きたい

サンプルファイル 078.xlsm

365 2019 2016 2013

資料として利用したいWebページを一括で開く

構文

プロパティ	意味
ハイパーリンク.Follow	リンク先を開く

ハイパーリンクのリンク先ホームページを開くときには、HyperlinkオブジェクトのFollowメソッドを使います。もっとも、1つだけでしたら、そのハイパーリンクをクリックすればよいだけの話で、わざわざマクロを作成するようなものではありませんが、下図のようにワークシートにハイパーリンクが多数挿入されていて、そのホームページを一度に開きたいケースでは、マクロが有効な手段になります。

次のサンプルは、ワークシートのすべてのハイパーリンク先のホームページを開きます。ワークシートのHyperLinksプロパティ経由でシート内のすべてのハイパーリンクに対してループ処理を行い、個々のハイパーリンクのリンク先を開いています。

```
Dim myHyper As Hyperlink
For Each myHyper In ActiveSheet.Hyperlinks
    myHyper.Follow
Next myHyper
```

サンプルの結果

	A	B
1	http://www.yahoo.co.jp	
2	https://www.google.co.jp	
3	https://www.facebook.com	
4	http://www.amazon.co.jp	
5	https://twitter.com	
6		
7		
8		

079 すべてのハイパーリンクを削除したい

サンプルファイル 079.xlsm

365 2019 2016 2013

利用シーン Webページのコピー時に設定されたハイパーリンク部分を一括削除

構文

メソッド	意味
シート.Hyperlinks.Delete	ハイパーリンクを削除

Web上で文章をコピーして、次々とワークシートに貼り付けていると、知らず知らずのうちにハイパーリンクだらけのワークシートになってしまった経験はありませんか。もともとのWeb上の文章にハイパーリンクが設定されていると、そのハイパーリンクがワークシートにも継承されてしまうことはみなさんご存じでしょう。

このハイパーリンクを一括削除するときには、ワークシートのHyperlinksコレクションに対してDeleteメソッドを使います。次のサンプルは、ワークシートのすべてのハイパーリンクを削除するものです。なお、削除されるのはハイパーリンクの設定のみで、セル内のテキストはそのまま残ります。

```
'シート上のすべてのハイパーリンクを削除
ActiveSheet.Hyperlinks.Delete
```

サンプルの結果

	A
1	ぜひ、（1）からお読みくださいm(_ _)m
2	⇒　井上和香さんとの３メートル（1）
3	また、あらかじめ、毎日新聞の和香さんとボクの対談をお読みくださいm(_ _)m
4	⇒　大村あつし：「エブリ　リトル　シング」舞台化　井上和香さん主演に「夢見心地」
5	そして、下の写真を覚えておいてくださいm(_ _)m
6	2004年12月27日の撮影です。

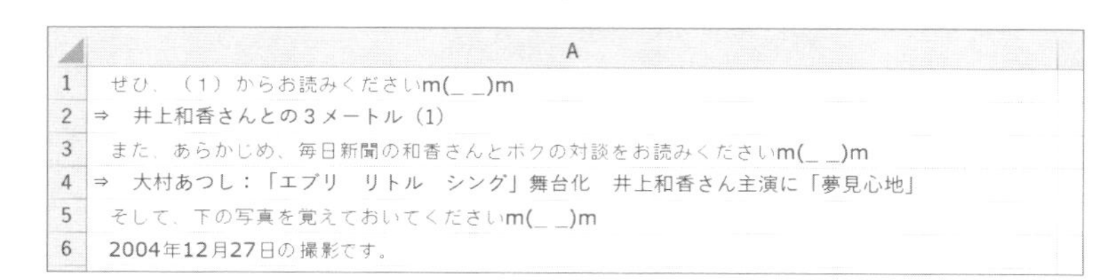

	A
1	ぜひ、（1）からお読みくださいm(_ _)m
2	⇒　井上和香さんとの３メートル（1）
3	また、あらかじめ、毎日新聞の和香さんとボクの対談をお読みくださいm(_ _)m
4	⇒　大村あつし：「エブリ　リトル　シング」舞台化　井上和香さん主演に「夢見心地」
5	そして、下の写真を覚えておいてくださいm(_ _)m
6	2004年12月27日の撮影です。

080 特定セル範囲のハイパーリンクを削除したい

サンプルファイル 080.xlsm

365 2019 2016 2013

シート上の特定のセル範囲のハイパーリンクを一括削除

構文

メソッド	意味
セル範囲.Hyperlinks.Delete	セル範囲のハイパーリンク設定を削除
セル範囲.ClearHyperlinks	セル範囲のハイパーリンク設定を書式だけ残して解除

特定のセル範囲に設定されているハイパーリンクのみを削除したい場合には、そのセル範囲にHyperlinksプロパティを使用してHyperlinksコレクションを取得し、Deleteメソッドを実行します。

また、書式は残したままハイパーリンク設定だけを削除したい場合は、セル範囲を指定してClearHyperlinksメソッドを実行しましょう。こちらはHyperlinksコレクションではなく、Rangeオブジェクトに対して実行します。用途に応じて使い分けてください。

次のサンプルは、セル範囲A1:A3のハイパーリンクを一括削除し、セル範囲A4:A5のハイパーリンクは書式を残してリンクのみを削除します。

```
Range("A1:A3").Hyperlinks.Delete
Range("A4:A5").ClearHyperlinks
```

サンプルの結果

	A	B
1	http://www.yahoo.co.jp	
2	https://www.google.co.jp	
3	https://www.facebook.com	
4	http://www.amazon.co.jp	
5	https://twitter.com	
6		
7		

▶

	A	B
1	http://www.yahoo.co.jp	
2	https://www.google.co.jp	
3	https://www.facebook.com	
4	http://www.amazon.co.jp	
5	https://twitter.com	
6		
7		

081 数式の結果でなく数式そのものを検索したい

サンプルファイル 081.xlsm

365 2019 2016 2013

特定のワークシート関数が含まれているセルを検索する

構文

メソッド	意味
セル範囲.Find(値, LookIn:=xlFormulas)	数式を対象に検索

数式が入力されているセルをFindメソッドで検索する場合、「数式の結果」を検索するケースのほうが多いでしょう。そのためか、「数式そのもの」、すなわち「数式の文字列」を検索するテクニックが紹介されることはあまりないように思います。しかし、「数式そのもの」を検索したいというニーズは確実に存在します。

次のサンプルは、「数式そのもの」を検索するもので、具体的には「SUM」という文字列が入力された数式を検索しています。すなわち、SUM関数が入力されているセルを検索して、見つかったらそのセルのアドレスを取得しています。

```
Dim myRange As Range
Set myRange = Cells.Find(what:="SUM", LookIn:=xlFormulas, 
LookAt:=xlPart)
If myRange Is Nothing Then
    MsgBox "該当するセルは見つかりませんでした"
Else
    MsgBox myRange.Address
End If
```

鍵を握るのは、引数「LookIn」です。「xlFormulas」を指定することで、「数式そのもの」を検索します。ちなみに、「数式の結果」を検索するには、「xlValues」を指定します。

サンプルの結果

=SUM(D2:D7)

	A	B	C	D
1	単価	個数	販売回数	売上金額
2	1,200	10	2	24,000
3	850	15	3	38,250
4	740	32	6	142,080
5	1,480	4	10	59,200
6	2,250	11	14	346,500
7	900	27	12	291,600
8			合計	901,630

Microsoft Excel

$D$8

OK

特定の書式を持つセルを検索したい

サンプルファイル 082.xlsm

365 2019 2016 2013

後でチェックをする目印として色を塗っておいたセルを取得

構文

オブジェクト／メソッド	意味
FindFormat.書式設定 = 検索したい値	検索したい書式を指定
セル範囲.Find("", SearchFormat:=True)	書式を検索対象に含める

特定の書式を検索するには、検索したい書式をFindFormatオブジェクトに設定してから、Findメソッドの引数「SearchFormat」に「True」を指定して検索を行います。

次のサンプルは、セル範囲A1:D10内から、パレット番号3番（赤）の背景色のセルをすべて検索し、その値を書き出します。

```
Dim myCheckRange As Range, myFirstRange As Range, myRange As Range
Set myCheckRange = Range("A1:D10")
'既存の検索書式設定があればクリア
Application.FindFormat.Clear
'検索書式を設定
Application.FindFormat.Interior.ColorIndex = 3
Set myRange = myCheckRange.Find("", SearchFormat:=True)
If myRange Is Nothing Then Exit Sub
Set myFirstRange = myRange
Do
    ActiveCell.Value = myRange.Value
    ActiveCell.Offset(1, 0).Select
    Set myRange = myCheckRange.Find("", After:=myRange, 
SearchFormat:=True)
Loop While myFirstRange.Address <> myRange.Address
```

サンプルの結果

	A	B	C	D	E	F	G	H
1	コード	顧客名	ヨミガナ	TEL		OA流通センター		
2	3004	井出倉庫	ｲﾃﾞ ｿｳｺ	068-444-XXXX		0734-25-XXXX		
3	3002	OA流通センター	ｵｰｴｰﾘｭｳﾂｳｾﾝﾀｰ	066-442-XXXX		ｵﾝﾗｲﾝｼｽﾃﾑｽﾞ		
4	4004	太田量販店	ｵｵﾀﾘｮｳﾊﾝﾃﾝ	0734-25-XXXX		カルタン設計所		
5	5004	オンラインシステムズ	ｵﾝﾗｲﾝｼｽﾃﾑｽﾞ	0817-96-XXXX				
6	5005	カルタン設計所	ｶﾙﾀﾝｾｯｹｲｼﾞｮ	0818-97-XXXX				
7	4003	サーカスPC事業部	ｻｰｶｽﾋﾟｰｼｰｼﾞｷﾞｮｳﾌﾞ	0733-24-XXXX				
8								

083 色の付いているセルすべてを取得したい

サンプルファイル 083.xlsm

365 2019 2016 2013

利用シーン 色の指定方法がわからないセルを書式検索

構文

プロパティ	意味
FindFormat.Interior.Pattern = xlPatternSolid	塗りのパターンを検索対象に設定

複数の色で塗り分けられているセルがある場合、そのすべてを検索対象にしたい場合には、検索対象を色で指定するのではなく、「塗りのパターン(Patternプロパティ)」で指定するとうまくいきます。具体的は、「Patternプロパティの値がxlPatternSolidのセル」を検索対象とします。

```
Dim myCheckRange As Range, myFirstRange As Range, myRange As Range
Set myCheckRange = Range("A1:C7")
Application.FindFormat.Clear
'塗りのパターンのみを検索書式として設定
Application.FindFormat.Interior.Pattern = xlPatternSolid
Set myRange = myCheckRange.Find("", SearchFormat:=True)
If myRange Is Nothing Then Exit Sub
Set myFirstRange = myRange
Do
    myRange.Copy ActiveCell
    ActiveCell.Offset(1, 0).Select
    Set myRange = myCheckRange.Find("", After:=myRange, 
SearchFormat:=True)
Loop While myFirstRange.Address <> myRange.Address
```

サンプルの結果

	A	B	C	D	E	F
1	北海道	埼玉	岐阜		静岡	
2	青森	千葉	静岡		東京	
3	岩手	東京	愛知		宮城	
4	宮城	神奈川	三重		新潟	
5	秋田	新潟	滋賀		福島	
6	山形	富山	京都		北海道	
7	福島	石川	大阪			
8						

084 特定の値を含むセルに色を付けたい

サンプルファイル 084.xlsm

365 2019 2016 2013

特定の値を含むセルに色を付けて視認しやすくする

構文

オブジェクト／メソッド	意味
ReplaceFormat.書式設定 = 置換後の値	置換後の書式を指定
セル範囲.Replace(…,ReplaceFormat:=True)	書式を置換対象に含める

特定の値を持つセルを検索し、目視で細かい内容を確認しやすいように色を付けたい場合には、置換機能の「書式置換」オプションを利用するのが簡単です。

書式置換をするには、ReplaceFormatオブジェクトに置換え後に適用したい書式を設定しておき、Replaceメソッドの引数「ReplaceFormat」に「True」を指定して置換します。このとき、文字の置換は特に行いません。

次のサンプルは、セル範囲A1:E10内で「川」という文字を含むセルを検索し、パレット番号6番（黄色）で塗りつぶします。

```
Dim myStr As String
myStr = "川"
'既存の置換書式設定をクリア
Application.ReplaceFormat.Clear
'置換書式設定を指定
Application.ReplaceFormat.Interior.ColorIndex = 6
'置換
Range("A1:E10").Replace myStr, "", LookAt:=xlPart,
ReplaceFormat:=True
```

サンプルの結果

	A	B	C	D	E
1	北海道	埼玉	岐阜	鳥取	佐賀
2	青森	千葉	静岡	島根	長崎
3	岩手	東京	愛知	岡山	熊本
4	宮城	神奈川	三重	広島	大分
5	秋田	新潟	滋賀	山口	宮崎
6	山形	富山	京都	徳島	鹿児島
7	福島	石川	大阪	香川	沖縄
8	茨城	福井	兵庫	愛媛	
9	栃木	山梨	奈良	高知	
10	群馬	長野	和歌山	福岡	
11					

▶

	A	B	C	D	E
1	北海道	埼玉	岐阜	鳥取	佐賀
2	青森	千葉	静岡	島根	長崎
3	岩手	東京	愛知	岡山	熊本
4	宮城	神奈川	三重	広島	大分
5	秋田	新潟	滋賀	山口	宮崎
6	山形	富山	京都	徳島	鹿児島
7	福島	石川	大阪	香川	沖縄
8	茨城	福井	兵庫	愛媛	
9	栃木	山梨	奈良	高知	
10	群馬	長野	和歌山	福岡	
11					

085 セルに特定の単語が含まれている個数を取得したい

サンプルファイル 085.xlsm

365 2019 2016 2013

利用シーン 同じ単語を使用している回数をチェックする

構文

関数	意味
UBound(Split(チェック対象の文字列, 単語))	単語が含まれている個数を取得

セル内に特定の単語が現れる個数を数えたい場合には、Split関数とUBound関数を組み合わせるのが簡単です。

Split関数は、1つ目の引数に指定した文字列を、2つ目の引数で指定した区切り文字で区切った配列を返します。そこで、「特定の文字列を、個数を数えたい単語で区切った配列」を作成し、その配列のインデックス番号の最大値をUBound関数で取得すれば、単語の含まれている個数を取得できる、というわけです。

次のサンプルは、セルA2:A6のセルそれぞれに含まれている「Excel」という単語の個数を算出します。

```
Dim myRange As Range, countStr As String
countStr = "Excel"
For Each myRange In Range("A2:A6")
    myRange.Next.Value = UBound(Split(myRange.Value, countStr))
Next
```

サンプルの結果

	A	B	C
1	文字列	単語数	
2	Excelのマクロ機能はVBEで編集します	1	
3	Excel単体の最新バージョンは、Excel2019です	2	
4	ExcelのVBEは、どのバージョンのExcelでも同じように使用できます	2	
5	ExcelとWordでは、Excelの方がExcellentなグラフを作りやすいです	3	
6	Wordは文章の作成に適しています	0	
7			

MATCH関数で完全に一致するデータを検索したい

サンプルファイル 086.xlsm

365 2019 2016 2013

特定の顧客名が入力されているセルの位置を取得する

構文

プロパティ	意味
WorksheetFunction .Match(検索値, 検索範囲, [照合の型])	VBAからMATCHワークシート関数を利用して検索

セルを検索するときの定番のコマンドはFindメソッドですが、値(数式の結果)を検索するのであれば、ワークシート関数のMATCH関数で検索することも可能です。

もちろん、Findメソッドはぜひともマスターしてもらいたいテクニックではありますが、苦手意識があるのであれば、MATCH関数を使うのも1つの選択肢でしょう。また、MATCH関数のほうがマクロの処理速度が高速という利点もあります。

MATCH関数は次の構文で使用します。

```
MATCH(検査値, 検査範囲, [照合の型])
```

照合の型の種類は次のとおりです。

■ MATCH関数の称号の型

照合の型	動作
1、または省略	検索値以下の最大の値を検索
0	検索値と等しい最初の値を検索
-1	検索値以上の最小の値を検索

MATCH関数は、該当するセル(値)がある場合には、その値が検索範囲内の何番目にあるかを数値で返します。この値を利用して、目的のセルの場所を特定します。

なお、該当するセルがないときには「#N/A」のエラーを返しますが、この場合、VBAのコードでは実行が中断してしまいますので、エラーをトラップする必要があります。

では、VBAでMATCH関数を使って値を検索するサンプルをご覧ください。サンプルではセル範囲A1:A11に入力された値のリストから、「大村」という値のセルを検索し、選択します。

```
Dim myRow As Long
myRow = 0
'一時的にエラーを無視する
On Error Resume Next
myRow = WorksheetFunction.Match("大村", Range("A1:A11"), 0)
On Error GoTo 0
'検索対象が無い（N/Aエラー時）場合は「0」のままであるかどうかで判定
If myRow = 0 Then
    MsgBox "該当するセルはありません"
Else
    Cells(myRow, 1).Select
    MsgBox "該当するのは、" & myRow & "番目のデータです"
End If
```

サンプルの結果

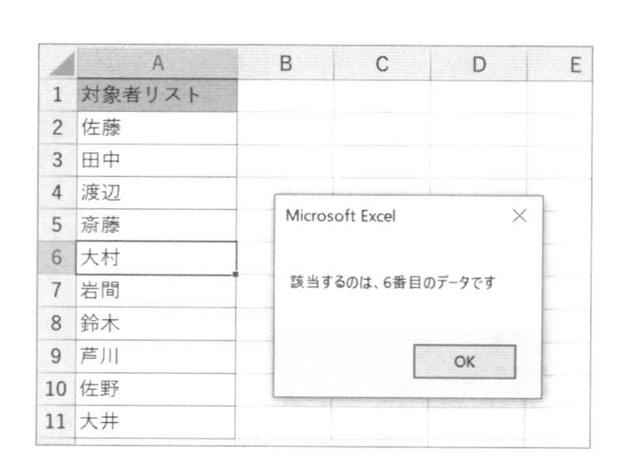

POINT ▸▸ 「検索範囲」のリストはVBA内で作成した配列でもOK

VBA内でMATCH関数を利用する場合、2番目の引数に指定する「検索範囲」の値は、セル範囲を参照するのではなく、直接配列を指定することも可能です。本文中の例で言うと、「Array("佐藤", "大村", "渡辺")」というような形で配列が指定できます。この場合、リスト内の検索値「大村」の位置である「2」が得られます。

087 MATCH関数で特定範囲内の値を検索したい

サンプルファイル 087.xlsm

365 2019 2016 2013

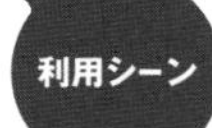

利用シーン 得点が10～19の間の値のセルのみに色を付ける

構文

プロパティ	意味
WorksheetFunction.Match(検索値, 値のリスト, 1)	VBAからMATCHワークシート関数を「検索値以下の最大の値」形式で利用

「得点が10点台か判定したい」というような場合は、MATCH関数が利用できます。MATCH関数は、3番目の引数の「照合の型」に「1」を指定すると、リスト内の「検索値以下の最大の値」の位置を返します。この仕組みを利用して、

```
MATCH(検索値, Array(0, 10, 20), 1)
```

とすれば、検索値が10～19かどうかの判定は、「2」を返すかどうかで判断できます。応用すれば、検査値の属する範囲に応じた処理の分岐も作成できますね。

サンプルでは、セル範囲A2:A7の値が、0~9なら「C」、10~19は「B」、20~29は「A」、30以上は「S」を入力し、10~19の値の場合は、セルを塗りつぶします。

```
Dim myRange As Range, myRank As Long, myRankArr, myStrArr
myRankArr = Array(0, 10, 20, 30)
myStrArr = Array("C", "B", "A", "S")
For Each myRange In Range("B2:B7")
    myRank = WorksheetFunction.Match(myRange.Value, myRankArr, 1)
    myRange.Offset(0, 1).Value = myStrArr(myRank - 1)
    If myRank = 2 Then myRange.Interior.ColorIndex = 6
Next
```

サンプルの結果

	A	B	C	D
1	選手	成功回数	ランク	
2	大村敦	38		
3	深田霞	10		
4	小島慶子	15		
5	斎藤和也	26		
6	望月康夫	18		
7	飯干花江	5		

▶

	A	B	C	D
1	選手	成功回数	ランク	
2	大村敦	38	S	
3	深田霞	10	B	
4	小島慶子	15	B	
5	斎藤和也	26	A	
6	望月康夫	18	B	
7	飯干花江	5	C	

088 VLOOKUP関数で目的のデータを表引きしたい

サンプルファイル 088.xlsm

365 2019 2016 2013

利用シーン 表の中から担当者名に対応する売上金額を取得する

構文

メソッド	意味
WorksheetFunction.Vlookup(キー値, 表の範囲, 列番号, False)	VBAからVLOOKUPワークシート関数を利用して表引き

下図のような表のB列の中から「大村」を検索し、D列にあるその売上金額を取得したい場合には、定番のワークシート関数であるVLOOKUP関数を利用するのが簡単です。

今回のケースでの留意点は2つあります。1つは、「大村」という文字列と完全に一致する値を検索しますので、VLOOKUP関数の第4引数の検索の型には必ず「False」を指定しなければなりません。もう1つは、該当データがない場合、エラーとなる点です。こちらは、エラーのトラップで対処が可能です。

```
Dim myName As String, myUriage As Long
myName = "大村"
On Error GoTo ErrHandle
myUriage = WorksheetFunction.VLookup(myName, Range("B2:D11"), 3, 
False)
On Error GoTo 0
MsgBox myName & "の売上金額：" & myUriage
Exit Sub
ErrHandle:
MsgBox "該当データがありません"
```

サンプルの結果

	A	B	C	D
1	コード	担当者	勤務日数	売上金額
2	1	望月	24	1,600,000
3	2	佐野	25	1,300,000
4	3	亀井	18	800,000
5	4	大村	19	2,200,000
6	5	芦川	21	1,800,000
7	6	児島	20	600,000
8	7	篠田	27	1,500,000
9	8	前田	30	3,200,000
10	9	柏木	15	2,800,000

Microsoft Excel

大村の売上金額：2200000

OK

DCOUNTA関数で複雑な条件を満たすデータ数を取得したい

サンプルファイル 089.xlsm

365 2019 2016 2013

利用シーン 表の中から担当者名に対応する売上金額を取得する

構文	メソッド	意味
	WorksheetFunction .DCountA(データ範囲, 列見出し, 抽出条件範囲)	VBAからDCOUNTAワークシート関数を利用して表引き

ここでは、次図のケースで、「性別、=男」「年齢、>=30」「回数、<100」をすべて満たすデータ数（セルの個数）を取得してみましょう。なお、サンプルでは条件をすべて満たすデータにあらかじめ色を付けてあります。

検索対象となるシート

I2 =DCOUNTA(A1:D11,A1,F1:H2)

	A	B	C	D	E	F	G	H	I
1	氏名	性別	年齢	回数		性別	年齢	回数	DCOUNTAの結果
2	望月みゆき	女	29	85		男	>=30	<100	3
3	佐野裕実	男	31	80					
4	亀井玲子	女	30	75					
5	大村あつし	男	47	99					
6	芦川康夫	男	25	43					
7	児島恵	男	55	100					
8	篠田勇	男	26	116					
9	前田雄太	男	42	130					
10	柏木由紀	女	30	40					
11	島崎康弘	男	37	93					

もちろん、条件を満たすものをIfステートメントの中でAnd演算子を使って調べて、ループの中で変数に加算していく処理もありますが、ここでは条件を満たすデータの内、空白ではないセルの個数を返すワークシート関数である、DCOUNTA関数を使います。ちなみに、DCOUNT関数は数値が入力されているセルの個数を数えるものなので、両者を混同しないでください。また、今回の解説は291ページのAdvancedFilterメソッドと似ているので、しっかりと理解してください。

まず、ワークシート上でDCOUNTA関数を利用する方法を確認しておきましょう。

```
=DCOUNTA(データ範囲, 列見出し, 抽出条件範囲)
```

089

DCOUNTA関数で複雑な条件を満たすデータ数を取得したい

365 2019 2016 2013

セルA1:D11をデータ範囲とし、セルA1を「氏名」列見出し、そしてセルF1:H2を抽出条件範囲としています。関数を入力しているセルI2には、きちんと該当するデータ数である「3」が結果として表示されていますね。

このように、DCOUNTA関数には、抽出条件を入力するセル範囲が必要になります。だからこそVBAと親和性が高いともいえます。すなわち、マクロを使って一時的に抽出条件をセル範囲に書き出し、条件を満たすセルの個数がわかったら、そのセル範囲の値をクリアしてしまえば、前ページの図のように随時抽出条件をセル範囲に用意しておく必要はなくなります。

では、そのマクロを紹介しますが、次のサンプルは、前ページの図の状態でセルF1:I2が空白の状態であると仮定してください。マクロ内で抽出条件となるセル範囲を作成し、値をメッセージボックスに表示したら、そのセル範囲を空白に戻しています。

難しい処理ではありませんが、抽出条件を書き込むセル範囲が必要になるというDCOUNTA関数のデメリットを除外しつつも、実はDCOUNTA関数で値を取得しているという独創的なマクロになっています。

```
Dim myCount As Long
'抽出条件を一時的にセルに書き込む
Range("F1:H1").Value = Array("性別", "年齢", "回数")
Range("F2:H2").Value = Array("男", ">=30", "<100")
'抽出条件を満たす対象の数をDCOUNTAで取得
myCount = WorksheetFunction. _
      DCountA(Range("A1:D11"), Range("A1"), Range("F1:H2"))
MsgBox "条件を満たすセルの個数：" & i
'一時的に抽出条件を書き込んだセル範囲をクリア
Range("F1:H2").Clear
```

●サンプルの結果●

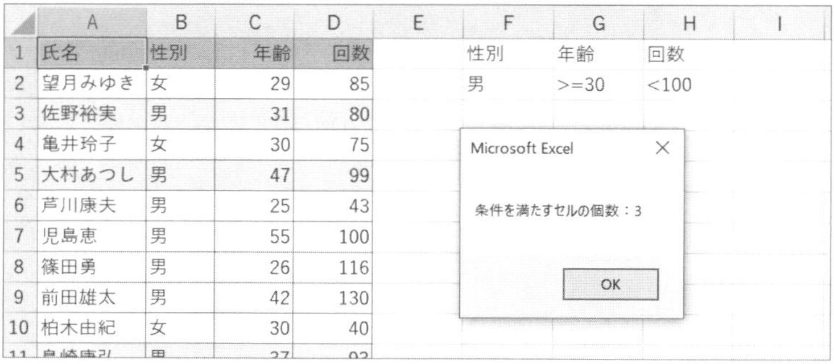

	A	B	C	D	E	F	G	H	I
1	氏名	性別	年齢	回数		性別	年齢	回数	
2	望月みゆき	女	29	85		男	>=30	<100	
3	佐野裕実	男	31	80					
4	亀井玲子	女	30	75					
5	大村あつし	男	47	99					
6	芦川康夫	男	25	43					
7	児島恵	男	55	100					
8	篠田勇	男	26	116					
9	前田雄太	男	42	130					
10	柏木由紀	女	30	40					

Microsoft Excel

条件を満たすセルの個数：3

OK

セルにスピル形式の数式を入力する

サンプルファイル 090.xlsm

365※

VBAからスピル形式の数式を入力

構文

プロパティ	意味
セル.Formula2 = "スピル形式の数式"	セルにスピル形式の数式を入力

Microsoft365版のExcelでは、アップデートによりスピル形式での数式が入力・利用できるようになりました。このスピル形式の数式を、VBAから入力するには、従来のFormulaプロパティではなく、Formula2プロパティを利用します。

サンプルの結果

B2 =A2:A4*B1:D1

	A	B	C	D	E
1		1	2	3	
2	10	10	20	30	
3	100	100	200	300	
4	1,000	1,000	2,000	3,000	
5					

```
Range("B2").Formula2 = "=A2:A4*B1:D1"
```

また、Application.Evaluateメソッドを利用すると、ワークシート上で行うスピル形式の演算を、疑似的にVBA内でも行えます。戻り値は2次元配列の形で返されますので、Variant型の変数を用意し、そこへ計算結果を受け取って値を取り出すことができます。

```
Dim myResults As Variant
'スピル形式の配列演算の結果をEvaluateメソッド経由で取得
myResults = Application.Evaluate("=100*{1,2,3;4,5,6}")
Debug.Print myResults(1, 1), myResults(1, 2)
Debug.Print myResults(2, 1), myResults(2, 2)
```

サンプルの結果

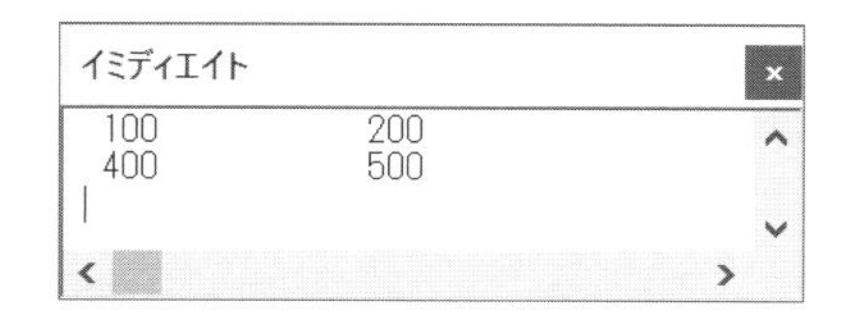

091 セルがスピル範囲かどうかを取得する

サンプルファイル 091.xlsm

365※

利用シーン セルへ値を入力する前にスピル範囲でないかをチェック

構文

プロパティ	意味
セル.HasSpill	セルがスピル範囲かどうかを判定
セル.SpillParent	スピル形式の数式の起点セルを取得

セルにスピル形式の数式の範囲に含まれているかどうかは、HasSpillプロパティで判定できます。また、スピル形式の数式が入力されている起点のセルは、SpillParentプロパティで取得できます。

サンプルでは、アクティブセルがスピル範囲に含まれているかどうかを判定し、含まれている場合は、起点となるセルのアドレスを表示します。

```
If ActiveCell.HasSpill = True Then
    MsgBox "スピル範囲です" & vbCrLf & _
           "起点セル：" & ActiveCell.SpillParent.Address
Else
    MsgBox "スピル範囲ではありません"
End If
```

サンプルの結果

D4　=A2:A6*B1:F1

	A	B	C	D	E	F
1		1	2	3	4	5
2	1	1	2	3	4	5
3	2	2	4	6	8	10
4	3	3	6	9	12	15
5	4	4	8	12	16	20
6	5	5	10	15	20	25

Microsoft Excel

スピル範囲です
起点セル：$B$2

OK

092 スピル形式の数式の結果セル範囲を取得する

サンプルファイル 092.xlsm

365

UNIQUE関数で得たユニークなリストのセル範囲を取得

構文

メソッド	意味
起点セル.SpillingToRange	スピル形式の数式の結果の入力されているセル範囲を取得
Range("起点セル#")	

スピル形式の数式では、結果が配列となる場合、その結果に応じて配列の値をセルに展開・表示します。この結果の表示されているセル範囲（「動的配列セル範囲」や「結果セル範囲」と呼びます）を取得するには、数式が入力されている起点セルの、SpillingToRangeプロパティを利用します。

サンプルでは、セルC2に入力されているUNIQUE関数の結果セル範囲のアドレスを表示しています。SpllingToRangeプロパティを使うことで、新たなデータを追加し、結果セル範囲が変化したときでも、同じコードで結果セル範囲を取得可能となります。

```
'セルC2起点のスピル形式の結果セル範囲のアドレス表示
MsgBox "結果のセル範囲：" & Range("C2").SpillingToRange.Address
```

サンプルの結果

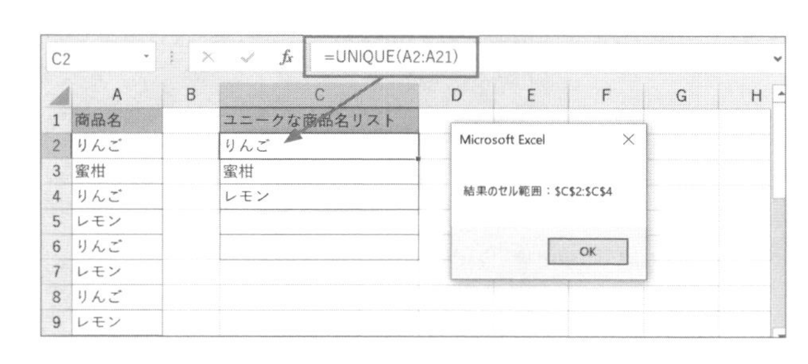

また、Rangeプロパティでセルを指定する際、シート上の数式と同じように、「セル番地にスピル範囲演算子『#』を付加する」ことでも、結果セル範囲を取得可能です。

```
MsgBox "スピル範囲演算子指定でのセル範囲：" & Range("C2#").Address
```

UNIQUE関数でユニークなリストを取得したい

サンプルファイル 093.xlsm

365

VBAからUNIQUE関数でユニークなリスト配列を取得

構文

メソッド	意味
WorksheetFunction.Unique(値のリスト)	VBAからUNIQUEワークシート関数を利用してリスト作成

UNIQUEワークシート関数は、値のリストを元に、重複しない値のリスト（ユニークな値のリスト）を求めてセルへと展開・表示します。

UNIQUEワークシート関数の結果

	A	B	C	D	E	F	G	H	I	J	K	L
1	商品名	価格	数量	備考		=UNIQUE(A2:A7)		=SORT(UNIQUE(A2:B7))				
2	りんご	200	100			りんご		りんご	200			
3	蜜柑	80	2,100			蜜柑		りんご	150			
4	レモン	140	600			レモン		レモン	140			
5	りんご	200	180					蜜柑	80			
6	りんご	150	2,800	セール				蜜柑	60			
7	蜜柑	60	400	セール								

このUNIQUEワークシート関数は、対応バージョンのVBAからも利用可能です。スピル形式の関数の結果は、2次元配列で返ってくるため、Variant型の変数を用意し、そこへ結果を受け取ってから取り出しましょう。

```
'二次元配列の結果をVariant型変数で受け取る
Dim myList As Variant
myList = WorksheetFunction.Unique(Range("A2:A7").Value)
'個々の値を取り出す
Debug.Print myList(1, 1), myList(2, 1), myList(3, 1)
```

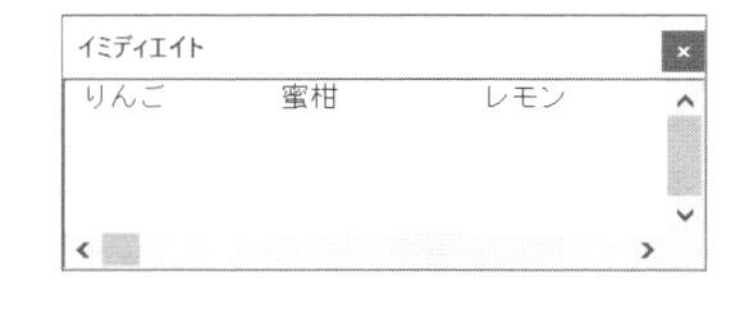

XLOOKUP関数で目的のデータを表引きしたい

サンプルファイル 094.xlsm

365※

利用シーン VBAからXLOOKUP関数で任意のデータの値を取得

構文

プロパティ／メソッド	意味
WorksheetFunction.XLookup (検索値, 検索範囲, 結果範囲 [,エラー時テキスト])	VBAからXLOOKUPワークシート関数を利用して表引き

XLOOKUPワークシート関数は、VLOOKUP関数よりも柔軟な表引きができる便利な関数です。

XLOOKUPワークシート関数の結果

	A	B	C	D	E	F	G	H	I	J
1	コード	担当者	勤務日数	売上金額		=XLOOKUP("大村",B2:B11,D2:D11,"該当データなし")				
2	1	望月	24	1,600,000		2,200,000				
3	2	佐野	25	1,300,000						
4	3	亀井	18	800,000		=XLOOKUP("大村",B2:B11,A2:D11)				
5	4	大村	19	2,200,000		4	大村	19	2200000	
6	5	芦川	21	1,800,000						
7	6	児島	20	600,000						
8	7	篠田	27	1,500,000						

このXLOOKUPワークシート関数は、対応バージョンのVBAからも利用可能です。XLOOKUP関数では、検索値が存在しない場合の値も指定できるため、VLOOKUP関数よりも使い勝手がよくなっています。

```
'「担当者」が「大村」の金額を取得
MsgBox WorksheetFunction. _
    XLookup("大村", Columns("B"), Columns("D"), "該当なし")
```

単一の値を表引き

また、結果範囲を、複数列を含むセル範囲とすることで、検索値を持つ表内の任意の1行の値を、配列として受け取ることも可能です。

```
Dim myRecord As Variant
With WorksheetFunction
    '2次元配列で表引きの結果を取得
    myRecord = _
     .XLookup("大村", Range("B2:B11"), Range("A2:D11"), "該当なし")
    '一次元配列的に扱えるよう加工
    myRecord = .Transpose(.Transpose(myRecord))
End With
'値を取り出す
If IsArray(myRecord) = False Then
    MsgBox "該当データはありません"
Else
    MsgBox Join(myRecord, vbCrLf)
End If
```

配列状態で結果を表引き

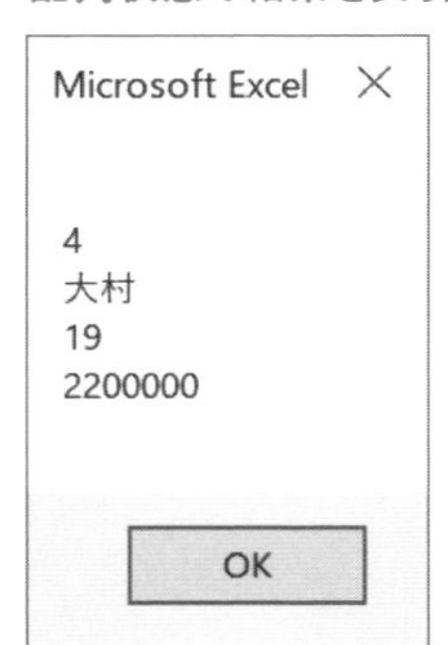

表形式でデータを扱うテクニック

Chapter

4

095 表形式のセル範囲をテーブルに変換したい

サンプルファイル 095.xlsm

365 2019 2016 2013

利用シーン 会員情報のデータが入力されたセル範囲を見やすく、扱いやすくする

構文

メソッド	意味
シート.ListObjects.Add Source:=セル範囲	セル範囲をテーブルに変換

セル範囲A2:D7には下図のようにデータが入力されています。このセル範囲をテーブルに変換するときには、ListObjectsコレクションのAddメソッドを使います。

セル範囲をテーブルに変換すると、その範囲は1つのListObjectとして操作できるようになります。また、ワークシートでは複数のテーブルを管理できますが、複数のテーブルをまとめたものがListObjectsコレクションです。

```
'セル範囲A2:D7を「テーブル」に変換
ActiveSheet.ListObjects.Add Source:=Range("A2:D7")
```

サンプルの結果

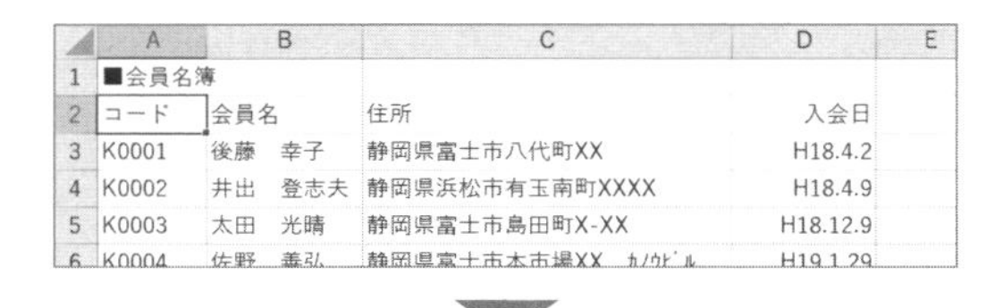

	A	B	C	D	E
1	■会員名簿				
2	コード	会員名	住所	入会日	
3	K0001	後藤　幸子	静岡県富士市八代町XX	H18.4.2	
4	K0002	井出　登志夫	静岡県浜松市有玉南町XXXX	H18.4.9	
5	K0003	太田　光晴	静岡県富士市島田町X-XX	H18.12.9	
6	K0004	佐野　善弘	静岡県富士市本市場XX　ｶﾉｳﾋﾞﾙ	H19.1.29	

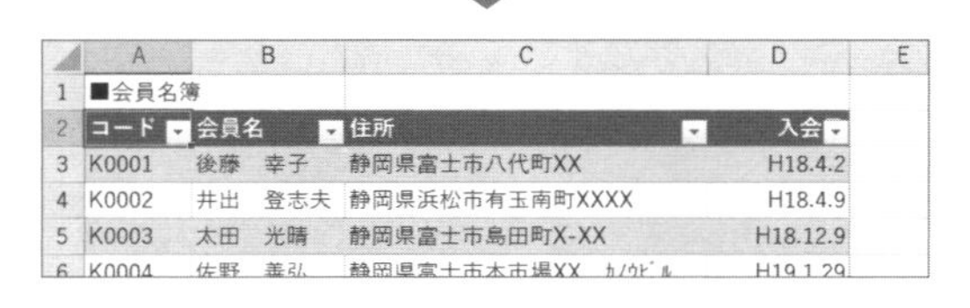

	A	B	C	D	E
1	■会員名簿				
2	コード	会員名	住所	入会	
3	K0001	後藤　幸子	静岡県富士市八代町XX	H18.4.2	
4	K0002	井出　登志夫	静岡県浜松市有玉南町XXXX	H18.4.9	
5	K0003	太田　光晴	静岡県富士市島田町X-XX	H18.12.9	
6	K0004	佐野　善弘	静岡県富士市本市場XX　ｶﾉｳﾋﾞﾙ	H19.1.29	

なお、次のようにNameプロパティも併記すると、テーブルを設定して、なおかつテーブルに名前を定義することができます。

```
'セル範囲A2:D7を「テーブル」に変換し、同時にテーブル名を設定
ActiveSheet.ListObjects.Add(Source:=Range("A2:D7")).Name = "会員名簿"
```

096 テーブルの名前やスタイル書式を設定したい

サンプルファイル 096.xlsm

365 2019 2016 2013

テーブルをより扱いやすく、見やすく整える

構文

プロパティ	意味
`ListObject.Name = テーブル名`	テーブル名を設定
`ListObject.TableStyle = スタイル名`	テーブルのスタイルを設定
`ListObject.スタイル対応プロパティ`	テーブルの細かな表示設定を更新

テーブル作成時には、テーブル名とスタイルを一緒に指定しておくと使い勝手が増します。会員情報が入力されているテーブルに「会員リスト」とテーブル名を付けておけば、そのあとの関数式やVBAのコード内で「会員リスト」という名前でそのデータを扱えます。「テーブル1」よりも用途がはっきりしますね。

また、スタイルは言うまでもなく見た目です。テーブルに設定したセル範囲には、自動的にスタイルに応じた書式が設定されますが、これも自分の見やすいスタイルを適用しておけば、ぐっとデータの視認性が上がります。

テーブル名はNameプロパティで設定し、スタイルはTableStyleプロパティにスタイルの種類を表す文字列を指定します。目的のスタイル名がわからない場合は、マクロの自動記録で実際にスタイルを適用してみるのがよいでしょう。

```
With ActiveSheet.ListObjects.Add(Source:=Range("A2:D7"))
    .Name = "会員リスト"
    .TableStyle = "TableStyleLight6"
End With
```

サンプルの結果

テーブル名: 会員リスト

	A	B	C	D
1	■会員名簿			
2	コード	会員名	住所	入会
3	K0001	後藤　幸子	静岡県富士市八代町XX	H18.4.2
4	K0002	井出　登志夫	静岡県浜松市有玉南町XXXX	H18.4.9
5	K0003	太田　光晴	静岡県富士市島田町X-XX	H18.12.9
6	K0004	佐野　善弘	静岡県富士市本市場XX	H19.1.29

また、スタイルを適用した場合には、スタイルに応じて次表のオプションの設定を行うこともできます。個々の項目をオン／オフするには、対応するプロパティの値にTrue／Falseを指定します。

■ **スタイルに応じたオプションの設定と対応するプロパティ**

プロパティ	設定
ShowHeaders	見出し行の表示／非表示
ShowTableStyleColumnStripes	列のストライプ
ShowTableStyleFirstColumn	1列目用の書式
ShowTableStyleLastColumn	最終列用の書式
ShowTableStyleRowStripes	行ごとのストライプ
ShowTotals	合計行の表示／非表示
ShowAutoFilterDropDown	フィルター矢印の表示／非表示

たとえば、テーブル変換時の見た目をさらに調整するには、次のようにコードを記述します。

```
With ActiveSheet.ListObjects.Add(Source:=Range("A2:D7"))
    .ShowHeaders = True
    .ShowTableStyleColumnStripes = True
    .ShowTableStyleFirstColumn = False
    .ShowTableStyleLastColumn = False
    .ShowTableStyleRowStripes = False
    .ShowTotals = False
    .ShowAutoFilterDropDown = False
End With
```

サンプルの結果

	A	B	C	D	E
1	■会員名簿				
2	コード	会員名	住所	入会日	
3	K0001	後藤　幸子	静岡県富士市八代町XX	H18.4.2	
4	K0002	井出　登志夫	静岡県浜松市有玉南町XXXX	H18.4.9	
5	K0003	太田　光晴	静岡県富士市島田町X-XX	H18.12.9	
6	K0004	佐野　善弘	静岡県富士市本市場XX ｶﾉｳﾋﾞﾙ	H19.1.29	
7	K0005	中道　和美	静岡県清水市高新田XXXX-XX	H16.2.7	
8					

097 テーブル設定を解除したい

サンプルファイル 097.xlsm

365 2019 2016 2013

テーブルとして設定されたセル範囲の書式と設定を元に戻す

構文

プロパティ／メソッド	意味
セル.ListObject	セルの含まれるテーブルを取得
ListObjects(インデックス番号／名前)	任意のテーブルを取得
ListObject.TableStyle = ""	テーブルのスタイル書式をクリア
ListObject.Unlist	テーブルの設定解除

扱うテーブルを指定するには、テーブル内の任意のセルのListObjectから取得するか、もしくは、シートのListObjectsプロパティにインデックス番号かテーブル名を指定します。

```
Range("A2").ListObject                    'セルから指定
ActiveSheet.ListObjects(1)                'インデックス番号で指定
ActiveSheet.ListObjects("会員リスト")       'テーブル名で指定
```

まずは、TableStyleプロパティに「""（空白文字列）」を指定し、スタイルを解除しましょう。この処理を行っておかないと、テーブルの設定が解除されても、スタイルの書式が残ってしまうからです。

```
With ActiveSheet.ListObjects("会員リスト")
    .TableStyle = ""  'スタイル解除
    .Unlist           'テーブル解除
End With
```

サンプルの結果

	A	B	C	D
1	■会員名簿			
2	コード	会員名	入会	
3	K0001	後藤　幸子	H18.4.2	
4	K0002	井出　登志夫	H18.4.9	
5	K0003	太田　光晴	H18.12.9	
6	K0004	佐野　善弘	H19.1.29	
7	K0005	中道　和美	H16.2.7	
8				

	A	B	C	D	E
1	■会員名簿				
2	コード	会員名	入会日		
3	K0001	後藤　幸子	H18.4.2		
4	K0002	井出　登志夫	H18.4.9		
5	K0003	太田　光晴	H18.12.9		
6	K0004	佐野　善弘	H19.1.29		
7	K0005	中道　和美	H16.2.7		
8					

098 テーブル全体のセル範囲を取得したい

サンプルファイル 098.xlsm

365 2019 2016 2013

利用シーン 「会員リスト」テーブルのセル範囲全体を処理対象として取得

構文

プロパティ	意味
ListObject.Range	テーブル全体のセル範囲を取得

下図左のようなテーブル「会員リスト」全体を選択してみましょう。この操作のためには、ListObjectオブジェクトに対してRangeプロパティを使った上でSelectメソッドを使用します。

```
ActiveSheet.ListObjects("会員リスト").Range.Select
```

サンプルの結果

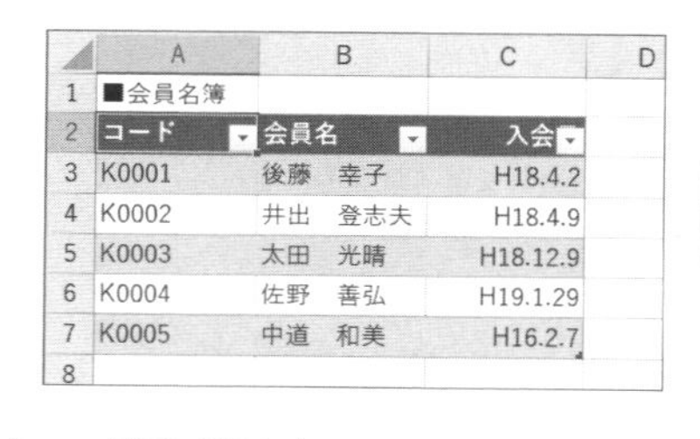

	A	B	C	D
1	■会員名簿			
2	コード	会員名	入会	
3	K0001	後藤　幸子	H18.4.2	
4	K0002	井出　登志夫	H18.4.9	
5	K0003	太田　光晴	H18.12.9	
6	K0004	佐野　善弘	H19.1.29	
7	K0005	中道　和美	H16.2.7	
8				

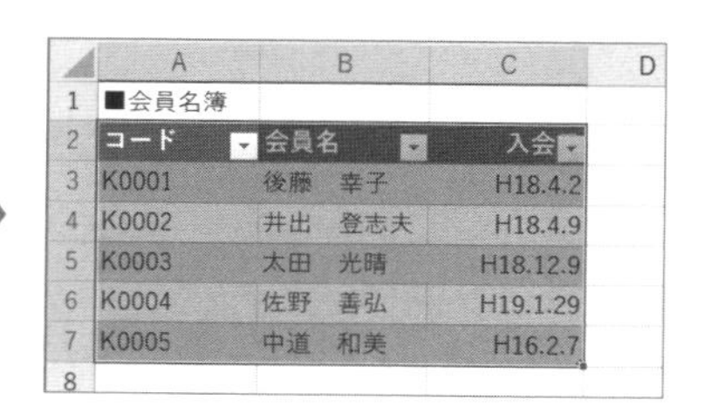

	A	B	C	D
1	■会員名簿			
2	コード	会員名	入会	
3	K0001	後藤　幸子	H18.4.2	
4	K0002	井出　登志夫	H18.4.9	
5	K0003	太田　光晴	H18.12.9	
6	K0004	佐野　善弘	H19.1.29	
7	K0005	中道　和美	H16.2.7	
8				

なお、一見正しそうな次のステートメントでは実行時エラーが発生しますので注意してください。

```
'×間違えたステートメント
ActiveSheet.ListObjects("会員リスト").Select
```

さらに、テーブルを作成すると自動的にテーブル名と同名で登録される名前付きセル範囲を利用した場合には、テーブルの「見出しを除くセル範囲」が操作の対象となりますので注意してください。

```
'△見出しを除くセル範囲を選択するステートメント
Range("会員リスト").Select
```

102 テーブルのデータをレコード単位で扱いたい

サンプルファイル 102.xlsm

365 2019 2016 2013

利用シーン テーブル内の3番目のレコードのデータを取得

構文

プロパティ／メソッド	意味
ListObject.ListRows(インデックス番号)	テーブル内の特定レコードを取得
ListRow.Range	特定レコードのセル範囲を取得
ListRow.Delete	特定レコードを削除

テーブルには、「1レコード（ListRowオブジェクト）」単位でデータを扱う仕組みが用意されています。たとえば、1つ目のレコードを扱いたい場合には、ListRowsプロパティの引数に、インデックス番号である「1」を、2つ目のレコードであれば「2」を指定します。

また、取得したListRowオブジェクトのRangeプロパティからは、そのレコードのセル範囲が取得可能です。

```
'2番目のレコード(ListRowオブジェクト)を取得
Dim myRecord As ListRow
Set myRecord = ActiveSheet.ListObjects("会員リスト").ListRows(2)
'レコードのセル範囲を選択
myRecord.Range.Select
```

データを扱う際に、セル範囲で考えるのでなく「○番目のデータ」という形で考えられるために、扱いやすくなりますね。

なお、ListRowオブジェクトのDeleteメソッドを実行すると、セル上のテーブル範囲のデータも削除されます。

サンプルの結果

	A	B	C
1	■会員名簿		
2	コード	会員名	入会日
3	K0001	後藤　幸子	H18.4.2
4	K0002	井出　登志夫	H18.4.9
5	K0003	太田　光晴	H18.12.9
6	K0004	佐野　義弘	H19.1.29

```
ActiveSheet.ListObjects("会員リスト").ListRows(2).Delete
```

テーブルのレコード数を知りたい

サンプルファイル 103.xlsm

365 2019 2016 2013

テーブルに入力されているレコード数を把握する

構文

プロパティ	意味
ListObject.ListRows.Count	テーブル内のレコード数を取得
ListObject.ListColumns.Count	テーブル内のフィールド数を取得

テーブルに入力されているレコード数を知りたい場合には、ListRowsコレクションのCountプロパティを利用します。

同じく、テーブルに設定されているフィールド数を知りたい場合には、ListColumnコレクションのCountプロパティを利用します。

次のサンプルは、アクティブセルの位置にあるテーブルの、レコード数とフィールド数をセルへと書き出します。

```
'アクティブセルの位置にあるテーブルのレコード数とフィールド数を取得
With ActiveCell.ListObject
    Range("F2").Value = .ListRows.Count
    Range("F3").Value = .ListColumns.Count
End With
```

サンプルの結果

	A	B	C	D	E	F	G
1	■会員名簿						
2	コード	会員名	入会日		レコード数	4	
3	K0001	後藤　幸子	H18.4.2		フィールド数	3	
4	K0002	井出　登志夫	H18.4.9				
5	K0003	太田　光晴	H18.12.9				
6	K0004	佐野　義弘	H19.1.29				
7							
8							

104 テーブルのデータをフィールド単位で扱いたい

サンプルファイル 104.xlsm

365 2019 2016 2013

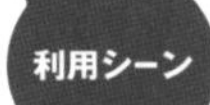

テーブル内の「会員名」フィールドの値を取得

構文

プロパティ／メソッド	意味
ListObject.ListColumns(インデックス番号／名前)	テーブル内の特定フィールドを取得
ListColumn.Range	特定フィールドのセル範囲を取得

テーブルには、「1フィールド（ListColumnオブジェクト）」単位でデータを扱う仕組みが用意されています。たとえば、1つ目のフィールドを扱いたい場合には、ListColumnsプロパティの引数に、インデックス番号である「1」を指定します。また、フィールド名（見出し行の値）での指定も可能です。

```
テーブル.ListColumns(1)          '1フィールド目を取得
テーブル.ListColumns("氏名")     '「氏名」フィールドを取得
```

取得した、個別のListColumnオブジェクトのRangeプロパティからは、そのフィールドのセル範囲が取得可能です。

```
'アクティブセルの位置にあるテーブルの「会員名」フィールドを取得
Dim myField As ListColumn
Set myField = ActiveCell.ListObject.ListColumns("会員名")
'セル範囲を選択
myField.Range.Select
```

サンプルの結果

	A	B	C	D
1	■会員名簿			
2	コード	会員名	入会日	
3	K0001	後藤　幸子	H18.4.2	
4	K0002	井出　登志夫	H18.4.9	
5	K0003	太田　光晴	H18.12.9	
6	K0004	佐野　義弘	H19.1.29	
7				

テーブルのスライサーを設定／消去したい

サンプルファイル 105.xlsm

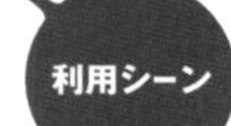

「担当」フィールドのスライサーを追加／消去

構文

メソッド	意味
SlicerCaches.Add2 対象テーブル	スライサーキャッシュを追加
Slicers.Add 対象シート, 位置情報	スライサーをシート上に追加
スライサーキャッシュ.Delete	スライサーキャッシュと関連スライサーを削除

テーブル機能の1つに、とてもカジュアルにフィルターをかけられる［スライサー］機能があります。このスライサーをマクロから表示／消去してみましょう。

```
Dim myTable As ListObject, myRng As Range
Dim myCache As SlicerCache, mySlicer As Slicer
'対象テーブルとスライサーを表示させたいセル範囲をセット
Set myTable = ActiveSheet.ListObjects("売上テーブル")
Set myRng = Range("G1:I8")
'スライサーキャッシュを追加し、対応するスライサーを配置
Set myCache = ThisWorkbook.SlicerCaches.Add2(myTable, "担当") ――❶
Set mySlicer = myCache.Slicers.Add( _
                ActiveSheet, Name:="担当", _
                Top:=myRng.Top, Left:=myRng.Left, _
                Width:=myRng.Width, Height:=myRng.Height)
myTable.Range.Cells(1).Select
```
❷（Set mySlicer ～ Height:=myRng.Height)）

サンプルの結果

	A	B	C	D	E
1	ID	顧客名	コース	売上金額	担当
2	1	日本ソフト　静岡支店	人事評価	305,865	大村あつし
3	2	日本ソフト　静岡支店	販売管理	167,580	鈴木麻由
4	3	レッドコンピュータ	人事評価	144,900	大村あつし
5	4	システムアスコム	人事評価	646,590	牧野光
6	5	システムアスコム	財務管理	197,400	鈴木麻由
7	6	システムアスコム	人事評価	83,790	牧野光
8	7	システムアスコム	人事評価	65,100	片山早苗
9	8	日本CCM	販売管理	365,400	大村あつし
10	9	ゲイツ製作所	財務管理	478,800	牧野光
11	10	ゲイツ製作所	販売管理	396,900	牧野光

スライサー（G1:I8）：担当
- 大村あつし
- 片山早苗
- 牧野光
- 鈴木麻由

大まかな手順としては、

1. ブックにスライサーキャッシュ(スライサーの設定情報)を登録
2. スライサーキャッシュを操作できるスライサーをシートに配置

という流れになります。新規のスライサーキャッシュ(SlicerCacheオブジェクト)は、ブックのSlicerCachesコレクションのAdd2メソッドで作成します。作成する際には、引数として対象テーブル(ListObject)と、名前を指定します(❶)。

スライサーキャッシュに対応するスライサー(Slicerオブジェクト)をシート上に配置するには、スライサーキャッシュのSlicersプロパティ経由でSlicerオブジェクトを指定し、Addメソッドで配置します。このとき、配置するシートと、スライサーの位置や大きさを各種引数で指定します(❷)。

スライサーを消去する際には、対応するスライサーキャッシュを指定し、Deleteメソッドでキャッシュを削除してしまえば、スライサーも画面上から消去されます。また、消去する際にフィルターを解除しておきたい場合には、スライサーキャッシュのClearAllFiltersメソッドを実行しておきましょう。

次のサンプルは、すべてのスライサーのフィルターを解除し、消去します。

```
Dim myCache As SlicerCache
For Each myCache In ThisWorkbook.SlicerCaches
    With myCache
        .ClearAllFilters        'フィルターのクリア
        .Delete                 'キャッシュの削除 (スライサーも消える)
    End With
Next
```

サンプルの結果

	A	B	C	D	E
1	ID	顧客名	コース	売上金額	担当
2	1	日本ソフト　静岡支店	人事評価	305,865	大村あつし
4	3	レッドコンピュータ	人事評価	144,900	大村あつし
9	8	日本CCM	販売管理	365,400	大村あつし
14	13	増根倉庫	財務管理	144,900	大村あつし
19					
20					
21					
22					

担当
大村あつし
片山早苗
牧野光
鈴木麻由

▼

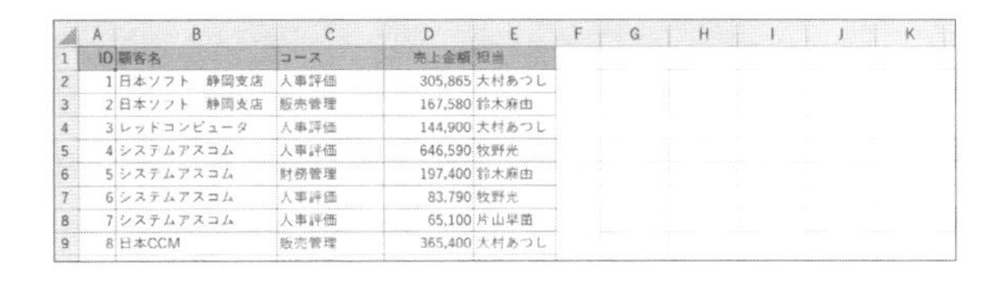

	A	B	C	D	E
1	ID	顧客名	コース	売上金額	担当
2	1	日本ソフト　静岡支店	人事評価	305,865	大村あつし
3	2	日本ソフト　静岡支店	販売管理	167,580	鈴木麻由
4	3	レッドコンピュータ	人事評価	144,900	大村あつし
5	4	システムアスコム	人事評価	646,590	牧野光
6	5	システムアスコム	財務管理	197,400	鈴木麻由
7	6	システムアスコム	人事評価	83,790	牧野光
8	7	システムアスコム	人事評価	65,100	片山早苗
9	8	日本CCM	販売管理	365,400	大村あつし

テーブルを構造化参照式で計算したい

サンプルファイル 106.xlsm

365　2019　2016　2013

「伝票」テーブルに「小計」フィールドを追加して式を入力

構文

プロパティ	意味
フィールド.Name = フィールド名	構造化参照式のセル範囲を取得
フィールド.DataBodyRange	フィールドのセル範囲を取得
セル範囲.Formula = 構造化参照式	構造化参照式を入力

テーブル化したセル範囲の値は、「構造化参照式」で参照可能になります。この構造化参照式は、VBAからも入力可能です。通常の数式同様に、セル範囲を指定し、Formulaプロパティの値に構造化参照式の文字列を指定するだけです。

次のサンプルは、「伝票」テーブルに新規のフィールドを追加し、「同レコードの単価フィールドの値*同レコードの数量フィールドの値」という意味の構造化参照式をまとめて入力します。

```
'「伝票」テーブルに新規フィールドを追加して変数にセット
Dim myField As ListColumn
Set myField = ActiveSheet.ListObjects("伝票").ListColumns.Add
'フィールド名を入力し、データ部のセルに構造化参照の数式を入力
myField.Name = "小計"
myField.DataBodyRange.Formula = "=[@単価]*[@数量]"
```

サンプルの結果

A1　商品

商品	単価	数量
りんご	200	500
蜜柑	140	2,000
レモン	120	420
りんご	200	750
蜜柑	140	1,800

D2　=[@単価]*[@数量]

商品	単価	数量	小計
りんご	200	500	100,000
蜜柑	140	2,000	280,000
レモン	120	420	50,400
りんご	200	750	150,000
蜜柑	140	1,800	252,000

107 テーブルのデータ範囲を構造化参照式で指定したい

サンプルファイル 107.xlsm

365 2019 2016 2013

利用シーン 「伝票」テーブルのデータ範囲を選択する

構文

プロパティ	意味
Range(構造化参照式)	構造化参照式のセル範囲を取得

テーブル化したセル範囲の値は、「構造化参照式」で参照可能になります。この構造化参照式の一部は、Rangeプロパティの引数として利用できます。

次のサンプルでは、「伝票」とテーブル名が付けられているテーブルの4パターンのセル範囲を、対応する4パターンの構造化参照式を使って選択します。

```
Range("伝票").Select            'データ範囲を取得
Range("伝票[#All]").Select      '全体の範囲を取得
Range("伝票[#Headers]").Select '見出しの範囲を取得
Range("伝票[商品]").Select      '「商品」フィールドのデータ範囲を取得
```

サンプルの結果

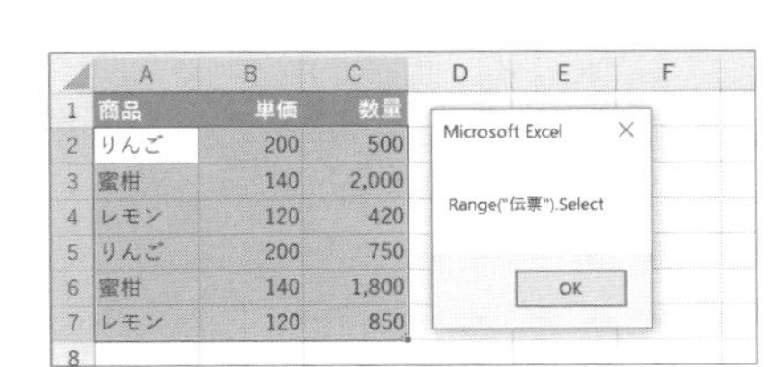

Microsoft Excel
Range("伝票[#All]").Select
OK

Microsoft Excel
Range("伝票[#Headers]").Select
OK

Microsoft Excel
Range("伝票[商品]").Select
OK

構造化参照式に慣れている場合には、こちらの方式のほうが操作したい対象がわかりやすくなり、レコードが増減しても対応が簡単になりますね。

108 テーブルの「現在のレコード」を取得したい

サンプルファイル 108.xlsm

365 2019 2016 2013

利用シーン アクティブセルのある位置のレコード範囲を選択

構文

プロパティ	意味
WorksheetFunction. Match(検索値, 検索フィールド, 0)	検索値がフィールドの何番目のデータなのかを取得

テーブル内の任意のセルを選択している場合、Shift + space を押せば、アクティブな位置のレコード全体のセル範囲のみを選択できます。しかし、日本語入力モードがオンになっている場合は、そのまま全角スペースが入力されてしまうのみとなります。

そこで、マクロからアクティブセルのある位置のレコードを取得する仕組みを考えてみましょう。サンプルでは、アクティブセルがある行のA列の値が、「伝票」テーブル内の「商品」列の何番目の値にあたるかをMATCH関数で調べ、その番号をインデックス番号として、テーブルのListRowsプロパティの引数に指定することで、該当レコードを取得しています。

```
'アクティブセルの位置を元にA列の値を「商品」フィールドから検索
Dim myIndex As Long
myIndex = WorksheetFunction _
    .Match(Cells(ActiveCell.Row,"A").Value, Range("伝票[商品]"), 0)
'ListRowsのインデックス番号として指定して対象レコード取得
ActiveCell.ListObject.ListRows(myIndex).Range.Select
```

サンプルの結果

	A	B	C	D
1	商品	単価	数量	
2	りんご	200	500	
3	蜜柑	140	2,000	
4	レモン	120	420	
5				
6				
7				

▶

	A	B	C	D
1	商品	単価	数量	
2	りんご	200	500	
3	蜜柑	140	2,000	
4	レモン	120	420	
5				
6				
7				

MATCH関数で検索を行うフィールドの値が、ユニークなリストとなっている必要がありますが、これなら手軽に操作したいレコードへとアクセスできますね。

109 テーブルに集計行を追加したい

サンプルファイル 109.xlsm

365 2019 2016 2013

「会員リスト」テーブルの「金額」の平均値を調べる

構文

メソッド	意味
集計を行いたい列.ShowTotals = True	集計行表示をオン
集計を行いたい列.TotalsCalculation = 計算の種類	集計方法を指定

テーブルの合計値などを算出するときには、TotalsCalculationプロパティを使います。このプロパティに次表のどの組み込み定数を代入するかで、合計、平均、データの個数などが簡単に確認できます。

計算の種類	組み込み定数
合計	xlTotalsCalculationSum
平均	xlTotalsCalculationAverage
最大値	xlTotalsCalculationMax
最小値	xlTotalsCalculationMin
数値の個数	xlTotalsCalculationCountNums

計算の種類	組み込み定数
データの個数	xlTotalsCalculationCount
標本分散	xlTotalsCalculationVar
標本標準偏差	xlTotalsCalculationStdDev
なし	xlTotalsCalculationNone

次のサンプルは、「金額」列の平均値を算出するものです。ShowTotalsプロパティに「True」を代入して、集計行を表示している点に注意してください。

```
With ActiveSheet.ListObjects("会員リスト")
    .ShowTotals = True
    .ListColumns("金額").TotalsCalculation = _
                        xlTotalsCalculationAverage
End With
```

サンプルの結果

	A	B	C	D
1	コード	会員名	金額	
2	K0001	後藤　幸子	740,000	
3	K0002	井出　登志夫	1,250,000	
4	K0003	太田　光晴	460,000	
5	K0004	佐野　善弘	1,600,000	
6	K0005	中道　和美	520,000	
7				

▶

	A	B	C	D
1	コード	会員名	金額	
2	K0001	後藤　幸子	740,000	
3	K0002	井出　登志夫	1,250,000	
4	K0003	太田　光晴	460,000	
5	K0004	佐野　善弘	1,600,000	
6	K0005	中道　和美	520,000	
7	集計		914,000	

テーブルを操作するときの注意点❶

サンプルファイル 110.xlsm

365 2019 2016 2013

テーブルを丸ごとコピーする

構文

メソッド	意味
テーブル全体のセル範囲.Copy	「テーブル」の仕組み自体を丸ごとコピー

本トピックは、テクニックの紹介ではなく、注意したい仕組みの紹介となります。テーブルを扱う際には、通常のセル範囲を扱うときと少し違う動きになることがあります。たとえば、テーブル全体のセル範囲をコピーし、他のセルへとペーストしてみましょう。

```
Range("伝票[#All]").Copy Range("A6")
```

サンプルの結果

	A	B	C	D	E
1	商品	単価	数量		
2	りんご	200	500		
3	蜜柑	140	2,000		
4	レモン	120	420		
5					
6					
7					
8					
9					
10					

▶

	A	B	C	D	E
1	商品	単価	数量		
2	りんご	200	500		
3	蜜柑	140	2,000		
4	レモン	120	420		
5					
6	商品	単	数		
7	りんご	200	500		
8	蜜柑	140	2,000		
9	レモン	120	420		
10					

すると、「セル範囲の値や書式をコピー」ではなく「テーブルの設定を含めた、テーブル全体をコピー」というような動きとなります。ペースト先の新たなテーブルには、「伝票_2」のような名前が付けられ、フィルターやスタイル書式など、テーブルの仕組みが設定された状態となります。

テーブルとしてコピーしたくない場合には、見出しをコピーし、その下にデータ範囲をコピーする等、テーブルのセル範囲全体をいっぺんに扱わないようにする工夫をしてみましょう。

```
Range("伝票[#Headers]").Copy Range("A6")    '見出しセルをコピー
Range("伝票").Copy Range("A7")              'データ範囲をコピー
```

テーブルを操作するときの注意点❷

サンプルファイル 111.xlsm

365 2019 2016 2013

テーブルにフィルターをかけた結果をコピーする

構文

ポイント	理由
テーブルを扱っているかを意識する	通常のセル範囲と異なる挙動となる場合がある

前トピックに続き、本トピックも注意したい仕組みの紹介となります。テーブルを扱う際には、一部の仕組みの挙動が変わります。たとえば、終端セルを取得するEndプロパティは、テーブル内のセルでは、「テーブル内での終端セル」を取得します。

```
Range("A1").End(xlDown).Select
```

サンプルの結果

実行前（A1を選択）:

	A	B	C	D
1	商品	単価	数量	
2	りんご	200	500	
3	蜜柑	140	2,000	
4	レモン	120	420	
5	りんご	200	620	
6	蜜柑	140	1,800	
7				

実行後（A4を選択）:

	A	B	C	D
1	商品	単価	数量	
2	りんご	200	500	
3	蜜柑	140	2,000	
4	レモン	120	420	
5	りんご	200	620	
6	蜜柑	140	1,800	
7				

フィルター結果のコピーも、「テーブル外を選択」している場合は抽出結果を無視してテーブル全体をコピーし、「テーブル内を選択」している場合は抽出結果のみをコピーします。

テーブルを扱う際は、「挙動が異なる場合がある」点を意識しておきましょう。

```
Range("A8").Select  'テーブル外を選択してコピー
Range("A1:C6").Copy Range("A8")
Range("A1").Select  'テーブル内を選択してコピー
Range("A1:C6").Copy Range("E8")
```

サンプルの結果

	A	B	C	D	E	F	G
1	商品	単	数				
2	りんご	200	500				
5	りんご	200	620				
7							
8	商品	単	数		商品	単価	数量
9	りんご	200	500		りんご	200	500
10	蜜柑	140	2,000		りんご	200	620
11	レモン	120	420				
12	りんご	200	620				
13	蜜柑	140	1,800				
14							

テーブルを使わずに表形式の考え方でデータを扱いたい

サンプルファイル 112.xlsm

365 2019 2016 2013

表形式のデータをレコード・フィールド単位で扱う

構文

プロパティ	意味
起点セル.CurrentRegion	表形式のセル範囲を取得

テーブル機能を利用せずに表形式のデータを扱いやすくするための仕組みを考えてみましょう。

表全体を取得	起点セルを元に、CurrentRegionで取得 ※表形式のセル範囲の周りには空白である事前提
任意のレコードを取得	表全体のセル範囲に対して、Rowsから取得
任意のフィールドを取得	表全体のセル範囲に対して、Columnsから取得
データ範囲を取得	表全体のセル範囲を元に、ResizeやOffsetを使って取得

たとえば、セルA1を起点として入力されている表形式のデータは、次のサンプルのような形で、表単位・レコード単位・フィールド単位、といった考え方のセル範囲を取得できます。

```
'表形式のセル範囲全体を取得
Dim myTable As Range
Set myTable = Range("A1").CurrentRegion
'特定のレコード（表内の任意の行）を指定
myTable.Rows(2).Select
'特定のフィールド（表内の任意の列）を指定
myTable.Columns(1).Select
'見出しを除いたセル範囲を指定
myTable.Rows(1).Resize(myTable.Rows.Count - 1).Offset(1).Select
```

考え方のポイントは、「まず、データが入力されている表全体のセル範囲をまとめて扱えるように取得し、そのセル範囲内の行や列のデータを、相対的なセル指定の仕組みを使って取得していく」点です。

表全体のセル範囲を扱う変数を1つ用意し、そこに対象とするセル範囲をセットすることからスタートすると、扱いやすくなりますね。

「次のデータ」を書き込む位置を取得したい❶

サンプルファイル 113.xlsm

365 2019 2016 2013

「伝票No」列に次のデータを書き込む位置を取得

構文	メソッド	意味
	基準セル.End(xlDown).Offset(1) 基準列の最終セル.End(xlUp).Offset(1)	「次のデータ」を入力するセルを取得

マクロを使ってデータを書き込む際、「次のデータ」を書き込む位置をどう取得するかが1つのポイントとなります。下図でいうと、セルA5を取得するにはどのようなコードを記述すればよいのでしょうか。いろいろな方法が考えられますが、そのうちのいくつかを取り上げてみましょう。

Endプロパティを利用して「次のデータ」を書き込む位置を取得する

	A	B	C	D	E	F
1	伝票No	日付	顧客名	売上金額	担当者名	
2	1	2020/7/8	日本ソフト　静岡支店	305,865	大村あつし	
3	1	2020/7/9	日本ソフト　静岡支店	167,580	大村あつし	
4	2	2020/7/10	レッドコンピュータ	144,900	鈴木麻由	
5						
6						

本トピックでは、起点となるセルを元に、Endプロパティで取得した「終端セル」の1つ下のセルを「次のデータ」を書き込む位置とする考え方を紹介します。

図のような表であれば、セルA1を起点した下方向の終端セルは、セルA4です。さらにその1つ下のセルA5を「次のデータ」を書き込む位置として取得します。

この方式をVBAで記述すると、次のようになります。

```
Range("A1").End(xlDown).Offset(1).Select
```

また、見出し行しかデータが入力されていない場合や、A列の途中に空白がある場合に対応する方法として、A列の最終セルから上方向の終端セルを取得し、その1つ下のセルを「次のデータ」を書き込む位置とする方式もよく利用されます。

この方式をVBAで記述すると、次のようになります。

```
Range("A" & Rows.Count).End(xlUp).Offset(1).Select
```

114 「次のデータ」を書き込む位置を取得したい❷

サンプルファイル 114.xlsm

365 2019 2016 2013

「伝票」テーブルに次のデータを書き込む位置を取得して書き込み

構文

プロパティ	意味
見出しセル範囲.Offset(表の行数)	「次のデータ」を入力するセル範囲を取得

前トピックに続く「次のデータ」の位置の取得方法は、見出しセル範囲を元に、指定のオフセット数だけ下方向に離れた位置のセルを「次のデータ」の位置とする方式です。

考え方は単純で、見出しのセル範囲から、表全体の行数分だけオフセットすれば、そこが「次のデータ」を書き込む位置になる、というものです。

また、この方式では、見出しのセル範囲と同じ大きさのセル範囲を、そのままオフセットした「次のデータ」の書き込み位置が得られます。なので、その位置のValueプロパティにArray関数の値を代入すれば、値の一括入力も可能です。

```
Dim myTable As Range, myHeader As Range
'表形式の範囲と見出し行部分をセット
Set myTable = Range("A1").CurrentRegion
Set myHeader = myTable.Rows(1)
'見出しから表形式の行数分オフセットした位置に書き込み
myHeader.Offset(myTable.Rows.Count).Value = _
    Array(4, #7/11/2020#, "アスコム", 307900, "牧野光")
```

サンプルの結果

	A	B	C	D	E
1	伝票No	日付	顧客名	売上金額	担当者名
2	1	2020/7/8	日本ソフト　静岡支店	305,865	大村あつし
3	2	2020/7/9	日本ソフト　静岡支店	167,580	大村あつし
4	3	2020/7/10	レッドコンピュータ	144,900	鈴木麻由
5					

▼

	A	B	C	D	E
1	伝票No	日付	顧客名	売上金額	担当者名
2	1	2020/7/8	日本ソフト　静岡支店	305,865	大村あつし
3	2	2020/7/9	日本ソフト　静岡支店	167,580	大村あつし
4	3	2020/7/10	レッドコンピュータ	144,900	鈴木麻由
5	4	2020/7/11	アスコム	307,900	牧野光

「次のデータ」を書き込む位置を取得したい❸

サンプルファイル 115.xlsm

365 2019 2016 2013

次の「見かけ上空白なセル」の位置を「次のデータ」の位置とする

構文

メソッド	意味
セル範囲.Find("*")	見かけ上何か入力されているセルを検索

前トピックに続く「次のデータ」の位置を取得する方法は、見かけ上空白のセルがある場合を想定し、Findメソッドを使って「次のデータ」の位置を取得する考え方です。

見かけ上は空白だが実は数式の入力してあるセル

B5 =IFERROR(VLOOKUP(A5,$F$3:$G$5,2,FALSE),"")

	A	B	C	D	E	F	G	H
1	顧客	顧客名	売上金額	担当者名		■リスト用範囲		
2	2001	日本ソフト　静岡支店	305,865	大村あつし		顧客	顧客名	
3	2001	日本ソフト　静岡支店	167,580	大村あつし		2001	日本ソフト　静岡支店	
4						2002	レッドコンピュータ	
5						2003	システムアスコム	
6								
7								

上図の「顧客名」列には、「『顧客』列の顧客番号を元に、VLOOKUP関数で顧客名を表示する。ただし、顧客番号が存在しない場合は空白にする」という数式が入力されています。伝票形式のシートによくある仕組みですね。

とはいえ、突発的なお客様との取引が発生すれば、その顧客名を入力しなくてはいけません。さらに、商品の金額を表引きしているような場合でも、実際に現場で値引きを行ったら、その金額を入力しなくてはいけません。同様に、既存のリストにない値を、数式を上書きしてでも直接記入しなくてはならないケースというのも多々出てくることでしょう。

この場合、EndプロパティやCurrentRegionプロパティを使って、「次のデータ」を書き込むセルを取得しようとすると、「見かけ上は空白だけれども、実は数式が入力されている」セル範囲があるおかげでうまくいきません。上図の「顧客名」列の場合を例に取ると、5行目まで数式が入力されているため、「次のデータ」の位置は、数式が入力されていない最初のセルである6行目のセルを取得してしまいます。

そこで、このような場合には、対象セル範囲に対して、Findメソッドの引数LookInを「xlValues」に、引数SearchDirectionを「xlPrevious」に指定し、「任意の文字列」であるワイルドカード文字列「*」を検索文字列として実行しましょう。「値」のみを対象に「逆順」に検索することで、「その範囲の最後の『見かけ上なにかの値が入力されているセル』」が取得できます。上記の表の「顧客名」列の場合は、セルB3がこれにあたります。さらに、その1つ下のセルが、「次のデータ」を入力するセルになります。

上記の考え方をVBAで記述したのが次のサンプルです。

```
Dim myRange As Range, myTarget As Range
Set myTarget = Range("B1")
'まずは判定列のセル範囲（数式込み）を取得
Set myTarget = Range(myTarget, myTarget.End(xlDown))
'逆順（下から上）に「見かけ上なにかが入力されているセル」を検索
Set myRange = myTarget.Find("*", _
                            After:=myTarget.Cells(1), _
                            LookIn:=xlValues, _
                            SearchDirection:=xlPrevious _
                            )
'その1行下のセルを「次のセル」として扱う
myRange.Offset(1).Select
myRange.Offset(1).Value = "日本CCM"
```

●サンプルの結果●

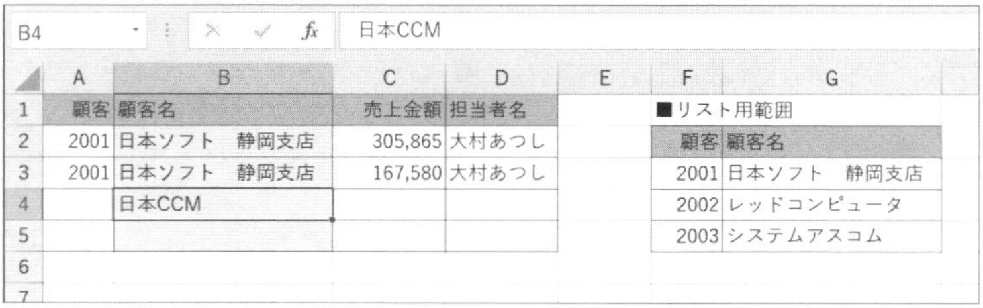

B4 | 日本CCM

	A	B	C	D	E	F	G
1	顧客	顧客名	売上金額	担当者名		■リスト用範囲	
2	2001	日本ソフト　静岡支店	305,865	大村あつし		顧客	顧客名
3	2001	日本ソフト　静岡支店	167,580	大村あつし		2001	日本ソフト　静岡支店
4		日本CCM				2002	レッドコンピュータ
5						2003	システムアスコム
6							
7							

フィールドの値の種類に合わせて書式を設定したい

サンプルファイル 116.xlsm

365 2019 2016 2013

表の見栄えをすばやく整える

構文

関数	意味
TypeName(フィールドのセルの値)	データ型を判定し、書式設定を行う

表形式のセル範囲は、適切な書式設定を行うほど見やすくなります。「数値のフィールドは右詰め」「文字列のフィールドは左詰め」「数式のフィールドには色を付ける」等々、一定のルールを持って書式設定を行っている方も多いでしょう。

そこで、この書式の設定を自動で行うマクロを考えてみましょう。基本的な考え方は、「表形式のセル範囲を列ごと(フィールドごと)にループ処理を行い、各フィールドの『2番目の値』(見出しを除いた最初のデータ)のデータ型に応じて、フィールドごとの書式を設定する」というものです。

この考え方に沿って作成したのが、サンプルのマクロです。TypeName関数の戻り値によってフィールドごとのデータ型を判定し、対応する書式を設定しています。

コードの結果

	A	B	C	D	E	F	G	H
1	ID	日付	商品	価格	数量	小計		
2	1	2020/3/1	デスクトッ	95000	30	2850000		
3	2	2020/3/2	ノート	125000	18	2250000		
4	3	2020/3/3	ディスプレ	12000	30	360000		
5	4	2020/3/5	マウス	1800	25	45000		
6	5	2020/3/5	外付けテン	1200	43	51600		
7								
8								
9								

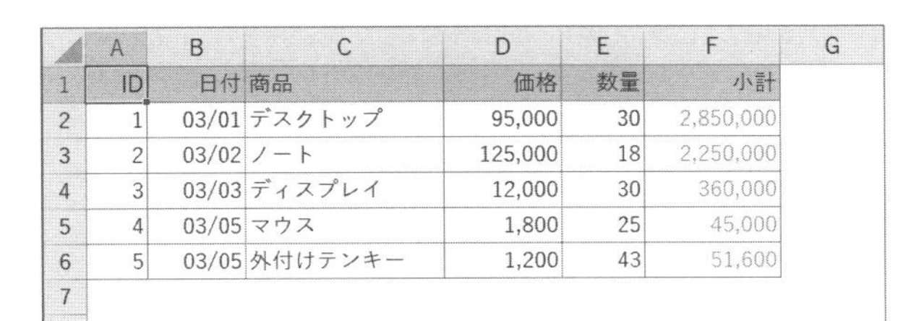

	A	B	C	D	E	F	G
1	ID	日付	商品	価格	数量	小計	
2	1	03/01	デスクトップ	95,000	30	2,850,000	
3	2	03/02	ノート	125,000	18	2,250,000	
4	3	03/03	ディスプレイ	12,000	30	360,000	
5	4	03/05	マウス	1,800	25	45,000	
6	5	03/05	外付けテンキー	1,200	43	51,600	
7							

```
'表の範囲（アクティブセル領域）に書式設定
With Selection.CurrentRegion
    '数式セルのフォントカラー変更
    .SpecialCells(xlCellTypeFormulas).Font.ThemeColor = 
msoThemeColorAccent5
    '1行目（見出し行）の色を設定
    With .Rows(1).Interior
        .ThemeColor = msoThemeColorAccent6
        .TintAndShade = 0.5
    End With
    '各列についての書式を設定
    Dim myFldRng As Range
    For Each myFldRng In .Columns
        '列内の2つ目の値のデータ型によって書式を設定
        Select Case TypeName(myFldRng.Cells(2).Value)
            Case "String"
                myFldRng.HorizontalAlignment = xlLeft
            Case "Double"
                myFldRng.HorizontalAlignment = xlRight
                myFldRng.NumberFormatLocal = "#,###"
            Case "Date"
                myFldRng.HorizontalAlignment = xlRight
                myFldRng.NumberFormatLocal = "mm/dd"
        End Select
        '列幅を自動設定し、それよりも少し大きくする
        myFldRng.EntireColumn.AutoFit
        myFldRng.ColumnWidth = myFldRng.ColumnWidth + 2
    Next
End With
```

データの集積・集計を行うテクニック

Chapter

5

複数シートに点在するデータを集めたい

サンプルファイル 117.xlsm

ブック内の複数シートのデータを「集計」シートへ集める

構文

ステートメント	意味
For Each 変数 In Worksheetsコレクション 　　変数を通じた各シートの操作 Next	複数のシートに対してループ処理を行う

ブック内の複数シートに分散しているデータを1か所に集めてみましょう。サンプルブックは、「集計」「データA」「データB」「データC」という4枚のシートを持っています。「集計」シートに、他シートに入力されているデータを集める仕組みを作成します。

集計を行うブック

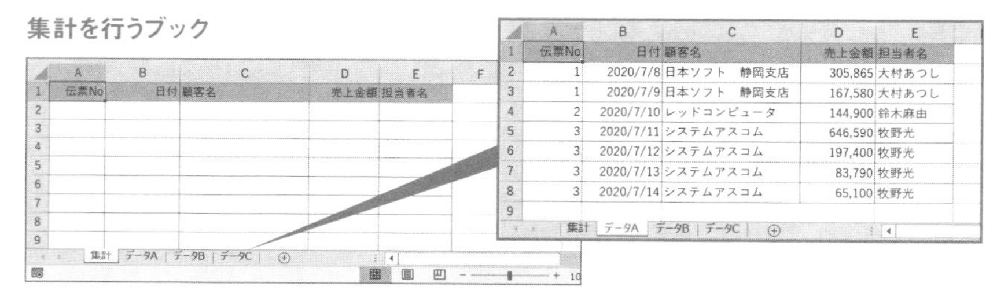

	A	B	C	D	E
1	伝票No	日付	顧客名	売上金額	担当者名
2	1	2020/7/8	日本ソフト　静岡支店	305,865	大村あつし
3	1	2020/7/9	日本ソフト　静岡支店	167,580	大村あつし
4	2	2020/7/10	レッドコンピュータ	144,900	鈴木麻由
5	3	2020/7/11	システムアスコム	646,590	牧野光
6	3	2020/7/12	システムアスコム	197,400	牧野光
7	3	2020/7/13	システムアスコム	83,790	牧野光
8	3	2020/7/14	システムアスコム	65,100	牧野光

このような集計処理は、ループ処理を利用するのが常道ですが、その場合にも2通りの考え方があります。1つは、あらかじめ目的のシートが決まっている場合です。この場合は、Worksheetsプロパティの引数として、目的のシート名（もしくはインデックス番号）の配列を渡して作成したWorksheetsコレクションに対してループ処理を行います。

```
Dim myTable As Range, myRange As Range, mySht As Worksheet
'集計先のセル範囲をセット
Set myTable = Worksheets("集計").Range("A1").CurrentRegion
'3つのシートに対してループ処理を行い転記
For Each mySht In Worksheets(Array("データA", "データB", "データC"))
    Set myRange = mySht.Range("A1").CurrentRegion
    Set myRange = myRange.Resize(myRange.Rows.Count - 1).Offset(1)
    myRange.Copy myTable.Offset(myTable.CurrentRegion.Rows.Count)
Next
```

もう1つは、目的のシート数が不定の場合です。この場合は、Worksheetsプロパティの引数に何も指定せずに、「ブック内のすべてのワークシート」を含むWorksheetsコレクションを取得してループ処理を行います。その上で、ループ処理内で集計の対象外となる「集計」シートを処理から除外します。

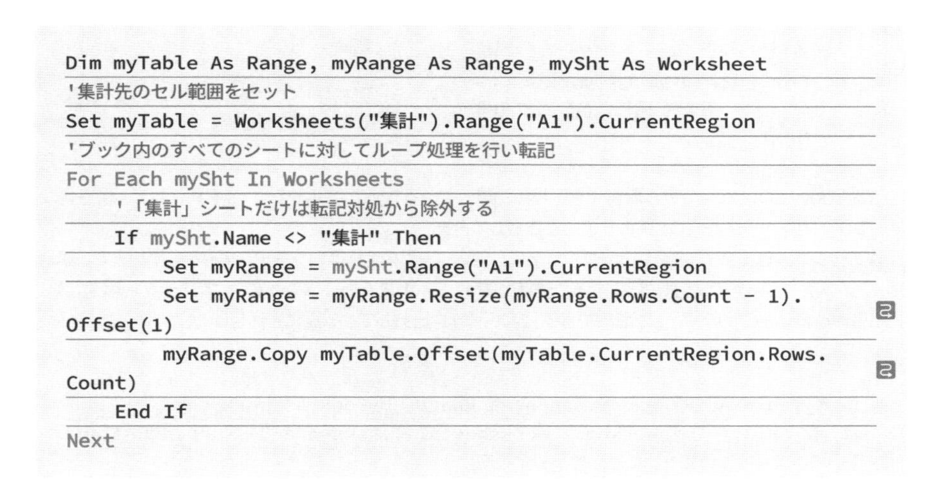

```
Dim myTable As Range, myRange As Range, mySht As Worksheet
'集計先のセル範囲をセット
Set myTable = Worksheets("集計").Range("A1").CurrentRegion
'ブック内のすべてのシートに対してループ処理を行い転記
For Each mySht In Worksheets
    '「集計」シートだけは転記対処から除外する
    If mySht.Name <> "集計" Then
        Set myRange = mySht.Range("A1").CurrentRegion
        Set myRange = myRange.Resize(myRange.Rows.Count - 1).
Offset(1)
        myRange.Copy myTable.Offset(myTable.CurrentRegion.Rows.
Count)
    End If
Next
```

どちらの方式にせよ、「目的のWorksheetsコレクションを作成して、For Eachステートメントでループ処理」というパターンを意識しておくと、複数のシートを対象とした処理を簡単に作成できますね。

あとは、トピック112～115で紹介してきた、「次のデータ」を書き込む位置を取得する方法や、見出しを除くセル範囲を取得する方法と組み合わせれば、集計処理の完成です。

サンプルの結果

	A	B	C	D	E	F
1	伝票No	日付	顧客名	売上金額	担当者名	
2	1	2020/7/8	日本ソフト　静岡支店	305,865	大村あつし	
3	1	2020/7/9	日本ソフト　静岡支店	167,580	大村あつし	
4	2	2020/7/10	レッドコンピュータ	144,900	鈴木麻由	
5	3	2020/7/11	システムアスコム	646,590	牧野光	
6	3	2020/7/12	システムアスコム	197,400	牧野光	
7	3	2020/7/13	システムアスコム	83,790	牧野光	
8	3	2020/7/14	システムアスコム	65,100	牧野光	
9	4	2020/7/15	日本CCM	365,400	牧野光	
10	5	2020/7/16	ゲイツ製作所	478,800	牧野光	

集計 | データA | データB | データC

118 開いているブックすべてからデータを集めたい

サンプルファイル 118.xlsm

365 2019 2016 2013

ブック内の複数シートのデータを「集計」シートへ集める

構文

ステートメント	意味
For Each 変数 In Workbook 　　　変数を通じた各ブックの操作 Next	現在開いているすべてのブックに対してループ処理を行う

Workbooksコレクションから取得できる「現在開いているブックのコレクション」を利用して、現在開いているブックのデータすべてを集める処理を作成してみましょう。

次のサンプルは、マクロを記述したブック上に、他のブックの1枚目のシートのデータを集めます。集計用のブックを処理の対象外にするために、For Eachステートメントのオブジェクト用変数と「ThisWorkbookプロパティ」で取得できる「自ブック」を比較している点にも注目してください。

```
Dim myTable As Range, myRange As Range, myBook As Workbook
Set myTable = ThisWorkbook.Worksheets(1).Range("A1").CurrentRegion
'開いているすべてのブックに対してループ処理
For Each myBook In Workbooks
    'マクロの記述されているブックは除外
    If Not myBook Is ThisWorkbook Then
        Set myRange = myBook.Worksheets(1).Range("A1").
CurrentRegion
        Set myRange = myRange.Resize(myRange.Rows.Count - 1).
Offset(1)
        myRange.Copy myTable.Offset(myTable.CurrentRegion.Rows.
Count)
    End If
Next
```

サンプルの結果

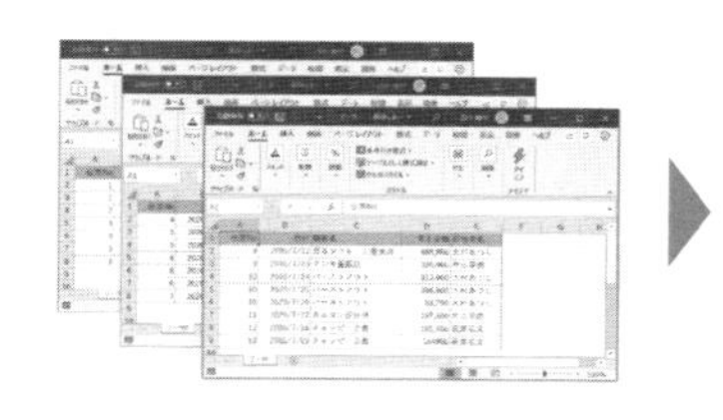

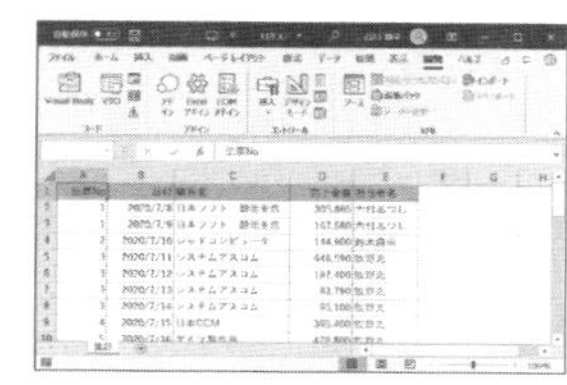

119 閉じているブックからデータを集めたい

サンプルファイル 119.xlsm

365 2019 2016 2013

利用シーン 指定したファイルパスのブックのデータを「集計」シートへ集める

構文

ステートメント	意味
Set 変数 = Workbooks.Open(パス)	ブックを開いて変数を通じて走査する

本トピックでは、「集計したいデータのあるブックを開き、転記を終えたら閉じる、というループ処理を行う」マクロを作成します。閉じているブックを操作対象にするには、WorkbooksのOpenメソッドに目的のブックのパスを指定して開き、その戻り値であるWorkbookオブジェクトを利用します。

サンプルでは、マクロを記述したブックの1枚目のシート上に、同ブックと同じ回想の「集計用」フォルダー内にある3つのブック「データA.xlsx」「データB.xlsx」「データC.xlsx」の1枚目のシートのデータを集めます。

```
Dim myTable As Range, myRange As Range
Dim myBook As Workbook, myBookName As Variant, myPath As String
Set myTable = ThisWorkbook.Worksheets(1).Range("A1").CurrentRegion
'開くブックの基本のパスを作成
myPath = ThisWorkbook.Path & "¥集計用¥"
'3つのブック名をリストとして作成してループ処理
For Each myBookName In _
        Array("データA.xlsx", "データB.xlsx", "データC.xlsx")
    Set myBook = Workbooks.Open(myPath & myBookName)
    Set myRange = myBook.Worksheets(1).Range("A1").CurrentRegion
    Set myRange = myRange.Resize(myRange.Rows.Count - 1).Offset(1)
    myRange.Copy myTable.Offset(myTable.CurrentRegion.Rows.Count)
    myBook.Close
Next
```

サンプルの結果

	A	B	C	D	E
1	伝票No	日付	顧客名	売上金額	担当者名
2	1	2020/7/8	日本ソフト　静岡支店	305,865	大村あつし
3	1	2020/7/9	日本ソフト　静岡支店	167,580	大村あつし
4	2	2020/7/10	レッドコンピュータ	144,900	鈴木麻由
5	3	2020/7/11	システムアスコム	646,590	牧野光
6	3	2020/7/12	システムアスコム	197,400	牧野光
7	3	2020/7/13	システムアスコム	83,790	牧野光
8	3	2020/7/14	システムアスコム	65,100	牧野光
9	4	2020/7/15	日本CCM	365,400	牧野光
10	5	2020/7/16	ゲイツ製作所	478,800	牧野光

集計

119.xlsm

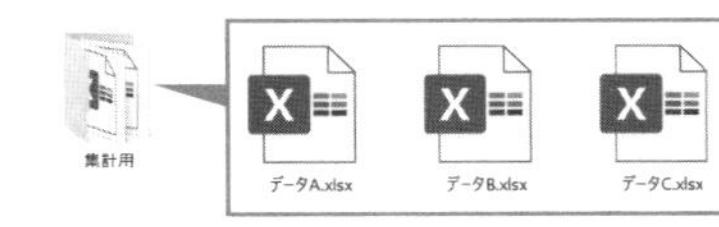

120 指定フォルダー内のブックすべてからデータを集めたい

サンプルファイル 120.xlsm

「集計用」フォルダー内の全ブックのデータを1つにまとめる

構文

ステートメント	意味
Dir("フォルダーパス*.xlsx")	指定フォルダー内のExcelブックのブック名を取得

集計を行うブックと同じ階層の「集計用」フォルダー内に保存されている複数ブックのデータを、すべて集めるマクロを作成してみましょう。

集計を行うブックと集計対象のブックがまとめられているフォルダー

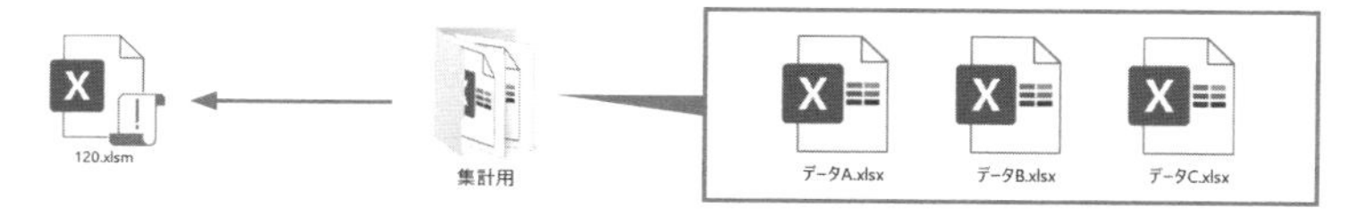

特定のフォルダー内のブック（ファイル）すべてに対して処理を行う場合には、Dir関数が便利です。Dir関数は、引数に指定したパス文字列に対応するファイル名を返します。このパス文字列には、ワイルドカードの利用が可能です。たとえば、次のパス文字列を使ったコードは、「『C:¥Excel』フォルダー内の拡張子が『xlsx』のファイル」のうち、最初のファイルのファイル名を返します。

```
Dir("C:¥Excel¥*.xlsx")
```

また、Dir関数に引数を指定せずに再実行すると、直前の条件を満たす、「次のファイル」のファイル名を返します。連続で実行し、対象ファイルがなくなると、「""」を返します。この仕組みを使い、「Dir関数の戻り値が『""』ではない間は処理を繰り返す」コードを記述すると、任意のフォルダー内のすべてのファイルを対象とした処理が作成できます。

```
ファイル名 = Dir(ワイルドカードを使ったパス文字列)
Do While ファイル名 <> ""
    ファイル名を利用した処理
    ファイル名 = Dir
Loop
```

次のサンプルは、マクロを記述してあるブックの1枚目のシートに、「集計用」フォルダー内のすべてのブックの1枚目のシートのデータを集めます。

```
Dim myTable As Range, myRange As Range, myBook As Workbook
Dim myFldPath As Variant, myBookName As String
'集計先のセル範囲をセット
Set myTable = ThisWorkbook.Worksheets(1).Range("A1").CurrentRegion
'指定フォルダー内のExcelブック名を取得
myFldPath = ThisWorkbook.Path & "¥集計用¥"
myBookName = Dir(myFldPath & "*.xlsx")
'フォルダー内のすべてのブックに対してループ処理
Do While myBookName <> ""
    Set myBook = Workbooks.Open(myFldPath & myBookName)
    Set myRange = myBook.Worksheets(1).Range("A1").CurrentRegion
    Set myRange = myRange.Resize(myRange.Rows.Count - 1).Offset(1)
    myRange.Copy myTable.Offset(myTable.CurrentRegion.Rows.Count)
    myBook.Close
    '次のブックを探す
    myBookName = Dir
Loop
```

サンプルの結果

	A	B	C	D	E	F	G
1	伝票No	日付	顧客名	売上金額	担当者名		
2	1	2020/7/8	日本ソフト　静岡支店	305,865	大村あつし		
3	1	2020/7/9	日本ソフト　静岡支店	167,580	大村あつし		
4	2	2020/7/10	レッドコンピュータ	144,900	鈴木麻由		
5	3	2020/7/11	システムアスコム	646,590	牧野光		
6	3	2020/7/12	システムアスコム	197,400	牧野光		
7	3	2020/7/13	システムアスコム	83,790	牧野光		
8	3	2020/7/14	システムアスコム	65,100	牧野光		
9	4	2020/7/15	日本CCM	365,400	牧野光		
10	5	2020/7/16	ゲイツ製作所	478,800	牧野光		

集計

ちなみに、Dir関数は少々古い関数ということもあり、「*.xls」のように3文字の拡張子で指定した場合、「*.xls」も「*.xlsx」も「*.xlsm」も対象として取得してしまいます。この場合には改めて、ブック名の文字列を確認する条件式を併用していきましょう。

CSVファイルを開きたい

サンプルファイル 121.xlsm

365 2019 2016 2013

他のアプリケーションから書き出したデータをExcelで開く

構文

メソッド	意味
`OpenText "ファイルパス", _` `DataType:=xlDelimited, Comma:=True`	指定パスのCSVファイルを開く

異なるアプリケーション間でデータをやりとりする際には、データをカンマ区切りで列記した形式のテキストファイルである、「CSV形式」のファイルがよく利用されます。

このCSV形式のファイルをExcelで開くには、WorkbooksコレクションのOpenTextメソッドを、引数DataTypeに「xlDelimited」、引数Commaに「True」を指定して実行します。

次のサンプルは、マクロの記述されたブックと同じフォルダー内にあるCSV形式のファイル「CSVデータ.csv」を開きます。

なお、数値や日付といった読み込んだデータの書式は、Excelが自動的に判断します。明示的に指定する場合には、トピック123を参考にしてください。

```
'CSVファイルを開く
Workbooks.OpenText _
    Filename:=ThisWorkbook.Path & "¥CSVデータ.csv", _
    DataType:=xlDelimited, _
    Comma:=True
'列幅を自動調整
ActiveSheet.Range("A1").CurrentRegion.EntireColumn.AutoFit
```

サンプルの結果

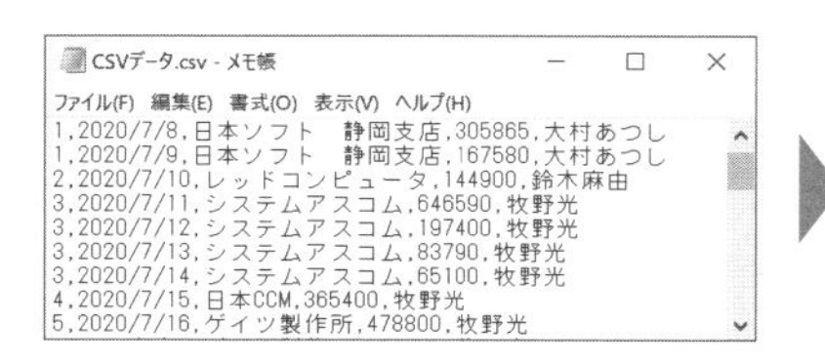

	A	B	C	D	E
1	伝票No	日付	顧客名	売上金額	担当者名
2	1	2016/7/8	日本ソフト　静岡支店	305865	大村あつし
3	1	2016/7/9	日本ソフト　静岡支店	167580	大村あつし
4	2	2016/7/10	レッドコンピュータ	144900	鈴木麻由
5	3	2016/7/11	システムアスコム	646590	牧野光
6	3	2016/7/12	システムアスコム	197400	牧野光
7	3	2016/7/13	システムアスコム	83790	牧野光
8	3	2016/7/14	システムアスコム	65100	牧野光
9	4	2016/7/15	日本CCM	365400	牧野光

固定長形式のファイルを開きたい

サンプルファイル 122.xlsm

365 2019 2016 2013

計測器から書き出されたデータをExcelで開く

構文

メソッド	意味
OpenText "ファイルパス", _ DataType:=xlFixedWidth, FieldInfo:=区切り位置情報	指定パスの固定長形式のファイルを開く

フィールドごとに決められた文字数でデータを書き出す、「固定長形式」のファイルをExcelで開くには、OpenTextメソッドの引数DataTypeに「xlFixedWidth」を指定し、引数FieldInfoに各列（フィールド）の区切り位置とデータ型の情報を指定して実行します。

引数FieldInfoに指定する区切り位置情報は、個々の列に関して、

```
Array(Array(開始位置, データ型), Array(開始位置, データ型)…)
```

という形式で固定長形式のテキストを分割するための情報を指定していきます。このとき、開始位置はバイト数、データ型は定数値で指定します（詳しくは、次トピックの一覧表をご覧ください）。

次のサンプルは、マクロの記述されたブックと同じフォルダー内にある固定長形式のファイル「固定長データ.txt」を開きます。

```
'固定長形式のファイルを開く
Workbooks.OpenText _
    Filename:=ThisWorkbook.Path & "¥固定長データ.txt", _
    DataType:=xlFixedWidth, _
   FieldInfo:=Array(Array(0, xlTextFormat),Array(6, xlYMDFormat), _
               Array(16, xlTextFormat), _
               Array(36, xlGeneralFormat), _
               Array(45, xlTextFormat))
```

サンプルの結果

固定長データ.txt - メモ帳

ファイル(F) 編集(E) 書式(O) 表示(V) ヘルプ(H)

```
伝票No日付      顧客名              売上金額 担当者名
001   2020/7/8  日本ソフト  静岡支店305865   大村あつし
001   2020/7/9  日本ソフト  静岡支店167580   大村あつし
002   2020/7/10 レッドコンピュータ  144900   鈴木麻由
003   2020/7/11 システムアスコム    646590   牧野光
003   2020/7/12 システムアスコム    197400   牧野光
003   2020/7/13 システムアスコム    83790    牧野光
003   2020/7/14 システムアスコム    65100    牧野光
004   2020/7/15 日本CCM             365400   牧野光
```

	A	B	C	D	E
1	伝票No	日付	顧客名	売上金額	担当者名
2	001	2020/7/8	日本ソフト　静岡支店	305865	大村あつし
3	001	2020/7/9	日本ソフト　静岡支店	167580	大村あつし
4	002	2020/7/10	レッドコンピュータ	144900	鈴木麻由
5	003	2020/7/11	システムアスコム	646590	牧野光
6	003	2020/7/12	システムアスコム	197400	牧野光
7	003	2020/7/13	システムアスコム	83790	牧野光
8	003	2020/7/14	システムアスコム	65100	牧野光
9	004	2020/7/15	日本CCM	365400	牧野光

固定長データ

「001」や「10-1」等の値を変換させずに読み込みたい

サンプルファイル 123.xlsm

枝番を持つID「10-1」が「10月1日」と判断されるのを防ぐ

構文

コード	意味
FieldInfo:=Array(Array(列情報, データ型)…)	列ごとのデータ型を指定

OpenTextメソッドでファイルを読み込む際、各列の書式（データ型）は自動判定されますが、引数FieldInfoを使うと、列ごとの書式を指定しての読み込みが可能です。

```
FieldInfo:=Array(Array(列情報, 書式), Array(列情報, 書式)…)
```

その際には、上記の形式で各列の書式を設定していきます。列情報の部分は、CSV形式であれば列番号、固定長形式であれば各列の始まるバイト数を指定します。また、書式を指定する際には、次表の定数を使用します。「読み込まない」という定数が用意してある点にも注目しましょう。

定数	値	書式
xlGeneralFormat	1	標準(自動判断)
xlTextFormat	2	文字列
xlYMDFormat	5	日付(YMD式)
xlSkipColumn	9	読み込まない

この設定を行うことで、「001」というデータを数値の「1」としてではなくそのまま文字列の「001」として読み込ませたり、「12-1」というデータを「12月1日」ではなくそのまま文字列の「12-1」として読み込ませたりといった指定ができます。

次のコードは、6列のデータを持つ固定長形式のファイルを読み込む際に、1～5列目をそれぞれのデータに応じた書式で読み込み、6列目は読み込みません。

```
Workbooks.OpenText _
  Filename:=ThisWorkbook.Path & "\形式が自動変換されるデータ.txt", _
  DataType:=xlFixedWidth, _
  FieldInfo:=Array( _
    Array(0, 2), Array(6,2), Array(10, 5), Array(20, 2), _
```

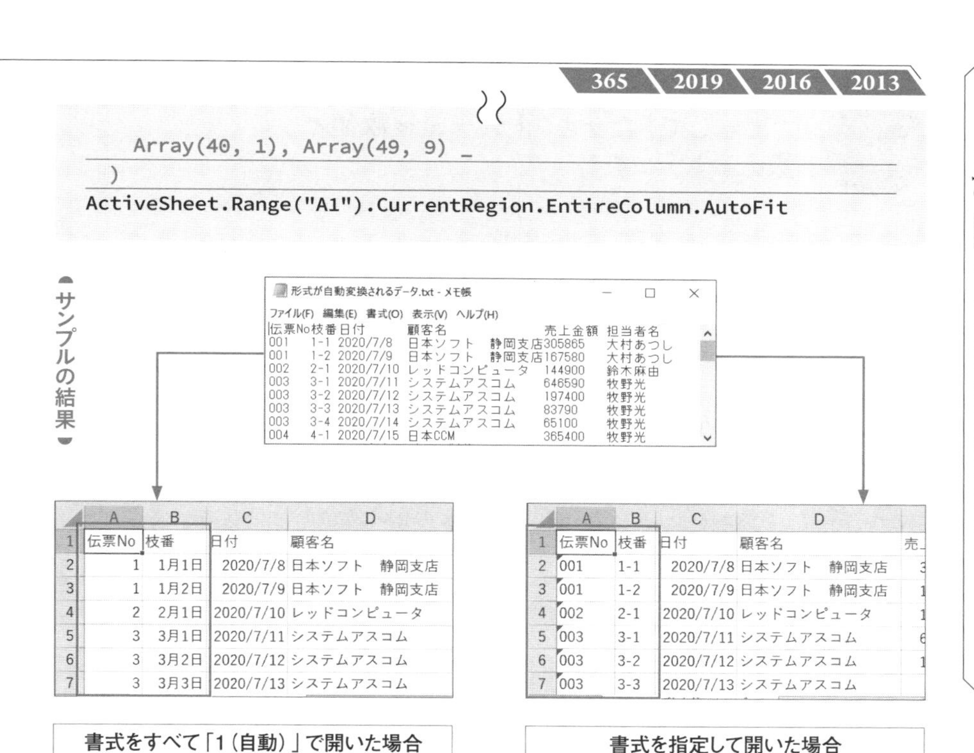

```
    Array(40, 1), Array(49, 9) _
  )
ActiveSheet.Range("A1").CurrentRegion.EntireColumn.AutoFit
```


	A	B	C	D
1	伝票No	枝番	日付	顧客名
2	1	1月1日	2020/7/8	日本ソフト　静岡支店
3	1	1月2日	2020/7/9	日本ソフト　静岡支店
4	2	2月1日	2020/7/10	レッドコンピュータ
5	3	3月1日	2020/7/11	システムアスコム
6	3	3月2日	2020/7/12	システムアスコム
7	3	3月3日	2020/7/13	システムアスコム

書式をすべて「1（自動）」で開いた場合

	A	B	C	D
1	伝票No	枝番	日付	顧客名
2	001	1-1	2020/7/8	日本ソフト　静岡支店
3	001	1-2	2020/7/9	日本ソフト　静岡支店
4	002	2-1	2020/7/10	レッドコンピュータ
5	003	3-1	2020/7/11	システムアスコム
6	003	3-2	2020/7/12	システムアスコム
7	003	3-3	2020/7/13	システムアスコム

書式を指定して開いた場合

読み込むデータの量が多い場合、列ごとに適切な書式を設定するのは、テキストファイルを読み込む速度に大きく影響します。自動判定は個々の値ごとに1回1回判定をしているためか、かなり遅くなります。一方、書式を指定してある場合は速くなります。できるだけ適切な書式を設定して読み込むようにしましょう。

ちなみに、読み込み速度のみを重視するのであれば、数値の列があっても、いったんすべての列の書式を「文字列」として読み込んでしまうという手法もあります。データ型の判断をしなくてよいぶん、かなり高速に開いてくれます。

しかし、すべての列が「文字列」の状態ですので、開いたデータを数値や日付として扱うには、開いたあとで列ごとの適切な書式を設定する作業を行ったり、マクロで列単位の書式を整える処理を加えてください。

なお、CSV形式のファイルに対して引数FieldInfoの設定を反映させて読み込むには、ファイルの拡張子を「*.csv」ではなく、「*.txt」にする必要があります。どうも拡張子がCSV形式のまま扱おうとすると、CSV形式専用の処理が実行されるのか、FieldInfoの設定が反映されません。少々不便ですね。

拡張子が「*.csv」のファイルに対して本トピックの仕組みを利用する場合には、一時的にファイル名を「*.csv」から「*.txt」に変更する処理と組み合わせる、などのひと手間をかけてください。

124 文字列として認識されているデータを数値に一括変換したい

サンプルファイル 124.xlsm

365 2019 2016 2013

コピーしてきたテキストデータを数値として扱えるようにする

構文

メソッド	意味
セル範囲.PasteSpecial _ Paste:=xlPasteValues, Operation:=xlMultiply	セル範囲に数値を乗算貼り付けすることで、数値として認識させる

データを集める際には、書式を考えずに「値として貼り付け」「文字列で読み込み」を行った方が処理速度が速いので、とりあえず文字列としてどんどんデータを収集・分割していくことはよくあります。

こうして集めたデータの中には、「数値として扱いたいのだけれども文字列のまま」「日付として扱いたいのだけど文字列のまま」というものが出てきます。

これらを一括で数値や日付として認識させるには、どこかのセルに数値の「1」を入力したあとコピーし、変換したい値のあるセル範囲を選択して、[形式を選択して貼り付け]機能で「値」のみを「乗算」貼り付けします。すると、文字列だったデータが数値として認識されます。日付値の場合はシリアル値に変換されるので、書式を「日付」に変更すれば目的の日付が表示されます。この際、文字列が入力されているセルにはとくに影響は出ません。

次のサンプルは、上記の操作をマクロで実行するものです。なんということのない処理ですが、知っていると適切な形式でデータを集める速度が変わってくるテクニックといえます。

```
Range("C1").Copy
Range("A1:A4").PasteSpecial Paste:=xlPasteValues, ⏎
Operation:=xlMultiply
```

サンプルの結果

	A	B	C
1	001		1
2	10-1		
3	Microsoft365		
4	2020		
5			
6			

▶

	A	B	C
1	1		1
2	44105		
3	Microsoft365		
4	2020		
5			
6			

125 文字コードを指定してテキストファイルを読み込みたい

サンプルファイル 125.xlsm

365 2019 2016 2013

任意の文字コードで記録された計測機器やログデータを読み込む

構文

メソッド	意味
OpenText ファイル名, _ Origin:=文字コードに対応する番号	文字コードを指定して開く

日本語版のExcelでは、通常、文字コードをANSI形式（ほぼShift_JISと同じ）であるものとしてテキストデータを読み書きします。異なる文字コードのデータを読み込む場合、OpenTextメソッドでは、引数Originに文字コードに対応した数値を指定して実行します。たとえば、UTF-8形式の場合には、「65001」を指定します。

```
Workbooks.OpenText _
    Filename:=ThisWorkbook.Path & "¥CSVデータ(UTF8).csv", _
    Origin:=65001, _
    DataType:=xlDelimited, _
    Comma:=True
```

この文字コードと数値は、［データ］-［テキストまたはCSVから］で起動する読み込み画面で選択する数値に対応しています。

なお、読込機能の名称や読み込み画面は、Excelのバージョンによって異なります。お使いのバージョンの「テキストファイルを読み込む機能」の画面を参考にしてください。

テキストファイル読込画面

CSVデータ(UTF8).csv

元のファイル: 65001: Unicode (UTF-8)　区切り記号: コンマ　データ型検出: 最初の 200 行に基づく

伝票No	日付	顧客名	売上金額	担当者名
1	2020/07/08	日本ソフト 静岡支店	305865	大村あつし
1	2020/07/09	日本ソフト 静岡支店	167580	大村あつし
2	2020/07/10	レッドコンピュータ	144900	鈴木麻由
3	2020/07/11	システムアスコム	646590	牧野光
3	2020/07/12	システムアスコム	197400	牧野光
3	2020/07/13	システムアスコム	83790	牧野光
3	2020/07/14	システムアスコム	65100	牧野光
4	2020/07/15	日本CCM	365400	牧野光
5	2020/07/16	ゲイツ製作所	478800	牧野光

読み込み　データの変換　キャンセル

Streamオブジェクトでファイルを読み込みたい

サンプルファイル 126.xlsm

任意の文字コードで記録されたログデータを読み込む

構文

関数	意味
`CreateObject("ADODB.Stream")`	Streamオブジェクトを生成

文字コードの異なるテキストファイルを読み書きする際に知っておくと便利なオブジェクトが、「Streamオブジェクト」です。Streamオブジェクトは「Microsoft ActiveX Data Objects x.x Library」に含まれるオブジェクトです（x.x部分はバージョン番号）。

Streamオブジェクトで文字コードの異なるテキストファイルの内容を読み込む際には、Openメソッドでストリームを開いたあとで、Typeプロパティに「2（テキスト）」を設定し、Charsetプロパティに読み込むファイルの文字コードの文字列を指定します。さらに、LoadFromFileメソッドで目的のテキストファイルの内容を読み込み、ReadTextメソッドで内容を取り出します。最後に、Closeメソッドでストリームを閉じます。

サンプルの結果

CSVデータ(UTF8).csv - メモ帳
ファイル(F) 編集(E) 書式(O) 表示(V) ヘルプ(H)
伝票No,日付,顧客名,売上金額,担当者名
1,2020/7/8,日本ソフト　静岡支店,305865,大村あつし
1,2020/7/9,日本ソフト　静岡支店,167580,大村あつし
2,2020/7/10,レッドコンピュータ,144900,鈴木麻由
3,2020/7/11,システムアスコム,646590,牧野光
3,2020/7/12,システムアスコム,197400,牧野光
3,2020/7/13,システムアスコム,83790,牧野光
3,2020/7/14,システムアスコム,65100,牧野光
4,2020/7/15,日本CCM,365400,牧野光

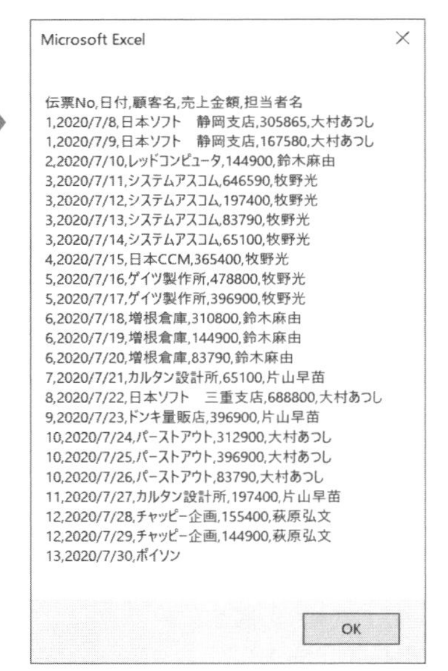

```
Dim mybuf As Variant
With CreateObject("ADODB.Stream")
    .Open
    .Type = 2   'adTypeText
    .Charset = "UTF-8"
    .LoadFromFile ThisWorkbook.Path & "¥CSVデータ(UTF8).csv"
    mybuf = .ReadText
    .Close
End With
MsgBox mybuf
```

Typeプロパティに、「2」等の値ではなく、「adTypeText」等の定数を指定したい場合には、「Microsoft ActiveX Data Objects x.x Library」への参照設定が必要です。

また、このとき、Charsetプロパティに設定できる文字コードを指定する文字列は、PCによって多少異なりますが、「Shift_JIS」「UTF-8」「UTF-7」「EUC-JP」「ISO-2022-JP」等を設定できます。

さらに、ReadTextメソッドで取り出したテキストデータをセルへと展開したい場合には、Split関数で改行コードや区切り文字ごとに分割し、配置するのが簡単です。次のコードは、変数myBufに取り出したデータを、改行コードを「vbCrLf」、区切り文字を「,」としてパースし、配置します。

```
Dim myRange As Range, i As Long
myBuf = Split(myBuf, vbCrLf) '改行コードで区切った配列作成
For i = 0 To UBound(myBuf)
    myRange.Offset(i).Value = Split(myBuf(i), ",") 'カンマ区切りで配置
Next
```

●サンプルの結果●

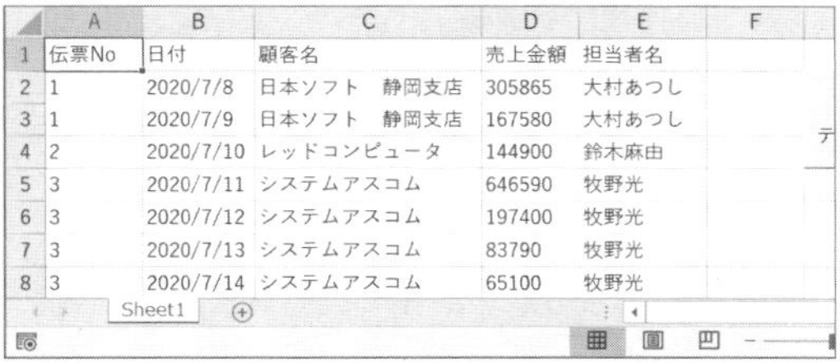

	A	B	C	D	E	F
1	伝票No	日付	顧客名	売上金額	担当者名	
2	1	2020/7/8	日本ソフト　静岡支店	305865	大村あつし	
3	1	2020/7/9	日本ソフト　静岡支店	167580	大村あつし	
4	2	2020/7/10	レッドコンピュータ	144900	鈴木麻由	
5	3	2020/7/11	システムアスコム	646590	牧野光	
6	3	2020/7/12	システムアスコム	197400	牧野光	
7	3	2020/7/13	システムアスコム	83790	牧野光	
8	3	2020/7/14	システムアスコム	65100	牧野光	

Sheet1

テキストファイルを指定位置から数行分だけ読み込みたい

サンプルファイル 127.xlsm

長いログデータから必要な期間の箇所のみをExcelに読み込む

構文

プロパティ／メソッド	意味
Stream.LineSeparator = 改行コード	ファイルの改行コードを指定
Stream.SkipLine	1行分だけ読み込み位置をスキップ
Stream.ReadText(-2)	1行分のテキストを読み込み

計測機器から出力されたテキスト形式のデータや、Webページのログ用ファイル等は、数千・数万行にも及ぶ場合があります。これらすべてをExcelに読み込んでもよいのですが、任意の位置から任意の行数分だけ読み込みたい場合もあります。

また、この手のデータは、文字コードがANSIではない場合が多いので、Streamオブジェクトを利用してファイルに合わせた文字コードで読み込むのが簡単です。

次のサンプルは、文字コード「EUC-JP」、改行コード「ラインフィード」で記述されているテキストファイルの、5行目から3行分の内容をセルに読み込みます。

```
Dim myStartRow As Long, myRowCount As Long, i As Long
myStartRow = 5
myRowCount = 3
With CreateObject("ADODB.Stream")
    .Open
    .Type = 2   'adTypeText
    .Charset = "EUC-JP"
    .LineSeparator = 10 'adLF ――❶
    .LoadFromFile ThisWorkbook.Path & "¥ログデータ(EUC-JP).txt"
    For i = 1 To myStartRow - 1
        .SkipLine ――❷
    Next
    For i = 1 To myRowCount
        Cells(i, 1).Value = .ReadText(-2) 'adReadLine ――❸
    Next
    .Close
End With
```

Streamオブジェクトで読み込むテキストファイルの改行コードは、LineSeparatorプロパティに以下の値を指定することで設定できます（❶）。

値(定数)	改行の種類
`-1 (adCRLF)`	キャリッジリターン+ラインフィード。既定値
`13 (adCR)`	キャリッジリターン
`10 (adLF)`	ラインフィード

読み込みを開始する行を移動するには、SkipLineメソッドを使用します。SkipLineメソッドは、実行するたびに読み込み位置を1行分移動します（❷）。

また、ReadTextメソッドの引数に「-2（adReadLine）」を指定すると、現在の位置から1行分だけの内容を取り出します（❸）。

なお、本トピックのサンプルでは、Streamオブジェクトのライブラリへの参照設定を行っていません。そのため、「ad○○」等、ライブラリで定義されている定数は使用できないため、「adLF」ではなく、「10」等、対応する値で各設定を行っています。

サンプルの結果

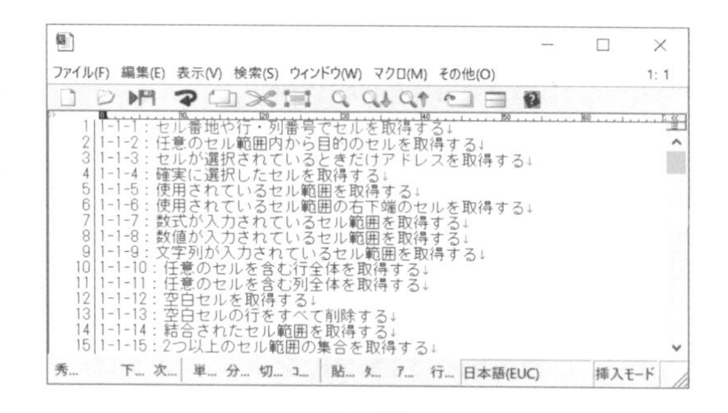

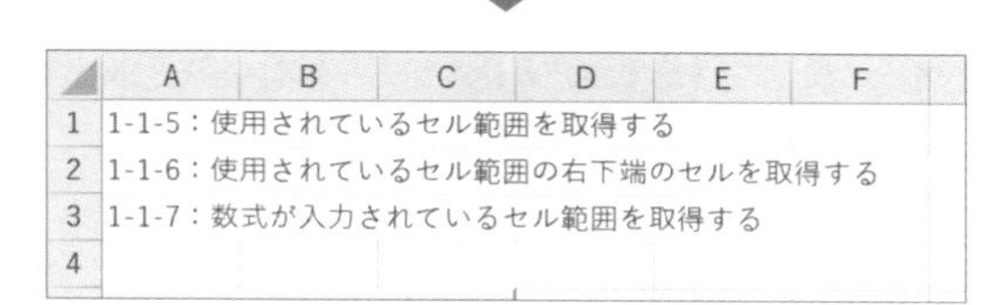

	A	B	C	D	E	F
1	1-1-5：使用されているセル範囲を取得する					
2	1-1-6：使用されているセル範囲の右下端のセルを取得する					
3	1-1-7：数式が入力されているセル範囲を取得する					
4						

128 テキストファイルから特定の文字を含む行だけ読み込みたい

サンプルファイル 128.xlsm

利用シーン ログデータの中から目的に合ったものだけをピックアップして読み込む

構文

メソッド	意味
Do While Not Stream.EOS 　　ReadTextメソッド等を利用した読み込み処理 Loop	テキストファイルを1行ずつ末尾まで読み込んで処理を行う

大量のログが記録されているテキストファイルがある場合、その中の特定のデータのみが必要だという場合は多いでしょう。そこで、テキストファイル内に記述されているデータを先頭から終端まで走査し、特定の文字列を含む行のみを読み込む処理を作成してみましょう。

Streamオブジェクトを利用してテキストファイルを読み込み、先頭の行から終端の行までを1行ずつ読み込む処理を作成する場合には、EOSプロパティが便利です。EOSプロパティは、ReadTextメソッドで1行ずつデータを読み込む等の処理を行い、読み込み位置がテキストストリームの終端（End Of Stream）に達した時に「True」を返します。

この仕組みを使うと、次の構文ですべての行を走査する処理が作成できます。

```
Do While Not Streamオブジェクト.EOS
    ReadTextメソッド等を利用した読み込み処理
Loop
```

サンプルでは、文字コードが「Shit-JIS形式」、改行コードが「キャリッジリターン+ラインフィード」で記述されたCSV形式のデータを読み込む際に、「大村」という文字列を含む行のデータのみをシートへと読み込みます。

上述の構文を利用したループ処理（❶）に加えて、1行ずつ読み込んだデータの内容を、like演算子とワイルドカードを使ってチェックしてから読み込んでいる部分（❷）にも注目してください。

```
Dim myStr As String
With CreateObject("ADODB.Stream")
    .Open
    .Type = 2          'adTypeText
    .Charset = "Shift-Jis"
    .LineSeparator = -1 'adCRLF
    .LoadFromFile ThisWorkbook.Path & "¥CSVデータ.csv"
    Do While Not .EOS ―――――――――――――――――――――――――――― ❶
        myStr = .ReadText(-2) 'adReadLine
        If myStr Like "*大村*" Then ――――――――――――――――――― ❷
            ActiveCell.Value = myStr
            ActiveCell.Offset(1).Select
        End If
    Loop
    .Close
End With
```

サンプルの結果

CSVデータ.csv - メモ帳

ファイル(F) 編集(E) 書式(O) 表示(V) ヘルプ(H)

伝票No,日付,顧客名,売上金額,担当者名
1,2020/7/8,日本ソフト　静岡支店,305865,大村あつし
1,2020/7/9,日本ソフト　静岡支店,167580,大村あつし
2,2020/7/10,レッドコンピュータ,144900,鈴木麻由
3,2020/7/11,システムアスコム,646590,牧野光
3,2020/7/12,システムアスコム,197400,牧野光
3,2020/7/13,システムアスコム,83790,牧野光
3,2020/7/14,システムアスコム,65100,牧野光
4,2020/7/15,日本CCM,365400,牧野光
5,2020/7/16,ゲイツ製作所,478800,牧野光
5,2020/7/17,ゲイツ製作所,396900,牧野光
6,2020/7/18,増根倉庫,310800,鈴木麻由
6,2020/7/19,増根倉庫,144900,鈴木麻由
6,2020/7/20,増根倉庫,83790,鈴木麻由
7,2020/7/21,カルタン設計所,65100,片山早苗
8,2020/7/22,日本ソフト　三重支店,688800,大村あつし
9,2020/7/23,ドンキ量販店,396900,片山早苗
10,2020/7/24,パーストアウト,312900,大村あつし
10,2020/7/25,パーストアウト,396900,大村あつし
10,2020/7/26,パーストアウト,83790,大村あつし
11,2020/7/27,カルタン設計所,197400,片山早苗

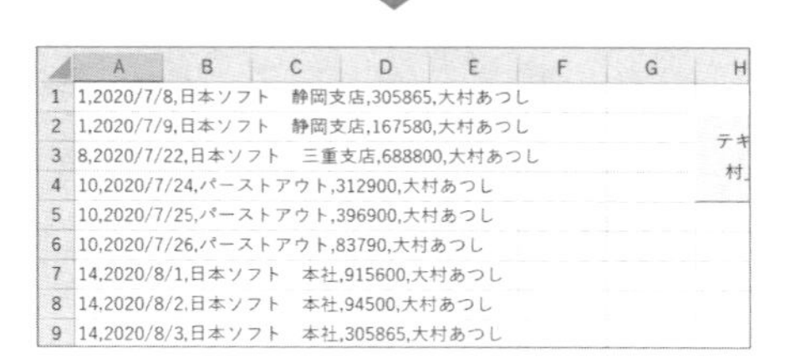

	A	B	C	D	E	F	G	H
1	1,2020/7/8,日本ソフト　静岡支店,305865,大村あつし							
2	1,2020/7/9,日本ソフト　静岡支店,167580,大村あつし							
3	8,2020/7/22,日本ソフト　三重支店,688800,大村あつし							テキ 村
4	10,2020/7/24,パーストアウト,312900,大村あつし							
5	10,2020/7/25,パーストアウト,396900,大村あつし							
6	10,2020/7/26,パーストアウト,83790,大村あつし							
7	14,2020/8/1,日本ソフト　本社,915600,大村あつし							
8	14,2020/8/2,日本ソフト　本社,94500,大村あつし							
9	14,2020/8/3,日本ソフト　本社,305865,大村あつし							

セルの内容を特定の区切り文字で分割したい

サンプルファイル 129.xlsm

365 2019 2016 2013

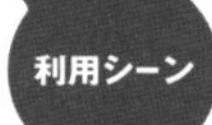

コピーしてきたデータをカンマ区切りで分割する

構文

メソッド	意味
セル範囲.TextToColumn _ DataType:=xlDelimited, Comma:=True	区切り文字を指定して分割

テキストファイルやブラウザーからコピーしてきたデータをシート上に貼り付けた場合、行方向のデータは各行に分割して配置されますが、列方向のデータは1つのセルにカンマ区切りや固定長形式のまま貼り付けられる、ということはよくあります。

このような場合には、TextToColumnメソッドでセルの内容を分割しましょう。なお、TextToColumnメソッドに指定できる引数は、ほぼOpenTextメソッドで指定できるものと同じです(トピック121～123参照)。

次のサンプルはセルA1のアクティブセル領域に配置されたデータを、カンマ区切りで各列へと再配置し、数値や日付などの書式の設定も行います。引数FieldInfoの設定によって、1～4列目は書式の設定を行い、5列目は削除してしまっている点にも注目してください。

```
Range("A1").CurrentRegion.TextToColumns _
    DataType:=xlDelimited, _
    Comma:=True, _
    FieldInfo:=Array( _
      Array(1, 1), Array(2, 5), Array(3, 2), Array(4, 1), Array(5, 
9))
'列幅を自動調整
Range("A1").CurrentRegion.EntireColumn.AutoFit
```

サンプルの結果

	A	B	C	D	E	F
1	1,2020/7/8,日本ソフト　静岡支店,305865,大村あつし					
2	1,2020/7/9,日本ソフト　静岡支店,167580,大村あつし					
3	8,2020/7/22,日本ソフト　三重支店,688800,大村あつし					
4	10,2020/7/24,パーストアウト,312900,大村あつし					
5	10,2020/7/25,パーストアウト,396900,大村あつし					
6	10,2020/7/26,パーストアウト,83790,大村あつし					
7	14,2020/8/1,日本ソフト　本社,915600,大村あつし					
8	14,2020/8/2,日本ソフト　本社,94500,大村あつし					
9	14,2020/8/3,日本ソフト　本社,305865,大村あつし					
10	17,2020/8/7,日本ソフト　愛知支店,220290,大村あつし					

	A	B	C	D	E
1	1	2020/7/8	日本ソフト　静岡支店	305865	
2	1	2020/7/9	日本ソフト　静岡支店	167580	
3	8	2020/7/22	日本ソフト　三重支店	688800	
4	10	2020/7/24	パーストアウト	312900	
5	10	2020/7/25	パーストアウト	396900	
6	10	2020/7/26	パーストアウト	83790	
7	14	2020/8/1	日本ソフト　本社	915600	
8	14	2020/8/2	日本ソフト　本社	94500	
9	14	2020/8/3	日本ソフト　本社	305865	
10	17	2020/8/7	日本ソフト　愛知支店	220290	

130 セルの内容を指定文字数ごとに分割したい

サンプルファイル 130.xlsm

365 2019 2016 2013

昔の計測器から取り出したテキストデータを文字数区切りで分割する

構文

メソッド	意味
セル範囲.TextToColumn DataType:=xlFixedWidth, _ FieldInfo:=区切り位置情報	文字数を指定して分割

前トピックに続き、シートに読み込んだ固定長形式のデータをTextToColumnメソッド分割してみましょう。指定する引数は、ほぼOpenTextメソッドで固定長データを読み込む際と同じです（トピック122参照）。

次のサンプルはセルA1のアクティブセル領域に配置された固定長形式データを、各列へと再配置し、数値や日付などの書式の設定も行います。引数FieldInfoの設定によって、1～4列目は書式の設定を行い、5列目は削除してしまっている点にも注目してください。

ちなみに、シート上で固定長形式の文字列を扱う場合には、フォントの種類を等幅フォント（個々の文字の幅が統一されているフォント）に設定しておくと、区切り位置が判断しやすくなります。サンプルでは、「MSゴシック」を使用しています。

```
Range("A1").CurrentRegion.TextToColumns _
    DataType:=xlFixedWidth, _
    FieldInfo:=Array( _
        Array(0, 1), Array(6, 5), Array(16, 2), _
        Array(36, 1), Array(45, 9))
```

▼サンプルの結果▼

	A	B	C	D	E	F
1	伝票No日付		顧客名		売上金額	担当者名
2	001	2020/7/8	日本ソフト	静岡支店305865		大村あつ
3	001	2020/7/9	日本ソフト	静岡支店167580		大村あつ
4	002	2020/7/10	レッドコンピュータ		144900	鈴木麻由
5	003	2020/7/11	システムアスコム		646590	牧野光
6	003	2020/7/12	システムアスコム		197400	牧野光
7	003	2020/7/13	システムアスコム		83790	牧野光
8	003	2020/7/14	システムアスコム		65100	牧野光
9	004	2020/7/15	日本CCM		365400	牧野光
10	005	2020/7/16	ゲイツ製作所		478800	牧野光

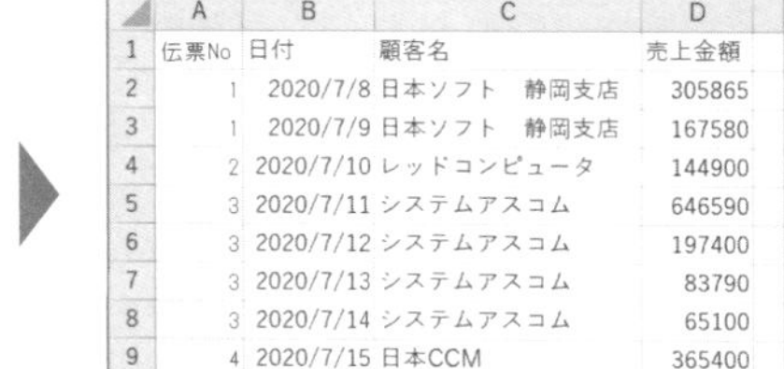

	A	B	C	D
1	伝票No	日付	顧客名	売上金額
2	1	2020/7/8	日本ソフト　静岡支店	305865
3	1	2020/7/9	日本ソフト　静岡支店	167580
4	2	2020/7/10	レッドコンピュータ	144900
5	3	2020/7/11	システムアスコム	646590
6	3	2020/7/12	システムアスコム	197400
7	3	2020/7/13	システムアスコム	83790
8	3	2020/7/14	システムアスコム	65100
9	4	2020/7/15	日本CCM	365400
10	5	2020/7/16	ゲイツ製作所	478800

131 QueryTableを使って好きな位置にデータを読み込みたい

サンプルファイル 131.xlsm

シート上の任意の位置にテキストファイルのデータを読み込む

構文

コレクション/メソッド	意味
QueryTables.Add 接続情報, 読み込み位置	シート上に外部データ範囲を作成
QueryTable.Refresh	外部データ範囲を更新して読み込む
QueryTable.Delete	外部データ範囲を削除

シート上の任意の位置に「外部データ範囲」としてテキストファイルを読み込んでみましょう。外部データを取り込む方法はいくつか用意されていますが、QueryTableオブジェクトを使って、[外部データの取り込み]機能を操作する手法がお手軽です。

また、通常、[外部データの取り込み]機能は、取り込み先のファイルへの接続情報（ファイルパスやコマンド文字列など）を保持しており、一度読み込んだデータ範囲は、リボンの[すべて更新]ボタンを押せば、更新されます。

しかし、単にデータを1回読み込むだけで、以降の更新はとくにしない場合には、この接続情報はすぐに削除してしまってかまいません。

以上の仕組みを踏まえ、コードを作成していきましょう。次のサンプルは、マクロを記述したブックと同じフォルダー内にあるCSV形式のファイル「CSVデータ(UTF8).csv」を、セルB2を起点とした位置に読み込みます。

```
With ActiveSheet.QueryTables.Add( _                                          ❶
    Connection:="TEXT;" & ThisWorkbook.Path & "¥CSVデータ(UTF8).
csv", _
    Destination:=Range("B2") _
)
    .AdjustColumnWidth = True                           '列幅自動設定オン      ❷
    .TextFilePlatform = 65001                           '文字コード指定
    .TextFileParseType = xlDelimited                    'ファイルの形式指定
    .TextFileCommaDelimiter = True                      'カンマ区切り指定
    .TextFileColumnDataTypes = Array(1, 5, 2, 1, 2)  '列のデータ型指定
    .Refresh BackgroundQuery:=False
    '.Delete ――――――――❸
End With
```

サンプルの結果

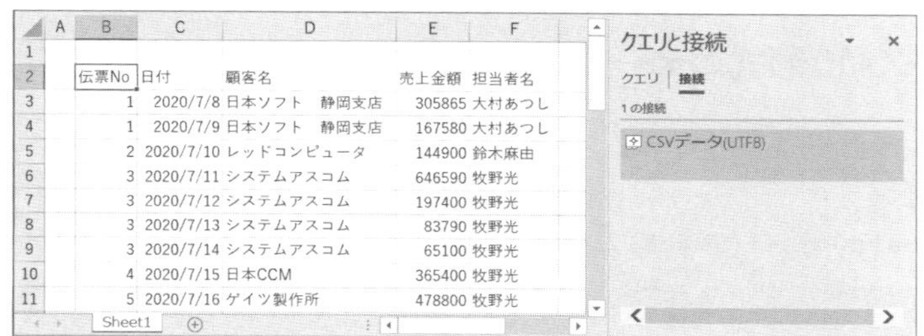

	A	B	C	D	E	F
1						
2		伝票No	日付	顧客名	売上金額	担当者名
3		1	2020/7/8	日本ソフト　静岡支店	305865	大村あつし
4		1	2020/7/9	日本ソフト　静岡支店	167580	大村あつし
5		2	2020/7/10	レッドコンピュータ	144900	鈴木麻由
6		3	2020/7/11	システムアスコム	646590	牧野光
7		3	2020/7/12	システムアスコム	197400	牧野光
8		3	2020/7/13	システムアスコム	83790	牧野光
9		3	2020/7/14	システムアスコム	65100	牧野光
10		4	2020/7/15	日本CCM	365400	牧野光
11		5	2020/7/16	ゲイツ製作所	478800	牧野光

まず、新規のQueryTableオブジェクトを追加するには、QueryTablesコレクションのAddメソッドを使用します。テキストファイルへ接続する場合には、引数Connectionに「TEXT;」に続けてテキストファイルへのパスを指定します。また引数Destinationにセルを指定すると、そのセルを起点とした位置へとデータを読み込みます（❶）。

続いて、追加したQueryTableオブジェクトの各種プロパティを使用し、文字コードやファイルの形式、区切り文字に各フィールドのデータ型等の読み取り情報を指定後に、Refreshメソッドを実行して、データを読み込みます（❷）。これでシート上にデータが読み込まれ、その範囲は「外部データ範囲」として接続情報や読み取り情報が保存された状態となります。これ以降は、［データ］リボン内の［すべて更新］ボタンを押せば、再読み込みできます（マクロで操作する場合は、Refreshメソッドを実行するだけとなります）。

また、単純に1回データを読み込めればよいだけで、「外部データ範囲」としてブック上に接続情報等を残す必要がないのであれば、Refreshメソッドで読み込み後に、DeleteメソッドでQueryTableオブジェクトを削除してしまえば、データのみがシート上に残ります（❸）。

XML形式のデータを読み込みたい

サンプルファイル 132.xlsm

XML形式のデータから必要な項目だけを読み込む

構文

関数	意味
CreateObject("MSXML2.DOMDocument")	XMLを扱う外部オブジェクトを生成

右図のようなシンプルなXML形式のデータが記述されたファイル「xmlData.xml」の内容を、シート上に読み込む処理を作成してみましょう。

一般機能では、[データ] - [データの取得] - [ファイルから] - [XMLから] 等を選択し、指示に従っていくとシート上にXMLデータを読み込んだ外部データ範囲 (ListObject) が作成できます (機能名はバージョンによって異なります)。

読み込みたいXMLデータ

```
<?xml version="1.0" encoding="UTF-8"?>
<社員情報>
    <社員 id="1">
        <名前>江藤</名前>
        <アドレス>etou@xxxxx.xxx</アドレス>
        <所属>開発</所属>
        <特技>VBAを使った開発</特技>
    </社員>
    <社員 id="2">
        <名前>水岡</名前>
        <アドレス>minaoka@xxxxx.xxx</アドレス>
        <所属>営業</所属>
        <趣味>周辺の食事処巡り</趣味>
    </社員>
    <社員 id="3">
        <名前>唐沢</名前>
        <アドレス>karasawa@xxxxx.xxx</アドレス>
        <所属>営業</所属>
    </社員>
</社員情報>
```

一般操作で作成した外部データ範囲に読み込んだXMLデータ

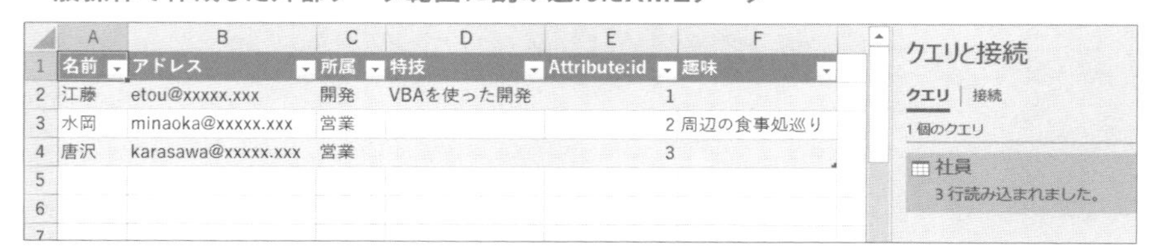

	A	B	C	D	E	F
1	名前	アドレス	所属	特技	Attribute:id	趣味
2	江藤	etou@xxxxx.xxx	開発	VBAを使った開発	1	
3	水岡	minaoka@xxxxx.xxx	営業		2	周辺の食事処巡り
4	唐沢	karasawa@xxxxx.xxx	営業		3	
5						
6						
7						

この方法でもかまわないのですが、外部データ範囲として読み込むのではなく、もっとカジュアルに必要な情報だけを読み込みたい場合や、Web系のプログラミングと同じ感覚で、ノードツリーをたどってデータを取得したい場合もあります。この場合、「Microsoft XML vx.x (x.xはバージョン番号)」に用意されているDOMDocumentオブジェクトを利用してデータを読み込む方法が便利です。

DOMDocumentオブジェクトは、CreateObject関数の引数に「MSXML2.DOMDocument」を指定して作成します (❶)。あとは用意されたプロパティやメソッドを使用してファイルを読み込み (❷)、ルートノードから子ノードのリストを取得し (❸)、目的のノードの要素 (❹) やテキスト (❺) を取得していきます。また、タグを含んだXML表現も取得可能です (❻)。

```
Dim myXMLDoc As Object
Dim myNode As Object, myNodeList As Object, i As Long
Set myXMLDoc = CreateObject("MSXML2.DOMDocument")                 ❶
myXMLDoc.async = False
myXMLDoc.Load ThisWorkbook.Path & "¥xmlData.xml"                  ❷
Set myNodeList = myXMLDoc.DocumentElement.ChildNodes              ❸
For i = 0 To myNodeList.Length - 1
    Set myNode = myNodeList.Item(i)
    Cells(i + 1, 1).Value = myNode.getAttribute("id")             ❹
    Cells(i + 1, 2).Value = myNode.ChildNodes(0).Text()           ❺
    Cells(i + 1, 3).Value = myNode.ChildNodes(1).Text()
Next
MsgBox myXMLDoc.DocumentElement.XML                               ❻
```

サンプルの結果

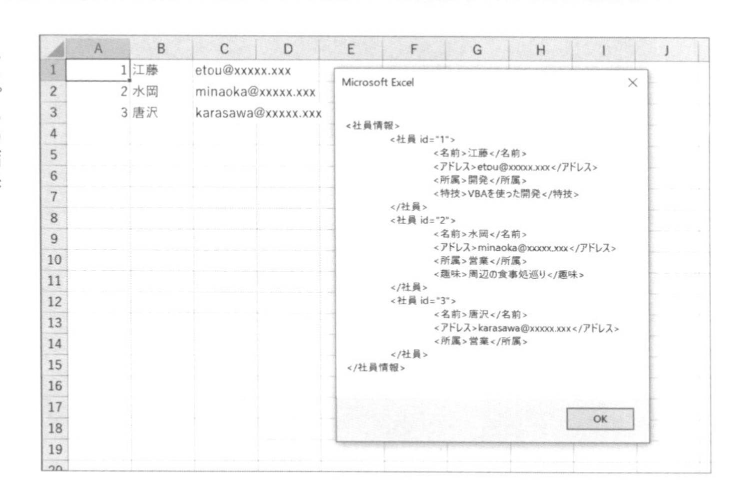

XPath式を使ってXML形式のデータを読み込みたい

サンプルファイル 133.xlsm

365 2019 2016 2013

XMLデータから「営業」社員のデータだけを読み込む

構文

メソッド	意味
SelectSingleNode("XPath式")	XPath式を満たす最初のノードを取得
SelectNodes("XPath式")	XPath式を満たすノードのコレクションを取得

XML形式のデータを扱う場合、ノードツリーから目的のデータを取り出すための問い合わせ言語として、「XPath式」というものが用意されています。このXPath式をVBAで利用するには、DOMDocumentオブジェクトのSelectSingleNodeメソッド、もしくはSelectNodesメソッドを使用します。

SelectSingleNodeメソッドは、引数に指定したXPath式を満たす最初のノードを取得し、SelectNodesメソッドはXPath式を満たすすべてのノードのリストを取得します。

```
Dim myXMLDoc As Object, myNode As Object
Dim myNodeList As Object, str As String
Set myXMLDoc = CreateObject("MSXML2.DOMDocument")
myXMLDoc.async = False
myXMLDoc.Load ThisWorkbook.Path & "¥xmlData.xml"
Set myNode = myXMLDoc.SelectSingleNode("/社員情報/社員[@id='1']/名前")
Range("B2").Value = myNode.Text()
Set myNodeList = myXMLDoc.SelectNodes("/社員情報/社員[所属='営業']/名前")
For Each myNode In myNodeList
    str = str & myNode.Text() & " "
Next
Range("B3").Value = str
```

サンプルの結果

	A	B	C	D
1	XPath式	取り出した値		
2	/社員情報/社員[@id='1']/名前	江藤		
3	/社員情報/社員[所属='営業']/名前	水岡　唐沢		
4				

Accessのデータベースに接続したい❶

サンプルファイル 134.xlsm

365 2019 2016 2013

売り上げデータをAccessデータベースから読み込む

構文

関数	意味
CreateObject("DAO.DBEngine.120")	DAOのDBEngineオブジェクトを生成

ExcelからAccessのデータを読み込む方法はいくつか用意されていますが、本書ではそのうちの1つである「DAO」を使ったテクニックを紹介します。DAOはAccess VBAでデータベースを操作する際に使用するので、慣れ親しんでいる方も多いことでしょう。

Excel VBAからDAOを利用してAccessのデータベースを操作する際の基本的な流れは以下のようになります。

1. DBEngineオブジェクトを作成
2. DBEngineオブジェクト経由で目的のDBを扱うDataBaseオブジェクト取得
3. DataBaseオブジェクトを通じてテーブルやクエリ等にアクセス

ACE（Access2007以降）もJet（Access2003以前）も扱えるDBEngineオブジェクトを作成するには、CreateObject関数の引数に「DAO.DBEngine.120」を指定してオブジェクトを生成します。

なお、参照設定を行う場合には、「Microsoft Office xx.x Access database engine Object Library（xx.xはバージョン番号）」に参照設定を行います。

次のサンプルは、DBEngineオブジェクトを作成し、バージョン番号を表示します。

```
MsgBox CreateObject("DAO.DBEngine.120").Version
```

コードの結果

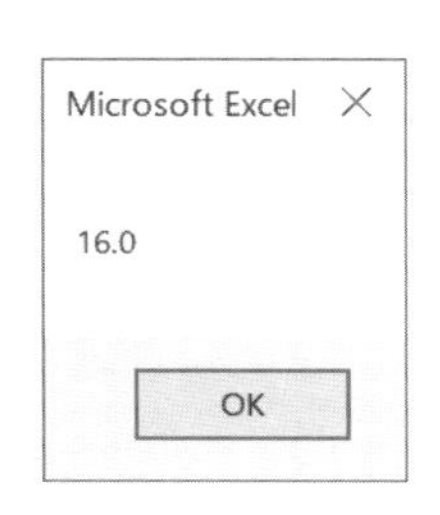

Accessのデータベースに接続したい❷

サンプルファイル 135.xlsm

365 2019 2016 2013

売り上げデータをAccessデータベースから読み込む

構文

メソッド	意味
DBEngin.OpenDatabese ファイルパス	ファイルパスのDBデータへ接続
DataBase.Close	DBとの接続を切断

目的のAccessデータベースを操作の対象にするには、DBEngineオブジェクトのOpenDatabaseメソッドを使用し、戻り値として渡されるDataBaseオブジェクトを利用します。

また、DataBaseオブジェクトに対する一連の操作が終わったら、Closeメソッドで接続を切ります。切断後は、DataBaseオブジェクトを格納した変数をクリアしておくのがベターです。

次のサンプルは、「サンプルDB.accdb」へ接続し、処理後に接続を切断します。

```
Dim myDBE As Object, myDB As Object
Set myDBE = CreateObject("DAO.DBEngine.120")
Set myDB = myDBE.OpenDatabase(ThisWorkbook.Path & "¥サンプルDB.accdb")
MsgBox myDB.Name & "に接続しました"
myDB.Close
'set myDB = Nothing
```

コードの結果

Accessのテーブルを読み込みたい

サンプルファイル 136.xlsm

365 2019 2016 2013

テーブル「T_担当者」のデータをAccessデータベースから読み込む

構文

メソッド	意味
DataBase.OpenRecordset(テーブル名)	指定テーブルを扱うレコードセットを生成
セル.CopyFromRecordset テーブル	テーブル（レコードセット）の内容をセルへと転記

任意のテーブルのデータを読み込むには、まず、対象のテーブルをDataBaseオブジェクトのOpenRecordsetメソッドを利用してRecordsetオブジェクトとして取得します。

取得したRecoedsetオブジェクトの内容は、RangeオブジェクトのCopyFromRecordsetメソッドでシート上に転記できます。なお、操作の終わったRecordsetオブジェクトは、Closeメソッドで接続を閉じておきましょう。

```
Dim myDBE As Object, myDB As Object, myRS As Object
Set myDBE = CreateObject("DAO.DBEngine.120")
Set myDB = myDBE.OpenDatabase(ThisWorkbook.Path & "¥サンプルDB.accdb")
'「T_担当者」テーブルを扱うレコードセットを生成
Set myRS = myDB.OpenRecordset("T_担当者") ――❶
'生成したレコードセットの内容をセルへと転記
Range("A1").CopyFromRecordset myRS ――❷
myRS.Close ――❸
myDB.Close
```

サンプルの結果

すべての ...
検索...
テーブル
T_顧客
T_商品
T_担当者
T_伝票
T_伝票明細
クエリ

T_担当者

ID	担当者名
11	大村あつし
12	鈴木麻由
13	牧野光
14	萩原弘文
15	片山早苗
0	

▶

	A	B	C
1	11	大村あつし	
2	12	鈴木麻由	
3	13	牧野光	
4	14	萩原弘文	
5	15	片山早苗	
6			

Accessのテーブルをフィールド名も含めて読み込みたい

サンプルファイル 137.xlsm

365 2019 2016 2013

テーブル「T_顧客」のデータをAccessデータベースから読み込む

構文

コレクション／プロパティ	意味
テーブル.Fields	フィールドのコレクションを取得
テーブル.Fields(インデックス番号).Name	個別のフィールド名を取得

テーブル等を扱うRecordsetオブジェクトのフィールド情報にアクセスするには、Fieldsコレクションを利用します。

次のサンプルは、「T_顧客」テーブルの内容を、フィールド名も含めて読み込みます。

```
Dim myDBE As Object, myDB As Object, myRS As Object, i As Long
Set myDBE = CreateObject("DAO.DBEngine.120")
Set myDB = myDBE.OpenDatabase(ThisWorkbook.Path & "¥サンプルDB.accdb")
Set myRS = myDB.OpenRecordset("T_顧客")
'各フィールドについてループし、フィールド名を書き出し
For i = 0 To myRS.Fields.Count - 1
    Cells(1, i + 1).Value = myRS.Fields(i).Name
Next
Range("A2").CopyFromRecordset myRS
myRS.Close
myDB.Close
```

サンプルの結果

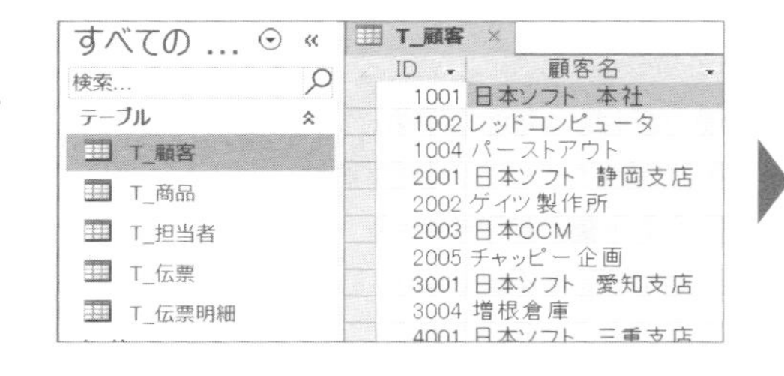

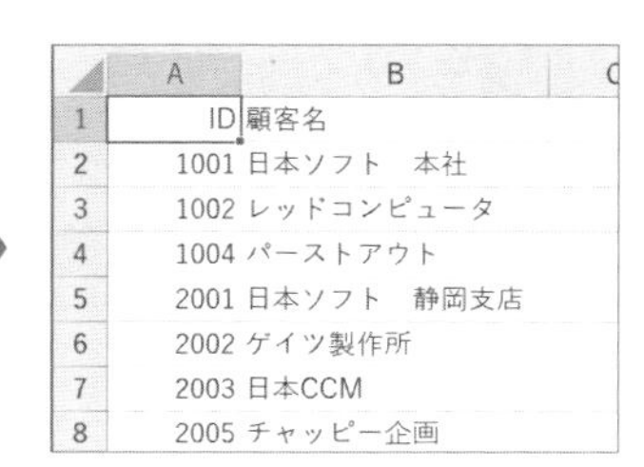

138 Accessのクエリの結果を読み込みたい

サンプルファイル 138.xlsm

365 2019 2016 2013

クエリ「Q_伝票一覧」の結果をAccessデータベースから読み込む

構文

メソッド	意味
DataBase.OpenRecordset(クエリ名)	指定クエリを扱うレコードセットを生成
セル.CopyFromRecordset クエリ	クエリの結果セットの内容をセルへと転記

Access側に作成してあるクエリの結果セットを読み込む場合にも、テーブルを読み込むときと同様にRecordsetオブジェクトを利用します。

次のサンプルは、前ページのサンプルを一部変更し、クエリ「Q_伝票一覧」の結果セットを読み込みます。

```
Set myRS = myDB.OpenRecordset("Q_伝票一覧")
For i = 0 To myRS.Fields.Count - 1
    Cells(1, i + 1).Value = myRS.Fields(i).Name
Next
Range("A2").CopyFromRecordset myRS
```

サンプルの結果

すべての …
検索...
テーブル
T_顧客
T_商品
T_担当者
T_伝票
T_伝票明細
クエリ
Q_担当者伝票
Q_伝票一覧

Q_伝票一覧

伝	枝	日付	顧客	顧客名	商品	商品名	単価
1	1	2020/07/08	2001	日本ソフト　静岡支店	2003	ThinkPad 385XD 2635-9TJ	¥291,300
1	2	2020/07/08	2001	日本ソフト　静岡支店	5001	MO MOF-H640	¥79,800
2	1	2020/07/10	1002	レッドコンピュータ	3001	レーザー LBP-740	¥138,000
3	1	2020/07/11	5003	システムアスコム	1003	Aptiva L67	¥307,900
3	2	2020/07/11	5003	システムアスコム	4003	液晶 LCD-D17D	¥188,000
3	3	2020/07/11	5003	システムアスコム	3004	ジェット BJC-465J	¥79,800
3	4	2020/07/11	5003	システムアスコム	5004	CD-RW CDRW-VX26	¥62,000
4	1	2020/07/12	5003	システムアスコム	3002	レーザー LBP-730PS	¥348,000
5	1	2020/07/13	5003	システムアスコム	4005	液晶 FTD-XT15-A	¥228,000
5	2	2020/07/13	5003	システムアスコム	2004	Satellite325	¥378,000
6	1	2020/07/14	5003	システムアスコム	1004	PRESARIO 2254-15	¥148,000
6	2	2020/07/14	5003	システムアスコム	3001	レーザー LBP-740	¥138,000
6	3	2020/07/14	5003	システムアスコム	5001	MO MOF-H640	¥79,800
7	1	2020/07/15	2003	日本CCM	5004	CD-RW CDRW-VX26	¥62,000

	A	B	C	D	E	F	G	H
1	伝票ID	枝番	日付	顧客ID	顧客名	商品ID	商品名	単価
2	1	1	2020/7/8	2001	日本ソフト　静岡支店	2003	ThinkPad 385XD 2635-9TJ	291,300
3	1	2	2020/7/8	2001	日本ソフト　静岡支店	5001	MO MOF-H640	79,800
4	2	1	2020/7/10	1002	レッドコンピュータ	3001	レーザー LBP-740	138,000
5	3	1	2020/7/11	5003	システムアスコム	1003	Aptiva L67	307,900
6	3	2	2020/7/11	5003	システムアスコム	4003	液晶 LCD-D17D	188,000

139 Accessのパラメータークエリの結果を読み込みたい

サンプルファイル 139.xlsm

365 2019 2016 2013

パラメータークエリで、担当者名が「大村あつし」のデータのみ読み込む

構文

プロパティ	意味
QueryDefs("パラメータを持つクエリ名")	クエリの定義一覧を取得
QueryDef.Parameters(パラメータ名) = 値	指定パラメータに値を指定

Access側に作成してあるパラメータの入力を求めるクエリの結果を読み込むには、クエリの定義一覧をQueryDefオブジェクトとして取得し、Parametersプロパティを利用してパラメータに渡す値を指定してから開きます。次のサンプルは、「Q_担当者伝票」のパラメータに「大村あつし」を指定した結果を取得します。

```
Dim myDBE As Object, myDB As Object, myQry As Object
Dim myRS As Object, i As Long
Set myDBE = CreateObject("DAO.DBEngine.120")
Set myDB = myDBE.OpenDatabase(ThisWorkbook.Path & "¥サンプルDB.accdb")
Set myQry = myDB.QueryDefs("Q_担当者伝票")
myQry.Parameters("担当者名を入力してください") = "大村あつし"
Set myRS = myQry.OpenRecordset
For i = 0 To myRS.Fields.Count - 1
    Cells(1, i + 1).Value = myRS.Fields(i).Name
Next
Range("A2").CopyFromRecordset myRS
myQry.Close
myRS.Close
myDB.Close
```

サンプルの結果

	A	B	C	D	E
1	担当者名	伝票ID	日付	顧客名	小計
2	大村あつし	1	2020/7/8	日本ソフト　静岡支店	291,300
3	大村あつし	1	2020/7/8	日本ソフト　静岡支店	159,600
4	大村あつし	11	2020/7/22	日本ソフト　三重支店	188,000
5	大村あつし	13	2020/7/24	パーストアウト	348,000
6	大村あつし	13	2020/7/24	パーストアウト	199,600
7	大村あつし	17	2020/8/1	日本ソフト　本社	209,800
8	大村あつし	17	2020/8/1	日本ソフト　本社	488,000

フィールド:	担当者名	伝票ID
テーブル:	Q_伝票一覧	Q_伝票一
並べ替え:		
表示:	☑	
抽出条件:	[担当者名を入力してください]	
または:		

140 SQL文を使ってAccessからデータを読み込みたい

サンプルファイル 140.xlsm

365 2019 2016 2013

「SELECT * FROM 商品」等のSQL文の結果を読み込む

構文

プロパティ	意味
DataBase.OpenRecordset "SQL文"	SQL文の結果セットを取得

SQL文を使ってAccess側のデータを読み込むには、OpenRecordsetメソッドの引数に、SQL文の文字列を渡して実行します。次のサンプルは、クエリ「Q_伝票一覧」の結果セットのうち、「伝票ID」フィールドの値が「17」のものだけを抽出し、読み込みます。

ちなみに、SQL文内でパラメータとして文字列を指定する場合には、「担当者名 = '大村あつし'」のように、シングルクォーテーションで囲みます。

```
Dim myDBE As Object, myDB As Object
Dim myRS As Object, mySQL As String, i As Long
Set myDBE = CreateObject("DAO.DBEngine.120")
Set myDB = myDBE.OpenDatabase(ThisWorkbook.Path & "¥サンプルDB.accdb")
mySQL = "SELECT * FROM Q_伝票一覧 WHERE 伝票ID=17"
Set myRS = myDB.OpenRecordset(mySQL)
For i = 0 To myRS.Fields.Count - 1
    Cells(1, i + 1).Value = myRS.Fields(i).Name
Next
Range("A2").CopyFromRecordset myRS
myRS.Close
myDB.Close
```

コードの結果

	A	B	C	D	E	F	G	H	I	J	K
1	伝票ID	枝番	日付	顧客ID	顧客名	商品ID	商品名	単価	数量	小計	担当者
2	17	1	2020/8/1	1001	日本ソフト　本社	1005	PCV-S500V5	209,800	1	209,800	
3	17	2	2020/8/1	1001	日本ソフト　本社	2001	LaVie NX LW23/44A	488,000	1	488,000	
4	17	3	2020/8/1	1001	日本ソフト　本社	5003	PD NX8/PCSC	45,000	1	45,000	
5											
6											

Accessのテーブルから5番目のレコードを読み込みたい

サンプルファイル 141.xlsm

365 2019 2016 2013

Access側のテーブルのデータを順番にチェックする

構文

メソッド	意味
レコードセット.Move カーソルの移動量	カーソルの位置を移動
レコードセット.MoveNext	カーソルを次のレコードに移動

OpenRecordsetメソッドによって取得したRecordsetオブジェクトは、「カレントレコード（カーソルの位置）」が先頭レコードの状態で作成されます。このとき「レコードセット!フィールド名」の書式で、カレントレコードの値を取り出せます。

カレントレコードを移動するには、Moveメソッドの引数に移動数を指定して実行します。また、次のレコードへと移動する場合には、MoveNextメソッドを使用します。

```
Dim myDBE As Object, myDB As Object
Dim myRS As Object, mySQL As String, i As Long
Set myDBE = CreateObject("DAO.DBEngine.120")
Set myDB = myDBE.OpenDatabase(ThisWorkbook.Path & "¥サンプルDB.accdb")
Set myRS = myDB.OpenRecordset("T_商品")
Range("B1:D1").Value = Array(myRS!ID, myRS!商品名, myRS!単価)
myRS.Move 4
Range("B2:D2").Value = Array(myRS!ID, myRS!商品名, myRS!単価)
myRS.Close
myDB.Close
```

サンプルの結果

T_商品

ID	商品名	単価
1001	ValueStar NX VS30/35d	¥328,000
1002	FMV-DESKPOWER SVI265	¥298,000
1003	Aptiva L67	¥307,900
1004	PRESARIO 2254-15	¥148,000
1005	PCV-S500V5	¥209,800
2001	LaVie NX LW23/44A	¥488,000
2002	FMV-BIBLO NUV123	¥378,000

	A	B	C	D
1	先頭レコード	1001	ValueStar NX VS30/35d	328
2	5個目のレコード	1005	PCV-S500V5	209
3				
4				
5				

カーソルの種類を指定してAccessに接続したい

サンプルファイル 142.xlsm

365 2019 2016 2013

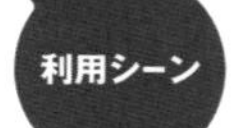

前方スクロールタイプで接続してレコードを走査する

構文

メソッド	意味
OpenRecordset(テーブル, カーソルの種類)	カーソルの種類を指定して接続

OpenRecordsetメソッドの2つ目の引数である引数typeを利用すると、テーブル・クエリ・SQL文による結果セットを開く際のカーソルの形式を指定できます。

なお、定数を利用する場合には、「Microsoft Office xx.x Access database engine Object Library (xx.xはバージョン番号)」に参照設定を行います。

■ 引数typeに指定する値

値 (定数)	意味
1(dbOpenTable)	テーブルタイプで開く
2(dbOpenDynaset)	ダイナセットタイプで開く
4(dbOpenSnapshot)	スナップショットタイプ(静的タイプ)で開く
8(dbOpenForwardOnly)	前方スクロールタイプで開く
16(dbOpenDynamic)	ダイナミックタイプ(動的タイプ)で開く

設定する値により、書き込み可／不可や、カーソルの移動方向の制限などが指定され、Recordsetに対して行える処理内容や処理速度が変わってきます。

次のコードは、静的スナップショットでテーブル「T_商品」を開きます。

```
Set myRS = myDB.OpenRecordset("T_商品", 4)      'dbOpenSnapshotで接続
```

次のコードは、前方スクロールタイプでテーブル「T_商品」を開きます。

```
Set myRS = myDB.OpenRecordset("T_商品", 8)      'dbOpenForwardOnlyで接続
```

この場合、カーソルの移動は前方にしか行えないので、Moveメソッドに負の値を指定する、等のコードでカーソル位置を後方に移動しようとすると、エラーとなります。

143 Webページを PC標準のブラウザーで表示したい

サンプルファイル 143.xlsm

365 2019 2016 2013

「http://gihyo.jp/book」をブラウザーで表示する

構文

関数／メソッド	意味
CreateObject("WScript.Shell")	WSHShellオブジェクトを生成
WSHShellオブジェクト.Run URL文字列	指定URLを標準ブラウザーで開く

任意のURLのWebページを標準のブラウザーで表示するには、CreateObject関数の引数に「WScript.Shell」を指定してWSHShellオブジェクトを生成し、Runメソッドを利用します。

次のサンプルは、「http://gihyo.jp/book」を、標準のブラウザーで表示します。

```
Dim myURL As String
myURL = "http://gihyo.jp/book"
CreateObject("WScript.Shell").Run myURL
```

サンプルの結果

144 IEでWebページを表示したい

サンプルファイル 144.xlsm

365 2019 2016 2013

利用シーン Internet Explorerで指定ページを表示

構文

関数／プロパティ／メソッド	意味
CreateObject("InternetExplorer.Application")	IEオブジェクトを生成
IEオブジェクト.Visible = True	IEを画面に表示
IEオブジェクト.Navigate URL文字列	IEで指定URLを表示

任意のURLのWebページをIE（インターネットエクスプローラー）で表示するには、CreateObject関数の引数に、「"InternetExplorer.Application"」を指定して作成したIEのオブジェクト（Internet Explorerオブジェクト）を操作します。

IEのオブジェクトは、各種のプロパティやメソッドを利用して、より細かな操作を行うことができます。参照設定を行う場合は、「Microsoft Internet Control」に参照設定を行い、データ型は「InternetExplorer」型を指定します。

次のサンプルは、IEを画面上に表示し、「http://gihyo.jp/book」を表示します。

```
Dim myIE As Object
Set myIE = CreateObject("InternetExplorer.Application")
'画面に表示
myIE.Visible = True
'指定URLに遷移
myIE.Navigate "http://gihyo.jp/book"
```

コードの結果

読み込み完了後にWebページの内容を取得したい

サンプルファイル 145.xlsm

特定のWebページが完全に読み込まれてから内容をコピー

構文

プロパティ／メソッド	意味
CreateObject("InternetExplorer.Application")	IEオブジェクトを生成
IEオブジェクト.Busy	IEの処理状態を取得
IEオブジェクト.ReadyState	IEの読み込み状況を取得

次のサンプルは、「http://gihyo.jp/site/profile」の「会社案内」部分（idが「article」の部分）のテキストをメッセージボックスに表示します。

任意のWebページの内容を取得する際には、ローカルのファイルとは違い、完全に内容が読み込まれるまでに少々時間がかかります。そのため、基本的な考え方として、まず全体が読み込まれるまで待機し、そのあとに内容を取り出す、という2段階の手順を踏みます。

サンプルでは、BusyプロパティとReadyStateプロパティを利用して「読み込み待ち」を行います（❶）。Busyプロパティは、IEが処理中（読み込み中）の場合はTrueを返し、処理完了時はFalseを返します。ReadyStateプロパティは、Webコンテンツの読み込み状況に合わせて、0（デフォルト値）～4（読み込み・解析完了状態）までの値を取ります。

読み込みが完了した時点で、HTMLドキュメント内から、「article」の部分のテキストを読み取り、IEを終了させます（❷）。そのあと、取得しておいたテキストをMsgBox関数で表示します（❸）。

■ ReadyStateプロパティの取る0～4の値と状態

参照設定時の定数	値
READYSTATE_UNINITIALIZED	0
READYSTATE_LOADING	1
READYSTATE_LOADED	2
READYSTATE_INTERACTIVE	3
READYSTATE_COMPLETE	4

Webページによっては、JavaScriptを利用してファイル読込後にも、動的にコンテンツの内容を構築・表示しているものもあります。その場合には、本サンプルの方法だけでは意図していた内容を取得できないことがあります。ともあれ、「読み込み完了を待ってから取得」という考え方が、IEを使った読み込み処理の基本となります。

```
Dim myIE As Object, myBuf As Variant, i As Long
Set myIE = CreateObject("InternetExplorer.Application")
myIE.Visible = True  'エラー時に手作業で終了できるよう表示しておく
myIE.Navigate "http://gihyo.jp/site/profile"
'READYSTATE_COMPLETE = 4
'読み込み完了まで待機
Do While myIE.Busy = True Or myIE.ReadyState < 4 ——❶
    DoEvents
Loop
'DOMツリーから「article」の箇所を取得し、そのテキストを取得
myBuf = myIE.Document.GetElementByID("article").InnerText ——❷
'IEを終了し開放
myIE.Quit
Set myIE = Nothing
MsgBox myBuf ——❸
```

サンプルの結果

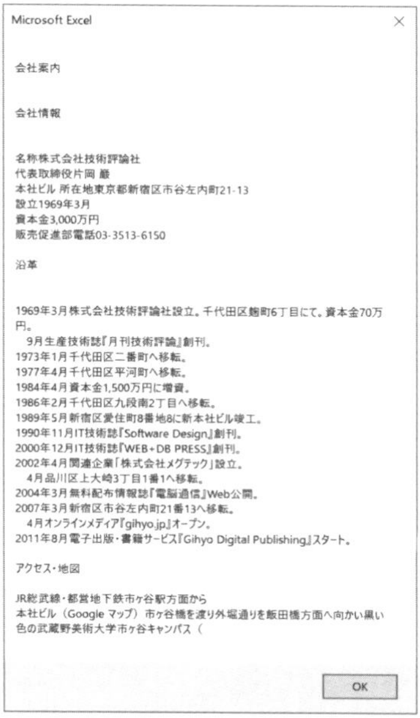

Microsoft Excel ×

会社案内

会社情報

名称株式会社技術評論社
代表取締役片岡 巌
本社ビル 所在地東京都新宿区市谷左内町21-13
設立1969年3月
資本金3,000万円
販売促進部電話03-3513-6150

沿革

1969年3月株式会社技術評論社設立。千代田区麹町6丁目にて。資本金70万円。
　9月生産技術誌『月刊技術評論』創刊。
1973年1月千代田区二番町へ移転。
1977年4月千代田区平河町へ移転。
1984年4月資本金1,500万円に増資。
1986年2月千代田区九段南2丁目へ移転。
1989年5月新宿区愛住町8番地8に新本社ビル竣工。
1990年11月IT技術誌『Software Design』創刊。
2000年12月IT技術誌『WEB+DB PRESS』創刊。
2002年4月関連企業「株式会社メグテック」設立。
　4月品川区上大崎3丁目1番1へ移転。
2004年3月無料配布情報誌『電脳通信』Web公開。
2007年3月新宿区市谷左内町21番13へ移転。
　4月オンラインメディア『gihyo.jp』オープン。
2011年8月電子出版・書籍サービス『Gihyo Digital Publishing』スタート。

アクセス・地図

JR総武線・都営地下鉄市ヶ谷駅方面から
本社ビル（Google マップ） 市ヶ谷橋を渡り外堀通りを飯田橋方面へ向かい黒い色の武蔵野美術大学市ヶ谷キャンパス（

OK

146 Webページの任意の部分を抜き出したい

サンプルファイル 146.xlsm

利用シーン 特定のWebページの「data」ノードの内容を抜き出す

構文

オブジェクト	意味
Documentオブジェクトを使った読み取り	IEに読み込んだコンテンツを扱う

IEで表示した内容は、Documentプロパティを経由してDocumentオブジェクトとして取得できます。さらに、Documentオブジェクトに対して各種のメソッドを利用することで、好みの部分の要素を取り出せます。

GetElementByID	任意のid属性の値を持つ単一要素
GetElementsByName	任意のname属性の値を持つ要素のリスト
GetElementsByClassName	任意のクラス名を持つ要素のリスト
GetElementsByTagName	任意のタグ名を持つ要素のリスト

また、個々の要素のテキストやHTML表現、属性は、各種のプロパティ・メソッドで取り出せます。

InnerText	要素内のテキスト
InnerHTML	要素内のHTML表現
OuterHTML	要素内のHTML表現（要素自体のタグも含む）
GetAttribute	任意の属性の値

次ページのサンプルは、「gihyo.jp/book」内から、クラス名「data」を持つ要素のリストを抜き出し（❶）、さらに個々の要素に対して、「1つ目の子要素」「3番目のpタグ要素」「1つ目のaタグ要素」の各種情報を取り出しています（❷）。

サンプルの結果

	A	B	C	D
1	Minecraftオフィシャルブックシリーズ Minecraft（マインクラフト）公式ガイド　海のサバイバル	<p class="price">定価（本体1,380円＋税）</p>	/book/2020/978-4-297-11161-8	
2	Minecraftオフィシャルブックシリーズ Minecraft（マインクラフト）公式ガイド　栽培＆育成	<p class="price">定価（本体1,380円＋税）</p>	/book/2020/978-4-297-11167-0	
3	Minecraftオフィシャルブックシリーズ Minecraft（マインクラフト）つくって遊ぼう！　冒険！テーマパーク	<p class="price">定価（本体1,280円＋税）</p>	/book/2020/978-4-297-11163-2	
4	Minecraftオフィシャルブックシリーズ Minecraft（マインクラフト）つくって遊ぼう！　どきどき！ゾンビランド	<p class="price">定価（本体1,280円＋税）</p>	/book/2020/978-4-297-11165-6	
5	たった1日で基本が身に付く！シリーズ たった1日で基本が身に付く！ Vue.js　超入門	<p class="price">定価（本体2,180円＋税）</p>	/book/2020/978-4-297-11377-3	
6	ゼロからはじめるシリーズ ゼロからはじめる iPhone SE 第2世代　スマートガイド　au完全対応版	<p class="price">定価（本体1,080円＋税）</p>	/book/2020/978-4-297-11456-5	
	ゼロからはじめるシリーズ ゼロからはじめる	<p class="price">定価（本体1,080円＋税）</p>	/book/2020/978-4-297-11458-9	

```
Dim myItemList As Object, myItem As Object, i As Long
With CreateObject("InternetExplorer.Application")
    .Visible = True
    .Navigate "http://gihyo.jp/book"
    '読み込み待ち
    Do While .Busy = True Or .ReadyState < 4
        DoEvents
    Loop
    'クラス名が「data」のノードを取得
    Set myItemList = .Document.GetElementsByClassName("data")  ❶
    i = 1
    'ノード内の子要素をループして内容を書き出し
    For Each myItem In myItemList
        Cells(i, 1).Value = myItem.Children(0).InnerText  ❷
        Cells(i, 2).Value = _
          myItem.GetElementsByTagName("p")(2).OuterHTML
        Cells(i, 3).Value = _
         myItem.GetElementsByTagName("a")(0).GetAttribute("href")
        i = i + 1
    Next
    'IEを終了
   .Quit
End With
```

ちなみに、「gihyo.jp/book」内の「data」部分の構成は以下のようになっています

```
<div class="data">
  <h3><a href="/book/から始まるリンク先">書籍タイトル </a></h3>
  <p class="author">著者名</p>
  <p class="sellingdate">発売日</p>
  <p class="price">定価</p>
</div>
```

Webページ内のフォームにデータを書き込んで送信したい

サンプルファイル 147.xlsm

365 2019 2016 2013

「http://gihyo.jp/」の検索ボックスに「Excel VBA」と入力した結果を表示

構文

メソッド	意味
ドキュメント内のフォーム.Submit	指定フォームのデータを送信

次のサンプルは、「http://gihyo.jp/」のWebページ上に配置されている検索ボックスに、「ExcelVBA」と入力して［検索］ボタンを押した結果を表示します。

id属性の値が「searchFormKeyword」のフォームを取得して値を設定し（❶）、同じくid属性の値が「searchFormSubmit」のボタンの属するフォームのSubmitアクションを実行しています（❷）。

```
With CreateObject("InternetExplorer.Application")
    .Visible = True
    .Navigate "http://gihyo.jp/"
    Do While .Busy = True Or .ReadyState < 4
        DoEvents
    Loop
    With .Document
        .GetElementByID("searchFormKeyword").Value = "ExcelVBA" ―❶
        .GetElementByID("searchFormSubmit").Form.Submit ―――❷
    End With
End With
```

サンプルの結果

148 文字列をURLエンコードしたい

サンプルファイル 148.xlsm

365 2019 2016 2013

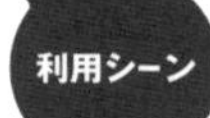

「大村あつし」をエンコードしてパラメーターに指定

構文

メソッド	意味
WorksheetFunction.EncodeURL(文字列)	文字列のURLエンコード結果を取得

Webページにリクエストを送る際等には、文字列をURLエンコードする必要が出てきます。Excel2013以降であれば、EncordURLワークシート関数が用意されているので、こちらを使って変換します。

次のサンプルは、「大村あつし」という文字列をURLエンコードして得た値「%E5%A4%A7%E6%9D%91%E3%81%82%E3%81%A4%E3%81%97」を、gihyo.jpの書籍検索ページを表示するリクエストのパラメーターとして利用しています。

```
Dim myStr As String
myStr = "大村あつし"
myStr = WorksheetFunction.EncodeURL(myStr)
With CreateObject("InternetExplorer.Application")
    .Visible = True
    .Navigate "http://gihyo.jp/result?query=" & myStr
End With
```

コードの結果

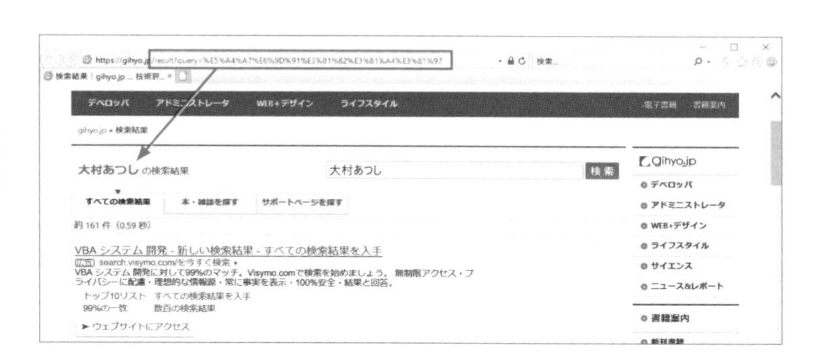

Chap 5 データの集積・集計を行うテクニック

URLエンコードされた文字列をデコードしたい❶

サンプルファイル 149.xlsm

ScriptControl環境のある 365 2019 2016 2013

URLエンコードされたパラメーター文字列をデコードする

構文

関数	意味
CreateObject("ScriptControl")	ScriptControlを生成
decodeURI(文字列)	URLエンコードされた文字列をデコード

URLエンコードされた文字列をデコード（復元）する仕組みは、Excelには用意されていません。しかし、32bit版のWindows環境等、ScriptControlが利用できる環境限定とはなりますが、JScriptのdecodeURI関数経由でならデコード可能です（64bit版Windows環境では、残念ながら利用できません）。

次のサンプルは、「%E5%A4%A7%E6%9D%91%E3%81%82%E3%81%A4%E3%81%97」という値をデコードした結果を表示します。

なお、decodeURI関数は、Excelの関数と違い大文字・小文字を区別します。先頭の「d」は小文字で記述しましょう。

```
'※本サンプルは64bit版Windows環境ではエラーとなります
Dim myStr As String
myStr = "%E5%A4%A7%E6%9D%91%E3%81%82%E3%81%A4%E3%81%97"
'ScriptControl経由でJScriptを利用
With CreateObject("ScriptControl")
    .Language = "JScript"
    myStr = .CodeObject.decodeURI(myStr)    'デコード
End With
MsgBox myStr
```

サンプルの結果

URLエンコードされた文字列をデコードしたい❷

サンプルファイル 150.xlsm

PowerShell2.0以降の環境のある 365 2019 2016 2013

利用シーン URLエンコードされたパラメータ文字列をデコードする

構文

関数	意味
CreateObject("Wscript.Shell")	WSHShellオブジェクトを生成

PowerShellが利用できる環境の場合、WSHShellオブジェクト経由でVBAからPowerShellのコマンドを実行し、出力結果を取得できます。

サンプルでは、PowerShellのURLDecodeメソッドを実行し、指定したURLエンコード文字列をデコードした結果を表示します。なお、実行時には一瞬コマンドプロンプトのウィンドウが表示されます。

```
Dim myPS As Object, myExec As Object
Dim myCmd As String, myStr As String
'コマンドプロンプトで実行したいコマンド文字列作成
myCmd = "powershell Add-Type -AssemblyName System.Web;" & _
        "[System.Web.HttpUtility]::UrlDecode('%myStr%')"
'デコードしたい文字列指定
myStr = "%E5%A4%A7%E6%9D%91%E3%81%82%E3%81%A4%E3%81%97"
'コマンド文字列の「%myStr%」部分にデコードしたい文字列をはめ込む
myCmd = Replace(myCmd, "%myStr%", myStr)
'WSHShell経由でコマンドを実行し、結果の出力を表示
Set myPS = CreateObject("Wscript.Shell")
Set myExec = myPS.Exec(myCmd)
MsgBox myExec.StdOut.ReadAll
```

サンプルの結果

151 ブラウザーを介さずWebのデータを読み込みたい

サンプルファイル 151.xlsm

365 2019 2016 2013

利用シーン 任意のRSSサービスのデータを読み込む

構文

関数	意味
CreateObject("MSXML2.XMLHTTP")	XMLHTTPオブジェクトを生成

単に特定のWebページ上からデータを取得する際や、RSSやATOM等の仕組みによって提供されているデータ等、「ブラウザーを開き、目で見て確認する必要のないWeb上のデータ」を取得する際には、IEを利用するよりも、XMLHTTPオブジェクトが便利です。

次のサンプルは、「http://gihyo.jp/book/feed/atom」で提供されているATOM形式の「新刊情報」のデータを読み込み、表示します。

XMLHTTPオブジェクトを生成し（❶）、リクエスト方式、URL、同期設定（True／Falseで、非同期／同期）を指定したうえで（❷）、リクエストを送信します（❸）。同期待ち後にレスポンスとして受け取った値をテキストとして表示します（❹）。

```
Dim myHTTPReq As Object
Set myHTTPReq = CreateObject("MSXML2.XMLHTTP") ―――― ❶
With myHTTPReq
    .Open "GET", "http://gihyo.jp/book/feed/atom", False ―――― ❷
    .Send ―――― ❸
    MsgBox .responseText ―――― ❹
End With
```

サンプルの結果


```
Microsoft Excel

<?xml version="1.0" encoding="UTF-8" ?>
<feed xmlns="http://www.w3.org/2005/Atom">
 <title>gihyo.jp：新刊書籍情報</title>
 <subtitle>gihyo.jp（新刊書籍情報）の更新情報をお届けします</subtitle>
 <id>https://gihyo.jp/book</id>
 <link href="https://gihyo.jp/book"/>
 <author>
  <name>技術評論社</name>
 </author>
 <updated>2020-05-23T11:52:00+09:00</updated>
 <rights>技術評論社 2020</rights>

<icon>https://gihyo.jp/assets/templates/gihyojp2007/image/header_log
o_gihyo.gif</icon>
 <entry>
  <title>Minecraft（マインクラフト）公式ガイド　海のサバイバル</title>
  <link href="https://gihyo.jp/book/2020/978-4-297-11161-8"/>
```

152 名前空間を指定してデータを取得したい

サンプルファイル 152.xlsm

365 2019 2016 2013

利用シーン 配信されているRSSやATOMデータから新刊情報を取得する

構文

関数	意味
`CreateObject("MSXML2.DOMDocument.6.0")`	DOMDocumentオブジェクトを生成

Web上から入手したXML形式のデータには、名前空間を使っている場合があります。任意の名前空間に属する要素にアクセスするには、DOMDocumentオブジェクトのSetPropertyメソッドを利用します。

次ページのサンプルは、「http://gihyo.jp/book/feed/atom」から読み込んだXML形式の新刊情報データから、名前空間「http://www.w3.org/2005/Atom」に属する要素の値を取り出しています。

サンプルの結果

	A	B
1	Minecraft（マインクラフト）公式ガイド　海のサバイバル	https://gihyo.jp/book/2020/978-4-297-11161-8
2	Minecraft（マインクラフト）公式ガイド　栽培＆育成	https://gihyo.jp/book/2020/978-4-297-11167-0
3	Minecraft（マインクラフト）つくって遊ぼう！　冒険！テーマパーク	https://gihyo.jp/book/2020/978-4-297-11163-2
4	Minecraft（マインクラフト）つくって遊ぼう！　どきどき！ゾンビランド	https://gihyo.jp/book/2020/978-4-297-11165-6
5	たった1日で基本が身に付く！　Vue.js　超入門	https://gihyo.jp/book/2020/978-4-297-11377-3
6	ゼロからはじめる　iPhone SE 第2世代　スマートガイド　au完全対応版	https://gihyo.jp/book/2020/978-4-297-11456-5
7	ゼロからはじめる　iPhone SE 第2世代　スマートガイド　ドコモ完全対応版	https://gihyo.jp/book/2020/978-4-297-11458-9
8	スペースキーで見た目を整えるのはやめなさい ～8割の社会人が見落とす資料作成のキホン	https://gihyo.jp/book/2020/978-4-297-11274-5
9	オブジェクト指向UIデザイン――使いやすいソフトウェアの原理	https://gihyo.jp/book/2020/978-4-297-11351-3
10	パーフェクトPython［改訂2版］	https://gihyo.jp/book/2020/978-4-297-11223-3
11	職場のざんねんな人図鑑 ～やっかいなあの人の行動には、理由があった！	https://gihyo.jp/book/2020/978-4-297-11357-5
12	電子工作・自作オーディオ Tips＆トラブルシューティング・ブック	https://gihyo.jp/book/2020/978-4-297-11361-2
13	世界一わかりやすいMaya　はじめてのモデリングの教科書	https://gihyo.jp/book/2020/978-4-297-10774-1
14	React Native ～JavaScriptによるiOS／Androidアプリ開発の実践	https://gihyo.jp/book/2020/978-4-297-11391-9
15	楽しいAI体験から始める機械学習 ～算数・数学をやらせてみたら～	https://gihyo.jp/book/2020/978-4-297-11276-9

Sheet1

XMLHTTPオブジェクトを利用してデータを同期読み込みし（❶）、読み込んだデータを扱いやすいようにDOMDocumentオブジェクトに変換し、名前空間「http://www.w3.org/2005/Atom」を「myNS」というショートカットで扱えるように登録します（❷）。

名前空間を指定しながら、「entry」要素のリストを作成し（❸）、リスト内の個々の要素下の「title」要素の値と、「link」要素の「href」属性の値を書き出します（❹）。

```
Dim myHTTPReq As Object, myDom As Object
Dim myItemList As Object, myItem As Object, i As Long
'XMLHTTPオブジェクトを生成してリクエスト送信
Set myHTTPReq = CreateObject("MSXML2.XMLHTTP")
myHTTPReq.Open "GET", "http://gihyo.jp/book/feed/atom", False
myHTTPReq.Send
'受け取った結果をDOMDocumentで扱えるよう読み込む
Set myDom = CreateObject("MSXML2.DOMDocument.6.0")
myDom.Async = False
myDom.LoadXML (myHTTPReq.responseText)
'名前空間を設定
myDom.SetProperty _
  "SelectionNamespaces", "xmlns:myNS='http://www.w3.org/2005/Atom'"
'名前空間を指定してentryノードを取得
Set myItemList = myDom.SelectNodes("//myNS:entry")
'entryノード以下の個別のノードごとに情報を取り出す
i = 1
For Each myItem In myItemList
    Cells(i, 1).Value = _
      myItem.SelectSingleNode("./myNS:title").Text()
    Cells(i, 2).Value = _
      myItem.SelectSingleNode("./myNS:link").GetAttribute("href")
    i = i + 1
Next
```

(❶: Set myHTTPReq 〜 myHTTPReq.Send　❷: Set myDom 〜 SetProperty　❸: Set myItemList　❹: i = 1 〜 Next)

POINT ▶▶ **Web上のデータは「正しい」ものばかりとは限らない**

サンプルでは、LoadXMLメソッドを用い、読み込んだ結果をXML形式のデータとして解析しています。しかし、すべてのWeb上のデータが「XML的に正しい」とは限りません。「XML的には破綻しているけど、ブラウザーがうまく補完して表示してくれている」ようなケースもあります。
このようなケースでは、XMLベースの解析はできません。とはいえ、そこから必要なデータを取り出さなくてはいけない場合には、responseTextプロパティから取得した該当ページの「文字列」を、そのまま文字列として力技で解析する、等の代替処理を検討しましょう。

153 JSON形式のデータを扱いたい

サンプルファイル 153.xlsm

ScriptControl環境のある 365 2019 2016 2013

利用シーン JSON形式のデータから「value」の値を取り出す

構文

関数	意味
`CreateObject("ScriptControl")`	ScriptControlオブジェクトを生成
`eval(JSON形式の文字列)`	JSON形式のデータをオブジェクトに変換

ExcelでJSON形式のデータを扱うには、PowerQueryを利用する方法（トピック175参照）がありますが、32bit版Windows環境等のScriptControlを扱える環境であれば、JScriptのeval関数を利用する方法も選択肢の1つとなります。

次ページのサンプルは、JSON形式のデータをVBAのオブジェクト（Object型）に変換し、値を取り出します。

JSON形式のデータをeval関数（すべて小文字）でオブジェクトに変換し（❶）、「オブジェクト.プロパティ名」の形式で個々のデータを取り出します（❷）。

また、「value」等のVBAの予約語と同名プロパティ名の場合は、VBE上で、「value」が「Value」に自動変換されてしまうため、目的のコードが記述できません。こういう場合には、CallByName関数を利用し、「『小文字のvalue』プロパティ」の値を取得します（❸）。

サンプルの結果

	A	B	C	D
1	大村	100		
2	望月	200		
3	佐野	300		
4				
5				
6				
7				
8				

```
'※本サンプルは64bit版Windows環境ではエラーとなります
Dim myJSONStr As String, myJSON As Object, myObj As Object
'JSON形式のデータとなるテスト用の文字列を作成
myJSONStr = "[" & _
   "{""Name"":""大村"", ""value"":""100""}," & _
   "{""Name"":""望月"", ""value"":""200""}," & _
   "{""Name"":""佐野"", ""value"":""300""}" & _
"]"
'ScriptControl経由でJScriptのeval関数を利用
With CreateObject("ScriptControl")
    .Language = "JScript"
    Set myJSON = .CodeObject.eval(myJSONStr) ───❶
End With
'オブジェクトに変換されるので目的のデータを取り出す
For Each myObj In myJSON
    ActiveCell.Value = myObj.Name ───❷
    ActiveCell.Next.Value = CallByName(myObj, "value", VbGet) ─❸
    ActiveCell.Offset(1).Select
Next
```

なお、JSON形式のデータ部分は、VBE上の文字列のエスケープのために少々見にくい状態ですが、下記のものを想定しています。

```
[
    {"Name":"大村", "value":"100"},
    {"Name":"望月", "value":"200"},
    {"Name":"佐野", "value":"300"}
]
```

Power Queryで
データを扱うテクニック

Chapter

6

Power Queryを利用したい

サンプルファイル 154.xlsm

Power Queryが組み込まれた環境の 365 2019 2016

さまざまな外部データを手軽にExcelへと取り込む

構文

ステートメント	意味
ブック.Queries.Add 各種設定文字列	ブックに新規のクエリを追加

本章ではExcelに搭載された外部データの取り込み機能である「Power Query」を、VBAを絡めて利用する方法について紹介していきます。Power QueryはExcel2016から本格的にExcelに搭載された機能です。[データ]リボン内の[データの取得と変換]欄の機能にあたります。なお、お使いのExcelのバージョンや、アップデート状況によっては、名称やアイコン等が異なる場合があります。

データの取得と変換

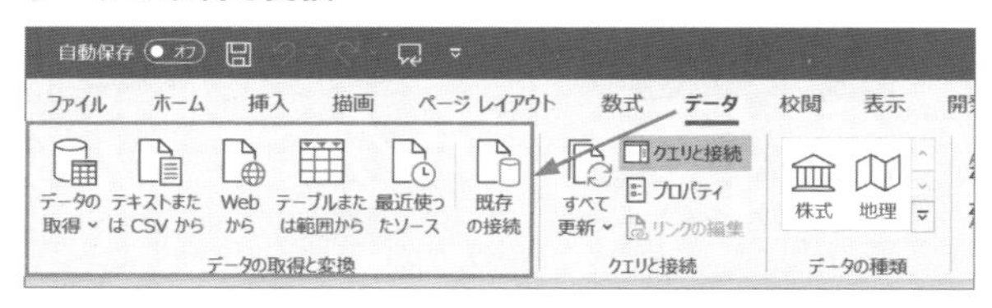

Excel2013をお使いの場合は、アドインを追加することで利用可能となります。また、本章の注意点として、環境によっては、マクロがうまく動かない場合もあることをあらかじめご了承ください。ExcelならびにPower Queryは、頻繁にバージョンアップしているため、どうしても環境に左右される面が出てくるためです。ちなみに、筆者の執筆時点での環境は「Microsoft365のExcel([ファイル]-[アカウント]のバージョン番号は2005)」です。

POINT ▶▶ 従来の取り込み機能を利用したい場合

[ファイル]-[オプション]-[データ]の「レガシデータインポートウィザードの表示」欄にチェックを入れると、Power Queryを用いない従来の取り込み機能が、[データ]-[データの取得]-[従来のウィザード]から利用できるようになります。

レガシ データ インポート ウィザードの表示

- ☑ Access から (レガシ)(A)
- ☑ Web から (レガシ)(W)
- ☑ テキストから (レガシ)(T)
- ☐ SQL Server から (レガシ)(S)
- ☐ OData データ フィードから (レガシ)(O)
- ☑ XML データのインポートから (レガシ)(X)
- ☑ データ接続ウィザードから (レガシ)(D)

Power Queryでデータを読み込む処理の基本手順

サンプルファイル 155.xlsm

Power Queryが組み込まれた環境の 365 2019 2016

クエリを登録し、その結果をExcelへと取り込む

構文

ステートメント	意味
ブック.Queries.Add	ブックに新規のクエリを追加
シート.ListObjects.Add	シート上に「テーブル」としてクエリ結果を展開
シート.QueryTables.Add	シート上にクエリ結果を展開

VBAからPower Queryを利用してデータを取り込む際には、大きく分けて、次の2段階の手順を踏みます。

1. クエリの登録（WorkbookQueryオブジェクトの追加）
2. クエリの実行結果のシート上への展開（ListObjectオブジェクト等の追加）

2段階の手順

まず、QueriesコレクションのAddメソッドを使って、新規の「クエリ（WorkbookQueryオブジェクト）」をブックに追加します。［データ］リボン内の［クエリと接続］ボタンを押すと表示される「クエリと接続」ペインにクエリを登録する操作にあたります（トピック156参照）。

続いて、追加したクエリの結果を、シート上に展開します。「テーブル」範囲として展開したい場合には、ListObjectsコレクションのAddメソッドを利用し、新規のListObjectオブジェクトを作成します（トピック157参照）。

また、とりあえずクエリの結果のみを展開したい場合には、QueryTablesコレクションのAddメソッドを利用して、QueryTableオブジェクトを作成します（トピック158参照）。

Power Queryのクエリを登録したい

サンプルファイル 156.xlsm

Power Queryが組み込まれた環境の 365 2019 2016

クエリをブックに登録し、外部データを読み込む準備をする

構文

メソッド	意味
ブック.Queries.Add _ Name:=クエリ名 Formula:=Mのコマンド文字列	ブックに新規のクエリを追加

Power Queryの「クエリ」を登録するには、QueriesコレクションのAddメソッドを実行します。このとき、引数Nameにはクエリ名を、引数Formulaには、「どのようにデータをパースして取り込むか」を指定する「M言語」のコマンド文字列を指定します(詳しくは、次トピック参照)。

サンプルでは、「PQ接続」という名前で、ブックと同じフォルダー内にあるテキストファイル「CSVデータ(UTF8).csv」の内容を読み込むクエリを作成します。

```
Dim myPath As String, myQryStr As Variant
'接続先とM言語のコマンド文字列指定
myPath = ThisWorkbook.Path & "¥CSVデータ(UTF8).csv"
myQryStr = "let" & vbCrLf & _
  "source = Csv.Document(File.Contents(""" & myPath & """))" & 
vbCrLf & _
  "in" & vbCrLf & "source"
'新規クエリを追加
ThisWorkbook.Queries.Add Name:="PQ接続", Formula:=myQryStr
```

サンプルの結果

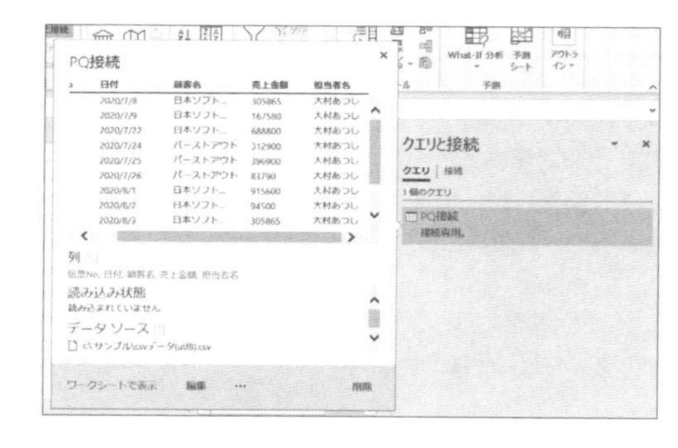

Power Queryの
コマンドテキストを作成したい

サンプルファイル 157.xlsm

Power Queryが組み込まれた環境の 365 2019 2016

M言語のコマンドテキストを作成

構文

コマンドテキスト	意味
let 　ステップ名= 処理 … in 　出力となるステップ名	データの読み込み方やパース・変換を行う手順をM言語のルールにしたがって記述

Power Queryで外部データを読み込む際、「クエリと接続」ペインで追加した接続を右クリックして表示されるメニューから［編集］を選択すると、Power Queryエディター画面が表示され、細かな読み込み方法やパース、変換処理を、1ステップごとに追加する形で指定できます。

このとき、各ステップの処理はExcelでいうところのマクロのように、「M数式言語（以降、「M言語」）」という言語で管理されています。

Power Query M 数式言語

https://docs.microsoft.com/ja-jp/powerquery-m/

編集中のクエリのM言語のコマンドテキストは、Power Queryエディターの［ホーム］-［詳細エディター］等を選択すると、確認・編集可能です。

M言語を使ったコマンドテキスト

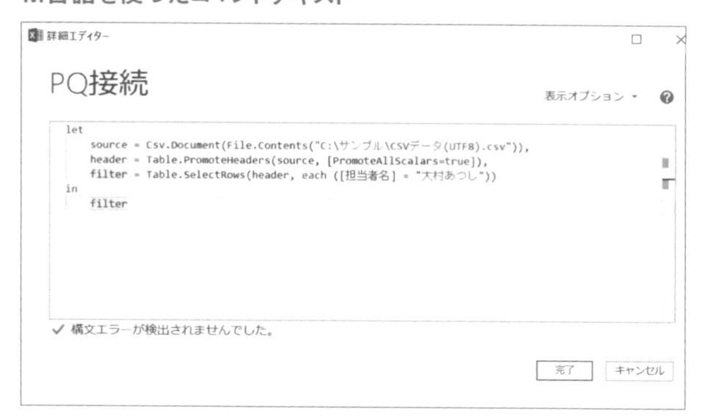

157

Power Queryのコマンドテキストを作成したい

Power Queryが組み込まれた環境の 365 2019 2016

「クエリ」をブックに追加する際、QueriesコレクションのAddメソッドの引数Formulaには、このM言語のコマンドテキストを指定します。

本書では、ページ数の関係からM言語の言語仕様に関しては深く触れませんが、基本的な構文としては、

```
let
  ステップ名1= 処理,
  ステップ名2= 処理 …
in
  出力となるステップ名
```

と、letブロック内で、1ステップごとのステップ名と実行する処理を記述していき、最後に、inブロックで最終的な出力となる処理やステップ名を記述する形となります。

次のサンプルでは、「source」「header」「filter」の3ステップで外部データをパースし、最終的に「filter」ステップの結果を返すM言語のコマンドテキストを作成し、新規クエリを追加します。

```
Dim myPath As String, myQryStr As Variant
'接続先指定
myPath = ThisWorkbook.Path & "¥CSVデータ(UTF8).csv"
'Mのコマンド文字列作成
myQryStr = Array( _
  "let", _
    "source = Csv.Document(File.Contents(""" & myPath & """)),", _
    "header = Table.PromoteHeaders(source),", _
    "filter = Table.SelectRows(header, each([担当者名] = ""大村あつし
""))", _
  "in", _
    "filter" _
)
myQryStr = Join(myQryStr, vbCrLf)
'新規クエリを追加
ThisWorkbook.Queries.Add Name:="PQ接続", Formula:=myQryStr
```

VBE内で見やすいように、まずは、Array関数を使った配列の形で1行ずつのコマンドテキストとなる文字列をリストとして作成し、最終的に、Join関数で定数vbCrLfを区切り文字として結合することで、1つのコマンドテキスト文字列を作成している点にも注目してください。

158 Power Queryの結果を「テーブル」として展開したい

サンプルファイル 158.xlsm

Power Queryが組み込まれた環境の 365 2019 2016

利用シーン 登録したクエリの結果をテーブルとしてシート上に展開

構文

メソッド	意味
ListObjects.Add クエリの指定	クエリの内容を展開するテーブル範囲を作成
テーブル.QueryTable.Refresh	クエリを更新してデータを読み込む

クエリの結果をシート上に「テーブル」として展開するには、ListObjectsコレクションのAddメソッドの引数Sourceに、クエリ名等を指定してListObjectを追加します。

また、テーブルに関連付けられているQueryTableオブジェクトに対して、読み込み方法やSQL文を指定してRefreshメソッドを実行すると、その時点でクエリが更新され、データがシート上に表示されます。

サンプルではクエリ「PQ接続」をテーブル範囲として展開します。

```
Dim myTable As ListObject
Set myTable = ActiveSheet.ListObjects.Add( _
    SourceType:=xlSrcExternal, _
    Source:="OLEDB;" & _
            "Provider=Microsoft.Mashup.OleDb.1;" & _
            "Data Source=$Workbook$;" & _
            "Location=PQ接続;", _
    Destination:=Range("A1"))
With myTable.QueryTable
    .CommandType = xlCmdSql
    .CommandText = Array("SELECT * FROM [PQ接続]")
    .Refresh
End With
```

サンプルの結果

	A	B	C	D	E
1	伝票No	日付	顧客名	売上金額	担当者名
2	1	2020/7/8	日本ソフト 静岡支店	305865	大村あつし
3	1	2020/7/9	日本ソフト 静岡支店	167580	大村あつし
4	8	2020/7/22	日本ソフト 三重支店	688800	大村あつし
5	10	2020/7/24	パーストアウト	312900	大村あつし
6	10	2020/7/25	パーストアウト	396900	大村あつし
7	10	2020/7/26	パーストアウト	83790	大村あつし
8	14	2020/8/1	日本ソフト 本社	915600	大村あつし

クエリと接続
クエリ | 接続
1 個のクエリ
PQ接続
12 行読み込まれました。

Power Queryの結果を展開したい

サンプルファイル 159.xlsm

Power Queryが組み込まれた環境の 365 2019 2016

登録したクエリの結果をシート上に展開

構文

メソッド	意味
QueryTables.Add クエリの指定	クエリの内容を展開するQueryTableオブジェクトを作成
QueryTable.Refresh	クエリを更新してデータを読み込む

クエリの結果を単にシート上に展開したいだけであれば、QueryTableオブジェクトを利用するのがお手軽です。

サンプルではクエリ「PQ接続」の結果を、セルA1を起点とした位置に展開します。

```
Dim myQT As QueryTable
'QueryTable経由でシート上に展開
Set myQT = ActiveSheet.QueryTables.Add( _
  Connection:="OLEDB;" & _
                 "Provider=Microsoft.Mashup.OleDb.1;" & _
                 "Data Source=$Workbook$;" & _
                 "Location=PQ接続;", _
  Destination:=Range("A1"), _
  Sql:="SELECT * FROM [PQ接続]" _
)
myQT.Refresh  '更新して読み込み
myQT.Delete   'QueryTableを削除（シート上のデータとクエリ定義は残る）
```

サンプルの結果

	A	B	C	D	E
1	伝票No	日付	顧客名	売上金額	担当者名
2	1	2020/7/8	日本ソフト　静岡支店	305865	大村あつし
3	1	2020/7/9	日本ソフト　静岡支店	167580	大村あつし
4	8	2020/7/22	日本ソフト　三重支店	688800	大村あつし
5	10	2020/7/24	パーストアウト	312900	大村あつし
6	10	2020/7/25	パーストアウト	396900	大村あつし
7	10	2020/7/26	パーストアウト	83790	大村あつし
8	14	2020/8/1	日本ソフト　本社	915600	大村あつし

クエリと接続
クエリ | 接続
1 個のクエリ
PQ接続
接続専用。

Power Queryで現在のブックのデータを扱いたい

サンプルファイル 160.xlsm

Power Queryが組み込まれた環境の 365 2019 2016

現在のブックにあるデータをPower Queryで抽出する

構文

M言語のコード	意味
Excel.CurrentWorkbook()	現在のブック内の「テーブル」のリストを取得

M言語では、Excel.CurrentWorkBook関数で、「現在のブック内の『テーブル』のリスト」が取得できます。ここでの「テーブル」とは、「テーブル」機能によってテーブル化されたセル範囲と、「名前付きセル範囲」機能で名前の付けられたセル範囲です。

このリストのうち、「Name」列の値が、Excel内のテーブル名もしくはセル範囲名であるレコードの「Content」列を取得すれば、そのセル範囲のデータをテーブルとして扱えます。

```
Excel.CurrentWorkbook(){[Name="名前"]}[Content]
```

次のサンプルは、自ブックの「売上」テーブルを操作テーブルとし、「『担当』フィールドが『大村』」のレコードのみを抽出します。

※Power Queryエディター内の［詳細］ウィンドウ内に記述

```
let
    source = Excel.CurrentWorkbook(){[Name="売上"]}[Content],
    filter = Table.SelectRows(source,each [担当]="大村")
in
    filter
```

サンプルの結果

テーブル名: 売上

ID	担当	金額
1	大村	345,000
2	古川	28,700
3	大村	158,000
4	大村	226,000
5	古川	195,000
6	大村	276,000

ID	担当	金額
1	大村	345000
3	大村	158000
4	大村	226000
6	大村	276000

なお、Excelから新規のクエリをいちから作成したい場合には、[データ]-[データの取得]-[その他のデータソースから]-[空のクエリ]を選択します。すると、Power Queryエディターが起動するので、クエリ名を入力しましょう。

クエリ名を入力

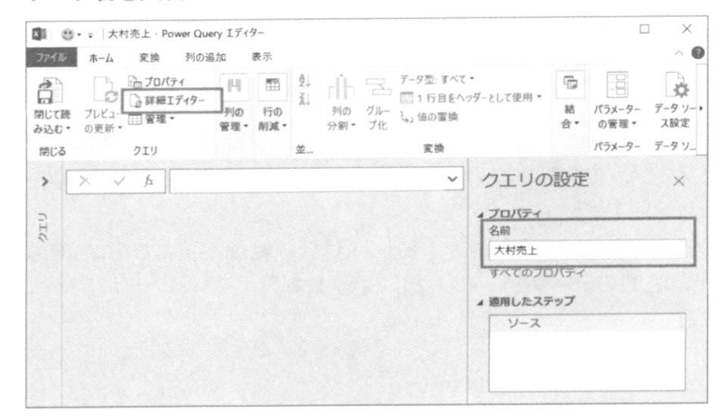

クエリ名が入力できたら、[ホーム]リボンの左側にある[詳細エディター]ボタンを押すと、[詳細エディター]ウィンドウが開きます。ここにM言語のコードを記述していきます。

[詳細エディター]画面でコードを記述

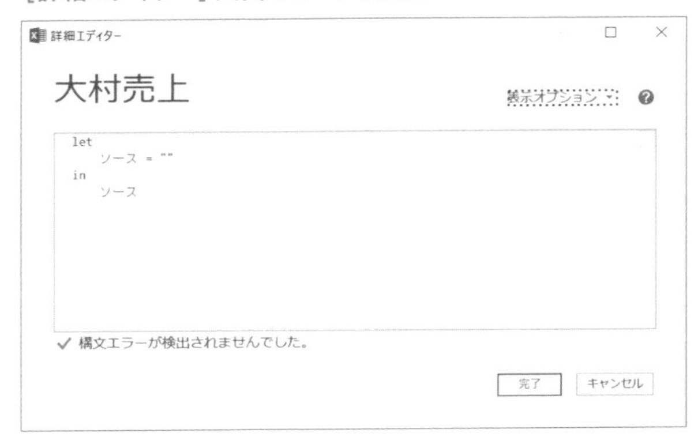

ちなみに、手作業で作成したクエリも、[詳細エディター]画面を表示すると、そのM言語コードが確認・編集可能です。[マクロの記録]機能みたいですね。うまく活用していきましょう。

161 Power Query上でシート単位のデータを扱いたい

サンプルファイル 161.xlsm

Power Queryが組み込まれた環境の 365 2019 2016

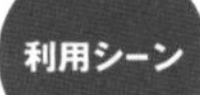

「売上」シートのデータをPower Queryで抽出する

構文

M言語のコード	意味
File.Contents(パス)	パスのファイル（バイナリ）取得
Excel.Workbook(ブック, 先頭行の見出し設定)	ブック内のシートを含むリスト取得

M言語では、Excel.Workbook関数に扱いたいブックを指定すると、「指定ブック内のシートを含むリストのテーブル」が取得できます。また、ブックを指定する際には、File.Contents関数にブックへのパスを指定します。

任意のシートの内容をテーブルとして取得するには、Excel.Workbook関数で得たテーブルから「Name列がシート名、Kind列が『Sheet』のレコード」の「Data」列を取得します。

次のサンプルは、「売上一覧.xlsx」内の「売上」シートのデータを、Power Queryで操作し、「『担当』フィールドが『古川』」のレコードのみを抽出します。

```
※Power Queryエディター内の［詳細］ウィンドウ内に記述
let
    xlBook = File.Contents("C:¥excel¥売上一覧.xlsx"),
    source = Excel.Workbook(xlBook,true){[Name="売上",
Kind="Sheet"]}[Data],
    filter = Table.SelectRows(source,each [担当]="古川")
in
    filter
```

サンプルの結果

	A	B	C	D	E
1	ID	担当	金額		
2	1	大村	345,000		
3	2	古川	28,700		
4	3	大村	158,000		
5	4	大村	226,000		
6	5	古川	195,000		
7	6	大村	276,000		
8					

売上 出力

	A	B	C	D	E
1	ID	担当	金額		
2	2	古川	28700		
3	5	古川	195000		
4					
5					
6					
7					
8					

売上 出力

Power Query上で1行目をフィールドとして扱いたい

サンプルファイル 162.xlsm

Power Queryが組み込まれた環境の 365 2019 2016

名前付きセル範囲の1行目をフィールドとする

構文

M言語のコード	意味
Table.PromoteHeaders(テーブル)	テーブルの1行目を見出し行とする

M言語では、Table.PromoteHeaders関数にテーブルを渡すと、そのテーブルの1行目をフィールド名と見なすテーブルを返します。ブック内の名前付きセル範囲（テーブル範囲ではない）や、CSVファイル等のデータを、見出し付きで扱いたい場合に便利です。

次のサンプルは、ブック内の名前付きセル範囲「商品」の内容をPower Queryでテーブルとして取得し、1行目をフィールド見出しとしたうえで「商品名」フィールドの値をリストアップします。

```
※Power Queryエディター内の［詳細］ウィンドウ内に記述
let
    source = Excel.CurrentWorkbook(){[Name="商品"]}[Content],
    header = Table.PromoteHeaders(source),
    nameList = Table.Column(header,"商品名")
in
    nameList
```

サンプルの結果

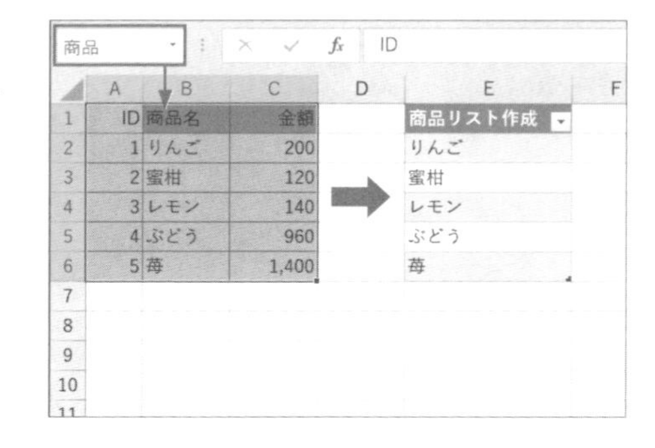

ちなみに、テーブル範囲を扱う場合には、PromoteHeaders関数を適用せずとも、テーブル範囲のフィールドの値が、そのままフィールドとして扱われます。

Power Query上で複数テーブルを連結したい

サンプルファイル 163.xlsm

Power Queryが組み込まれた環境の 365 2019 2016

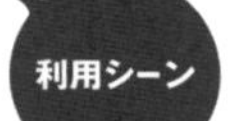

「東京」「大阪」「名古屋」テーブルを連結する

構文

M言語のコード	意味
Table.Combine(テーブルのリスト)	テーブルを連結したテーブルを返す

M言語では、Table.Combine関数の引数にテーブルのリストを渡すと、リスト内の全テーブルを連結したテーブルを返します。また、連結するテーブル間に異なるフィールドがある場合、そのフィールドを持つレコードは値が入力されますが、持たないレコードはnull値（Excel取り込み時には空白セル相当）が入力されます。

次のサンプルは、現在のブック内の「東京」「大阪」「名古屋」の3つのテーブルを連結します。

```
※Power Queryエディター内の［詳細］ウィンドウ内に記述
let
    xlBook = Excel.CurrentWorkbook(),
    combine = Table.Combine({
            xlBook{[Name="東京"]}[Content],
            xlBook{[Name="大阪"]}[Content],
            xlBook{[Name="名古屋"]}[Content]
    })
in
    combine
```

サンプルの結果

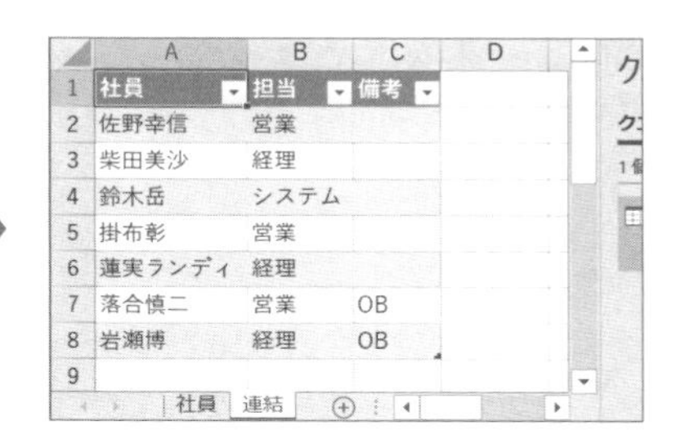

164 Power Query上でブック内の全テーブルを扱いたい

サンプルファイル 164.xlsm

利用シーン ブック内のすべてのテーブルを連結する

構文

M言語のコード	意味
Table.ExpandTableColumn （テーブル, "Content", 取り出すフィールドのリスト）	「Content」列を展開

前トピックでは、ブック内のテーブル名を指定して連結する方法を紹介しました。今度はテーブル名を指定するのではなく、「ブック内の全テーブル」を連結してみましょう。

M言語では、Excel.CurrentWorkbook関数で、現在のブックのテーブル範囲のリストを取得します。このリストは「Content」列と「Name」列からなるテーブルとなっています。

Excel.CurrentWorkbook関数で作成されるリストのテーブル

	Content	Name
1	Table	東京社員
2	Table	大阪社員
3	Table	名古屋社員

「Content」列はテーブルの内容（つまりは、セル上の値）、「Name」列はテーブル名、もしくは、名前付きセル範囲名です。すべてのテーブルを連結したい場合は、このテーブルのContent列を、Table.ExpandTableColumn関数で「展開」するのがお手軽です。

展開する際には、対象のテーブルと、展開する列、そして展開後のフィールドとして取り出したいフィールド名のリストを指定します。

次のサンプルでは、現在のブック内のすべてのテーブルのContent列を、「社員」「担当」フィールドに展開します。結果として、すべてのテーブルが連結され、さらに「Name」列には元のテーブル名が入力された状態を得られます。

```
※Power Queryエディター内の［詳細］ウィンドウ内に記述
let
  source = Excel.CurrentWorkbook(),
  expand = Table.ExpandTableColumn(target, "Content", {"社員", "担当"})
in
  expand
```

●サンプルの結果●

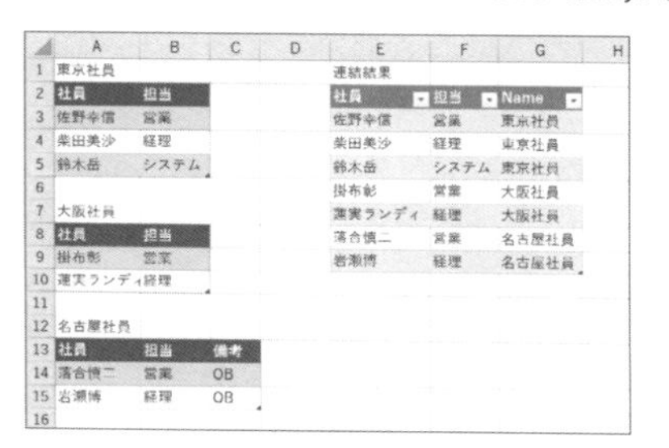

	A	B	C	D	E	F	G	H
1	東京社員				連結結果			
2	社員	担当			社員	担当	Name	
3	佐野幸信	営業			佐野幸信	営業	東京社員	
4	柴田美沙	経理			柴田美沙	経理	東京社員	
5	鈴木岳	システム			鈴木岳	システム	東京社員	
6					掛布彰	営業	大阪社員	
7	大阪社員				蓮實ランディ	経理	大阪社員	
8	社員	担当			落合慎二	営業	名古屋社員	
9	掛布彰	営業			岩瀬博	経理	名古屋社員	
10	蓮實ランディ	経理						
11								
12	名古屋社員							
13	社員	担当	備考					
14	落合慎二	営業	OB					
15	岩瀬博	経理	OB					
16								

ブック内に連結対象としたくないテーブルも混在している場合には、連結する前にName列の値で抽出し、連結対象となるリストを絞り込みましょう。たとえば、次のサンプルでは、「『Name』列の末尾が『社員』」で終わるリスト」を抽出し、連結します。

```
※Power Queryエディター内の［詳細］ウィンドウ内に記述
let
  source = Excel.CurrentWorkbook(),
  target = Table.SelectRows(source, each Text.EndsWith([Name], "社
員")),
  expand = Table.ExpandTableColumn(target, "Content", {"社員", "担当"})
in
  expand
```

シンプルに連結したデータのみが必要で、「Name」列が必要ない場合は、inブロックで展開後のテーブルから必要な列のみを取り出すようにする、などのひと手間をかけましょう。

次のサンプルでは、expandステップの結果から、「社員」「担当」列のみを取り出します。

```
in
  Table.SelectColumns(expand, {"社員", "担当"})
```

Power Query上でブック内の全シートを扱いたい

サンプルファイル 165.xlsm

ブック内のすべてのシートのデータを連結する

構文

M言語のコード	意味
`Table.SelectRows(読込リスト, each [Kind]="Sheet")`	「Content」列を展開

前トピックでは、ブック内の全テーブルを扱いましたが、今度は「ブック内の全シート」を扱う方法を見てみましょう。

M言語では、Excel.Workbook関数で、指定ブックのシートとテーブルのリストを取得します。このリストは次図の列を持つテーブルとなっています。

Excel.Workbook関数で作成されるリストのテーブル

```
= Excel.Workbook(File.Contents("C:\excel\伝票データ.xlsx"))
```

	Name	Data	Item	Kind	Hidden
1	集計	Table	集計	Sheet	FALSE
2	データA	Table	データA	Sheet	FALSE
3	データB	Table	データB	Sheet	FALSE
4	データC	Table	データC	Sheet	FALSE
5	出力先	Table	出力先	DefinedName	FALSE

「Name」列にシート名、もしくは、テーブル名等、「Kind」列がシート(Sheet)／テーブル(Table)／名前付きセル範囲(DefinedName)の種類を表す文字列、「Data」列がそのデータです。

つまり、すべてのシートのデータのみを扱いたい場合は、「Kind」列が「Sheet」のレコードの「Data」列の値を扱えばよいというわけです。

また、次のブックのように、「『集計』シート以外の全シートを扱いたい」というような構成の場合には、シート名でさらにフィルターをかければよいでしょう。

集計対象のブック構成

	A	B	C	D	E	F
1	伝票No	日付	顧客名	売上金額	担当者名	
2	1	2020/7/8	日本ソフト　静岡支店	305,865	大村あつし	
3	1	2020/7/9	日本ソフト　静岡支店	167,580	大村あつし	
4	2	2020/7/10	レッドコンピュータ	144,900	鈴木麻由	
5	3	2020/7/11	システムアスコム	646,590	牧野光	
6	3	2020/7/12	システムアスコム	197,400	牧野光	
7	3	2020/7/13	システムアスコム	83,790	牧野光	
8	3	2020/7/14	システムアスコム	65,100	牧野光	
9						

集計 | データA | データB | データC

Power Queryが組み込まれた環境の 365 2019 2016

次のサンプルは「伝票データ.xlsx」内のすべてのシートのうち、「集計」シートを除外したシートのデータを連結します。

```
※Power Queryエディター内の［詳細］ウィンドウ内に記述
let
    //ブックを指定
    xlBook = File.Contents("C:¥excel¥伝票データ.xlsx"),
    //各シートの先頭行を見出しとして扱う
    source = Excel.Workbook(xlBook,true),
    //集計対象シートの抽出
    filter = Table.SelectRows(source,
                    each ([Kind]="Sheet" and [Name]<>"集計")),
    //Data列の値をリストとして取得
    sheets = Table.Column(filter,"Data"),
    //リストの先頭（先頭のテーブル）からフィールド名のリスト取得
    fieldNames = Table.ColumnNames(sheets{0}),
    //連結。フィールド名は先頭のテーブルの物を指定
    combine = Table.Combine(sheets,fieldNames)
in
    combine
```

●サンプルの結果●

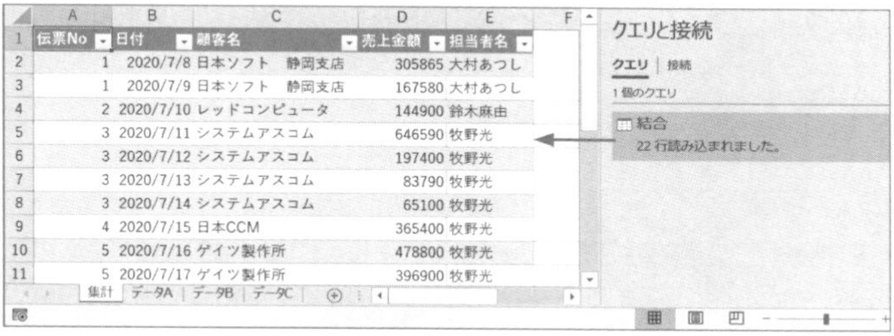

	A	B	C	D	E
1	伝票No	日付	顧客名	売上金額	担当者名
2	1	2020/7/8	日本ソフト　静岡支店	305865	大村あつし
3	1	2020/7/9	日本ソフト　静岡支店	167580	大村あつし
4	2	2020/7/10	レッドコンピュータ	144900	鈴木麻由
5	3	2020/7/11	システムアスコム	646590	牧野光
6	3	2020/7/12	システムアスコム	197400	牧野光
7	3	2020/7/13	システムアスコム	83790	牧野光
8	3	2020/7/14	システムアスコム	65100	牧野光
9	4	2020/7/15	日本CCM	365400	牧野光
10	5	2020/7/16	ゲイツ製作所	478800	牧野光
11	5	2020/7/17	ゲイツ製作所	396900	牧野光

集計 | データA | データB | データC

クエリと接続
クエリ | 接続
1個のクエリ
結合
22 行読み込まれました。

Power Query上で複数テーブルを結合したい❶

サンプルファイル 166.xlsm

Power Queryが組み込まれた環境の 365 2019 2016

「商品」テーブルと「伝票」テーブルを結合する

構文

M言語のコード	意味
Table.Join(テーブル1, 結合キー, テーブル2, 結合キー)	テーブルを結合

M言語では、Table.Join関数で2つのテーブルを「結合」します。結合する際には、1つ目のテーブルと、その結合キー、そして、2つ目のテーブルと、その結合キーを順番に指定します。

次のサンプルは、「講師」テーブルと「コース割」テーブルを、それぞれ「id」列と「講師id」列をキーとして結合し、結合結果から必要なフィールドのみを取り出します。

```
※Power Queryエディター内の［詳細］ウィンドウ内に記述
let
    xlBook = Excel.CurrentWorkbook(),
    join = Table.Join(
        xlBook{[Name="講師"]}[Content],"id",
        xlBook{[Name="コース割"]}[Content],"講師id"
    ),
    selectColumn = Table.SelectColumns(
           join,{"コースid", "コース", "講師名", "教室", "時間帯"})
in
    selectColumn
```

サンプルの結果

「講師」テーブル

id	講師名	コース
1	大村	Excel
2	太田川	Word
3	古川	PowerBI
4	望月	PowerPoint

「コース割」テーブル

コースid	教室	講師id	時間帯
1	教室A	1	午前
2	教室B	2	午前
3	教室A	1	午後
4	教室B	2	午後
5	教室C	4	午後

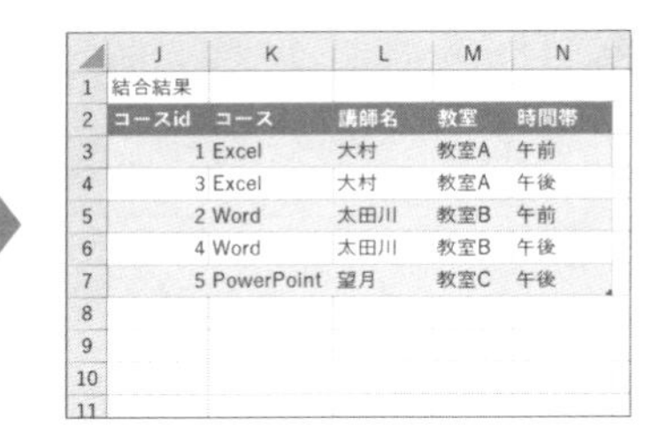

結合結果

コースid	コース	講師名	教室	時間帯
1	Excel	大村	教室A	午前
3	Excel	大村	教室A	午後
2	Word	太田川	教室B	午前
4	Word	太田川	教室B	午後
5	PowerPoint	望月	教室C	午後

167 Power Query上で複数テーブルを結合したい❷

サンプルファイル 167.xlsm

Power Queryが組み込まれた環境の 365 2019 2016

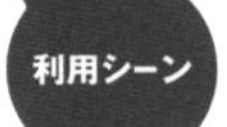

利用シーン 「商品」テーブルと「伝票」テーブルを全外部結合する

構文

メソッド	意味
`Table.Join(テーブル1, 結合キー, テーブル2, 結合キー, 結合方法)`	結合方式を指定してテーブルを結合

前トピックで紹介したTable.Join関数は、5つ目の引数として結合の方式を指定可能です。省略した場合はいわゆる「内部結合」の形式で結合されます。

指定できる定数と、結合の種類は、次表のようになります。

■ 指定する定数と結合の種類

定数	結合の種類
`JoinKind.Inner`	内部結合。両テーブルにともにキー値が存在するレコードを結合
`JoinKind.LeftOuter`	左外部結合。1つ目のテーブルのキーを基準に結合
`JoinKind.RightOuter`	右外部結合。2つ目のテーブルのキーを基準に結合
`JoinKind.FullOuter`	全外部結合。2つのテーブルのキーすべてを基準に結合
`JoinKind.LeftAnti`	左アンチ結合。1つ目のテーブルのキー値のうち、2つ目のテーブルで利用されていないレコードのみを結合
`JoinKind.RightAnti`	右アンチ結合。2つ目のテーブルのキー値のうち、1つ目のテーブルで利用されていないレコードのみを結合

サンプルの結果

「商品」テーブル

id	商品名	価格
1	りんご	180
2	ミカン	120
3	苺	420

「注文」テーブル

商品id	数量
1	50
2	120
4	60
1	40

JoinKind.FullOuter

id	商品名	価格	商品id	数量
1	りんご	180	1	50
1	りんご	180	1	40
2	ミカン	120	2	120
			4	60
3	苺	420		

JoinKind.LeftAnti

id	商品名	価格	商品id	数量
3	苺	420		

168 Power Query上で抽出を行いたい

サンプルファイル 168.xlsm

Power Queryが組み込まれた環境の 365 2019 2016

「伝票」テーブルから特定の担当者のデータを抽出する

構文

M言語のコード	意味
Table.SelectRows (テーブル, each [フィールド名]="値")	テーブルから特定レコードを抽出

M言語では、Table.SelectRows関数の引数に、テーブルと抽出条件式を渡すと、式を満たすレコードのみからなるテーブルを返します。

抽出条件となる式は、eachキーワードを利用して記述するのがお手軽です。「each」に続け、「[ ]」の中にフィールド名を記述し、続けて、VBAでもおなじみの等号や不等号を記述し、値を続けます。

典型的な抽出条件となる式の例

```
each [フィールド名] = "値"
each ([フィールド名1] <> "値1" and [フィールド名2] <> "値2")
```

次のサンプルは、現在のブック内の「伝票」テーブルから「担当者名」フィールドの値が「大村あつし」のレコードを抽出します。

```
※Power Queryエディター内の［詳細］ウィンドウ内に記述
let
    source = Excel.CurrentWorkbook(){[Name="伝票"]}[Content],
    filter = Table.SelectRows(source,each [担当者名]="大村あつし")
in
    Table.SelectColumns(filter,{"担当者名","顧客名","日付","小計"})
```

サンプルの結果

	A	B	C	D	E	F	G
1	伝票ID	枝番	日付	顧客ID	顧客名	担当者ID	担当者名
2	1	1	2020/7/8	2001	日本ソフト　静岡支店	11	大村あつし
3	1	2	2020/7/8	2001	日本ソフト　静岡支店	11	大村あつし
4	2	1	2020/7/10	1002	レッドコンピュータ	12	鈴木麻由
5	3	1	2020/7/11	5003	システムアスコム	13	牧野光
6	3	2	2020/7/11	5003	システムアスコム	13	牧野光
7	3	3	2020/7/11	5003	システムアスコム	13	牧野光
8	3	4	2020/7/11	5003	システムアスコム	13	牧野光
9	4	1	2020/7/12	5003	システムアスコム	13	牧野光
10	5	1	2020/7/13	5003	システムアスコム	13	牧野光

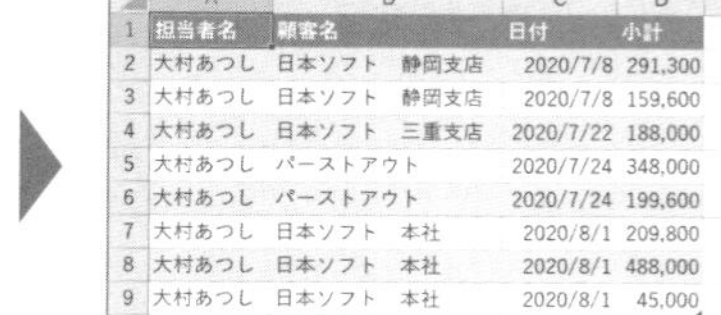

	A	B	C	D
1	担当者名	顧客名	日付	小計
2	大村あつし	日本ソフト　静岡支店	2020/7/8	291,300
3	大村あつし	日本ソフト　静岡支店	2020/7/8	159,600
4	大村あつし	日本ソフト　三重支店	2020/7/22	188,000
5	大村あつし	パーストアウト	2020/7/24	348,000
6	大村あつし	パーストアウト	2020/7/24	199,600
7	大村あつし	日本ソフト　本社	2020/8/1	209,800
8	大村あつし	日本ソフト　本社	2020/8/1	488,000
9	大村あつし	日本ソフト　本社	2020/8/1	45,000
10				

169 Power Queryで最新の5レコードのみ読み込みたい

サンプルファイル 169.xlsm

Power Queryが組み込まれた環境の 365 2019 2016

「注文」テーブルから日付の新しい順に5注文分を確認する

構文

M言語のコード	意味
Table.Sort(テーブル,ソート情報)	テーブルを並べかえる
Table.Range(テーブル, 開始位置, レコード数)	テーブルの任意のレコード範囲を選択

M言語では、Table.Sort関数の引数に、テーブルとソート情報を渡すと、ソートされたテーブルを返します。ソート情報は、フィールド名のみ、もしくは、フィールド名と昇順／降順を表す定数のリストで指定します。

```
Table.Sort(テーブル,"日付")                          //「日付」列で昇順ソート
Table.Sort(テーブル,{"日付",Order.Descending})  //「日付」列で降順ソート
```

また、テーブル内の任意のレコード範囲を取得するには、Table.Range関数を利用します。位置を指定する際は、先頭のレコードの位置が「0」となります。

次のサンプルは、「伝票」テーブルから「日付」の新しい順に5レコードを取り出します。

```
※Power Queryエディター内の［詳細］ウィンドウ内に記述
let
  source = Excel.CurrentWorkbook(){[Name="伝票"]}[Content],
  columns = Table.SelectColumns(source,{"担当者名","日付","顧客名","小計
"}),
  sort = Table.Sort(columns,{"日付",Order.Descending}),
  range = Table.Range(sort,0,5)
in
  range
```

サンプルの結果

	A	B	C	D	E
1	伝票ID	枝番	日付	顧客ID	顧客名
2	1	1	2020/7/8	2001	日本ソフト　静岡支店
3	1	2	2020/7/8	2001	日本ソフト　静岡支店
4	2	1	2020/7/10	1002	レッドコンピュータ
5	3	1	2020/7/11	5003	システムアスコム
6	3	2	2020/7/11	5003	システムアスコム
7	3	3	2020/7/11	5003	システムアスコム
8	3	4	2020/7/11	5003	システムアスコム
9	4	1	2020/7/12	5003	システムアスコム
10	5	1	2020/7/13	5003	システムアスコム
11	5	2	2020/7/13	5003	システムアスコム
12	6	1	2020/7/14	5003	システムアスコム

▶

	A	B	C	D
1	担当者名	日付	顧客名	小計
2	鈴木麻由	2020/8/10	増根倉庫	188,000
3	鈴木麻由	2020/8/10	増根倉庫	62,000
4	片山早苗	2020/8/4	ドンキ量販店	348,000
5	片山早苗	2020/8/4	ドンキ量販店	756,000
6	大村あつし	2020/8/1	日本ソフト　本社	488,000
7				

Power Queryで必要な列だけ選択したい

サンプルファイル 170.xlsm

Power Queryが組み込まれた環境の 365 2019 2016

「注文」テーブルから日付の新しい順に5注文分を確認する

構文

M言語のコード	意味
Table.SelectColumns(フィールド名のリスト)	指定フィールドからなるテーブル取得

M言語では、Table.SelectColumns関数の引数に、テーブルと、フィールド名のリストを指定すると、指定したフィールド名のみのデータからなるテーブルを返します。また、この際フィールドの並び順は、引数のリストで指定した順番となります。

次のサンプルは、「伝票」テーブルから「担当者名」「日付」「顧客名」「小計」のみからなるテーブルを取得し、担当者順・日付順に並べ替えます。

```
※Power Queryエディター内の［詳細］ウィンドウ内に記述
let
  source = Excel.CurrentWorkbook(){[Name="伝票"]}[Content],
  columns = Table.SelectColumns(source,{"担当者名","日付","顧客名","小計
"}),
  sort = Table.Sort(columns,{"担当者名","日付"}),
in
  sort
```

サンプルの結果

	A	B	C	D	E	F	G	H	I
1	伝票ID	枝番	日付	顧客ID	顧客名	担当者ID	担当者名	商品ID	商品名
2	1	1	2020/7/8	2001	日本ソフト　静岡支店	11	大村あつし	2003	ThinkPad 385XD 2635
3	1	2	2020/7/8	2001	日本ソフト　静岡支店	11	大村あつし	5001	MO MOF-H640
4	2	1	2020/7/10	1002	レッドコンピュータ	12	鈴木麻由	3001	レーザー LBP-740
5	3	1	2020/7/11	5003	システムアスコム	13	牧野光	1003	Aptiva L67
6	3	2	2020/7/11	5003	システムアスコム	13	牧野光	4003	液晶LCD-D17D

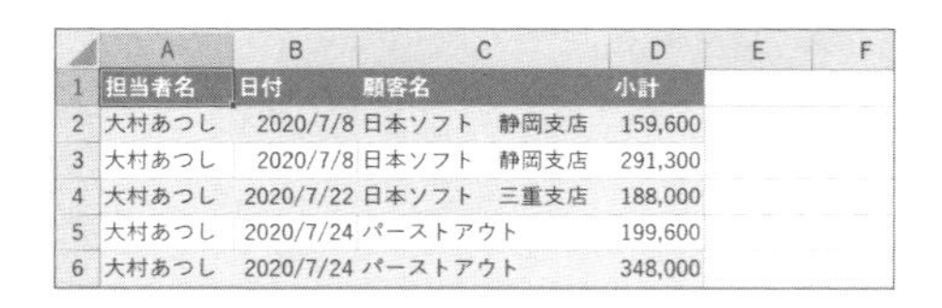

	A	B	C	D	E	F
1	担当者名	日付	顧客名	小計		
2	大村あつし	2020/7/8	日本ソフト　静岡支店	159,600		
3	大村あつし	2020/7/8	日本ソフト　静岡支店	291,300		
4	大村あつし	2020/7/22	日本ソフト　三重支店	188,000		
5	大村あつし	2020/7/24	パーストアウト	199,600		
6	大村あつし	2020/7/24	パーストアウト	348,000		

Power QueryでAccessから読み込みたい

サンプルファイル 171.xlsm

Power Queryが組み込まれた環境の 365 2019 2016

Access上のテーブルから必要なレコードだけを読み込む

構文

M言語のコード	意味
Access.Database(DBファイル)	Accessのテーブル／クエリのリスト取得

M言語では、Access.Database関数で、指定したAccessDBファイル内のテーブルやクエリのリストを取得します。このリストは次図の列を持つテーブルとなっています。

Access.Database関数で作成されるリストのテーブル

= Access.Database(file)

	Name	Data	Schema	Item	Kind
1	Q_伝票一覧	Table		Q_伝票一覧	View
2	T_顧客	Table		T_顧客	Table
3	T_商品	Table		T_商品	Table
4	T_担当者	Table		T_担当者	Table
5	T_伝票	Table		T_伝票	Table
6	T_伝票明細	Table		T_伝票明細	Table

「Name」列にテーブル名もしくはクエリ名、「Data」列がそのデータです。このテーブルから、Excelブック内のテーブルを扱うのと同じように、テーブルを指定して操作が可能となります。次のサンプルは、「サンプルDB.accdb」内の「T_商品」テーブルの先頭から5つのレコードを取り出します。

```
※Power Queryエディター内の［詳細］ウィンドウ内に記述
let
    file = File.Contents("C:¥excel¥サンプルDB.accdb"),
    accessDB = Access.Database(file),
    source = accessDB{[Item="T_商品"]}[Data]
in
    Table.Range(source,0,5)
```

サンプルの結果

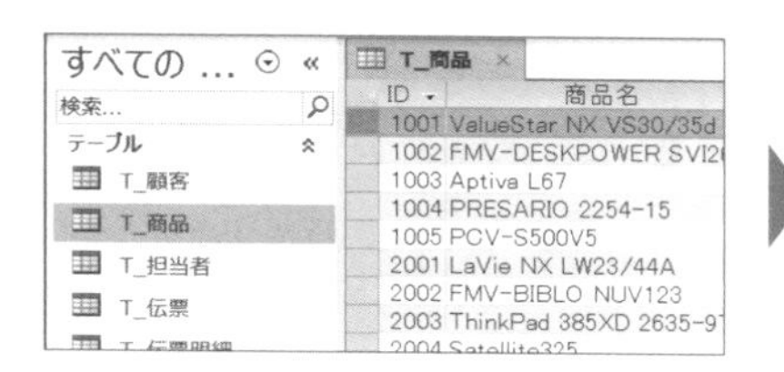

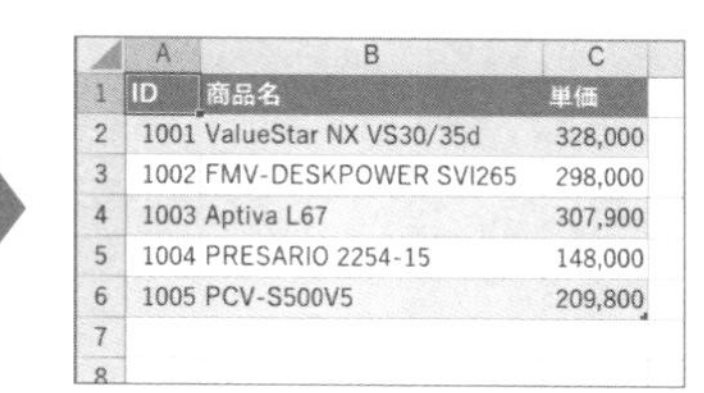

	A	B	C
1	ID	商品名	単価
2	1001	ValueStar NX VS30/35d	328,000
3	1002	FMV-DESKPOWER SVI265	298,000
4	1003	Aptiva L67	307,900
5	1004	PRESARIO 2254-15	148,000
6	1005	PCV-S500V5	209,800
7			
8			

172 Power QueryでCSVファイルから読み込みたい

サンプルファイル 172.xlsm

Power Queryが組み込まれた環境の 365 2019 2016

利用シーン CSV形式で書き出されたデータから必要なレコードだけを読み込む

構文

M言語のコード	意味
Csv.Document(CSVファイル,[パース情報])	CSVファイルをテーブルとして取得

M言語では、Csv.Document関数で、指定したCSVファイルを1つのテーブルとして取得します。この際、ファイルに加え、区切り文字や文字コードの指定は、2つ目以降の引数で指定可能です。また次のように、2つ目の引数に、[引数名=値]というレコード形式の値を指定することで、まとめて指定することもできます。VBAの名前付き引数形式の仕組みに似ていますね。

```
//引数Delimiterに「,」、引数Encodingに「932」を指定
[Delimiter=",", Encoding=932]
```

次のサンプルは「CSVデータ.csv」を区切り文字「,」文字コード「932（Shift_JIS）」でテーブルとして読み込み、「担当者名」が「大村あつし」のレコードのみ取り出します。

```
※Power Queryエディター内の［詳細］ウィンドウ内に記述
let
    file = File.Contents("C:¥excel¥CSVデータ.csv"),
    csv = Csv.Document(file,[Delimiter=",", Encoding=932]),
    source = Table.PromoteHeaders(csv),
    filter = Table.SelectRows(source, each [担当者名]="大村あつし")
in
    filter
```

サンプルの結果

CSVデータ.csv - メモ帳

ファイル(F) 編集(E) 書式(O) 表示(V) ヘルプ(H)

```
伝票No.日付.顧客名.売上金額.担当者名
1,2020/7/8.日本ソフト　静岡支店.305865.大村あつし
1,2020/7/9.日本ソフト　静岡支店.167580.大村あつし
2,2020/7/10.レッドコンピュータ.144900.鈴木麻由
3,2020/7/11.システムアスコム.646590.牧野光
3,2020/7/12.システムアスコム.197400.牧野光
3,2020/7/13.システムアスコム.83790.牧野光
3,2020/7/14.システムアスコム.65100.牧野光
4,2020/7/15.日本CCM.365400.牧野光
5,2020/7/16.ゲイツ製作所.478800.牧野光
5,2020/7/17.ゲイツ製作所.396900.牧野光
6,2020/7/18.増根倉庫.310800.鈴木麻由
```

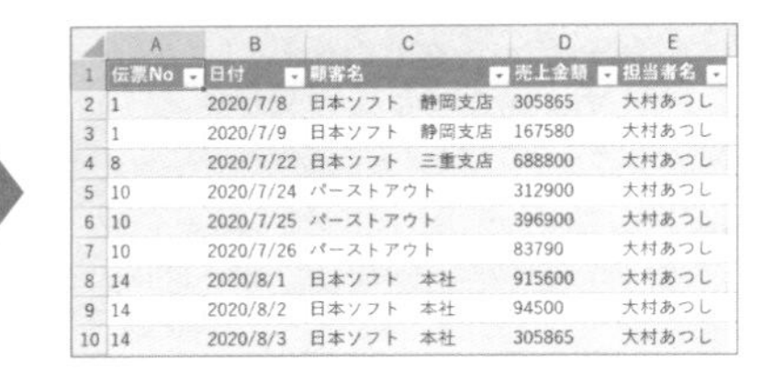

	A	B	C	D	E
1	伝票No	日付	顧客名	売上金額	担当者名
2	1	2020/7/8	日本ソフト　静岡支店	305865	大村あつし
3	1	2020/7/9	日本ソフト　静岡支店	167580	大村あつし
4	8	2020/7/22	日本ソフト　三重支店	688800	大村あつし
5	10	2020/7/24	パーストアウト	312900	大村あつし
6	10	2020/7/25	パーストアウト	396900	大村あつし
7	10	2020/7/26	パーストアウト	83790	大村あつし
8	14	2020/8/1	日本ソフト　本社	915600	大村あつし
9	14	2020/8/2	日本ソフト　本社	94500	大村あつし
10	14	2020/8/3	日本ソフト　本社	305865	大村あつし

173 Power QueryでWebページ内のテーブルを読み込みたい

サンプルファイル 173.xlsm

Power Queryが組み込まれた環境の 365 2019 2016

利用シーン gihyo.jp/site/profile内の1つ目のテーブルを読み込む

構文

M言語のコード	意味
Web.Contents(Webアドレス)	Webアドレスのコンテンツを取得
Web.Page(Webコンテンツ)	Webコンテンツからリスト作成

M言語では、Web.Page関数で、指定したWebコンテンツ内のドキュメントツリーやテーブルなどの要素を個別に扱えるリストテーブルを作成します。なお、Webコンテンツの取得には、Web.Contents関数を利用します。

Web.Page関数で作成されるリストのテーブル

= Web.Page(httpDoc)

	Caption	Source	ClassName	Id	Data
1	null	Table	null	null	Table
2	null	Table	null	null	Table
3	Document	Service	null	null	Table

「Source」列にパーツの種類が、「ClassName」や「id」にはクラス名やid要素の値が格納されています。これらの列を元に、目的のパーツを絞り込み、「Data」列からデータを取り出すことが可能です。次の例は、「gihyo.jp/site/profile」内の先頭のパーツ(1つ目のテーブル)のデータを取り出します。

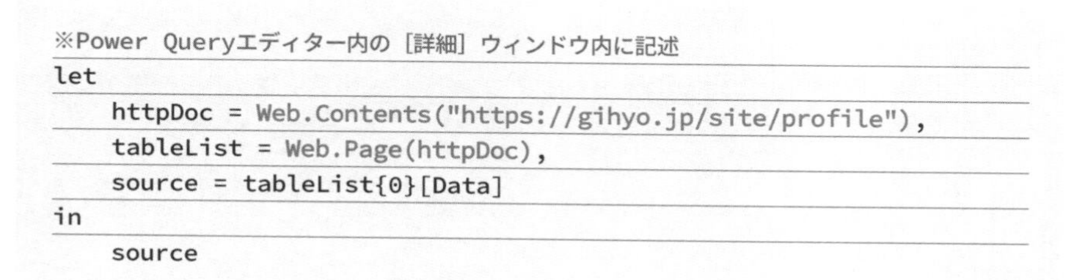

```
※Power Queryエディター内の［詳細］ウィンドウ内に記述
let
    httpDoc = Web.Contents("https://gihyo.jp/site/profile"),
    tableList = Web.Page(httpDoc),
    source = tableList{0}[Data]
in
    source
```

サンプルの結果

	Column1	Column2
2	名称	株式会社技術評論社
3	代表取締役	片岡 巌
4	本社ビル 所在地	東京都新宿区市谷左内町21-13
5	設立	1969年3月
6	資本金	3,000万円
7	販売促進部電話	03-3513-6150

クエリと接続
クエリ ｜ 接続
1個のクエリ
Table 0
6 行読み込まれました。

174 Power QueryでXMLやフィード情報を読み込みたい

サンプルファイル 174.xlsm

Power Queryが組み込まれた環境の 365 2019 2016

利用シーン 任意のWebサービスのフィード情報を読み込む

構文

M言語のコード	意味
Xml.Tables(XMLデータ)	XMLデータをパースして要素のリストテーブルを作成

M言語では、Xml.Tables関数で、指定したXML形式のデータから、XMLドキュメント内の要素リストからなるテーブルを作成します。このリスト内の任意の列のデータを起点にすれば、目的のデータへとたどっていくことができます。

次のサンプルでは、「gihyo.jp/book/feed/atom」から得られる、ATOM形式での技術評論社の新刊情報を、XML.Tables関数でパースし、「entry」要素の内容から、「title」と「summary」のみを抜き出します。

※Power Queryエディター内の［詳細］ウィンドウ内に記述

```
let
    atom = Web.Contents("https://gihyo.jp/book/feed/atom"),
    xmlTables = Xml.Tables(atom),
    entry = xmlTables{0}[entry],
    columns = Table.SelectColumns(entry,{"title","summary"})
in
    columns
```

サンプルの結果

	A	
1	title	summary
2	無料で始めるネットショップ　作成＆運営＆集客がぜんぶわかる！	インターネットで
3	今すぐ使えるかんたん　Outlook　完全ガイドブック　困った解決＆便利技　[2019/2016/2013/	Outlookを使ってし
4	Minecraft（マインクラフト）公式ガイド　海のサバイバル	「Minecraft」（マ
5	Minecraft（マインクラフト）公式ガイド　栽培＆育成	「Minecraft」（マ
6	Minecraft（マインクラフト）つくって遊ぼう！　冒険！テーマパーク	「Minecraft つく
7	Minecraft（マインクラフト）つくって遊ぼう！　どきどき！ゾンビランド	「Minecraft つく
8	2020年版　電気通信工事施工管理技士　突破攻略　2級学科編	2019年（令和元年
9	「古着転売」だけで毎月10万円ーメルカリでできる最強の副業	会社員失格の烙印
10	正多面体は本当に５種類か　　～やわらかい幾何はすべてここからはじまる～	正多面体は、正四
11	たった1日で基本が身に付く！　Vue.js　超入門	フロントエンドの
12	ゼロからはじめる　iPhone SE 第2世代　スマートガイド　au完全対応版	本書は、auから発
13	ゼロからはじめる　iPhone SE 第2世代　スマートガイド　ドコモ完全対応版	本書は、ドコモか
14	ゼロからはじめる　iPhone SE 第2世代　スマートガイド　ソフトバンク完全対応版	本書は、ソフトバ

クエリと接続
クエリ | 接続
1 個のクエリ
rss2
20 行読み込まれました。

175 Power Query上でJSON形式のデータを扱いたい

サンプルファイル 175.xlsm

Power Queryが組み込まれた環境の 365 2019 2016

利用シーン JSON形式のデータから必要な情報のみを読み込む

構文

M言語のコード	意味
Json.Document(JSON形式のデータ)	データをJSONとして解釈し、リストやテーブルを作成

M言語では、Json.Document関数で、指定したJSON形式のデータを元に、リストやテーブルを作成します。このリストやテーブル内の要素を変換・パースすることで、目的のデータへとたどっていくことができます。

次のサンプルでは、「JSONデータ.json」を読み込んでパースし、得られたリストを元に、Tabel.Fromrecords関数でリスト内の個々のレコード（オブジェクト）を連結してテーブルを作成しています。

※Power Queryエディター内の［詳細］ウィンドウ内に記述

```
let
    jsonFile = File.Contents("C:¥excel¥JSONデータ.json"),
    json = Json.Document(jsonFile),
    source = Table.FromRecords(json)
in
    source
```

サンプルの結果

JSONデータ.json - メモ帳

ファイル(F) 編集(E) 書式(O) 表示(V) ヘルプ(H)

```
[
    {"Name":"大村", "value":"100"},
    {"Name":"望月", "value":"200"},
    {"Name":"佐野", "value":"300"}
]
```

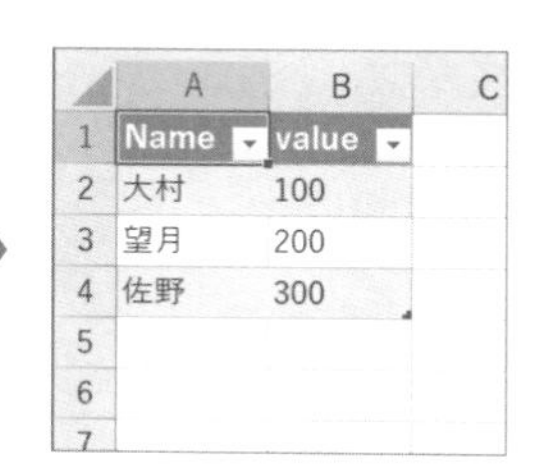

	A	B	C
1	Name	value	
2	大村	100	
3	望月	200	
4	佐野	300	
5			
6			
7			

Power QueryでPDF内のデータを読み込みたい

サンプルファイル 176.xlsm

PDF内のデータをまとめて取り込む

構文

M言語のコード	意味
`Pdf.Tables(PDFファイル)`	PDFファイルのデータをできるだけリスト化する

M言語では、Pdf.Tables関数で、指定したPDFデータをできるだけリスト化して解析し、そのリストからなるテーブルを返します。

Pdf.Tables関数で作成されるリストのテーブル

```
= Pdf.Tables(file)
```

	Id	Name	Kind	Data
1	Page001	Page001	Page	Table
2	Table001	Table001 (Page 1)	Table	Table
3	Table002	Table002 (Page 1)	Table	Table
4	Table003	Table003 (Page 1)	Table	Table

「Id」列に解析の際に振られたユニークidが、「Kind」に種類が、「Data」にその内容がテーブルの形で格納されます。基本的に、ページごとにパースされますが、表と見なせる部分があれば、その部分は独立したレコードとして扱われます。

テキストや表の部分をうまく拾ってくれるかは、PDF側のデータの持ち方や、Power Query側のバージョンによって変わってきますが、非常に便利ですね。

サンプルの結果

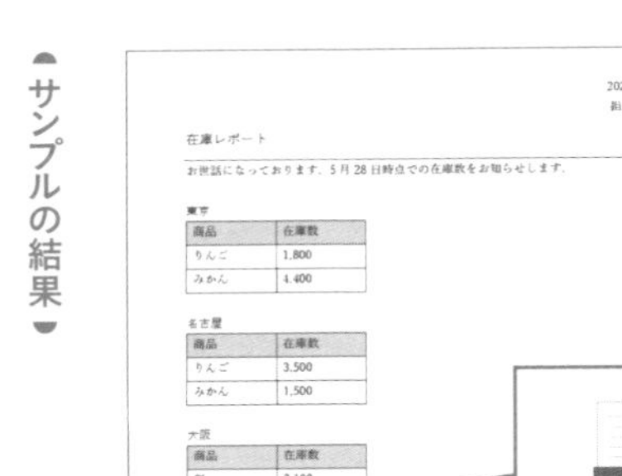

2020/05/28
担当：平下

在庫レポート

お世話になっております。5月28日時点での在庫数をお知らせします。

東京

商品	在庫数
りんご	1,800
みかん	4,400

名古屋

商品	在庫数
りんご	3,500
みかん	1,500

大阪

商品	在庫数
梨	3,100
葡萄	1,750

以上、よろしくお願いします

PDFデータ.pdf

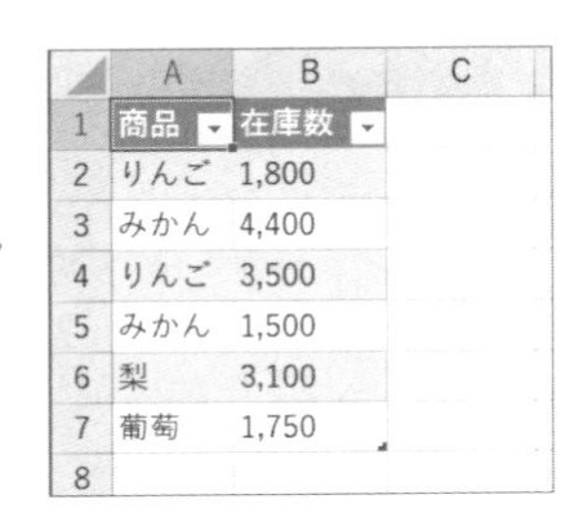

	A	B	C
1	商品	在庫数	
2	りんご	1,800	
3	みかん	4,400	
4	りんご	3,500	
5	みかん	1,500	
6	梨	3,100	
7	葡萄	1,750	
8			

次のサンプルは、「PDFデータ.pdf」内にある、3つの表のデータを連結します。なお、サンプルでは、3つの表をそれぞれ「id」の値が「Table001」「Table002」「Table003」のテーブル要素として、うまく解析・パースされている状態を想定しています。

```
※Power Queryエディター内の［詳細］ウィンドウ内に記述
let
    file = File.Contents("C:¥scraps¥4月パワテク¥原稿¥サンプル¥PDFデー
タ.pdf"),
    //PDFの内容を解析してテーブル化
    pdf = Pdf.Tables(file),
    //「id」の値が「Table」から始まるレコードの「Data」列のリスト取得
    tableList = Table.Column(
        Table.SelectRows(pdf,each Text.StartsWith([Id],
"Table")),"Data"
    ),
    //リスト内のメンバー全てに対して、1行目を見出しに変換
    header = List.Transform(tableList, each Table.
PromoteHeaders(_)),
    //リスト内のメンバーを連結
    combine = Table.Combine(header)
in
    combine
```

POINT ▶▶ **ページ単位でExcelにテキストを取り込んで解析という手も**

Power Query上で表を意図したように解析してもらえなかった場合、テキスト部分がうまく解析できているようであれば、ページごとのテキストをExcelに読み込み、Excel側で字句解析する、という手段もあります。

Power Queryに慣れてはいないけれども、ワークシート関数やVBAでの字句解析なら得意だという方であれば、そちらのほうが意図したデータを取り出しやすいかもしれませんね。

Power Queryでフォルダー内のデータをすべて読み込みたい

サンプルファイル 177.xlsm

利用シーン 集計用フォルダー内のファイルをすべて読み込む

構文

M言語のコード	意味
Folder.Files(パス)	パス内のファイル一覧テーブルを作成する

M言語では、Folder.Files関数で、指定したパスのフォルダー内にあるファイルの一覧からなるテーブルを返します。対象はファイルのみでフォルダーは一覧には入りません。

Folder.Files関数で作成されるリストのテーブル

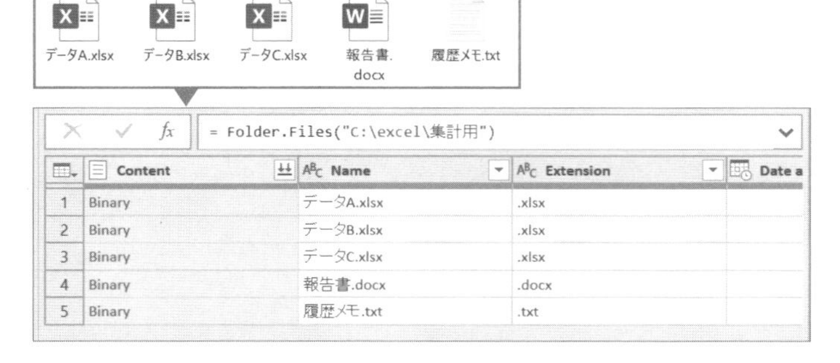

	Content	Name	Extension	Date a
1	Binary	データA.xlsx	.xlsx	
2	Binary	データB.xlsx	.xlsx	
3	Binary	データC.xlsx	.xlsx	
4	Binary	報告書.docx	.docx	
5	Binary	履歴メモ.txt	.txt	

ファイルに関するさまざまな情報が取得できますが、その中でも「Name」列にはファイル名が、「Extension」列には拡張子が、そして、「Content」列にはファイルの内容（バイナリ）へのリンクが格納されます。これらを利用すれば、フォルダー内の任意のファイルを抽出し、そのすべてに対して処理を行うことが可能となります。

サンプルの結果

	A	B	C	D	E	F
1	元ブック	伝票No	日付	顧客名	売上金額	担当者名
2	データA.xlsx	1	2020/7/8	日本ソフト　静岡支店	305865	大村あつし
3	データA.xlsx	1	2020/7/9	日本ソフト　静岡支店	167580	大村あつし
4	データA.xlsx	2	2020/7/10	レッドコンピュータ	144900	鈴木麻由
5	データA.xlsx	3	2020/7/11	システムアスコム	646590	牧野光
6	データA.xlsx	3	2020/7/12	システムアスコム	197400	牧野光
7	データA.xlsx	3	2020/7/13	システムアスコム	83790	牧野光
8	データA.xlsx	3	2020/7/14	システムアスコム	65100	牧野光
9	データB.xlsx	4	2020/7/15	日本CCM	365400	牧野光
10	データB.xlsx	5	2020/7/16	ゲイツ製作所	478800	牧野光
11	データB.xlsx	5	2020/7/17	ゲイツ製作所	396900	牧野光
12	データB.xlsx	6	2020/7/18	増根倉庫	310800	鈴木麻由
13	データB.xlsx	6	2020/7/19	増根倉庫	144900	鈴木麻由
14	データB.xlsx	6	2020/7/20	増根倉庫	83790	鈴木麻由

次のサンプルは、「C:¥excel¥集計用」というフォルダー内から、拡張子が「.xlsx」のファイル（Excelブック）のみを抽出し、ブック内の1枚目のシートの内容を連結します。ファイル名の列を残し、どのブックから読み込んだデータなのかを明記するようにしてみました。

```
※Power Queryエディター内の［詳細］ウィンドウ内に記述
let
    //フォルダー内のファイルリストテーブル取得
    folder = Folder.Files("C:¥excel¥集計用"),
    //拡張子が「.xlsx」のファイルのみ抽出
    xlBooks = Table.SelectRows(folder,each [Extension]=".xlsx"),
    //Contet、Name列のみを扱う
    columns = Table.SelectColumns(xlBooks,{"Content", "Name"}) ,
    //1枚目のシートのデータのテーブルを扱う列「sheet1」を追加
    addSheet1Col = Table.AddColumn(columns,"sheet1",
        //ブック内の先頭要素（1枚目のシート）のDataを取得
        each Excel.Workbook(_[Content],true,true){0}[Data]
    ),
    //Contet列はもう不要なので削除
    remove = Table.RemoveColumns(addSheet1Col,"Content"),
    //sheet1列のテーブルを展開
    expand = Table.ExpandTableColumn(
        remove,"sheet1",Table.ColumnNames(remove{0}[sheet1])),
    //Name列の列名を「元ブック」に変更
    rename = Table.RenameColumns(expand,{{"Name", "元ブック"}}),
    //各列のデータ型を指定
    colType = TableTransformColumnTypes(rename,{
         {"元ブック", type text}, {"伝票No", Int64.Type},
         {"日付", type date}, {"顧客名", type text},
         {"売上金額", Int64.Type}, {"担当者名", type text}
    })
in
    colType
```

178 Power Queryでクロス集計表のピボットを解除したい

サンプルファイル 178.xlsm

クロス集計形式で作成されている表をテーブル形式に変換

構文

M言語のコード	意味
Table.FillDown(テーブル,列のリスト)	指定フィールドの空白を下側に向けてフィルする形で埋める
Table.UnpivotOtherColumns(テーブル, 対象外の列リスト, 要素列の名前, 値列の名前)	指定列以外の列のピボットを解除する

次図のように、いわゆるクロス集計の形で作表されているデータを、テーブル形式に変換してみましょう。

クロス集計の状態の表

	A	B	C	D	E	F	G	H	I
1									
2		担当	伝票ID	りんご	蜜柑	レモン	ぶどう		
3		大村	V-001	50	80	60			
4			V-002	30	25				
5			V-005	50			150		
6		望月	V-007	120			60		
7			V-008	40			80		
8			V-010		60	30			
9									

まず、下準備として、表全体のセル範囲をPower Query側で扱えるように、名前付きセル範囲とします。今回はセル範囲B2:G8に「ピボット範囲」と名前を付けました。

M言語では、Table.FillDown関数で、指定した列の空白を、下側にフィルする形で埋めます。この仕組みを使うと、「担当」列の空白が埋められます。

さらに、Table.UnpivotOtherColumns関数で、指定した列「以外の」列のピボットを解除します。ピボット解除とは、要素名（列名）と値をひと組のセットとみなし、個別のレコードとして展開し、残りのレコードと結合する仕組みです。ちょうど、ピボットテーブルを作成する仕組みの、逆の動きですね。

この2つの関数を組み合わせると、上記のような変換が簡単に行えます。

次のサンプルは現在のブック内の名前付きセル範囲「ピボット範囲」の「担当」「伝票ID」列以外のピボットを解除し、表形式に変換します。

```
※Power Queryエディター内の［詳細］ウィンドウ内に記述
let
  source = Excel.CurrentWorkbook(){[Name="ピボット範囲"]}[Content],
  //1行目を見出しとして扱う
  header = Table.PromoteHeaders(source),
  //「担当」列の空白を下向きにフィルする形で埋める
  fill = Table.FillDown(header,{"担当"}),
  //「担当」「伝票ID」以外の列をピボット解除
  unPivot = Table.UnpivotOtherColumns(fill,{"担当","伝票ID"},"商品","
数量")
in
  unpivot
```

●サンプルの結果●

	A	B	C	D
1	担当	伝票ID	商品	数量
2	大村	V-001	りんご	50
3	大村	V-001	蜜柑	80
4	大村	V-001	レモン	60
5	大村	V-002	りんご	30
6	大村	V-002	蜜柑	25
7	大村	V-005	りんご	50
8	大村	V-005	ぶどう	150
9	望月	V-007	りんご	120
10	望月	V-007	ぶどう	60
11	望月	V-008	りんご	40
12	望月	V-008	ぶどう	80
13	望月	V-010	蜜柑	60
14	望月	V-010	レモン	30
15				

クエリと接続
クエリ | 接続
1 個のクエリ
クエリ1
13 行読み込まれました。

POINT ▸▸ 特定の列のみをピボット解除したい場合には

特定の列「以外」ではなく、特定の列「のみ」を対象にピボット解除をしたい場合には、Table.Unpivot関数を利用します。

Power Queryでカスタム関数を作成したい

サンプルファイル 179.xlsm

自分の用途に合った処理を持つ関数を作成

構文

M言語のコード	意味
(引数) => 処理	アロー関数の形式で関数を作成
List.Transform(リスト, 処理)	リスト内の全要素に処理を適用したリストを作成

Power Queryでは、カスタム関数の作成も可能です。Excelから[データ] - [データの取得] - [その他のデータソースから] - [空のクエリ] を選択し、クエリ名を「addHello」とし、[詳細エディター] に次のようにコードを記述してみましょう。

[詳細エディター]

これでカスタム関数addHelloの完成です。M言語では、いわゆるアロー関数形式で引数を取る関数を記述・作成可能です。上記のaddHello関数は、VBA的に書くのであれば、右のようなイメージとなります。

```
Function addHello(str)
    addHello = "Hello" & str
End Function
```

アロー関数形式では、まず、使いたい引数を括弧内に列記し、続いて「=>」を記述し、そのあとに引数を利用した処理を記述していきます。複数行に渡る処理を作成したい場合には、let in形式でコードを記述していきます。関数の出力はin句の内容となります。

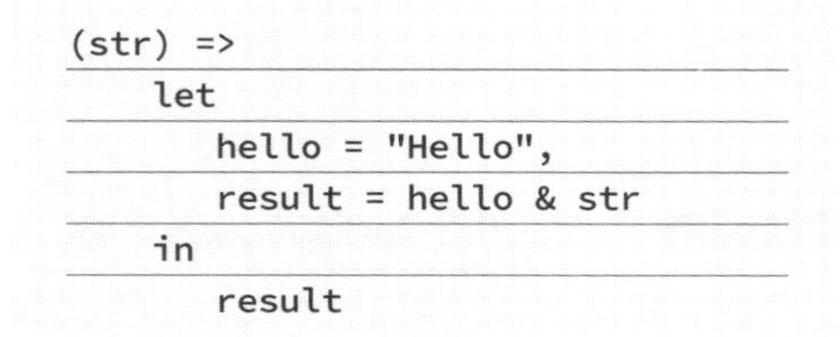

```
(str) =>
    let
        hello = "Hello",
        result = hello & str
    in
        result
```

作成した関数は、同じブック内の他のクエリ内のコードから呼び出して使用可能です。

```
addHello("大村あつし")  //結果は「Hello大村あつし」
```

また、リスト（Excelでいうところの配列）を引数に持つ関数を作成した場合、List.Transform関数を利用すると、リスト内のすべてのメンバーに対する処理が作成できます。たとえば、次のカスタム関数「multi10」は、渡されたリストのメンバーすべてに「10」を乗算した値のリストを返します。

```
//カスタム関数「multi10」の内容
(arr as list) => List.Transform(arr,each _ * 10)
```

他のクエリからは、以下のように呼び出します。

```
multi10({1,2,3})        //結果は、{10,20,30}のリスト
```

List.Transform関数は、1つ目の引数に指定したリストに対して、2つ目の引数に指定した式を適用したリストを作成します。この式はeachを使った式として記述が可能です。eachを使った式の中では、「_（アンダースコア）」が、リストの内の個々の値を指す識別子となります。VBAでいうと、For Eachステートメントのメンバー変数と同じ仕組みですね。

上記カスタム関数は、VBA的に書くのであれば、ちょっと変なコードになりますが、以下のようなイメージとなります。For Each内で利用している変数「item」がM言語のeach式での「_」と同じ用途となります。

```
Function multi10(arr)
    Dim newList As Collection, item As Variant
    Set newList = New Collection
    For Each item In arr
        newList.Add item * 10
    Next
    Set multi10 = newList
End Function
```

カスタム関数を利用すると、クエリ内での複雑な処理を、スッキリとまとめることができます。VBAメインで開発している方にとっては、アロー関数形式に慣れるまで違和感を覚えるかと思いますが、VBAでの関数と同じく、あると便利な仕組みなのです。興味があれば、チャレンジしてみてください。

Power Queryで連結セルやExcel方眼紙データを読み取りたい

サンプルファイル 180.xlsm

Power Queryで連結セルやExcel方眼紙データを読み取りたい

構文

M言語のコード	意味
テーブル{番号}	テーブル内の特定レコードを指定
テーブル{番号}[列の名前]	特定レコードの特定列の値を取得

図のような伝票形式で作成されているシートのデータを読み取ってみましょう。

結合セルがあったり、いわゆるExcel方眼紙的な形で数値が桁ごとに入力されていたりと、かなりやっかいな状態です。この手のシートをExcel.Workbook関数で読み込んだ場合、利用セル範囲の1行1行をレコードとし、「Column1」等、列の位置がわかる列名が付けられたテーブルとして読み込まれます。

伝票形式のシート

	A	B	C	D	E	F	G	H	I	J
1										
2						万	千	百	十	一
3		申請者	佐野昭利		金額		4	3	3	0
4										
5		項目名				金額				
6		1	タクシー代				1	8	0	0
7		2	飲食費				2	5	3	0
8		3								
9										
10										
11										

Excel.Workbook関数で読み込んだテーブル

```
= xlBook{0}[Data]
```

	Column1	Column2	Column3	Column4	Column5
1	null	null	null	null	万
2	申請者	佐野昭利	null	金額	null
3	null	null	null	null	null
4	項目名	null	null	null	金額
5	1	タクシー代	null	null	null
6	2	飲食費	null	null	null
7	3	null	null	null	null

空白セルは「null」、値の入っているセルはその値を持ちます。結合セルの場合は、結合の先頭セル(左上のセル)の場所にデータを保持します。つまり、帳票のレイアウトが固定である場合は「何行目の、何列のデータ」という形で指定することで、目的のデータを拾い上げることが可能です。

M言語では、テーブル内の特定レコードを指定する場合には、「{　}」(中括弧)を利用してレコードのインデックス番号を指定します。先頭レコードのインデックス番号は「0」となります。

```
source{0}        //「source」テーブルの先頭レコードを指定
```

特定レコードのフィールドの値を取り出すには、「[　]」(角括弧)を利用し、フィールド名(列名)を記述します。

```
//「source」テーブルの先頭レコードの「Column1」列の値を取得
source{0}[Column1]
```

この仕組みを利用すると、たとえば、次のような関数を作成し、シートのデータから必要な値を取り出し、レコードとしてまとめる処理が作成できます。

```
//引数sheetには、サンプルのような形式のシートのDataを指定
(sheet as table) =>
Let
  //名前の入力されている位置（セルC3）の値を取得
  name = sheet{1}[Column2],
  //セル範囲F3:J3の方眼紙データを連結し数値に変換
  rec = sheet{1},
  amountList = List.Transform(
    {rec[Column5],rec[Column6],rec[Column7],rec[Column8],rec[Column9]},
    each if _ = null then "0" else Number.ToText(_)
  ),
  amount = Number.FromText(Text.Combine(amountList)),
  data = [#"氏名"=name, #"金額"=amount]
in
  data
```

あとは、この仕組みを帳票シートすべてに対して実行する処理を作成すれば、帳票形式のシートから、一括して必要なデータを取り出し、表形式にまとめることも可能です。

3つのシートの情報をまとめたところ

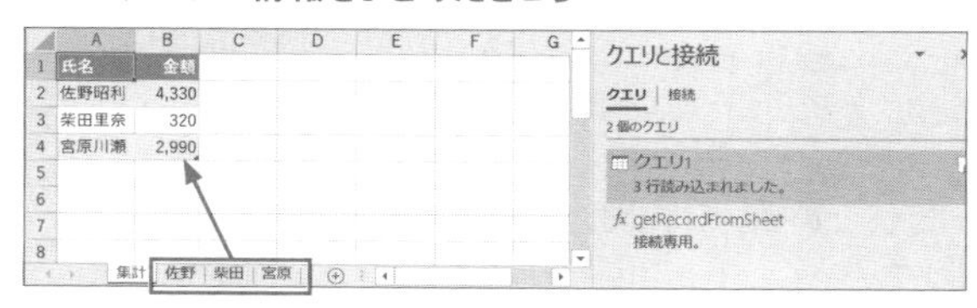

181 Power Query側にパラメータを渡して更新したい

サンプルファイル 181.xlsm

利用シーン クエリの抽出条件を変更して更新

構文

M言語のコード	意味
クエリ.Formula = 渡したい値	テーブル内の特定レコードを指定

Power Queryを使ったクエリを利用する際、セルの値等、任意の値をクエリ側に渡して、動的に更新させたい、という場合があります。2020年6月現在では、引数を持つクエリを作成しても、パラメータを直接渡す方法はありません。そこで、手軽な代替方法をご紹介します。

Power Queryでは、新規クエリを作成し、名前を付け、値のみを記述することにより、その値を指定した名前で扱えるようになります。定数のような使い方ができるわけですね。

たとえば「"りんご"」とだけ記述したクエリ「targetName」を用意しておけば、他のクエリ内で「targetName」を記述した箇所は「"りんご"」とみなされます。

上記の定数風クエリを前提とした場合、次のコードは、現在のブック内の「発注」テーブルから、「商品」列が「りんご」のレコードを抽出するという内容となります。

値のみのクエリ（定数風）

```
※Power Queryエディター内の［詳細］ウィンドウ内に記述
let
    source = Excel.CurrentWorkbook(){[Name="発注"]}[Content],
    filter = Table.SelectRows(source, each [商品] = targetName)
in
    filter
```

さて、このクエリに「抽出」と名前を付け、Excel上のテーブル「抽出」にクエリの結果を展開しているとします。

Excel側の状態

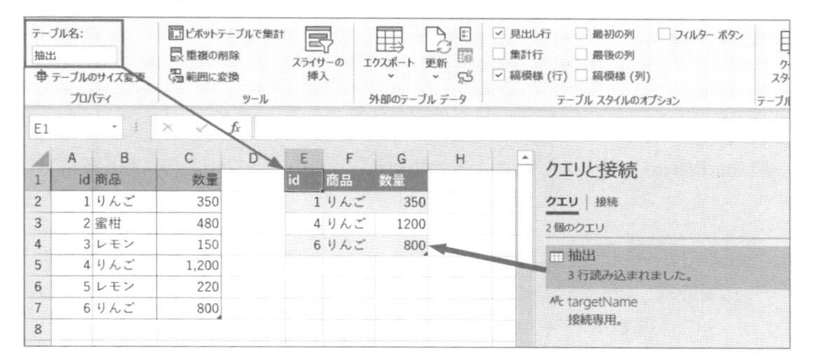

id	商品	数量
1	りんご	350
2	蜜柑	480
3	レモン	150
4	りんご	1,200
5	レモン	220
6	りんご	800

id	商品	数量
1	りんご	350
4	りんご	1200
6	りんご	800

このとき、抽出対象を「レモン」に変更したい場合は、クエリ「targetName」の内容、つまり、Formulaプロパティの値を変更してから該当クエリを持つテーブルを更新してあげます。

```
'パラメータとなる定数更新
ThisWorkbook.Queries("targetName").Formula = """レモン"""
'展開しているテーブルのRefreshメソッドでクエリを更新
ActiveSheet.ListObjects("抽出").Refresh
```

●サンプルの結果●

id	商品	数量
1	りんご	350
2	蜜柑	480
3	レモン	150
4	りんご	1,200
5	レモン	220
6	りんご	800

id	商品	数量
3	レモン	150
5	レモン	220

クエリ全体のコマンドを書き直すよりも手軽なうえに、定数風のクエリ名を工夫することで、どんな意図のパラメータを変更したのかがわかりやすくなりますね。

また、文字列データを渡す場合は、ダブルクォーテーションで囲む必要があるため、サンプルのコードのようにエスケープして渡す点に注意しましょう。

182 Power Query側で動的にフィールド名を取得したい

サンプルファイル 182.xlsm

Power Queryが組み込まれた環境の 365 2019 2016

既存のテーブルのフィールド名一覧を取得し連結時に適用

構文

M言語のコード	意味
Table.ColumnNames(テーブル)	指定テーブルのフィールド名のリストを取得

M言語では、Table.ColumnNames関数で、任意のテーブルのフィールド名の一覧が取得可能です。Excelのシート単位でデータを取得しようとした際など、フィールド数やフィールド名が不定なケースでは、こちらの関数を利用すれば、その時点でのフィールド名のリストが取得できます。

次のサンプルは、現在のブック内の「取引履歴」テーブルのフィールド名（1行目の値）のリストを取得します。

```
※Power Queryエディター内の［詳細］ウィンドウ内に記述
let
    xlBook = Excel.CurrentWorkbook(),
    source = xlBook{[Name="取引履歴"]}[Content],
    fieldNames = Table.ColumnNames(source)
in
    fieldNames
```

サンプルの結果

183 Power Queryで各フィールドのデータ型を変換したい

サンプルファイル 183.xlsm

Power Queryが組み込まれた環境の 365 2019 2016

Excelに日付値として読み込まれるようデータ型を指定

構文

M言語のコード	意味
Table.TransformColumnTypes (テーブル, フィールド名とデータ型のリスト)	指定したフィールドのデータを指定したデータ型に変換

M言語では、Table.TransformColumnTypes関数で、指定したテーブル内の、指定フィールドのデータ型を変換（指定）できます。データ型の指定は、フィールド名とデータ型をセットにしたリストの形で行い、複数フィールドのデータ型を指定する場合は、そのリストをさらにリストにします。すべてのフィールドを指定する必要はなく、設定したいフィールドのみのリストでOKです。

とくに、Excelのデータを読み込んだ場合には、各フィールドのデータ型は「any型（指定なし）」となります。きちんと日付型や数値型等の指定を行っておくと、クエリの結果をExcel側に読み込んだ際も、そのデータ型を反映して読み込んでくれます。

```
※Power Queryエディター内の［詳細］ウィンドウ内に記述
let
    xlBook = Excel.CurrentWorkbook(),
    source = xlBook{[Name="取引履歴"]}[Content],
    fieldType = Table.TransformColumnTypes(source,{
        {"日付",Date.Type},{"取引先",Text.Type},{"金額",Currency.Type}
    })
in
    fieldType
```

●コードの結果●

= Table.TransformColumnTypes(source,{

	id	日付	取引先	金額
1	1	2020/06/01	取引先A	158000
2	2	2020/06/01	取引先B	221600
3	3	2020/06/02	取引先A	18700
4	4	2020/06/10	取引先C	483000
5	5	2020/06/18	取引先B	227400

Power Queryで列名を一括変更したい

サンプルファイル 184.xlsm

Power Queryが組み込まれた環境の 365 2019 2016

自動的に付けられる列名「Column1」を「c1」に変更

構文

M言語のコード	意味
Table.TransformColumnNames(テーブル, 変換関数)	列名を変換関数のルールで一括変更
Text.Replace(文字列, 置換前, 置換後)	文字列内の任意の文字列を置換

M言語では、Table.TransformColumnNames関数で、指定したテーブル内の、全フィールドの名前を一括変更できます。

たとえば、Excelの名前付きセル範囲のデータを取り込んだ場合は、列名に「Column1」「Column2」等と自動的に名前が付きますが、少々長くて扱いにくくなっています。そんな場合は、任意の文字列を置換するText.Replace関数と組み合わせ、「c1」「c2」等、短い列名に一括変換してしまうことも可能です。

```
※Power Queryエディター内の［詳細］ウィンドウ内に記述
let
    xlBook = Excel.CurrentWorkbook(),
    source = xlBook{[Name="商品"]}[Content],
    rename = Table.TransformColumnNames
               (source,each Text.Replace( _ ,"Column","c"))
in
    rename
```

サンプルの結果

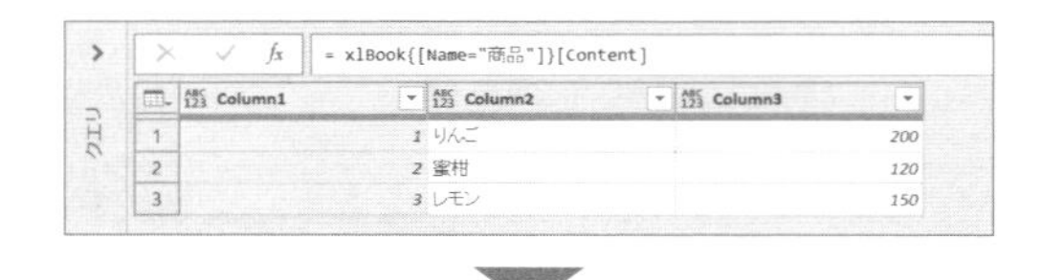

Power Queryで各フィールドにプレフィックスをつけたい

サンプルファイル 185.xlsm

Power Queryが組み込まれた環境の 365 2019 2016

「商品」テーブルの各列に「商」というプレフィックスをつける

構文

M言語のコード	意味
Table.PrefixColumns(テーブル, 文字列)	各列に文字列のプレフィックスを付加

テーブルを結合する際、2つのテーブルが同じ列名を持っているとエラーとなります。そこで、列名の前になんらかのプレフィックスとなる文字列を付加し、異なる列名として扱いたいケースがでてきます。M言語では、Table.PrefixColumns関数で、指定したテーブル内のすべての列に、一括してプレフィックスを付加できます。

次のサンプルは、「商品」テーブルの各列に「商」というプレフィックスをつけたうえで結合し、必要な列の値のみを取り出しています。

```
※Power Queryエディター内の［詳細］ウィンドウ内に記述
let
    xlBook = Excel.CurrentWorkbook(),
    商品 = xlBook{[Name="商品"]}[Content],
    伝票 = xlBook{[Name="伝票"]}[Content],
    prefix商品 = Table.PrefixColumns(商品,"商"),
    join = Table.SelectColumns(
        Table.Join(伝票,"商品id",prefix商品,"商.id"),
        {"id","商.商品名","商.価格","数量"}
    )
in
    join
```

サンプルの結果

商品

id	商品名	価格
1	りんご	180
2	蜜柑	120
3	レモン	150

伝票

id	商品id	数量
1	1	2,500
2	2	3,100
3	3	1,200
4	1	850
5	3	1,150

id	商.商品名	商.価格	数量
1	りんご	180	2500
4	りんご	180	850
2	蜜柑	120	3100
3	レモン	150	1200
5	レモン	150	1150

クエリと接続
クエリ | 接続
1個のクエリ
プレフィックスを付加
5行読み込まれました。

Power Queryで任意のフィールド名だけ変更したい

サンプルファイル 186.xlsm

Power Queryが組み込まれた環境の 365 2019 2016

「商.商品名」フィールドを「商品名」フィールドに変更

構文

M言語のコード	意味
Table.RenameColumns(テーブル, {列名, 新しい列名})	列名を更新

M言語では、Table.ColumnNames関数で、指定したテーブル内の特定の列の名前を変更します。列と新しい列名の指定は、列名と新しい列名を1セットとしたリストの形で行います。また、変更したい列が複数ある場合は、列名と新しい列名のリストをさらにリストにして指定します。

次のサンプルは「商.商品名」列を「商品名」列に、「商.価格」列を「価格」列へと変更します。

```
※Power Queryエディター内の［詳細］ウィンドウ内に記述
let
    xlBook = Excel.CurrentWorkbook(),
    伝票明細 = xlBook{[Name="伝票明細"]}[Content],
    rename = Table.RenameColumns(
        伝票明細,
        {{"商.商品名","商品名"},{"商.価格","価格"}}
    ),
    sort = Table.Sort(rename,"id")
in
    sort
```

サンプルの結果

	A	B	C	D	E	F	G	H	I	J
1	id	商.商品名	商.価格	数量		id	商品名	価格	数量	
2	1	りんご	180	2500		1	りんご	180	2,500	
3	4	りんご	180	850		2	蜜柑	120	3,100	
4	2	蜜柑	120	3100		3	レモン	150	1,200	
5	3	レモン	150	1200		4	りんご	180	850	
6	5	レモン	150	1150		5	レモン	150	1,150	
7										
8										
9										
10										

Power Queryで新たなフィールドを追加したい

サンプルファイル 187.xlsm

Power Queryが組み込まれた環境の 365 2019 2016

「価格」列と「数量」列の乗算結果となる「小計」フィールドを追加

構文

M言語のコード	意味
Table.AddColumn(テーブル, 列名, 式)	テーブルに新規のフィールドを追加

M言語では、Table.AddColumn関数で、指定したテーブルに新規の列を追加します。列を追加する際には、列名と、列の値の式を指定可能です。

式は「10」や「"初期値"」などの値そのものを指定できる他、each式を使った同じレコード内の任意のフィールドの値を利用した計算式も指定可能です。

次のサンプルは、「伝票明細」テーブルに、新たに「小計」列を加えます。また、「小計」列の値は、同じレコードの「価格」列と「数量」列の値を乗算した結果としています。

```
※Power Queryエディター内の［詳細］ウィンドウ内に記述
let
    xlBook = Excel.CurrentWorkbook(),
    伝票明細 = xlBook{[Name="伝票明細"]}[Content],
    addColumn = Table.AddColumn(
        伝票明細,
          "小計", each [価格]*[数量]
    )
in
    addColumn
```

サンプルの結果

	A	B	C	D	E	F	G	H	I	J
1	id	商品名	価格	数量		id	商品名	価格	数量	小計
2	1	りんご	180	2500		1	りんご	180	2,500	450,000
3	2	蜜柑	120	3100		2	蜜柑	120	3,100	372,000
4	3	レモン	150	1200		3	レモン	150	1,200	180,000
5	4	りんご	180	850		4	りんご	180	850	153,000
6	5	レモン	150	1150		5	レモン	150	1,150	172,500
7										
8										
9										
10										
11										

Power Queryで新規テーブルを作成したい

サンプルファイル 188.xlsm

Power Queryが組み込まれた環境の 365 2019 2016

仮のテーブルを作成して既存のテーブルと結合した結果を取得

構文

M言語のコード	意味
#table(フィールド情報[, レコード情報])	新規のテーブルを作成

M言語では、新規テーブルを作成する仕組みがいろいろと用意されていますが、なかでもお手軽な、#table関数を利用した方法を紹介します。#table関数は、引数として指定したリストの列名を持つテーブルを作成します。このとき、一緒にレコードも指定したい場合は、2つ目の引数に各列の値のリストを指定します。

```
//「id」「商品」「価格」列を持つテーブルを作成し、2件のレコードを追加
#table({"id","商品","価格"},{{1,"大村",150},{2,"望月",80}})
```

また、列名を指定する際に、type tableステートメントを使い、列名とデータ型をセットにしたレコードを指定すると、そのデータ型の値の列を作成します。次のサンプルは「id（整数型）」「担当（文字列）」「日付（日付型）」「数量（整数型）」の4つの列を持つテーブル「myTable」を作成し、同時に、3レコード分のデータをセットします。

```
※Power Queryエディター内の［詳細］ウィンドウ内に記述
let
    myTable = #table(
        type table [id=Int64.Type,担当=text,日付=date,数量=Int64.
Type],
        {
            {1,"大村",#date(2020,5,3),150},
            {2,"望月",#date(2020,5,4),80},
            {3,"佐野",#date(2020,5,7),220}
        }
    )
in
    myTable
```

サンプルの結果

	A	B	C	D	E
1	id	担当	日付	数量	
2	1	大村	2020/5/3	150	
3	2	望月	2020/5/4	80	
4	3	佐野	2020/5/7	220	
5					
6					
7					

Power Queryで集計・グループ化したい

サンプルファイル 189.xlsm

Power Queryが組み込まれた環境の 365 2019 2016

テーブルの件数や合計に応じて取り出すデータを変更する

構文

M言語のコード	意味
Table.Group(テーブル, キー列, 集計列の式)	キー列の値を元にグループ化

M言語では、Table.Group関数でレコードをグループ化（集計）します。グループ化したいテーブルと、グループ化のキーとする列、そしてグループ化による集計を行う列の列名と計算式のリストを指定します。

次のサンプルでは、「伝票」テーブルを、「担当者」列をキーにグループ化し、レコード数を表す「件数」列と、「数量」列の合計を表す「合計」列を追加します。

```
※Power Queryエディター内の［詳細］ウィンドウ内に記述
let
    xlBook = Excel.CurrentWorkbook(),
    source = xlBook{[Name="伝票"]}[Content],
    group = Table.Group(
      source,
      {"担当者"},
      {
        {"件数", each Table.RowCount(_)},
        {"合計", each List.Sum([数量])}
      }
    )
in
    group
```

サンプルの結果

	A	B	C	D	E	F	G	H
1	id	担当者	商品	数量		担当者	件数	合計
2	1	大村	りんご	900		大村	6,635	33,273,700
3	2	波木井	蜜柑	5,900		波木井	6,622	33,323,400
4	3	望月	蜜柑	900		望月	6,743	33,747,150
5	4	波木井	蜜柑	3,900				
6	5	大村	レモン	5,800				
7	6	波木井	蜜柑	6,900				
8	7	大村	りんご	100				
9	8	望月	レモン	2,900				

クエリと接続
クエリ | 接続
1個のクエリ
集計
3 行読み込まれました。

「クエリ」や「接続」を一括消去したい

サンプルファイル 190.xlsm

Power Queryが組み込まれた環境の 365 2019 2016

取引先にブックを送信する前に余分な接続情報をクリアする

構文

メソッド	意味
クエリ.Delete	個別のクエリを削除
接続.Delete	個別の接続を削除

クエリ機能を利用したブックは、ブックを開いた際に図のような「セキュリティの警告」メッセージが表示されます。[コンテンツの有効化] ボタンを押せば、外部データ接続が有効となります。

警告メッセージが表示されたところ

クエリを継続して利用する場合には、コンテンツを有効化して利用すればよいのですが、1回限りクエリを実行し、削除してしまうという、いわゆる「使い捨て」でクエリを使った場合、クエリを削除したはずなのにこのメッセージが表示されることがあります。

その場合はたいてい、空の [接続] 情報がブックに残ってしまっています。クエリの設定や削除のタイミングによっては、クエリは削除できても、[接続] として情報が残るという現象は、割とよく起きます。

そこで、この「クエリ」と「接続」を一括削除するマクロを1つ用意しておきましょう。次のサンプルは、アクティブなブック内の「クエリ」と「接続」をすべて削除します。

```
With ActiveWorkbook
    Do While .Queries.Count > 0
        .Queries(1).Delete              'クエリ削除
        DoEvents                        '削除失敗による無限ループ対策
    Loop
    Do While .Connections.Count > 0
        .Connections(1).Delete          '接続削除
        DoEvents
    Loop
End With
```

データを分析するテクニック

Chapter

7

191 セルを並び替えたい

サンプルファイル 191.xlsm

365 2019 2016 2013

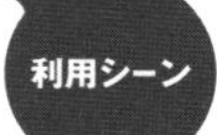

日付順にデータを並べ替える

構文

ステートメント	意味
セル範囲.Sort Key1:=基準セル, Order1:=昇順／降順, Header:=見出し設定	指定した列の値を元にセル範囲のデータを並べ替え

マクロの自動記録を使って［並べ替え］機能を記録した場合は、Sortオブジェクトを利用したコードが記録されますが、実はRangeオブジェクトにもSortメソッドという並べ替えを行うメソッドが用意されています。

Sortメソッドはとてもシンプルな構文なので、ちょっとした並べ替え処理に手軽に利用できます。引数Key1に並べ替えの基準となるセルを指定し、引数Order1に昇順（xlAscending）・降順（xlDescending）ルールを指定し、Headerプロパティに、1行目を見出しと見なす（xlYes）／見なさない（xlNo）／自動判定する（xlGuess）というルールを指定して実行します。

次のサンプルは、セルA1のアクティブセル領域の「2」列目の「日付」列を基準に、昇順で並べ替えます。また、セル範囲の1行目は「見出し行」として並べ替え対象に含まないようにしています。

なお、見出し設定をオンにした場合、列の指定をサンプルのように列全体のセル範囲を指定するほかにも、「Key1:="日付"」等、列の見出しとなるセルの値を指定してもOKです。

```
With Range("A1").CurrentRegion
    .Sort Key1:=.Columns(2), Order1:=xlAscending, Header:=xlYes
End With
```

サンプルの結果

	A	B	C	D
1	担当者名	日付	顧客名	売上金額
2	大村あつし	2020/8/1	日本ソフト　愛知支店	47,250
3	牧野光	2020/7/11	システムアスコム	65,100
4	片山早苗	2020/7/15	カルタン設計所	65,100
5	鈴木麻由	2020/8/4	増根倉庫	65,100
6	牧野光	2020/7/11	システムアスコム	83,790
7	鈴木麻由	2020/7/14	増根倉庫	83,790
8	大村あつし	2020/7/21	パーストアウト	83,790
9	牧野光	2020/7/30	富士システムコンサル	83,790

▶

	A	B	C	D
1	担当者名	日付	顧客名	売上金額
2	大村あつし	2020/7/8	日本ソフト　静岡支店	167,580
3	大村あつし	2020/7/8	日本ソフト　静岡支店	305,865
4	鈴木麻由	2020/7/10	レッドコンピュータ	144,900
5	牧野光	2020/7/11	システムアスコム	65,100
6	牧野光	2020/7/11	システムアスコム	83,790
7	牧野光	2020/7/11	システムアスコム	197,400
8	牧野光	2020/7/11	システムアスコム	646,590
9	牧野光	2020/7/12	日本CCM	365,400

192 4つ以上の列でソートしたい❶

サンプルファイル 192.xlsm

365 2019 2016 2013

伝票の明細データを、担当者別・伝票番号順・売上順に並べ替え

構文

ステートメント	意味
繰り返しSort	必要な回数だけ並べ替えを行う

ネットを見ていると、驚くほど多くの人が「4つ以上の列でソートしたい」と質問しています。これは、VBAに限らず一般操作の場合も同様です。ここでは、VBAでその方法を紹介します。まずはSortメソッドを利用した方法です。

次のサンプルでは、Array関数でソートする列を4つと、その条件を指定しています。ポイントは、優先順位の低いほうからソートしている点です。具体的には、「売上金額」、「枝」、「伝票No」、「担当者名」列を順番にソートしています。

結果として、「担当者別・伝票番号-枝番順・売り上げ順」にデータを並べ替えます。

```
Dim myRange As Range, myArray As Variant, i As Long
Set myRange = ActiveSheet.Range("A1").CurrentRegion
myArray = Array("売上金額", "枝", "伝票No", "担当者名")
With myRange
  For i = 0 To UBound(myArray)
    .Sort Key1:=myArray(i), Order1:=xlAscending, Header:=xlGuess
  Next i
End With
```

	A	B	C	D	E	F	G	H	I	J	K	L	M	N
1	伝票No	枝	担当者名	日付	顧客名	商品名	単価	数量	税抜金額	消費税	売上金額	備考	地区	商品分類
2	1	1	大村あつし	2020/7/8	日本ソフト　静岡支店	ThinkPad 385XD 2635-9TJ	291,300	1	291,300	14,565	305,865	見積りNo.2－1	静岡県	ノート
3	1	2	大村あつし	2020/7/8	日本ソフト　静岡支店	MO MOF-H640	79,800	2	159,600	7,980	167,580	見積りNo.2－2	静岡県	リムーバル
4	2	1	鈴木麻由	2020/7/10	レッドコンピュータ	レーザー LBP-740	138,000	1	138,000	6,900	144,900	見積りNo.3	岐阜県	プリンタ
5	3	1	牧野光	2020/7/11	システムアスコム	Aptiva L67	307,900	2	615,800	30,790	646,590	見積りNo.1－1	滋賀県	デスクトップ

	A	B	C	D	E	F	G	H	I	J	K	L	M	N
1	伝票No	枝	担当者名	日付	顧客名	商品名	単価	数量	税抜金額	消費税	売上金額	備考	地区	商品分類
2	1	1	大村あつし	2020/7/8	日本ソフト　静岡支店	ThinkPad 385XD 2635-9TJ	291,300	1	291,300	14,565	305,865	見積りNo.2－1	静岡県	ノート
3	1	2	大村あつし	2020/7/8	日本ソフト　静岡支店	MO MOF-H640	79,800	2	159,600	7,980	167,580	見積りNo.2－2	静岡県	リムーバル
4	8	1	大村あつし	2020/7/16	日本ソフト　三重支店	ValueStar NX VS30/35d	328,000	2	656,000	32,800	688,800	見積りNo.1 1	三重県	デスクトップ
5	10	1	大村あつし	2020/7/21	パーストアウト	FMV-DESKPOWER SVI265	298,000	1	298,000	14,900	312,900		岐阜県	デスクトップ
6	10	2	大村あつし	2020/7/21	パーストアウト	FMV-BIBLO NUV123	378,000	1	378,000	18,900	396,900		岐阜県	ノート
7	10	3	大村あつし	2020/7/21	パーストアウト	ジェット BJC-465J	79,800	1	79,800	3,990	83,790		岐阜県	プリンタ
8	14	1	大村あつし	2020/7/27	日本ソフト　本社	液晶 LCD-D14T	218,000	4	872,000	43,600	915,600		岐阜県	ディスプレイ

193 4つ以上の列でソートしたい❷

サンプルファイル 193.xlsm

365 2019 2016 2013

伝票の明細データを、担当者別・伝票番号順・売上順に並べ替え

構文

メソッド	意味
SortField.Add 並べ替え条件	並べ替えの設定を追加
Sortオブジェクト.Apply	追加した条件で並べ替え実行

前トピックに引き続き、4つ以上の列で並べ替える処理を作成してみましょう。本ページのテクニックは、Sortオブジェクトを利用した方式です。

Sortオブジェクトを利用する場合には、まず、SortFieldに優先順位の高い順にソート条件を追加し(❶)、次にソート範囲や見出し行の設定といった全体的な設定を指定し(❷)、最後にApplyメソッドで実行します(❸)。

```
Dim myRange As Range
Set myRange = Range("A1").CurrentRegion
With ActiveSheet.Sort
    With .SortFields
        .Clear
        .Add myRange.Columns(3), xlSortOnValues, xlAscending      ❶
        .Add myRange.Columns(1), xlSortOnValues, xlAscending
        .Add myRange.Columns(2), xlSortOnValues, xlAscending
        .Add myRange.Columns(11), xlSortOnValues, xlAscending
    End With
    .SetRange myRange         '対象セル範囲をセット                  ❷
    .Header = xlYes           '先頭行を見出し行と見なす
    .Orientation = xlTopToBottom  '行方向に並べ替え
    .Apply ──────────────────────────❸
End With
```

サンプルの結果

	A	B	C	D	E	F	G	H	I	J	K	L	M	N
1	伝票No	枝	担当者名	日付	顧客名	商品名	単価	数量	税抜金額	消費税	売上金額	備考	地区	商品分類
2	1	1	大村あつし	2020/7/8	日本ソフト　静岡支店	ThinkPad 385XD 2635-9TJ	291,300	1	291,300	14,565	305,865	見積りNo.2－1	静岡県	ノート
3	1	2	大村あつし	2020/7/8	日本ソフト　静岡支店	MO MOF-H640	79,800	2	159,600	7,980	167,580	見積りNo.2－2	静岡県	リムーバル
4	8	1	大村あつし	2020/7/16	日本ソフト　三重支店	ValueStar NX VS30/35d	328,000	2	656,000	32,800	688,800	見積りNo.1 1	三重県	デスクトップ
5	10	1	大村あつし	2020/7/21	パーストアウト	FMV-DESKPOWER SVI265	298,000	1	298,000	14,900	312,900		岐阜県	デスクトップ
6	10	2	大村あつし	2020/7/21	パーストアウト	FMV-BIBLO NUV123	378,000	1	378,000	18,900	396,900		岐阜県	ノート
7	10	3	大村あつし	2020/7/21	パーストアウト	ジェット BJC-465J	79,800	1	79,800	3,990	83,790		岐阜県	プリンタ
8	14	1	大村あつし	2020/7/27	日本ソフト　本社	液晶 LCD-D14T	218,000	4	872,000	43,600	915,600		岐阜県	ディスプレイ
9	14	2	大村あつし	2020/7/27	日本ソフト　本社	PD NX8/PCSC	45,000	2	90,000	4,500	94,500		岐阜県	リムーバル

194 フリガナを無視してソートしたい

サンプルファイル 194.xlsm

365 2019 2016 2013

フリガナ情報を無視して担当者順に並べ替え

構文

メソッド／プロパティ	意味
セル範囲.Sort 各種設定, SortMethod:=xlStroke	セルの値のみを基準に並べ替え
Sortオブジェクト.SortMethod = xlStroke	

下図左は、セル範囲A1:C7を「担当」列の値を基準に並べ替えた結果です。同じ「大村」という値が別々の場所にある点に注目してください。この原因はセルのフリガナです。見かけは同じ「大村」でも、フリガナが「オオムラ」「ダイムラ」「無し」の3種類存在するため、別々のものとして見なされているのです。

こういった場合にフリガナを無視して並べ替えるには、Sortメソッドの場合には、引数SortMethodに「xlStroke」を指定して実行します。

```
Range("A1:C7").Sort Range("A1"), SortMethod:=xlStroke
```

Sortオブジェクトの場合は、SortMethodプロパティの値に「xlStroke」を指定して実行します。

```
ActiveSheet.Sort.SortMethod = xlStroke
```

なお、フリガナの設定は1回指定すると、その値が保持されます。再びフリガナを使って並べ替える場合には、「xlPinYin」を指定します。

サンプルの結果

	A	B	C
1	担当	商品	金額
2	オオムラ 大村	A	1,500
3	オオムラ 大村	C	2,000
4	カトウ 加藤	B	1,000
5	カトウ 加藤	A	1,500
6	ダイムラ 大村	B	1,000
7	大村	C	2,000
8			

	A	B	C
1	担当	商品	金額
2	オオムラ 大村	A	1,500
3	オオムラ 大村	C	2,000
4	ダイムラ 大村	B	1,000
5	大村	C	2,000
6	カトウ 加藤	A	1,500
7	カトウ 加藤	B	1,000
8			

195 行頭の数値でソートしたい

サンプルファイル 195.xlsm

365 2019 2016 2013

利用シーン データの先頭にある数値の順番に並べ替え

構文

関数	意味
Val(半角数値から始まる文字列)	文字列先頭の数値を取り出す

下図左は、行頭に数値のついているデータを並べ替えた結果です。数値の小さい順に並んでほしいところですが、文字列扱いなので「19」の後ろに「2」が来てしまっています。

このような場合には、行頭の数値を取り出した作業用の列を作成し、その列を使ってソートしましょう。ソート後、不要であれば作業用の列は削除してかまいません。

次のサンプルは、B列にソート用の作業列を作成します。行頭の数値が全角である場合も考えられるので、StrConv関数で半角にしたうえで、Val関数で数値のみを取り出しています。

```
Dim myRange As Range
Range("B1").Value = "ソート用"
For Each myRange In Range("A2:A31")
    myRange.Next.Value = Val(StrConv(myRange.Value, vbNarrow))
Next
```

サンプルの結果

	A	B	C
1	項目名		
2	1：項目1		
3	10：項目10		
4	11：項目11		
5	12：項目12		
6	13：項目13		
7	14：項目14		
8	15：項目15		
9	16：項目16		
10	17：項目17		
11	18：項目18		
12	19：項目19		
13	2：項目2		
14	20：項目20		
15	21：項目21		

	A	B	C
1	項目名	ソート用	
2	1：項目1	1	
3	10：項目10	10	
4	11：項目11	11	
5	12：項目12	12	
6	13：項目13	13	
7	14：項目14	14	
8	15：項目15	15	
9	16：項目16	16	
10	17：項目17	17	
11	18：項目18	18	
12	19：項目19	19	
13	2：項目2	2	
14	20：項目20	20	
15	21：項目21	21	

	A	B	C
1	項目名	ソート用	
2	1：項目1	1	
3	2：項目2	2	
4	3：項目3	3	
5	4：項目4	4	
6	5：項目5	5	
7	6：項目6	6	
8	7：項目7	7	
9	8：項目8	8	
10	9：項目9	9	
11	10：項目10	10	
12	11：項目11	11	
13	12：項目12	12	
14	13：項目13	13	
15	14：項目14	14	

196 行頭の型番や枝番を抜き出してソートしたい

サンプルファイル 196.xlsm

365 2019 2016 2013

行頭に型番や枝番が付いているデータを型番・枝番を基準にソートする

構文

関数	意味
Split(文字列, 区切り文字)	文字列を区切り文字で区切った配列を作成

下図左は、行頭に「C大分類の数値-小分類の数値:項目名」というルールで番号が振られているデータを並べ替えた結果です。意図としては、「C1-1:項目1」が先頭に来てほしいところですが、うまくいっていません。

このような場合には、行頭の数値を取り出した作業用の列を作成し、その列を使ってソートしましょう。ソート後、不要であれば作業用の列は削除してかまいません。

次のサンプルは、B・C列にソート用の作業列を作成します。その後、B列、C列の優先順位で並べ替えれば目的の順番にソートできます。ソートに必要な値を取り出す方法はいろいろありますが、サンプルではSplit関数を使用しています。

```
Dim myRange As Range, myStr As String
Range("B1:C1").Value = Array("大分類", "小分類")
For Each myRange In Range("A2:A11")
    myStr = Split(myRange.Value, ":")(0)
    myRange.Offset(0, 1).Value = Val(Split(myStr, "C")(1))
    myRange.Offset(0, 2).Value = Val(Split(myStr, "-")(1))
Next
```

サンプルの結果

	A	B
1	項目名	
2	C10-1：項目10	
3	C1-1：項目1	
4	C1-10：項目3	
5	C1-2：項目2	
6	C2-1：項目4	
7	C2-10：項目6	
8	C2-2：項目5	
9	C3-1：項目7	
10	C3-10：項目9	
11	C3-2：項目8	
12		

▶

	A	B	C	D
1	項目名	大分類	小分類	
2	C1-1：項目1	1	1	
3	C1-2：項目2	1	2	
4	C1-10：項目3	1	10	
5	C2-1：項目4	2	1	
6	C2-2：項目5	2	2	
7	C2-10：項目6	2	10	
8	C3-1：項目7	3	1	
9	C3-2：項目8	3	2	
10	C3-10：項目9	3	10	
11	C10-1：項目10	10	1	
12				

197 正規表現で行頭の型番や枝番を抜き出してソートしたい

サンプルファイル 197.xlsm

365 2019 2016 2013

不揃いの形式の型番や枝番から必要な情報を取り出して並べ替え

構文 関数	意味
CreateObject("VBScript.RegExp")	正規表現用のRegExpオブジェクトを生成

下図左は、行頭に「分類文字・型番-枝番:商品名」というルールで番号が振られたデータを並べ替えた結果です。分類文字は3文字や5文字であり、型番や枝番は「1」であったり「001」であったり、さらには全角半角が混在していたりと、なかなかにやっかいな状態です。もちろん、意図したように並べ替えられていません。

このような場合には、StrCov関数による全角／半角の統一（P.351）や、RegExpオブジェクトを利用した正規表現(P.355)を使うと、行頭の型番や枝番を取り出す作業用の列の作成が容易になります。ソート後、不要であれば作業用の列は削除してかまいません。

```
Dim myRange As Range, myStr As String, myRegExp As Object
Range("B1:D1").Value = Array("商品分類", "型番", "枝番")
Set myRegExp = CreateObject("VBScript.RegExp")
myRegExp.Pattern = "(^¥D+)(¥d+)-(¥d+)"
For Each myRange In Range("A2:A7")
    myStr = StrConv(myRange.Value, vbNarrow)
    With myRegExp.Execute(myStr)(0)
        myRange.Offset(0, 1).Value = .SubMatches(0)
        myRange.Offset(0, 2).Value = Val(.SubMatches(1))
        myRange.Offset(0, 3).Value = Val(.SubMatches(2))
    End With
Next
```

サンプルの結果

	A
1	商品名
2	Excel001-002：商品2
3	Ｅｘｃｅｌ１－００１：商品1
4	Excel10-1：商品3
5	ＶＢＡ01-１：商品4
6	VBA１-０３：商品6
7	VBA1-2：商品5
8	

	A	B	C	D
1	商品名	商品分類	型番	枝番
2	Ｅｘｃｅｌ１－００１：商品1	Excel	1	1
3	Excel001-002：商品2	Excel	1	2
4	Excel10-1：商品3	Excel	10	1
5	ＶＢＡ01-１：商品4	VBA	1	1
6	VBA1-2：商品5	VBA	1	2
7	VBA１-０３：商品6	VBA	1	3
8				

198 一時的にソートして元に戻したい

サンプルファイル 198.xlsm

365 2019 2016 2013

売り上げ一覧を一時的に金額順に並べて結果を確かめてから元に戻す

構文

メソッド	意味
セル範囲.DataSeries Rowcol:=xlColumns, Type:=xlLinear, Step:=1	セル範囲の列方向に連続データを作成

他の人が管理しているブック上に、どういう意図かわからない順番で並んでいる表がある場合、一時的に他の順番で並べ替えて、整理・データの確認後に元の並び順に戻しておきたい場合があります。

このような場合には、一時的に並べ替え用の列を作成し、そこに連番を振っておきます。目的に応じた並べ替え作業が終わったら、作業用の列で並べ替えれば元通りです。その後、必要がなければ作業用の列は削除してしまいましょう。

次のサンプルは、セルA1から始まるアクティブセル領域の1つ右に、作業用の列を追加します。なお、連番を振るには［連続データの作成］機能（DataSeriesメソッド）が便利です。

```
Dim myRange As Range
Set myRange = Range("A1").CurrentRegion
With myRange.Columns(1).Offset(0, myRange.Columns.Count)
    .Cells(1).Value = 0
    .Cells(2).Value = 1
    .DataSeries Rowcol:=xlColumns, Type:=xlLinear, Step:=1
    .Cells(1).Value = "元の順番"
End With
```

サンプルの結果

	A	B	C	D
1	日付	顧客名	売上金額	担当者名
2	2020/8/4	増根倉庫	197,400	鈴木麻由
3	2020/7/11	システムアスコム	197,400	牧野光
4	2020/7/10	レッドコンピュータ	144,900	鈴木麻由
5	2020/7/23	チャッピー企画	155,400	萩原弘文
6	2020/7/14	増根倉庫	83,790	鈴木麻由
7	2020/7/12	日本CCM	365,400	牧野光
8	2020/7/21	パーストアウト	396,900	大村あつし
9	2020/8/1	日本ソフト　愛知支店	512,400	大村あつし
10	2020/7/11	システムアスコム	65,100	牧野光
11	2020/7/13	ゲイツ製作所	396,900	牧野光

▶

	A	B	C	D	E	F
1	日付	顧客名	売上金額	担当者名	元の順番	
2	2020/8/4	増根倉庫	197,400	鈴木麻由	1	
3	2020/7/11	システムアスコム	197,400	牧野光	2	
4	2020/7/10	レッドコンピュータ	144,900	鈴木麻由	3	
5	2020/7/23	チャッピー企画	155,400	萩原弘文	4	
6	2020/7/14	増根倉庫	83,790	鈴木麻由	5	
7	2020/7/12	日本CCM	365,400	牧野光	6	
8	2020/7/21	パーストアウト	396,900	大村あつし	7	
9	2020/8/1	日本ソフト　愛知支店	512,400	大村あつし	8	
10	2020/7/11	システムアスコム	65,100	牧野光	9	
11	2020/7/13	ゲイツ製作所	396,900	牧野光	10	

フィルターで抽出したい

サンプルファイル 199.xlsm

365 2019 2016 2013

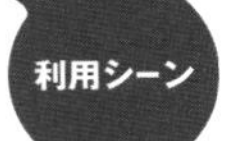

「名前」が「大村」のデータのみを抽出する

構文

メソッド	意味
セル範囲.AutoFilter Field:=列番号, Criteria1:=抽出条件式	セル範囲のデータを抽出

［フィルター］機能をVBAから操作する際の基礎を整理しておきましょう。

任意のセル範囲にフィルターをかけるには、セル範囲を表すRangeオブジェクトにAutoFilterメソッドを実行します。次のコードは、セル範囲A1:D10のうち、3列目の値が「大村」のデータを抽出します。

```
Range("A1:D10").AutoFilter Field:=3, Criteria1:="大村"
```

フィルター操作の基礎

	A	B	C	D	E
1	日付	地域	名前	金額	
2	2020/7/10	静岡	大村	1,000,000	
3	2020/7/11	東京	望月	700,000	
4	2020/7/12	静岡	大村	500,000	
5	2020/7/13	東京	佐野	800,000	
6	2020/7/14	静岡	佐野	2,000,000	
7	2020/7/15	東京	芦川	2,400,000	
8	2020/7/16	静岡	芦川	1,500,000	
9	2020/7/17	東京	前田	1,800,000	
10	2020/7/18	静岡	大村	1,200,000	

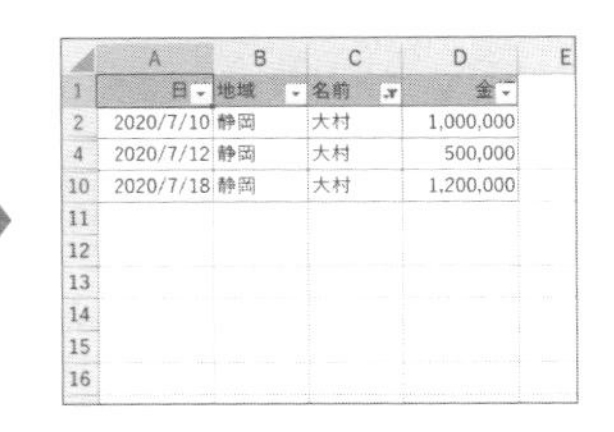

	A	B	C	D	E
1	日	地域	名前	金	
2	2020/7/10	静岡	大村	1,000,000	
4	2020/7/12	静岡	大村	500,000	
10	2020/7/18	静岡	大村	1,200,000	
11					
12					
13					
14					
15					
16					

さらに異なる列にもフィルターをかけたい場合は、同じようにAutoFilterメソッドを実行していきます。

フィルターが適用されている状態で、引数を何も指定せずにAutoFilterメソッドを実行すると、フィルターが解除されます。この場合、フィルター矢印は残ります。

```
Range("A1:D10").AutoFilter
```

フィルターを解除するだけでなく、フィルターの設定そのものを解除する（フィルター矢印の表示も消す）には、ワークシートのAutoFilterModeプロパティの値を「False」に設定します。

```
ActiveSheet.AutoFilterMode = False
```

200 フィルター矢印を非表示にしたい

サンプルファイル 200.xlsm

365 2019 2016 2013

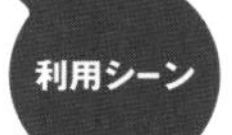

利用シーン フィルター矢印で項目名が隠れてしまうのを防ぐ

構文

メソッド	意味
セル範囲.AutoFilter 各種設定, VisibleDropDown:=False	フィルター矢印非表示

フィルター範囲の見出しの列には、フィルター矢印が表示されます。フィルター操作を行う際には便利なのですが、操作を行わない列にまで表示されると、列見出しが見にくくなってしまいます。そこで、操作する列のみフィルター矢印を表示してみましょう。

フィルター矢印は、AutoFilterメソッドの引数VisibleDropDownに「True」「Flase」を指定して実行することで、表示／非表示を切り替えられます。

次のサンプルはセル範囲A1:D10のフィルター矢印を、いったんすべて非表示にしたあとで、2列目の「地域」列のみ再表示しています。

```
Dim myRange As Range, i As Long
Set myRange = Range("A1:D10")
With myRange
    For i = 1 To .Columns.Count
        .AutoFilter i, VisibleDropDown:=False
    Next
    .AutoFilter Field:=2, Criteria1:="静岡", VisibleDropDown:=True
End With
```

●サンプルの結果●

	A	B	C	D
1	日付	地域	名前	金額
2	2020/7/10	静岡	大村	1,000,000
3	2020/7/11	東京	望月	700,000
4	2020/7/12	静岡	大村	500,000
5	2020/7/13	東京	佐野	800,000
6	2020/7/14	静岡	佐野	2,000,000
7	2020/7/15	東京	芦川	2,400,000
8	2020/7/16	静岡	芦川	1,500,000
9	2020/7/17	東京	前田	1,800,000
10	2020/7/18	静岡	大村	1,200,000
11				

▶

	A	B	C	D
1	日付	地域	名前	金額
2	2020/7/10	静岡	大村	1,000,000
4	2020/7/12	静岡	大村	500,000
6	2020/7/14	静岡	佐野	2,000,000
8	2020/7/16	静岡	芦川	1,500,000
10	2020/7/18	静岡	大村	1,200,000
11				
12				
13				
14				
15				

フィルターで空白のセルを抽出したい

サンプルファイル 201.xlsm

365 2019 2016 2013

一覧表の中でデータの入力されていないセルを一括表示する

メソッド	意味
セル範囲.AutoFilter 各種設定, Criteria1:="="	空白セルを対象に抽出

「フィルターで空白のセルを抽出する」テクニックは、手作業でも可能ですが、これをVBAで行う方法はあまり知られていないのではないでしょうか。

空白のセルは、条件に「"="」を指定します。このテクニックで空白のセルを抽出すれば、入力忘れのデータだけを表示して、効率よくデータを入力できます。

次のサンプルは、3列目の「名前」列が空白であるデータを抽出します。

```
Range("A1").AutoFilter Field:=3, Criteria1:="="
```

サンプルの結果

	A	B	C	D	E
1	日付	地域	名前	金額	
2	2020/7/10	静岡	大村	1,000,000	
3	2020/7/11	東京	望月	700,000	
4	2020/7/12	静岡	大村	500,000	
5	2020/7/13	東京	佐野	800,000	
6	2020/7/14	静岡		2,000,000	
7	2020/7/15	東京	芦川	2,400,000	
8	2020/7/16	静岡		1,500,000	
9	2020/7/17	東京	前田	1,800,000	
10	2020/7/18	静岡	大村	1,200,000	
11					
12					

	A	B	C	D	E
1	日	地域	名前	金	
6	2020/7/14	静岡		2,000,000	
8	2020/7/16	静岡		1,500,000	
11					
12					
13					
14					
15					
16					
17					
18					

また、逆に、「空白ではないセル」で抽出したいときには、条件に「"<>"」を指定してください。

202

フィルターで特定の文字を含む／含まないデータを抽出したい

サンプルファイル 202.xlsm

365 2019 2016 2013

「名前」列に「村」を含むデータを抽出する

構文

メソッド	意味
AutoFilter 各種設定, Criteria1:=ワイルドカード指定	あいまい条件で抽出

フィルターの抽出条件に文字列を使用する場合には、「"=*村*"」のようにワイルドカードが使えます。

■ ワイルドカードの使用例

検索条件文字列	意味
=村*	「村」で始まる文字列
=*村	「村」で終わる文字列
=*村*	「村」を含む文字列
=村???	「村」で始まる4文字の文字列

次のサンプルは、3列目の「名前」列に、「村」を含むデータを抽出します。

```
Range("A1").AutoFilter Field:=3, Criteria1:="=*村*"
```

●サンプルの結果●

	A	B	C	D
1	日付	地域	名前	金額
2	2020/7/10	静岡	大村	1,000,000
3	2020/7/11	東京	望月	700,000
4	2020/7/12	静岡	大村	500,000
5	2020/7/13	東京	佐野	800,000
6	2020/7/14	静岡	田村丸	2,000,000
7	2020/7/15	東京	芦川	2,400,000
8	2020/7/16	静岡	田村丸	1,500,000
9	2020/7/17	東京	前田	1,800,000
10	2020/7/18	静岡	大村	1,200,000

	A	B	C	D
1	日	地域	名前	金
2	2020/7/10	静岡	大村	1,000,000
4	2020/7/12	静岡	大村	500,000
6	2020/7/14	静岡	田村丸	2,000,000
8	2020/7/16	静岡	田村丸	1,500,000
10	2020/7/18	静岡	大村	1,200,000
11				
12				
13				
14				

また、逆に「村」を含まないデータを抽出する場合には、上記の条件式の先頭に「<>」を付加します。

```
Range("A1").AutoFilter Field:=3, Criteria1:="<>*村*"
```

203 フィルターで末尾の数値を元に抽出したい

サンプルファイル 203.xlsm

365 2019 2016 2013

伝票番号の末尾が「5」のデータのみを抽出する

構文

手法

数値列を文字列の列に変換してワイルドカード抽出

A列に「105」や「205」などの数値が並んでいるとします。このケースで、「末尾が5のデータだけを抽出する」にはどうしたらよいでしょうか。

対処法はいくつか考えられますが、ここでは数値データの冒頭にシングルクォーテーション(')を付加し、「文字列」と認識させた上で抽出する方法を紹介します。文字列のデータであれば、前トピックで利用したワイルドカードを使った抽出が可能です。

次のサンプルは、「伝票」と名前を定義したセル範囲(セル範囲A1:C10)の1列目の末尾の数値が、ダイアログボックスで入力された数値と一致するものだけをオートフィルタで抽出しています。

```
Dim myRange As Range, myCode As Variant
myCode = Application.InputBox("末尾の数字を入力してください")
If myCode = False Then Exit Sub
For Each myRange In Range("伝票").Columns(1).Cells
    If IsNumeric(myRange.Value) Then
        myRange.Value = "'" & myRange.Value
    End If
Next
Range("伝票").AutoFilter Field:=1, Criteria1:="=*" & myCode
```

サンプルの結果

	A	B	C
1	伝票No	名前	金額
2	101	大村	1,000,000
3	105	望月	700,000
4	109	大村	500,000
5	201	佐野	800,000
6	205	田村丸	2,000,000
7	209	芦川	2,400,000
8	301	田村丸	1,500,000
9	305	前田	1,800,000
10	309	大村	1,200,000

入力
末尾の数字を入力してください
5
OK キャンセル

	A	B	C
1	伝票I	名前	金
3	105	望月	700,000
6	205	田村丸	2,000,000
9	305	前田	1,800,000

204 フィルターで特定の色を抽出したい

サンプルファイル 204.xlsm

365 2019 2016 2013

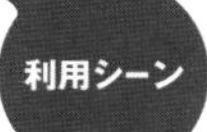

後でチェックをするために色を付けておいたデータのみを抽出

構文

メソッド	意味
AutoFilter 各種設定, 　Operator:=xlFilterCellColor, Criteria1:=色の指定	指定した背景色のデータを抽出

フィルターでセルの背景色を基準に抽出するには、AutoFilterメソッドの引数Operatorに「xlFilterCellColor」を指定し、引数Criteria1に対象となる色のRGB値を指定します。

次のサンプルは、1列目の「氏名」列が赤（パレット番号「3」番）で塗られているデータを抽出しています。

なお、色を指定する際は、Colorプロパティを利用し、カラーパレットの「3」番の色として指定しています。

```
Range("A1").AutoFilter _
        Field:=1, _
        Operator:=xlFilterCellColor, _
        Criteria1:=ThisWorkbook.Colors(3)
```

サンプルの結果

	A	B	C
1	氏名	ふりがな	所属
2	戎谷　友則	えびすたに　とものり	マーケティング部
3	津志　永士	つし　えいじ	資材整理課
4	蒲生　小麦	がもう　こむぎ	総務部
5	澄　智弘	すみ　ともひろ	資材整理課
6	清原　彩	きよはら　あや	マーケティング部
7	大河内　太一	おおこうち　たいち	企画運営本部
8	岩貝　智晶	いわがい　ともあき	マーケティング部
9	東海林　道弘	しょうじ　みちひろ	研究開発室
10	瀬川　英道	せがわ　えいどう	資材整理課
11	八馬　統吾	はちま　とうご	マーケティング部
12			

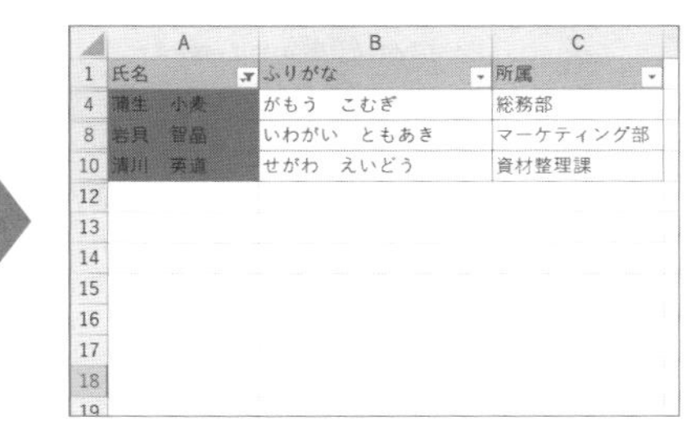

	A	B	C
1	氏名	ふりがな	所属
4	蒲生　小麦	がもう　こむぎ	総務部
8	岩貝　智晶	いわがい　ともあき	マーケティング部
10	瀬川　英道	せがわ　えいどう	資材整理課
12			
13			
14			
15			
16			
17			
18			
19			

フィルターで「あ行」のデータを抽出したい

サンプルファイル 205.xlsm

365 2019 2016 2013

XMLデータから「営業」社員のデータだけを読み込む

構文

メソッド	意味
AutoFilter 各種設定, Operator:=xlFilterValues, Criteria1:=値の配列	配列内のいずれかの値を持つデータを抽出

「ふりがな」列が「あ行」で始まるデータを抽出してみましょう。AutoFilterメソッドは、引数Operatorに「xlFilterValues」を指定し、引数Criteria1に値の配列を指定すると、その値の配列に含まれるデータすべてを抽出してくれます(ワイルドカードの使用は制限があります)。この仕組みを利用して、「あ行」で始まるリストを作成し、抽出します。

次のサンプルは、2列目の「ふりがな」列の「あ行」の値のリストを作成し(❶)、そのリストをAutoFilterメソッドの引数に指定して目的のデータを抽出します(❷)。

```
Dim myTable As Range, myRange As Range, myArr() As Variant
Set myTable = Range("A1").CurrentRegion
ReDim myArr(0)
For Each myRange In myTable.Columns(2).Cells              ❶
    If myRange.Value Like "[あいうえお]*" Then
        ReDim Preserve myArr(UBound(myArr) + 1)
        myArr(UBound(myArr)) = myRange.Value
    End If
Next
myTable.AutoFilter Field:=2, _
                Operator:=xlFilterValues, Criteria1:=myArr ——❷
```

サンプルの結果

	A	B	C	D
1	氏名	ふりがな	所属	
2	安住　清十郎	あずみ　せいじゅうろう	マーケティング部	
7	伊東　杏子	いとう　きょうこ	資材整理課	
8	稲部　清修	いのべ　せいしゅう	総務部	
14	岩貝　智晶	いわがい　ともあき	マーケティング部	
15	受地　重吉	うけじ　しげよし	総務部	
19	戎谷　友則	えびすたに　とものり	マーケティング部	
22	大河内　太一	おおこうち　たいち	企画運営本部	
24	大畑　浩吏	おおはた　ひろし	経理部	
27	小崎　芳雅	おさき　よしまさ	資材整理課	
32				

206 フィルターでトップ3や上位10%のデータを抽出したい

サンプルファイル 206.xlsm

365 2019 2016 2013

利用シーン 売り上げ上位トップ3のデータを抽出する

構文

プロパティ／メソッド	意味
AutoFilter 各種設定, Operator:=xlTop10Items, Criteria1:=順位数	順位で抽出
AutoFilter 各種設定, Operator:=xlTop10Percent, Criteria1:=割合	割合で抽出

「上位n個の値を持つデータを抽出したい」場合には、AutoFilterメソッドの引数Operatorに「xlTop10Items」を指定し、引数Criteria1に順位数を指定して実行します。

次のサンプルは、3列目の「金額」列のトップ3データを抽出します。抽出とセットで並べ替えも行っておくと、抽出されたデータがより見やすくなります。

```
With Range("A1").CurrentRegion
    .AutoFilter Field:=3, Operator:=xlTop10Items, Criteria1:=3
    .Sort .Columns(3), xlDescending, Header:=xlYes
End With
```

サンプルの結果

	A	B	C
1	伝票No	名前	金額
2	101	大村	1,000,000
3	105	望月	700,000
4	109	大村	500,000
5	201	佐野	800,000
6	209	芦川	2,400,000
7	205	田村丸	2,000,000
8	301	田村丸	1,500,000
9	305	前田	1,800,000
10	309	大村	1,200,000

	A	B	C	D
1	伝票N	名前	金	
6	209	芦川	2,400,000	
7	205	田村丸	2,000,000	
9	305	前田	1,800,000	
11				
12				
13				
14				
15				
16				

また、引数Operatorには「xlBottom10Items（下位ルール）」「xlTop10Percent（上位%ルール）」「xlBottom10Percent（下位%ルール）」も指定可能です。

次のコードでは、「上位10%」のデータを抽出します。

```
Range("A1").AutoFilter Field:=3, Operator:=xlTop10Percent, Criteria1:=10
```

207 シートのフィルター状態を調べたい

サンプルファイル 207.xlsm

365 2019 2016 2013

利用シーン シート上のフィルターが抽出状態かどうかをチェックする

構文

プロパティ	意味
シート.AutoFilterMode	シート内のフィルターの状態取得（テーブルは除く）
シート.AutoFilter	シート内のフィルターオブジェクトを取得
フィルター.FilterMode	フィルターの状態を取得

シートのAutoFilterプロパティからアクセスできるAutoFilterオブジェクトにはFilterModeプロパティという便利なプロパティがあります。これは、オートフィルターでデータが抽出されているときにはTrueを、抽出されていないときにはFalseを返すプロパティです。

次のサンプルでは、まず、シートのAutoFilterModeプロパティでシート内にフィルターのかけられている箇所があるかどうかを調べた上で、ある場合には、FilterModeプロパティを使用し、抽出が行われているかどうかを調べています。

```
If ActiveSheet.AutoFilterMode = True Then
    If ActiveSheet.AutoFilter.FilterMode = True Then
        MsgBox "データが抽出されています"
    Else
        MsgBox "データが抽出されていません"
    End If
End If
```

サンプルの結果

	A	B	C	D
1	日	地域	名前	金
2	2020/7/10	静岡	大村	1,000,000
3	2020/7/11	東京	望月	700,000
4	2020/7/12	静岡	大村	500,000
10	2020/7/18	静岡	大村	1,200,000

Microsoft Excel

データが抽出されています

OK

208 テーブルのあるシートのフィルター状態を調べたい

サンプルファイル 208.xlsm

365 2019 2016 2013

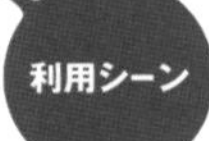

シート上のテーブル内のフィルターが抽出状態かどうかをチェックする

構文

プロパティ	意味
ListObject.AutoFilter	テーブルのフィルターオブジェクトを取得

テーブル機能を利用して作成したテーブルでフィルターをかけてある場合、その状態はシートのAutoFilterModeには反映されません。

```
MsgBox "シートのフィルター状態：" & ActiveSheet.AutoFilterMode
```

個々のテーブル（ListObject）のフィルター状態は、各テーブルのAutoFilterプロパティ経由でチェックする必要があります。

次のサンプルは、シート上にあるテーブルすべてのフィルター状態をチェックします。

テーブルのフィルター状態はシートのAutoFilterModeには反映されない

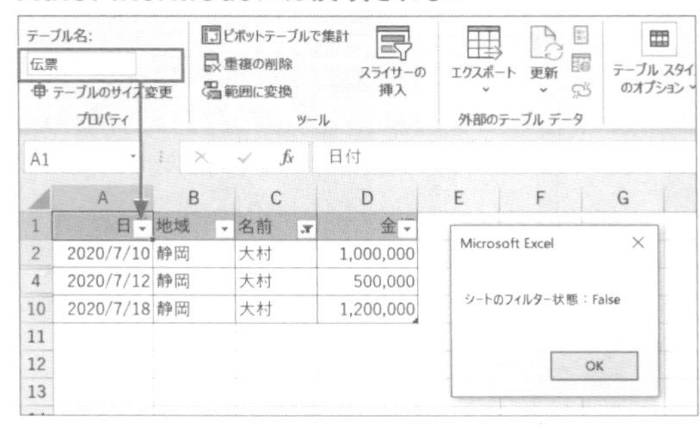


```
Dim myTable As ListObject
For Each myTable In ActiveSheet.ListObjects
    If myTable.AutoFilter Is Nothing Then
        MsgBox myTable.Name & "テーブルのフィルター：オフ"
    Else
        MsgBox myTable.Name & "テーブルのフィルター状態:" & _
               myTable.AutoFilter.FilterMode
    End If
Next
```

フィルターで特定期間を抽出したい

サンプルファイル 209.xlsm

365 2019 2016 2013

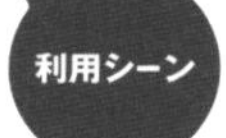

特定の期間内のデータのみを抽出して転記する

構文

メソッド	意味
AutoFilter 各種設定, Operator:=xlAnd, Criteria1:=">=開始日", Criteria2:="<=終了日"	期間で抽出

フィルターで特定期間のデータを抽出するには、AutoFilterメソッドの引数Operatorに「xlAnd」を指定し、引数Criteria1に「>=開始日」、引数Criteria2に「<=終了日」と指定して実行します。

次のサンプルは、1列目の「日付」列の値が、2020年7月13日～2020年7月15日のデータを抽出します。

```
Range("A1").AutoFilter _
        Field:=1, Operator:=xlAnd, _
        Criteria1:=">=2020/7/13", Criteria2:="<=2020/7/15"
```

サンプルの結果

	A	B	C	D
1	日付	地域	名前	金額
2	2020/7/10	静岡	大村	1,000,000
3	2020/7/11	東京	望月	700,000
4	2020/7/12	静岡	大村	500,000
5	2020/7/13	東京	佐野	800,000
6	2020/7/14	静岡	大村	2,000,000
7	2020/7/15	東京	芦川	2,400,000
8	2020/7/16	静岡	大村	1,500,000
9	2020/7/17	東京	前田	1,800,000
10	2020/7/18	静岡	大村	1,200,000
11				

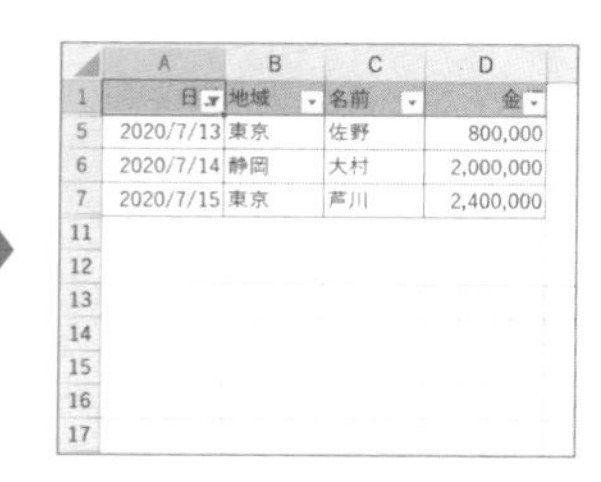

	A	B	C	D
1	日	地域	名前	金
5	2020/7/13	東京	佐野	800,000
6	2020/7/14	静岡	大村	2,000,000
7	2020/7/15	東京	芦川	2,400,000
11				
12				
13				
14				
15				
16				
17				

また、AutoFilterメソッドで「特定の1日」のデータを抽出する場合、セルの書式設定等の要因で意図したように抽出できない場合があります。その際には、少し変則的ですが、期間を指定する形式で、「開始日」と「終了日」に同じ日付を指定してみましょう。すると、書式に関わらずに日付値として処理され、意図した「特定の1日」が抽出対象となります。

```
Range("A1").AutoFilter Field:=1, Operator:=xlAnd, _
                Criteria1:=">=2020/7/13", Criteria2:="<=2020/7/13"
```

210 フィルターで今週や今月のデータを抽出したい

サンプルファイル 210.xlsm

365 2019 2016 2013

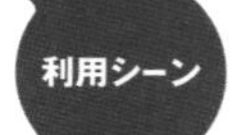

実行時の直近1週間か1か月のデータを抽出する

構文

メソッド	意味
AutoFilter 各種設定, Operator:=xlFilterDynamic, Criteria1:= 定数	定数の表す期間で抽出

日付値の入力されている列には、「今週」や「今月」といった、実行した日付によって抽出対象がダイナミックに変化する、[日付フィルター] が適用できます。

ダイナミックフィルター

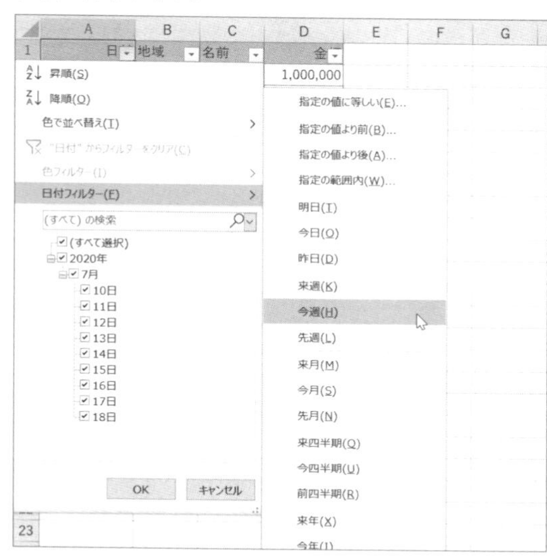

この機能をVBAから利用するには、AutoFilterメソッドの引数Operatorに「xlFilterDynamic」を指定し、引数Criteria1に次ページの定数を指定して実行します。

```
'「今週」のデータを抽出
Range("A1").CurrentRegion.AutoFilter _
  1, Operator:=xlFilterDynamic, Criteria1:=xlFilterThisWeek
```

■ 引数Criteria1に指定する定数と抽出期間

定数	値	説明
xlFilterToday	1	当日
xlFilterYesterday	2	前日
xlFilterTomorrow	3	翌日
xlFilterThisWeek	4	今週
xlFilterLastWeek	5	先週
xlFilterNextWeek	6	来週
xlFilterThisMonth	7	今月
xlFilterLastMonth	8	先月
xlFilterNextMonth	9	来月
xlFilterThisQuarter	10	当四半期
xlFilterLastQuarter	11	前四半期
xlFilterNextQuarter	12	次の四半期
xlFilterThisYear	13	今年
xlFilterLastYear	14	前年
xlFilterNextYear	15	来年
xlFilterYearToDate	16	当日から1年前
xlFilterAllDatesInPeriodQuarter1	17	第1四半期
xlFilterAllDatesInPeriodQuarter2	18	第2四半期
xlFilterAllDatesInPeriodQuarter3	19	第3四半期
xlFilterAllDatesInPeriodQuarter4	20	第4四半期
xlFilterAllDatesInPeriodJanuary	21	1月
xlFilterAllDatesInPeriodFebruary	22	2月
xlFilterAllDatesInPeriodMarch	23	3月
xlFilterAllDatesInPeriodApril	24	4月
xlFilterAllDatesInPeriodMay	25	5月
xlFilterAllDatesInPeriodJune	26	6月
xlFilterAllDatesInPeriodJuly	27	7月
xlFilterAllDatesInPeriodAugust	28	8月
xlFilterAllDatesInPeriodSeptember	29	9月
xlFilterAllDatesInPeriodOctober	30	10月
xlFilterAllDatesInPeriodNovember	31	11月
xlFilterAllDatesInPeriodDecember	32	12月
xlFilterAboveAverage	33	平均を上回る値
xlFilterBelowAverage	34	平均未満の値

211 フィルターで抽出された件数を取得したい

サンプルファイル 211.xlsm

365 2019 2016 2013

利用シーン 特定の取引先や担当者のデータが何件あるかを把握

構文

メソッド	意味
WorksheetFunction.Subtotal(3, フィルター列範囲) - 1	抽出件数を算出

AutoFilterオブジェクトには、抽出したデータ件数を取得するプロパティがありませんので、そのためのマクロを自分で作成しなければなりません。もっとも、本書でも随所で登場する「VBAでExcelのワークシート関数を使用する」テクニックを知っていれば、いとも容易に抽出したデータ件数を取得することができます。

ワークシート関数に詳しい人はすぐに思い浮かぶと思いますが、フィルター適用後のデータ件数を取得するときには、SUBTOTAL関数の第1引数に「3」を指定して使用すれば、フィルターによって非表示となっている部分を除いたデータの個数を求める集計方法となるので、それだけで目的は果たせます。

サンプルでは、見出し行を除くために、SUBTOTAL関数の結果から「1」減算している点に注意してください。

```
Dim myCount As Long
myCount = WorksheetFunction.Subtotal(3, Columns(1)) - 1
MsgBox "抽出されている件数：" & myCount
```

サンプルの結果

	A	B	C	D
1	日付	地域	名前	金額
2	2020/7/10	静岡	大村	1,000,000
4	2020/7/12	静岡	大村	500,000
6	2020/7/14	静岡	大村	2,000,000
8	2020/7/16	静岡	大村	1,500,000
10	2020/7/18	静岡	大村	1,200,000
11				
12				

Microsoft Excel

抽出されている件数：5

OK

フィルターの抽出結果のみを集計したい

サンプルファイル 212.xlsm

365 2019 2016 2013

特定の取引先や担当者の取引の合計金額を把握

構文

メソッド	意味
WorksheetFunction.Subtotal(9, フィルター列範囲)	合計を算出

前トピックに引き続き、SUBTOTALワークシート関数を利用して、フィルターの抽出結果のみを対象に集計を行ってみましょう。

任意のセル範囲の合計を求めるには、SUBTOTALワークシート関数の第1引数に「9」を指定します。

次のサンプルは、フィルター適用後にD列の合計を求めます。同じ合計を求めるSUMワークシート関数との結果の違いを確認して下さい。

```
Dim mySubTotal As Long, mySum As Long
mySubTotal = WorksheetFunction.Subtotal(9, Range("D:D"))
mySum = WorksheetFunction.Sum(Range("D:D"))
MsgBox "抽出範囲の合計：" & mySubTotal & vbCrLf & _
        "全体範囲の合計：" & mySum
```

●サンプルの結果●

	A	B	C	D
1	日	地域	名前	金
2	2020/7/10	静岡	大村	1,000,000
4	2020/7/12	静岡	大村	500,000
6	2020/7/14	静岡	大村	2,000,000
8	2020/7/16	静岡	大村	1,500,000
10	2020/7/18	静岡	大村	1,200,000
11				
12				

Microsoft Excel

抽出範囲の合計：6200000
全体範囲の合計：11900000

OK

213 フィルター状態を解除せずに全データを表示したい

サンプルファイル 213.xlsm

365 2019 2016 2013

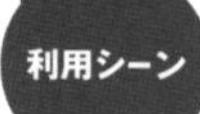

全体データを見渡すために フィルター状態を保ったまま全件表示

構文

メソッド	意味
ActiveSheet.ShowAllData	アクティブセルのあるフィルターを全件表示
テーブル.AutoFilter.ShowAllData	指定テーブルのフィルターを全件表示

フィルターですでにデータが抽出されているワークシートに対して、「オートフィルターを解除せずに全データを表示する」ときには、ShowAllDataメソッドを使用します。

```
ActivSheet.ShowAllData
```

サンプルの結果

	A	B	C	D	E
1	日	地域	名前	金	
2	2020/7/10	静岡	大村	1,000,000	
4	2020/7/12	静岡	大村	500,000	
6	2020/7/14	静岡	大村	2,000,000	
8	2020/7/16	静岡	大村	1,500,000	
10	2020/7/18	静岡	大村	1,200,000	
11					
12					
13					
14					

▶

	A	B	C	D	E
1	日	地域	名前	金	
2	2020/7/10	静岡	大村	1,000,000	
3	2020/7/11	東京	望月	700,000	
4	2020/7/12	静岡	大村	500,000	
5	2020/7/13	東京	佐野	800,000	
6	2020/7/14	静岡	大村	2,000,000	
7	2020/7/15	東京	芦川	2,400,000	
8	2020/7/16	静岡	大村	1,500,000	
9	2020/7/17	東京	前田	1,800,000	
10	2020/7/18	静岡	大村	1,200,000	

ただし、同一シート上にテーブル範囲がある場合は注意が必要です。たとえば、セルA1から始まるセル範囲に通常のフィルター範囲が作成されており、同時に、セル範囲B12:D16にテーブルが作成してあるとします。このような場合、ActiveSheet.ShowAllDataメソッドは、「アクティブセルのある位置に応じた種類のフィルターのみを全件表示する」動きとなります。つまり、セルA1を選択しているときと、セルB12を選択しているときでは結果が異なります。

```
Range("A1").Select
ActiveSheet.ShowAllData   'シートのフィルターのみ全件表示(テーブルはそのまま)
Range("B12").Select
ActiveSheet.ShowAllData   'セルB12を含むテーブルのフィルターのみ全件表示
```

「シート上のすべてのフィルターを全件表示」という動きにはならない点に注意してください。

「シート上のすべてのフィルターを全件表示」したい場合には、いろいろとやり方はありますが、次のサンプルのようにひと手間をかけてあげる必要があります。

まず、テーブル範囲に含まれないセルまで移動し(❶)、シートのフィルターを全件表示した上で(❷)、個別のテーブルのフィルターを全件表示します(❸)。

```
'テーブル範囲「ではない」セルを選択
Do Until ActiveCell.ListObject Is Nothing ―――❶
    ActiveCell.Offset(1).Select
Loop
'シートのフィルター全件表示
ActiveSheet.ShowAllData ―――❷
'各テーブルのフィルター全件表示
Dim myTable As ListObject
For Each myTable In ActiveSheet.ListObjects
    myTable.AutoFilter.ShowAllData ―――❸
Next
```

サンプルの結果

	A	B	C	D
1	日	地域	名前	金
2	2020/7/10	静岡	大村	1,000,000
4	2020/7/12	静岡	大村	500,000
6	2020/7/14	静岡	大村	2,000,000
8	2020/7/16	静岡	大村	1,500,000
10	2020/7/18	静岡	大村	1,200,000
11				
12			商品	出荷
13		1	りんご	50
15		3	りんご	80
17				
18				
19				
20				
21				
22				
23				

	A	B	C	D
1	日	地域	名前	金
2	2020/7/10	静岡	大村	1,000,000
3	2020/7/11	東京	望月	700,000
4	2020/7/12	静岡	大村	500,000
5	2020/7/13	東京	佐野	800,000
6	2020/7/14	静岡	大村	2,000,000
7	2020/7/15	東京	芦川	2,400,000
8	2020/7/16	静岡	大村	1,500,000
9	2020/7/17	東京	前田	1,800,000
10	2020/7/18	静岡	大村	1,200,000
11				
12			商品	出荷
13		1	りんご	50
14		2	蜜柑	100
15		3	りんご	80
16		4	蜜柑	140
17				

フィルターが設定されている セル範囲を取得したい

サンプルファイル 214.xlsm

365 2019 2016 2013

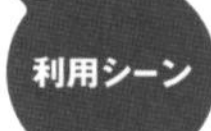

全体データを見渡すために フィルター状態を保ったまま全件表示

構文

プロパティ	意味
シート.AutoFilter.Range	アクティブセルに応じたフィルター範囲を取得

フィルター設定後は、AutoFilterプロパティ経由でAutoFilterオブジェクトを取得し、さらにRangeプロパティでフィルターの設定されているセル範囲が取得できます。

```
ActiveSheet.AutoFilter.Range
```

ただし、2点注意点があります。1つ目は、AutoFilterオブジェクトがなければエラーが発生する点。2つ目は、テーブル範囲内のセルを選択している場合、シートのAutoFilterプロパティは、テーブル範囲内のフィルターを対象とする点です。

そこでサンプルでは、AutoFilterModeプロパティで、シートにフィルターが設定されているかどうかをチェックし、設定されている場合は、アクティブセルをテーブル範囲外に移動してからアドレスを表示しています。

```
If ActiveSheet.AutoFilterMode = True Then
    Do Until ActiveCell.ListObject Is Nothing
        ActiveCell.Offset(1).Select
    Loop
    MsgBox ActiveSheet.AutoFilter.Range.Address
End If
```

サンプルの結果

	A	B	C	D
1	日	地域	名前	金
2	2020/7/10	静岡	大村	1,000,000
4	2020/7/12	静岡	大村	500,000
6	2020/7/14	静岡	大村	2,000,000
8	2020/7/16	静岡	大村	1,500,000
10	2020/7/18	静岡	大村	1,200,000
11				
12			商品	出荷
13		1	りんご	50
15		3	りんご	80
17				

Microsoft Excel

$A$1:$D$10

OK

フィルターで抽出されたデータをコピーしたい

サンプルファイル 215.xlsm

365 2019 2016 2013

「名前」が「大村」のデータのみをコピー

構文

メソッド	意味
フィルター適用範囲.Copy	フィルター結果のみをコピー

フィルターでデータを抽出すると、非表示の行ができます。そのため、抽出されたデータをコピーするときに、可視セルだけを対象とする「SpecialCells(xlCellTypeVisible)」メソッドを使いたくなりますが、次のサンプルのようにCurrentRegionプロパティでフィルターを適用したセル範囲全体を取得し、Copyメソッドでコピーするだけで、抽出したデータのみをコピーすることができます(ちなみに、「SpecialCells(xlCellTypeVisible)」メソッドを使ってもエラーは発生しません)。

```
Range("A1").AutoFilter Field:=3, Criteria1:="大村"
Range("A1").CurrentRegion.Copy Worksheets("Sheet2").Range("A1")
```

サンプルの結果

Sheet1

	A	B	C	D
1	日	地域	名前	金
2	2020/7/10	静岡	大村	1,000,000
4	2020/7/12	静岡	大村	500,000
6	2020/7/14	静岡	大村	2,000,000
8	2020/7/16	静岡	大村	1,500,000
10	2020/7/18	静岡	大村	1,200,000
11				
12				
13				

Sheet2

	A	B	C	D
1	日付	地域	名前	金額
2	2020/7/10	静岡	大村	1,000,000
3	2020/7/12	静岡	大村	500,000
4	2020/7/14	静岡	大村	2,000,000
5	2020/7/16	静岡	大村	1,500,000
6	2020/7/18	静岡	大村	1,200,000
7				
8				
9				

データ部分のみを転記したい場合には、上記マクロの最後に次の一文を加えて、1行目の見出し行を削除してしまうのがお手軽です。

```
Worksheets(2).Rows(1).Delete
```

また、トピック112(156ページ)の仕組みを使って、あらかじめ見出しを除くセル範囲を取得し、その範囲のみをCopyメソッドでコピーしてもよいでしょう。

なお、テーブル範囲の抽出結果をコピーする場合は、少々注意が必要です。詳しくはトピック111(155ページ)を参照してください。

フィルターで抽出した条件を取得したい

サンプルファイル 216.xlsm

365 2019 2016 2013

利用シーン 手作業で設定した抽出条件を再現できるように取得

構文

プロパティ	意味
フィルター列.On	フィルター列の適用状態を取得
フィルター列.Operator	フィルター列のオペレーターを取得
フィルター列.Criteria1/Criteria2	フィルター列の式を取得

フィルターでデータが抽出されているかどうかはFilterModeプロパティで判定できますが、どの列が抽出されているかを判定するときには、フィルター範囲の各列の状態を管理するFilterオブジェクトの、Onプロパティの値で順次判定します。

また、抽出条件はCriteria1とCriteria2プロパティで取得できます。抽出条件が1つのときはCriteria1プロパティ、そして、「～以上で、～より小さい」のように条件が2つのときはCriteria2プロパティを使います。ですから、Criteria1、Criteria2、Criteria3…と、無制限にプロパティがあるわけではありませんので間違えないでください。

そして、条件が1つなのか(Criteria1プロパティなのか)、2つなのか(Criteria2プロパティなのか)については、Operatorプロパティが「0」でなければ、条件は2つと判断できます。

もっとも、日付の場合に「年」や「月」でデータを絞り込んでいるときには、次のサンプルではエラーが発生します。また、VBAのバグと思われますが、複数列のデータを抽出している条件下で次のサンプルを実行するとエラーが発生することもあります。

基本的に、次のサンプルは県名や氏名などの文字列で、「単一の列」のデータを絞り込んでいるときに有用なものと考えてください。

```
Dim i As Long, myMsg As String
With ActiveSheet.AutoFilter
  For i = 1 To .Filters.Count
    With .Filters(i)
      If .On = True Then
        myMsg = myMsg & i & "列目の抽出条件："
        If .Operator <> 0 Then
          myMsg = myMsg & .Criteria1 & " と " & .Criteria2 & vbCrLf
        Else
          myMsg = myMsg & .Criteria1 & vbCrLf
        End If
      End If
    End With
  Next i
End With
MsgBox myMsg
```

サンプルの結果

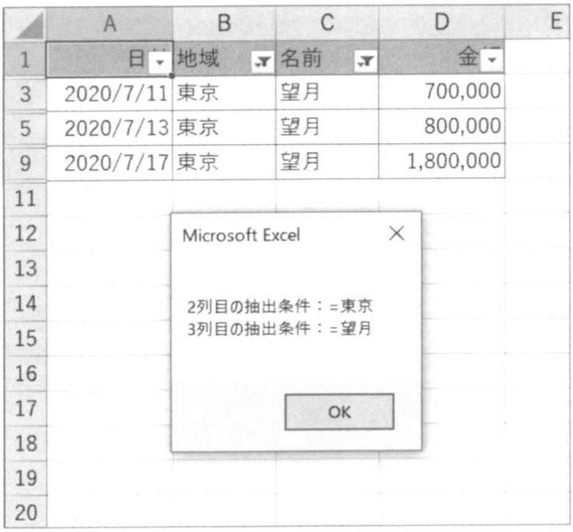

	A	B	C	D	E
1	日付	地域	名前	金額	
3	2020/7/11	東京	望月	700,000	
5	2020/7/13	東京	望月	800,000	
9	2020/7/17	東京	望月	1,800,000	

Microsoft Excel

2列目の抽出条件：=東京
3列目の抽出条件：=望月

OK

217 フィルターの詳細設定で複数条件を組み合わせて抽出したい

サンプルファイル 217.xlsm

365 2019 2016 2013

「担当者名」列と「顧客名」列に一括でフィルターをかける

構文

メソッド	意味
セル範囲.AdvancedFilter Action:=xlFilterInPlace, 条件式のセル範囲	フィルター矢印非表示

フィルターは非常に使い勝手のよい機能ですが、複数列に渡って抽出条件を指定する際には、1列ずつフィルターをかける必要があり、抽出する条件にも制約があります。

それを補うため、シート上に記述した抽出条件に従ってフィルターをかける、[フィルターの詳細設定]機能([フィルターオプション]機能)が用意されています。

抽出条件は図のように、列見出しと抽出したい値を組み合わせて記述します。

シート上に作成された抽出条件

	A	B	C	D	E	F	G	H
1	■抽出条件その1		■抽出条件その2			■抽出条件その3		
2	担当者名		日付	日付		担当者名	顧客名	
3	大村あつし		>=2016/7/8	<=2016/7/12		大村あつし	=日本ソフト*	
4	片山早苗					片山早苗	ドンキ量販店	
5								
6								
7								

セル範囲A2:A4の「担当者名」のように縦方向に条件を並べたときには、2人の担当者のいずれかのデータを抽出するOr条件になります。セル範囲C2:D3の「日付」のように横方向に条件を並べたときには、2つの日付の間の期間のデータを抽出するAnd条件となります。さらに、セル範囲F2:G4の「担当者」「顧客名」の表は、And条件とOr条件を組み合わせ、「『担当者名』が『大村あつし』で『顧客名』が『日本ソフト』で始まるデータ、もしくは、『担当者名』が『片山早苗』で『顧客名』が『ドンキ量販店』のデータ」を抽出します。

VBAから作成した条件式となるセル範囲を指定してフィルターをかけるには、AdvancedFilterメソッドを使用します。

次のサンプルは、「伝票データ」と名前を付けたセル範囲に対して、前述の3つの条件式のうちの3つ目を適用して抽出します。なお、各条件式は、「抽出条件」シートに記述されています。

217

フィルターの詳細設定で複数条件を組み合わせて抽出したい

365 2019 2016 2013

```
Range("伝票データ").AdvancedFilter _
                    Action:=xlFilterInPlace, _
                    CriteriaRange:=Worksheets("抽出条件").
Range("F2:G4")
```

サンプルの結果

	A	B	C	D	E	F
1	ID	日付	顧客名	売上金額	担当者名	
2	1	2020/7/8	日本ソフト　静岡支店	305,865	大村あつし	
3	2	2020/7/10	レッドコンピュータ	144,900	鈴木麻由	
4	3	2020/7/11	システムアスコム	646,590	牧野光	
5	4	2020/7/11	システムアスコム	197,400	牧野光	
6	5	2020/7/11	システムアスコム	83,790	牧野光	
7	6	2020/7/11	システムアスコム	65,100	牧野光	
8	7	2020/7/12	日本CCM	365,400	牧野光	
9	8	2020/7/13	ゲイツ製作所	478,800	牧野光	
10	9	2020/7/13	ゲイツ製作所	396,900	牧野光	
11	10	2020/7/14	増根倉庫	310,800	鈴木麻由	
12	11	2020/7/14	増根倉庫	144,900	鈴木麻由	
13	12	2020/7/14	増根倉庫	83,790	鈴木麻由	
14	13	2020/7/15	カルタン設計所	65,100	片山早苗	
15	14	2020/7/16	日本ソフト　三重支店	688,800	大村あつし	
16	15	2020/7/18	ドンキ量販店	396,900	片山早苗	
17	16	2020/7/21	パーストアウト	312,900	大村あつし	

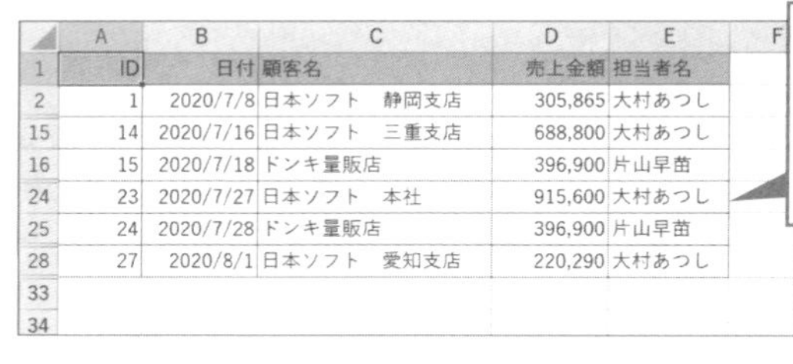

	A	B	C	D	E	F
1	ID	日付	顧客名	売上金額	担当者名	
2	1	2020/7/8	日本ソフト　静岡支店	305,865	大村あつし	
15	14	2020/7/16	日本ソフト　三重支店	688,800	大村あつし	
16	15	2020/7/18	ドンキ量販店	396,900	片山早苗	
24	23	2020/7/27	日本ソフト　本社	915,600	大村あつし	
25	24	2020/7/28	ドンキ量販店	396,900	片山早苗	
28	27	2020/8/1	日本ソフト　愛知支店	220,290	大村あつし	
33						
34						

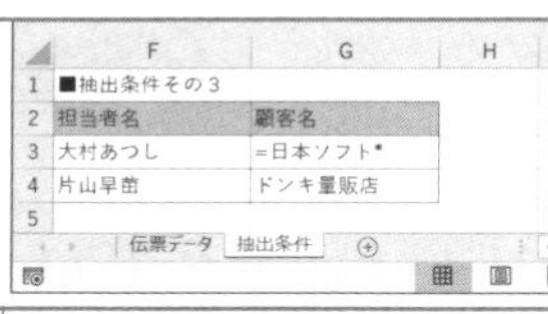

	F	G	H
1	■抽出条件その3		
2	担当者名	顧客名	
3	大村あつし	=日本ソフト*	
4	片山早苗	ドンキ量販店	
5			

伝票データ　抽出条件

218 フィルターの詳細設定で「か行」のデータを抽出したい

サンプルファイル 218.xlsm

365 2019 2016 2013

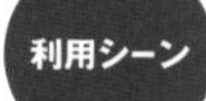

「ふりがな」列が「か行」のデータを抽出

構文

メソッド	意味
セル範囲.AdvancedFilter Action:=xlFilterInPlace, 条件式のセル範囲	セル上に記述した抽出条件でフィルターを適用

フィルターの詳細設定機能を利用して、「ふりがな」列が「か行」のデータを抽出してみましょう。「か行」のデータは「か」「き」「く」「け」「こ」の各文字から始まるデータですので、「=か*」を始めとした、5つの条件式を縦に並べた抽出条件範囲を作成し、AdvancedFilterを実行します（「が」等の濁音も入れる場合はさらに5個追加します）。

なお、実際に先頭が「=」の条件式をセルに入力する際には、セルの書式を文字列にするか、「'=か*」のように、先頭にアポストロフィーを付加して入力してください。

```
Range("A1:C31").AdvancedFilter _
            Action:=xlFilterInPlace, CriteriaRange:=Range("E1:E6")
```

サンプルの結果

	A	B	C	D	E	F
1	氏名	ふりがな	所属		ふりがな	
2	安住　清十郎	あずみ　せいじゅうろう	マーケティング部		=か*	
3	伊東　杏子	いとう　きょうこ	資材整理課		=き*	
4	稲部　清修	いのべ　せいしゅう	総務部		=く*	
5	岩貝　智晶	いわがい　ともあき	マーケティング部		=け*	
6	受地　重吉	うけじ　しげよし	総務部		=こ*	
7	戎谷　友則	えびすたに　とものり	マーケティング部			
8	大河内　太一	おおこうち　たいち	企画運営本部			
9	大畑　浩吏	おおはた　ひろし	経理部			
10	小崎　芳雅	おさき　よしまさ	資材整理課			

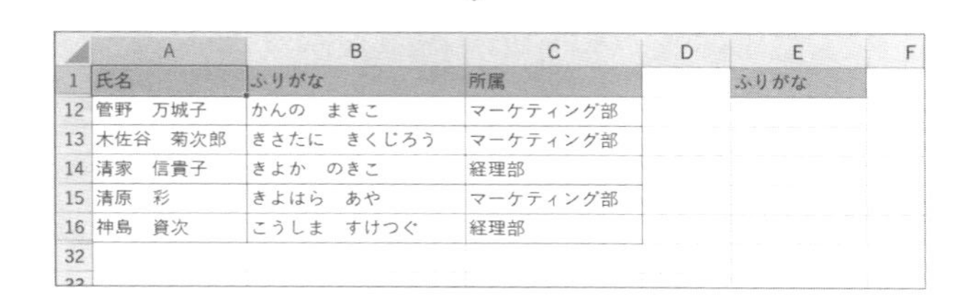

	A	B	C	D	E	F
1	氏名	ふりがな	所属		ふりがな	
12	管野　万城子	かんの　まきこ	マーケティング部			
13	木佐谷　菊次郎	きさたに　きくじろう	マーケティング部			
14	清家　信貴子	きよか　のきこ	経理部			
15	清原　彩	きよはら　あや	マーケティング部			
16	神島　資次	こうしま　すけつぐ	経理部			
32						

219 フィルターの詳細設定で抽出結果を転記したい

サンプルファイル 219.xlsm

365 2019 2016 2013

利用シーン 売上一覧から担当者のデータを抽出・転記

構文	メソッド	意味
	セル範囲.AdvancedFilter Action:=xlFilterCopy, 条件式セル範囲, 転記先セル範囲	セル上に記述した抽出条件の結果を転記

AdvancedFilterメソッドで抽出した結果を別領域に転記するときには、引数Actionに「xlFilterCopy」を指定し、引数CopyToRangeに転記先の起点となるセルを指定します。

次のサンプルは、セル範囲A1:D10の表をセル範囲F1:F3の抽出条件で抽出し、結果を2枚のシートのセルA1に転記します。結果として、「名前」列が「大村」「望月」のデータのみを転記します。

元データにフィルター矢印を表示させる事なく、セルに記述した抽出条件を満たす抽出結果だけを、すばやく転記先へと転記できるため、頻繁に抽出条件を変更する際は、フィルター矢印を利用するよりも、こちらのほうが便利ですね。

```
Range("A1:D10").AdvancedFilter _
                    Action:=xlFilterCopy, _
                    CriteriaRange:=Range("F1:F3"), _
                    CopyToRange:=Worksheets(2).Range("A1")
```

サンプルの結果

	A	B	C	D	E	F
1	日付	地域	名前	金額		名前
2	2020/7/10	静岡	大村	1,000,000		大村
3	2020/7/11	東京	望月	700,000		望月
4	2020/7/12	静岡	大村	500,000		
5	2020/7/13	東京	佐野	800,000		
6	2020/7/14	静岡	大村	2,000,000		
7	2020/7/15	東京	芦川	2,400,000		
8	2020/7/16	静岡	大村	1,500,000		
9	2020/7/17	東京	前田	1,800,000		
10	2020/7/18	静岡	大村	1,200,000		
11						

▶

	A	B	C	D	E
1	日付	地域	名前	金額	
2	2020/7/10	静岡	大村	1,000,000	
3	2020/7/11	東京	望月	700,000	
4	2020/7/12	静岡	大村	500,000	
5	2020/7/14	静岡	大村	2,000,000	
6	2020/7/16	静岡	大村	1,500,000	
7	2020/7/18	静岡	大村	1,200,000	
8					
9					
10					
11					

Sheet1 Sheet2

フィルターの詳細設定で重複を除いたデータを取り出したい

サンプルファイル 220.xlsm

365 2019 2016 2013

売上一覧から重複を取り除く

構文

メソッド	意味
セル範囲.AdvancedFilter 各種設定, Unique:=True	重複を取り除いて抽出

AdvancedFilterメソッドの引数Uniqueに「True」を指定して実行すると、重複を除いたデータ(ユニークなデータ)を抽出します。

下図左の表は2か所のデータが重複しています。このセル範囲の重複を除いたデータを抽出するには、次のようにコードを記述します。

```
Range("A1:D10").AdvancedFilter Action:=xlFilterInPlace, Unique:=True
```

フィルターの詳細設定で重複データを取り出す

	A	B	C	D	E
1	ID	地域	名前	金額	
2	1	静岡	大村	1,000,000	
3	1	静岡	大村	1,000,000	
4	2	静岡	大村	500,000	
5	3	東京	佐野	800,000	
6	4	静岡	望月	2,000,000	
7	5	東京	芦川	2,400,000	
8	5	東京	芦川	2,400,000	
9					

	A	B	C	D
1	ID	地域	名前	金額
2	1	静岡	大村	1,000,000
4	2	静岡	大村	500,000
5	3	東京	佐野	800,000
6	4	静岡	望月	2,000,000
7	5	東京	芦川	2,400,000
9				
10				
11				

また、この仕組みは、特定の列のユニークなリストの作成にも利用できます。次のコードは、上図の表のセル範囲C1:C8の「名前」列のユニークなリストを、セルF1を起点とした位置へと作成します。

```
Range("C1:C8").AdvancedFilter xlFilterCopy, ,Range("F1"), True
```

重複を取り除いたリストを転記する

	F	G	H	I
1	名前			
2	大村			
3	佐野			
4	望月			
5	芦川			
6				
7				

221 必要なフィールドのみを好きな順番で転記する

サンプルファイル 221.xlsm

365 2019 2016 2013

売上一覧「担当者」「顧客名」「売上金額」列のみ転記する

構文

関数	意味
セル範囲.AdvancedFilter Action:=xlFilterCopy, CopyToRange:=見出しセル範囲	見出しセル範囲に記述された列のみを抽出・転記

AdvancedFilterメソッドでデータを転記する際、引数CopyToRangeに指定するセル範囲に、取り出した列見出しを記入したセル範囲を指定すると、対応する列のデータのみを転記できます。

元となるデータの入力されているセル範囲

	A	B	C	D	E	F	G	H	I	J
1	伝票No	枝	日付	顧客名	商品	商品名	単価	数量	税抜金額	消費税
2	1	1	2020/7/8	日本ソフト　静岡支店	2003	ThinkPad 385XD 2635-9TJ	291,300	1	291,300	29,130
3	1	2	2020/7/8	日本ソフト　静岡支店	5001	MO MOF-H640	79,800	2	159,600	15,960
4	2	1	2020/7/10	レッドコンピュータ	3001	レーザー LBP-740	138,000	1	138,000	13,800
5	3	1	2020/7/11	システムアスコム	1003	Aptiva L67	307,900	2	615,800	61,580
6	3	2	2020/7/11	システムアスコム	4003	液晶 LCD-D17D	188,000	1	188,000	18,800
7	3	3	2020/7/11	システムアスコム	3004	ジェット BJC-465J	79,800	1	79,800	7,980

次のサンプルは、上図の「売上」シート内のセルA1のアクティブセル領域に入力されているデータから、「担当者」「顧客名」「売上」列のデータのみを転記します。

元のデータの列の並び順に関係なく、列見出しを記述した順番でデータが抽出される点にも注目しましょう。

```
Worksheets("売上").Range("A1").CurrentRegion.AdvancedFilter _
        Action:=xlFilterCopy, _
        CopyToRange:=Worksheets("転記先").Range("A1:C1")
```

サンプルの結果

	A	B	C
1	担当者名	顧客名	売上金額
2			
3			
4			
5			
6			
7			
8			
9			

売上 | 転記先

▶

	A	B	C
1	担当者名	顧客名	売上金額
2	大村あつし	日本ソフト　静岡支店	320,430
3	大村あつし	日本ソフト　静岡支店	175,560
4	鈴木麻由	レッドコンピュータ	151,800
5	牧野光	システムアスコム	677,380
6	牧野光	システムアスコム	206,800
7	牧野光	システムアスコム	87,780
8	牧野光	システムアスコム	68,200
9	牧野光	日本CCM	382,800

売上 | 転記先

222 フィルターの詳細設定で顧客別売上データを作成する

サンプルファイル 222.xlsm

365 2019 2016 2013

利用シーン 売上一覧から顧客ごとにシートを作成し、データを転記する

構文

考え方

ユニークなリストを作成してAdvancedFilterで転記

ここで紹介する事例は、フィルターの詳細設定機能の裏技といってもよいかもしれません。きわめて独創的なテクニックです。具体的には、図のように、元となる売上データから、顧客単位で新たなワークシートを作成するというものです。

元となる売上データ

	A	B	C	D	E	F	G	H	I	J
1	伝票No	枝	日付	顧客名	商品	商品名	単価	数量	税抜金額	消費税
2	1	1	2020/7/8	日本ソフト　静岡支店	2003	ThinkPad 385XD 2635-9TJ	291,300	1	291,300	14,565
3	1	2	2020/7/8	日本ソフト　静岡支店	5001	MO MOF-H640	79,800	2	159,600	7,980
4	2	1	2020/7/10	レッドコンピュータ	3001	レーザー LBP-740	138,000	1	138,000	6,900
5	3	1	2020/7/11	システムアスコム	1003	Aptiva L67	307,900	2	615,800	30,790
6	3	2	2020/7/11	システムアスコム	4003	液晶 LCD-D17D	188,000	1	188,000	9,400
7	3	3	2020/7/11	システムアスコム	3004	ジェット BJC-465J	79,800	1	79,800	3,990
8	3	4	2020/7/11	システムアスコム	5004	CD-RW CDRW-VX26	62,000	1	62,000	3,100
9	4	1	2020/7/12	日本CCM	3002	レーザー LBP-730PS	348,000	1	348,000	17,400

この処理を実現しているのが次ページのサンプルです。セルA1のアクティブセル領域の4列目(「顧客名」列)の値ごとに、データを個別のシートへと転記します。

顧客ごとに作成されたシート

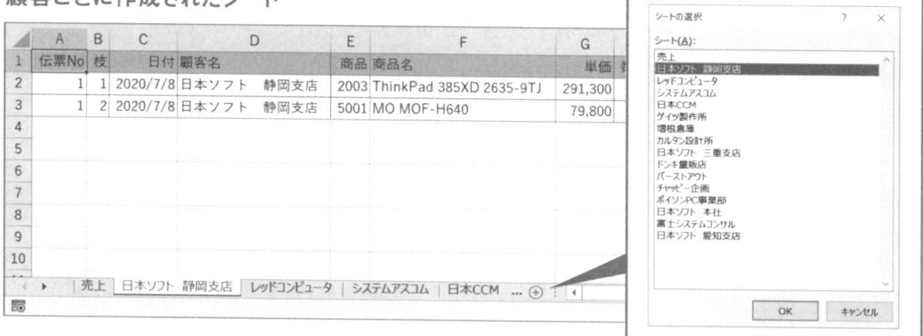

考え方としては、「顧客名」列のユニークなリストを作成したのち、そのリストを使って個々の顧客ごとのデータをAdvancedFilterメソッドで抽出・転記していきます。

まず、❶の部分で対象セル範囲から2列離れた場所に、「顧客名」列のユニークなリストを作成しています。

次に、❶で得たリストに対してループ処理を行います。ループ処理内では、リストの2行目の値を順次書き換え（❷）、AdvancedFilterメソッドの抽出条件としてリストの1行目と2行目の値を利用することで、新規作成したシートへと、ユニークなリストの値ごとに抽出・転記を行います（❸）。

```
Dim myRange As Range, myJoken As Range, myColumn As Long
Dim mySheet As Worksheet, i As Long
'抽出元のセル範囲と転記のキーとなる列の列番号を指定
Set myRange = Range("A1").CurrentRegion
myColumn = 4
'指定列のユニークなリストを作成
Set myJoken = myRange.Cells(1).Offset(0, myRange.Columns.Count + 1)   ❶
myJoken.CurrentRegion.Clear
myRange.Columns(myColumn).AdvancedFilter xlFilterCopy, , myJoken, True
Set myJoken = myJoken.CurrentRegion
'作成したリストの個々のデータについて転記
For i = 2 To myJoken.Rows.Count
    myJoken.Cells(2, 1).Value = myJoken.Cells(i, 1).Value ──❷
    Set mySheet = Worksheets.Add(After:=Worksheets(Worksheets.Count))
    mySheet.Name = myJoken.Cells(2, 1).Value
    myRange.AdvancedFilter _
        xlFilterCopy, myJoken.Rows("1:2"), mySheet.Range("A1")   ❸
    mySheet.Range("A1").CurrentRegion.EntireColumn.AutoFit
Next
'ユニークなリストのセル範囲を消去
myJoken.Clear
```

分析を補助するテクニック

Chapter

8

グラフシートを作成したい

サンプルファイル 223.xlsm

365 2019 2016 2013

現在のセル範囲を基準にすばやくグラフシートを作成

構文

メソッド	意味
Charts.Add2	現在選択しているセル／セル範囲を元にグラフシート作成

新規のグラフシートを作成するには、ChartsコレクションのAdd2メソッドを実行します。引数を何も指定せずにAdd2メソッドを実行すると、実行時のアクティブセルを基準としたデータを元にグラフが作成されます。

また、Add2メソッドは追加されたグラフシートを返すので、その値を利用すると、グラフシートのシート名なども設定できます。次のサンプルは、新規グラフシートを作成し、シート名を「売上一覧」とします。

```
Charts.Add2.Name = "売上一覧"
```

サンプルの結果

	A	B
1	担当者名	売上金額
2	大村あつし	305,865
3	萩原弘文	155,400
4	片山早苗	65,100
5	牧野光	646,590
6	鈴木麻由	144,900
7		

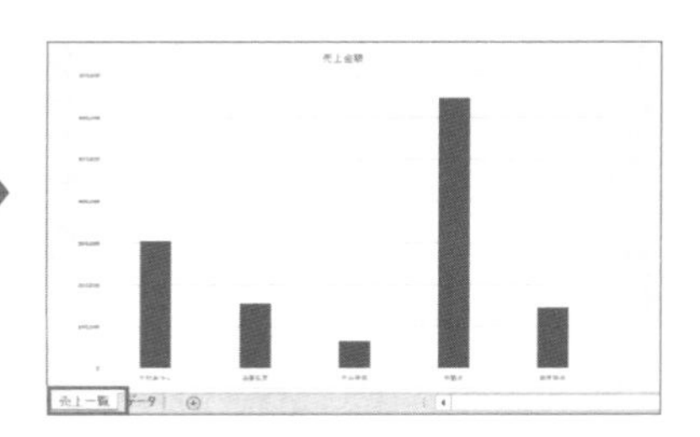

ちなみに、Excel2013より前のバージョンでは、Add2メソッドではなく「Addメソッド」を利用します。Excel2013以降のバージョンでも、互換性を保つためにAddメソッドも利用可能になっています。

```
Charts.Add.Name = "売上一覧"
```

Excel2013より前のバージョンでも利用したいマクロであれば、グラフを作成する際は、Add2メソッドでなく、Addメソッドを利用してみましょう。

224 グラフオブジェクトを作成したい

サンプルファイル 224.xlsm

365 2019 2016 2013

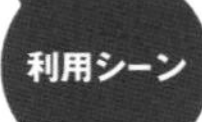

現在のセル範囲を基準に すばやくグラフオブジェクトを作成

構文

メソッド	意味
シート.Shapes.AddChart2	現在のセルを元にグラフオブジェクト作成

新規のグラフオブジェクトを作成するには、ShapesコレクションのAddChart2メソッドを実行します。引数を何も指定せずにAddChart2メソッドを実行すると、実行時のアクティブセルを基準としたデータを元にグラフが作成されます。

また、AddChart2メソッドは追加されたグラフオブジェクトのシェイプ(Shapeオブジェクト)を返すので、その値を利用すると、シェイプ名なども設定できます。

次のサンプルは、新規グラフオブジェクトを作成し、シェイプ名を「売上グラフ」とします。

```
ActiveSheet.Shapes.AddChart2.Name = "売上グラフ"
```

サンプルの結果

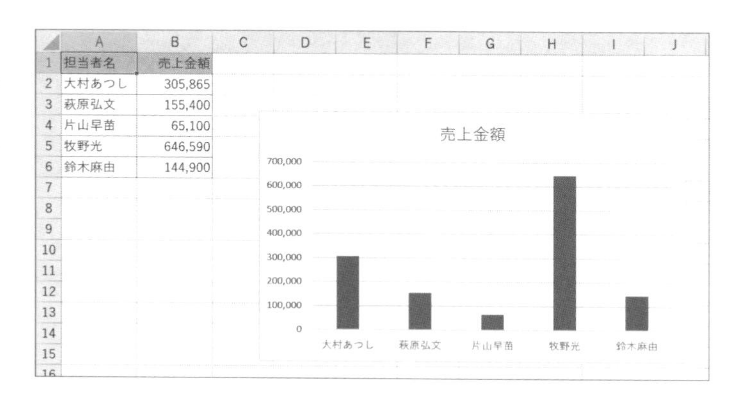

ちなみに、AddChart2メソッドも、前トピックのAdd2メソッド同様に、ほぼ同じ役割のAddChartメソッドが用意されています。AddChartメソッドは、AddChart2メソッドと比べると、追加時にスタイルを指定できる引数「Style」がありません。

グラフの種類を指定して作成したい

サンプルファイル 225.xlsm

365 2019 2016 2013

現在のセル範囲を基準に円グラフを作成

構文

メソッド	意味
Shapes.AddChart2 xlChartType:=グラフの種類	種類を指定してグラフを作成

グラフの種類を指定してグラフオブジェクトを作成するには、AddChart2メソッドの第2引数「xlChartType」に、グラフの種類を表す定数を指定して実行します。次のサンプルは、円グラフを作成します。

定数は70種類以上が用意されています。マクロの自動記録や、サンプルファイルの2枚目のシートにまとめてある一覧表を参考にしてください。

```
ActiveSheet.Shapes.AddChart2 xlChartType:=xlPie
```

サンプルの結果

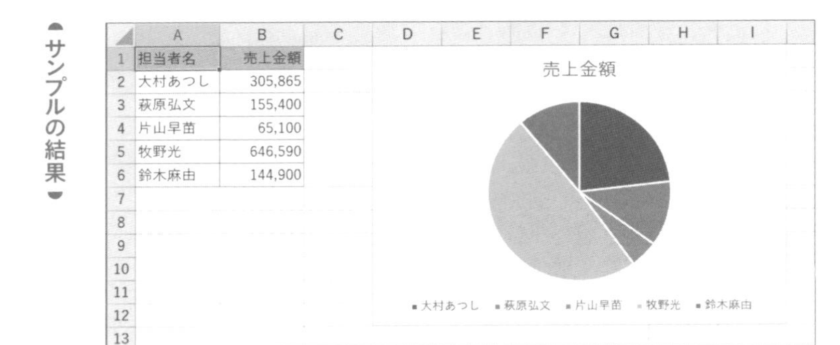

ところで、この引数「xlChartType」という引数名、ちょっと異質ですよね。引数名というより、列挙名のようです。実際、この引数に指定する定数は、列挙「xlChartType」の値です。おそらくは、引数名をそのまま列挙名に付け間違えてしまったんでしょうね。

グラフの元データとするセル範囲を更新したい

サンプルファイル 226.xlsm

365 2019 2016 2013

利用シーン 「売上グラフ」の元データのセル範囲を更新

構文

メソッド	意味
グラフ.SetSourceData セル範囲	グラフの元データとなるセル範囲を更新

任意のグラフオブジェクト内のグラフを操作するには、ChartObjectsプロパティの引数にグラフ名（シェイプ名）を指定し、そのChartプロパティ経由で対象のグラフ（Chartオブジェクト）を取得します。

また、グラフの元データとするセル範囲を更新するには、SetSourceDataメソッドの引数に、新しいセル範囲を指定して実行します。

次のサンプルは、グラフ「売上グラフ」の元となるデータ範囲を、セル範囲A1:B6に更新します。

```
ActiveSheet.ChartObjects("売上グラフ") _
                .Chart.SetSourceData Range("A1:B6")
```

サンプルの結果

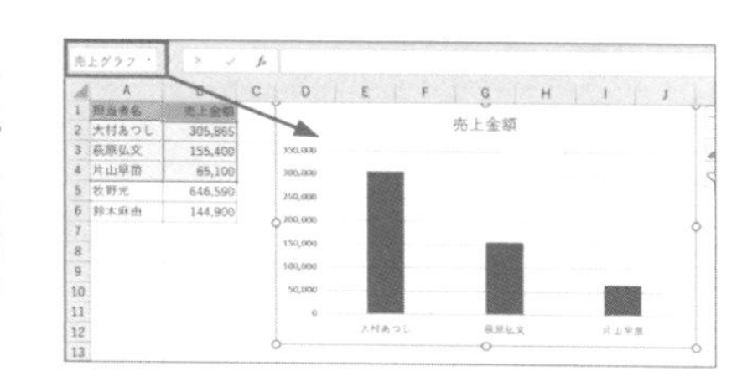

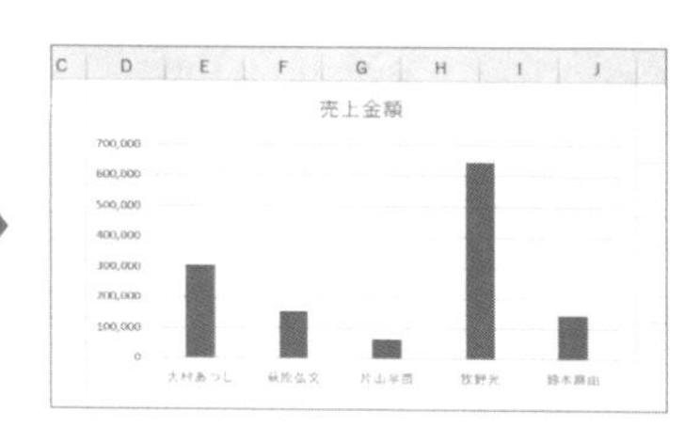

なお、グラフシートの場合は、Chartsプロパティに操作対象としたいグラフシート名を指定して操作します。

```
Charts("グラフ").SetSourceData Worksheets("データ").Range("A1:B6")
```

グラフの位置や大きさを指定したい

サンプルファイル 227.xlsm

365 2019 2016 2013

「売上グラフ」を任意のセル範囲と同じ位置・大きさに収める

構文

プロパティ	意味
シェイプ.Top/Left/Width/Height	グラフオブジェクトの位置や大きさを変更

グラフオブジェクトの位置や大きさを指定するには、Top／Left／Width／Heightの各プロパティを利用します。

直接数値を指定して位置や大きさを決めることもできますが、セル範囲の同名プロパティの値を利用すると、そのセル範囲にそった位置・大きさにグラフを配置できます。

```
'グラフを表示させたいセル範囲を変数にセット
Dim myRange As Range
Set myRange = Range("D1:I10")
'セル範囲に合わせてグラフの位置と大きさを変更
With ActiveSheet.ChartObjects("売上グラフ")
    .Top = myRange.Top
    .Left = myRange.Left
    .Width = myRange.Width
    .Height = myRange.Height
End With
```

サンプルの結果

	A	B
1	担当者名	売上金額
2	大村あつし	305,865
3	萩原弘文	155,400
4	片山早苗	65,100
5	牧野光	646,590
6	鈴木麻由	144,900

売上金額

700,000
600,000
500,000
400,000
300,000
200,000
100,000
0

大村あつし 萩原弘文 片山早苗 牧野光 鈴木麻由

228 複数のグラフの位置や大きさをまとめて指定したい

サンプルファイル 228.xlsm

365 2019 2016 2013

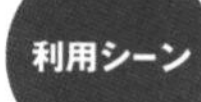

利用シーン シート上に配置されたグラフの大きさを統一する

構文

プロパティ	意味
シート.ChartObjects	シート上のグラフオブジェクトのコレクションを取得

シート上に複数配置されたグラフの大きさや位置を統一してみましょう。シート上に配置されたグラフを一括処理するには、ChartObjectsに対してループ処理を行います。

次のサンプルは、シート上に配置されたグラフの大きさや位置を、1つ目のグラフに合わせて統一します。

```
Dim i As Long, myChtObj As ChartObject
Set myChtObj = ActiveSheet.ChartObjects(1)
For i = 2 To ActiveSheet.ChartObjects.Count
  With ActiveSheet.ChartObjects(i)
    .Left = myChtObj.Left
    .Width = myChtObj.Width
    .Height = myChtObj.Height
    .Top = myChtObj.Top + (myChtObj.Height + myChtObj.Top) * (i - 1)
  End With
Next
```

サンプルの結果

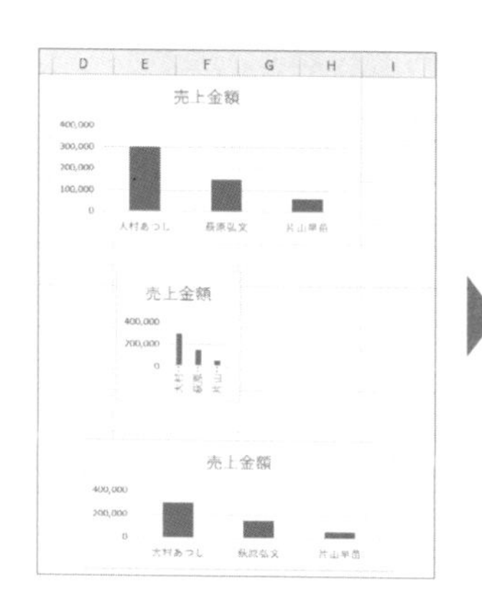

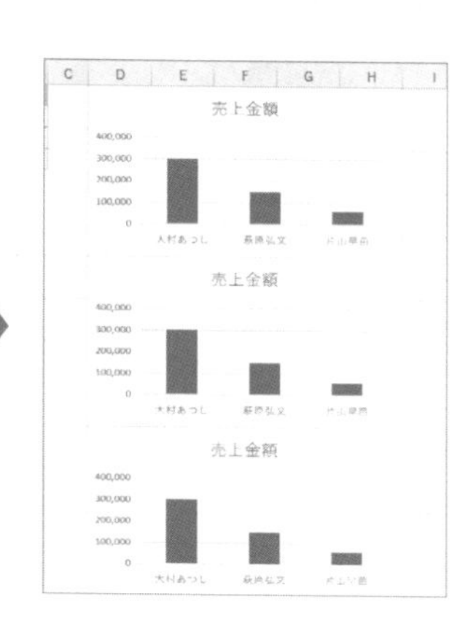

229 グラフのタイトルを変更したい

サンプルファイル 229.xlsm

365 2019 2016 2013

利用シーン グラフのタイトルを「担当者別売上」に変更

構文

プロパティ	意味
グラフ.HasTitle = True	グラフのタイトル表示枠をオン
グラフ.ChartTitle.Text = タイトル文字列	タイトルの値を設定

グラフにタイトルを表示し、タイトル文字列を設定するには、ChartTitleオブジェクトのTextプロパティに値を設定します。また、タイトル自体が未設定の場合には、HasTitleプロパティに「True」を指定して表示させます。

```
With ActiveSheet.ChartObjects(1).Chart
    .HasTitle = True
    .ChartTitle.Text = "担当者別売上"
End With
```

サンプルの結果

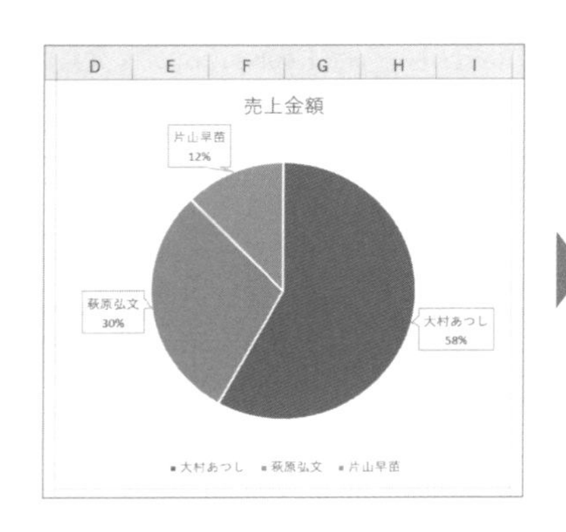

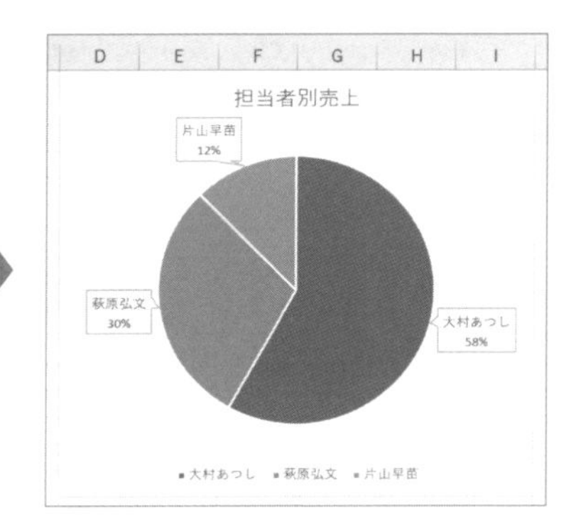

230 第2軸を追加してスケールの異なるデータを見やすくしたい

サンプルファイル 230.xlsm

365 2019 2016 2013

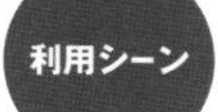

「前月比」系列を第2軸に表示して見やすくする

構文

プロパティ	意味
グラフ.SeriesCollection(系列名)	グラフの任意の系列を取得
系列.AxisGroup = xlSecondary	系列の軸を第2軸に設定
系列.ChartType = グラフの種類	系列のグラフの種類を変更

「売上金額」と「前月比」のように、スケールの異なる要素を1つのグラフで表示すると、数値の差が大きすぎて一方のデータがほとんど見えない、という状態になります。

この問題を解決するには、グラフに第2軸を追加し、グラフのスケールを別々に管理します。さらに、グラフの系列ごとにグラフの種類を別にすると、より見やすくなります。

この操作をVBAで行うには、第2軸を設定したい系列をSeriesCollectionプロパティを利用して取得し、AxisGroupプロパティに「xlSecondary」を指定します。

```
With ActiveSheet.ChartObjects(1).Chart.SeriesCollection("前月比")
    .AxisGroup = xlSecondary
    .ChartType = xlLineMarkers
End With
```

サンプルの結果

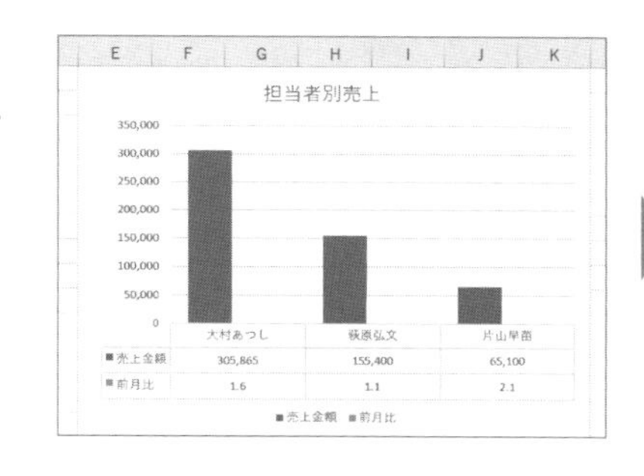

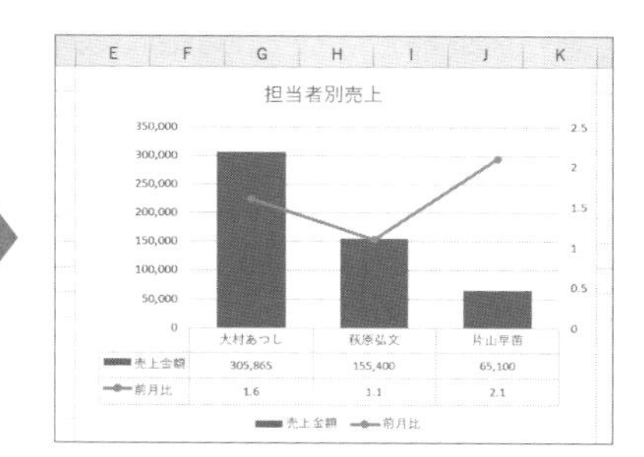

231 任意のグラフを複製して新規グラフを作成したい

サンプルファイル 231.xlsm

365 2019 2016 2013

利用シーン 4月のデータで作成したグラフを元に5月のグラフを作成

構文

メソッド	意味
グラフオブジェクト.Duplicate	グラフオブジェクトを複製
ActiveSheet.PasteSpecial Format:=2	選択対象に「書式のみ貼り付け」

種類や書式を設定済みの既存のグラフを元に新規のグラフを作成するには、Duplicateメソッドを利用します(❶)。また、複製しきれない一部の書式は、元のグラフをコピー後、新規に作成したグラフへと「書式のみ貼り付け」を行いましょう(❷)。

```
Dim myChart As ChartObject, myCopyChart As Shape
Set myChart = ActiveSheet.ChartObjects(1)
Set myCopyChart = myChart.Duplicate ──❶
With myCopyChart
    .Top = myChart.Top
    .Left = myChart.Left + myChart.Width + 20
    .Chart.SetSourceData Range("A1:A4,C1:C4")
End With                                  ┐
myChart.Copy                              │❷
myCopyChart.Select                        │
ActiveSheet.PasteSpecial Format:=2        ┘
```

サンプルの結果

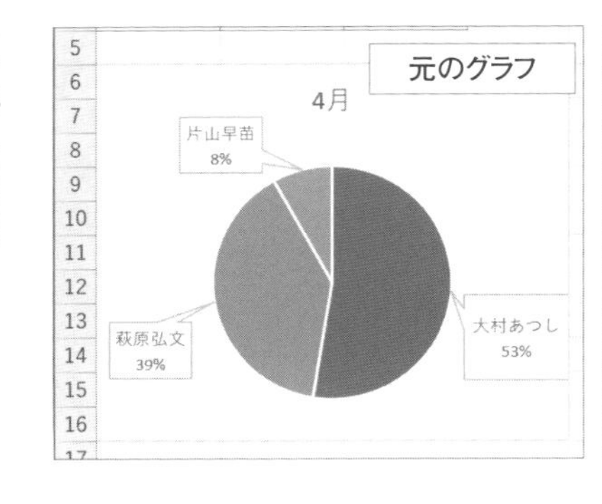

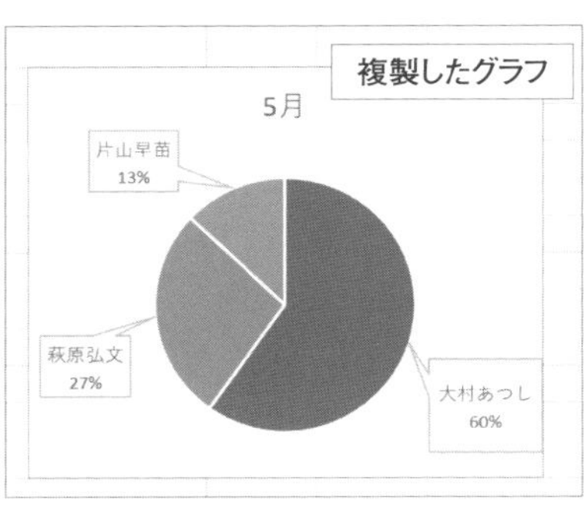

右クリックで新規グラフを作成したい

サンプルファイル 232.xlsm

365 2019 2016 2013

売り上げデータのうち、右クリックした場所のグラフをスポット作成

構文

イベント	意味
BeforeRightClickイベント	シートを右クリック時に任意の処理を実行

シート上に入力されているデータを右クリックすると、その位置のデータを元にグラフを表示する処理を作成してみましょう。

サンプルの結果

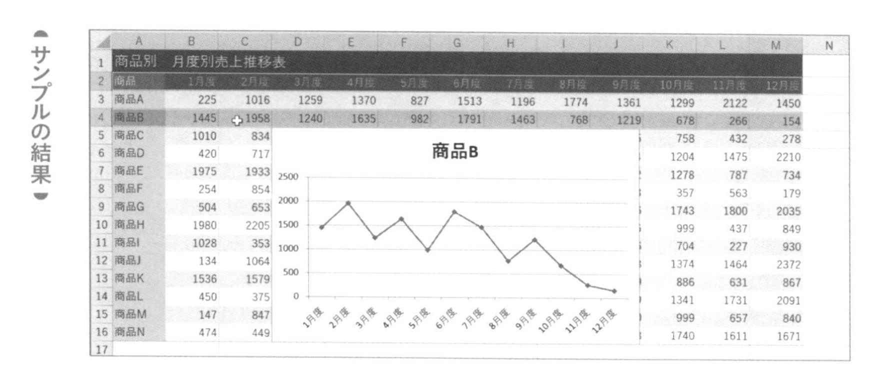

シート上の任意の位置をクリックした際に任意の処理を実行するには、BeforeRightClickイベントが利用できます。サンプルの1枚目のシートには、次ページのコードが記述されています。

データの入力されているセル範囲を指定し（❶）、そのセル範囲を右クリックしたら、標準モジュール上に記述してあるマクロ、「sample232」を呼び出しています（❷）。

標準モジュール上のマクロ「sample232」では、右クリックしたセルの情報を元に、グラフの元データとなるセル範囲を取得し（❸）、グラフオブジェクトを作成した上で位置を調整しています。

また、作成したグラフをクリックしたら消去できるように、OnActionプロパティを利用して、シート上のグラフを消去するマクロ「deleteChartObject」を呼び出すように設定しています（❹）。

ワークシートのオブジェクトモジュールの記述

```
Private Sub Worksheet_BeforeRightClick(ByVal Target As Range,
Cancel As Boolean)
    Dim myTable As Range
    Set myTable = Range("A2:M16") ―――――― ❶
    If Not Application.Intersect(Target, myTable) Is Nothing Then
        Call sample232(myTable, Target) ―――――― ❷
        Cancel = True
    End If
End Sub
```

標準モジュールの記述

```
Sub sample232(myTable As Range, Target As Range)
    Dim myRange As Range, myRowGap As Long
    Call deleteChartObject
    myRowGap = Target.Row - myTable.Row + 1
    Set myRange = Union(myTable.Rows(1), myTable.Rows(myRowGap))―❸
    myRange.Select
    With ActiveSheet.Shapes.AddChart
        .Left = Target.Offset(0, 1).Left
        .Top = Target.Offset(1, 0).Top
        .OnAction = "deleteChartObject" ―――――― ❹
        With .Chart
            .SetSourceData Source:=myRange
            .ChartType = xlLineMarkers
            .HasLegend = False
        End With
    End With
End Sub
Sub deleteChartObject()
    If ActiveSheet.ChartObjects.Count > 0 Then
        ActiveSheet.ChartObjects.Delete
    End If
End Sub
```

233 平均値を表す系列を追加したい

サンプルファイル 233.xlsm

365 2019 2016 2013

平均値のグラフを追加してプラス・マイナスを把握しやすくする

構文

メソッド	意味
グラフ.SeriesCollection.NewSeries	グラフに新規系列を作成

既存グラフの平均値をわかりやすく把握できるようにしてみましょう。次のサンプルは、既存のグラフの1つ目の系列を取得し（❶）、その平均値を算出します（❷）。

さらに、算出した平均値の配列を作成し（❸）、新規系列を追加後（❹）、Valuesプロパティに指定することで（❺）、平均値をグラフに表示します。

```
Dim myChart As Chart, mySeries As Series
Dim i As Long, myAvg As Long, myArr() As Variant
Set myChart = ActiveSheet.ChartObjects(1).Chart
Set mySeries = myChart.SeriesCollection(1) ──❶
myAvg = WorksheetFunction.Average(mySeries.Values) ──❷
ReDim myArr(1 To UBound(mySeries.Values)) ──❸
For i = 1 To UBound(mySeries.Values)
    myArr(i) = myAvg
Next i
With myChart.SeriesCollection.NewSeries ──❹
    .Values = myArr ──❺
    .Name = "平均値"
    .MarkerStyle = xlNone
End With
```

サンプルの結果

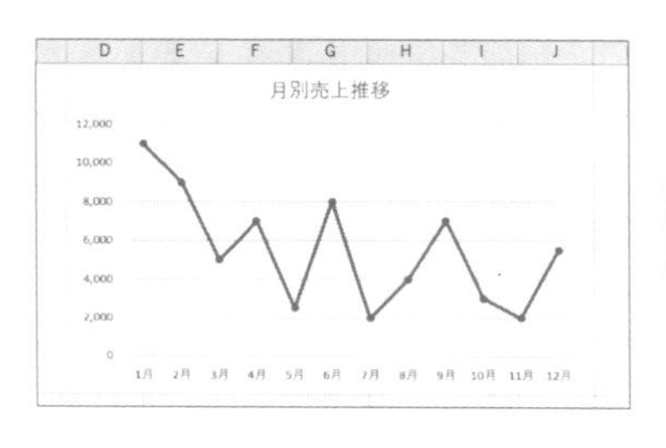

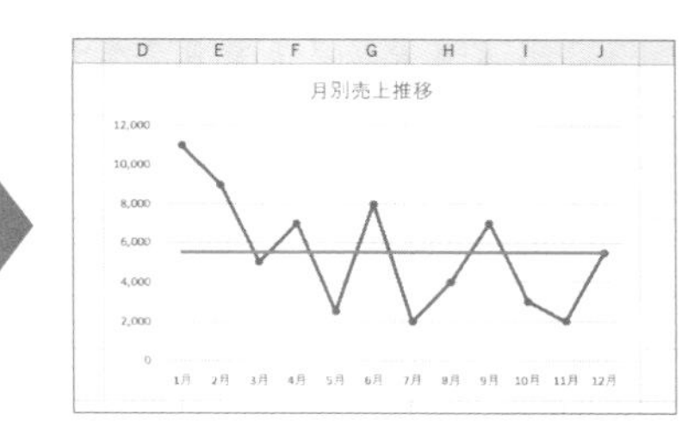

234 注目させる値のバーを強調したい

サンプルファイル 234.xlsm

365 2019 2016 2013

利用シーン 上限・下限を超えるデータを強調表示する

構文

プロパティ	意味
系列.Values(インデックス番号)	系列の値を取得
系列.Points(インデックス番号)	系列のバー(棒グラフの場合)を取得

棒グラフ系のグラフの各系列のバーは、Pointオブジェクトで管理されています。個々のバーへアクセスするには、Pointsプロパティの引数に、インデックス番号を指定します。

次のサンプルは、値が「8000」以上のデータのバーの色を赤に変更します。

```
Dim myChart As Chart, mySeries As Series, i As Long
Set myChart = ActiveSheet.ChartObjects(1).Chart
Set mySeries = myChart.SeriesCollection(1)
For i = 1 To UBound(mySeries.Values)
    If mySeries.Values(i) >= 8000 Then
        mySeries.Points(i).Format.Fill.ForeColor.RGB = RGB(255, 0, 0)
    End If
Next
```

サンプルの結果

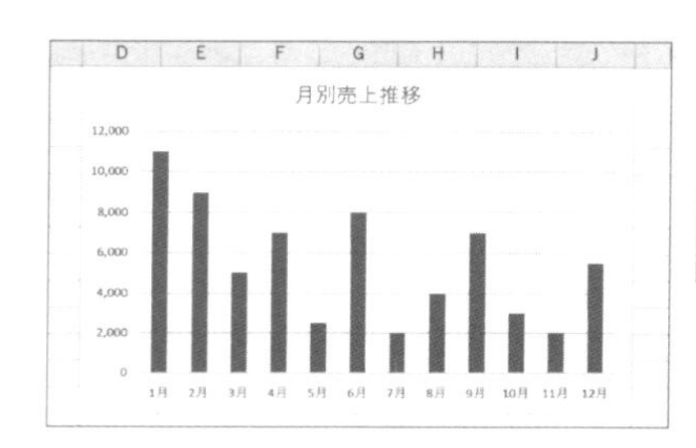

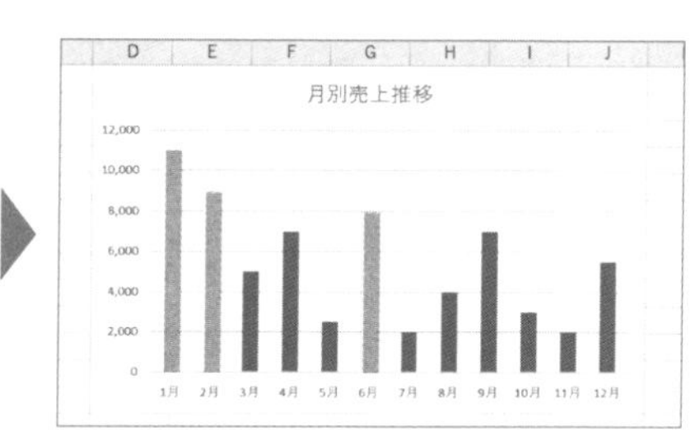

235 注目させる値のマーカーを強調したい

サンプルファイル 235.xlsm

365 2019 2016 2013

上限・下限を超えるデータを強調表示する

構文

プロパティ／メソッド	意味
系列.Points(インデックス番号)	系列のマーカー(折れ線グラフ)を取得
マーカー.ApplyDataLabels xlDataLabelsShowValue	マーカーに数値を示すラベルを表示

折れ線グラフの値のうち、突出しているものを強調表示してみましょう。

任意の系列の値は、Valuesプロパティにインデックス番号を指定することで取得し、対応するマーカーは、Pointsプロパティに同じインデックス番号を指定することで取得できます。

また、任意のマーカーにのみラベルを表示するには、マーカーを指定し、ApplyDataLabelsメソッドの第1引数に、定数「xlDataLabelsShowValue」を指定して実行します。

次のサンプルは、「8000以上の値」「2000以下の値」の場合は、マーカーのサイズや色を変更し、値のラベルを表示することで把握しやすくしています。

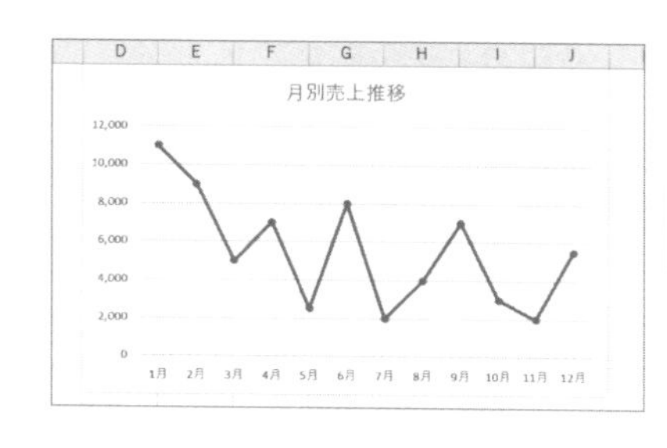

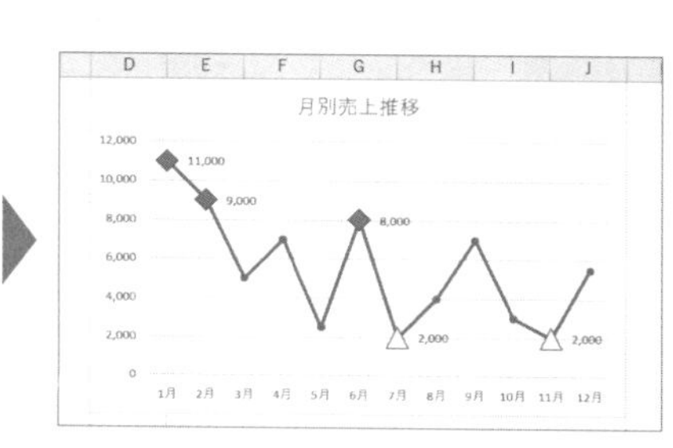

なお、特定の値を注目させるのではなく、値の変動の見せ方を調整したい場合には、マーカーではなくグラフの軸（Axisオブジェクト）の最大値（MaximumScaleプロパティ）と最小値（MinimumScaleプロパティ）の値を調整し、グラフに表示する値の幅を調整するのが効果的です。

```
Dim myChart As Chart, mySeries As Series, p As Point, i As Long
'上限・下限のしきい値を設定
Const OVER_VALUE As Long = 8000
Const UNDER_VALUE As Long = 2000
'既存の系列を取得
Set myChart = ActiveSheet.ChartObjects(1).Chart
Set mySeries = myChart.SeriesCollection(1)
'値をループ処理で確認し、マーカーを操作
For i = 1 To UBound(mySeries.Values)
    Set p = mySeries.Points(i)
    Select Case mySeries.Values(i)
        '上限を超えた値のマーカー
        Case Is >= OVER_VALUE
            p.MarkerStyle = xlMarkerStyleDiamond
            p.MarkerSize = 15
            p.MarkerBackgroundColor = RGB(255, 0, 0)
            p.ApplyDataLabels xlDataLabelsShowValue
        '下限を超えた値のマーカー
        Case Is <= UNDER_VALUE
            p.MarkerStyle = xlMarkerStyleTriangle
            p.MarkerSize = 15
            p.MarkerBackgroundColorIndex = 6
            p.ApplyDataLabels xlDataLabelsShowValue
        'しきい値を超えない値のマーカー
        Case Else
            p.MarkerStyle = xlMarkerStyleCircle
            p.MarkerSize = 5
            p.MarkerBackgroundColorIndex = 1
            p.HasDataLabel = False
    End Select
Next
```

注目させる値の場所にシェイプを追加したい

サンプルファイル 236.xlsm

365 2019 2016 2013

任意の値に対して注釈を付け加える

構文

プロパティ	意味
マーカー.Top／Left	マーカーの位置を取得

注目させたい値の場所に、注釈を挿入するシェイプを配置してみましょう。グラフ上のマーカーは、シェイプと同じようにTop／Left／Width／Heightの各プロパティで位置や大きさを取得・設定できます。サンプルではこの仕組みを利用して、2番目のバーの「上」にあたる位置に「吹き出し」のシェイプを追加しています。

```
Dim myChartObj As ChartObject, myChart As Chart
Dim myPoint As Point, myShape As Shape
Set myChartObj = ActiveSheet.ChartObjects(1)
Set myChart = myChartObj.Chart
'2番目のバーを取得
Set myPoint = myChart.SeriesCollection(1).Points(2)
'シェイプ追加してテキストを設定
Set myShape = ActiveSheet.Shapes.AddShape( _
    msoShapeRectangularCallout, _
    myChartObj.Left + myPoint.Left, _
    myChartObj.Top + myPoint.Top - 35, _
    50, 30)
myShape.TextFrame.Characters.Text = "注目！"
```

サンプルの結果

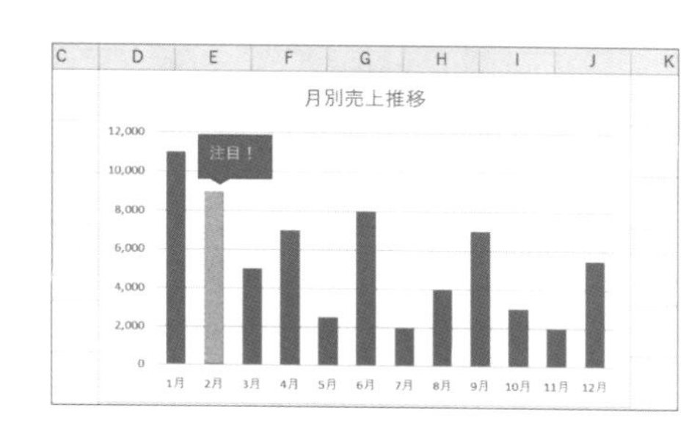

バーを選択した時に任意のメッセージを表示したい

サンプルファイル 237.xlsm

365 2019 2016 2013

グラフの要素に対する説明や注釈を表示

構文

イベント	意味
MouseDownイベント	グラフ上の任意の要素をクリック後に処理を実行
グラフ.GetChartElement	選択されたグラフ上の要素を取得

グラフシート上に作成したグラフでは、オブジェクトモジュールにイベント処理を記述できます。また、イベント処理内ではクリックした位置の座標情報を引数として受け取り、その値を元にしてGetChartElementメソッドを利用すると、その位置にあるグラフ要素を取得可能です。サンプルでは、MouseDownイベントを利用し、クリックした位置にあるバーに対応する値が入力されているセルを取得し、その隣のセルの内容を表示します。

```
Private Sub Chart_MouseDown(ByVal Button As Long, _
            ByVal Shift As Long,ByVal x As Long, ByVal y As Long)
  Dim myID As Long, mySeriesID As Long, myPointID As Long
  Dim myRange As Range
  Me.GetChartElement x, y, myID, mySeriesID, myPointID
   If myID = xlSeries Then
     Set myRange = Range(Split(Me.SeriesCollection(mySeriesID).
Formula, ",")(2))
     MsgBox myRange.Cells(myPointID).Next.Value
  End If
End Sub
```

サンプルの結果

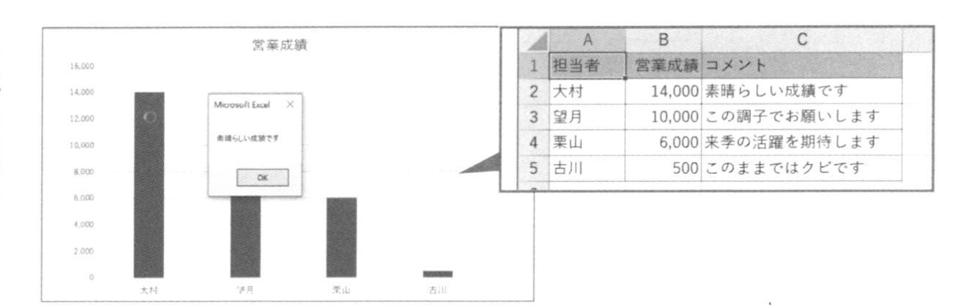

238 バーを選択したときに対応するセルを塗りつぶしたい

サンプルファイル 238.xlsm

365 2019 2016 2013

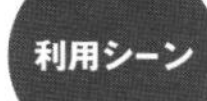

利用シーン グラフの要素に対応するセルを強調表示

構文

ステートメント	意味
WithEventsステートメント	任意のオブジェクトのイベント処理を作成

前トピックで利用したグラフシートのイベント処理を、グラフオブジェクトにも追加してみましょう。

任意のグラフオブジェクトに対してのイベント処理をキャッチしたい場合には、オブジェクトモジュール上でWithEventsキーワードを使ってChart型の変数を宣言し、イベント処理を記述します。さらに、宣言した変数に、イベントをキャッチしたいグラフオブジェクトをセットします（WithEventsステートメントの詳しい利用方法に関しては、P.546参照）。

次のサンプルでは、ThisWorkbookのオブジェクトモジュールにコードを記述し、1枚目のシート上の1つ目のグラフのバーをクリックした際に、対応する位置にあるセルの色を赤く塗っています。

サンプルの結果

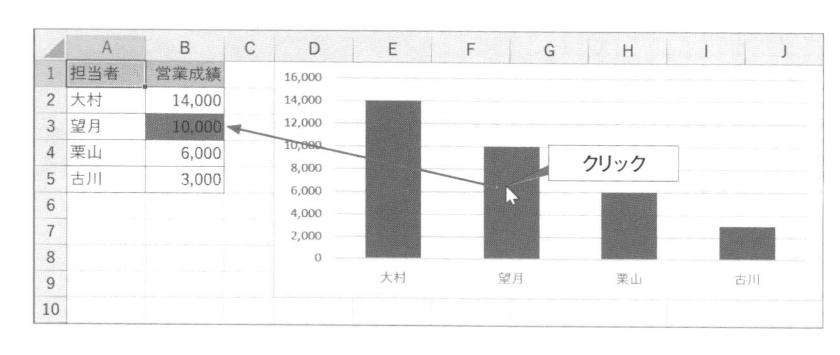

ThisWorkbookモジュールに記述

```
'イベントキャッチ用の変数（プロパティ）を準備
Private WithEvents myChart As Chart
'ブックを開いたときにキャッチ用変数に対応グラフをセット
Private Sub Workbook_Open()
  Set myChart = Worksheets(1).ChartObjects(1).Chart
End Sub
'キャッチ用の変数にセットしたグラフのMouseDownイベントを記述
Private Sub myChart_MouseDown(ByVal Button As Long, _
                ByVal Shift As Long, ByVal x As Long, ByVal y As 
Long)
  Dim myID As Long, mySeriesID As Long, myPointID As Long
  Dim myRange As Range
  ActiveChart.GetChartElement x, y, myID, mySeriesID, myPointID
  If myID = xlSeries Then
    Set myRange = _
      Range(Split(ActiveChart.SeriesCollection(mySeriesID).
Formula, ",")(2))
    myRange.Interior.Pattern = xlNone
    myRange.Cells(myPointID).Interior.Color = RGB(255, 0, 0)
  End If
  'グラフの選択状態を解除するために直前に選択していたセルを選択
  ActiveWindow.RangeSelection.Select
End Sub
```

本サンプルのポイントは、GetChartElementメソッドで、クリックしたバーに対応するセル範囲を取得している箇所です。まず、Formulaプロパティで系列の参照しているセル範囲の数式を取得します。得られる値は下記のようになります。

```
=SERIES(Sheet1!$B$1,Sheet1!$A$2:$A$5,Sheet1!$B$2:$B$5,1)
```

この値をSplit関数で分割し、要素番号「2」の部分（3番目）を取り出すと、次の値が得られます。

```
Sheet1!$B$2:$B$5
```

この値を元に、元のデータの入力されているセル範囲を取得している、という訳です。

「■」記号を使った簡易グラフを作成したい

サンプルファイル 239.xlsm

365 2019 2016 2013

データの傾向を手軽に把握する

構文

関数	意味
String(出力数, 文字)	指定した文字を指定数だけ続けた文字列を取得

「グラフを作るまでもないけれども、数値の大小の比較を視覚的に行いたい」という場合には、レトロな「■」記号を使った簡易グラフを作成してみましょう。表示スペースも取らず、傾向を掴むだけならば十分に役に立ちます。

次のサンプルは、セルB2:B5に入力された値を、「1000は『■』、100は『□』」というルールで表した文字列を、隣のセルに入力します。

```
Dim myRange As Range, n As Long, m As Long
For Each myRange In Range("B2:B5")
    n = myRange.Value / 1000
    m = myRange.Value Mod 1000
    myRange.Next.Value = String(n, "■") & String(m / 100, "□")
Next
```

サンプルの結果

	A	B	C	D
1	担当者	営業成績	簡易グラフ	
2	大村	14,000	■■■■■■■■■■■■■■	
3	望月	12,400	■■■■■■■■■■■■□□□□	
4	栗山	6,300	■■■■■■□□□	
5	古川	500	□□□□□	
6				

240 条件付き書式で特定のデータを強調したい

サンプルファイル 240.xlsm

365 2019 2016 2013

利用シーン 金額が150,000以上のセルの背景色を変更する

構文

プロパティ／メソッド	意味
セル.FormatConditions	セルに設定されている条件付き書式を取得
セル.FormatConditions.Add 各種設定	セルに新規の条件付き書式を追加

［条件付き書式］機能では、セルの値に応じて背景色などの書式を動的に変更できます。入力・収集したデータのうち、注目したい値の書式を変更することにより、データに注目しやすくなる便利な機能ですね。

この機能をVBAから利用するには、FormatConditionオブジェクトを利用します。新規のFormatConditionオブジェクトを追加するには、FormatConditionsコレクションのAddメソッドを使用します。

次のサンプルは、セル範囲C2:C10に「値が1,500,000以上であれば背景色をパレット番号6番（黄色）で表示する」というルールの条件付き書式を追加します。

```
Dim myFC As FormatCondition
Set myFC = Range("C2:C10").FormatConditions.Add( _
    Type:=xlCellValue, _
    Operator:=xlGreaterEqual, _
    Formula1:=1500000 _
)
myFC.Interior.ColorIndex = 6
```

サンプルの結果

	A	B	C	D	E
1	伝票No	名前	金額		
2	101	大村	1,000,000		
3	105	望月	700,000		
4	109	大村	500,000		
5	201	佐野	800,000		
6	205	田村丸	2,000,000		
7	209	芦川	2,400,000		
8	301	田村丸	1,500,000		
9	305	前田	1,800,000		
10	309	大村	1,200,000		
11					

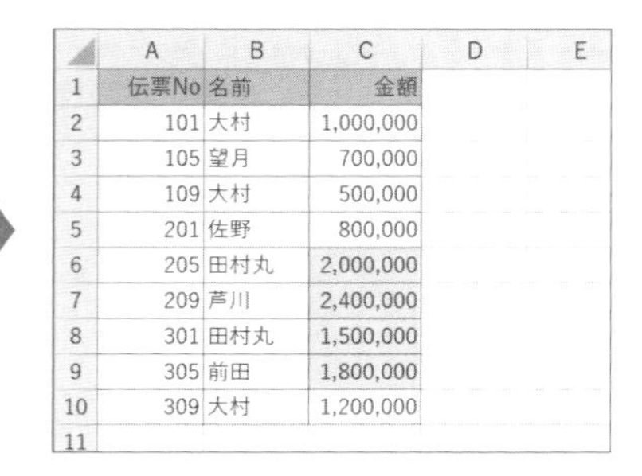

	A	B	C	D	E
1	伝票No	名前	金額		
2	101	大村	1,000,000		
3	105	望月	700,000		
4	109	大村	500,000		
5	201	佐野	800,000		
6	205	田村丸	2,000,000		
7	209	芦川	2,400,000		
8	301	田村丸	1,500,000		
9	305	前田	1,800,000		
10	309	大村	1,200,000		
11					

241 条件付き書式が設定されているセルを確認したい

サンプルファイル 241.xlsm

365 2019 2016 2013

条件付き書式が設定されているセルがどこなのかを確認・修正

構文

メソッド	意味
Cells.SpecialCells(xlCellTypeAllFormatConditions)	条件付き書式セル範囲を取得

条件付き書式が設定されているセルをまとめて取得するには、SpecialCellsメソッドの引数に「xlCellTypeAllFormatConditions」を指定して使用します。

次のサンプルは、アクティブシート内に条件付きセル範囲がある場合はそのセル範囲を選択します。

```
Dim myRange As Range
On Error Resume Next
Set myRange = Cells.SpecialCells(xlCellTypeAllFormatConditions)
On Error GoTo 0
If Not myRange Is Nothing Then
    myRange.Select
    MsgBox "条件付き書式設定済みセル範囲：" & myRange.Address
Else
    MsgBox "条件付き書式の設定されているセルはありません"
End If
```

サンプルの結果

	A	B	C
1	伝票No	名前	金額
2	101	大村	1,000,000
3	105	望月	700,000
4	109	大村	500,000
5	201	佐野	800,000
6	205	田村丸	2,000,000
7	209	芦川	2,400,000
8	301	田村丸	1,500,000
9	305	前田	1,800,000
10	309	大村	1,200,000

Microsoft Excel

条件付き書式設定済みセル範囲：$C$2:$C$10

OK

条件付き書式をクリアしたい

サンプルファイル 242.xlsm

365　2019　2016　2013

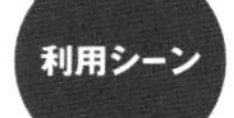

既存の条件付き書式をまとめてクリア

構文

メソッド	意味
セル範囲.FormatConditions.Delete	条件付き書式をすべて消去
セル範囲.FormatConditions(インデックス番号).Delete	個別の条件付き書式を消去

条件付き書式は、1つのセルに対して複数のものが設定されている場合があります。すべての条件付き書式をクリアする場合には、FormatConditionsコレクションに対してDeleteメソッドを実行します。

```
Range("C2:C10").FormatConditions.Delete
```

サンプルの結果

	A	B	C	D	E
1	伝票No	名前	金額		
2	101	大村	1,000,000		
3	105	望月	700,000		
4	109	大村	500,000		
5	201	佐野	800,000		
6	205	田村丸	2,000,000		
7	209	芦川	2,400,000		
8	301	田村丸	1,500,000		
9	305	前田	1,800,000		
10	309	大村	1,200,000		
11					

▶

	A	B	C	D	E
1	伝票No	名前	金額		
2	101	大村	1,000,000		
3	105	望月	700,000		
4	109	大村	500,000		
5	201	佐野	800,000		
6	205	田村丸	2,000,000		
7	209	芦川	2,400,000		
8	301	田村丸	1,500,000		
9	305	前田	1,800,000		
10	309	大村	1,200,000		
11					

個別の条件付き書式のみをクリアしたい場合には、FormatConditionsプロパティの引数にインデックス番号を指定して取得した、個別のFormatConditionオブジェクトに対してDeleteメソッドを実行します。

次のコードは、セル範囲C2:C10に設定されている条件付き書式のうち、1つ目のみをクリアします。

```
Range("C2:C10").FormatConditions(1).Delete
```

売上金額ベスト3のデータを強調したい

サンプルファイル 243.xlsm

365 2019 2016 2013

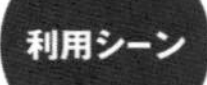

どのデータが上位のデータなのかをわかりやすく表示

構文

メソッド／プロパティ	意味
セル範囲.FormatConditions.AddTop10	上位／下位ルールの条件付き書式を追加
Top10.各種プロパティ = 値	個別の条件付き書式の細かな条件を設定

「ベスト10」や「上位10%」といった、「上位／下位ルール」で条件付き書式を設定する場合には、FormatConditionsコレクションに対して、AddTop10メソッドを実行します。戻り値として、「Top10オブジェクト」が返ってきますので、このオブジェクトの各種プロパティを利用して、細かな設定を行っていきます。

次のサンプルは、セル範囲C2:C10に、「ベスト3のデータをパレット番号6番（黄色）で強調する」という条件付き書式を設定しています。同率3位の値がありますが、きちんと両方のセルが黄色く塗られている点にも注目しましょう。

```
Dim myFC As Top10
Set myFC = Range("C2:C10").FormatConditions.AddTop10
With myFC
    .TopBottom = xlTop10Top   'トップ10形式
    .Rank = 3                 '上位3データ
    .Percent = False
    .Interior.ColorIndex = 6
End With
```

サンプルの結果

	A	B	C	D
1	伝票No	名前	金額	
2	101	大村	1,000,000	
3	105	望月	1,800,000	
4	109	大村	500,000	
5	201	佐野	800,000	
6	205	田村丸	2,000,000	
7	209	芦川	2,400,000	
8	301	田村丸	1,500,000	
9	305	前田	1,800,000	
10	309	大村	1,200,000	

平均以上・平均以下のデータを強調したい

サンプルファイル 244.xlsm

365 2019 2016 2013

利用シーン 平均を上回っているデータのみをすばやく把握

構文

メソッド／プロパティ	意味
セル範囲.FormatConditions.AddAboveAverage	平均ルールの条件付き書式を追加
AboveAverage.AboveBelow = ルール定数	細かなルールを指定

「平均以上」「平均以下」といった、「平均ルール」で条件付き書式を設定する場合には、FormatConditionsコレクションに対して、AddAboveAverageメソッドを実行します。戻り値として、「AboveAverageオブジェクト」が返ってきますので、このオブジェクトのAboveBelowプロパティに、ルールに対応する定数を指定します。

■ AboveBelowプロパティに設定する定数

定数	意味	定数	意味
xlAboveAverage	平均より上	xlBelowAverage	平均より下
xlEqualAboveAverage	平均以上	xlEqualBelowAverage	平均以下
xlAboveStdDev	標準偏差より上	xlBelowStdDev	標準偏差より下

次のサンプルは、セル範囲C2:C10の平均を上回るデータのセルをパレット番号6番（黄色）で強調します。

```
Dim myFC As AboveAverage
Set myFC = Range("C2:C10").FormatConditions.AddAboveAverage
With myFC
    .AboveBelow = xlAboveAverage        '「平均より上」ルール
    .Interior.ColorIndex = 6
End With
```

サンプルの結果

	A	B	C	D	E	F
1	伝票No	名前	金額			
2	101	大村	1,000,000			
3	105	望月	1,800,000			
4	109	大村	500,000			
5	201	佐野	800,000			
6	205	田村丸	2,000,000			
7	209	芦川	2,400,000			
8	301	田村丸	1,500,000			
9	305	前田	1,800,000			
10	309	大村	1,200,000			

245 1行おきに色を付けたい

サンプルファイル 245.xlsm

365 2019 2016 2013

表形式のデータを見やすくする

構文

メソッド	意味
セル範囲.FormatConditions.Add Type:=xlExpression, Formula1:="=Mod(Row(),2)=0"	「偶数行」ルールとなる条件付き書式を追加

条件付き書式を利用して、1行ごとに色を付けて行ごとのデータを把握しやすくしてみましょう。新規条件付き書式を追加時に、引数Typeに「xlExpression」を指定し、引数「Formula1」を「=Mod(Row(),2)=0」と指定します。「行番号を『2』で割った剰余が『0』のとき」、つまり、「偶数行」というルールとなる条件式になります。

数式の結果を元に色を付けているので、セルを移動したり並べ替えたりしても、1行ごとの背景色は保たれたままになります。応用すれば、3行ごとや5行ごとなど、区切りのよい位置ごとに色を付けることも可能ですね。

```
Dim myRange As Range
Set myRange = Range("A1").CurrentRegion
Set myRange = myRange.Rows("2:" & myRange.Rows.Count)
myRange.FormatConditions.Add( _
    Type:=xlExpression, _
    Formula1:="=Mod(Row(),2)=0" _
).Interior.Color = RGB(240, 250, 180)
```

サンプルの結果

	A	B	C	D	E	F	G	H	I	J	K	L
1	伝票No	枝	日付	顧客	顧客名	商品	商品名	単価	数量	税抜金額	消費税	売上金額
2	1	1	2020/7/8	2001	日本ソフト　静岡支店	2003	ThinkPad 385XD 2635-9TJ	291,300	1	291,300	29,130	320,430
3	1	2	2020/7/8	2001	日本ソフト　静岡支店	5001	MO MOF-H640	79,800	2	159,600	15,960	175,560
4	2	1	2020/7/10	1002	レッドコンピュータ	3001	レーザー LBP-740	138,000	1	138,000	13,800	151,800
5	3	1	2020/7/11	5003	システムアスコム	1003	Aptiva L67	307,900	2	615,800	61,580	677,380
6	3	2	2020/7/11	5003	システムアスコム	4003	液晶 LCD-D17D	188,000	1	188,000	18,800	206,800
7	3	3	2020/7/11	5003	システムアスコム	3004	ジェット BJC-465J	79,800	1	79,800	7,980	87,780
8	3	4	2020/7/11	5003	システムアスコム	5004	CD-RW CDRW-VX26	62,000	1	62,000	6,200	68,200
9	4	1	2020/7/12	2003	日本CCM	3002	レーザー LBP-730PS	348,000	1	348,000	34,800	382,800
10	5	1	2020/7/13	2002	ゲイツ製作所	4005	液晶 FTD-XT15-A	228,000	2	456,000	45,600	501,600
11	5	2	2020/7/13	2002	ゲイツ製作所	2004	Satellite325	378,000	1	378,000	37,800	415,800
12	6	1	2020/7/14	3004	増根倉庫	1004	PRESARIO 2254-15	148,000	2	296,000	29,600	325,600
13	6	2	2020/7/14	3004	増根倉庫	3001	レーザー LBP-740	138,000	1	138,000	13,800	151,800
14	6	3	2020/7/14	3004	増根倉庫	5001	MO MOF-H640	79,800	1	79,800	7,980	87,780
15	7	1	2020/7/15	5005	カルタン設計所	5004	CD-RW CDRW-VX26	62,000	1	62,000	6,200	68,200
16	8	1	2020/7/16	4001	日本ソフト　三重支店	1001	ValueStar NX VS30/35d	328,000	2	656,000	65,600	721,600

2つ以上の条件付き書式の優先順位を決めたい

サンプルファイル 246.xlsm

365 2019 2016 2013

平均以上は黄色、その中でもトップのものは赤で強調表示したい

構文

プロパティ	意味
FormatCondition.Priority = 順位	条件付き書式の優先順位を変更

条件付き書式は、1つのセルに対して2つ以上のものを設定できます。その際、個々の条件順位には優先順位が発生します。優先順位が正しく設定されていないと、意図したような書式でデータを強調することができない場合があります。

たとえば、「値が設定値以上」と「上位1位」の条件付き書式があった場合、「値が設定値以上」の優先順位のほうが高いと、「上位1位」の書式は上書きされてしまいます。

「上位1つ」の式が埋もれてしまっている

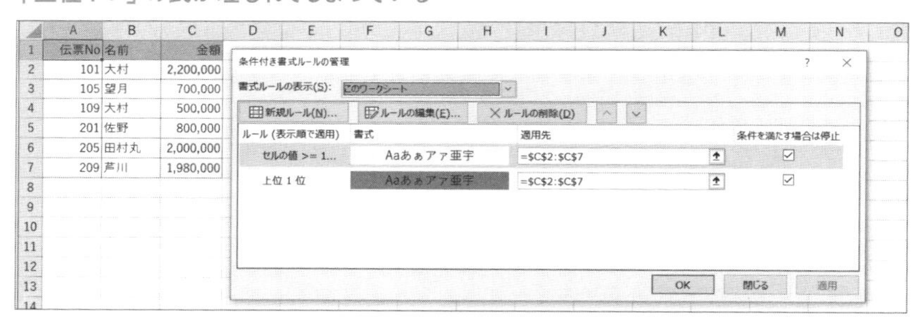

この優先順位をVBAから変更するには、Priorityプロパティを利用します。

次のサンプルは、セル範囲C2:C10に設定されている条件付き書式のうち、現在の優先順位が2番目のものを、優先順位1番目として設定します。

```
Range("C2:C10").FormatConditions(2).Priority = 1
```

サンプルの結果

	A	B	C	D
1	伝票No	名前	金額	
2	101	大村	2,200,000	
3	105	望月	700,000	
4	109	大村	500,000	
5	201	佐野	800,000	
6	205	田村丸	2,000,000	
7	209	芦川	1,980,000	
8				

▶

	A	B	C	D
1	伝票No	名前	金額	
2	101	大村	2,200,000	
3	105	望月	700,000	
4	109	大村	500,000	
5	201	佐野	800,000	
6	205	田村丸	2,000,000	
7	209	芦川	1,980,000	
8				

247 ピボットテーブルを作成したい

サンプルファイル 247.xlsm

365 2019 2016 2013

利用シーン 伝票の明細データから担当者ごと・地域ごとのクロス集計表を作成

構文

プロパティ	意味
ブック.PivotCache.Add 各種設定	ブックにキャッシュを登録
キャッシュ.CreatePivotTable 各種設定	キャッシュをシート上に展開

ピボットテーブルをVBAから作成するには、2つの手順で作成を行います。

まず、「どのデータを参照元にするのか」という情報を管理するPivotCacheオブジェクトを、Addメソッドを使ってブックに登録します。

次に、PivotCacheオブジェクトのCreatePivotTableメソッドを利用して、登録したPivotCacheオブジェクトを元にシート上にピボットテーブルを作成します。

あとは追加したピボットテーブルに対してレイアウト等の設定を行っていきます。

次のサンプルは、1枚目のシートのデータを元にPivotCacheオブジェクトを作成・登録し、登録したキャッシュを元に2枚目のシートにピボットテーブルを作成します。

```
Dim myPVTCache As PivotCache, myPVT As PivotTable
'キャッシュを登録
Set myPVTCache = ThisWorkbook.PivotCaches.Add( _
    SourceType:=xlDatabase, _
    SourceData:=Worksheets(1).Range("A1").CurrentRegion)
'キャッシュの内容をピボットテーブルとしてシート上に展開
Set myPVT = myPVTCache.CreatePivotTable( _
    Tabledestination:=Worksheets(2).Range("A1"))
'ピボットテーブルの表示項目を設定
With myPVT
    .AddFields RowFields:="担当者名", ColumnFields:="地区"
    .AddDataField .PivotFields("売上金額"), Function:=xlSum
    .TableStyle2 = "PivotStyleMedium7"
End With
```

サンプルの結果

	A	B	C	D	E	F	G	H	I
1	伝票No	枝	日付	顧客	顧客名	商品	商品名	単価	数量
2	1	1	2020/7/8	2001	日本ソフト　静岡支店	2003	ThinkPad 385XD 2635-9TJ	291,300	1
3	1	2	2020/7/8	2001	日本ソフト　静岡支店	5001	MO MOF-H640	79,800	2
4	2	1	2020/7/10	1002	レッドコンピュータ	3001	レーザー LBP-740	138,000	1
5	3	1	2020/7/11	5003	システムアスコム	1003	Aptiva L67	307,900	2
6	3	2	2020/7/11	5003	システムアスコム	4003	液晶 LCD-D17D	188,000	1
7	3	3	2020/7/11	5003	システムアスコム	3004	ジェット BJC-465J	79,800	1
8	3	4	2020/7/11	5003	システムアスコム	5004	CD-RW CDRW-VX26	62,000	1
9	4	1	2020/7/12	2003	日本CCM	3002	レーザー LBP-730PS	348,000	1
10	5	1	2020/7/13	2002	ゲイツ製作所	4005	液晶 FTD-XT15-A	228,000	2
11	5	2	2020/7/13	2002	ゲイツ製作所	2004	Satellite325	378,000	1
12	6	1	2020/7/14	3004	増根倉庫	1004	PRESARIO 2254-15	148,000	2

Sheet1 Sheet2

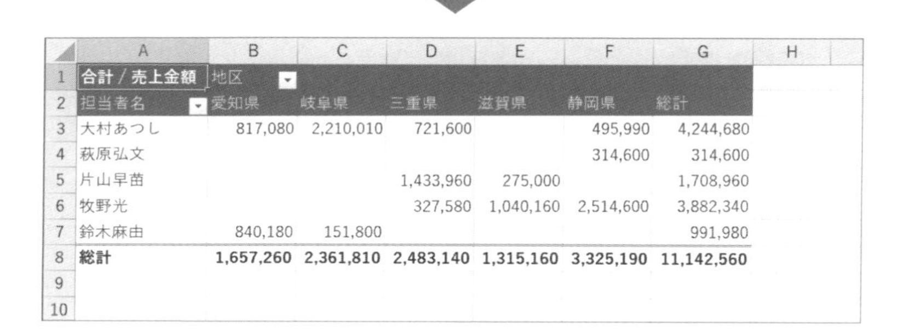

	A	B	C	D	E	F	G	H
1	合計 / 売上金額	地区						
2	担当者名	愛知県	岐阜県	三重県	滋賀県	静岡県	総計	
3	大村あつし	817,080	2,210,010	721,600		495,990	4,244,680	
4	萩原弘文					314,600	314,600	
5	片山早苗			1,433,960	275,000		1,708,960	
6	牧野光			327,580	1,040,160	2,514,600	3,882,340	
7	鈴木麻由	840,180	151,800				991,980	
8	**総計**	**1,657,260**	**2,361,810**	**2,483,140**	**1,315,160**	**3,325,190**	**11,142,560**	
9								
10								

POINT ▶▶ ピボットテーブルにスタイルを適用するプロパティの名前

ピボットテーブル（PivotTableオブジェクト）にスタイルを適用する際に利用するプロパティは「TableStyle2プロパティ」です。なぜ「TableStyleプロパティ」ではなく「2」が付くのかというと、実はPivotTableオブジェクトには、TableStyleプロパティという名前のプロパティが、もともと存在していたからなのです。

そのため、「2」を付けずにTableStyleプロパティを記述してもエラーとはなりませんが、スタイルも適用されません。

どうもスタイルが反映されない、という場合にはこの部分をチェックしてみましょう。

248 ピボットテーブルのレイアウトを変更したい

サンプルファイル 248.xlsm

365 2019 2016 2013

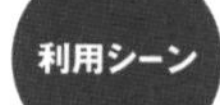

決まったパターンのクロス集計表に素早く変更

構文

プロパティ	意味
ピボット.PivotFields(フィールド名)	フィールドを取得
フィールド.Orientation = 配置場所	フィールドを配置する場所を指定

ピボットテーブルのレイアウトを変更するには、PivotFieldsプロパティの引数にフィールド名を指定して取得したPivotFieldオブジェクトのOrientationプロパティの値に、配置したい位置に応じたものを設定します。

定数	配置場所
xlHidden	非表示／削除
xlRowField	行
xlColumnField	列
xlPageField	フィルター
xlDataField	値（集計）

次のサンプルは、フィルターに「担当者名」、行に「顧客名」、列に「商品分類」、集計対象に「売上金額」を指定します。

```
With ActiveSheet.PivotTables(1)
    .ClearTable
    .PivotFields("担当者名").Orientation = xlPageField
    .PivotFields("顧客名").Orientation = xlRowField
    .PivotFields("商品分類").Orientation = xlColumnField
    .PivotFields("売上金額").Orientation = xlDataField
End With
```

サンプルの結果

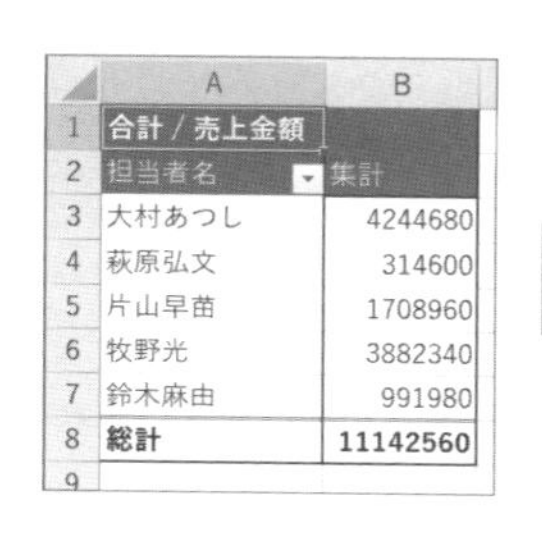

	A	B
1	合計 / 売上金額	
2	担当者名	集計
3	大村あつし	4244680
4	萩原弘文	314600
5	片山早苗	1708960
6	牧野光	3882340
7	鈴木麻由	991980
8	**総計**	**11142560**

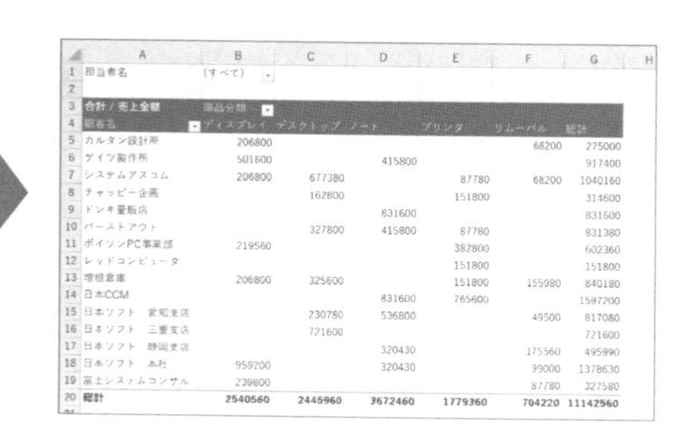

	A	B	C	D	E	F	G
1	担当者名	（すべて）					
2							
3	合計 / 売上金額	商品分類					
4	顧客名	ディスプレイ	デスクトップ	ノート	プリンタ	リムーバル	総計
5	カルタン設計所	206800				68200	275000
6	ゲイツ製作所	501600		415800			917400
7	システムアスコム	206800	677380		87780	68200	1040160
8	チャッピー企画		162800		151800		314600
9	ドンキ量販店			831600			831600
10	バーストアウト		327800	415800	87780		831380
11	ポイソンPC事業部	219560			382800		602360
12	レッドコンピュータ				151800		151800
13	増根倉庫	206800	325600		151800	155980	840180
14	日本CCM			831600	765600		1597200
15	日本ソフト　愛知支店		230780	536800		49500	817080
16	日本ソフト　三重支店		721600				721600
17	日本ソフト　静岡支店			320430		175560	495990
18	日本ソフト　本社	959200		320430		99000	1378630
19	富士システムコンサル	239800				87780	327580
20	**総計**	**2540560**	**2445960**	**3672460**	**1779360**	**704220**	**11142560**

249 ピボットテーブルの値フィールドに書式を設定したい

サンプルファイル 249.xlsm

365 2019 2016 2013

ピボットテーブル内の数値データを三桁区切りにする

構文

プロパティ	意味
ピボット.DataBodyRange.NumberFormat = 書式文字列	値フィールドに書式設定

集計したデータを3桁ごとにカンマ区切りで表示してみましょう。

ピボットテーブルの値フィールド（集計データの表示されているセル範囲）は、DataBodyRangeプロパティで取得できます。取得したセル範囲に対してNumberFormatプロパティで書式を設定します。

```
'ピボットテーブルの値フィールドの書式を設定
ActiveSheet.PivotTables(1).DataBodyRange.NumberFormat = "#,###"
```

サンプルの結果

	A	B	C	D	E	F	G
1	合計 / 売上金額	商品分類					
2	担当者名	ディスプレイ	デスクトップ	ノート	プリンタ	リムーバル	総計
3	大村あつし	959200	1280180	1593460	87780	324060	4244680
4	萩原弘文		162800		151800		314600
5	片山早苗	426360		831600	382800	68200	1708960
6	牧野光	948200	677380	1247400	853380	155980	3882340
7	鈴木麻由	206800	325600		303600	155980	991980
8	総計	2540560	2445960	3672460	1779360	704220	11142560
9							
10							

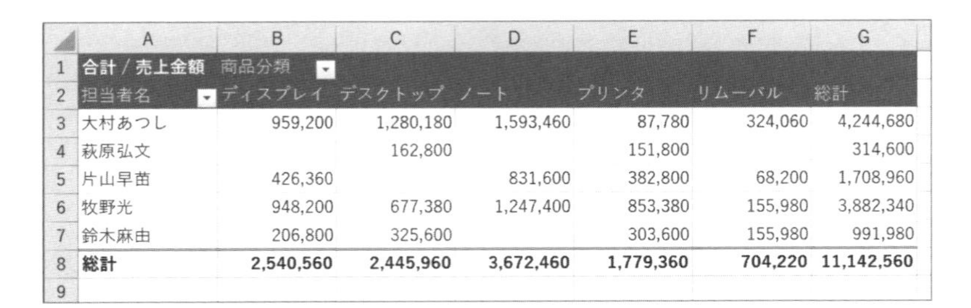

	A	B	C	D	E	F	G
1	合計 / 売上金額	商品分類					
2	担当者名	ディスプレイ	デスクトップ	ノート	プリンタ	リムーバル	総計
3	大村あつし	959,200	1,280,180	1,593,460	87,780	324,060	4,244,680
4	萩原弘文		162,800		151,800		314,600
5	片山早苗	426,360		831,600	382,800	68,200	1,708,960
6	牧野光	948,200	677,380	1,247,400	853,380	155,980	3,882,340
7	鈴木麻由	206,800	325,600		303,600	155,980	991,980
8	総計	2,540,560	2,445,960	3,672,460	1,779,360	704,220	11,142,560
9							

ピボットテーブルの特定のアイテムの情報を取得したい

サンプルファイル 250.xlsm

365 2019 2016 2013

「担当者名」が「大村あつし」の値フィールドの場所を強調

構文

プロパティ	意味
フィールド.PivotItems(ラベル名)	指定アイテムを取得
アイテム.LabelRange	アイテム名が表示されているセルを取得
アイテム.DataBodyRange	アイテムの値が表示されているセルを取得

ピボットテーブル内の特定のアイテムは、PivotItemオブジェクトとして取得できます。取得したオブジェクトの各種プロパティから値やセルの位置等の情報を取得できます。

たとえば、LabelRangeプロパティでは見出し部分のセル範囲が、DataRangeプロパティではデータ部分（集計部分）のセル範囲が取得できます。

次のサンプルは、「担当者名」が「大村あつし」であるアイテムのラベルの位置と、データの位置を表示します。

```
Dim myPVTItem As PivotItem
Set myPVTItem = ActiveSheet.PivotTables(1). _
        PivotFields("担当者名").PivotItems("大村あつし")
MsgBox "ラベルの位置：" & myPVTItem.LabelRange.Address & vbCrLf & _
       "データの位置：" & myPVTItem.DataRange.Address
```

サンプルの結果

	A	B	C	D	E	F	G
1	合計 / 売上金額	商品分類					
2	担当者名	ディスプレイ	デスクトップ	ノート	プリンタ	リムーバル	総計
3	大村あつし	959200	1280180	1593460	87780	324060	4244680
4	萩原弘文		162800		151800		314600
5	片山早苗	426360		831600	382800	68200	1708960
6	牧野光	948200	677380	1247400	853380	155980	3882340
7	鈴木麻由	206800	325600		303600	155980	991980
8	総計	2540560	2445960	3672460	1779360	704220	11142560

Microsoft Excel

ラベルの位置：$A$3
データの位置：$B$3:$F$3

OK

ピボットテーブルの特定のアイテムのセル範囲を選択したい

サンプルファイル 251.xlsm

365 2019 2016 2013

「地区」が「静岡県」のデータ部分を選択

構文

メソッド	意味
ピボット.PivotSelect アイテム名, 場所	指定アイテムのセル範囲を選択

ピボットテーブル内の特定のアイテムに関するセル範囲を選択するには、PivotSelectメソッドの引数に、アイテム名と選択したい部分を表す定数を指定して実行します。

■ PivotSelectメソッドの引数に指定できる定数と場所

定数	場所
xlDataAndLabel	データとラベル
xlLabelOnly	ラベル
xlDataOnly	データ
xlOrigin	始点
xlBlanks	空白セル
xlButton	ボタン
xlFirstRow	最初の行

次のサンプルは、「静岡県」に関する集計データ部分を選択します。

```
ActiveSheet.PivotTables(1).PivotSelect "静岡県", xlDataOnly
```

サンプルの結果

	A	B	C	D	E	F	G	H
1	合計 / 売上金額		商品分類					
2	担当者名	地区	ディスプレイ	デスクトップ	ノート	プリンタ	リムーバル	総計
3	⊟大村あつし	愛知県		230,780	536,800		49,500	817,080
4		岐阜県	959,200	327,800	736,230	87,780	99,000	2,210,010
5		三重県		721,600				721,600
6		静岡県			320,430		175,560	495,990
7	⊟萩原弘文	静岡県		162,800		151,800		314,600
8	⊟片山早苗	三重県	219,560		831,600	382,800		1,433,960
9		滋賀県	206,800				68,200	275,000
10	⊟牧野光	三重県	239,800				87,780	327,580
11		滋賀県	206,800	677,380		87,780	68,200	1,040,160
12		静岡県	501,600		1,247,400	765,600		2,514,600
13	⊟鈴木麻由	愛知県	206,800	325,600		151,800	155,980	840,180
14		岐阜県				151,800		151,800
15	総計		2,540,560	2,445,960	3,672,460	1,779,360	704,220	11,142,560
16								

ピボットテーブルの特定の集計結果を取得したい

サンプルファイル 252.xlsm

365 2019 2016 2013

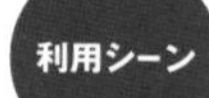

「地区」が「静岡県」のデータ部分を選択

構文

メソッド	意味
ピボット.GetPivotData 集計フィールド, ラベル名, 値	指定項目の集計値を取得

特定のクロス集計の結果を取得するには、GetPivotDataメソッドを利用します。引数は、第1引数に取得したい集計フィールド名を指定し、第2・第3引数に、対象としたいフィールドラベル名と値を列記します。

たとえば、「担当者名」が「大村あつし」であるアイテムの「売上金額」集計を取得したい場合には、

```
GetPivotData("売上金額", "担当者名", "大村あつし")
```

と記述します。「担当者名」が「大村あつし」、かつ、「商品分類」が「ノート」の「売上金額」集計を取得したい場合には、

```
GetPivotData("売上金額", "担当者名", "大村あつし", "商品分類", "ノート")
```

と記述します。クロス集計用のアイテムは、4つまで指定できます。

また、存在しないアイテムや、表示されていない集計結果を参照するような引数を指定した場合は、エラーとなります。

サンプルの結果

	A	B	C	D	E	F	G	H
1	地区	静岡県						
2								
3	合計 / 売上金額	商品分類						
4	担当者名	ディスプレイ	デスクトップ	ノート	プリンタ	リムーバル	総計	
5	大村あつし			320,430		175,560	495,990	
6	萩原弘文		162,800		151,800		314,600	
7	牧野光	501,600		1,247,400	765,600		2,514,600	
8	**総計**	**501,600**	**162,800**	**1,567,830**	**917,400**	**175,560**	**3,325,190**	

Microsoft Excel

担当者名が「大村あつし」の売上金額：495990

OK

ピボットテーブルの特定フィールドに書式を設定したい

サンプルファイル 253.xlsm

365 2019 2016 2013

担当者ごとのナンバーワンデータの入力されているセルを強調表示

構文

プロパティ	意味
アイテム.DataRange.FormatConditions	特定アイテム範囲の条件付き書式を取得

特定フィールドのアイテムごとに処理を実行するには、PivotFieldsプロパティを利用してフィールドを指定し、さらにPivotItemsコレクションを取得してループ処理を行います。

次のサンプルは、「担当者名」フィールドの各アイテム、つまり担当者ごとに、データが入力されているセル範囲に書式設定を行い、一番値の大きなデータの入力されているセルを強調表示します。

```
Dim myPVTItems As PivotItems, myFC As Top10, i As Long
Set myPVTItems = ActiveSheet.PivotTables(1) _
                            .PivotFields("担当者名").PivotItems
For i = 1 To myPVTItems.Count
    Set myFC = myPVTItems(i).DataRange.FormatConditions.AddTop10
    With myFC
        .TopBottom = xlTop10Top
        .Rank = 1
        .Percent = False
        .Interior.ColorIndex = 6
    End With
Next
```

サンプルの結果

	A	B	C	D	E	F	G	H
1	合計 / 売上金額		商品分類					
2	担当者名	地区	ディスプレイ	デスクトップ	ノート	プリンタ	リムーバル	総計
3	大村あつし	愛知県		230,780	536,800		49,500	817,080
4		岐阜県	959,200	327,800	736,230	87,780	99,000	2,210,010
5		三重県		721,600				721,600
6		静岡県			320,430		175,560	495,990
7	萩原弘文	静岡県		162,800		151,800		314,600
8	片山早苗	三重県	219,560		831,600	382,800		1,433,960
9		滋賀県	206,800				68,200	275,000
10	牧野光	三重県	239,800				87,780	327,580
11		滋賀県	206,800	677,380		87,780	68,200	1,040,160
12		静岡県	501,600		1,247,400	765,600		2,514,600
13	鈴木麻由	愛知県	206,800	325,600		151,800	155,980	840,180
14		岐阜県				151,800		151,800
15	総計		2,540,560	2,445,960	3,672,460	1,779,360	704,220	11,142,560

作表に使えるテクニック

Chapter

9

254 セルに表示されている状態で値を取得したい

サンプルファイル 254.xlsm

365 2019 2016 2013

セルに表示されている三桁区切りの状態のまま値を取得

構文

プロパティ	意味
セル.Text	表示されている状態でセルの値を取得

セルの値を取得・設定するのはValueプロパティです。おそらく、マクロを作成する上でもっとも頻繁に使用するプロパティでしょう。そして、下図左のセルA1の値をValueプロパティで取得すると、メッセージボックスのように表示されます。

```
MsgBox Range("A1").Value
```

一方で、同じセルに対してTextプロパティを使用すると、下図右のようにセルに表示されている状態で値を取得することができます。

```
MsgBox Range("A1").Text
```

Valueプロパティの場合

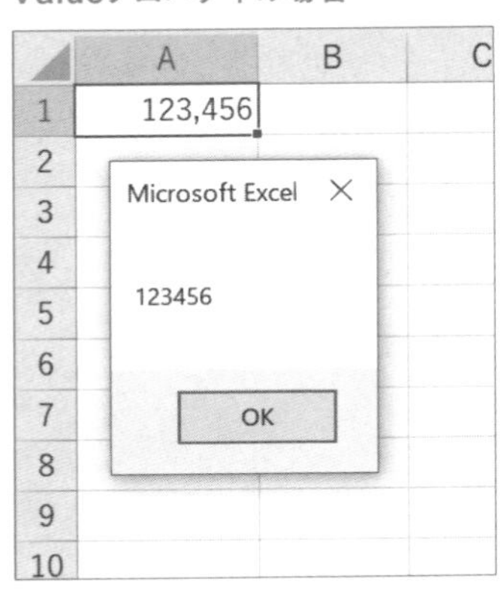

Textプロパティの場合

セルに「###」が表示されていたら列幅を広げたい

サンプルファイル 255.xlsm

365 2019 2016 2013

値が表示されていないセルを突き止めて列幅を調整する

構文

考え方

Valueプロパティと Textプロパティの値を比較して独自に判定

セルに数値を入力したときに、列幅が足りないと「###」と表示されます。では、セルに「###」と表示されていたら、すべての数値が表示されるように列幅を調整するマクロを作成してみましょう。

まず、鍵を握るのはValueプロパティとTextプロパティです。たとえば、セルに「123456789」と入力されていて列幅が足りない場合、Valueプロパティは「123456789」を返しますが、Textプロパティは「###」を返します。すなわち、ValueプロパティとTextプロパティの値が異なっていたら、そのセルには「###」と表示されている可能性があるということです。

ただし、あくまでも可能性で、区切り文字や通貨記号などの表示形式を設定しているときにもValueプロパティとTextプロパティの値は異なりますので、Textプロパティの1文字目が「#」か否かを判断しなければなりません。

ちなみに、それでは「#5」のようなときはどうするのかと思う人もいるでしょうが、この場合にはValueプロパティとTextプロパティが同じ値を返すので心配は無用です。

もう1つは、「#N/A」や「#NAME」などのエラー値も「#」で始まるので、その判定もしなければなりませんが、これはIsError関数で可能です。すなわち、エラー値でないときのみ、「###」か否かを判断すればよいのです。

そして、「###」と判断できたら、そのセルを含む列幅をAutoFitメソッドで調整します。

```
With ActiveCell
    If IsError(.Value) = False Then
        If .Value <> .Text And Left(.Text, 1) = "#" Then
            .EntireColumn.AutoFit
        End If
    End If
End With
```

256 セルに表示形式を設定したい

サンプルファイル 256.xlsm

365 2019 2016 2013

利用シーン 「123456」を「¥123,456」という形式で表示

構文

プロパティ	意味
セル.NumberFormatLocal = 書式文字列	表示形式を設定

［セルの書式設定］ダイアログボックスの［表示形式］パネルではさまざまな表示形式が設定できますが、VBAで表示形式を設定するときにはNumberFormatLocalプロパティを使用します。

次のサンプルは、セルに「¥」と3桁区切りの表示形式を設定するものです。

```
Range("A1").NumberFormatLocal = "¥#,###"
```

サンプルの結果

	A	B
1	123456789	
2		
3		
4		
5		

▶

	A	B
1	¥123,456,789	
2		
3		
4		
5		

ちなみに、NumberFormatというプロパティもありますが、こちらは多言語未対応のプロパティのため、日本でよく利用される「¥（円記号）」のような書式を設定しようとした際、意図と違う解釈をされてしまう場合が出てきます。日本語版のExcel環境であれば、NumberFormatLocalプロパティで書式設定を行ったほうが「安全」です。

ただし、NumberFormatプロパティを使用したほうがよいケースもあります。それは次ページで紹介します。

257 セルの表示形式をコピーしたい

サンプルファイル 257.xlsm

365 2019 2016 2013

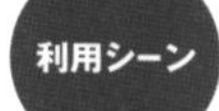

利用シーン 他のセルに設定されている表示形式を流用する

構文

プロパティ	意味
コピー先.NumberFormat = コピー元.NumberFormat	表示形式をコピー

たとえば、セルA1の表示形式をセルA2にコピーするときには、通常は以下のステートメントのように、セルA1をコピーして、その表示形式だけをセルA2に貼り付けます。

```
Range("A1").Copy
Range("A2").PasteSpecial Paste:=xlPasteFormats
```

しかし、Excel VBAには表示形式を取得／設定するNumberFormatプロパティがあります。取得も設定もできるということは、上記の例では、セルA1のNumberFormatプロパティを取得して、セルA2のNumberFormatプロパティに代入すればよいということです。

すなわち、次のサンプルでセルの表示形式のコピーが可能です。

```
Range("A2").NumberFormat = Range("A1").NumberFormat
```

サンプルの結果

	A	B
1	¥123,456,789	
2	987654321	
3		
4		

▶

	A	B
1	¥123,456,789	
2	¥987,654,321	
3		
4		

なお、このケースでは「言語ごとに差異のある書式を考慮して設定する」のではなく「既存の書式をコピーする」処理のため、NumberFormatLocalプロパティではなく、NumberFormatプロパティを利用すればよいでしょう。

セルに罫線を引きたい

サンプルファイル 258.xlsm

365 2019 2016 2013

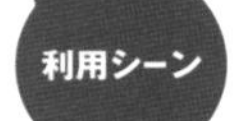

データを入力した範囲に罫線を引いて見栄えをよくする

構文

プロパティ	意味
セル範囲.Borders.LineStyle = xlContinuous	セル範囲に格子罫線を引く
セル範囲.BorderAround Weight:=xlMedium	セル範囲に外枠罫線を引く

「セルに罫線を引くなんてマクロ記録でできますよね」といわれそうですが、マクロ記録が生成するステートメントはあまりに無駄が多く、これは知っておいて損はないテクニックといえると思います。

サンプルでは、「セル範囲に格子罫線を引く」方法と、「セル範囲に外枠罫線を引く」方法を紹介しています。どちらも1行で済むシンプルなコードですが、この2つだけでもかなり見栄えが変わりますね。

```
'格子罫線
Range("B2:D4").Borders.LineStyle = xlContinuous
'外枠罫線
Range("B7:D9").BorderAround Weight:=xlMedium
```

サンプルの結果

	A	B	C	D	E
1					
2		大村	加藤	斎藤	
3		田中	小野	渡辺	
4		佐藤	大井	鈴木	
5					
6					
7		大村	加藤	斎藤	
8		田中	小野	渡辺	
9		佐藤	大井	鈴木	
10					
11					

	A	B	C	D	E
1					
2		大村	加藤	斎藤	
3		田中	小野	渡辺	
4		佐藤	大井	鈴木	
5					
6					
7		大村	加藤	斎藤	
8		田中	小野	渡辺	
9		佐藤	大井	鈴木	
10					
11					

259 セルの罫線の状態を細かく取得／設定したい

サンプルファイル 259.xlsm

365 2019 2016 2013

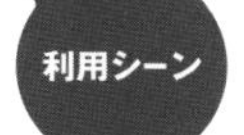

細かな罫線の状態を取得／設定する

構文

プロパティ	意味
セル範囲.Borders(場所).LineStyle	特定の場所の罫線の状態を取得

セルの細かな位置の罫線の状態を取得するときには、まず、Bordersプロパティに「上端」「下端」等の場所を表す定数を指定し、その箇所の罫線の情報を管理するBorderオブジェクトを取得します。取得したBorderオブジェクトの各種プロパティで、その箇所の罫線の種類や色、太さといった要素を取得／設定します。

```
Dim myRng As Range
Set myRng = Range("B2:D5")
With myRng.Borders(xlEdgeTop)       '上端に太実線
    .LineStyle = xlContinuous
    .Weight = xlMedium
End With
With myRng.Borders(xlEdgeBottom)       '下端に太実線
    .LineStyle = xlContinuous
    .Weight = xlMedium
End With
myRng.Borders(xlInsideHorizontal).LineStyle = xlDot  '水平方向に点線
ActiveWindow.DisplayGridlines = False  'シートの目盛線非表示
```

サンプルの結果

	A	B	C	D	E
1					
2		id	商品	価格	
3		1	りんご	200	
4		2	蜜柑	120	
5		3	レモン	150	
6					

▶

	A	B	C	D	E
1					
2		id	商品	価格	
3		1	りんご	200	
4		2	蜜柑	120	
5		3	レモン	150	
6					

位置を表す定数は、その箇所に罫線を引くマクロを記録すると調べられます。

セルの値を置き換えたい

サンプルファイル 260.xlsm

365 2019 2016 2013

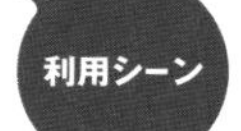

指定セル範囲内の特定の文字を置換する

構文

メソッド	意味
セル範囲.Replace What:=対象文字列, Replacement:=置換後文字列	指定セル範囲内にある特定の文字列を一括置換

セルの値を置き換えるときに、次のようなループ処理と条件分岐を行う必要はありません。

```
For Each myRange In Selection
    If myRange.Value = "焼津市" Then myRange.Value = "富士市"
Next myRange
```

それに、これではセルの値が「焼津市」でなければならず、「静岡県焼津市」のようなセルの値は置き換わりません。

このようなときには、Excelの［置換］コマンドに相当するReplaceメソッドを使います。

次のサンプルは、セルの中の「焼津市」という値を「富士市」に置換していますので、「静岡県焼津市」も「静岡県富士市」に置き換わります。

```
Range("A1:A8").Replace _
        What:="焼津市", Replacement:="富士市", MatchByte:=False
```

サンプルの結果

	A	B
1	置換対象	
2	静岡県浜松市	
3	静岡県御前崎市	
4	静岡県静岡市	
5	静岡県島田市	
6	静岡県焼津市	
7	静岡県藤枝市	
8	静岡県沼津市	
9		
10		

	A	B
1	置換対象	
2	静岡県浜松市	
3	静岡県御前崎市	
4	静岡県静岡市	
5	静岡県島田市	
6	静岡県富士市	
7	静岡県藤枝市	
8	静岡県沼津市	
9		
10		

261 セルの内容を縮小して全体を表示したい

サンプルファイル 261.xlsm

365 2019 2016 2013

入力したデータがすべてセル幅内に表示されるようにする

構文

プロパティ	意味
セル範囲.ShrinkToFit = True	指定セル範囲を「縮小して全体表示」設定にする

図左では、セルA1の値がセル内に収まっていません。このような場合、ShrinkToFitプロパティにTrueを代入すると、図右のようにセルの内容が縮小されて全体が表示されます。

```
Range("A1").ShrinkToFit = True
```

サンプルの結果

このとき、セル幅は変更されていない点に注目してください。

似た用途として、「内容に合わせてセル幅を自動調整する」AutoFitメソッド（P.364参照）がありますが、こちらは「セル幅を文字に合わせる」のではなく、「文字の大きさをセル幅に合わせる」動きとなります。

よく使う場面は、「印刷時に、シート全体の印刷内容の大きさ（セル幅の合計）は変更したくないが、どうしても既存のセル幅だと表示しきれない内容がある」というケースです。縮小して内容を表示することにより、シート全体のレイアウトや印刷ページ数を変えずに、内容を印刷できます。

Excelでは「画面上ではセルの枠内に収まっているのだが、印刷してみるとはみ出ている」というケースがありますが、この設定をしておくことで、「印刷時のはみだし」をある程度防ぐことができます。

セル内の改行コードを削除したい

サンプルファイル 262.xlsm

365 2019 2016 2013

セル内改行されているデータの改行を削除して1行で表示させる

構文

関数	意味
セル.Value = Replace(セル.Value, vbLf, "")	セル内改行を取り除く
セル.Value = Replace(セル.Value, ChrW(160), "")	NBSPを取り除く

下図左のように、Alt+Enterキーでセル内で改行されている場合、その改行コードは「ラインフィード」と呼ばれるもので、「Chr (10)」に相当します。

VBAでは、「Chr (10)」の組み込み定数は「vbLf」なので、次のサンプルのようにReplace関数でvbLfを空白 (長さ0の文字列) に置き換えれば、取り除けます。

また、ブラウザーからデータをコピーしてきた際、値に「NBSP (ノンブレークスペース)」と呼ばれる、いわゆる「改行禁止記号」が含まれている場合があります。こちらをVBAから扱うには「ChrW (160)」を指定します。次のサンプルのセルA3の値には、「:」と「26」の間にこの記号が含まれていますが、セル内改行と同じように、Replace関数で「ChrW (160)」を空白で置き換えることにより、同じように取り除けます。

```
Range("A1").Value = Replace(Range("A1").Value, vbLf, "")
Range("A2").Value = Replace(Range("A2").Value, ChrW(160), "")
```

サンプルの結果

	A	B
1	テキスト	文字数
2	昨日は 雨だったが 外出した	14
3	気温： 26°C	7
4		

▶

	A	B
1	テキスト	文字数
2	昨日は雨だったが外出した	12
3	気温：26°C	6
4		
5		
6		

なお、セル内改行の有無の判定は、次のようにInStr関数でvbLfの有無をチェックして判定できます。

```
If InStr(ActiveCell.Value, vbLf) > 0 Then
    MsgBox "アクティブセルはセル内改行が含まれます"
End If
```

263 一部文字列のフォントを変えて「x^2+y」という文字列を作りたい

サンプルファイル 263.xlsm

365 2019 2016 2013

利用シーン 「x2+y」を「x^2+y」と表示する

構文

プロパティ	意味
セル.Characters(開始位置, 文字数)	指定範囲の文字列のみ取得
フォント.Superscript = True	上付き文字に変更

セル内の文字列は、単なるデータのように思えますが、実はCharactersという「複数文字の集合」として扱うオブジェクトとして管理されています。セルを指定し、Charactersプロパティの引数に「開始位置」と「文字数」を指定すれば、その範囲の文字列のみを取り出して操作可能となります。

取り出した範囲の文字列（Charactersオブジェクト）のFontオブジェクトが持つName、FontStyle、Size、Underline、Superscriptなどのプロパティに値を設定することで、取り出した範囲の文字列のみにフォントを設定可能です。

ちなみに、セルA1に「x2+y」という文字列が入力されていて、この中の「2」だけを「上付き」にして「x^2+y」という文字列にする場合には、「2文字目から1文字分」が操作の対象となりますので、マクロは次のようになります。

```
Range("A1").Characters(2, 1).Font.Superscript = True
```

サンプルの結果

	A	B
1	x2+y	
2		
3		
4		
5		

▶

	A	B
1	x^2+y	
2		
3		
4		
5		

264 "大村"と引用符のついた文字列を入力したい

サンプルファイル 264.xlsm

365 2019 2016 2013

利用シーン ダブルクオーテーションを持つ値をセルに入力したい

構文

プロパティ	意味
セル.Value = """大村"""	セルに「"大村"」と入力

セルに文字列を入力するには、Valueプロパティに文字列を代入します。このとき、ご存じのように文字列は「"文字列"」と二重引用符（ダブルクオーテーション）で囲みます。では、「"」自体を入力する場合にはどうすればよいでしょうか。

答えは「""」と二重引用符を重ねて記述します。この仕組みを踏まえて、セルA1に「"大村"」と入力するには、次のサンプルのように「"""大村"""」というコードとなります。始めの3つ重なっている二重引用符は、1つ目が文字列の始まりを示すもの、2つ目がエスケープ用のもの、3つ目が文字として表示したいもの、となっています。

また、二重引用符は、数式内で「空白」を表すときに使用する「""」という表現でもよく利用されます。こちらの場合、VBAのコード上では「""""」と4つ重ねる表記となります。

```
Range("A1").Value = """大村"""
Range("C4:C6").Formula = "=IFERROR(A4*B4,"""")"
```

サンプルの結果

	A	B	C	D
1	"大村"			
2				
3	単価	数量	小計	
4	100	10	1,000	
5	150	5	750	
6	200	不明		
7				
8				

=IFERROR(A4*B4,"")

265 「1」という数値を「VBA-001」といった文字列に変換したい

サンプルファイル 265.xlsm

365 2019 2016 2013

「1」という値を、型番を表す「VBA-001」という値に変換する

構文

関数	意味
Format(値, 書式)	値に書式を適用した結果文字列を取得

数値に任意の書式を適用した文字列を取得するには、Format関数を利用します。応用すれば、数値を型番のような「任意の文字列+固定桁数の数値」に変換した値を得ることも可能です。次のサンプルは、セル範囲A2:A5の数値を「VBA-001」のような形式に変換します。

```
Dim myRange As Range
For Each myRange In Range("A2:A5")
    myRange.Value = Format(myRange.Value, "VBA-000")
Next
```

サンプルの結果

	A	B
1	商品コード	
2	1	
3	2	
4	12	
5	123	
6		

▶

	A	B
1	商品コード	
2	VBA-001	
3	VBA-002	
4	VBA-012	
5	VBA-123	
6		

「11」を「011」や「110」といった文字列に変換したい

サンプルファイル 266.xlsm

365 2019 2016 2013

「11」を3桁固定の文字列「011」に変換する

構文

関数	意味
Right(String(固定文字数, 詰め文字) & 数値, 固定文字数)	右詰めパディング
Left(数値 & String(固定文字数, 詰め文字), 固定文字数)	左詰めパディング

数値や文字列のデータを作成する際、「5桁」「10文字」といった固定の「長さ」での作成を要求される場合があります。いわゆるパディングと呼ばれる作業です。

このパディング処理は、String関数で「0」や「（スペース）」といった詰め文字を必要桁数持つ文字列を作成しておき、値と連結した上で、右詰めの場合はRight関数、左詰めの場合はLeft関数で必要な桁数分だけの文字列を取得することで実現します。

```
Dim myPadStr As String, myPadCount As Long, i As Long, rng As Range
'パディングの基本となる文字列を作成
myPadStr = String(5, "0")
myPadCount = Len(myPadStr)
'右詰め
For Each rng In Range("A2:A5")
    rng.Value = Right(myPadStr & rng.Value, myPadCount)
Next
'左詰め
For Each rng In Range("B2:B5")
    rng.Value = Left(rng.Value & myPadStr, myPadCount)
Next
```

サンプルの結果

	A	B	C
1	右詰め	左詰め	
2	1	1	
3	2	2	
4	12	12	
5	123	123	
6			

▶

	A	B	C
1	右詰め	左詰め	
2	00001	10000	
3	00002	20000	
4	00012	12000	
5	00123	12300	
6			

267 左右の余分な空白を消去したい

サンプルファイル 267.xlsm

365 2019 2016 2013

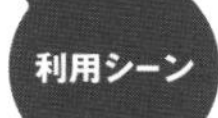

シート上にコピーしてきた空白を含むデータの空白を取り除く

構文

関数	意味
Trim(文字列)／LTrim(文字列)／RTrim(文字列)	空白を取り除く

シート上に読み込んだりコピーしてきたデータの左右に空白がある場合には、Trim関数で取り除けます。また、左側の空白だけを取り除きたい場合にはLTrim関数、右側のみの場合はRTrim関数を利用します。

次のサンプルは「　Excel　VBA　」と左右に2つずつスペースが入った値の空白を、3つの関数で取り除いた結果です。

```
Range("A2").Value = Trim(Range("A2").Value)
Range("A3").Value = LTrim(Range("A3").Value)
Range("A4").Value = RTrim(Range("A4").Value)
```

サンプルの結果

	A	B
1	空白を含む文字列	文字数
2	Excel　VBA	13
3	Excel　VBA	13
4	Excel　VBA	13
5		
6		

▶

	A	B
1	空白を含む文字列	文字数
2	Excel　VBA	9
3	Excel　VBA	11
4	Excel　VBA	11
5		
6		

POINT ▶▶ 固定長ファイルがベースとなっているデータは要注意

固定長形式のデータを使ったやりとりをする場合、空白文字列を使ったパディングが成されているケースが多々あります。単にコピー&ペーストしただけでは、空白文字列もコピーされてきますので、そのあとにTrim関数を併用して必要な値のみを残すようにしましょう。

文字列内の空白を一括削除したい

サンプルファイル 268.xlsm

365 2019 2016 2013

シート上にコピーしてきたデータの空白をすべて削除する

構文

メソッド	意味
セル範囲.Replace " ", "", LookAt:=xlPart, MatchByte:=False	空白をすべて取り除く

特定のセル範囲に入力されている値の空白をすべて取り除きたい場合には、Replaceメソッドで「" "(スペース)」を「""(長さゼロの文字列)」に置き換えます。

全角・半角を問わずに消去したい場合には、引数MatchByteを「False」に指定します。

```
Range("A2:A4").Replace _
    What:=" ", Replacement:="", LookAt:=xlPart, MatchByte:=False
```

サンプルの結果

	A	B
1	空白を含む文字列	文字数
2	Excel　VBA	13
3	Excel　VBA	13
4	Excel　VBA	13
5		
6		

▶

	A	B
1	空白を含む文字列	文字数
2	ExcelVBA	8
3	ExcelVBA	8
4	ExcelVBA	8
5		
6		

文字列の全角／半角、ひらがな／カタカナを統一したい

サンプルファイル 269.xlsm

365 2019 2016 2013

利用シーン データを正しく集計できるように表記の揺れを統一する

構文

関数	意味
StrConv(対象文字列, 変換の形式)	文字列を指定形式に変換する

文字列の全角／半角、ひらがな／カタカナの変換は、StrConv関数を利用します。StrConv関数は第1引数に変換したい文字列を指定し、第2引数に変換の形式を定数で指定します。

定数	意味
vbWide	全角
vbNarrow	半角
vbKatakana	カタカナ
vbHiragana	ひらがな

定数	意味
vbUpperCase	大文字
vbLowerCase	小文字
vbProperCase	各単語の先頭を大文字

なお、定数は互いに矛盾しないものであれば、「+」で加算することで、複数の変換形式を同時に適用できます。

次のサンプルは、セル範囲A2:A7は「半角・大文字」、セル範囲D2:D4は「全角・カタカナ」で変換し、その値を隣のセルへと書き込みます。

```
Dim myRng As Range
For Each myRng In Range("A2:A7")
    myRng.Next.Value = StrConv(myRng.Value, vbNarrow + vbUpperCase)
Next
For Each myRng In Range("D2:D4")
    myRng.Next.Value = StrConv(myRng.Value, vbWide + vbKatakana)
Next
```

サンプルの結果

	A	B	C	D	E	F
1	元の文字列	変換後の文字列		元の文字列	変換後の文字列	
2	Excel 2020	EXCEL 2020		えくせる	エクセル	
3	Ｅｘｃｅｌ　２０２０	EXCEL 2020		エクセル	エクセル	
4	excel　2020	EXCEL 2020		ｴｸｾﾙ	エクセル	
5	ＶＢＡ	VBA				
6	vba	VBA				
7	VBA	VBA				

270 数値を漢数字に変換したい

サンプルファイル 270.xlsm

365 2019 2016 2013

利用シーン 「123」を「百二十三」に変換する

構文

メソッド	意味
WorksheetFunction.Text(数値, "[DBNum1]")	数値を漢数字表記に変換した結果を取得

日本語版Excelでは、TEXTワークシート関数を使って任意の数値に、「[DBNum1]」という書式を適用すると、数値を漢数字で表記した文字列を得られます。次のワークシート関数をセルに入力すると、「百二十三」という結果が得られます。

```
=TEXT(123, "[DBNum1]")
```

この仕組みをVBAで利用してみましょう。次のコードは、セル範囲A2:A4の値を漢数字に変換した値を、隣のセルへと書き込みます。

```
Dim myRange As Range
For Each myRange In Range("A2:A5")
    myRange.Next.Value = _
        WorksheetFunction.Text(myRange.Value, "[DBNum1]")
Next
```

サンプルの結果

	A	B	C
1	数値	変換後の値	
2	123	百二十三	
3	1234	千二百三十四	
4	12345678	千二百三十四万五千六百七十八	
5	1234567890	十二億三千四百五十六万七千八百九十	
6			

ちなみに、「123」は「[DBNum2]」では「壱百弐拾参」、「[DBNum1]#」では、「一二三」に変換されます。

271 一覧表を元に表記の揺れを統一したい

サンプルファイル 271.xlsm

365 2019 2016 2013

利用シーン 頻出するパターンの表記の揺れやミスを一括修正する

構文

考え方

あらかじめ用意しておいた修正一覧表を用いてループ処理を行う

複数人の入力したデータや、複数箇所から読み込んだデータには、表記の「揺れ」やミスが付きものです。また、同じメンバーや提供元のデータを何回か扱っていると、こういった「揺れ」やミスのパターンがある程度つかめてくることでしょう。

このような場合には、置き換えて修正したい値の一覧表を作成し、Replaceメソッドとループ処理を組み合わせ、一括して表記を修正する仕組みを用意してみましょう。

次のサンプルは、セル範囲A1:B8に用意した一覧表を元に、セル範囲D2:D4の値を修正します。

```
Dim myChkTable As Range, myRange As Range, i As Long
Set myChkTable = Range("A1:B8")
Set myRange = Range("D2:D4")
For i = 2 To myChkTable.Rows.Count
    myRange.Replace _
        What:=myChkTable.Cells(i, 1).Value, _
        Replacement:=myChkTable.Cells(i, 2).Value, _
        LookAt:=xlPart
Next
```

サンプルの結果

	A	B	C	D
1	対象	置換え後		チェックしたい値
2	渡邉	渡辺		こんにちは、渡邉さんはエクセルを使いますか？
3	渡邊	渡辺		こんちわ、ワタナベさんはＥｘｃｅｌを使いますか？
4	ワタナベ	渡辺		こんにちわ、渡邉さんはExcelを使いますか？
5	エクセル	Excel		
6	Ｅｘｃｅｌ	Excel		
7	こんにちわ	こんにちは		
8	こんちわ	こんにちは		
9				

↓

D
チェックしたい値
こんにちは、渡辺さんはExcelを使いますか？
こんにちは、渡辺さんはExcelを使いますか？
こんにちは、渡辺さんはExcelを使いますか？

272 カタカナのみを全角に統一したい

サンプルファイル 272.xlsm

365 2019 2016 2013

利用シーン 英数字とカタカナを含む文字列の表記を統一する

構文

メソッド	意味
WorksheetFunction.Phonetic(半角カナを含むセル)	カタカナのみ全角に変換した値を取得

英数値とカタカナの混在した値を、「英数値は半角、カタカナは全角」に統一したい場合には、まず、StrConv関数(P.351参照)を利用して値を半角に統一後、PHONETICワークシート関数を利用して統一した値の「フリガナ」を取得します。

Excelでは英数値・カタカナのフリガナに関しては「フリガナのない英数値はそのまま、カタカナの場合はフリガナ設定に沿った値を返す」というルールとなっています。このため、フリガナ設定がデフォルトの「全角カタカナ」である場合、カタカナのみを全角に変換した結果が得られます。

次のサンプルは、セル範囲A2:A5の値を元に、「英数値は半角、カタカナは全角」ルールで統一して隣のセルへと書き出します。

```
Dim myRng As Range
For Each myRng In Range("A2:A5")
    'カタカナ+半角+大文字に変換
    myRng.Next.Value = _
        StrConv(myRng.Value, vbKatakana + vbNarrow + vbUpperCase)
    'フリガナを取得する事によりカタカナのみ大文字に
    myRng.Next.Value = WorksheetFunction.Phonetic(myRng.Next)
Next
```

サンプルの結果

	A	B	C
1	修正前	修正後	
2	vbaﾈｼﾞ-014	VBAネジ-014	
3	ＶＢＡネジー０１４	VBAネジ-014	
4	vBaねじ-０１４	VBAネジ-014	
5	VBAネジー014	VBAネジ-014	
6			
7			

273 正規表現で値を置き換えたい

サンプルファイル 273.xlsm

365 2019 2016 2013

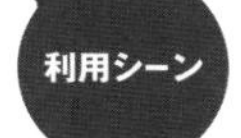

文字列から数値部分のみを抜き出したい

構文

関数／メソッド	意味
CreateObject("VBScript.RegExp")	RegExpオブジェクトを生成
RegExp.Replace(パターン文字列, 置換後文字列)	パターンマッチングで置換

Excelで正規表現を利用するには、RegExpオブジェクトを利用します。RegExpオブジェクトは、CreateObject関数の引数に、「VBScript.RegExp」を指定して生成します（❶）。

また、RegExpオブジェクトに用意されているReplaceメソッドを利用すると、パターンマッチングを利用した置き換え処理も可能です。

次のサンプルは、セル範囲A2:A6の値に対して、「数字以外」というパターン（❷）でマッチングを行い、マッチした部分の文字列を「""」に置き換えることで（❸）、値の中の数値部分のみを抜き出し、隣のセルへと入力します。

```
Dim myRegExp As Object, myRange As Range
Set myRegExp = CreateObject("VBScript.RegExp") ――――❶
myRegExp.Global = True
myRegExp.Pattern = "¥D" ――――❷
For Each myRange In Range("A2:A6")
    myRange.Next.Value = _
        myRegExp.Replace(StrConv(myRange.Value, vbNarrow), "") ――❸
Next
```

サンプルの結果

	A	B	C
1	元の値	変換後の値	
2	￥１，２３４	1234	
3	＄１２３４	1234	
4	1234円	1234	
5	1,234ドル	1234	
6	1,234元	1234	
7			

273

正規表現で値を置き換えたい

365 2019 2016 2013

正規表現はVBA特有のものではなく、さまざまな言語で利用されている仕組みです。「正規表現」をキーワードに調べてみると、いろいろと役に立つマッチング方法が得られることでしょう。

なお、RegExpオブジェクトで使用できるパターンマッチングのメタ文字は、次表のようなものが用意されています。

■ RegExpオブジェクトで使用できるメタ文字（抜粋）

メタ文字	マッチする要素
.	改行を除く任意の1文字
[ABC]	指定された任意の1文字（AかBかC）
[^ABC]	指定されていない任意の1文字（A・B・C以外）
?	直前のパターンを0～1回まで繰り返す
*	直前のパターンを0回以上繰り返す
+	直前のパターンを1回以上繰り返す
^	文字列の先頭
$	文字列の末尾
¥n	改行
¥r	キャリッジリターン
¥t	タブ
¥d	数字
¥D	数字以外
¥s	スペース文字
¥S	スペース文字以外
¥	メタ文字自体のエスケープ。「¥?」は「?」にマッチ
( )	後方参照を行う時のグループ化する箇所
$1,2…	後方参照を行う際の各グループの文字

POINT ▶▶ **最多一致と最長一致**

RegExpオブジェクトでは、「0/123/456/7」のような文字列に対し、「/.*/」というパターンでマッチングを行うと、マッチする範囲は「/123/456/」となります。

これに対し、「/.*?/」というパターンでは、最初の「/123/」部分のみがマッチします。いわゆる最短一致と最長一致ですね。目的に応じて指定方法を使い分けてください。

274 正規表現でマッチングした値を取り出したい

サンプルファイル 274.xlsm

365 2019 2016 2013

利用シーン 任意の文字列から数字が連続する箇所をすべて取り出す

構文

関数／メソッド	意味
CreateObject("VBScript.RegExp")	RegExpオブジェクトを生成
RegExp.Execute 対象文字列	マッチングを実行
RegExp.Matches(インデックス番号).Value	個々のマッチング結果を取得

RegExpオブジェクトでマッチングを行う場合、Patternプロパティにパターン文字列を設定し、その後にExecuteメソッドの引数に判定を行いたい文字列を指定して実行します。

Executeメソッドの戻り値は、マッチングした要素のコレクションであるMatchesコレクションとなります。このコレクションのCountプロパティの値を調べると、マッチング数がわかります。

また、個々のマッチングした文字列は、「Matches(0から始まるインデックス番号)」の形式で取得できるMatchオブジェクトのValueプロパティで取得できます。

さらに、括弧を使って後方参照を指定したマッチングを行った場合には、ここの括弧内に対応する値は、MatchオブジェクトのSubMatchesプロパティに、0から始まる配列の形で格納されています。

次のサンプルは「1234-5678」という文字列に対して、「¥d+」、つまり「連続する数値」パターンのマッチングを行い（❶）、その値を取り出したあと、同じ値に「(¥d+)-(¥d+)」、つまり「数値の連続1-数値の連続2」パターンの後方参照付きでのマッチングを行い（❷）、その値を取り出しています。

サンプルの実行結果

	A	B	C	D	E	F
1	対象	1234-5678		対象	1234-5678	
2	パターン文字列	¥d+		パターン文字列	(¥d+)-(¥d+)	
3	マッチした箇所の個数	2		マッチした箇所の個数	1	
4	1つ目の値	1234		1つ目のカッコ内の値	1234	
5	2つ目の値	5678		2つ目のカッコ内の値	5678	
6						
7						

274

正規表現でマッチングした値を取り出したい

365 2019 2016 2013

```
Dim myRegExp As Object, myMatches As Object, mySubMatch As Object
'正規表現オブジェクトの生成
Set myRegExp = CreateObject("VBScript.RegExp")
'「連続する数値」をパターンに設定
myRegExp.Global = True
myRegExp.Pattern = "¥d+"
'マッチングを実行
Set myMatches = myRegExp.Execute("1234-5678")
'結果を書き出し
Range("B3").Value = myMatches.Count
Range("B4").Value = myMatches(0).Value
Range("B5").Value = myMatches(1).Value

'「『-』で区切られた連続する数値」をパターンに設定
myRegExp.Pattern = "(¥d+)-(¥d+)"
'マッチング実行
Set myMatches = myRegExp.Execute("1234-5678")
'結果を書き出し
Range("E3").Value = myMatches.Count
With myMatches(0)
    Range("E4").Value = .SubMatches(0)
    Range("E5").Value = .SubMatches(1)
End With
```

(❶: 上段のコード、❷: 下段のコード)

POINT ▶▶ 「括弧で囲まれた文字列」にマッチングするパターン

電話番号などに多い「括弧に囲まれた数値」にマッチングさせるにはどうすればよいでしょう。正規表現において、括弧は後方参照を行うための記号となっています。そのため、括弧自体を対象とするにはエスケープ文字である「¥」を重ねて表記します。

具体的には「¥(¥d+¥)」と、左右のカッコそれぞれをエスケープした形で指定すると、「括弧に囲まれた数値」部分をマッチング対象にできます。

275 特定の文字を目安にして1列のデータを整理したい

サンプルファイル 275.xlsm

365 2019 2016 2013

1列のデータを「商品分類○○」という値を元に2列に整理する

構文

考え方	意味
対象文字列 Like 判定用文字列	対象文字列が判定用文字列を満たすかを判定

1列のデータを、特定の文字を目安にして2列に整理してみましょう。次のサンプルは、セル範囲A2:A12に入力されている1列のデータを、Like演算子を利用して、「『商品分類という文字列』から始まる値かどうか」を判定し、2列に整理します。

```
Dim myStr As String, myRange As Range, i As Long, myRow As Long
Set myRange = Range("A2:A12")
myRow = 1
For i = 1 To myRange.Rows.Count
    myStr = myRange.Cells(i, 1).Value
    'ワイルドカードとLike演算子で「商品分類から始まるか」を判定
    If myStr Like "商品分類*" Then
        Cells(myRow, 3).Value = myStr   '分類名はC列に書き込み
    Else
        Cells(myRow, 4).Value = myStr   '分類名以外はD列に書き込み
        myRow = myRow + 1               '書き込み行を1行分進める
    End If
Next
```

サンプルの結果

	A	B	C	D
1	商品リスト		商品分類1	デスクトップ
2	商品分類1			ノート
3	デスクトップ			タブレットノート
4	ノート			ワークステーション
5	タブレットノート		商品分類2	プリンタ
6	ワークステーション			プリンタ・FAX複合機
7	商品分類2		商品分類3	スマートフォン
8	プリンタ			タブレット
9	プリンタ・FAX複合機			
10	商品分類3			
11	スマートフォン			
12	タブレット			
13				

276 値を1～10、11～20といった範囲ごとに分類したい

サンプルファイル 276.xlsm

365 2019 2016 2013

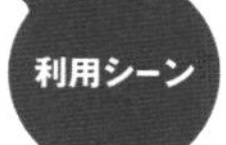

利用シーン 計測したデータから範囲ごとの数値の分布を調べる

構文

メソッド	意味
WorksheetFunction.Match(値, 範囲リスト, 1)	値が範囲リストの何番目かを取得

一連の値を、特定の範囲ごとのグループへと分類した表を作成してみましょう。次のサンプルは、セル範囲A2:A51に入力された1～50の範囲の数値を、第3引数を「1（範囲マッチ）」に指定したMATCHワークシート関数を利用して、5段階の範囲に分類して作表します。

```
Dim valueRange As Range, rng As Range, myArr As Variant
Dim myIdx As Long, matchRange As Range
'値の入力されている範囲をセット
Set valueRange = Range("A2:A51")
'5段階の範囲リストを作成
myArr = Array(1, 11, 21, 31, 41)
'個々のセルの値に応じて該当セルへと追記
For Each rng In valueRange
    '範囲リストのどこに該当するかを取得
    myIdx = WorksheetFunction.Match(rng.Value, myArr, 1)
    '対応する位置のセルに出力
    Set matchRange = Range("D1").Offset(myIdx)
    matchRange.Value = matchRange.Value & rng.Value & "、"
Next
```

サンプルの結果

	A	B	C	D
1	計測値		範囲	範囲に含まれる値
2	1		1~10	1、1、2、3、4、6、6、9、9、
3	1		11~20	13、15、16、16、16、17、17、18、20、
4	2		21~30	21、22、22、22、23、23、24、24、25、26、27、27、28、29、30、
5	3		31~40	32、34、34、34、35、36、36、36、38、39、39、
6	4		41~50	43、44、47、47、47、48、
7	6			
8	6			
9	9			

必要な列のデータのみを抜き出したい

サンプルファイル 277.xlsm

365 2019 2016 2013

既存のデータのうち、特定の列の値のみを抜き出して転記

構文

メソッド	意味
セル範囲.Columns(列番号)	セル範囲内での相対的な列全体を取得

表形式で記録してあるデータから、特定列のデータのみを転記してみましょう。次のサンプルは、セル範囲A2:E11に入力されているデータから、1列目と5列目のものだけを、セルG2を起点とした位置に転記します。

```
Dim myRange As Range, myColumnList As Variant, i As Long
Set myRange = Range("A2:E11")
myColumnList = Array(1, 5)     'コピーしたい列番号のリスト
For i = 0 To UBound(myColumnList)
    myRange.Columns(myColumnList(i)).Copy Range("G2").Offset(0, i)
Next
```

サンプルの結果

	A	B	C	D	E	F	G	H	I
1	■元のデータ						■抜き出したデータ		
2	ID	担当者	商品名	数量	総額		ID	総額	
3	A02	大村	りんご	147	29,400		A02	29,400	
4	A03	佐野	りんご	168	33,600		A03	33,600	
5	A04	佐野	蜜柑	106	8,480		A04	8,480	
6	A05	佐野	蜜柑	116	9,280		A05	9,280	
7	A06	大村	レモン	240	48,000		A06	48,000	
8	A07	佐野	レモン	85	17,000		A07	17,000	
9	A08	望月	蜜柑	158	12,640		A08	12,640	
10	A09	望月	りんご	92	18,400		A09	18,400	
11	A10	佐野	レモン	126	25,200		A10	25,200	
12									

なお、元のデータに列見出しがある場合には、AdvancedFilterメソッドを利用すると、任意の列見出しのデータのみの抽出結果を転記できます（P.291参照）。

リストアップ形式のデータから表形式のデータを作成したい

サンプルファイル 278.xlsm

365 2019 2016 2013

リストアップ形式の表をテーブル形式に整理する

考え方

ループ処理を利用して値を整形していく

項目名ごとに属する値を横方向のセルにリストアップしている形式のデータを元に、ワークシート関数や、[テーブル]機能の範囲として利用できる表形式のデータを作成してみましょう。次のサンプルはセル範囲A1:A3に入力されている項目見出しを元に、列方向に並んでいる値を表形式へと変換します。

```
Dim myRow As Long, myCol As Long, rng As Range, myRange As Range
Set myRange = Range("A6")  '初期の書き出し位置をセット
For myRow = 1 To 3
    myCol = 2                                  'B列を判定列に指定
    Set rng = Cells(myRow, myCol)    '書き出す商品名のセル
    Do
        myRange.Value = Cells(myRow, 1).Value  '項目名書き出し
        myRange.Next.Value = rng.Value         '商品名書き出し
        myCol = myCol + 1                      '判定列更新
        Set rng = Cells(myRow, myCol)          '書き出す商品名のセル更新
        Set myRange = myRange.Offset(1)        '書き出し位置更新
    Loop While rng.Value <> ""
Next
```

サンプルの結果

	A	B	C	D
1	商品分類1	デスクトップ	ノート	タブレットノート
2	商品分類2	プリンタ	FAX複合機	
3	商品分類3	スマートフォン	タブレット	
4				
5	分類	商品		
6	商品分類1	デスクトップ		
7	商品分類1	ノート		
8	商品分類1	タブレットノート		
9	商品分類2	プリンタ		
10	商品分類2	FAX複合機		
11	商品分類3	スマートフォン		
12	商品分類3	タブレット		
13				

279 表形式のデータからリストアップ形式のデータを作成したい

サンプルファイル 279.xlsm

365 2019 2016 2013

既存のデータのうち、特定の列の値のみを抜き出して転記

構文

考え方

ループ処理を利用して値を整形していく

前トピックとは逆に、表形式のデータからリストアップ形式の表を作成してみましょう。次のサンプルは、セル範囲A2:B8のデータを元に、リストアップ形式の表を作成します。

なお、表は基準となる列をキーとして並べ替えられている必要があります。

```
Dim myRng As Range, myCategory As String, rng As Range, myOffset 
As Long
'書き出し初期位置の1つ上のセルをセットし、基準列の値をループ
Set myRng = Range("D1")
For Each rng In Range("A2:A8")
    'A列の値が前回と異なる場合はリスト書き出し行を更新
    If myCategory <> rng.Value Then
        Set myRng = myRng.Offset(1)
        myCategory = rng.Value
        myRng.Value = myCategory
        myOffset = 1
    End If
    'リストを書き出し
    myRng.Offset(0, myOffset).Value = rng.Next.Value
    myOffset = myOffset + 1
Next
```

サンプルの結果

	A	B	C	D	E	F	
1	分類	商品					
2	商品分類1	デスクトップ		商品分類1	デスクトップ	ノート	タブレッ
3	商品分類1	ノート		商品分類2	プリンタ	FAX複合機	
4	商品分類1	タブレットノート		商品分類3	スマートフォン	タブレット	
5	商品分類2	プリンタ					
6	商品分類2	FAX複合機					
7	商品分類3	スマートフォン					
8	商品分類3	タブレット					
9							
10							

入力されている値に合わせて行・列の幅を自動調整したい

サンプルファイル 280.xlsm

365 2019 2016 2013

コピーしてきたデータを素早く見やすい状態に整える

構文

メソッド	意味
セル範囲.EntireColumn.AutoFit	列幅を自動調整
セル範囲.EntireRow.AutoFit	行の高さを自動調整

特定のセル範囲の幅や高さを入力されている内容に合わせて自動調整するには、AutoFitメソッドを使用します。列の場合はEntireColumnsプロパティ、行の場合はEntireRowsプロパティと組み合わせて利用しましょう。

次のサンプルは、セルA1のアクティブセル領域の幅・高さを自動調整します。

```
With Range("A1").CurrentRegion
    .EntireRow.AutoFit
    .EntireColumn.AutoFit
End With
```

サンプルの結果

	A	B	C	D	E	F	G
1	顧客	顧客名	商品	商品名			
2	2001	日本ソフト	2003	ThinkPad 385XD 2635-9TJ			
3	2001	日本ソフト	5001	MO MOF-H640			
4	1002	レッドコン	3001	レーザー LBP-740			
5	5003	システムア	1003	Aptiva L67			
6	5003	システムア	4003	液晶 LCD-D17D			
7	5003	システムア	3004	ジェット BJC-465J			

↓

	A	B	C	D
1	顧客	顧客名	商品	商品名
2	2001	日本ソフト 静岡支店	2003	ThinkPad 385XD 2635-9TJ
3	2001	日本ソフト 静岡支店	5001	MO MOF-H640
4	1002	レッドコンピュータ	3001	レーザー LBP-740
5	5003	システムアスコム	1003	Aptiva L67
6	5003	システムアスコム	4003	液晶 LCD-D17D
7	5003	システムアスコム	3004	ジェット BJC-465J
8	5003	システムアスコム	5004	CD-RW CDRW-VX26
9				
10				
11				

281 現在の行・列の幅を少し拡張したい

サンプルファイル 281.xlsm

365 2019 2016 2013

印刷時のはみだし対策も兼ねてもう少し余白を持たせたい

構文

プロパティ	意味
セル.RowHeight = ポイント数	セルの高さを指定
セル.ColumnWidth = 標準フォントの「0」が入る個数	セルの幅を指定

見た目や印刷時のはみ出し対策として、セルの幅や高さをもう少しだけ広げたい場合には、RowHeightプロパティとColumnWidthプロパティを利用します。次のサンプルは、列幅を「列ごと『0』2文字分」、行の高さを「行ごとに10ポイント」拡張します。

```
Dim i As Long
With Range("A1").CurrentRegion
    For i = 1 To .Columns.Count
        .Columns(i).ColumnWidth = .Columns(i).ColumnWidth + 2
    Next
    For i = 1 To .Rows.Count
        .Rows(i).RowHeight = .Rows(i).RowHeight + 10
    Next
End With
```

サンプルの結果

	A	B	C	D
1	顧客	顧客名	商品	商品名
2	2001	日本ソフト　静岡支店	2003	ThinkPad 385XD 2635-9TJ
3	2001	日本ソフト　静岡支店	5001	MO MOF-H640
4	1002	レッドコンピュータ	3001	レーザー LBP-740
5	5003	システムアスコム	1003	Aptiva L67
6	5003	システムアスコム	4003	液晶 LCD-D17D
7	5003	システムアスコム	3004	ジェット BJC-465J
8	5003	システムアスコム	5004	CD-RW CDRW-VX26
9				
10				

	A	B	C	D	E
1	顧客	顧客名	商品	商品名	
2	2001	日本ソフト　静岡支店	2003	ThinkPad 385XD 2635-9TJ	
3	2001	日本ソフト　静岡支店	5001	MO MOF-H640	
4	1002	レッドコンピュータ	3001	レーザー LBP-740	
5	5003	システムアスコム	1003	Aptiva L67	
6	5003	システムアスコム	4003	液晶 LCD-D17D	

なお、列幅や行の高さを一括で設定したい場合には、セル範囲に対してColumnWidthプロパティやRowHeightプロパティの値を指定します。

```
Range("A1:C10").RowHeight = 30    'セル範囲A1:C10の行の高さを「30」に設定
```

表形式のデータをツリー形式にしたい

サンプルファイル 282.xlsm

365 2019 2016 2013

表形式の一覧表を整形してツリー形式に整える

構文

考え方

最終行からのループ処理で表を成型する

表形式で入力されている商品一覧表から、ツリー形式の表を作表してみましょう。

次のサンプルは、セル範囲A1:B9の各列について、「上のセルと値が同じならば消去する」というルールでループ処理を行い、作表しています。なお、各列はソート済みとします。

各列に対してループ処理を行いますが、1行目は列見出し、2行目は最初の値ですので、判定する必要がないため、「最終行から3行目まで」を逆順にループ処理を行っている点に注目してください。

```
Dim myRange As Range, myCol As Range, myRow As Long, rng As Range
'基準となるセル範囲をセットし表の各列についてループ
Set myRange = Range("A1:B9")
For Each myCol In myRange.Columns
  '最終行から３行目までループ
  For myRow = myCol.Rows.Count To 3 Step -1
    Set rng = myCol.Cells(myRow)
    '上のセルと同じ値であればクリア
    If rng.Value = rng.Offset(-1).Value Then rng.ClearContents
  Next
Next
```

サンプルの結果

	A	B	C	D	E
1	型番	シリーズ	枝番	商品名	
2	VBA	TBL	R001	商品1	
3	VBA	TBL	B002	商品2	
4	VBA	RNG	R001	商品3	
5	VBA	RNG	B001	商品4	
6	BTLS	RED	S001	商品5	
7	BTLS	RED	S002	商品6	
8	BTLS	BLUE	S001	商品7	
9	BTLS	BLUE	S002	商品8	
10					

▶

	A	B	C	D	E	F
1	型番	シリーズ	枝番	商品名		
2	VBA	TBL	R001	商品1		
3			B002	商品2		
4		RNG	R001	商品3		
5			B001	商品4		
6	BTLS	RED	S001	商品5		
7			S002	商品6		
8		BLUE	S001	商品7		
9			S002	商品8		
10						

283 ツリー形式の表に罫線を引きたい

サンプルファイル 283.xlsm

365 2019 2016 2013

利用シーン ツリー形式の表を見やすく整える

構文 考え方

最終行からのループ処理で表を成型する

下図左のツリー形式で作成されている表へ罫線を引いてみましょう。次のコードはセル範囲A1:D9の表に対してループ処理を行い、罫線を引いています。

サンプルではセルの結合も行っていますが、結合が必要ない場合には、❶の行をコメントアウト、もしくは削除してください。

```
Dim myCol As Range, myRow As Long, myLastRng As Range, rng As Range
'ツリー形式のセル範囲の各列についてループ処理
For Each myCol In Range("A1:D9").Columns
  Set myLastRng = myCol.Rows(myCol.Rows.Count)
  For myRow = myCol.Rows.Count To 2 Step -1
    Set rng = myCol.Cells(myRow)
    If rng.Value <> "" Then
      Range(myLastRng, rng).BorderAround Weight:=xlThin
      Range(myLastRng, rng).Merge ──── ❶
      Set myLastRng = rng.Offset(-1)
    End If
  Next
Next
```

サンプルの結果

	A	B	C	D	E
1	型番	シリーズ	枝番	商品名	
2	VBA	TBL	R001	商品 1	
3			B002	商品 2	
4		RNG	R001	商品 3	
5			B001	商品 4	
6	BTLS	RED	S001	商品 5	
7			S002	商品 6	
8		BLUE	S001	商品 7	
9			S002	商品 8	
10					

▶

	A	B	C	D	E	F
1	型番	シリーズ	枝番	商品名		
2	VBA	TBL	R001	商品 1		
3			B002	商品 2		
4		RNG	R001	商品 3		
5			B001	商品 4		
6	BTLS	RED	S001	商品 5		
7			S002	商品 6		
8		BLUE	S001	商品 7		
9			S002	商品 8		
10						

284 ツリー形式の表を表形式にしたい❶

サンプルファイル 284.xlsm

365 2019 2016 2013

利用シーン ツリー形式の表をテーブル形式に変換する

構文

考え方

最終行からのループ処理で表を成型する

下図左のツリー形式で作成されている表を、各種ワークシート関数や、[テーブル] 機能の範囲として利用できる表形式（テーブル形式）に変更してみましょう。

次のサンプルは、セル範囲A1:B9について、「最終行からチェックし、値が入っているセルを見つけたら空白部分を埋める」というルールでループ処理を行って作表します。

```
Dim myCol As Range, myRow As Long, myLastRng As Range, rng As Range
'空白を埋めるセル範囲の各列に付いてループ処理
For Each myCol In Range("A1:B9").Columns
    Set myLastRng = myCol.Rows(myCol.Rows.Count)
    '最終行からセルをチェックし、値が入力されていた時点で下方向を埋める
    For myRow = myCol.Rows.Count To 2 Step -1
        Set rng = myCol.Cells(myRow)
        If rng.Value <> "" Then
            Range(myLastRng, rng).Value = rng.Value
            Set myLastRng = rng.Offset(-1)
        End If
    Next
Next
```

サンプルの結果

	A	B	C	D	E
1	型番	シリーズ	枝番	商品名	
2	VBA	TBL	R001	商品 1	
3			B002	商品 2	
4		RNG	R001	商品 3	
5			B001	商品 4	
6	BTLS	RED	S001	商品 5	
7			S002	商品 6	
8		BLUE	S001	商品 7	
9			S002	商品 8	
10					

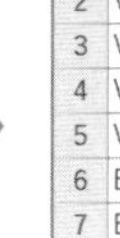

	A	B	C	D	E	F
1	型番	シリーズ	枝番	商品名		
2	VBA	TBL	R001	商品 1		
3	VBA	TBL	B002	商品 2		
4	VBA	RNG	R001	商品 3		
5	VBA	RNG	B001	商品 4		
6	BTLS	RED	S001	商品 5		
7	BTLS	RED	S002	商品 6		
8	BTLS	BLUE	S001	商品 7		
9	BTLS	BLUE	S002	商品 8		
10						

285 ツリー形式の表を表形式にしたい❷

サンプルファイル 285.xlsm

365 2019 2016 2013

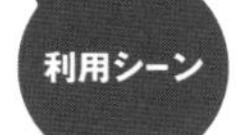

利用シーン ツリー形式の表をテーブル形式に変換する

構文

考え方

Endプロパティを併用して目的の値を取得する

他のアプリケーションで作成した、章立てで管理されている文章形式のデータや、ツリー状に整理されている業務フローのデータ、そもそもが階層構造を持つ仕組みとなっているXML形式のデータなどを読み込んだ際、下図のように、階層ごとに1行の空白を持つツリー形式で作表されている場合があります。

これはこれで見やすいのですが、このままではExcel上で並べ替えやフィルター、ピボットテーブルといった機能を使うことができません。そこで、マクロを利用して整形してしまいましょう。

サンプルの結果

	A	B	C	D	E	F	G	H	I	J
1	型番	シリーズ	商品名		型番	シリーズ	商品名			
2	VBA				VBA	TBL	商品1			
3		TBL			VBA	TBL	商品2			
4			商品1		VBA	RNG	商品3			
5			商品2		VBA	RNG	商品4			
6		RNG			BTLS	RED	商品5			
7			商品3		BTLS	RED	商品6			
8			商品4		BTLS	BLUE	商品7			
9	BTLS				BTLS	BLUE	商品8			
10		RED								
11			商品5							
12			商品6							
13		BLUE								
14			商品7							
15			商品8							
16										

次のサンプルでは、まず、ツリー状でデータが入力されているセル範囲のうち「一番下の階層となる列の、値が入力されているセル範囲」を変数myRangeに取得します。「商品名」列の値が入力されているセルですね。このセル範囲は、SpecialCellsメソッドで一括取得可能です。

表形式のデータ数は、このセル範囲の個数となります。そこで、あとでシートに一括展開できるよう、「型番」「シリーズ」「商品名」の3つの値を保持できる2次元配列を作成し、そこに対応する値を格納していくこととします。

このとき、「商品名」の値は「商品名」列の個々の値を格納し、「シリーズ」の値は「1つ左の列の、直近上方向のセルの値」を格納します。同じく「型番」の値は「2つ左の列の、直近上方向の値」を格納します。

すべての「商品名」の値に付いてループ処理を終えたところで、2次元配列の値をシート上に展開すれば完成です。

```
Dim myRange As Range, myList() As Variant, i As Long, rng As Range
'一番下の階層の値の入力されているセル範囲をセット
Set myRange = Range("C2:C15").SpecialCells(xlCellTypeConstants)
'「商品名」の数に応じた２次元配列を準備
ReDim myList(1 To myRange.Cells.Count, 1 To 3)
i = 1
'「商品名」の値ごとに、「シリーズ」「型番」の値を取得して配列に格納
For Each rng In myRange
    '「型番」は２つ左の列から取得
    myList(i, 1) = rng.Offset(0, -2).End(xlUp).Value
    '「シリーズ」は１つ左の列から取得
    myList(i, 2) = rng.Offset(0, -1).End(xlUp).Value
    '「商品名」はセルの値をそのまま取得
    myList(i, 3) = rng.Value
    i = i + 1
Next
'配列の内容を書き出し
Range("E2").Resize(UBound(myList), UBound(myList, 2)).Value =
myList
```

286 シェイプを追加したい

サンプルファイル 286.xlsm

365 2019 2016 2013

利用シーン 強調したい値を持つセルのそばにシェイプを配置する

構文

メソッド	意味
Shapes.AddShape(形式, 位置や大きさの情報)	新規シェイプを配置

シート上にシェイプを追加するには、Shapesコレクションに対して、AddShapeメソッドを実行します。さらに、戻り値として帰ってくるShapeオブジェクトを利用して、名前や色、表示するテキストなどを設定します。

```
Dim mySahpe As Shape, myRange As Range
'配置の目安となるセル範囲を指定
Set myRange = Range("B2:C5")
'セル範囲と同じ位置・大きさにシェイプを追加
Set mySahpe = ActiveSheet.Shapes.AddShape( _
                Type:=msoShapeRectangularCallout, _
                Left:=myRange.Left, Top:=myRange.Top, _
                Width:=myRange.Width, Height:=myRange.Height)
'追加したシェイプに各種設定を行う
With mySahpe
    .Name = "吹き出しVBA"
    .Adjustments(1) = -0.6
    .Adjustments(2) = 0
    .Fill.ForeColor.RGB = RGB(80, 150, 0)
    .TextFrame.Characters.Text = "追加したシェイプ"
End With
```

サンプルの実行結果

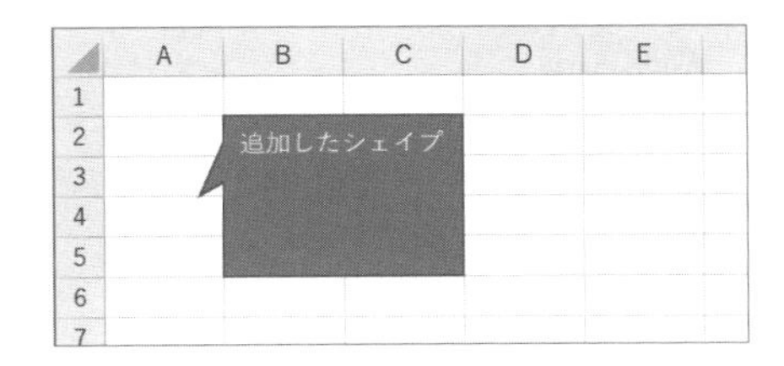

ちなみに、引数Typeに指定できるシェイプの種類は、MsoAutoShapeType列挙から選ぶのですが、その数は150種類以上用意されています（https://msdn.microsoft.com/ja-jp/library/office/ff862770.aspx）。

用意されているシェイプの種類（抜粋）

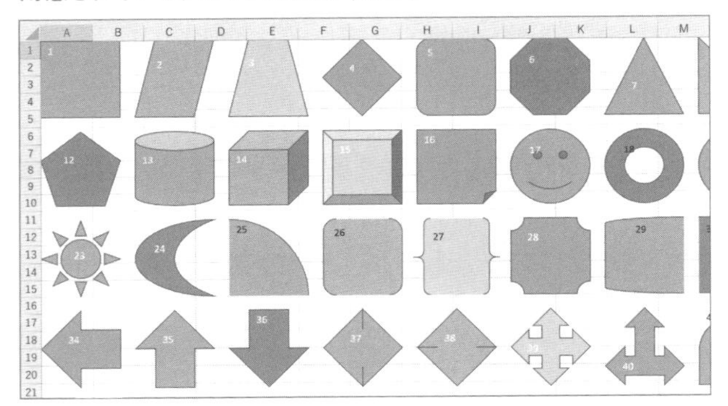

また、Shapesコレクションには、AddShapeメソッドの他にも、以下のメソッドで対応する種類のシェイプを追加できます。

本書内では解説は行いませんが、サンプルファイルにて各シェイプを配置する際のメソッドの使用例をご用意しています。興味のある方は、サンプルファイル内のコードを確認してください。

■ シェイプの種類と対応する描画系メソッド

シェイプの種類	使用するメソッド
正方形や楕円などの図形	AddShape
直線や矢印	AddLine
ラベル（枠無し）	AddLabel
テキストボックス（枠有り）	AddTextbox
吹き出し・引き出し線	AddCallout
ワードアート	AddTextEffect
任意の多角形（直線）	AddPolyline
3次ベジェ曲線	AddCurve
フリーフォーム（直線・2次／3次ベジェ曲線）	BuildFreeform
SMARTART	AddSmartArt
フォームコントロール	AddFormControl
画像の追加	AddPicture

シェイプの位置や大きさを指定したい

サンプルファイル 287.xlsm

365 2019 2016 2013

シェイプの位置やサイズを見やすく調整

構文

プロパティ	意味
シェイプ.Left = 値	シェイプの左端の位置を指定
シェイプ.Top = 値	シェイプの上端の位置を指定
シェイプ.Width = 値	シェイプの幅を指定
シェイプ.Height = 値	シェイプの高さを指定

シェイプの位置やサイズを調整するには、対象のシェイプ（Shapeオブジェクト）の次のプロパティを利用します。

操作対象	プロパティ	説明
位置	Left	横位置
	Top	縦位置
サイズ	Width	幅
	Height	高さ
角度	Rotation	角度。整数値で指定

位置とサイズは、ポイント単位で指定します。次のサンプルは、シート上の1つ目のシェイプの位置と大きさを指定します。

```
'シート上のシェイプの位置と大きさを設定
With ActiveSheet.Shapes(1)
    .Top = 50
    .Left = 20
    .Width = 200
    .Height = 100
End With
```

287

シェイプの位置や大きさを指定したい

365 2019 2016 2013

サンプルの結果

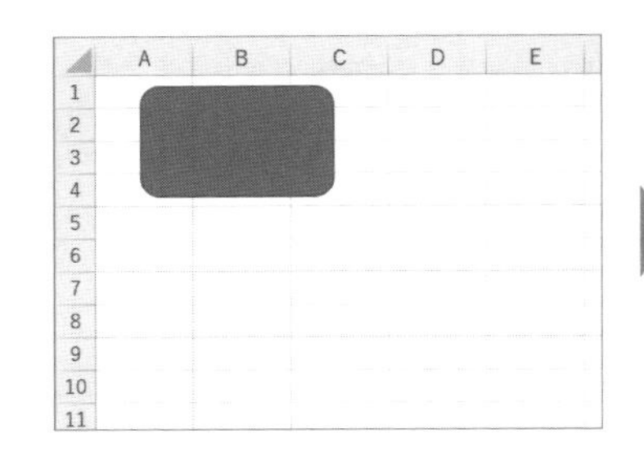

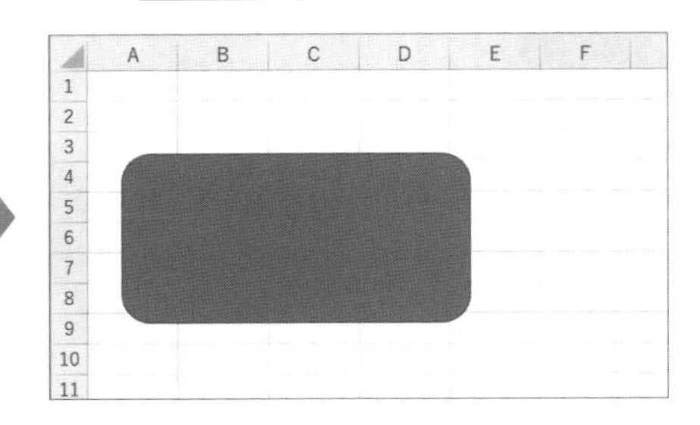

また、位置やサイズを指定する際には、具体的な数値で指定するよりも、任意のセル範囲を基準とし、そのセル範囲の合わせた位置・大きさにしたほうがわかりやすいでしょう。

この場合には、各プロパティに、基準としたセル範囲の同プロパティの値を設定します。次のサンプルは、セル範囲B2:E10に合わせて既存のシェイプの位置・大きさを変更します。

```
Dim myRange As Range
'基準となるセル範囲を指定
Set myRange = Range("B2:E10")
'セル範囲に合わせてシェイプの位置や大きさを指定
With ActiveSheet.Shapes(1)
    .Top = myRange.Top
    .Left = myRange.Left
    .Width = myRange.Width
    .Height = myRange.Height
End With
```

サンプルの結果

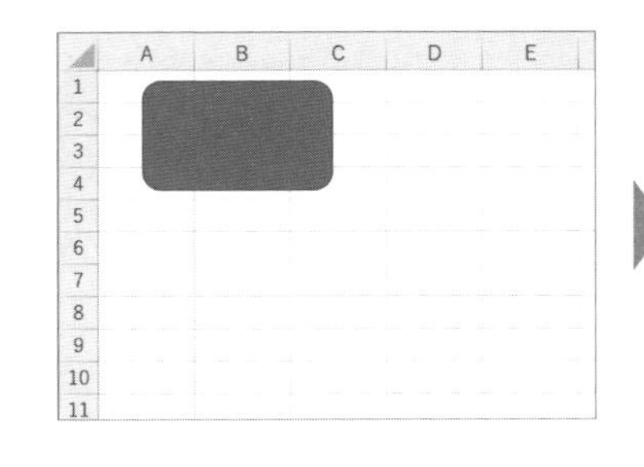

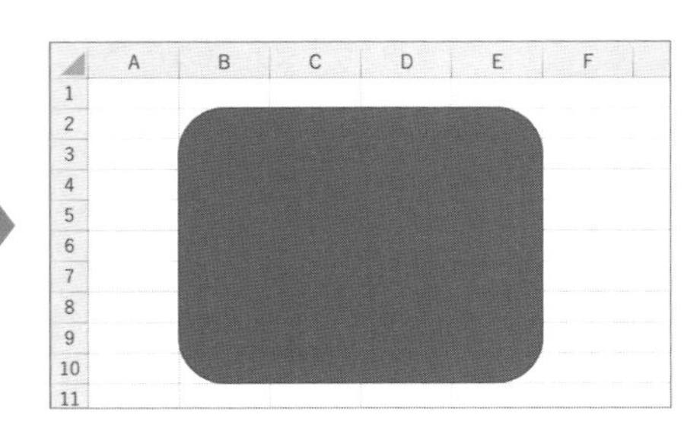

288 シェイプの色を設定したい -Excelで扱う色についての整理

サンプルファイル 288.xlsm

365 2019 2016 2013

意図したルールで配色を設定する

構文

プロパティ	意味
対象.RGB = RGB(赤, 緑, 青)	RGB方式で色を指定
対象.SchemeColor = パレット番号	パレット方式で色を指定
対象.ObjectThemeColor = テーマカラー定数	テーマカラー方式で色を指定
対象.TintAndShade = 明るさ	

シェイプの色を設定する前に、Excelで色を扱う際の仕組みについて整理しておきましょう。Excelでは、大きく分けて3つの方法で色を指定します。

■ 3つの色指定方式

RGB方式	RGB関数を利用して作成したRGB値で指定
パレット番号方式	ブックごとに保持する56色カラーパレットの番号で指定
テーマカラー方式	ブックごとに保持されているテーマカラーで指定

色を設定できるオブジェクトの多くは、上記の3パターンの方式に対応したプロパティが用意されています。たとえば、Shapeオブジェクトであれば、次のようになります。

■ Shapeオブジェクトの色に関するプロパティ

対象	プロパティ		説明
塗り(Fill)	Visible		あり(True)、なし(False)
	ForeColor	RGB	RGB値
		SchemeColor	パレット番号(プラス7)
		ObjectThemeColor	テーマカラー
		TintAndShade	テーマカラーの明るさ
線(Line)	Visible		あり(True)、なし(False)
	ForeColor	RGB	RGB値
		SchemeColor	パレット番号(プラス7)
		ObjectThemeColor	テーマカラー
		TintAndShade	テーマカラーの明るさ

次のコードは、シェイプの塗りの色を、RGB値で指定します。

```
ActiveSheet.Shapes(1).Fill.ForeColor.RGB = RGB(255, 0, 0)
```

次のコードは、シェイプの塗りの色を、パレット番号6番(黄色)に指定します。

```
ActiveSheet.Shapes(1).Fill.ForeColor.SchemeColor = 6+7
```

設定する値が「6+7」となっているのは、シェイプのSchemeColorプロパティでは、なぜかパレット番号と「7」だけずれた色に設定されてしまう現象の補正値です。セルの背景色を設定するColorIndexプロパティ等では、この補正は必要ありません。

ちなみに、Excelで用意されているカラーパレットは56色です。現在のカラーパレットの色を取得/設定したい場合には、WorkbookオブジェクトのColorsプロパティを利用します(サンプルの2枚目のシートとコードを参照)。

56色のカラーパレット

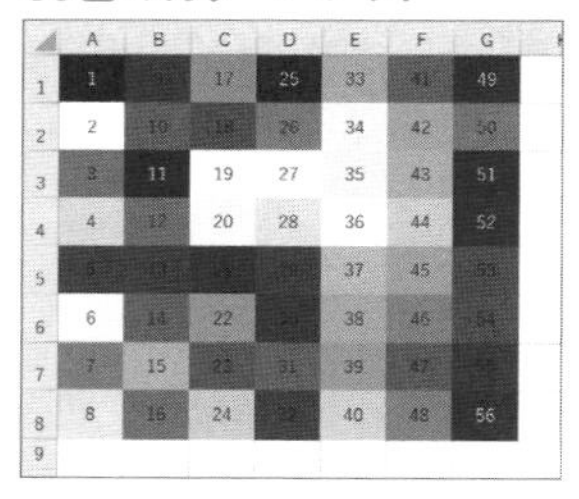

次のコードは、シェイプの塗りの色を、テーマカラー「アクセント 1」、明るさを「0.2」に設定します。

```
With ActiveSheet.Shapes(1).Fill.ForeColor
    .ObjectThemeColor = msoThemeColorAccent1
    .TintAndShade = 0.2
End With
```

現在のテーマカラーの確認

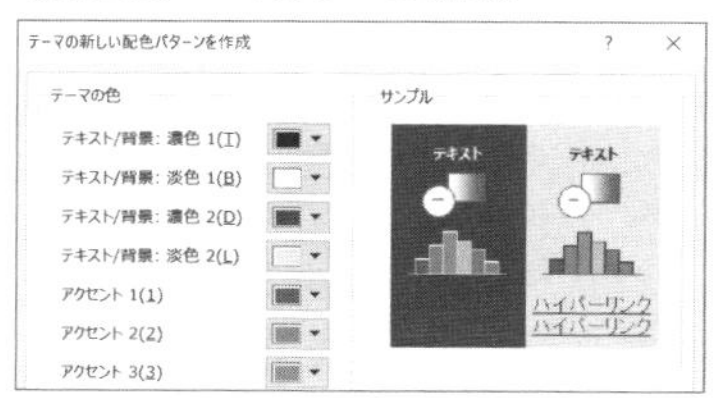

なお、現在のテーマカラーは、Excelの[ページレイアウト]-[配色]-[色のカスタマイズ]で確認できます。

289 シェイプの線の太さと色を変更したい

サンプルファイル 289.xlsm

365 2019 2016 2013

利用シーン シェイプの線の見た目を整える

構文

プロパティ	意味
シェイプ.Line	シェイプの線を取得
線.Weight = 太さ	線の太さを指定

シェイプの線に関する設定は、対象シェイプのLineプロパティ経由で行います。
次のサンプルは、シェイプの線を表示し、太さを5ポイント、色を赤に設定します。

```
With ActiveSheet.Shapes(1).Line
    .Visible = True
    .Weight = 5
    .ForeColor.RGB = RGB(255, 0, 0)
End With
```

サンプルの結果

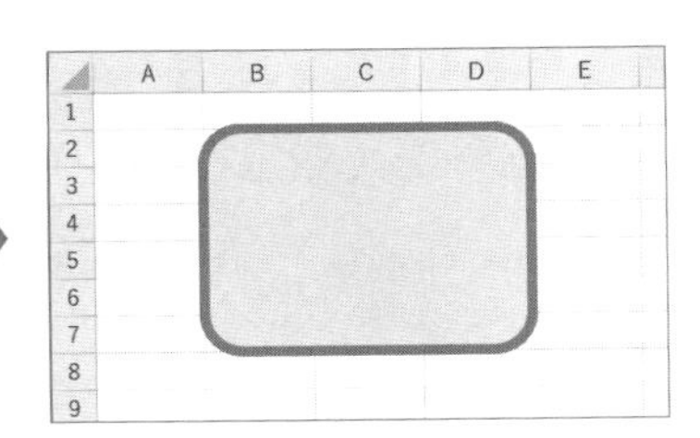

POINT 既存のシェイプの色や太さと同じ設定へ変更するという考え方

シェイプの見た目を調整するには、いきなりVBAで設定するよりも、まずは手作業で調整するほうがやりやすいでしょう。調整ができたところで、そのシェイプの色や線の太さの設定値をマクロで取得し、他のシェイプの設定に活用するのがお手軽です。

290 シェイプにスタイルを適用したい

サンプルファイル 290.xlsm

365 2019 2016 2013

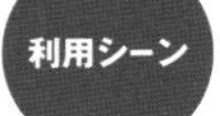

利用シーン 複数シェイプに同一スタイルを適用して統一感を出す

構文

プロパティ	意味
Shapes.Range(シェイプ名のリスト)	まとめて扱いたいシェイプを一括して取得
シェイプ.ShapeStyle = スタイル定数	スタイルを適用

シェイプにスタイルを適用するには、対象シェイプのShapeStyleにスタイルの種類を表す定数を指定します。スタイルに対応する定数は、マクロの自動記録機能等で調べるのが簡単でしょう。

また、同一のスタイルを複数のシェイプに適用すると、統一感がある見やすい資料を作成できます。複数のシェイプを操作対象として指定したい場合には、ShapesコレクションのRangeプロパティにシェイプ名のリストを指定しましょう。すると、指定シェイプがまとめて扱えるShapeRangeオブジェクトが取得できます。

次のサンプルは、シート上の「マル」「サンカク」「シカク」と名前を付けたシェイプに対して、同一のスタイルを指定します。

```
Dim myShapes As ShapeRange
Set myShapes = ActiveSheet.Shapes.Range( _
    Array("マル", "サンカク", "シカク") _
)
myShapes.ShapeStyle = msoShapeStylePreset40
```

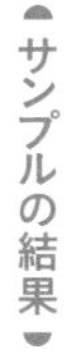

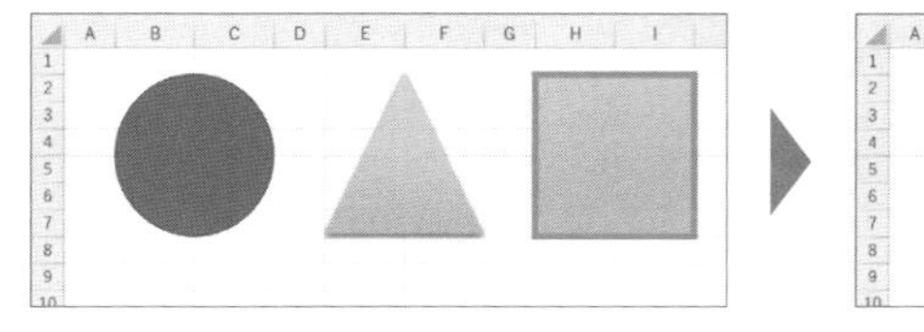

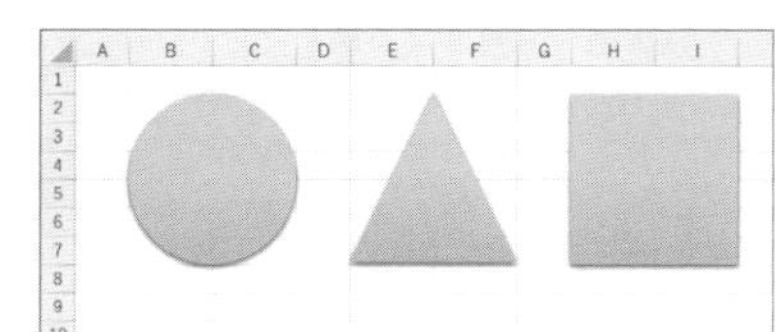

なお、個々のシェイプの名前は、シェイプを選択した状態でシート左上の[名前]ボックスで確認/設定できます。

シェイプにテキストを表示したい

サンプルファイル 291.xlsm

365 2019 2016 2013

利用シーン シェイプに任意のセルの値を表示させる

構文

プロパティ	意味
シェイプ.TextFrame	テキスト関係を扱うオブジェクトを取得
TextFrame.Characters.Text = 文字列	表示テキストを設定

シェイプにテキストを表示するには、TextFrameオブジェクトのCharactersプロパティから文字に関する設定のまとめられたCharactersオブジェクトを取得し、そのTextプロパティに表示したい文字列を指定します。

```
With ActiveSheet.Shapes(1).TextFrame
    .VerticalAlignment = xlVAlignCenter        '上下中央揃え
    .HorizontalAlignment = xlHAlignCenter      '左右中央揃え
    .Characters.Font.Size = 24                 'フォントサイズ設定
    .Characters.Text = "Excel VBA"             '表示テキスト設定
End With
```

サンプルの結果

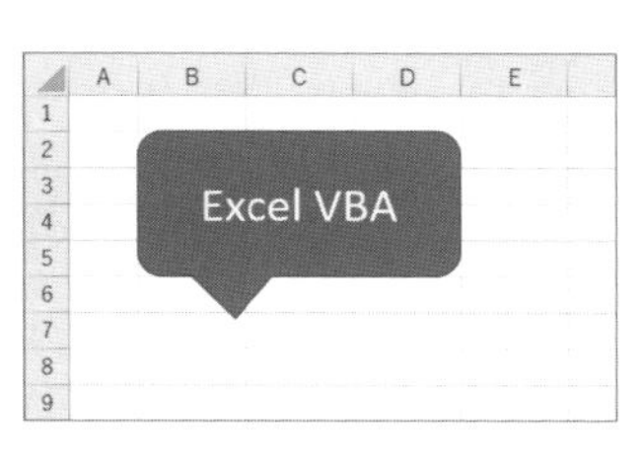

ちなみに、ほとんどのシェイプはTextFrame経由の設定で問題ありませんが、「フリーフォーム」等の一部のシェイプでは、TextFrame2経由でないと、テキストの変更ができないものも存在します。その際には、「TextFrame2.TextRange」経由でCharactersオブジェクトのTextプロパティへアクセスします。

```
シェイプ.TextFrame2.TextRange.Characters.Text = "Excel VBA"
```

292 特定種類のシェイプのみ種類を変更したい

サンプルファイル 292.xlsm

365 2019 2016 2013

複数シェイプの中から特定種類のシェイプのみを扱う

構文

プロパティ	意味
シェイプ.AutoShapeType = 種類定数	シェイプの種類を取得／設定

シェイプの種類を取得／設定するには、各シェイプのAutoShapeTypeプロパティを利用します。

次のサンプルは、シート内のシェイプのうち、「乗算記号（msoShapeMathMultiply）」であるもののみを、「スマイルフェイス（msoShapeSmileyFace）」に変更します。

```
Dim myShape As Shape
For Each myShape In ActiveSheet.Shapes
    If myShape.AutoShapeType = msoShapeMathMultiply Then
        myShape.AutoShapeType = msoShapeSmileyFace
    End If
Next
```

サンプルの結果

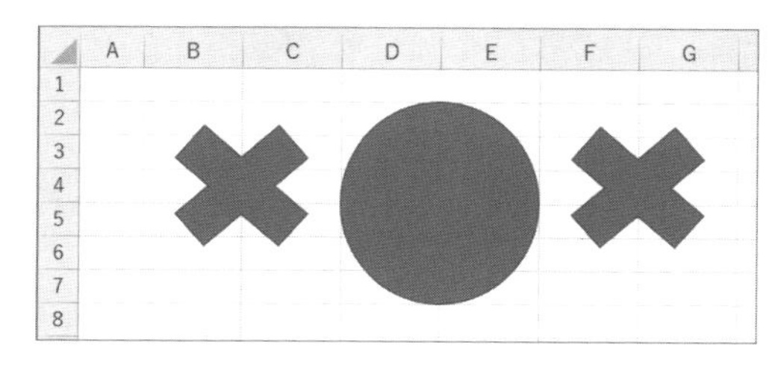

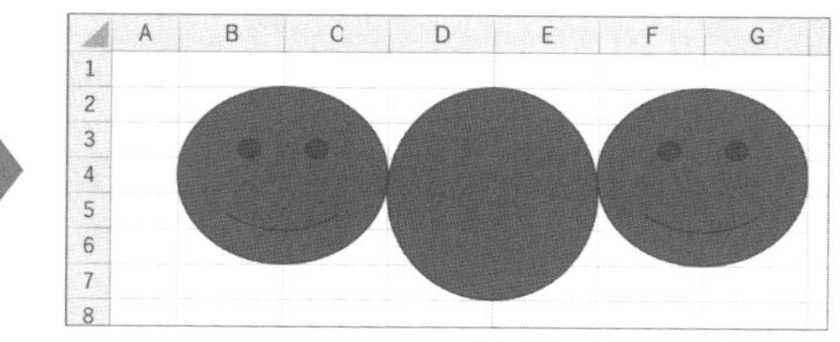

293 吹き出しの引き出し線の位置を調整したい

サンプルファイル 293.xlsm

365 2019 2016 2013

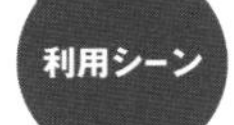

吹き出しの引き出し線を意図した位置へと伸ばす

構文

プロパティ	意味
シェイプ.Adjustments(番号) = 値	シェイプごとの調整項目の値を設定

シェイプによっては、パラメータを調整できるものがあります。たとえば、「スマイル」であれば、口の曲がり具合を調整できますし、「吹き出し」であれば、引き出し線の位置を調整できます。

手作業でこれらを調整する際には、黄色い◆マークのハンドルをドラッグしますが、VBAから調整するには、Adjustmentsプロパティにインデックス番号を指定し、値を設定します。なお、パラメータ数や効果は、シェイプによって異なります。

次のサンプルは、「スマイル」のパラメータ1つ（口の曲がり具合）と、「吹き出し」のパラメータ2つ（引き出し線のx位置とy位置）を調整します。

```
ActiveSheet.Shapes("スマイル").Adjustments(1) = -0.045
With ActiveSheet.Shapes("吹き出し")
    .Adjustments(1) = -1.1
    .Adjustments(2) = 0.35
End With
```

サンプルの結果

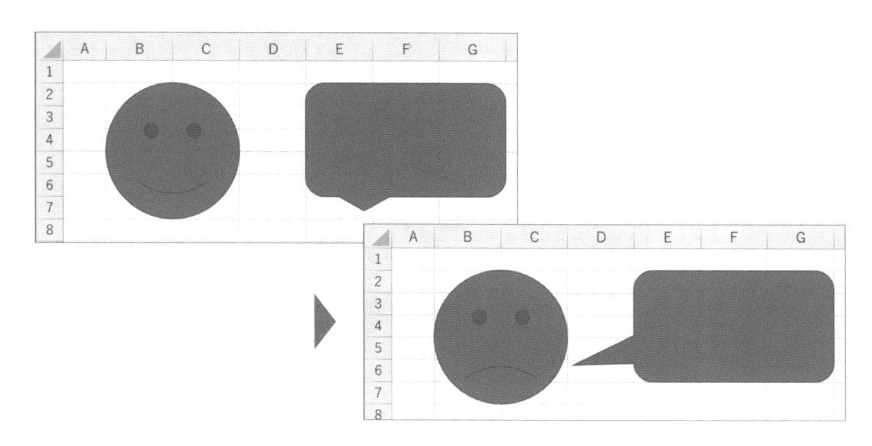

294 シェイプを複製したい

サンプルファイル 294.xlsm

365 2019 2016 2013

利用シーン 線や塗りの設定を行った既存のシェイプを複製して配置する

構文

メソッド	意味
シェイプ.Duplicate	シェイプを複製したシェイプを取得

シェイプを複製するにはDuplicateメソッドを利用します。複製されたシェイプは、大きさや線や塗りの設定、スタイル等を引き継ぎます（位置は引き継ぎません）。

次のサンプルは、「丸」というシェイプを複製して位置を調整しています。

```
Dim i As Long, myShape As Shape
Set myShape = ActiveSheet.Shapes("丸")
For i = 1 To 8
    With myShape.Duplicate
        .Name = "丸複製_" & i
        .Top = myShape.Top + 30 * Sin(3.14 * 2 / 8 * i)
        .Left = (myShape.Width + 10) * i
    End With
Next
```

サンプルの結果

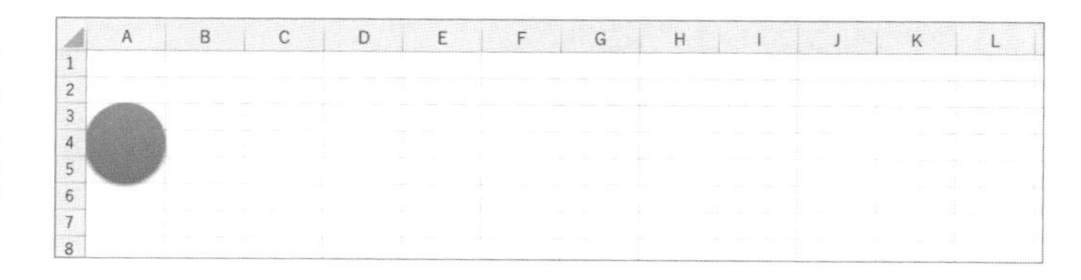

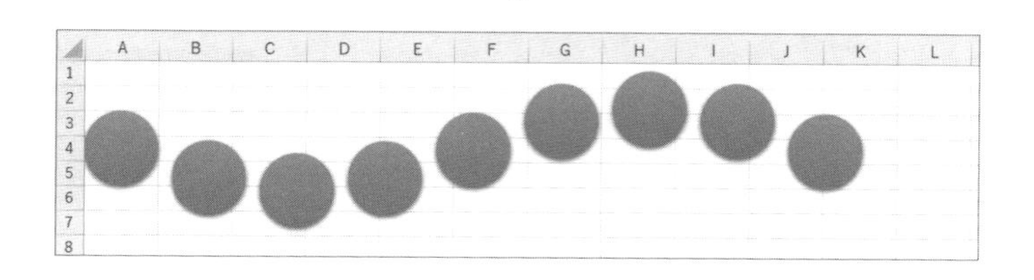

295 シェイプを削除したい

サンプルファイル 295.xlsm

365 2019 2016 2013

線や塗りの設定を行った既存のシェイプを複製して配置する

構文

メソッド	意味
シェイプ.Delete	シェイプを削除

任意のシェイプを削除するには、Shapeオブジェクト、もしくはShapesコレクションのRangeプロパティを利用して取得した、複数のShapeオブジェクトを含むShapeRangeオブジェクトに対してDeleteメソッドを実行します。

```
'1つ目のシェイプを削除
ActiveSheet.Shapes(1).Delete
'「サンカク」と「シカク」を削除
ActiveSheet.Shapes.Range(Array("サンカク", "シカク")).Delete
```

サンプルの結果

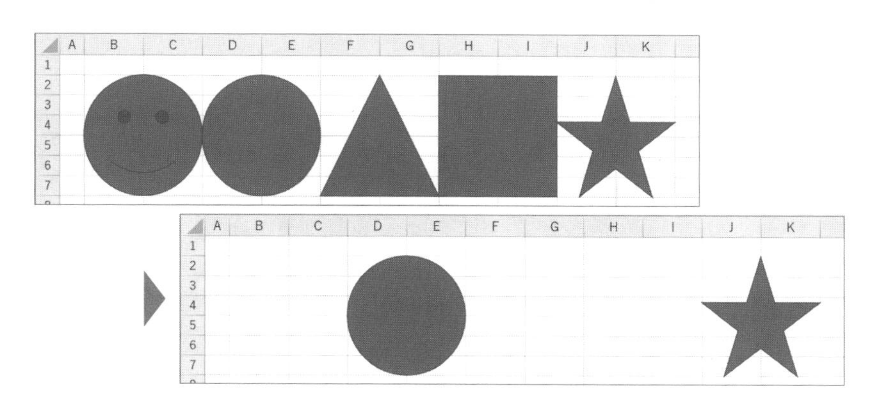

シート上のすべてのシェイプを一括削除したい場合には、Shapesコレクションに対してループ処理を行い、個々のシェイプを削除するか、DrawingObjectsプロパティを利用してDeleteメソッドを実行します。

```
ActiveSheet.DrawingObjects.Delete
```

選択しているシェイプに対して処理を行いたい

サンプルファイル 296.xlsm

365 2019 2016 2013

現在選択しているシェイプに対して一連の書式を一括設定する

構文

プロパティ	意味
Selection.ShapeRange	選択しているシェイプをまとめて取得

現在選択しているシェイプの書式を一括して設定したい場合には、Selectionプロパティで得たオブジェクトに対してShapeRangeプロパティを引数なしで利用します。すると、選択しているシェイプを一括操作可能なShapeRangeオブジェクトが取得できます。あとは、個々のシェイプと同じように各種設定を行えばOKです。

次のサンプルは、選択しているシェイプの色を「白」に設定し、線の太さを「5ポイント」に設定します。

```
With Selection.ShapeRange
    .Fill.ForeColor.RGB = RGB(255, 255, 255)
    .Line.Weight = 5
End With
```

サンプルの結果

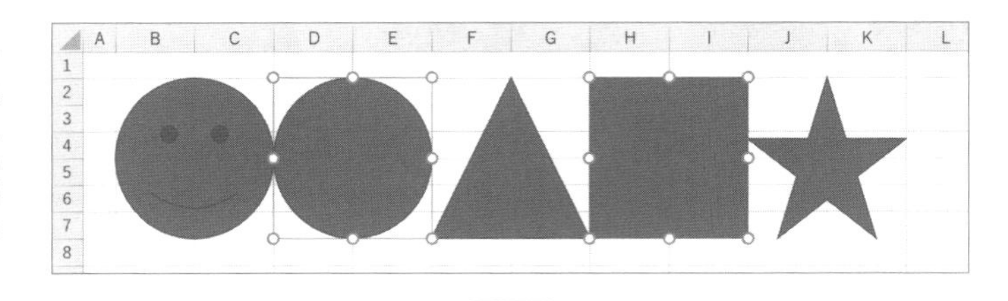

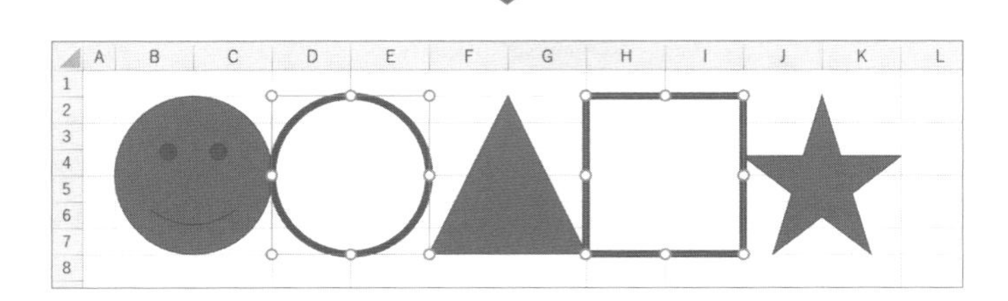

297 [フォーム]のコントロールを残して削除したい

サンプルファイル 297.xlsm

365 2019 2016 2013

フォームやドロップダウン矢印を削除せずにシェイプのみを削除

構文

判定式	意味
シェイプ.Type = msoFormControl	シェイプがコントロールかどうかを判定

シート上に配置されたボタンなどのコントロールは、おおまかなくくりでは「シェイプ」として扱われます。さらに、[入力規則]機能を利用した際、セルの脇に表示されるドロップダウン矢印もシェイプとして扱われます。

そのため、「シェイプを全削除」した場合、これらのコントロールまで削除されてしまいます。この事態を防ぐには、個々のシェイプの種類をTypeプロパティで確認し、コントロールを表す定数「msoFormControl」である場合には削除処理から除外する、等の運用で対処します。

```
Dim myShp As Shape
For Each myShp In ActiveSheet.Shapes
    'コントロールでない場合のみ削除
    If Not myShp.Type = msoFormControl Then
        myShp.Delete
    End If
Next
```

マクロの結果

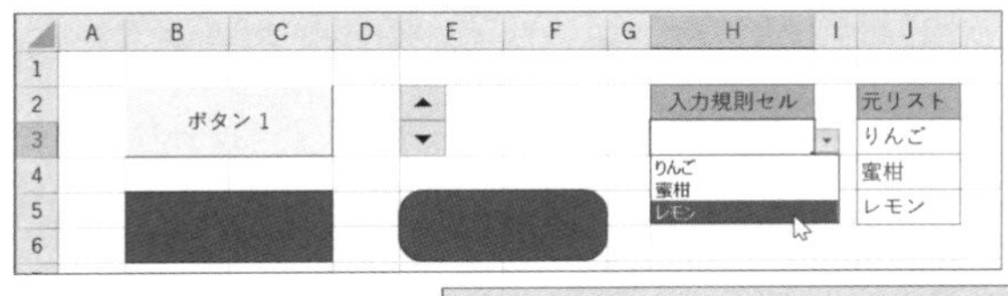

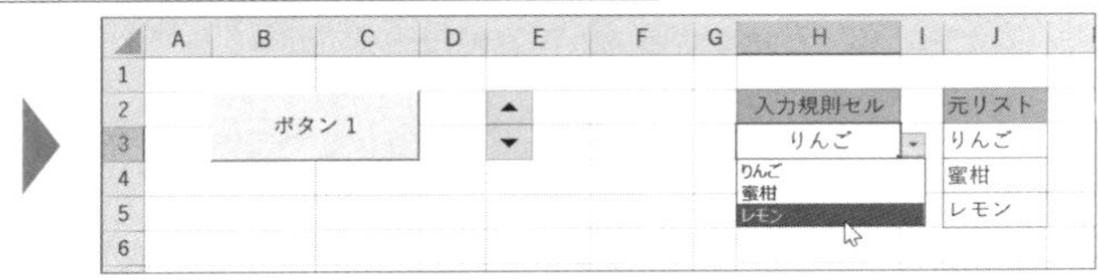

[入力規則]機能のドロップダウン矢印は見落としやすい項目です。[入力規則]機能をよく利用している方は、シェイプをまとめて操作する処理を作成する際、特に気をつけましょう。

シェイプを画像として書き出したい

サンプルファイル 298.xlsm

シート上で作成したシェイプを画像として出力

構文

メソッド	意味
グラフ.Export ファイルパス	グラフを画像として書き出し

いきなりトピックのタイトルに反しますが、VBAではShapeオブジェクトを画像書き出しする仕組みは用意されていません。最新の365版等では、シェイプを右クリックして表示されるメニューから[図として保存]を選択して画像書き出しが可能となりましたが、VBAにはまだ実装されていないようです。

では、どうするかというと、画像として書き出すためのExportメソッドが用意されているChartオブジェクトを利用します。

空のグラフを作成し、その上にシェイプを貼り付けてExportメソッドを実行すると、シェイプを含む画像が書き出される、というわけです。

この一連の仕組みをコードにしたものが次のサンプルです。サンプルでは、シェイプを作ってイラストを作成したうえでグループ化し、「書出し対象」という名前を付けてあります。このシェイプを、ブックと同じフォルダ内に画像として書き出します。

なお、環境によってはグラフの作成直後に画像を貼り付けられないため、OnTimeメソッドを使って1秒待ってから貼り付け・出力処理を行っています。

```
Sub sample298()
  With ActiveSheet.Shapes("書出し対象")
    .CopyPicture
    ActiveSheet.ChartObjects.Add(0, 0, .Width, .Height).Name = "出
力用"
  End With
  Application.OnTime Now + TimeValue("00:00:01"), "sample298_2"
End Sub
'シェイプを張り付けたグラフを画像書き出し後、削除するマクロ
Sub sample298_2()
  With ActiveSheet.ChartObjects("出力用")
    .Chart.Paste
    .Chart.Export ThisWorkbook.Path & "¥オートシェイプ.png"
    .Delete
  End With
End Sub
```

●サンプルの結果●

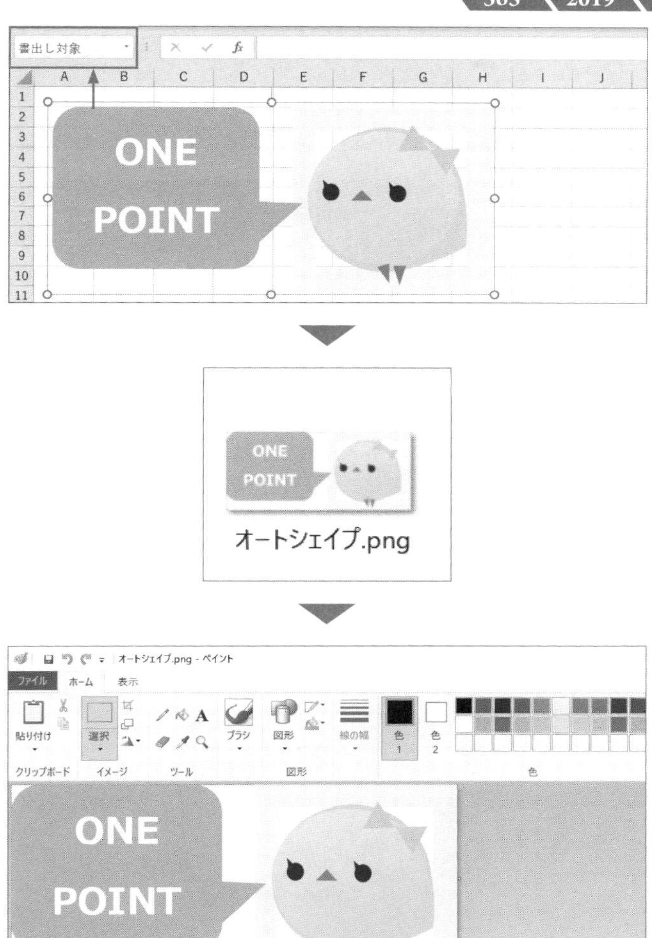

書き出した画像は、そのまま画像として利用したり、「ペイント」等の画像アプリで開いて加工したりできます。

書き出しに使えるテクニック

Chapter

10

299

セル範囲をCSV形式で書き出したい

サンプルファイル 299.xlsm

365 2019 2016 2013

伝票データ入力部分だけをCSV形式で書き出す

構文

メソッド	意味
ブック.SaveAs ファイル名, FileFormat:=xlCSV	ブックをCSV形式で保存

任意のセル範囲のみをCSV形式で書き出したい場合には、そのセル範囲のみからなる新規ブックを作成し、SaveAsメソッドの第2引数FileFormatに、「xlCSV」を指定して実行します。

```
Dim myRange As Range, myBook As Workbook
'書き出したいセル範囲を指定
Set myRange = Range("A1:G11")
'指定セル範囲のみからなる新規ブックを作成
Set myBook = Workbooks.Add
myRange.Copy myBook.Worksheets(1).Range("A1")
'CSV形式で保存
myBook.SaveAs ThisWorkbook.Path & "¥CSVデータ.csv",
FileFormat:=xlCSV
'ブックを閉じる
myBook.Close SaveChanges:=False
```

サンプルの結果

	A	B	C	D	E	F
1	伝票No	日付	顧客名	売上金額	担当者名	
2	1	2020/7/8	日本ソフト　静岡支店	305,865	大村あつし	
3	2	2020/7/8	日本ソフト　静岡支店	167,580	大村あつし	
4	3	2020/7/10	レッドコンピュータ	144,900	鈴木麻由	
5	4	2020/7/11	システムアスコム	646,590	牧野光	
6	5	2020/7/11	システムアスコム	197,400	牧野光	

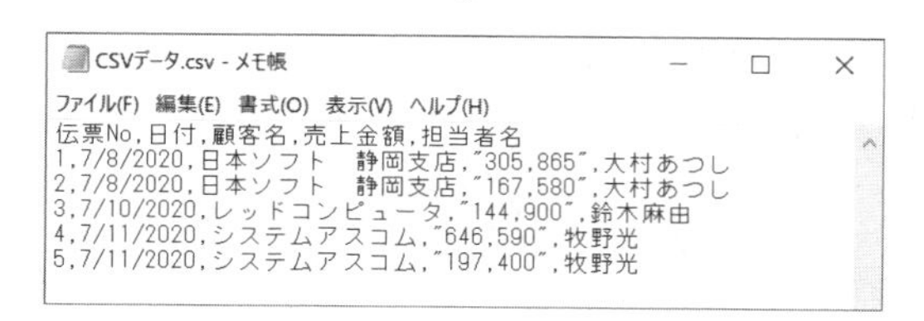
CSVデータ.csv - メモ帳

ファイル(F) 編集(E) 書式(O) 表示(V) ヘルプ(H)

伝票No,日付,顧客名,売上金額,担当者名
1,7/8/2020,日本ソフト　静岡支店,"305,865",大村あつし
2,7/8/2020,日本ソフト　静岡支店,"167,580",大村あつし
3,7/10/2020,レッドコンピュータ,"144,900",鈴木麻由
4,7/11/2020,システムアスコム,"646,590",牧野光
5,7/11/2020,システムアスコム,"197,400",牧野光

セル範囲をテキスト形式で書き出したい

サンプルファイル 300.xlsm

365 2019 2016 2013

伝票データ入力部分だけをタブ区切り形式で書き出す

構文

メソッド	意味
ブック.SaveAs ファイル名, FileFormat:= xlText	ブックをタブ区切り形式で保存

任意のセル範囲のみをタブ区切り形式のテキストで書き出したい場合には、そのセル範囲のみからなる新規ブックを作成し、SaveAsメソッドの第2引数FileFormatに、「xlText」を指定して実行します。

```
Dim myRange As Range, myBook As Workbook
'書き出したいセル範囲を指定
Set myRange = Range("A1:G11")
'指定セル範囲のみからなる新規ブックを作成
Set myBook = Workbooks.Add
myRange.Copy myBook.Worksheets(1).Range("A1")
'タブ区切り形式で保存
myBook.SaveAs ThisWorkbook.Path & "¥タブ区切り.txt",
FileFormat:=xlText
'ブックを閉じる
myBook.Close SaveChanges:=False
```

サンプルの結果

	A	B	C	D	E	F
1	伝票No	日付	顧客名	売上金額	担当者名	
2	1	2020/7/8	日本ソフト　静岡支店	305,865	大村あつし	
3	2	2020/7/8	日本ソフト　静岡支店	167,580	大村あつし	
4	3	2020/7/10	レッドコンピュータ	144,900	鈴木麻由	
5	4	2020/7/11	システムアスコム	646,590	牧野光	
6	5	2020/7/11	システムアスコム	197,400	牧野光	

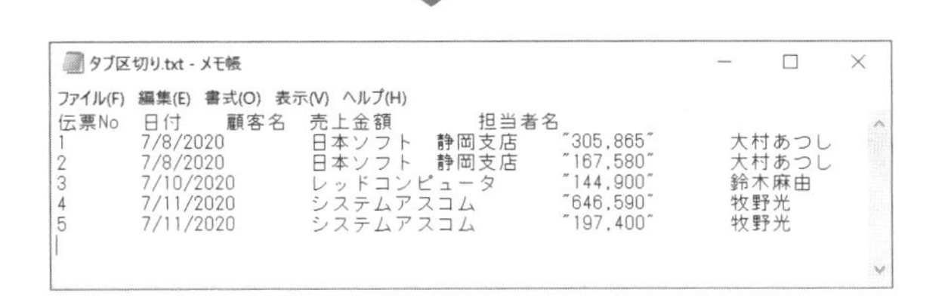

タブ区切り.txt - メモ帳

ファイル(F) 編集(E) 書式(O) 表示(V) ヘルプ(H)

```
伝票No	日付	顧客名	売上金額	担当者名
1	7/8/2020	日本ソフト　静岡支店	"305,865"	大村あつし
2	7/8/2020	日本ソフト　静岡支店	"167,580"	大村あつし
3	7/10/2020	レッドコンピュータ	"144,900"	鈴木麻由
4	7/11/2020	システムアスコム	"646,590"	牧野光
5	7/11/2020	システムアスコム	"197,400"	牧野光
```

301 自由な形式でテキストファイルへ書き出したい

サンプルファイル 301.xlsm

365 2019 2016 2013

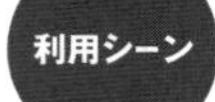

シート上のデータを好みの形式や順番で書き出す

構文

ステートメント／関数	意味
Open ファイルパス For Output As #ファイル番号	ファイルを開いて接続する
Print #ファイル番号, テキスト[;]	指定ファイルへ書き出す
Close #ファイル番号	ファイルを閉じて保存する
FreeFile	重複しないファイル番号を生成

より自由にテキストデータを書き出したい場合には、Openステートメントを利用するのが便利です。Openステートメントは、指定したパスのファイルへと接続（ない場合は作成）し、Closeメソッドで接続を閉じるまでの間、Print #ステートメントを実行した内容を書き込みます。

このとき、「どのファイルに対して処理を行うか」という指定を、任意のファイル番号で指定します。適当なファイル番号を得たい場合には、FreeFile関数が便利です。

また、Print #ステートメントは、通常1行ずつテキストを書き込みますが、末尾に「;」を付けると、改行記号を書き込まずにテキストを書き込むことができます。

```
Dim myFileName As String, myFileNo As Long
myFileName = ThisWorkbook.Path & "¥書き出しデータ.txt"
myFileNo = FreeFile     '重複しないファイル番号を取得
Open myFileName For Output As #myFileNo
    Print #myFileNo, "VBAから書き出したテキスト"
    Print #myFileNo, "末尾に「;」を付けると、";
    Print #myFileNo, "改行せずに書き込みます"
Close #myFileNo
```

サンプルの結果

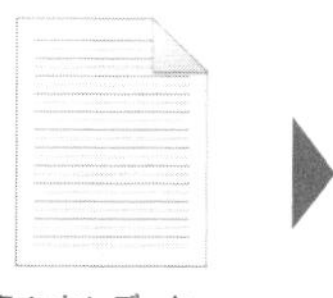

書き出しデータ.txt

書き出しデータ.txt - メモ帳

ファイル(F) 編集(E) 書式(O) 表示(V) ヘルプ(H)

VBAから書き出したテキスト
末尾に「;」を付けると、改行せずに書き込みます

302 セルに表示されている値のまま書き出したい

サンプルファイル 302.xlsm

365 2019 2016 2013

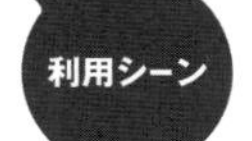

利用シーン 書式を設定済みの値で書き出す

構文

プロパティ	意味
セル.Text	セルに表示されている値を取得

SaveAsメソッドで書き出したCSV形式のファイルは、日付値や、書式を設定してある数値などの出力が「22/7/2016」や「"1,234"」のように、意図と異なる場合があります。

このような場合には、Textプロパティで取得した「セルに表示されているままの値」を、Openステートメントで書き出してみましょう。

```
Dim myFileName As String, myFileNo As Long, myArr() As Variant
Dim myRange As Range, i As Long, rng As Range, j As Long
Set myRange = Range("A1:E6")
ReDim myArr(1 To myRange.Columns.Count)
myFileName = ThisWorkbook.Path & "¥書き出しデータ(csv).csv"
myFileNo = FreeFile
Open myFileName For Output As #myFileNo
    For i = 1 To myRange.Rows.Count
        Set rng = myRange.Rows(i)
        For j = 1 To rng.Cells.Count
            myArr(j) = rng.Cells(j).Text
        Next j
        Print #myFileNo, Join(myArr, ",")
    Next i
Close #myFileNo
```

●サンプルの結果●

	A	B	C	D	E
1	伝票No	日付	顧客名	売上金額	担当者名
2	1	2020/7/8	日本ソフト　静岡支店	305,865	大村あつし
3	2	2020/7/8	日本ソフト　静岡支店	167,580	大村あつし
4	3	2020/7/10	レッドコンピュータ	144,900	鈴木麻由
5	4	2020/7/11	システムアスコム	646,590	牧野光
6	5	2020/7/11	システムアスコム	197,400	牧野光
7					
8					
9					

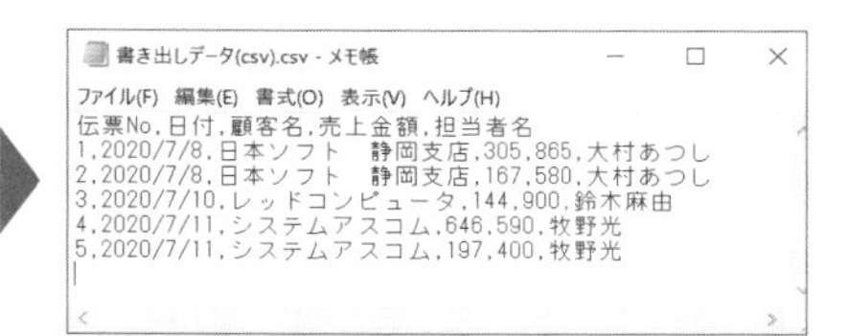

自分の好みの形式に変換して書き出したい

サンプルファイル 303.xlsm

365 2019 2016 2013

日付値は「○月○日」の形式で書き出す

構文

関数	意味
Format(値, 書式文字列)	値に書式を適用した結果の文字列を取得

シート上に入力してあるデータを、列ごとに好みの形式に変換した値を書き出してみましょう。次のサンプルは、1列目の見出し部分はそのままの値をタブ区切りで書き出し（❶）、2列目以降は、列ごとにFormat関数を使って好みの書式を適用した結果を、タブ区切りで書き出しています（❷）。

```
Dim myFileName As String, myFileNo As Long, myArr As Variant
Dim myRange As Range, i As Long, rng As Range, tmp As Variant
Set myRange = Range("A1:E6")
myFileName = ThisWorkbook.Path & "¥書式定義データ.txt"
myFileNo = FreeFile
Open myFileName For Output As #myFileNo
  tmp = myRange.Rows(1).Value
  tmp = WorksheetFunction.Transpose(WorksheetFunction.Transpose(tmp))
  Print #myFileNo, Join(tmp, vbTab)
  For i = 2 To myRange.Rows.Count
    Set rng = myRange.Rows(i)
    myArr = Array( _
        Format(rng.Cells(1).Value, "000"), _
        Format(rng.Cells(2).Value, "m月d日"), _
        rng.Cells(3).Value, _
        rng.Cells(4).Value, _
        rng.Cells(5).Value _
    )
    Print #myFileNo, Join(myArr, vbTab)
  Next i
Close #myFileNo
```

304 既存ファイルへとデータを付け加えていきたい

サンプルファイル 304.xlsm

365 2019 2016 2013

利用シーン シート上に入力した値のログデータを指定ファイルに追記する

構文

ステートメント	意味
Open ファイルパス For Append As #ファイル番号	追記モードで接続

Openステートメントでファイルに接続する際に、「For Append」を指定すると、「追加書き出しモード」で接続します（ファイルがない場合は新規作成されます）。

次のサンプルは、Worksheetオブジェクトの Changeイベントを利用し、セルの値が変更されるたびに、そのセル番地と変更後の内容をテキストファイルに追加書き出しします。

```
Private Sub Worksheet_Change(ByVal Target As Range)
    Dim myFileName As String, myRange As Range
    myFileName = ThisWorkbook.Path & "¥ログデータ.txt"
    Open myFileName For Append As #1
        For Each myRange In Target
            Print #1, myRange.Address(False, False) & ":" & 
myRange.Value
        Next
    Close #1
End Sub
```

サンプルの結果

log.txt - メモ帳
ファイル(F) 編集(E) 書式(O) 表示(V) ヘルプ(H)
A3:Excel

log.txt - メモ帳
ファイル(F) 編集(E) 書式(O) 表示(V) ヘルプ(H)
A3:Excel
A4:VBA
A5:Hello VBA!

305 文字コードをUTF-8として書き出したい

サンプルファイル 305.xlsm

365 2019 2016 2013

利用シーン シート上のデータをUTF-8形式で書き出す

構文

関数	意味
CreateObject("ADODB.Stream")	Streamオブジェクトを生成

Openステートメント書き出されるテキストファイルの文字コードは、OSの設定に依存します。日本語版Excel環境では、多くの場合、「ANSI（ほぼShift_JIS）」です。UTF-8等の異なる文字コードで書き出したい場合には、Streamオブジェクトを利用するのが簡単です。次のサンプルは、セル範囲A1:E6の内容を、UTF-8形式のCSVデータとして書き出します。なお、書き出されるテキストファイルは「BOMあり」です。

```
Dim myFileName As String, myRange As Range, i As Long, tmp As Variant
Set myRange = Range("A1:E6")
myFileName = ThisWorkbook.Path & "¥書出データ(UTF-8).csv"
With CreateObject("ADODB.Stream")
  .Open
  .Type = 2   'adTypeText(テキストモード)
  .Charset = "UTF-8"
  For i = 1 To myRange.Rows.Count
    tmp = myRange.Rows(i).Value
    tmp = WorksheetFunction.Transpose(WorksheetFunction.
Transpose(tmp))
    .WriteText Join(tmp, ","), 1  'adWriteLine(改行記号アリ)
  Next
  .SaveToFile myFileName, 2 'adSaveCreateOverWrite(上書き作成)
  .Close
End With
```

サンプルの結果

書出データ(UTF-8).csv

書出データ(UTF-8).csv - メモ帳

ファイル(F) 編集(E) 書式(O) 表示(V) ヘルプ(H)

```
伝票No,日付,顧客名,売上金額,担当者名
1,2020/7/8,日本ソフト　静岡支店,305865,大村あつし
2,2020/7/8,日本ソフト　静岡支店,167580,大村あつし
3,2020/7/10,レッドコンピュータ,144900,鈴木麻由
4,2020/7/11,システムアスコム,646590,牧野光
5,2020/7/11,システムアスコム,197400,牧野光
```

XMLドキュメントのXML宣言部分を作成したい

サンプルファイル 306.xlsm

365 2019 2016 2013

シート上のデータを元にXMLドキュメントを作成する

構文

関数／メソッド	意味
CreateObject("MSXML2.DOMDocument")	DOMDocumentオブジェクトを生成
CreateProcessingInstruction 各種設定	XML宣言部のノードを作成

XML形式のデータを書き出す際には、DOMDocumentオブジェクトが利用できます。まずは、DOMDocumentオブジェクトを利用して、XML宣言部のみのXMLファイルを作成してみましょう。

XML宣言部を作成するには、CreateProcessingInstructionメソッドを利用して作成したノードを、AppendChildメソッドでXMLドキュメントに追加します。

作成したXMLドキュメントをファイルとして保存するには、Saveメソッドの引数に、ファイルパスを指定します。このとき、作成されるファイルの文字コードは、XML宣言部のencoding要素で指定した文字コードとなります。

```
Dim myXMLDoc As Object, myNode As Object
Set myXMLDoc = CreateObject("MSXML2.DOMDocument")
With myXMLDoc
    Set myNode = _
      .CreateProcessingInstruction("xml", "version=""1.0""
encoding=""UTF-8""")
    .AppendChild myNode
    .Save ThisWorkbook.Path & "¥XMLデータ.xml"
End With
```

サンプルの結果

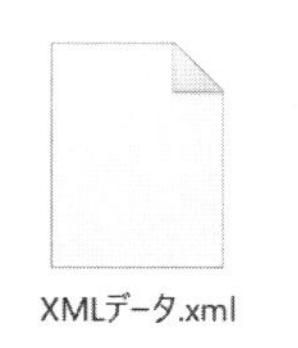

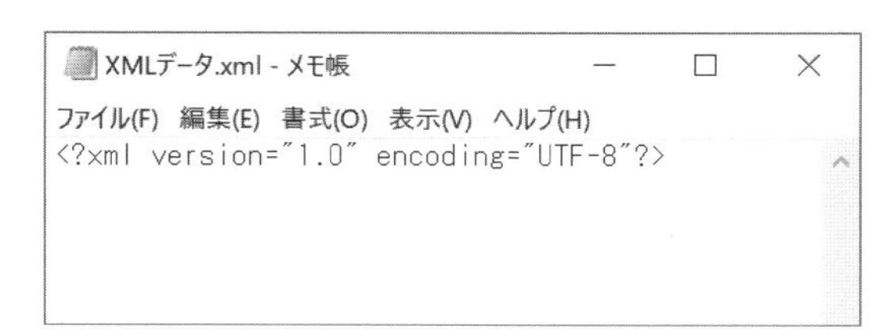

セル内の改行コードを削除したい

サンプルファイル 307.xlsm

365 2019 2016 2013

セル内改行されているデータの改行を削除して1行で表示させる

構文

関数／メソッド	意味
`CreateObject("MSXML2.DOMDocument")`	DOMDocumentオブジェクトを生成
`CreateElement ノード名`	ノードを作成
`CreateTextNode 文字列`	テキストノードを作成
`ノード.AppendChild ノード`	ノードを追加しノードツリーを作成

XMLの要素（ノード）を作成するには、CreateElementメソッドの引数にノード名を指定して実行します。また、テキストノードの場合には、CreateTextNodeメソッドの引数にテキストを指定して実行します。

作成したノードは、AppendChildメソッドで、XMLドキュメントや他のノードの子ノードとして追加できます。

```
Dim myXMLDoc As Object, myNode As Object, tmpNode As Object
Set myXMLDoc = CreateObject("MSXML2.DOMDocument")
With myXMLDoc
    Set myNode = .CreateElement("氏名")
    Set tmpNode = .CreateTextNode("大村あつし")
    myNode.AppendChild tmpNode
    .AppendChild myNode
    .Save ThisWorkbook.Path & "¥XMLデータ.xml"
End With
```

サンプルの結果

XMLデータ.xml - メモ帳

ファイル(F) 編集(E) 書式(O) 表示(V) ヘルプ(H)

<氏名>大村あつし</氏名>

XMLの属性を作成・追加したい

サンプルファイル 308.xlsm

365 2019 2016 2013

利用シーン　シート上のデータを元にXMLドキュメントを作成する

構文

関数／メソッド	意味
CreateObject("MSXML2.DOMDocument")	DOMDocumentオブジェクトを生成
ノード.SetAttribute 属性名, 値	ノードに属性を追加

XMLの属性（アトリビュート）を追加するには、対象ノードに対して、SetAttributeメソッドの引数に、属性名と値を指定して実行します。

```
Dim myXMLDoc As Object, myNode As Object
Set myXMLDoc = CreateObject("MSXML2.DOMDocument")
With myXMLDoc
    Set myNode = .CreateElement("氏名")
    myNode.setAttribute "id", 1
    .AppendChild myNode
    .Save ThisWorkbook.Path & "¥XMLデータ.xml"
End With
```

サンプルの結果

XMLデータ.xml - メモ帳
ファイル(F)　編集(E)　書式(O)　表示(V)　ヘルプ(H)
<氏名 id="1"/>

POINT ▶▶ 属性値はデータ型を問わずに「""」で囲まれる

サンプルではid属性の値に数値の「1」を指定しています。書き出されたXMLデータを見ると、「id="1"」となっています。これは「文字列の『1』」を表しているわけではなく、「値が『1』」ということを表しています。XML形式では、属性値はデータ型を問わずに「""」で囲むというルールとなっているためです。

309 セルの値を元にXMLツリーを作成して書き出したい

サンプルファイル 309.xlsm

利用シーン シート上のデータを元にXMLドキュメントを作成する

構文

関数	意味
`CreateObject("MSXML2.DOMDocument")`	DOMDocumentオブジェクトを生成

シート上に作成された表形式のデータをXML形式で書き出してみましょう。

サンプルの結果

	A	B	C	D	E	F
1	伝票No	日付	顧客名	売上金額	担当者名	
2	1	2020/7/8	日本ソフト　静岡支店	305,865	大村あつし	
3	2	2020/7/8	日本ソフト　静岡支店	167,580	大村あつし	
4	3	2020/7/10	レッドコンピュータ	144,900	鈴木麻由	
5	4	2020/7/11	システムアスコム	646,590	牧野光	
6	5	2020/7/11	システムアスコム	197,400	牧野光	
7						

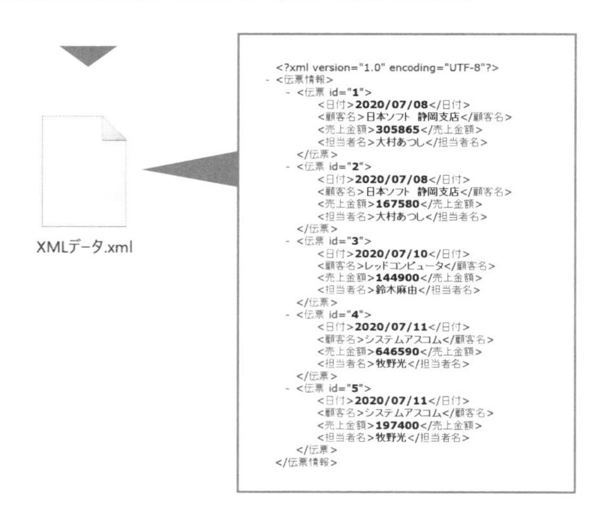

XMLデータ.xml

```
<?xml version="1.0" encoding="UTF-8"?>
- <伝票情報>
  - <伝票 id="1">
      <日付>2020/07/08</日付>
      <顧客名>日本ソフト 静岡支店</顧客名>
      <売上金額>305865</売上金額>
      <担当者名>大村あつし</担当者名>
    </伝票>
  - <伝票 id="2">
      <日付>2020/07/08</日付>
      <顧客名>日本ソフト 静岡支店</顧客名>
      <売上金額>167580</売上金額>
      <担当者名>大村あつし</担当者名>
    </伝票>
  - <伝票 id="3">
      <日付>2020/07/10</日付>
      <顧客名>レッドコンピュータ</顧客名>
      <売上金額>144900</売上金額>
      <担当者名>鈴木麻由</担当者名>
    </伝票>
  - <伝票 id="4">
      <日付>2020/07/11</日付>
      <顧客名>システムアスコム</顧客名>
      <売上金額>646590</売上金額>
      <担当者名>牧野光</担当者名>
    </伝票>
  - <伝票 id="5">
      <日付>2020/07/11</日付>
      <顧客名>システムアスコム</顧客名>
      <売上金額>197400</売上金額>
      <担当者名>牧野光</担当者名>
    </伝票>
  </伝票情報>
```

次ページのサンプルは、セル範囲A1:E6の内容をXML形式で書き出します。なお、DOMDocumentオブジェクトのSaveメソッドで作成されたXMLファイルは、改行やタブによって整形されていません。XMLデータを扱うアプリや、Edge、IE等のブラウザで開いて構造を確認してみましょう。

```
Dim myXMLDoc As Object, myNode As Object
Dim myRootNode As Object, tmpNode As Object
Dim myRange As Range, i As Long, j As Long
Set myXMLDoc = CreateObject("MSXML2.DOMDocument")
With myXMLDoc
  Set myNode = _
     .CreateProcessingInstruction("xml", "version=""1.0"" 
encoding=""UTF-8""")
  .AppendChild myNode
  Set myRootNode = .CreateElement("伝票情報")
  Set myRange = Range("A1:E6")
  For i = 2 To myRange.Rows.Count
    Set myNode = .CreateElement("伝票")
    myNode.SetAttribute "id", myRange.Cells(i, 1).Value
    For j = 2 To myRange.Columns.Count
      Set tmpNode = .CreateElement(myRange.Cells(1, j).Value)
      tmpNode.AppendChild .CreateTextNode(myRange.Cells(i, 
j).Value)
      myNode.AppendChild tmpNode
    Next
    myRootNode.AppendChild myNode
  Next
  .AppendChild myRootNode
  .Save ThisWorkbook.Path & "¥XMLデータ.xml"
End With
```


POINT ▸▸ **改行やタブを入れるには他のアプリを利用するのが無難**

MSXMLライブラリを利用して作成したXMLに改行やインデントを入れて見やすくするには、SAXXMLReaderとMXXMLWriterというライブラリが利用できます。ただし、この2つを利用して書き出したデータは、なぜか文字コードがUTF-16になってしまいます（encordingの指定は無視されます）。現状では、改行・インデント付きで書き出したい場合、いったん作成したXMLファイルを整形機能を持つ他のアプリで読み込み、そのアプリの整形機能を利用し、書き出すのが無難なようです。

310 Wordドキュメントを作成したい

サンプルファイル 310.xlsm

365 2019 2016 2013

シート上のデータを元にWordドキュメントを作成する

構文

関数／メソッド	意味
CreateObject("Word.Application")	Wordオブジェクトを生成
Documents.Add	新規ドキュメントを作成

Excel VBAからWordのドキュメントを直接操作する方法は用意されていません。そこで、オートメーションの仕組みを使ってWordのアプリケーションを操作し、Wordのアプリケーション経由でドキュメントを作成・操作します。

次のサンプルは、ExcelとWordが共にインストールされているPC上でWordを起動し（❶）、新規ドキュメントを作成し（❷）、テキストを追加（❸）した上で保存し（❹）、ドキュメントを閉じた上で（❺）、Wordのアプリケーションを終了します（❻）。

```
Dim myWord As Object, myDoc As Object
Set myWord = CreateObject("Word.Application") ―――❶
Set myDoc = myWord.Documents.Add ―――❷
With myDoc
    .Range(0, 0).Text = "VBAから出力したテキスト" ―――❸
    .SaveAs ThisWorkbook.Path & "¥Excelから作成.docx" ―――❹
    .Close ―――❺
End With
myWord.Quit ―――❻
Set myDoc = Nothing
Set myWord = Nothing
```

サンプルの結果

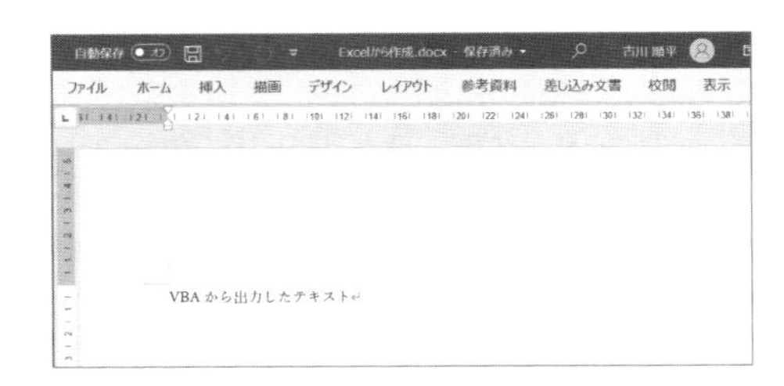

311 Wordドキュメントにセルの内容を書き出したい

サンプルファイル 311.xlsm

365 2019 2016 2013

利用シーン シート上のデータを元にWordドキュメントを作成する

構文

関数／メソッド	意味
`CreateObject("Word.Application")`	Wordオブジェクトを生成
`Selection.TypeText テキスト`	現在の位置にテキストを書き込み
`Selection.TypeParagraph`	現在の位置に改行を書き込み
`Selection.PasteExcelTable`	現在の位置にコピーしてあるセル範囲を貼り付け

Excelのデータを Wordドキュメントに書き込むには、新規ドキュメントを追加後、「Wordアプリケーションの」Selectionオブジェクトに対して、TypeTextメソッドでアクティブなドキュメントにテキストを書き込み（❶）、TypeParagraphメソッドで改行を書き込み（❷）、PasteExcelTableメソッドでコピーしたセル範囲を表として貼り付けます（❸）。

```
Dim myDoc As Object
With CreateObject("Word.Application")
    Set myDoc = .Documents.Add
    .Selection.TypeText Range("A1").Value ──❶値書込み
    .Selection.TypeParagraph ──❷改行追加
    Range("A2:B7").Copy
    .Selection.PasteExcelTable False, False, False ──❸セル範囲書込み
    myDoc.SaveAs ThisWorkbook.Path & "¥Excelから作成.docx"
    myDoc.Close
    .Quit
End With
Set myDoc = Nothing
```

サンプルの結果

	A	B	C	D
1	■担当者別売上金額			
2	担当者名	売上金額		
3	大村あつし	305,865		
4	望月俊之	167,580		
5	鈴木麻由	144,900		
6	牧野光	646,590		
7	栗山恵吉	197,400		

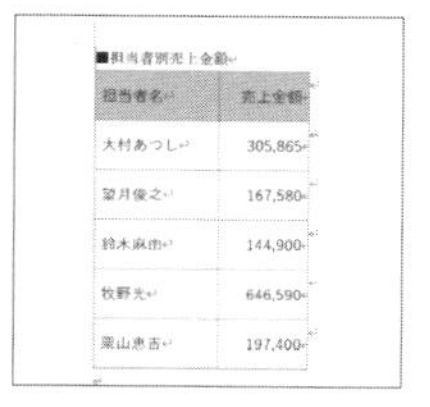

■担当者別売上金額

担当者名	売上金額
大村あつし	305,865
望月俊之	167,580
鈴木麻由	144,900
牧野光	646,590
栗山恵吉	197,400

312 Wordドキュメントに書式やスタイルを付けて書き出したい

サンプルファイル 312.xlsm

利用シーン シート上のデータを元にWordドキュメントを作成する

構文

関数／プロパティ	意味
`CreateObject("Word.Application")`	Wordオブジェクトを生成
`ドキュメント.Paragraphs(段落番号)`	文章内の指定した段落を取得
`ドキュメント.Tables(表番号)`	文章内の指定した表を取得

Excel上で入力しておいたテキストや表を、そのままWordへと貼り付けると、妙に間延びした表となりがちです。そこで、Excelから貼り付けた箇所に対して、Word側で定義されている書式やスタイルを適用してみましょう。

単に貼り付けるだけよりもぐっと見やすくなるうえに、Word側のスタイルを適用しておくことで、あとでWord側でスタイルの書式を変更すれば、それに応じて貼り付けた箇所の書式も一括変更できるようになります。

サンプルの結果

次のサンプルはWordアプリケーションを起動して画面上に表示し（❶）、Excelのデータを貼り付けた上で（❷）、Wordの書式やスタイルを適用しています（❸）。

```
Dim myWord As Object, myDoc As Object
Set myWord = CreateObject("Word.Application")
Set myDoc = myWord.Documents.Add
myWord.Visible = True
AppActivate myWord.Windows(1).Caption & " - Word"
'※2010以前は「- Microsoft Word」
With myWord.Selection
    Range("A1:A2").Copy
    .PasteAndFormat 22 'wdFormatPlainText
    .TypeParagraph
    Range("A3:E8").Copy
    .PasteExcelTable False, False, False
End With
myDoc.Paragraphs(1).Style = "表題"
myDoc.Paragraphs(2).Alignment = 1 'wdAlignParagraphCenterS
myDoc.Tables(1).Range.Style = "標準"
myDoc.Tables(1).Rows.Alignment = 1 'wdAlignRowCenter
```

なお、Wordの個々のドキュメントは、Documentオブジェクトとして管理され、入力したテキストは、改行ごとの段落（Paragraphオブジェクト）単位で管理されています。個別のParagraphオブジェクトにアクセスするには、Paragraphsプロパティを利用し、

```
ドキュメント.Paragraphs(段落番号)
```

という形式でコードを記述します。

取得したParagraphオブジェクトの書式に関する各種プロパティを利用すれば、その段落の「左詰め・中央揃え・右詰め」といった配置や、スタイルの設定が可能です。

同じく、Word上に作成した表は、Tableオブジェクトとして管理されています。こちらは、

```
ドキュメント.Tables(表番号)
```

の形式でコードを記述して取得し、段落と同じように書式やスタイルを定義します。

313 Wordドキュメントの末尾にセルの内容を追記したい

サンプルファイル 313.xlsm

利用シーン 既存のWordドキュメント内にExcelのデータを追記する

構文

関数／プロパティ／メソッド	意味
`CreateObject("Word.Application")`	Wordオブジェクトを生成
`ドキュメント.Range.End`	文章の末尾の位置を取得
`ドキュメント.Range(開始位置, 終了位置).Select`	文章内の任意の範囲を選択

Excel内に入力されているデータの内容を、既存のWordドキュメントの末尾に付け加えてみましょう。

次ページのサンプルは、セルA1のアクティブセル領域の内容を、フィルターをかけながらWordドキュメントに追加します。

まず、Wordアプリケーションを作成し、既存のドキュメントを開いたうえで画面に表示し（❶）、ドキュメントの末尾の「1つ手前」の位置を選択します（❷）。その位置から、Excelの表に対してフィルターをかけた内容を転記し（❸）、最後に、ドキュメント内の表のスタイルを整えます（❹）。

サンプルの結果

	A	B	C	D
1	担当者名	顧客名	日付	売上金額
2	大村	日本ソフト　静岡支店	2020/7/8	305,865
3	大村	日本ソフト　静岡支店	2020/7/8	167,580
4	片山	カルタン設計所	2020/7/15	65,100
5	大村	日本ソフト　三重支店	2020/7/16	688,800
6	片山	ドンキ量販店	2020/7/18	396,900

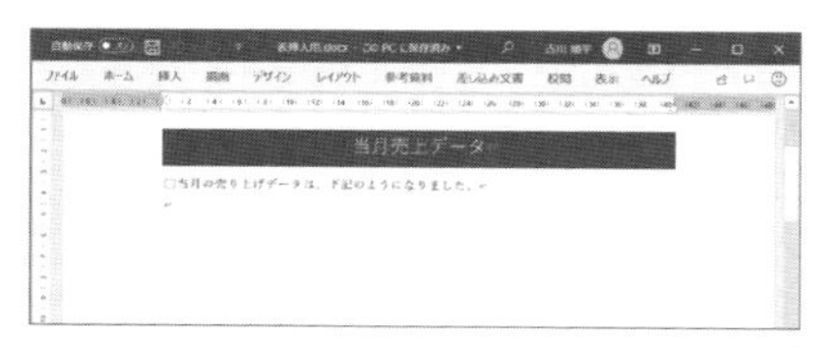

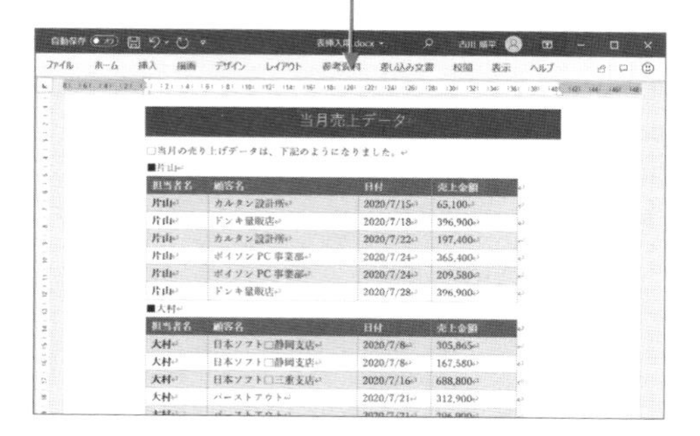
当月売上データ

当月の売り上げデータは、下記のようになりました。

■片山

担当者名	顧客名	日付	売上金額
片山	カルタン設計所	2020/7/15	65,100
片山	ドンキ量販店	2020/7/18	396,900
片山	カルタン設計所	2020/7/22	197,400
片山	ポイソンPC事業部	2020/7/24	365,400
片山	ポイソンPC事業部	2020/7/24	209,580
片山	ドンキ量販店	2020/7/28	396,900

■大村

担当者名	顧客名	日付	売上金額
大村	日本ソフト 静岡支店	2020/7/8	305,865
大村	日本ソフト 静岡支店	2020/7/8	167,580
大村	日本ソフト 三重支店	2020/7/16	688,800
大村	バーストアウト	2020/7/21	312,900

```
Dim myWord As Object, myDoc As Object, myEnd As Long
Dim myRange As Range, tmpVal As Variant
'追記するセル範囲をセット
Set myRange = Range("A1").CurrentRegion
'Wordドキュメントを開く
Set myWord = CreateObject("Word.Application")                              ❶
Set myDoc = myWord.Documents.Open(ThisWorkbook.Path & "¥表挿入用.
docx")
myWord.Visible = True
AppActivate myWord.Windows(1).Caption & " - Word"
'末尾の位置を取得し、移動
myEnd = myDoc.Range.End - 1                                                ❷
myDoc.Range(myEnd, myEnd).Select
'フィルターの結果をWordに張り付け
For Each tmpVal In Array("片山", "大村", "萩原")                           ❸
    myRange.AutoFilter 1, tmpVal
    With myWord.Selection
        .TypeText "■" & tmpVal & vbCrLf
        myRange.Copy
        .PasteExcelTable False, False, False
    End With
Next
'スタイルを適用
For Each tmpVal In myDoc.Tables                                            ❹
    tmpVal.Range.Style = "標準"
    tmpVal.Style = "グリッド (表) 4 - アクセント 5"
Next
Set myDoc = Nothing
Set myWord = Nothing
```

314 Wordドキュメントの内の指定位置にグラフを張り付けたい

サンプルファイル 314.xlsm

365 2019 2016 2013

利用シーン 既存のWordドキュメント内にExcelで作成したグラフを配置する

構文

関数／メソッド	意味
CreateObject("Word.Application")	Wordオブジェクトを生成
範囲.Find.Execute 検索文字列	範囲内で検索文字列を検索して選択

次のサンプルは、既存のWordドキュメントを開いて表示し（❶）、「#月度#」と入力してある位置に「10月度」と入力し（❷）、「#グラフ位置#」と入力してある位置に、Excel上のグラフオブジェクトを画像として貼り付けます（❸）。

```
Dim myWord As Object, myDoc As Object
Set myWord = CreateObject("Word.Application")
myWord.Visible = True
Set myDoc = myWord.Documents.Open(ThisWorkbook.Path & "¥グラフ挿入用.docx")
AppActivate myWord.Windows(1).Caption & " - Word"
'#月度#　と入力してある箇所を検索し、「10月度」に上書き
myDoc.Range.Select
myWord.Selection.Find.Execute "#月度#"
myWord.Selection.Text = "10月度"
'#グラフ位置#　と入力してある箇所を検索し、グラフを画像張り付け
myDoc.Range.Select
myWord.Selection.Find.Execute "#グラフ位置#"
ActiveSheet.ChartObjects(1).CopyPicture
myWord.Selection.Paste
```

サンプルの結果

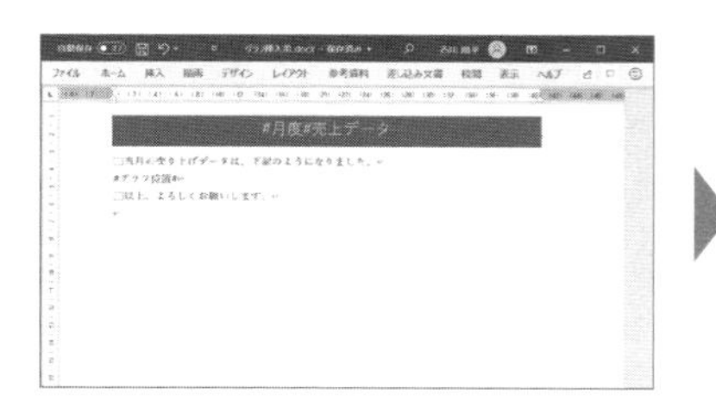

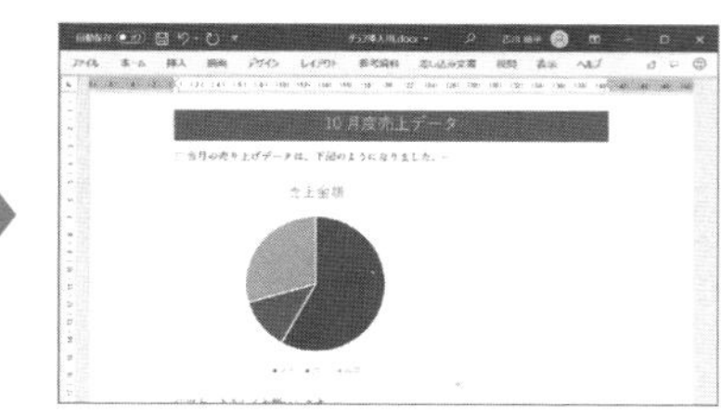

315 PowerPointプレゼンテーションを作成したい

サンプルファイル 315.xlsm

365 2019 2016 2013

シート上のデータを元に PowerPointプレゼンテーションを作成する

構文

関数／メソッド	意味
CreateObject("PowerPoint.Application")	PowerPointオブジェクトを生成
Presentations.Add	新規プレゼンテーションを作成

Excel VBAからPowerPointのプレゼンテーションを直接操作する方法は用意されていません。そこで、オートメーションの仕組みを使ってPowerPointのアプリケーションを操作し、アプリケーション経由でプレゼンテーションを作成・操作します。

次のサンプルは、ExcelとPowerPointが共にインストールされているPC上で、PowerPointを起動し(❶)、新規プレゼンテーションを作成し(❷)、スライドを追加し(❸)、テキストを追加(❹)した上で保存し(❺)、PowerPointのアプリケーションを終了します(❻)。

```
Dim myPP As Object, myPT As Object, mySld As Object, myShape As
Object
Set myPP = CreateObject("PowerPoint.Application") ——❶
Set myPT = myPP.Presentations.Add ——❷
Set mySld = myPT.Slides.Add(1, Layout:=12) 'ppLayoutBlank ——❸
Set myShape = mySld.Shapes.AddTextbox(1, 100, 200, 800, 100)
With myShape.TextFrame.TextRange
    .Text = "Excel VBAから入力" ——❹
    .Font.Size = 80
End With
myPT.SaveAs ThisWorkbook.Path & "¥Excelから作成.pptx" ——❺
myPP.Quit ——❻
```

サンプルの結果

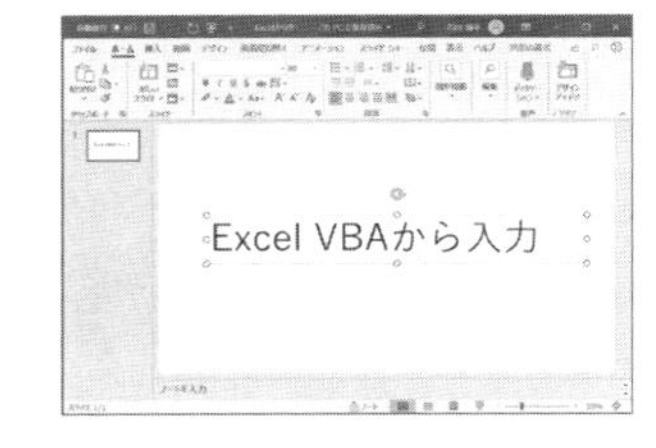

PowerPointプレゼンテーションに表を書き出したい

サンプルファイル 316.xlsm

シート上で作成した表をPowerPointプレゼンテーションに配置

構文

関数／メソッド	意味
`CreateObject("PowerPoint.Application")`	PowerPointオブジェクトを生成
`Slides.Add(枚数等の設定)`	新規スライドを追加
`スライド.Shapes.Paste`	クリップボードの内容をシェイプとして貼付け

Excel上で作成した表を、PowerPointプレゼンテーションに貼り付けてみましょう。手順としては、Excel側で表をクリップボードにコピーし、PowerPoint側でクリップボードの内容をシェイプとして貼り付けます。

PowerPoint上のシェイプの位置やサイズはExcel上でのシェイプ（Shapeオブジェクト）と同じように、Top／Left／Width／Heightの各プロパティで設定します。

サンプルの結果

担当者名	顧客名	日付	売上金額
大村	日本ソフト　静岡支店	2020/7/8	305,865
片山	カルタン設計所	2020/7/15	65,100
萩原	チャッピー企画	2020/7/23	155,400
萩原	チャッピー企画	2020/7/23	144,900
片山	ポイソンPC事業部	2020/7/24	365,400

次のサンプルは、Excel上のセルA1:D6をコピーし、PowerPoint上のシェイプ（表）として貼り付け、位置とサイズを調整します。

```
Dim myPP As Object, myPT As Object
Dim mySld As Object, myShape As Object
'PowerPointを起動
Set myPP = CreateObject("PowerPoint.Application")
'スライドを１枚持つ新規プレゼンテーションを作成
Set myPT = myPP.Presentations.Add
Set mySld = myPT.Slides.Add(1, Layout:=12) 'ppLayoutBlank
'Excelのセル範囲をコピー
Range("A1:D6").Copy
'コピーした内容をPowerPoint側にシェイプとして貼り付け
With mySld.Shapes.Paste
    .Left = 200
    .Top = 50
    .Width = 600
    .Height = 300
End With
Set myPP = Nothing
```

なお、PowerPointの個々のプレゼンテーションは、Presentationオブジェクトとして管理されています。プレゼンテーション内のスライドは、Slidesコレクションでまとめて管理されており、個々のスライドはSlideオブジェクトとして管理されています。ちょうどExcelのシートを管理するWorksheetsコレクションとWorksheetオブジェクトの関係と同じですね。

```
'特定のスライドを取得する階層構造
プレゼンテーション.Slides(スライド番号)
```

シェイプを作成・操作したい場合には、上記のオブジェクトの階層構造を押さえておくと、意図したスライド上の、意図した位置へと、意図したシェイプを配置したり、操作したりといった処理が作成しやすくなります。

PowerPointプレゼンテーションにグラフを書き出したい

サンプルファイル 317.xlsm

シート上で作成したグラフをPowerPointプレゼンテーションに配置

構文

関数／プロパティ	意味
CreateObject("PowerPoint.Application")	PowerPointオブジェクトを生成
スライド.Shapes(シェイプ名)	指定したシェイプを取得

PowerPointプレゼンテーションのスライド上に、「グラフ挿入用」と名前を付けたシェイプを用意しておき、この位置にExcel上のグラフ（グラフオブジェクト）を貼り付けてみましょう。

なお、PowerPoint上のシェイプの名前を確認／設定するには、［ホーム］-［選択］-［オブジェクトの選択と表示］を選択して表示される、［選択］ウィンドウを利用します。

目印用のシェイプが配置されているスライド

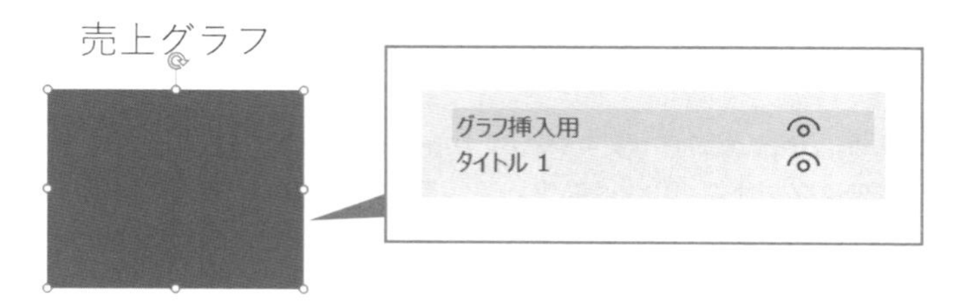

次ページのサンプルでは、PowerPointアプリケーションを立ち上げ、プレゼンテーションを開き（❶）、1枚目のスライド内から「グラフ挿入用」シェイプを取得します（❷）。さらにExcelのグラフオブジェクトを画像としてコピーし（❸）、PowerPoint側のスライドに貼り付け、目印用のシェイプの位置と大きさに合わせています（❹）。

このとき、貼り付けたグラフは、幅か高さの一方のサイズを変更すると、他方も幅と高さの比を保った大きさに調整されます。

グラフを貼り付け後、目印用のシェイプが不要な場合にはDeleteメソッドで削除してしまいましょう。

```
Dim myPP As Object, myPT As Object
Dim mySld As Object, myShape As Object
'PowerPointを起動して既存のプレゼンテーションを開く
Set myPP = CreateObject("PowerPoint.Application")
Set myPT = myPP.Presentations.Open(ThisWorkbook.Path & "¥グラフ挿入
用.pptx")
'目印となるシェイプを取得
Set mySld = myPT.Slides(1)
Set myShape = mySld.Shapes("グラフ挿入用")
'Excel側のグラフをコピー
ActiveSheet.ChartObjects(1).CopyPicture
'PowerPoint側に張り付け、目印のシェイプと同じ位置・大きさに変更
With mySld.Shapes.Paste
    .Left = myShape.Left
    .Top = myShape.Top
    .Width = myShape.Width
End With
'目印用シェイプは削除
myShape.Delete
Set myPP = Nothing
```

❶ ❷ ❸ ❹

サンプルの結果

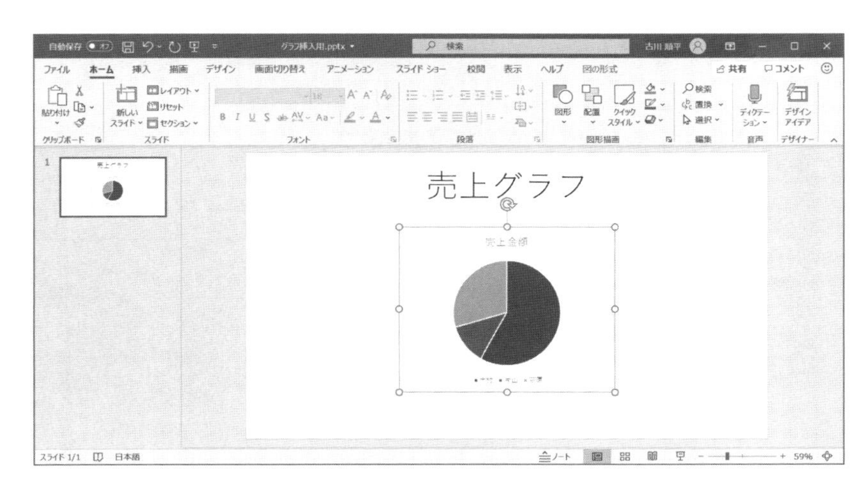

Accessのテーブルにレコードを追加したい

サンプルファイル 318.xlsm

Accessで作成済みのテーブルにExcelのデータを追加する

構文

関数／メソッド	意味
CreateObject("DAO.DBEngine.120")	DBEngineオブジェクトを生成
DBEngine.OpenDatabase データベースへのパス	データベースに接続
DB.OpenRecordset テーブル名等	テーブル等に接続
テーブル.AddNew	新規レコード追加
テーブル.UpDate	変更内容を更新

Excel VBAからAccessデータベースを操作するには、DAOを利用します。

既存のテーブルに新規のレコードを追加したい場合には、対象テーブルをRecordsetオブジェクトにセットし、AddNewメソッドを実行後、「レコードセット!フィールド名 = 値」の形式で各フィールドに値を設定し、UpDateメソッドで変更内容をDB側に更新します。

```
Dim myDBE As Object, myDB As Object, myRS As Object
'DBEngineオブジェクトを生成し、DBに接続
Set myDBE = CreateObject("DAO.DBEngine.120")
Set myDB = myDBE.OpenDatabase(ThisWorkbook.Path & "¥サンプルDB.accdb")
'指定テーブルのレコードセットを取得
Set myRS = myDB.OpenRecordset("T_担当者")
'新規レコードを追加し、値を設定し、更新
myRS.AddNew
myRS!ID = 16
myRS!担当者名 = "望月俊之"
myRS.Update
'接続を閉じる
myRS.Close
myDB.Close
```

サンプルの結果

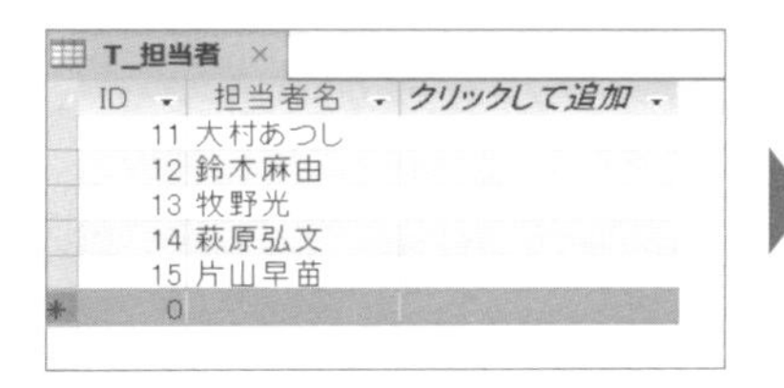

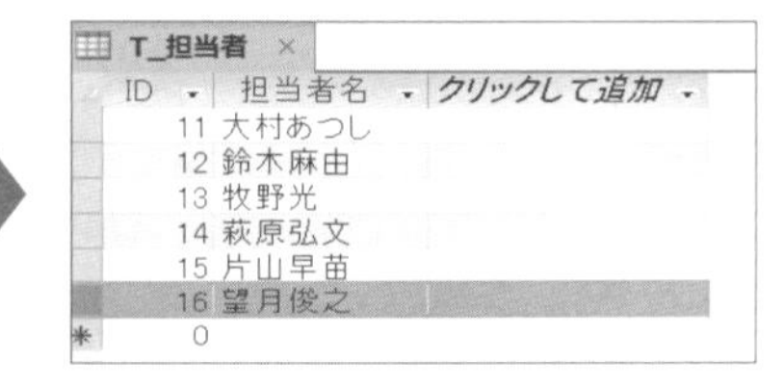

ちなみに「DAO」とは「Data Access Objects」と呼ばれる、Accessなどのデータベースを操作するために作成された専用のオブジェクト群（ライブラリ）です。

ExcelからDAOを利用する際の基本的な手順は、

1. CreateObject関数でDAOの基本オブジェクトであるDBEngineオブジェクトを生成
2. DBEngineオブジェクトのOpenDatabaseメソッドで、操作したいデータベースとの接続（Databaseオブジェクト）を確立
3. DatabaseオブジェクトのOpenrecordsetメソッド等を利用し、DB内の操作したいテーブルなどへの接続（Tableオブジェクト等）を確立
4. Tableオブジェクト等を利用して、任意のテーブル等を操作する
5. 一連の操作が終わったところで、テーブル等への接続を閉じ、さらに、データベースへの接続も閉じる

といった流れになります。

なお、このDAOは、Accessの標準ライブラリとして利用されている仕組みでもあります。本書でもいくつかのDAOを使ったコードを紹介しますが、より詳しく、細かな操作方法を知りたい場合には、Access関連のヘルプや書籍、AccessのVBE画面の［オブジェクトブラウザー］などが役に立つでしょう。

AccessのVBEの［オブジェクトブラウザー］でDAOのオブジェクト等を調べる

Access画面で Alt ＋ F11 を押してVBE画面を表示し、［オブジェクトブラウザー］内の、［プロジェクト／ライブラリ］欄から「DAO」を選択すると、DAOのオブジェクト等を確認できる

AccessのDBにテーブルを追加したい

サンプルファイル 319.xlsm

Accessのデータベースにテーブルを追加する

構文

関数／メソッド	意味
`CreateObject("DAO.DBEngine.120")`	DBEngineオブジェクトを生成
`DB.CreateTableDef`	新規テーブル定義を作成
`テーブル定義.CreateField 列の定義情報`	新規の列定義を作成
`テーブル定義.Fields.Append 列定義`	テーブルに新規フィールド追加

Excel上にある次図の表から、Accessデータベース側に新規テーブルを作成してみましょう。

Excelブック上の表

	A	B
1	ID	分類
2	1	ノート
3	2	リムーバル
4	3	プリンタ
5	4	デスクトップ
6	5	ディスプレイ
7		

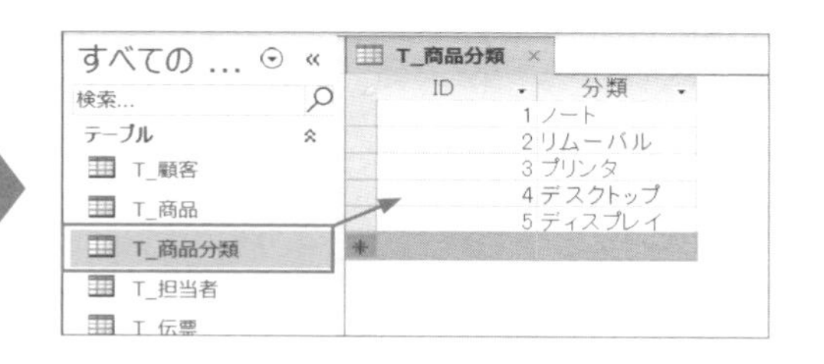

次ページのサンプルは、既存のAccessデータベースへと接続し（❶）、CreateTableDefメソッドを利用して新規のテーブル定義（TableDefオブジェクト）を作成します（❷）。

次に、テーブルにフィールドを追加します。各フィールドごとにCreateFieldメソッドを利用して新規フィールドの定義を作成し、FieldsコレクションのAppendメソッドを使ってテーブル定義に追加していきます（❸）。

テーブル作成とそのフィールドの定義が終了したら、いったんデータベースとの接続を切ります。

その上であらためて作成したテーブルへと接続し、AddNewメソッドとUpDateメソッドを利用して、シート上のデータを追加しています（❹）。

POINT ▶▶ フィールドのデータ型等の定義に使用する定数

CreateFieldメソッドの引数で指定するフィールドのタイプは、「DataTypeEnum 列挙」の定数で指定します。指定できる値の種類や定数の数値は、ヘルプページ（https://msdn.microsoft.com/ja-jp/library/office/ff194420.aspx）等で確認して下さい。

```
Dim myDBE As Object, myDB As Object, myTBL As Object, myRS As Object
Dim myRange As Range, i As Long, myFileName As String
'テーブルとして登録したいセル範囲をセット
Set myRange = Range("A1:B6")
'既存のデータベースに接続
myFileName = ThisWorkbook.Path & "¥サンプルDB.accdb"
Set myDBE = CreateObject("DAO.DBEngine.120")
Set myDB = myDBE.OpenDatabase(myFileName)
'新規テーブルを作成
Set myTBL = myDB.CreateTableDef("T_商品分類")
'Excel側の値に沿ってフィールドを定義
With myTBL
    '「ID」フィールドは数値型：dbLong
    .Fields.Append .CreateField("ID", 4)
    '「分類」フィールドはテキスト（20文字）型：dbText
    .Fields.Append .CreateField("分類", 10, 20)
End With
myDB.TableDefs.Append myTBL
myDB.Close
'Excel側の値に沿ってレコードを追加
Set myDB = myDBE.OpenDatabase(myFileName)
Set myRS = myDB.OpenRecordset("T_商品分類")
For i = 2 To myRange.Rows.Count
    myRS.AddNew
    myRS!ID = myRange.Cells(i, 1).Value
    myRS!分類 = myRange.Cells(i, 2).Value
    myRS.Update
Next
'接続を閉じる
myRS.Close
myDB.Close
```

AccessのDBに対して SQLコマンドを実行したい

サンプルファイル 320.xlsm

Accessのデータベースを SQL文で操作する

構文

関数／メソッド	意味
CreateObject("DAO.DBEngine.120")	DBEngineオブジェクトを生成
DB.Execute SQL文	SQL文の内容を実行

Accessデータベースに対して、UPDATE文やDELETE文、INSERT INTO文といったSQLコマンドを実行したい場合には、Executeメソッドの引数に実行したいコマンドからなるSQL文を指定して実行します。

次のサンプルでは、「T_アルバイト」テーブル内の、「勤務時間数」フィールドの値が「20以上」のレコードについて、「手当」フィールドの値を「5000」に更新します。

```
Dim myDBE As Object, myDB As Object, mySQL As String
'データベースに接続
Set myDBE = CreateObject("DAO.DBEngine.120")
Set myDB = myDBE.OpenDatabase(ThisWorkbook.Path & "¥サンプルDB.
accdb")
'SQLコマンド文字列を作成し、実行
mySQL = "UPDATE T_アルバイト SET 手当=5000 WHERE 勤務時間数>=20"
myDB.Execute mySQL
'接続を閉じる
myDB.Close
Set myDB = Nothing
```

サンプルの結果

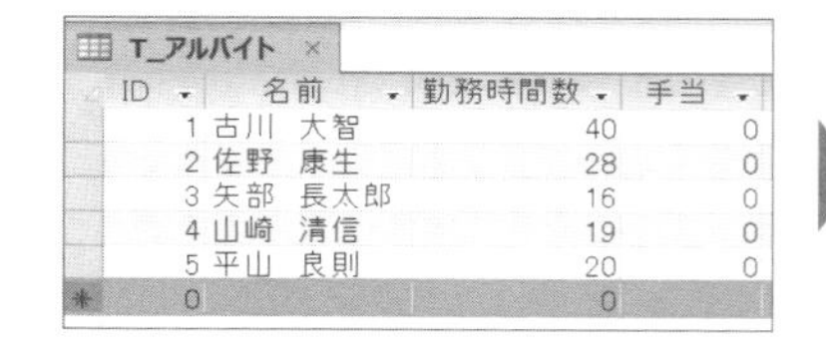

T_アルバイト

ID	名前	勤務時間数	手当
1	古川　大智	40	0
2	佐野　康生	28	0
3	矢部　長太郎	16	0
4	山崎　清信	19	0
5	平山　良則	20	0
0		0	

T_アルバイト

ID	名前	勤務時間数	手当	クリッ
1	古川　大智	40	5000	
2	佐野　康生	28	5000	
3	矢部　長太郎	16	0	
4	山崎　清信	19	0	
5	平山　良則	20	5000	
0		0		

同じく、次のサンプルでは、「T_アルバイト」テーブル内に、「ID」フィールドの値が「6」、「名前」フィールドの値が「星野 洋平」、「勤務時間数」フィールドの値が「10」のレコードを追加します。

SQL文内で文字列の値を設定する場合は、「'文字列'」と、文字列をシングルクォーテーションで囲みましょう。

```
Dim myDBE As Object, myDB As Object, mySQL As String
'データベースに接続
Set myDBE = CreateObject("DAO.DBEngine.120")
Set myDB = myDBE.OpenDatabase(ThisWorkbook.Path & "¥サンプルDB.accdb")
'SQLコマンド文字列を作成し、実行
mySQL = "INSERT INTO" & _
        " T_アルバイト(ID, 名前, 勤務時間数)" & _
        " VALUES(6, '星野　洋平', 10)"
myDB.Execute mySQL
'接続を閉じる
myDB.Close
Set myDB = Nothing
```

サンプルの結果

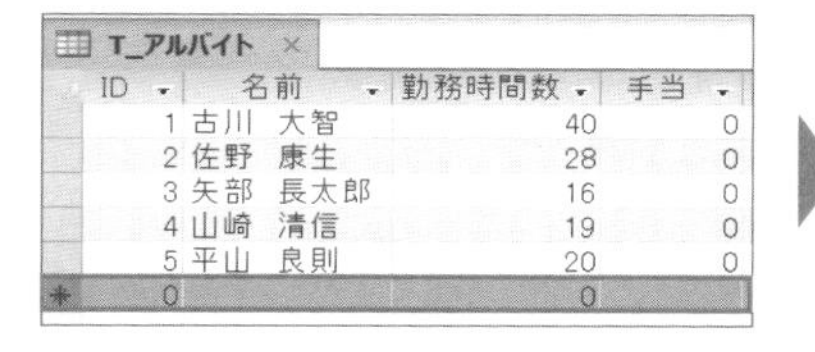

T_アルバイト

ID	名前	勤務時間数	手当
1	古川　大智	40	0
2	佐野　康生	28	0
3	矢部　長太郎	16	0
4	山崎　清信	19	0
5	平山　良則	20	0
0		0	

T_アルバイト

ID	名前	勤務時間数	手当	クリッ
1	古川　大智	40	0	
2	佐野　康生	28	0	
3	矢部　長太郎	16	0	
4	山崎　清信	19	0	
5	平山　良則	20	0	
6	星野　洋平	10	0	

なお、レコードを追加する際、値を指定しなかったフィールドに規定値が設定されている場合、その値が初期値として入力されます。

Accessで利用できるSQLコマンドに関しては、MSDNの以下のページに詳しく記載されています。とくに、「データ操作言語」のセクションには、さまざまなSQL文の具体例が記載されています。

https://docs.microsoft.com/ja-jp/office/client-developer/access/desktop-database-reference/

マイクロソフトのリファレンスページ

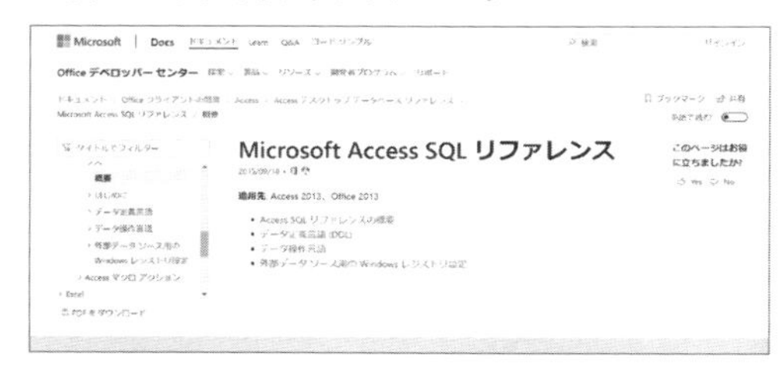

AccessのDBにトランザクション処理を実行したい

サンプルファイル 321.xlsm

エラーの可能性のあるDB操作を安全に行う

構文

関数／メソッド	意味
`CreateObject("DAO.DBEngine.120")`	DBEngineオブジェクトを生成
`ワークスペース.BeginTrans`	トランザクション処理開始
`ワークスペース.CommitTrans`	トランザクション処理をコミットして終了
`ワークスペース.RollBack`	トランザクション処理をロールバックして終了

Accessデータベースに対してトランザクション処理を実行するには、WorkSpaceオブジェクトのBeginTransメソッド、CommitTransメソッド、RollBackメソッドを利用します。

次のサンプルでは、データベースに接続後、ワークスペースを取得し、エラートラップをした上でトランザクション処理を開始します。「T_受注記録」テーブルに、セル範囲A2:C51のデータを追加していき、10レコードごとにまとめてコミット（反映）させています。

正常にすべての値を追加できた場合には、最後にもう一度コミットを行い、メッセージを表示します。また、途中でエラーが発生した場合は、直前にコミットした位置から追加した分をロールバック（追加を行わない）し、エラーが起きたセルを選択します。

サンプルの結果

	A	B	C
1	ID	商品名	数量
2	1	CD-RW CDRW-VX26	20
3	2	FMV-BIBLO NUV123	18
4	3	レーザー LBP-730PS	17
5	4	CD-RW CDRW-VX26	5
6	5	CD-RW CDRW-VX26	15
7	6	MO MOF-H640	10
8	7	LaVie NX LW23/44A	3
9	8	レーザー LBP-730PS	2
10	9	PRESARIO 2254-15	16
11	10	液晶 FTD-XT15-A	12
12	11	PCV-S500V5	8
13	12	CD-RW CDRW-VX26	不明
14	13	FMV-BIBLO NUV123	13
15	14	レーザー LBP-740	5

T_受注記録

ID	商品名	数量
1	CD-RW CDRW-VX26	20
2	FMV-BIBLO NUV123	18
3	レーザー LBP-730PS	17
4	CD-RW CDRW-VX26	5
5	CD-RW CDRW-VX26	15
6	MO MOF-H640	10
7	LaVie NX LW23/44A	3
8	レーザー LBP-730PS	2
9	PRESARIO 2254-15	16
10	液晶 FTD-XT15-A	12

10件単位で書込み保証される

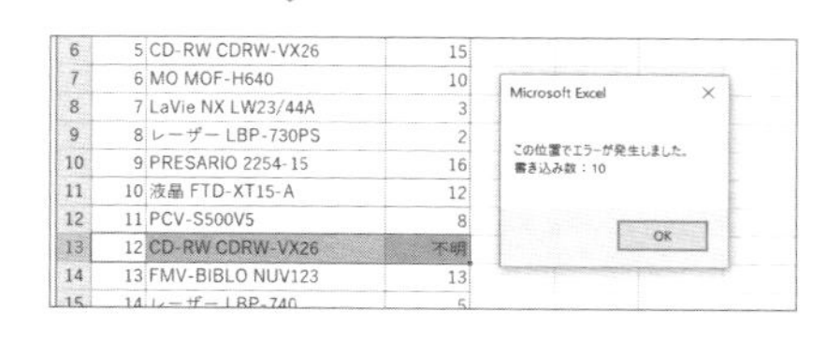

数値型のフィールドに文字列を入力しようとした等で、エラーが発生した際はロールバックする

```
Dim myDBE As Object, myDB As Object, myRS As Object, myWS As Object
  Dim myRange As Range, myCommitCount As Long, i As Long
  Set myDBE = CreateObject("DAO.DBEngine.120")
  Set myDB = myDBE.OpenDatabase(ThisWorkbook.Path & "¥サンプルDB.
accdb")
  Set myRS = myDB.OpenRecordset("T_受注記録")  'テーブルに接続
  Set myWS = myDBE.Workspaces(0)
  Set myRange = Range("A2:C51")
  myCommitCount = 10  'コミット単位を指定
  On Error GoTo ERR_TRANS
  myWS.BeginTrans  'トランザクション処理開始
  For i = 1 To myRange.Rows.Count
      myRS.AddNew
      myRS!ID = myRange.Cells(i, 1).Value
      myRS!商品名 = myRange.Cells(i, 2).Value
      myRS!数量 = myRange.Cells(i, 3).Value
      myRS.Update
      If i Mod myCommitCount = 0 Then  'コミット単位ごとに変更を確定
          myWS.CommitTrans
          myWS.BeginTrans
      End If
  Next
  myWS.CommitTrans
  MsgBox "すべてのデータが正常に書き込まれました"
  myRS.Close
  myDB.Close
  Set myRS = Nothing
  Set myDB = Nothing
  Exit Sub
ERR_TRANS:
  myWS.RollBack  'エラー発生時はロールバック
  myRS.Close
  myDB.Close
  Application.Goto myRange.Rows(i)
  MsgBox "この位置でエラーが発生しました。" & vbCrLf & _
           "書き込み数：" & myCommitCount * (i ¥ myCommitCount)
```

322 HTML形式で書き出したい

サンプルファイル 322.xlsm

365 2019 2016 2013

利用シーン セルの内容をスポット的にHTMLデータとして書き出す

構文

関数	意味
CreateObject("ADODB.Stream")	Streamオブジェクトを生成

Excelには HTML形式での書き出し機能が用意されていますが、書き出されるHTMLファイルは、スタイルやフォントの指定等が複雑で、わかりにくいものになりがちです。そこで、シンプルなタグを持つHTMLファイルを書き出す仕組みを自作してみましょう。

方法は単純で、テキストファイルを書き出すときと同様に、StreamオブジェクトでHTMLタグを持つファイルを書き出すだけです。次のサンプルは、HTMLファイル「vba.html」(❶)を作成します。文字コードを指定し(❷)、必要なタグを随時書き出し(❸)、ファイルとして保存します(❹)。作成されたファイルは、HTMLとしては足りない要素が多々ありますが、この処理が基本となります。

```
Dim myHTMLPath As String
myHTMLPath = ThisWorkbook.Path & "¥vba.html" ――❶
With CreateObject("ADODB.Stream")
    .Open
    .Type = 2
    .Charset = "UTF-8" ――❷
    .WriteText "<html>" & vbCrLf        ┐
    .WriteText "Hello VBA" & vbCrLf     ├❸
    .WriteText "</html>" & vbCrLf       ┘
    .SaveToFile myHTMLPath ――❹
    .Close
End With
```

サンプルの結果

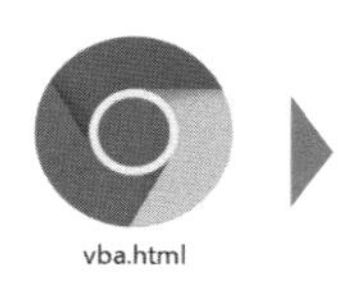

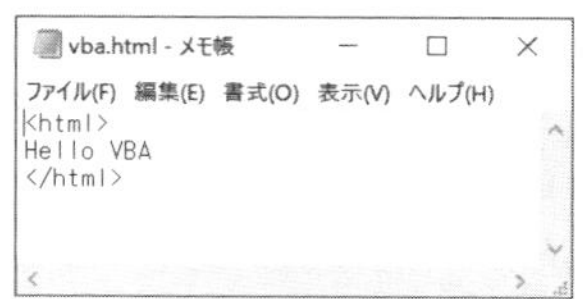

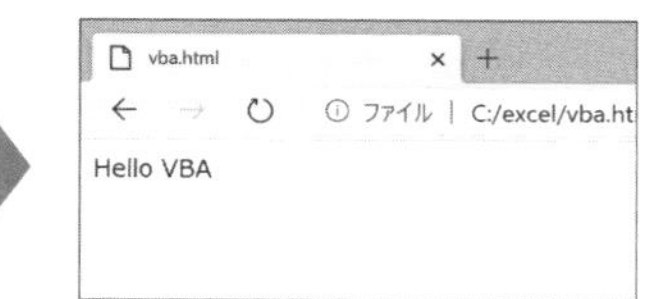

323 HTML形式用に文字列をエスケープしたい

サンプルファイル 323.xlsm

365 2019 2016 2013

HTML上の特殊文字をエスケープする

構文

関数	意味
CreateObject("MSXML2.DOMDocument.6.0")	DOMDocumentオブジェクトを生成

HTML上で、「<」や「>」、「&」といった文字を表示したい場合、「<」「>」「&」といった文字列にエスケープする必要があります。

次のサンプルは、DOMDocumentオブジェクトを利用し、引数の文字列に上記のエスケープを行った文字列を生成するユーザー定義関数「HTMLString」を作成します。また、HTMLStringは、セル内改行を「
」に置き換えます。

```
Function HTMLString(str As String) As String
  Dim myDOM As Object
  Set myDOM = CreateObject("MSXML2.DOMDocument.6.0")
  myDOM.LoadXML "<p />"
  myDOM.FirstChild.Text = str
  HTMLString = Replace(myDOM.FirstChild.FirstChild.XML, vbCrLf, "<br />")
End Function
```

ユーザー定義関数HTMLStringは次の形で使用します。

```
For Each rng In Range("A2:A4")
    rng.Next.Value = HTMLString(rng.Value)
Next
```

なお、サンプルでは関数実行のたびにDOMDocumentオブジェクトを生成していますが、連続で大量に実行する場合には、グローバル変数として用意する等、適宜修正してください。

サンプルの結果

	A	B
1	シート上の値	エスケープ後の文字列
2	Excel&VBA	Excel&VBA
3	x<yの時a>=b	x<yの時a>=b
4	1行目 2行目	1行目 2行目
5		

セルの値から任意のタグの要素を作成したい

サンプルファイル 324.xlsm

365 2019 2016 2013

HTML上の任意のタグを作成する

構文

考え方

任意のタグを持つ要素を自作

文字列を任意のタグで囲んだ値を作成できるようにしてみましょう。

次のユーザー定義関数「CreateElement」は、引数strを持つ、引数tagで指定した種類のタグ文字列を作成します。DOMDocumentオブジェクトを使用せずに、そのまま文字列を連結するだけです。

```
Function CreateElement(tag As String, str As String) As String
    CreateElement = "<" & tag & ">" & str & "</" & tag & ">"
End Function
```

ユーザー定義関数CreateElementは、前トピックで作成したユーザー定義関数HTMLStringと組み合わせ、次の形で使用します。

```
Dim rng As Range
For Each rng In Range("A2:A4")
  rng.Offset(0, 2).Value = _
          CreateElement(rng.Next.Value, HTMLString(rng.Value))
Next
```

サンプルの結果

	A	B	C	D
1	シート上の値	タグ	エスケープ後の文字列	
2	Excel&VBA	h1	<h1>Excel&VBA</h1>	
3	x<yの時a>=b	p	<p>x<yの時a>=b</p>	
4	1行目 2行目	div	<div>1行目 2行目</div>	
5				
6				

325 ハイパーリンクを持つ要素を作成したい

サンプルファイル 325.xlsm

365 2019 2016 2013

「技術評論社」という部分に「https://gihyo.jp/」へのリンクを設定する

構文

関数／メソッド	意味
CreateObject("MSXML2.DOMDocument.6.0")	DOMDocument オブジェクトを生成
DOMDocument.LoadXML XML文字列	XML表現を持つ値から XMLツリーを作成
要素.setAttribute 属性名, 属性値	要素に属性値を設定

文字列にハイパーリンクを設定した要素を作成できるようにしてみましょう。ハイパーリンクは、「『href』属性に任意の値を持つ『a』要素」となります。そこで、任意の要素に対して、属性と値を設定できるユーザー定義関数「AddAttr」を作成します。

```
Function AddAttr(elem As String, attr As String, attrVal As Variant) As String
    Dim myDom As Object
    Set myDOM = CreateObject("MSXML2.DOMDocument.6.0")
    myDOM.LoadXML elem
    myDOM.FirstChild.setAttribute attr, attrVal
    AddAttr = myDOM.FirstChild.XML
End Function
```

AddAttrは前ページで作成したCreateElementと組み合わせ、次の形で使用します。

```
Range("C2").Value = _
    AddAttr(CreateElement("a", "技術評論社"), "href", "http://gihyo.jp/")
```

◀ サンプルの結果 ▶

	A	B	C
1	文字列	リンク先	作成される文字列
2	技術評論社	http://gihyo.jp/	<a href="http://gihyo.jp/">技術評論社</a>
3			

任意の要素を自由に作成できる関数を用意する

サンプルファイル 326.xlsm

タグの種類や属性を設定できるユーザー定義関数を作成

構文

考え方

個別に処理や関数を作成してひとつの関数内にまとめる

これまでの3つのトピックでは、3つのユーザー定義関数を作成しました。これらをより手軽に利用できるよう、3つの関数をラップした関数「GetHTML」を作成してみましょう。

ユーザー定義関数GetHTMLは、引数に、エスケープしたい文字列、タグ文字列、追加したい属性と値の配列を指定します。第2引数、第3引数は省略可能です。

```
Function GetHTML(str As String, Optional tag, Optional attrArr) As String
  Dim myStr As String, i As Long
  myStr = HTMLString(str)
  If IsMissing(tag) = False Then
    myStr = CreateElement(CStr(tag), myStr)
    If IsMissing(attrArr) = False Then
      For i = 0 To UBound(attrArr)
        myStr = AddAttr(myStr, CStr(attrArr(i)(0)), CStr(attrArr(i)(1)))
      Next
    End If
  End If
  GetHTML = myStr
End Function
```

GetHTMLは、次の形で使用します。

```
Range("A2").Value = GetHTML("Excel&VBA")
Range("A3").Value = GetHTML("Excel&VBA", "div")
Range("A4").Value = GetHTML("Excel&VBA", "div", Array(Array("id", 
1), Array("class", "box")))
```

●サンプルの結果●

	A	B	
1	作成される文字列		
2	Excel&VBA		
3	<div>Excel&VBA</div>		
4	<div id="1" class="box">Excel&VBA</div>		
5			
6			

327 セル範囲をテーブル要素に変換したい

サンプルファイル 327.xlsm

365 2019 2016 2013

利用シーン シート上の表をブラウザで確認できるよう加工する

構文

関数／メソッド	意味
CreateObject("MSXML2.DOMDocument.6.0")	DOMDocumentオブジェクトを生成

次のユーザー定義関数「GetTableHTML」は、引数に指定したセル範囲から、table要素の文字列を作成します。なお、1行目は「見出し」であるthタグで書き出します。

```
Function GetTableHTML(rng As Range) As String
    Dim myDOM As Object, myRow As Object
    Dim myItem As Object, r As Long, c As Long
    Set myDOM = CreateObject("MSXML2.DOMDocument.6.0")
    myDOM.LoadXML "<table />"
    For r = 1 To rng.Rows.Count
        Set myRow = myDOM.FirstChild.appendChild(myDOM.
CreateElement("tr"))
        For c = 1 To rng.Columns.Count
            Set myItem = myDOM.CreateElement(IIf(r = 1, "th", "td"))
            myItem.Text = rng.Cells(r, c).Text
            myRow.appendChild myItem
        Next c
    Next r
    GetTableHTML = myDOM.FirstChild.XML
End Function
```

ちなみに、DOMDocumentオブジェクトのXMLプロパティで取得できるXML表現文字列は、改行等が一切されないものとなっています。見た目にわかりやすいものにしたい場合は、正規表現等を利用して、改行コードやタブを加える処理を追加してみましょう（具体的なコードはサンプルを参照）。

サンプルの結果

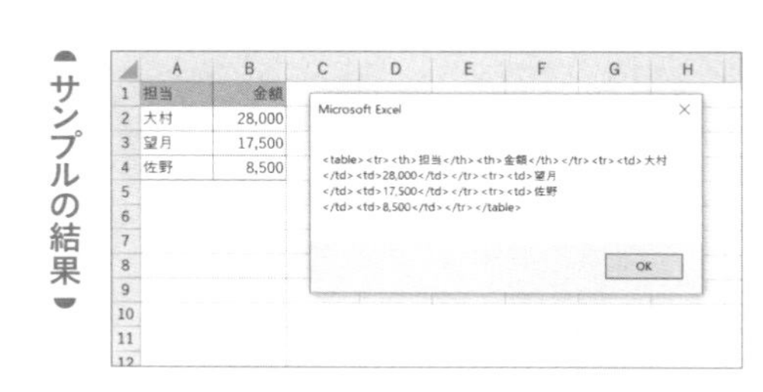

328 テンプレートを元にHTMLファイルを作成したい

サンプルファイル 328.xlsm

365 2019 2016 2013

利用シーン 既存のHTMLファイルを元にシート上のデータをはめ込む

構文	関数／メソッド	意味
	`CreateObject("MSXML2.DOMDocument.6.0")`	DOMDocumentオブジェクトを生成

シート上の内容をHTMLとして書き出す場合、1からHTMLドキュメントツリーを作成するよりも、あらかじめ定型的な部分のテンプレートをシート上に作成しておき、その一部を置き換えて書き出してしまったほうが簡単です。

シート上のデータとテンプレート

	A	B	C	D
1	> Excel&VBAグループ売上報告			
2	当期の担当者別の売り上げ金額は以下のようになりました。 次期もよろしくお願いします。			
3	担当者名	地区	売上金額	
4	大村あつし	静岡県	305,865	
5	望月俊之	静岡県	167,580	
6	鈴木麻由	滋賀県	144,900	
7	牧野光	愛知県	646,590	
8	栗山恵吉	岐阜県	197,400	
9				
10				
11				

データ　ひな形

	A	B	C	D
1	<!DOCTYPE html>			
2	<html>			
3	<head>			
4	<meta charset="UTF-8">			
5	<title>#TITLE#</title>			
6	<style type="text/css">			
7	<!--			
8	h1{			
9	font-size: 1.5em;			
10	font-weight:normal;			
11	padding:5px;margin:20px;			
12	}			
13	table{			

データ　ひな形

クラス名の指定やスタイルの設定等はWebデザイナーに任せてしまい、Excelから書き出すのは、その設定に沿った一部の箇所のデータのみにする、といった形での分業も楽になります。Excelのデータからまるまる1つHTMLファイルを作成するのではなく、HTMLファイルの一部の要素を作成するようなケースにも対応できますね。

次ページのサンプルは、1枚目のシート上のデータを、2枚目のテンプレートを使って書き出します。

まず、2枚目のシートのセル範囲A1:A38に記入されている前半部分のテンプレートを取得し、「#TITLE#」という部分を「VBAから作成したタイトル」に変更して書き出します（❶）。

その後、前トピック等で作成した関数を使ってシート上のデータを追記し（❷）、最後にセル範囲A39:A40に記入されている後半部分のテンプレートを書き出します（❸）。

```
Dim myHTMLPath As String, myTLS As Worksheet, tmp As Variant
myHTMLPath = ThisWorkbook.Path & "\vba.html"
Set myTLS = Worksheets(2)
Worksheets(1).Select
With CreateObject("ADODB.Stream")
  .Open
  .Type = 2
  .Charset = "UTF-8"
  tmp = WorksheetFunction.Transpose(myTLS.Range("A1:A38").Value)
  tmp = Join(tmp, vbCrLf)
  tmp = Replace(tmp, "#TITLE#", "VBAから作成したタイトル")
  .WriteText tmp & vbCrLf
  .WriteText GetHTML(Range("A1").Value, "h1") & vbCrLf
  .WriteText GetHTML(Range("A2").Value, _
           "div", Array(Array("class", "box"))) & vbCrLf
  .WriteText GetTableHTML(Range("A3:C8")) & vbCrLf
  tmp = WorksheetFunction.Transpose(myTLS.Range("A39:A40").Value)
  tmp = Join(tmp, vbCrLf)
  .WriteText tmp
  .SaveToFile myHTMLPath
  .Close
End With
```

❶ 〜 ❸ (annotated code sections)

サンプルの結果

VBAから作成したタイトル
検索または Web アドレスを入力

> Excel&VBAグループ売上報告

当期の担当者別の売り上げ金額は以下のようになりました。
次期もよろしくお願いします。

担当者名	地区	売上金額
大村あつし	静岡県	305,865
望月俊之	静岡県	167,580
鈴木麻由	滋賀県	144,900
牧野光	愛知県	646,590
栗山恵吉	岐阜県	197,400

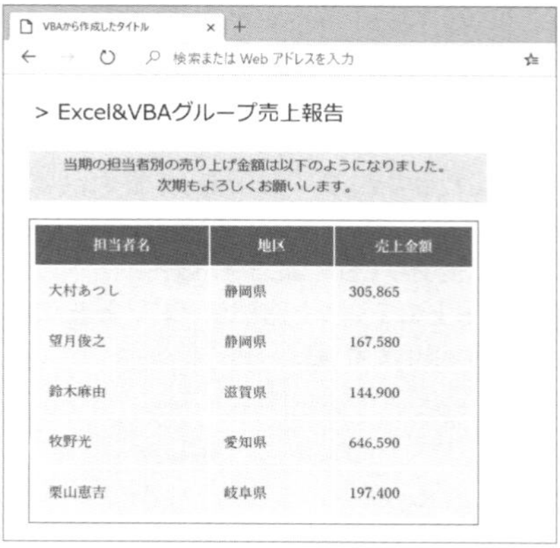

329 JSON形式でデータを書き出したい

サンプルファイル 329.xlsm

365 2019 2016 2013

利用シーン JSON形式でセルの内容を書き出す

構文

考え方

文字列を連結してJSON形式のデータを作成

シート上に入力されているデータから、JSON形式のデータを作成してみましょう。

次のサンプルは、セル範囲A1:C6の値を、JSON形式に変換した文字列を表示します。1列目の値をキーとし、2列目以降をデータとして、列ごとの値とキーのペアを作成します。

```
Dim myStr As String, fldArr As Variant, vArr As Variant
Dim myRange As Range, r As Long, c As Long
Set myRange = Range("A1:C6")
fldArr = WorksheetFunction.Transpose( _
    WorksheetFunction.Transpose(myRange.Rows(1).Value))
myStr = "[" & vbCrLf
For r = 2 To myRange.Rows.Count
    vArr = WorksheetFunction.Transpose( _
        WorksheetFunction.Transpose(myRange.Rows(r).Value))
    For c = 1 To UBound(fldArr)
        vArr(c) = """" & fldArr(c) & """:""" & vArr(c) & """"
    Next c
    myStr = myStr & "{" & Join(vArr, ",") & "}," & vbCrLf
Next r
myStr = Left(myStr, Len(myStr) - 3)
myStr = myStr & vbCrLf & "]"
MsgBox myStr
```

サンプルの結果

	A	B	C
1	担当者名	地区	売上金額
2	大村あつし	静岡県	305,865
3	望月俊之	静岡県	167,580
4	鈴木麻由	滋賀県	144,900
5	牧野光	愛知県	646,590
6	栗山恵吉	岐阜県	197,400

Microsoft Excel

[
{"担当者名":"大村あつし","地区":"静岡県","売上金額":"305865"},
{"担当者名":"望月俊之","地区":"静岡県","売上金額":"167580"},
{"担当者名":"鈴木麻由","地区":"滋賀県","売上金額":"144900"},
{"担当者名":"牧野光","地区":"愛知県","売上金額":"646590"},
{"担当者名":"栗山恵吉","地区":"岐阜県","売上金額":"197400"}
]

OK

330 特定のシートのみを印刷したい

サンプルファイル 330.xlsm

365 2019 2016 2013

アクティブなシートのみを印刷

構文

メソッド	意味
シート.PrintOut	指定シートを印刷

特定のシートのみを印刷する場合には、シートを指定してPrintOutメソッドを実行します。次のサンプルは、アクティブシートのみを印刷します。

PrintOutメソッドによる印刷は、バックステージビューでの印刷プレビューの確認を行わずに実行されます。なお、印刷の設定は、事前に行っていた設定が使用されます。

```
'アクティブシートを印刷
ActiveSheet.PrintOut
```

331 複数シートをまとめて印刷したい

サンプルファイル 331.xlsm

365 2019 2016 2013

利用シーン

アクティブなシートのみを印刷

構文

メソッド	意味
Worksheets(シートのリスト).PrintOut	指定したシートすべてを印刷

複数のシートをまとめて印刷する場合には、Worksheetsコレクションの引数に、対象とするシートのリストを指定してPrintOutメソッドを実行します。次のサンプルは、2枚目のシートと「集計」シートをまとめて印刷します。

```
'2枚目のシートと「集計」シートを印刷
Worksheets(Array(2, "集計")).PrintOut
```

シートのリストは、各シートのインデックス番号、もしくは、シート名で指定可能です。

332 ブック全体を5部ずつ印刷したい

サンプルファイル 332.xlsm

365 2019 2016 2013

利用シーン アクティブなブックを5部印刷

構文

メソッド	意味
ブック.PrintOut [Copies:=部数]	ブックの内容を指定部数だけ印刷

ブックの内容をすべて印刷するには、ブックを指定してPrintOutメソッドを実行します。このとき、引数Copiesに印刷部数を指定すると、その部数だけ印刷を行います。

次のサンプルは、アクティブなブックを5部印刷します。

```
'ブック全体を５部ずつ印刷
ActiveWorkbook.PrintOut Copies:=5
```

333 特定のセル範囲のみを印刷したい

サンプルファイル 333.xlsm

365 2019 2016 2013

利用シーン 必要なセル範囲のみをスポット的に印刷する

構文

メソッド	意味
セル範囲.PrintOut	指定セル範囲のみを印刷

特定のセル範囲のみを印刷するには、セル範囲を指定してPrintOutメソッドを実行します。このとき、離れた位置にあるセル範囲を指定しておくと、セル範囲ごとに異なるページへと印刷します。

次のサンプルは、セル範囲A1:C4と、セル範囲A6:C9の内容を、異なるページへと印刷します。

```
'特定のセル範囲のみ印刷
Range("A1:C4,A6:C9").PrintOut
```

余白をセンチメートル単位で設定したい

サンプルファイル 334.xlsm

365 2019 2016 2013

印刷時の余白を2cmに指定する

構文

メソッド	意味
Application.CentimetersToPoints(センチ数)	指定したcm数をポイント数に変換

Excelは、印刷時の余白をポイント単位で設定します。そして、手作業で設定するときには、私たち日本人はミリメートル単位で設定しますが、仮に上下左右の余白を2cm、ヘッダーとフッターを1cmに設定する操作をマクロ記録すると、Excelは一度、単位をインチに変換してから、さらにポイントに変換するため、次のようなとんでもない数値の羅列が記録されてしまいます。

```
With ActiveSheet.PageSetup
    .LeftMargin = Application.InchesToPoints(0.78740157480315)
    .RightMargin = Application.InchesToPoints(0.78740157480315)
    '以下略
End With
```

しかし、ExcelにはこのInchesToPointsメソッドに代わって、センチメートルをポイントに変換するCentimetersToPointsメソッドがありますので、このメソッドを使えば次のサンプルのようにマクロはすっきりします。

```
With Worksheets(1).PageSetup
    .LeftMargin = Application.CentimetersToPoints(2)      '左余白
    .RightMargin = Application.CentimetersToPoints(2)     '右余白
    .TopMargin = Application.CentimetersToPoints(2)       '上余白
    .BottomMargin = Application.CentimetersToPoints(2)    '下余白
    .HeaderMargin = Application.CentimetersToPoints(1)    'ヘッダー余白
    .FooterMargin = Application.CentimetersToPoints(1)    'フッター余白
End With
```

もっとも、最終的には単位はポイントになりますので、寸分の狂いもなくセンチメートルやミリメートルで余白を設定することはできません。これは、Excelの限界と考えてください。

335 1枚の用紙に収まるように印刷したい

サンプルファイル 335.xlsm

365 2019 2016 2013

利用シーン シートの内容すべてを1枚の用紙内に印刷

構文

プロパティ	意味
PageSetup.FitToPagesWide = 1	横幅を1ページ以内に収まるよう調整
PageSetup.FitToPagesTall = 1	縦幅を1ページ以内に収まるよう調整

印刷すると複数の用紙に分割されてしまうワークシートを1枚の用紙に印刷するときには、FitToPagesWideプロパティとFitToPagesTallプロパティに「1」を代入します。

```
With ActiveSheet.PageSetup
    .Zoom = False
    .FitToPagesWide = 1
    .FitToPagesTall = 1
End With
```

336 特定ページのみを再印刷したい

サンプルファイル 336.xlsm

365 2019 2016 2013

利用シーン 印刷後にミスの見つかったページのみを修正して再印刷

構文

メソッド	意味
対象.PrintOut From:=開始ページ, To:=終了ページ	指定したページのみ印刷

特定のページのみを印刷するには、PrintOutメソッドの引数Fromに開始ページを、引数Toに終了ページを指定して実行します。この際、フッターなどにページ数を印字している場合には、すべて印刷したときと同じページ番号が振られます。印刷後にミスを見つけたため、その部分を修正して再印刷したい場合等に便利です。

次のサンプルは2ページ目のみを印刷します。

```
ActiveSheet.PrintOut From:=2, To:=2  '2ページ目のみを印刷
```

337 ヘッダーやフッターに情報を印刷したい

サンプルファイル 337.xlsm

印刷時にタイトルやページ数をヘッダーやフッターに印字する

構文

プロパティ	意味
シート.PageSetup	シートごとの印刷設定を取得
印刷設定.ヘッダー／フッタープロパティ = 値	ヘッダーやフッターの値を設定

印刷設定はシートごとに設定されます。この印刷設定をマクロから操作するには、シートを指定し、PageSetupプロパティ経由で、各種の印刷設定がまとめられたPageSetupオブジェクトを取得します。

あとは、PageSetupオブジェクトに用意されている各種の印刷設定に対応したプロパティの値を設定していきます。

```
'印刷設定を行う際の基本構文
シート.PageSetup.印刷設定プロパティ = 値
```

次のサンプルは、ヘッダー、フッターに情報を印刷するよう設定します。

```
With ActiveSheet.PageSetup
    .LeftHeader = "&F"                      '左側ヘッダーにファイル名
    .CenterHeader = "売上報告"              '中央ヘッダーに「売上報告」
    .CenterFooter = "&P" & "/" & "&N"      '中央フッターに「ページ数/全ページ数」
End With
```

ヘッダーやフッターに情報を印刷するのはなにも難しくないのですが、書式がとても多いのが難点です。まず、ヘッダーとフッターを指定するプロパティは次表のとおりです。

LeftHeader	左側のヘッダー
CenterHeader	中央のヘッダー
RightHeader	右側のヘッダー
LeftFooter	左側のフッター
CenterFooter	中央のフッター
RightFooter	右側のフッター

そして、ヘッダーとフッターで使用する書式コード表は次表のとおりです。

■ **ヘッダーとフッターで使用する書式コード**

書式コード	内容
&L	続く文字列を左詰め
&C	続く文字列を中央揃え
&R	続く文字列を右詰め
&E	二重下線
&X	上付き文字
&Y	下付き文字
&B	太字
&I	斜体
&U	下線
&S	取り消し線
&D	現在の日付
&T	現在の時刻
&F	ファイルの名前
&A	シート見出し名
&P	ページ番号
&P+<数値>	ページ番号に指定した<数値>を加えた値 ※後ろに数字が続く場合には半角スペースを入れる
&P-<数値>	ページ番号から指定した<数値>を引いた値 ※後ろに数字が続く場合には半角スペースを入れる
&&	アンパサンド(&)を1つ印刷する
&"<フォント名>"	指定したフォント
&<数値>	指定したフォントサイズ ※後ろに数字が続く場合には半角スペースを入れる
&N	全ページ数

POINT ▸▸ **印刷を行う際の基本的な考え方**

Excelの印刷に関する機能は、残念ながらあまり優れていません。印刷速度も遅いのが現状です。とくに、プリンター(プリンタドライバー)との通信に時間がかかります。そのため、「早く印刷を終えたい」場合には、「できるだけ通信回数を減らす」のが基本的な考え方となります。

たとえば「3枚のシートを印刷」する場合は、個々のシートをそれぞれ印刷(通信3回)よりも、3枚のシートをまとめて印刷(通信1回)したほうが早く終わります。

印刷の基本的な速度は対処のしようはありませんが、その他の部分を工夫して、できるだけ快適な印刷処理となるようにマクロを作成していきましょう。

マクロで改ページ位置を設定したい

サンプルファイル 338.xlsm

365 2019 2016 2013

「10行・3列単位」等の設定で改ページを行う

構文

プロパティ	意味
行全体.PageBreak = xlPageBreakManual	行方向の改ページ位置を指定
列全体.PageBreak = xlPageBreakManual	列方向の改ページ位置を指定

次のサンプルでは、まず、表示モードを標準ビューに設定し、すでに設定されているカスタムの改ページ設定を削除したあとに、10行単位、3列単位でカスタムの改ページ設定を行います。

```
Dim myRange As Range, i As Long, j As Long
Const myR As Long = 10  '行方向の改ページ位置の基準
Const myC As Long = 3   '列方向の改ページ位置の基準
With ActiveSheet
    .Parent.Windows(1).View = xlNormalView  '標準ビューに設定
    With .UsedRange
        Set myRange = .Cells(.Cells.Count)
    End With
    .Cells.PageBreak = xlNone    '既存の改ページ位置をクリア
    For i = myR + 1 To myRange.Row Step myR
        .Rows(i).PageBreak = xlPageBreakManual        '行方向の改行設定
    Next
    For i = myC + 1 To myRange.Column Step myC
        .Columns(i).PageBreak = xlPageBreakManual    '列方向の改行設定
     Next
End With
```

サンプルの結果

339 印刷の総ページ数を取得したい

サンプルファイル 339.xlsm

365 2019 2016 2013

利用シーン 印刷前に何ページになるかを取得

構文

プロパティ	意味
シート.HPageBreaks.Count	行方向の改ページ数を取得
シート.VPageBreaks.Count	列方向の改ページ数を取得

VBAで印刷の総ページ数を取得するには、垂直の改ページを参照するVPageBreaksオブジェクトと、水平の改ページを参照するHPageBreaksオブジェクトを使用します。垂直のページ数は「改ページの数+1」になります。同様に、水平のページ数も「改ページの数+1」になります。それぞれを乗算すれば、それが総ページ数ということになります。

```
MsgBox "印刷ページ総数： " & _
    (ActiveSheet.
HPageBreaks.Count + 1) *
(ActiveSheet.VPageBreaks.
Count + 1)
```

340 印刷後の区切り線を消去したい

サンプルファイル 340.xlsm

365 2019 2016 2013

利用シーン 印刷／設定後にシート上に表示される点線を消去

構文

プロパティ	説明
シート.DisplayPageBreaks = False	印刷時の区切り線を非表示に設定

印刷や印刷設定後には、シート上にページ区切り位置を示す点線が表示されます。この区切り線を非表示にするには、DisplayPageBreaksプロパティにFalseを設定します。

区切り線が気になる方は、印刷実行処理の末尾に付け加えておくとよいでしょう。

```
'アクティブシートの区切り線を非表示に設定
ActiveSheet.DisplayPageBreaks = False
```

行・列番号や枠線も含めて印刷したい

サンプルファイル 341.xlsm

365 2019 2016 2013

Excel画面を説明する資料に見出しやグリッド線も印刷する

構文

プロパティ	意味
印刷設定.PrintHeadings = True	行・列見出しも印刷する
印刷設定.PrintGridlines = True	グリッド線も印刷する

行番号や列見出しも印刷に含めるには、PrintHeadingsプロパティをTrueを設定します。同じく、グリッド線も印刷に含めるには、PrintGridlinesプロパティをTrueに設定します。

Excel講習の資料などを作成する際に知っておくと便利な仕組みです。なお、値の入力されていないセル範囲も印刷対象に含めたい場合には、あらかじめシートの印刷設定で、印刷範囲を広めに設定しておきましょう。

```
'画面イメージに近い状態で印刷
With ActiveSheet.PageSetup
    .PrintHeadings = True
    .PrintGridlines = True
End With
ActiveSheet.PrintOut
```

サンプルの結果

	A	B	C	D	E
1					
2		ID	氏名	ポイント	
3		1	櫓　竜太郎	120	
4		2	水田　龍二	80	
5		3	中山　淳	250	
6		4	那須　壽々子	160	
7					
8					
9					

Sheet1

	A	B	C	D	E
1					
2		ID	氏名	ポイント	
3		1	櫓　竜太郎	120	
4		2	水田　龍二	80	
5		3	中山　淳	250	
6		4	那須　壽々子	160	
7					
8					

印刷結果

342 プリンターを選択したい

サンプルファイル 342.xlsm

365 2019 2016 2013

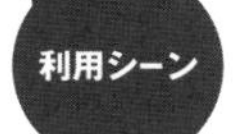

利用シーン 印刷前に利用するプリンターを確認／選択する

構文

メソッド／プロパティ	意味
Application.Dialogs (xlDialogPrinterSetup).Show	プリンター選択ダイアログ表示
Application.ActivePrinter = "プリンター名"	使用するプリンターを指定

現在選択されているプリンタ名は、ApplicationオブジェクトのActivePrinterプロパティで取得できますが、次のマクロでは、ユーザーが任意にプリンターを選択できるように［プリンターの設定］ダイアログボックスを表示します。

```
Application.Dialogs(xlDialogPrinterSetup).Show
MsgBox Application.ActivePrinter
```

サンプルの結果

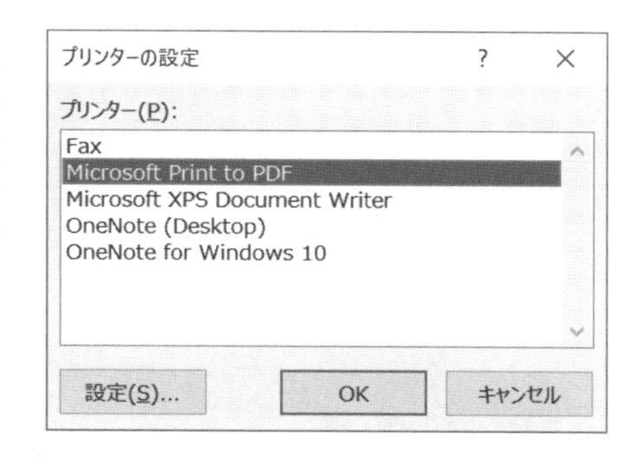

ダイアログで選択したプリンターが、そのまま現在選択されているプリンターとして設定されます。

また、特定のプリンターを選択したい場合には、以下のステートメントで使用するプリンターを直接設定可能です。

```
Application.ActivePrinter = "プリンター名"
```

343 印刷設定の処理時間を短縮したい

サンプルファイル 343.xlsm

365 2019 2016 2013

時間のかかる印刷設定を素早く行う

構文

メソッド／プロパティ	意味
Application.PrintCommunication = False	プリンターとの通信をオフ
Application.PrintCommunication = True	プリンターとの通信をオン

印刷設定は、その設定項目が多ければ、たとえマクロでも時間がかかります。こうしたときには、PrintCommunicationプロパティにFalseを代入してプリンターとの通信を一時的に遮断することで、マクロの処理時間の短縮が図れることがあります。

ちなみに、PrintCommunicationプロパティはExcel2010で追加されたプロパティです。そのため、まだExcel2007以前のExcelが活用されている職場などでは、使用は控えてください。

次のサンプルでは、プリンターとの通信を一時的に遮断したあと、印刷範囲をセルA1:E10に設定しています。実際には、ここでその他の多くのページ設定を行わないと、処理時間の短縮は実感できませんが、基本的にはこのように、「PrintCommunicationをFalseに設定し、各種印刷設定を再設定後、最後にPrintCommunicationをTrueに戻す」という流れで設定を行っていきます。

PrintCommunicationをFalseした状態で変更された印刷設定の変更は、Excel上でキャッシュされ、PrintCommunicationプロパティにTrueを代入しなおした時点で、まとめてプリンター側に伝えられ、印刷設定が一括反映されます。

```
Application.PrintCommunication = False
With ActiveSheet.PageSetup
    .PrintArea = "A1:E10"
    '以下、さまざまなページ設定処理
End With
Application.PrintCommunication = True
ActiveSheet.PrintPreview
```

344 ブックを印刷できないようにしたい

サンプルファイル 344.xlsm

365 2019 2016 2013

必要項目が入力されていない場合には印刷を行わずにメッセージを表示

構文

イベント／ステートメント	意味
BeforePrintイベント	特定のシート印刷時に任意の処理を実行
引数Cancel = True/False	イベントをキャンセル／そのまま実行

印刷時にはブックのBeforePrintイベントが発生します。このイベントに対応する処理は、ThisWorkbookモジュール内のWorkbook_BeforePrintイベントプロシージャに記述します。このとき、Excel側からイベントプロシージャ側に、引数「Cancel」が、値Falseを代入された状態で渡されます。引数Cancelは、「イベントをキャンセルするかしないかの設定」に関する引数となっており、値がFalseであれば「キャンセルせずに実行」し、Trueであれば「キャンセルする」という動きとなる、少し変わった変数です。

つまり、イベント処理中に引数CancelにTrueを代入すれば印刷処理がキャンセルされ、そのブックを印刷できないようにすることが可能ということです。

次のサンプルは、「Sheet1」のセルB1が空白の場合は引数CancelにTrueを代入してイベントをキャンセルし、結果的にブックが印刷されないようにしています。

```
'ThisWorkbookモジュールに作成
Private Sub Workbook_BeforePrint(Cancel As Boolean)
    If Sheet1.Range("B1").Value = "" Then
        Application.GoTo Sheet1.Range("B1")
        MsgBox "印刷前にセルB1に作成者を入力してください"
        Cancel = True
    End If
End Sub
```

サンプルの結果

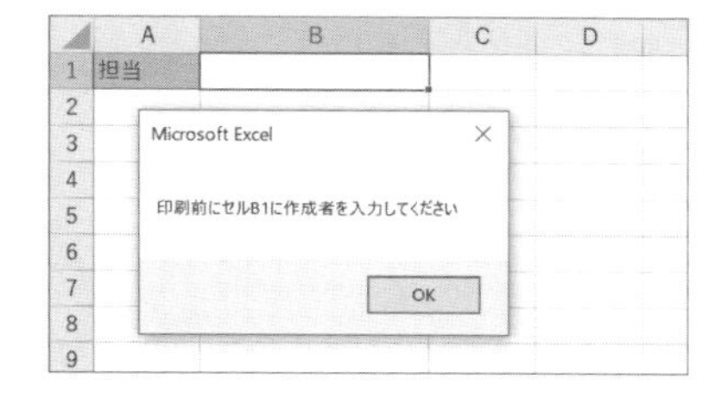

345 PDFとして出力したい

サンプルファイル 345.xlsm

365 2019 2016 2013

利用シーン Excel上で作成した表やシェイプをPDFとして出力

構文 メソッド	意味
対象.ExportAsFixedFormat _ Type:=xlTypePDF, Filename:=ファイルパス	対象をPDF出力

任意のブックやシートの内容をPDFとして出力するには、ExportAsFixedFormatメソッドの引数Typeに「xlTypePDF」を指定し、引数Filenameに保存したい場所のパスを含めたファイル名を指定して実行します。

次のサンプルは、アクティブシートの内容を、ブックと同じフォルダー内に「PDF出力.pdf」というファイル名で出力します。

```
ActiveSheet.ExportAsFixedFormat _
        Type:=xlTypePDF, _
        Filename:=ThisWorkbook.Path & "¥PDF出力.pdf"
```

サンプルの結果

なお、Excel側にシェイプやグラフオブジェクトがある場合には、シェイプやグラフオブジェクトもそのまま出力されます。

346 グラフを画像として出力したい

サンプルファイル 346.xlsm

365 2019 2016 2013

利用シーン Excel上で作成したグラフをまとめて画像として出力

構文

メソッド	意味
グラフ.Export ファイルパス	グラフを画像として出力

グラフ（Chartオブジェクト）のExportメソッドを利用すると、グラフを画像として書き出せます。Exportメソッドは、引数として保存する場所を含むファイル名を指定して実行します。

また、ファイル名末尾の拡張子を「.jpeg」や「.png」に指定することで、対応する形式の画像を書き出します。

次のサンプルは、シート上に作成されているグラフオブジェクトをまとめて画像として書き出します。

```
Dim myChartObj As ChartObject
For Each myChartObj In ActiveSheet.ChartObjects
    With myChartObj.Chart
        .Export ThisWorkbook.Path & "¥" & .ChartTitle.Text & ".png"
    End With
Next
```

サンプルの結果

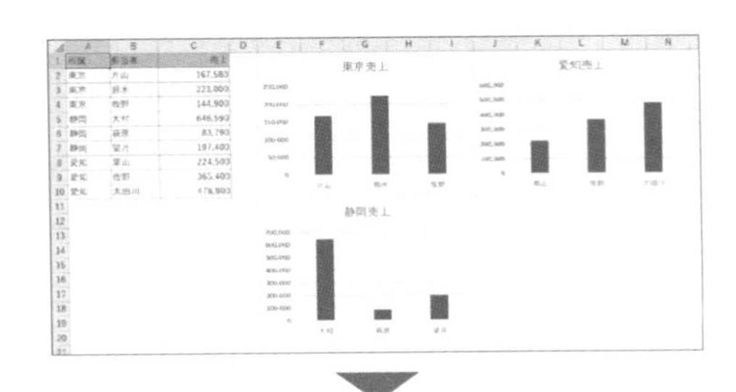

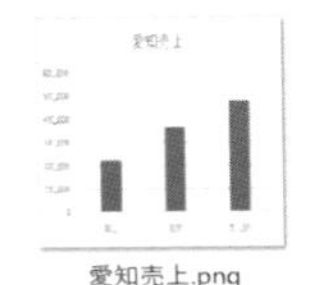

愛知売上.png

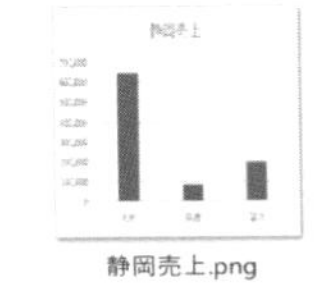

静岡売上.png

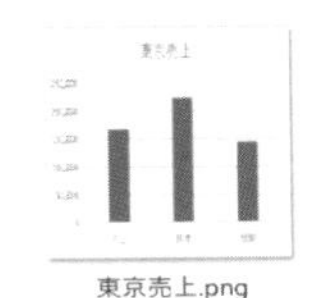

東京売上.png

ブックとシートを操作するテクニック

Chapter

11

347 開いているブックを操作したい

サンプルファイル 347.xlsm

365 2019 2016 2013

利用シーン 指定したブックをマクロでの操作対象とする

構文

プロパティ	意味
Workbooks(インデックス番号／ブック名)	ブックを取得

現在開いているブックは、Workbooksプロパティにインデックス番号、もしくは、拡張子を含むブック名を指定して取得します。

次のコードは、インデックス番号「1」のブック（一番最初に開いたブック）をアクティブにします。

```
Workbooks(1).Activate
MsgBox "最初に開いたブックをアクティブにしました"
```

次のコードは、「サンプル.xlsx」をアクティブにします。

```
Workbooks("サンプル.xlsx").Activate
MsgBox "ブック「サンプル」をアクティブにしました"
```

サンプルの結果

Microsoft Excel

最初に開いたブックをアクティブにしました

OK

Microsoft Excel

ブック「サンプル」をアクティブにしました

OK

348 新規に作成したブックを操作したい

サンプルファイル 348.xlsm

365 2019 2016 2013

利用シーン 新規に作成したブックをマクロでの操作対象にする

構文

ステートメント	意味
Set 変数 = Workbooks.Add	新規ブックを作成して変数にセット

ブックは、以下のステートメントで新規に作成できます。

```
Workbooks.Add
```

このステートメントに疑問を抱く人はいないでしょうが、では、「マクロの中で新規に作成したブックを操作する方法は?」といわれると戸惑う人もいるのではないでしょうか。

当然ですが、新規に作成したブックの名前はわかりませんので、「Workbooks("Book2")」のように名前で参照することもできませんし、ブックの数もわかりませんので、「Workbooks(2)」のようにインデックス番号で参照することもできません。

こうしたケースでは、次のサンプルのようにWorkbook型のオブジェクト変数に、Addメソッドの戻り値である「新規に作成したブック」を代入しておくと、そのオブジェクト変数を通じて新規に作成したブックを操作できます。

サンプルでは、新規に作成したブックをWorkbook型変数「myWB」に代入して、その名前をメッセージボックスに表示しています。

```
Dim myWB As Workbook
Set myWB = Workbooks.Add
MsgBox "新規に作成したブック： " & myWB.Name
```

サンプルの結果

349 マクロを記述してあるブックを操作したい

サンプルファイル 349.xlsm

365 2019 2016 2013

マクロを記述してあるブックに他のブックの計算結果をコピー

構文

プロパティ	意味
ThisWorkbook	マクロの記述されているブックを取得

現在実行中のマクロが記述されているブックは、ThisWorkbookプロパティで参照できます。アクティブなブックは新規ブックを作成したり、既存のブックを開いたりといったタイミングで変化しますが、そんなときでもThisWorkbookプロパティを使えば、確実にマクロの記述してあるブックを操作対象として指定できます。ぜひとも覚えておきたいプロパティです。

次のサンプルは、マクロの記述してあるブックの1枚目のシートのセルA1に「Excel」と入力します。

```
ThisWorkbook.Worksheets(1).Range("A1").Value = "Excel"
```

350 現在画面に表示されているブックを操作したい

サンプルファイル 350.xlsm

365 2019 2016 2013

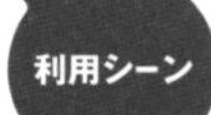

画面に表示されているブックの内容を特定のブックへと転記

構文

プロパティ	意味
ActiveWorkbook	実行時にアクティブなブックを取得

マクロ実行時にアクティブなブックを取得するには、ActiveWorkbookプロパティを利用します。「今、画面に表示されているブックを対象に処理を行いたい」という場合には、ActiveWorkbookプロパティ経由で操作を行いましょう。

次のサンプルは、アクティブなブックのブック名を表示します。

```
MsgBox "アクティブなブックのブック名:" & ActiveWorkbook.Name
```

351 ブックを開いて操作したい

サンプルファイル 351.xlsm

365 2019 2016 2013

利用シーン 既存ブックを開いて必要な操作後に閉じる

構文

メソッド	意味
Workbooks.Open ブックのパス	パスの場所にあるブックを開く
Set 変数 = Workbooks.Open(ブックのパス)	ブックを開いて変数にセット

既存のブックを開くには、WorkbooksコレクションのOpenメソッドの第1引数に、開きたいブックのブック名を含むパスを指定します。

また、Openメソッドは戻り値として開いたブックを返すので、その値を利用すると、開いたブックに対する操作が行えます。

次のサンプルは、ブック「サンプル.xlsx」を開き、1枚目のシートのセルA1に「Excel」と入力します。

```
Dim myWB As Workbook, myFilePath As String
myFilePath = ThisWorkbook.Path & "¥サンプル.xlsx"
Set myWB = Workbooks.Open(myFilePath)
myWB.Worksheets(1).Range("A1").Value = "Excel"
```

サンプルの結果

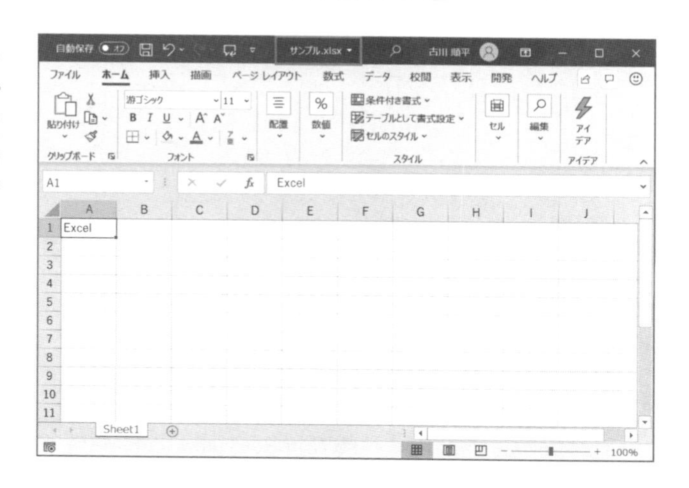

パスワードのかかっているブックを開きたい

サンプルファイル 352.xlsm

365 2019 2016 2013

既存ブックを開いて必要な操作後に閉じる

構文

メソッド	意味
Workbooks.Open ブックのパス, Password:=読み取りパスワード	パスワードを指定してブックを開く

ブックに読み取りパスワードが設定されている場合には、Openメソッドの引数Passwordにパスワード文字列を指定して実行します。

次のサンプルは「pass」という読み取りパスワードのかかっているブックを開きます。

```
Dim myWB As Workbook, myPath As String, myPass As String
myPath = ThisWorkbook.Path & "¥パス付ブック.xlsx"
myPass = "pass"
Set myWB = Workbooks.Open(myPath, Password:=myPass)
```

サンプルの結果

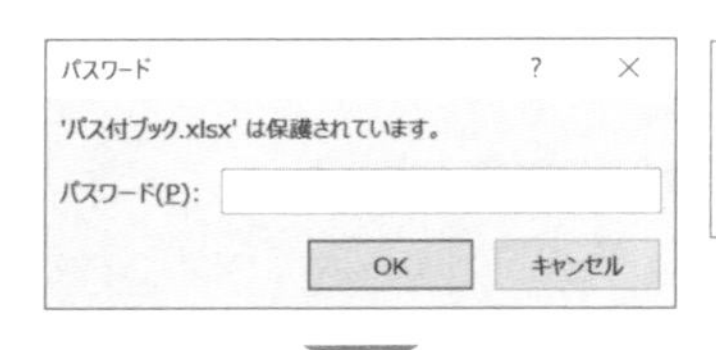

開く際に読み取りパスワードを要求されるブックを、パスワードダイアログを表示せずに開ける

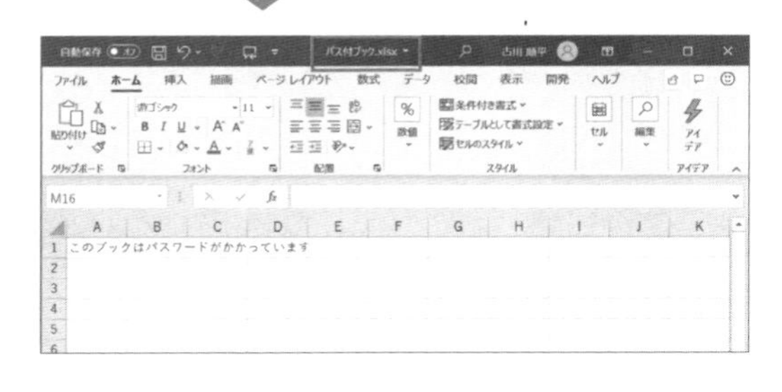

なお、書き込みパスワードが設定されている場合には、引数WriteResPasswordにパスワード文字列を指定して開きます。

ブックが互換モードかどうかを判断したい

サンプルファイル 353.xlsm

365 2019 2016 2013

利用シーン

旧バージョンのブックの場合は保存形式を合わせる

構文

プロパティ	意味
ブック.Excel8CompatibilityMode	互換モードの状態を取得

Excel2007以降のExcelでも、Excel2003以前のExcelで作成された、拡張子が「xls」のブックを開くことができますが、この場合「互換モード」として開かれます。Windows XPとExcel2003の組み合わせで使用している企業・個人も根強くあり、結果として、Excel2003以前のExcelブックを互換モードで開く機会は少なくありません。

ブックが互換モードで開いているかどうかを調べるには、WorkbookオブジェクトのExcel8CompatibilityModeプロパティを使用します。Excel8CompatibilityModeプロパティは、ブックが互換モードで開かれているときにはTrueを返します。

```
If ActiveWorkbook.Excel8CompatibilityMode = True Then
    MsgBox "互換モードで開いています"
Else
    MsgBox "互換モードではありません"
End If
```

サンプルの結果

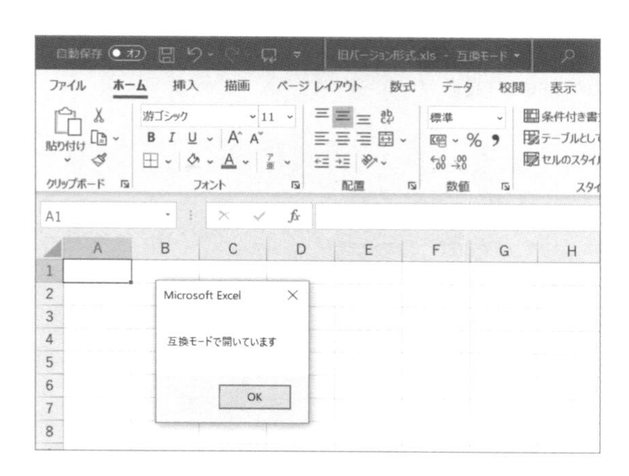

354 ブックが読み取り専用かどうかを判断したい

サンプルファイル 354.xlsm

365 2019 2016 2013

利用シーン ブックが読み取り専用の場合は転記処理を中断する

構文

プロパティ	意味
ブック.ReadOnly	読み取り専用モードの状態を取得

WorkbookオブジェクトのReadOnlyプロパティは、ブックが読み取り専用で開いているときにはTrueを返します。

次のサンプルでは、読み取り専用の場合にはExit Subステートメントでマクロの実行を中断し、読み取り専用でない場合には処理を継続しています。

```
If ActiveWorkbook.ReadOnly = True Then
    MsgBox "読み取り専用ブックです。マクロを終了します"
    Exit Sub
End If
MsgBox "読み取り専用ブックではありません"
'以下、実行したい処理を記述
```

サンプルの結果

Microsoft Excel

読み取り専用ブックです。マクロを終了します

OK

355 ブックの自動保存設定の状態を調べたい

サンプルファイル 355.xlsm

365 2019 2016

ブックが自動保存状態になっている場合はメッセージを表示して解除

構文

プロパティ	意味
ブック.AutoSaveOn	自動保存設定の状態を取得

Excel2016以降では、ブックの自動保存設定の状態を、AutoSaveOnプロパティで取得／設定できます。Trueの場合は自動設定オン、Falseの場合は自動設定オフです。

とくにOneDrive等のクラウドストレージを併用している場合、クラウドに保存したブックの自動保存設定の初期状態は、オンになります。自動保存は便利な反面、定期的にクラウド側と同期をとろうとするためにパフォーマンスが低下したり、BeforeSaveイベントが意図していないタイミングで発生したりといったデメリットもあります。避けたい場合には、オフにしてしまいましょう。

次のサンプルは、自動保存状態をチェックし、自動保存がオンである場合にはメッセージを表示した上でオフへと変更します。

```
If ActiveWorkbook.AutoSaveOn = True Then
    MsgBox "自動保存がオンになっています。オフへと変更します"
    ActiveWorkbook.AutoSaveOn = False
End If
```

サンプルの結果

356 ブックのリンクを更新せずに開きたい

サンプルファイル 356.xlsm

365 2019 2016 2013

参照先が不明なリンクを持つブックを開いて元の参照先を確認する

構文

メソッド	意味
Workbooks.Open ブックへのパス, UpdateLinks:=0	リンクを更新せずにブックを開く

数式で他のブックを外部参照している状態でブックを開いたときには、リンクを更新するかどうかの問い合わせメッセージやダイアログが表示されます。

リンクを含むブックを開いた時の警告表示

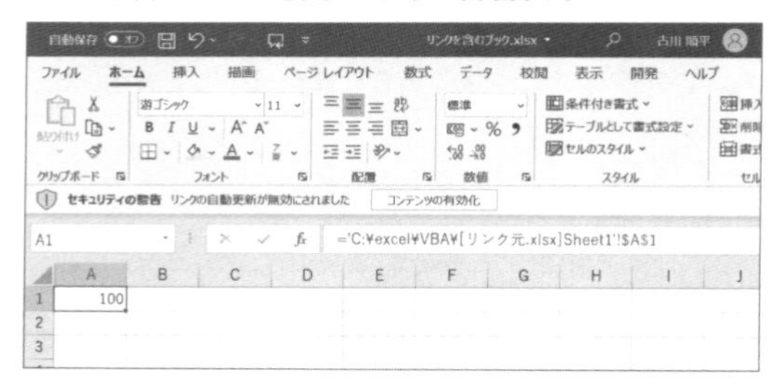

次のサンプルは、この問い合わせを表示することなく、リンクの更新を行わずにブックを開きます。

```
Workbooks.Open _
        Filename:=ThisWorkbook.Path & "¥リンクを含むブック.xlsx", _
        UpdateLinks:=0
```

ちなみに、Openメソッドの引数UpdateLinksの値を「3」にすると、リンクを更新してブックを開きます。

マクロで開いたブックを履歴に残したい

サンプルファイル 357.xlsm

365 2019 2016 2013

マクロで加工したブックを後で参照しやすいように履歴に残す

構文

メソッド	意味
Workbooks.Open _ 　　ブックへのパス, AddToMru:=True	履歴に残す形でブックを開く

ご存じのとおり、マクロで開いたブックは履歴には残りません。また、履歴に残すことはできないと思っている人も多いようです。

もし、マクロで開いたブックを履歴に残したいときには、OpenメソッドのAddToMruにTrueを指定してください。結果は図のように、履歴に残ります。

```
'履歴の残す形でブックを開く
Workbooks.Open Filename:="C:¥excel¥サンプル.xlsx", AddToMru:=True
```

サンプルの結果

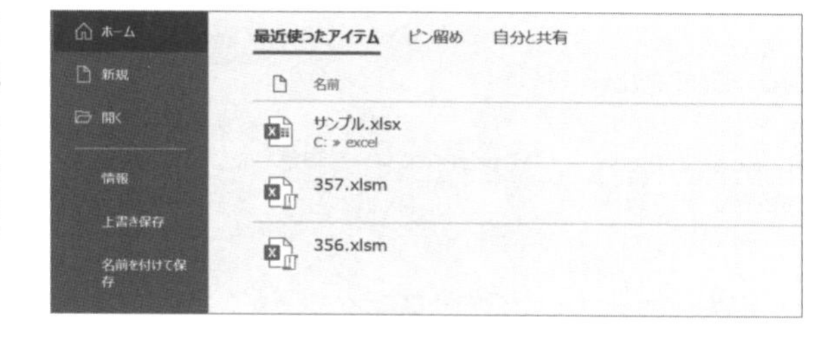

マクロを自動実行させずにブックを開きたい

サンプルファイル 358.xlsm

365 2019 2016 2013

Openイベントを利用しているブックのマクロを実行せずに開く

構文

プロパティ	意味
Application.EnableEvents = False	イベントの発生をオフにする

ブックが開いたときに自動実行されるWorkbook_Openイベントプロシージャを利用しているブックを、以下のステートメントで開くと、当然、Workbook_Openイベントプロシージャが実行されてしまいます。

```
Workbooks.Open Openイベントを利用したブック
```

Workbook_Openイベントプロシージャを実行させたくないときには、ApplicationオブジェクトのEnableEventsプロパティにFalseを代入して、一時的にイベントを抑止してください。すると、Workbook_Openイベントプロシージャは実行されません。

```
Application.EnableEvents = False
Workbooks.Open _
    Filename:=ThisWorkbook.Path & "¥Openイベントを利用したブック.xlsm"
Application.EnableEvents = True
```

なお、Excel5.0/95のときにはWorkbook_Openイベントプロシージャがなかったので、「Auto_Open」という名前で標準モジュールにマクロを作成してブックのオープン時に自動実行させていましたが、「よくわからないけれど動いているから」と、この慣習が残ってしまっているケースは少なくないようです。もし、標準モジュールに「Auto_Open」というマクロを見つけたら、Workbook_Openイベントプロシージャとして作り変えることをおすすめします。

また、Worksheet_Changeイベントプロシージャが作成されたワークシートのセルの値をマクロの中で変更したらWorksheet_Changeイベントプロシージャが走ってしまう、というケースも多々ありますが、EnableEventsプロパティにFalseを代入する上述のサンプルは、こうしたケースにも威力を発揮します。

359 ブックの保存場所を取得したい

サンプルファイル 359.xlsm

365 2019 2016 2013

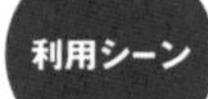

対象ブックの保存してあるフォルダーへのパスを取得

構文

プロパティ	意味
ブック.Path	ブックが保存されているフォルダーへのパス文字列取得
ブック.FullName	ブック名を含むパス文字列を取得
ブック.Name	ブック名を取得

ブックの保存場所を取得するには、2つの一般的な方法があります。

1つは、Pathプロパティを使う方法です。この場合には、戻り値にブック名は含まれずに、「C:¥Macro」のような戻り値になり、最後の「¥」も含まれません。対象ブックの保存してあるフォルダーへのパスが取得できるので、「同じフォルダー内に保存してある別のブック」等へのパス文字列を作成する起点に利用できます。

もう1つは、FullNameプロパティを使う方法で、この場合には「C:¥Macro¥Sample.xlsm」のようにブック名まで含まれます。

サンプルでは、Pathプロパティを使っていますが、実行結果はFullNameプロパティを使ったときと同じになります。目的に応じて、両者を使い分けてください。

```
MsgBox ActiveWorkbook.Path & "¥" & ActiveWorkbook.Name
```

サンプルの結果

Microsoft Excel

C:¥excel¥vba¥sample.xlsm

OK

拡張子を除いたブック名を取得したい❶

サンプルファイル 360.xlsm

365 2019 2016 2013

操作対象のブック名のみをリストアップする

構文

関数	意味
InStrRev(文字列, 検査値)	文字列の末尾から検査値のある位置を検索

「拡張子を除いたブック名を取得する」というプロパティはありませんので、ここでは文字列操作関数を使用します。InStrRev関数を使用してブック名を後ろから調べ、「.」より前の部分を取り出せば、拡張子を除いたブック名が得られます。

また、まだ一度も保存されていないブックの場合には拡張子がありませんので、そうしたケースにも対応しています。では、サンプルをご覧ください。

```
Dim myWBName As String, i As Long
myWBName = ActiveWorkbook.Name
'ブック名の「.」の位置を逆順検索
i = InStrRev(myWBName, ".")
'「.」がある場合はそれ以前の個所を取り出す
If i > 0 Then myWBName = Left(myWBName, i - 1)
MsgBox "拡張子を除いたブック名: " & myWBName
```

サンプルの結果

拡張子を除いたブック名を取得したい ❷

サンプルファイル 361.xlsm

365 2019 2016 2013

利用シーン

操作対象のブック名のみをリストアップする

構文

関数	意味
Split(文字列, 区切り文字)	文字列を区切り文字で分割した配列を取得

前トピックに引き続き、「拡張子を除いたブック名」を取得してみましょう。本トピックでは、Split関数を利用します。

Nameプロパティで取得できるブック名は、保存済みの場合は「Book1.xlsx」のようになり、未保存の場合は「Book1」のようになります。この値を、「.」を基準に配列として分割し、先頭の要素（インデックス番号「0」の要素）を取り出せば、いずれも「Book1」という値が得られます。

```
Dim myWBName As String
myWBName = ActiveWorkbook.Name
'ブック名を「.」で分割し、先頭の要素を取得
myWBName = Split(myWBName, ".")(0)
MsgBox "拡張子を除いたブック名： " & myWBName
```

サンプルの結果

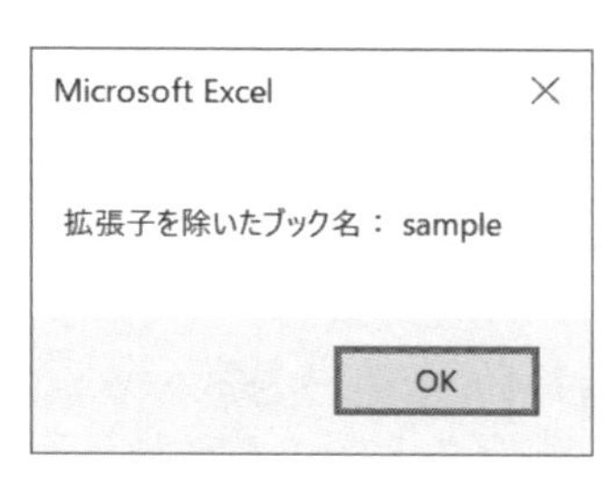

362 ブックを上書き保存したい

サンプルファイル 362.xlsm

365 2019 2016 2013

利用シーン マクロで内容を変更したブックを上書き保存する

構文

メソッド	意味
ブック.Save	ブックを上書き保存する

ブックを上書き保存するには、ブックを指定してSaveメソッドを実行します。マクロで編集を行ったブックを、忘れないうちに保存しておきたい場合には、一連の処理の末尾に付け加えておくとよいでしょう。

次のサンプルはアクティブなブックを上書き保存します。

```
ActiveWorkbook.Save
```

363 ブックを別名保存したい

サンプルファイル 363.xlsm

365 2019 2016 2013

利用シーン マクロで内容を変更したブックを別名で保存する

構文

メソッド	意味
ブック.SaveAs ファイルパス	ブックに名前を付けて保存する

ブックを別名で保存するには、ブックを指定して、SaveAsメソッドの引数にブックのパス文字列を指定して実行します。ひな型となるブックを開き、値を入力した上で別ブックとして保存するような処理は、こちらが向いています。

次のサンプルはアクティブなブックを、同じフォルダー内に「別名で保存.xlsm」という名前で別名保存します。

```
Dim myBK As Workbook
Set myBK = ActiveWorkbook
myBK.SaveAs myBK.Path & "¥別名で保存.xlsm"
```

364 ブックのコピーを保存したい

サンプルファイル 364.xlsm

365 2019 2016 2013

利用シーン ひな形のブックを編集してそのコピーを保存

構文	メソッド	意味
	ブック.SaveCopyAs ファイルパス	ブックのコピーを保存する

特定のブックのコピーを保存するには、ブックを指定してSaveCopyAsメソッドを利用します。

SaveAsメソッドは「対象ブックを別名保存」するため、別名保存後のブックは「別名で保存したブック」となります。それに対し、SaveCopyAsメソッドは、あくまでも「対象ブックのコピーを作成して保存」するため、対象ブックは元のまま変わりません。この仕組みのため「現在の作業状態のバックアップを取りたい」という用途等に向いています。

また、マクロ内で固定のブック名を指定した箇所がある場合、SaveAsではブック名が変更されることによりエラーが発生する可能性がありますが、SaveCopyAsではその心配はありません。

次のサンプルは、アクティブなブックのコピーを「アクティブなブック名+日時」という名前で同じフォルダー内に保存します。

```
Dim myBK As Workbook, myBKPath As String
Set myBK = ActiveWorkbook
'ブックのフルパスを取得
myBKPath = myBK.FullName
'「.」の箇所を置換してブック名部分に実行時の日時を付加
myBKPath = Replace(myBKPath, ".", Format(Date, "_yyyymmdd."))
'コピーを保存
myBK.SaveCopyAs myBKPath
```

サンプルの結果

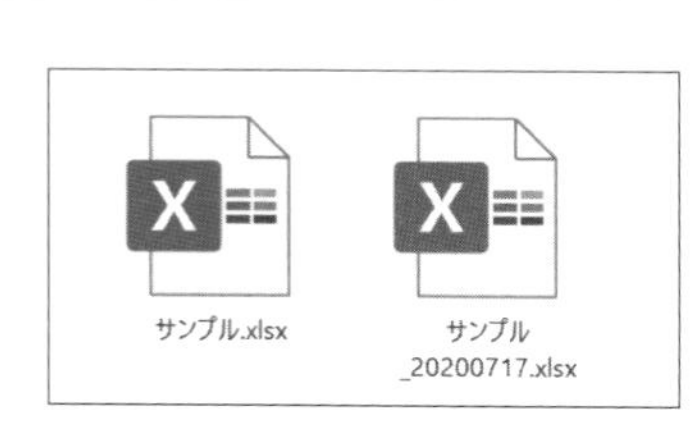

365 ブックにマクロが含まれるかどうかを判定したい

サンプルファイル 365.xlsm

365 2019 2016 2013

利用シーン マクロの有無を判定して保存場所やブック名を変更

構文

プロパティ	意味
ブック.HasVBProject	ブックのマクロの有無を取得

ブックにマクロが作成されているかどうかは、ブックを指定してHasVBProjectプロパティの値を取得します。Trueであればマクロを含むブックであり、Falseであればマクロを含まないブックです。

次のサンプルは、アクティブなブックのマクロの有無を判定します。

```
If ActiveWorkbook.HasVBProject Then
    MsgBox "このブックにはマクロがあります"
Else
    MsgBox "このブックにはマクロがありません"
End If
```

サンプルの結果

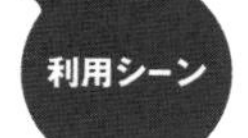

366 ブックの保護状態を取得したい

サンプルファイル 366.xlsm

365 2019 2016 2013

利用シーン 対象ブックの保護状態をチェックして処理を振り分け

構文

プロパティ	意味
ブック.ProtectStructure	ブックのシートの保護状態を取得
ブック.ProtectWindows	ブックのウィンドウの保護状態を取得

ブックの保護状態をチェックするには、シート構成の保護状態を返すProtectStructureプロパティと、ウィンドウの保護状態を返すProtectWindowsプロパティの値を調べます。

次のサンプルでは、それぞれのプロパティの値をメッセージボックスに表示しています。

```
With ActiveWorkbook
    MsgBox _
        "シート構成の保護： " & .ProtectStructure & vbCrLf & _
        "ウィンドウの保護： " & .ProtectWindows
End With
```

サンプルの結果

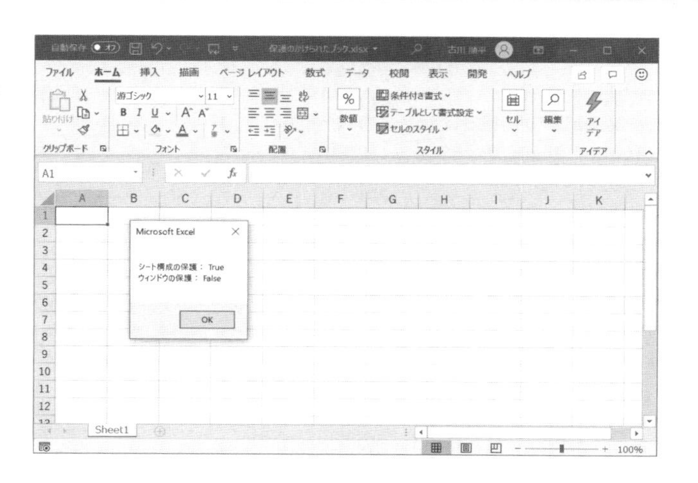

367 共有ブックを開いているユーザーを取得したい

サンプルファイル 367.xlsm

365 2019 2016 2013

利用シーン 共有ブックを開いているユーザーを確認する

構文

プロパティ	意味
ブック.MultiUserEditing	ブックの共有状態を取得
ブック.UserStatus	ブックを編集中のユーザー情報を取得

共有ブックとして作成されているブックは、WorkbookオブジェクトのMultiUserEditingプロパティがTrueを返します。

その際のユーザー情報は、UserStatusプロパティで取得できます。UserStatusプロパティは二次元配列で値を返し、2つ目の次元に以下の情報が格納されています。

1	ユーザー名
2	ユーザーがブックを最後に開いた日付と時刻
3	ファイルの種類

次のサンプルは、アクティブブックが共有ブックかどうかを判断し、共有ブックの場合は、同時に編集しているユーザーの名前と、編集日時を取得して表示します。

```
Dim myUS As Variant, myMsg As String, i As Long
If ActiveWorkbook.MultiUserEditing = True Then
    myUS = ActiveWorkbook.UserStatus
    If UBound(myUS) = 1 Then
        MsgBox "複数ユーザーによる編集はされていません"
    Else
        For i = 1 To UBound(myUS)
            myMsg = myMsg & myUS(i, 1) & " " & myUS(i, 2) & vbCrLf
        Next i
        MsgBox "このブックを編集しているユーザー：" & vbCrLf & myMsg
    End If
Else
    MsgBox "共有ブックとして作成されていません"
End If
```

368 ブックのプロパティを設定したい

サンプルファイル 368.xlsm

365 2019 2016 2013

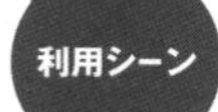

利用シーン ブックの作成日時や作成者を確認する

構文	プロパティ	意味
	ブック.BuiltinDocumentProperties(プロパティ名)	ブックのプロパティを取得／設定

個々のブックには、バックステージビューの[情報]から確認できる各種のプロパティが設定されています。この値は、BuiltinDocumentPropertiesプロパティ経由で取得／設定可能です。プロパティ名は既定のプロパティ名、もしくは、インデックス番号で指定します。

```
ブック.BuiltinDocumentProperties(プロパティ名)
```

■ 主な規定のプロパティ名と対応プロパティ(抜粋)

Author	制作者	Creation Date	作成日
Last Author	最終更新者	Last save time	最終更新日

次のサンプルは、アクティブブックのプロパティのうち「制作者」の値を「大村 あつし」に変更します。

```
ActiveWorkbook.BuiltinDocumentProperties("Author") = "大村 あつし"
```

●サンプルの結果●

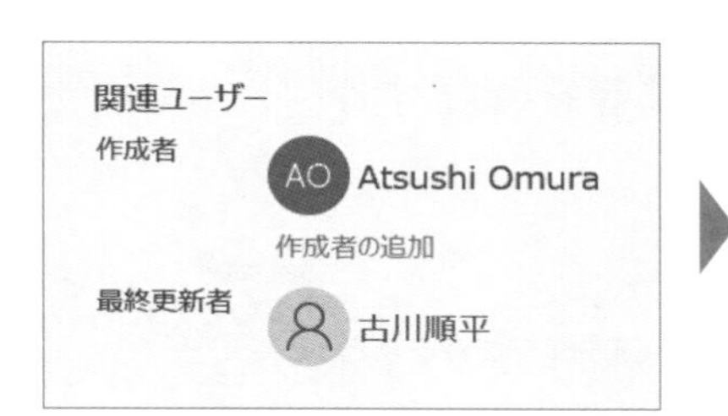

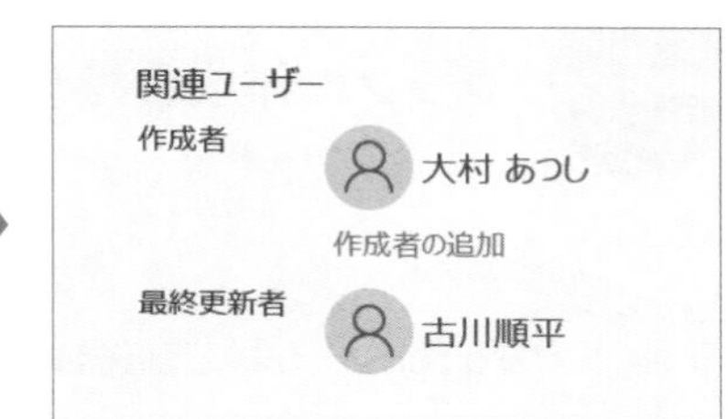

次のサンプルは、作成日と最終更新日を表示します。

```
With ActiveWorkbook.BuiltinDocumentProperties
    MsgBox "作成日:" & .Item("Creation date") & vbCrLf & _
           "最終更新日:" & .Item("Last save time")
End With
```

他のブックのマクロを実行したい

サンプルファイル 369.xlsm

365 2019 2016 2013

サブルーチン用ブック内のマクロを呼び出して実行する

構文

メソッド	意味
Application.Run ブック名を含むマクロ名文字列 [,引数]	指定したマクロを実行

マクロの中で、他のブックのマクロをサブルーチンとして呼び出すことは、筆者個人としてはあまり推奨できません。私個人の経験ですが、このようなことをしていると、ほぼ確実にマクロの流れを追えなくなります。もしくは、マクロの管理が煩雑になります。

しかし、サブルーチン用のブックを作成し、その中のマクロを他のブックから呼び出す手法も確かにあります。たとえば、「マクロ用ブック.xlsm」内に、以下のマクロがあるとします。

```
'「マクロ用ブック.xlsm」内のマクロ
Sub ShowVBA()
    MsgBox "Hello VBA!"
End Sub
Sub ShowHoge(hoge As String)
    MsgBox hoge
End Sub
```

この場合、他のブックからこのマクロを呼び出すには、Runメソッドを使用します。第1引数に「ブック名!マクロ名」を指定し、引数がある場合には第2引数以降に列記します。なお、対象ブックは開いている必要があります。

```
Application.Run "マクロ用ブック.xlsm!ShowVBA"
Application.Run "マクロ用ブック.xlsm!ShowHoge", "VBA"
```

サンプルの結果

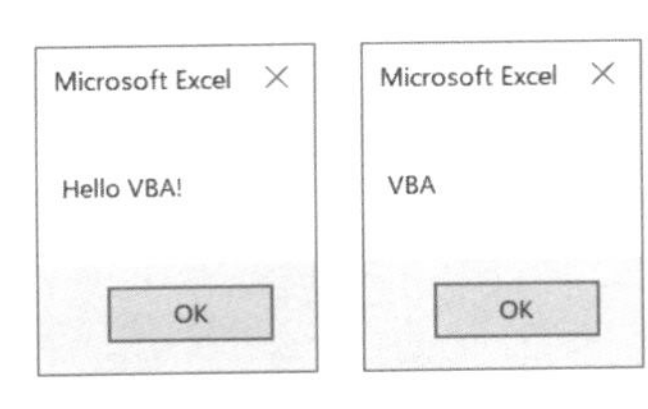

370 ブックを閉じられないようにしたい

サンプルファイル 370.xlsm

365 2019 2016 2013

指定セルに値が入力されていない場合はブックを閉じる前に警告表示する

構文

イベント	意味
BeforeCloseイベント	ブックを閉じようとしたときに実行する処理を記述

ブックを閉じるときにはBeforeCloseイベントが発生します。この際に実行したい処理は、ThisWorkbookモジュールのWorkbook_BeforeCloseイベントプロシージャに記述します。このとき、イベントプロシージャには、引数「Cancel」が「False」の状態で渡されます。

これは、「イベントをキャンセルしない」という意味で、言い換えれば、引数Cancelの値がFalseであれば、そのブックを閉じることができます。逆にいえば、引数CancelにTrueを代入すれば、そのブックが閉じられないようにすることが可能ということです。

次のサンプルは、1枚目のシートのセルB1が空白の場合は、引数CancelにTrueを代入してイベントをキャンセルし、結果的にブックが閉じられないようにしています。

```
'ThisWorkbookモジュールに記述
Private Sub Workbook_BeforeClose(Cancel As Boolean)
    Dim myRange As Range     'チェック対象のセルをセット
    Set myRange = ThisWorkbook.Worksheets(1).Range("B1")
    '空欄の場合はGoToで選択・表示し、メッセージを表示
    If myRange.Value = "" Then
        Application.Goto myRange
        MsgBox "ブックを閉じるときには" & vbCrLf & _
            myRange.Address(False, False) & "に作成者を入力してください"
        Cancel = True   '閉じる動作をキャンセル
    End If
End Sub
```

サンプルの結果

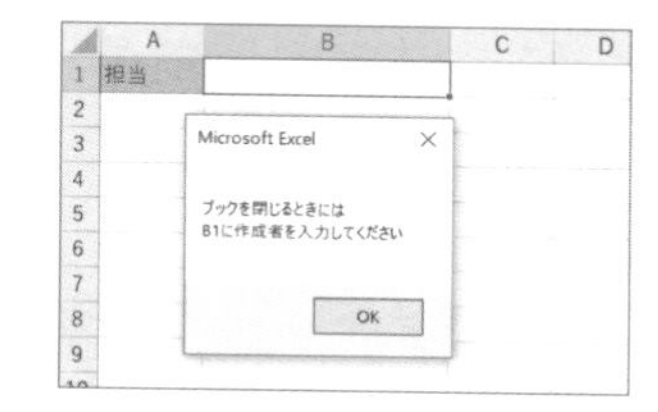

371 全ブックの変更を保存せずにExcelを終了させたい

サンプルファイル 371.xlsm

365 2019 2016 2013

一連の処理を実行後に変更を保存せずにExcel自体も終了する

構文

プロパティ／メソッド	意味
ブック.Saved = True	ブックを「保存済み」状態に変更
Application.Quit	Excelを終了

WorkbookオブジェクトのSavedプロパティは、開いたときから行われた何かしらの変更が未保存の場合には「False」を返し、保存済みの場合は「True」を返します。

また、Savedプロパティは値を設定することも可能です。マクロからSavedプロパティの値に「True」を指定すると、変更があっても「保存済み」と見なされ、閉じる際にも上書き保存の確認メッセージが表示されません。

次のマクロはこの仕組みを利用して、現在Excel上で開いているすべてのブックを「保存済み」状態にした上で、Excel自体を閉じます。結果として、すべてのブックの変更を保存せずに閉じ、Excel自体も終了します。

```
Dim myResult As Long, myWB As Workbook
myResult = MsgBox("変更を保存せずにExcelを終了します", vbOKCancel)
If myResult = vbOK Then
    '全ブックを「保存済み」状態にする
    For Each myWB In Workbooks
        myWB.Saved = True
    Next
    'Excelを終了。全ブック「保存済み」のため確認ダイアログは表示されない
    Application.Quit
End If
```

サンプルの結果

確認メッセージを表示させずにブックを閉じたい

サンプルファイル 372.xlsm

365　2019　2016　2013

一連の処理を実行後に変更を保存せずにExcel自体も終了する

構文

メソッド	意味
ブック.Close SaveChanges:=True/False	ブックの変更を保存／保存しないで閉じる

ブックを閉じる際にはCloseメソッドを実行しますが、このとき、引数SaveChangesを指定すると、ブックの内容が変更されている場合の挙動を指定可能です。

Trueを指定した場合は「変更を保存して」閉じます。Falseを指定した場合は「変更を保存せずに」閉じます。

また、いずれの場合も、変更のあるブックを手動で閉じようとしたときのような確認ダイアログは表示されません。

上書き保存の確認ダイアログ

次のサンプルは、アクティブブックのパスを調べ、空白文字列でない場合には、「1度でも保存されたことのあるブック」とみなして上書き保存で閉じ、そうでない場合は保存せずに閉じます。

```
Dim myWB As Workbook
Set myWB = ActiveWorkbook
'ブックがパスを持つかどうかで処理を振り分け
If myWB.Path <> "" Then
    myWB.Close SaveChanges:=True
Else
    myWB.Close SaveChanges:=False
End If
```

373 ブックにパスワードを設定して保存したい

サンプルファイル 373.xlsm

365 2019 2016 2013

特定のブックにパスワードをかけて保存する

構文

メソッド	意味
ブック.SaveAs ファイル名, Password:=パスワード	読み取りパスワードをかけて保存
ブック.SaveAs ファイル名, WriteResPassword:=パスワード	書き込みパスワードをかけて保存

まずは、ブックに読み取りパスワードを設定して、ブックを別名で保存するサンプルをご覧ください。

```
ActiveWorkbook.SaveAs _
    Filename:=ThisWorkbook.Path & "¥読み取りパスワード.xlsx", _
    Password:="excel"
```

また、WorkbookオブジェクトのPasswordプロパティを利用することで、保存前にパスワードを設定することもできます。

次に、ブックに上書き禁止のパスワードを設定して、ブックを別名で保存するケースです。

```
ActiveWorkbook.SaveAs _
    Filename:=ThisWorkbook.Path & "¥上書き禁止パスワード.xlsx", _
    WriteResPassword:="excel"
```

こちらも、WritePasswordプロパティ(引数と違って「Res」が付かない点に注意)で保存前にパスワードを設定することができます。

書き込みパスワードを設定したブックを開いたときに表示されるダイアログ

パスワード ? ×
ファイル '上書き禁止パスワード.xlsx' は次のユーザーによって保護されています:
古川順平
上書き保存するにはパスワードが必要です。または読み取り専用で開いてください。
パスワード(P):
読み取り専用(R) OK キャンセル

374 開いているすべてのブックを上書き保存する

サンプルファイル 374.xlsm

365 2019 2016 2013

一連の作業が終わったところで すべてのブックを上書き保存する

構文

メソッド	意味
ブック.Save	ブックを上書き保存

ブックを上書き保存するには、Saveメソッドを使用します。

また、まだ一度も保存していないブックに対してSaveメソッドで保存すると、カレントフォルダー内に保存されます。うっかり実行すると、どこに保存したのかわからなくなってしまうこともあるので注意しましょう。

次のサンプルは、現在開いているブックをすべて上書き保存します。ブックのPathプロパティを利用して、Pathが空白ではないブック（保存済みであるブック）は、Saveメソッドで上書き保存し、Pathが空白なブック（保存したことがないブック）は、SaveAsメソッドで、任意のフォルダー内に名前を付けて保存します。

```
Dim myTmpFldPath As String, myWB As Workbook
'未保存のブックを一時的に保存するフォルダーのパスを指定
myTmpFldPath = ThisWorkbook.Path & "¥一時保存用¥"
For Each myWB In Workbooks
    '保存済みブックは上書き、未保存は指定フォルダー内に保存
    If myWB.Path <> "" Then
        myWB.Save
    Else
        myWB.SaveAs myTmpFldPath & myWB.Name
    End If
Next
```

375 ブック保存前に再計算を実行したい

サンプルファイル 375.xlsm

365 2019 2016 2013

利用シーン 計算方法を「手動・保存前に再計算」に設定する

構文

メソッド	意味
Application.CalculateBeforeSave = True	再計算方法を「保存時に再計算」に設定

数式の多いシートで作業を行う際には、Excel全体の再計算モードを「手動」に設定して作業を行うケースがあります。

再計算モードの設定

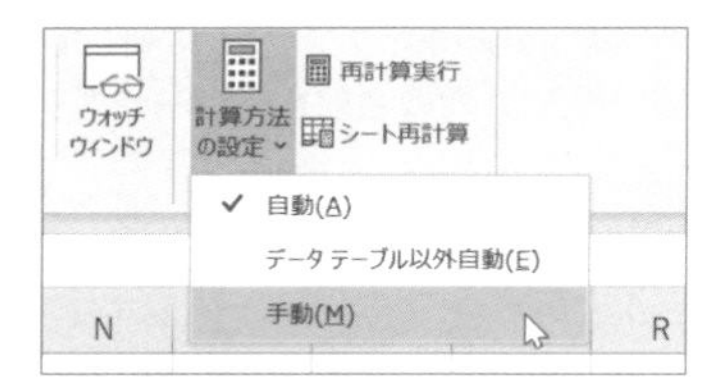

リボンの［数式］タブ内にある［計算方法の設定］ボタン

この際に、ApplicationオブジェクトのCalculateBeforeSaveプロパティを利用すると、ブック保存時に再計算を行うかどうかを設定できます。

CalculateBeforeSaveプロパティに「True」を指定すると「保存時に再計算アリ」、「False」を指定すると「保存時も再計算ナシ」となります。

次のサンプルは、Excel全体の再計算方法を、「手動・ブック保存時に再計算」に設定します。

```
With Application
    .Calculation = xlCalculationManual        '手動計算
    .CalculateBeforeSave = True
End With
```

POINT ▶▶ 再計算設定は「アプリケーション全体の」設定

再計算に関する設定は、Applicationオブジェクトのプロパティで設定することからもわかるように、「Excel全体としての設定」です。「特定のブックのみ再計算オン／オフ」という仕組みではない点に注意しましょう。

376 新規に作成したウィンドウを操作したい

サンプルファイル 376.xlsm

365 2019 2016 2013

新規ウィンドウを作成し、ブック内の別の位置を表示する

構文

メソッド	意味
対象.NewWindow	新規ウィンドウを作成
ウィンドウ.Caption	ウィンドウの名前を取得

新規のウィンドウを作成するときにはNewWindowメソッドを使用しますが、NewWindowメソッドはWorkbookオブジェクトに対しても、Windowオブジェクトに対しても使用できます。また、戻り値として、作成した新規ウィンドウを扱うWindowオブジェクトを返します。

サンプルでは、Windowオブジェクトの親オブジェクト、すなわちWorkbookオブジェクトに対してNewWindowメソッドを使用して、新規ウィンドウをWindow型変数に代入し、その名前をメッセージボックスに表示しています。

ウィンドウの「名前」を扱う場合は、Nameプロパティではなく、Captionプロパティを使用しますので、その点は注意してください。

```
Dim myWD As Window
Set myWD = ActiveWindow.Parent.NewWindow
MsgBox "新規に作成したウィンドウ： " & myWD.Caption
```

サンプルの結果

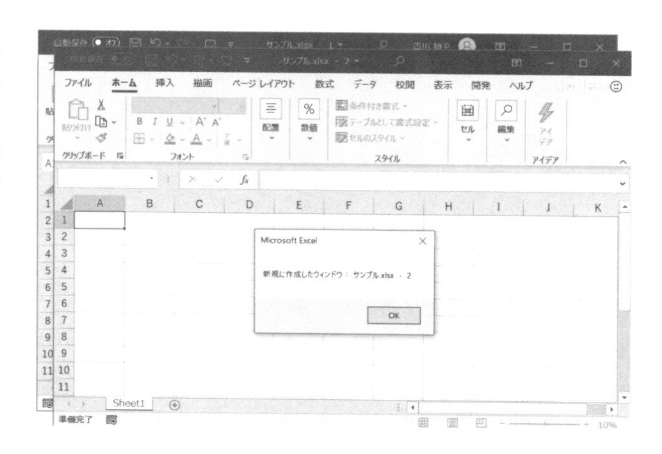

分割されているウィンドウのペイン数を取得したい

サンプルファイル 377.xlsm

365 2019 2016 2013

ウィンドウ分割数を取得して各々を操作する
インデックス番号を取得する

構文

メソッド	意味
ウィンドウ.Panes(インデックス番号)	個々のペイン(分割エリア)を取得
ウィンドウ.Panes.Count	ペイン数を取得

ウィンドウが分割されると、個々のペイン(分割されたエリア)はPaneオブジェクトで参照できます。そして、Paneオブジェクトの集合体はPanesコレクションです。ということは、PanesコレクションのCountプロパティでPaneオブジェクトの数、すなわち分割されているペイン数を取得することができます。

```
MsgBox "ウィンドウの分割数： " & ActiveWindow.Panes.Count
```

サンプルの結果

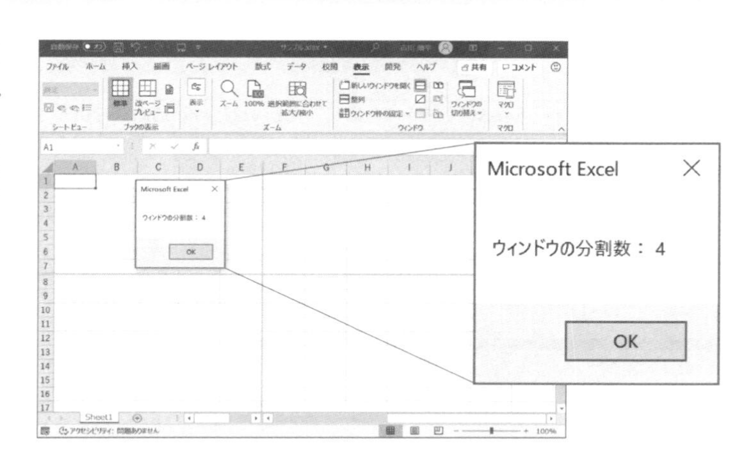

378 2つのワークシートを左右に同時に表示したい

サンプルファイル 378.xlsm

365 2019 2016 2013

利用シーン ブック内の2つのシートを別ウィンドウで並べて表示する

構文

メソッド	意味
Windows.Arrange _ ArrangeStyle:=xlArrangeStyleVertical, ActiveWorkbook:=True	ウインドウを横方向に並べる

2つのワークシートを左右に同時に表示するには、まず新規にウィンドウを作成したら、Windowsオブジェクトのメソッドの引数ArrangeStyleに、垂直分割を意味するxlArrangeStyleVerticalを代入してウィンドウを整列します。

そのあとは、画面に表示したい2つのワークシートを選択すればOKです。

次のサンプルでは、一番左のシートと、一番右のシートを左右に整列して同時に表示しています。

```
ActiveWindow.NewWindow
'横方向に整列
Windows.Arrange _
    ArrangeStyle:=xlArrangeStyleVertical, ActiveWorkbook:=True
'それぞれのウィンドウで表示したいシートを選択
Windows(1).Activate
Worksheets(1).Activate
Windows(2).Activate
Worksheets(Sheets.Count).Activate
```

サンプルの結果

379 すべての複製ウィンドウをまとめて閉じたい

サンプルファイル 379.xlsm

365 2019 2016 2013

利用シーン 比較・確認用に開いていた別ウィンドウをすべて閉じる

構文

プロパティ	意味
ウィンドウ.WindowNumber	ウィンドウの分割番号を取得

1つのブックを別ウィンドウで複製表示した場合、それぞれのウィンドウにウィンドウ番号が振られます。元のウィンドウが「1」であり、以降、複製したウィンドウごとに連番が振られます。このウィンドウ番号は、WindowsオブジェクトのWindowNumberプロパティから取得できます。

次のサンプルでは、すべてのウィンドウのウィンドウ番号をチェックし、2以降の場合は閉じています。結果として、複製したウィンドウのみをまとめて閉じます。

```
Dim myWD As Window
For Each myWD In Windows
    If myWD.WindowNumber > 1 Then
        myWD.Close
    End If
Next
'最後に残ったウィンドウを最大化
ActiveWindow.WindowState = xlMaximized
```

また、サンプルでは、最後に残ったウィンドウを最大化していますが、必要ない場合は削除してください。

380 見出しを固定したい

サンプルファイル 380.xlsm

365 2019 2016 2013

データが見やすいように常に見出し行・列が見えるようにする

構文

プロパティ	意味
ウィンドウ.FreezePanes = True	ウィンドウの見出しを固定

Windowオブジェクトの FreezePanesプロパティを「True」に指定すると、その時点で以下の2つの状態が固定されます。

1. ウィンドウの左上に表示されるセル
2. アクティブなセルを規準として上・左の範囲のセルの表示

次のサンプルは、ウィンドウの左上に表示するセルを「F2」に固定し、セル「G3」を基準に、上の行（2行目）と左の列（F列）が見出しセルとして常に表示されるように画面を固定します。

なお、固定を解除するにはFreezePanesプロパティに「False」を設定します。

```
'シート上の表示を「F列・2行目」が端に表示される状態にする
Application.Goto Range("F2"), Scroll:=True
'ウィンドウ固定の基準となるセルを選択
Range("G3").Select
'ウィンドウを固定して常にF列・2行目が見えるようにする
ActiveWindow.FreezePanes = True
```

サンプルの結果

	A	B	C	D	E	F	G	H
1								
2		伝票No	枝	日付	顧客	顧客名	商品名	単価
3		1	1	2020/7/8	2001	日本ソフト 静岡支店	ThinkPad 385XD 2635-9TJ	291,300
4		1	2	2020/7/8	2001	日本ソフト 静岡支店	MO MOF-H640	79,800
5		2	1	2020/7/10	1002	レッドコンピュータ	レーザ LBP-740	138,000
6		3	1	2020/7/11	5003	システムアスコム	Aptiva L67	307,900
7		3	2	2020/7/11	5003	システムアスコム	液晶 LCD-D17D	188,000
8		3	3	2020/7/11	5003	システムアスコム	ジェット BJC-465J	79,800
9		3	4	2020/7/11	5003	システムアスコム	CD-RW CDRW-VX26	52,000
10		4	1	2020/7/12	2003	日本CCM	レーザー LBP-730PS	348,000
11		5	1	2020/7/13	2002	ゲイン製作所	液晶 FTD-XT15-A	228,000
12		5	2	2020/7/13	2002	ゲイン製作所	Satellite225	378,000
13		6	1	2020/7/14	3004	増根商事	PRESARIO 2254-15	148,000
14		6	2	2020/7/14	3004	増根商事	レーザー LBP-740	138,000
15		6	3	2020/7/14	3004	増根商事	MO MOF-H640	79,800
16		7	1	2020/7/15	5005	カルタン設計所	CD-RW CDRW-VX26	52,000
17		8	1	2020/7/16	4001	日本ソフト 三重支店	ValueStar NX VS30/35d	323,000

	F	J	K	L	M	N	O	P	Q
2	顧客名	税抜金額	消費税	売上金額	備考	地区	商品分類	担当者名	
3	日本ソフト 静岡支店	291,300	29,130	320,430	見積りNo 2-1	静岡県	ノート	木村あつし	
4	日本ソフト 静岡支店	159,600	15,960	175,560	見積りNo 2-2	静岡県	リムーバル	木村あつし	
5	レッドコンピュータ	138,000	13,800	151,800	見積りNo 3	岐阜県	プリンタ	鈴木麻由	
6	システムアスコム	615,800	61,580	677,380	見積りNo 1-1	滋賀県	デスクトップ	牧野光	
7	システムアスコム	188,000	18,800	206,800	見積りNo 1-2	滋賀県	ディスプレイ	牧野光	
8	システムアスコム	79,800	7,980	87,780	見積りNo 1-3	滋賀県	プリンタ	牧野光	
9	システムアスコム	62,000	6,200	68,200	見積りNo 1-4	滋賀県	リムーバル	牧野光	
10	日本CCM	348,000	34,800	382,800		静岡県	プリンタ	牧野光	
11	ゲイン製作所	456,000	45,600	501,600		静岡県	ディスプレイ	牧野光	
12	ゲイン製作所	378,000	37,800	415,800		静岡県	ノート	牧野光	
13	増根商事	296,000	29,600	325,600	見積りNo 7-1	愛知県	デスクトップ	鈴木麻由	
14	増根商事	138,000	13,800	151,800	見積りNo 7-2	愛知県	プリンタ	鈴木麻由	
15	増根商事	79,800	7,980	87,780	見積りNo 7-3	愛知県	リムーバル	鈴木麻由	
16	カルタン設計所	62,000	6,200	68,200		滋賀県	リムーバル	片山早苗	
17	日本ソフト 三重支店	656,000	65,600	721,600	見積りNo 1-1	三重県	デスクトップ	木村あつし	
18	ドンキ量販店	378,000	37,800	415,800	見積りNo 1-2	三重県	ノート	片山早苗	

見出しを固定してある位置を取得したい

サンプルファイル 381.xlsm

365 2019 2016 2013

ウィンドウを固定している基準となるセルを取得する

構文

プロパティ	意味
ペイン.VisibleRange	ペインに表示されているセル範囲を取得

ウィンドウ枠が固定されている場合の、固定の基準となっているセルを取得してみましょう。

たとえば、4分割されている場合、4つ目の領域（Paneオブジェクト）を「1行目・1列目」にスクロールさせようとしても、固定された位置までしかスクロールできません。この状態で、表示されているセル範囲をVisibleRangeプロパティで取得し、その左上のセルを取得すれば、そのセルが固定の基準となっているセルとなります。

```
With ActiveWindow.Panes(4)
    'ペイン内での「1行目・1列目」にスクロール
    .ScrollColumn = 1
    .ScrollRow = 1
    '表示セル範囲の左上のセルのアドレスを表示
    MsgBox "基準セル：" & .VisibleRange.Cells(1).Address
End With
```

サンプルの結果

	F	G	H	I
2	顧客名	商品名	単価	数量
3	日本ソフト　静岡支店	ThinkPad 385XD 2635-9TJ	291,300	1
4	日本ソフト　静岡支店		79,800	2
5	レッドコンピュータ		138,000	1
6	システムアスコム		307,900	2
7	システムアスコム		188,000	1
8	システムアスコム		79,800	1
9	システムアスコム	26	62,000	1
10	日本CCM	PS	348,000	1
11	ゲイツ製作所	液晶 FTD-XT15-A	228,000	2
12	ゲイツ製作所	Satellite325	378,000	1
13	増根倉庫	PRESARIO 2254-15	148,000	2
14	増根倉庫	レーザー LBP-740	138,000	1
15	増根倉庫	MO MOF-H640	79,800	1

Microsoft Excel
基準セル：$G$3
OK

382 ウィンドウのサイズを変更したい

サンプルファイル 382.xlsm

365 2019 2016 2013

ウィンドウのサイズをデータや現場の環境に合わせて調整する

構文

プロパティ	意味
ウィンドウ.WindowState	ウィンドウの表示状態を取得／設定
Window.Width	ウィンドウの幅を取得／設定
Window.Height	ウィンドウの高さを取得／設定

ウィンドウの表示モードは、WindowStateプロパティで取得／設定し、幅・高さは、Width・Heightプロパティで取得／設定します。

■ WindowStateプロパティに設定する定数とウィンドウの状態

xlMaximized	最大化	xlMinimized	最小化	xlNormal	標準

次のサンプルでは、まず現在のウィンドウの表示モードと縦横のサイズを取得して変数に退避させたあと(❶)、表示モードを標準表示にして、横「1024」、縦「768」にサイズを変更し(❷)、最後に元に戻しています(❸)。

```
Dim myWState As Long, myBeforeW As Double, myBeforeH As Double
Const myAfterW As Double = 1024
Const myAfterH As Double = 768
With ActiveWindow
    myWState = .WindowState          ❶
    myBeforeW = .Width
    myBeforeH = .Height
    MsgBox "ウィンドウのサイズを変更します"
    .WindowState = xlNormal          ❷
    .Width = myAfterW
    .Height = myAfterH
    MsgBox "ウィンドウのサイズを変更しました。元に戻します"
    .Width = myBeforeW               ❸
    .Height = myBeforeH
    .WindowState = myWState
End With
```

383 ウィンドウの位置を変更したい

サンプルファイル 383.xlsm

365 2019 2016 2013

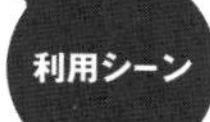

あらかじめ決めておいた見やすい位置へとウィンドウを配置

構文

プロパティ	意味
Window.Top = 上端の位置	ウィンドウの上端位置を設定
Window.Left = 左端の位置	ウィンドウの左端位置を設定

表示状態が「標準」モードのウィンドウは、TopプロパティとLeftプロパティに値を設定すると、その位置へとウィンドウを配置できます。

次のサンプルでは、現在のウィンドウの表示モードと縦横の位置を取得して変数に退避させたあと（❶）、表示モードを標準表示にして、表示位置を画面左上に変更し（❷）、最後に元に戻しています（❸）。

```
Dim myWState As Long, myLeft As Double, myTop As Double
With ActiveWindow
    myWState = .WindowState      ❶
    myLeft = .Left
    myTop = .Top
    MsgBox "ウィンドウの位置を変更します"
    .WindowState = xlNormal      ❷
    .Left = 0
    .Top = 0
    MsgBox "ウィンドウの位置を変更しました。元に戻します"
    .Left = myLeft               ❸
    .Top = myTop
    .WindowState = myWState
End With
```

POINT ▶▶ Excel2010以前のウィンドウの仕組み

Excel2013以降は「1ブックにつき、1ウィンドウ」ですが、2010以前では「Excelのウィンドウの中に、複数ブックのウィンドウ」という仕組みでした。そのため、ウィンドウに関する操作は、2013を境に挙動が変わる点に注意しましょう。

384 任意のセル範囲を画面いっぱいに表示したい

サンプルファイル 384.xlsm

365 2019 2016 2013

利用シーン 入力伝票画面を見やすいようにズームして表示

構文

プロパティ	意味
ウィンドウ.Zoom = True	選択セル範囲に合わせて表示倍率を自動調整

下図左を見てください。この場合、セルA1:K15を画面いっぱいに表示したいものですね。

このようなケースでは、サンプルのように、まず画面に表示したいセル範囲を選択してからZoomプロパティにTrueを代入します。すると、選択セル範囲がウィンドウいっぱいに表示されるように、表示倍率が自動調整されます。

```
Dim myRange As Range
Set myRange = Range("A1:K15")
'ズーム表示したいセル範囲を選択
myRange.Select
'選択セル範囲に合わせてズーム
ActiveWindow.Zoom = True
myRange.Cells(1).Select
```

サンプルの結果

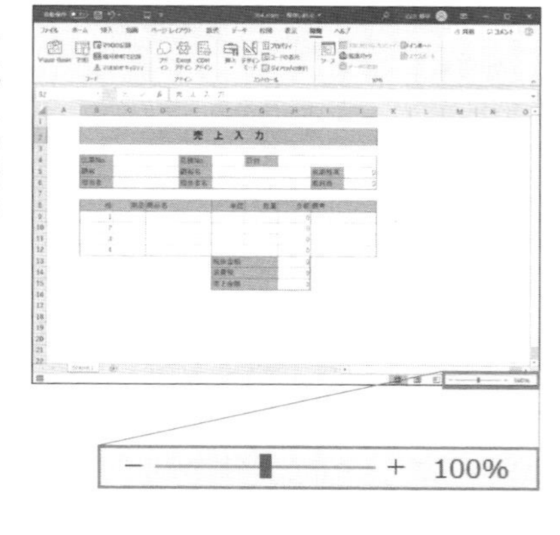

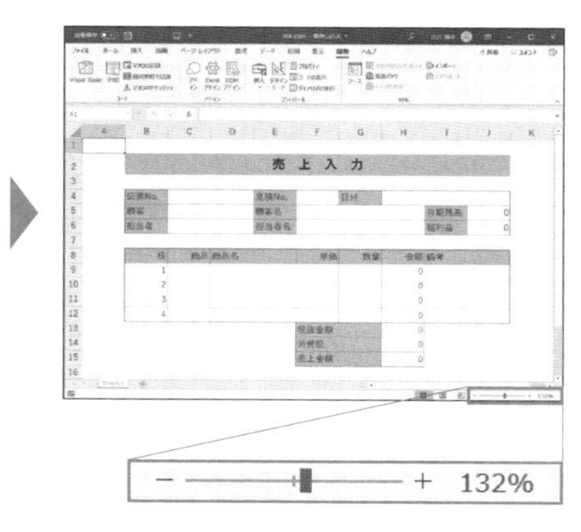

385 任意のシートを操作したい

サンプルファイル 385.xlsm

365 2019 2016 2013

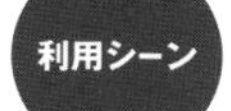

特定のシートをマクロの操作対象として取得する

構文

プロパティ	意味
Worksheets(インデックス番号／シート名)	指定ワークシートを取得
Sheets(インデックス番号／シート名)	指定シートを取得（グラフシート含む）

ワークシートを操作するには、Worksheetsプロパティにインデックス番号、もしくは、シート名を指定して取得します。次のコードは、インデックス番号「1」のシート（一番左側のシート）を選択します。

```
Worksheets(1).Select
MsgBox "1枚目のシートを選択しました"
```

次のコードは、「Sheet2」を選択します。

```
Worksheets("Sheet2").Select
MsgBox "ワークシート「Sheet2」を選択しました"
```

サンプルの結果

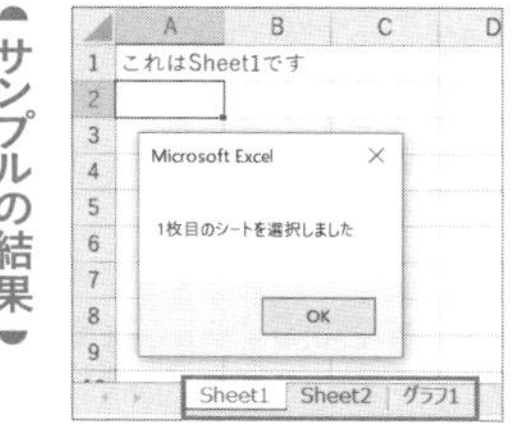

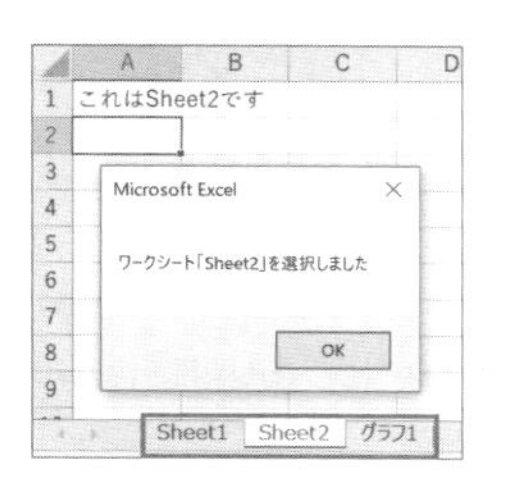

また、Sheetsプロパティでも同様にシートを取得可能です。

```
Sheets(3).Select    '3枚目のシートを選択
```

2つのプロパティの違いは、Worksheetsプロパティは「ワークシートのみから指定し、ワークシートを得る」のに対し、Sheetsプロパティは「グラフシートもある場合、すべてのシートから指定し、ワークシート、もしくは、グラフシートを得る」という点です。

386 新規シートを追加して操作したい

サンプルファイル 386.xlsm

365 2019 2016 2013

利用シーン 転記用のシートを新規追加してそこに転記

構文

メソッド／プロパティ	意味
Worksheets.Add	ワークシートを追加
Set 変数 = Worksheets.Add	ワークシートを追加して変数にセット
Worksheets.Add Before:=基準シート	基準シートの前に追加
Worksheets.Add After:=基準シート	基準シートの後ろに追加

次のサンプルでは、新規に作成したシートをWorksheet型変数「mySht」に代入して、シート名を「新規シート」に変更します。

```
Dim mySht As Worksheet
Set mySht = Worksheets.Add
mySht.Name = "新規シート"
```

サンプルの結果

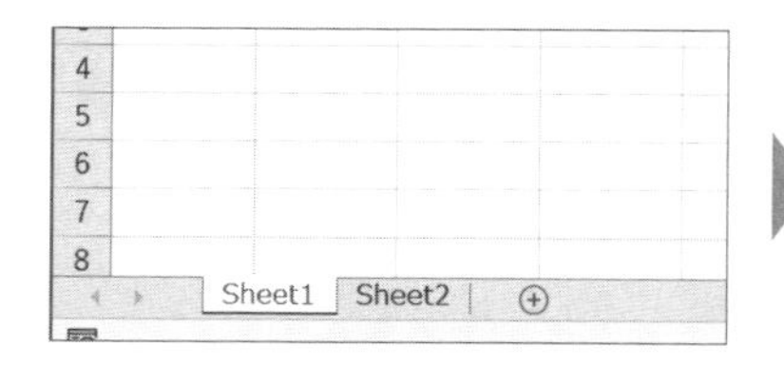

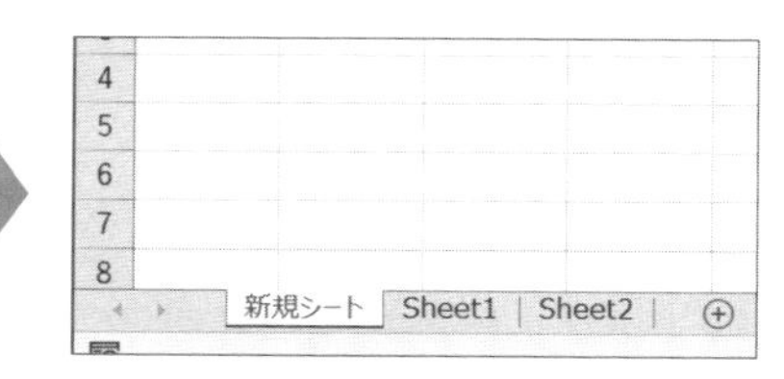

Addメソッドは、引数なしで実行すると、アクティブなシートの左側の位置へと新規シートを挿入します。この位置を任意に指定したい場合には、引数After、もしくは引数Beforeに基準となるシートを指定して実行します。

■ 引数Beforeと引数Afterの働き

Before	基準となるシートの前（左側）へ追加
After	基準となるシートの後ろ（右側）へ追加

次のコードは、引数Afterに「現在、末尾の位置にあるシート」を指定することで、新規シートを末尾の位置へと追加します。

```
Worksheets.Add After:=Worksheets(Worksheets.Count)
```

387 シートの位置を移動したい

サンプルファイル 387.xlsm

365 2019 2016 2013

利用シーン シート「売上データ」を2番目の位置に移動する

構文

メソッド／プロパティ	意味
シート.Move Before:=基準シート	基準シートの前に移動
シート.Move After:=基準シート	基準シートの後ろに移動

ワークシートの位置を移動するにはMoveメソッドを利用します。Moveメソッドは、引数BeforeもしくはAfterに基準となるシートを指定すると、基準となるシートの手前の位置、もしくは後ろの位置へと移動します。

次のサンプルは、シート「売上データ」を、現在2番目の位置にあるシートの手前の位置に移動します。結果として、シート「売上データ」が2番目のシートとなります。

```
Worksheets("売上データ").Move Before:=Worksheets(2)
```

サンプルの結果

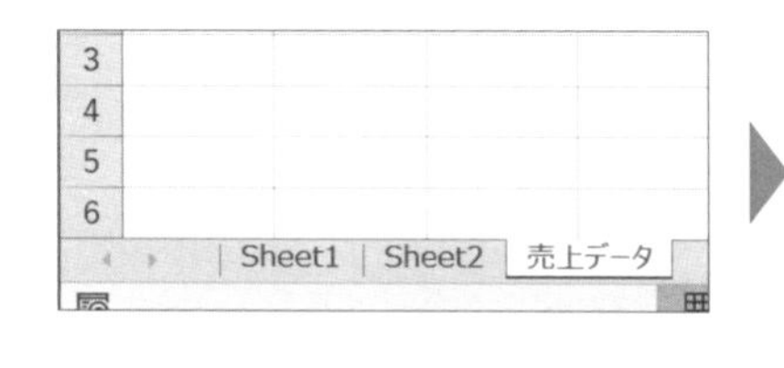

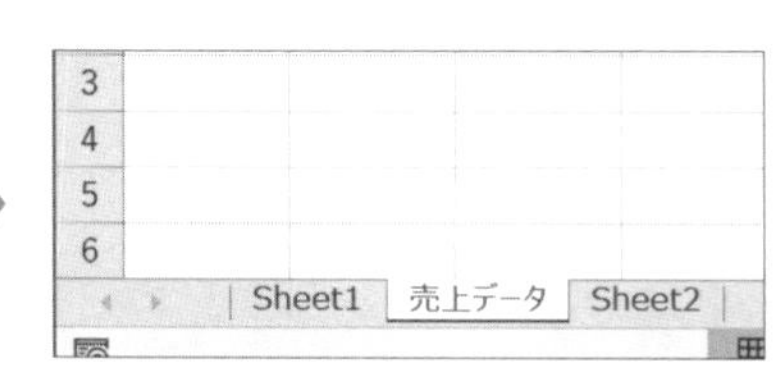

また、移動する際には「ブック内の先頭に移動したい」「ブック内の末尾に移動したい」というケースが多くありますが、先頭の場合には、「1枚目のシートの前（Before）」と指定し、末尾の場合には、「末尾のシートの後ろ（After）」と指定します。

```
'先頭へ移動
シート.Move Before:=Worksheets(1)
'末尾へ移動
シート.Move After:=Worksheets(Worksheets.Count)
```

慣用句的に覚えてしまいましょう。

388 シート名を変更したい

サンプルファイル 388.xlsm

365 2019 2016 2013

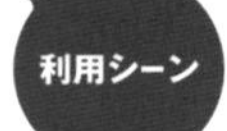

利用シーン シート名を「売上データ」に変更する

構文

プロパティ	意味
シート.Name = 新しいシート名	シート名を変更

シート名を取得するにはNameプロパティを使用します。

```
'1枚目のシートのシート名を表示
MsgBox "シート名：" & Worksheets(1).Name
```

また、シート名を変更するには、Nameプロパティに新しいシート名を指定します。次のコードは、シート名「Sheet1」のシートの名前を「売上データ」に変更します。

```
Worksheets("Sheet1").Name = "売上データ"
```

サンプルの結果

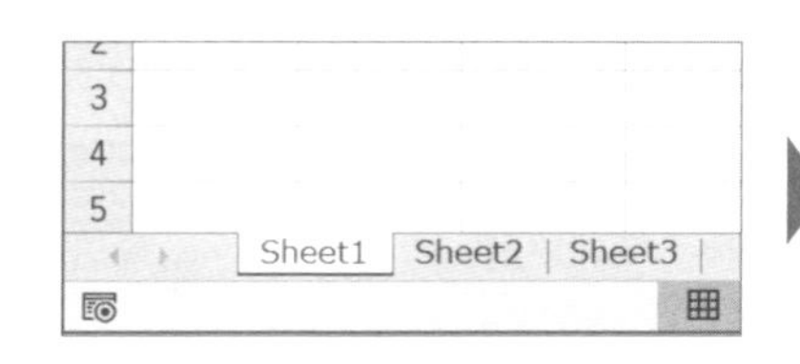

上記のコードを実行後、「Sheet1」という名前のシートはなくなります。同じシートをシート名を使って取得するには、変更後の名前を利用して、

```
Worksheets("売上データ")
```

というコードで取得することになる点に注意しましょう。

オブジェクト名でシートを扱いたい

サンプルファイル 389.xlsm

365 2019 2016 2013

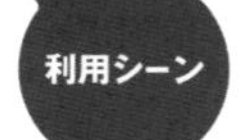

「Sheet2オブジェクト」を操作する

構文

ステートメント	意味
Sheet2.Name = 新しい名前	「Sheet2オブジェクト」のシート名を変更

操作シートの指定は、VBEの[プロジェクトエクスプローラー]等で確認できるオブジェクト名でも指定可能です。個々のシートはブックに追加した時点で自動的に「Sheet1」「Sheet2」等のオブジェクト名が付けられます。このオブジェクト名(CodeNameプロパティの値)は、シート名(Nameプロパティの値)とは別に管理されます。

次のコードは「Sheet2オブジェクト」のシート名を、実行時の日付に合わせて変更します。7月に実行すれば「7月集計」となります。シート名を変更してもオブジェクト名は変わらないので、常に同じオブジェクト名で同じシートを操作できます。

オブジェクト名の確認方法

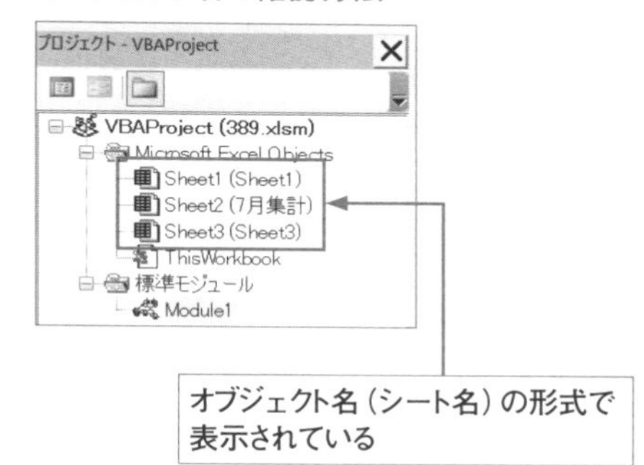


```
Sheet2.Name = Month(Date) & "月集計"
```

このオブジェクト名は、[プロパティ]ウィンドウで変更も可能です。たとえば、月次の集計結果を扱うシートのオブジェクト名を「MonthlySheet」にすれば、シートの用途が明確になりますね。

[プロパティ]ウィンドウでオブジェクト名を確認/変更する

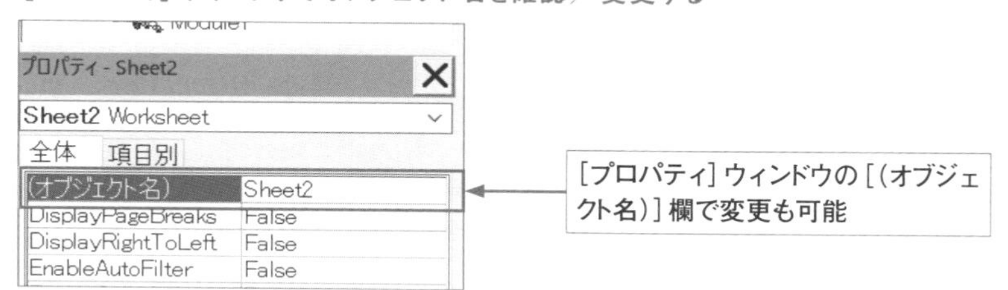

390 シート数を取得したい

サンプルファイル 390.xlsm

365 2019 2016 2013

利用シーン ブック内に何枚シートがあるのかをチェックする

構文

プロパティ	意味
Worksheets.Count	ワークシートの総数を取得

シート数を取得するには、Worksheetsコレクションに対してCountプロパティを使用します。また、Countプロパティで得られる値は、シートのインデックス番号の最大値として捉えることもできます。

次のサンプルは、Countプロパティで取得した値を元にして、ブック内の「末尾のシート（一番右のワークシート）」を取得しています。

```
Dim i As Long
i = Worksheets.Count
MsgBox "末尾のシート：" & Worksheets(i).Name
```

サンプルの結果

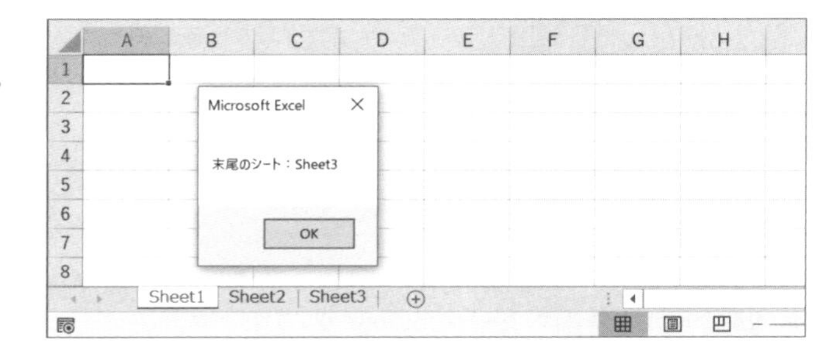

391 シートをコピーしたい

サンプルファイル 391.xlsm

365 2019 2016 2013

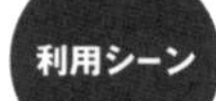

雛形となるシートをコピーして操作する

構文

メソッド	意味
シート.Copy Before:=基準シート	基準シートの前の位置にコピー
シート.Copy After:=基準シート	基準シートの後ろの位置にコピー

シートをコピーするにはCopyメソッドを利用します。Copyメソッドは、引数Before、もしくはAfterに基準となるシートを指定すると、そのシートを基準に手前の位置、もしくは後ろの位置へとコピーを作成します。

また、CopyメソッドはAddメソッドと異なり、戻り値としてコピーしたシートを返すような仕組みは用意されていません。コピー後のシートを操作するには、追加の基準とするシートのNextプロパティやPreviousプロパティで前後のシートを取得したり、インデックス番号を元に取得したりというひと工夫が必要となります。

次のコードは、「ひな形」シートを、「5月」シートの後ろにコピーし「6月」と名前を付けます。

```
Dim mySht As Worksheet
Set mySht = Worksheets("5月")              '基準シートをセット
Worksheets("ひな形").Copy After:=mySht '基準シートの後ろにコピー
mySht.Next.Name = "6月"                    '基準シートの後ろのシートを操作
```

次のコードは、「ひな形」シートを2枚目の位置にコピーし、「3月」と名前を付けます。

```
Dim i As Long
i = 2
Worksheets("ひな形").Copy Before:=Worksheets(i)     '2枚目の位置にコピー
Worksheets(i).Name = "3月"                          '2枚目のシートを操作
```

サンプルの結果

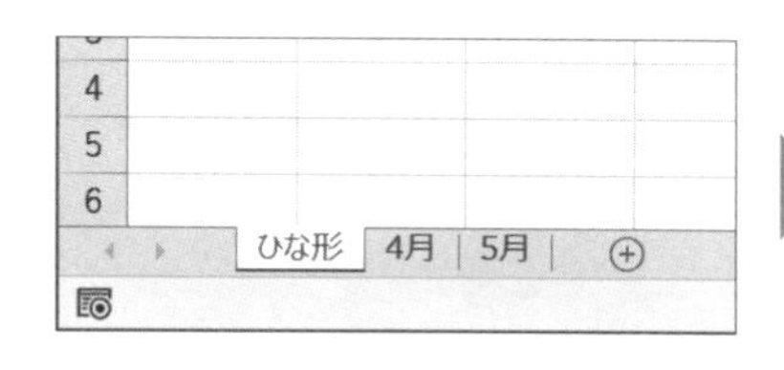

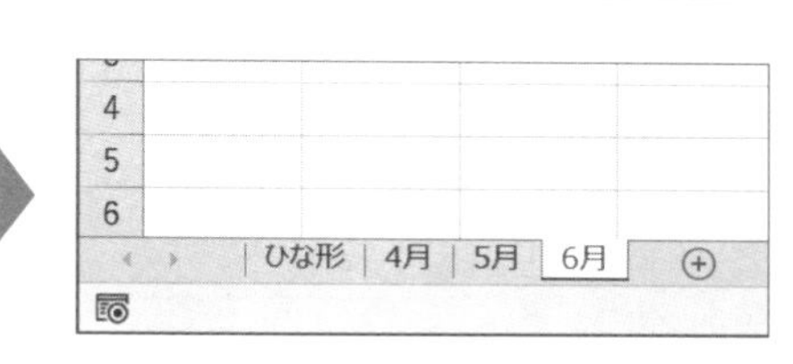

392 シートをコピーして新規ブックを作成したい

サンプルファイル 392.xlsm

365 2019 2016 2013

「4月」シートをコピーして新規ブックを作成

構文

メソッド	意味
シート.Copy	指定シートをコピーした新規ブック作成
Worksheets(シートのリスト).Copy	指定シートリストのコピーから新規ブック作成

Copyメソッドに引数を指定せずに実行すると、コピーしたシートからなる新しいブックを作成します。作成された新規シートからなるブックは、コピー直後にアクティブなブックとなっています。そのため、ActiveWorkbookプロパティで取得して操作可能です。

次のコードは、「4月」シートのみからなる新規ブックを作成し、保存します。

```
Worksheets("4月").Copy
ActiveWorkbook.SaveAs ThisWorkbook.Path & "¥4月複製"
```

次のコードは、「4月」「5月」からなる新規ブックを作成します。

```
Worksheets(Array("4月", "5月")).Copy
```

また、Copyメソッドではなく、Moveメソッドに引数を指定せずに実行すると、対象シートからなるブックが作成され、元のブックからそのシートは削除されます。

次のシートは、「4月」シートのみからなる新規ブックを作成します。元のブックからは「4月」シートは削除されます。

```
Worksheets("4月").Move
```

サンプルの結果

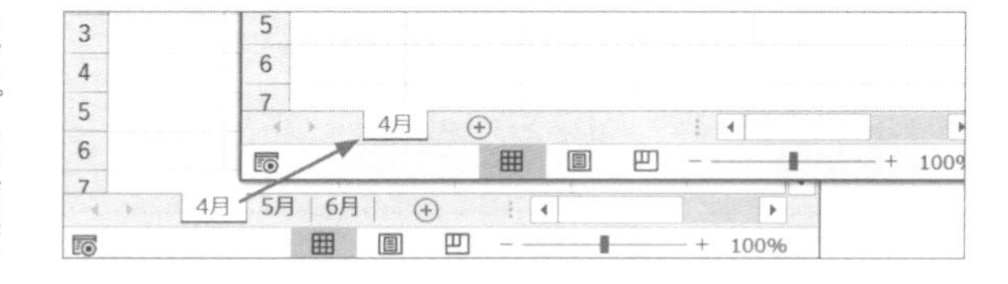

393 シートを削除したい

サンプルファイル 393.xlsm

365 2019 2016 2013

利用シーン 「4月」シートを削除する

構文

メソッド／プロパティ	意味
シート.Delete	指定シートを削除
Application.DisplayAlerts = False	警告メッセージ表示をオフ
Application.DisplayAlerts = True	警告メッセージ表示をオン

シートを削除するには、Deleteメソッドを使用します。次のサンプルは、「4月」シートを削除します。

```
Worksheets("4月").Delete
```

また、上記コードで削除を行う場合、削除前に確認メッセージが表示されます。［キャンセル］を押した場合にはシートの削除処理をキャンセル可能です。

この確認メッセージを表示させずに削除してしまいたい場合には、次のように一時的に各種確認・警告メッセージの表示をオフにし、シートを削除後に元に戻す形でコードを作成しましょう。

```
Application.DisplayAlerts = False  '警告表示オフ
ActiveSheet.Delete
Application.DisplayAlerts = True  '警告表示オン
```

サンプルの結果

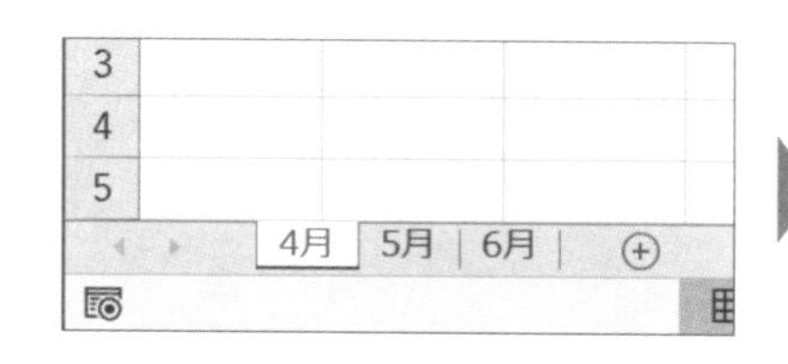

「前のシート」「後ろのシート」を取得したい

サンプルファイル 394.xlsm

365 2019 2016 2013

「5月」シートの前後のシートを操作する

構文

プロパティ	意味
シート.Previous	「前のシート」を取得
シート.Next	「次のシート」を取得

特定のシートの「前のシート（左のシート）」、「後ろのシート（右のシート）」を取得するには、それぞれPreviousプロパティとNextプロパティを使用します。CopyメソッドやMoveメソッドの引数名とは異なり、「前」は「Before」でなく「Previous」な点に注意しましょう。

次のサンプルは、「5月」シートを基準に、前のシートと後ろのシートのシート名を表示します。

```
Dim mySht As Worksheet
'基準となるシートをセット
Set mySht = Worksheets("5月")
MsgBox _
    "前のシート：" & mySht.Previous.Name & vbCrLf & _
    "後のシート：" & mySht.Next.Name
```

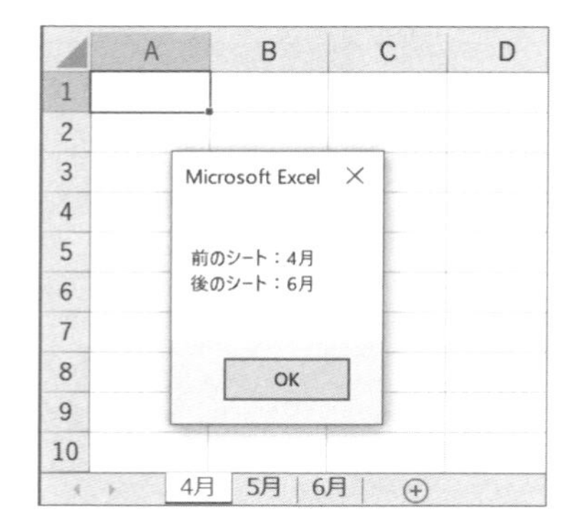

395 アクティブシートがワークシートかどうかを判断したい

サンプルファイル 395.xlsm

365 2019 2016 2013

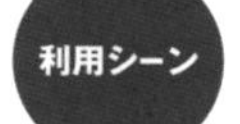

利用シーン 現在選択しているシートがワークシートかを判定する

構文

ステートメント	意味
シート.Type = xlWorksheet	シートがワークシートであるかを判定

アクティブなワークシートを操作するときには、ActiveSheetプロパティで参照します。もちろん、通常はこれでなんの問題もないのですが、ブックの中にグラフシートがある場合には、アクティブシートがグラフシートである可能性もあります。

そうした可能性まで考慮して、アクティブシートがワークシートである場合のみ、そのアクティブシートを操作したいときには、Typeプロパティでそのシートの種類を調べればよいでしょう。

次のサンプルでは、アクティブシートがワークシートだったら、そのシート名をメッセージボックスに表示しています。

```
If ActiveSheet.Type = xlWorksheet Then
    MsgBox "ワークシートがアクティブです： " & ActiveSheet.Name
Else
    MsgBox "ワークシートがアクティブではありません"
End If
```

サンプルの結果

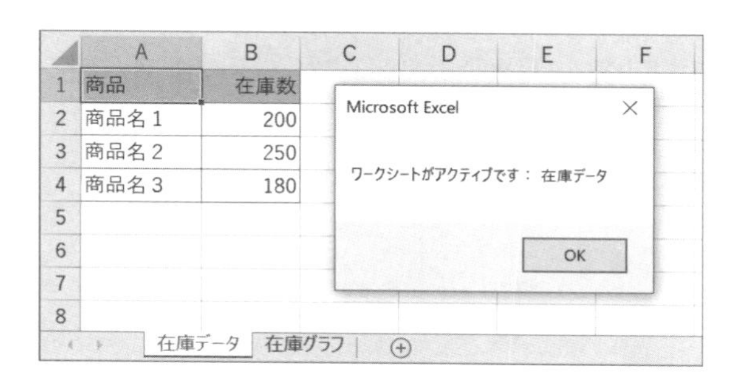

ワークシートを保護／保護を解除したい

サンプルファイル 396.xlsm

365 2019 2016 2013

マクロから一時的にシートの保護を解除して編集し、再度保護をかける

構文

メソッド	意味
シート.Protect [Password:=パスワード文字列]	シートを保護
シート.Unprotect [Password:=パスワード文字列]	シートの保護を解除

ワークシートを保護するときには、WorksheetオブジェクトのProtectメソッドを使用します。次のコードは「Excel」というパスワードでシートを保護します。

```
ActiveSheet.Protect Password:="Excel"
```

逆に、ワークシートの保護を解除するときには、WorksheetオブジェクトのUnprotectメソッドを使用します。次のコードは「Excel」というパスワードでシートの保護を解除します。

```
ActiveSheet.Unprotect Password:="Excel"
```

応用例としては、ダイアログボックスでパスワードの入力を促し、入力されたアルファベットをUCase関数で大文字に、もしくはLCase関数で小文字に変換し、パスワードが「EXCEL」で、ダイアログボックスの入力値が「excel」でも、パスワードは一致しているとみなすようなマクロを作成するのもよいでしょう。

保護されたワークシートを編集しようとした際に表示されるメッセージ

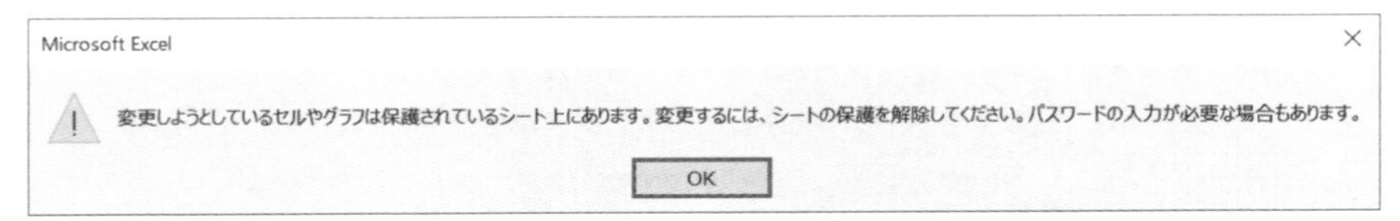

397 シートの保護状態を列挙したい

サンプルファイル 397.xlsm

365 2019 2016 2013

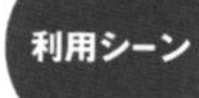

アクティブシートの保護項目をチェックする

構文

プロパティ	意味
シート.各種Protect系プロパティ	対応する保護項目の状態を取得
シート.Protection.各種Allow系プロパティ	対応する保護項目の状態を取得

ワークシートの保護とひと言でいっても、描画オブジェクトが保護されているとか、シナリオが保護されているとか、さまざまな状況が考えられます。また、保護がかかっていても、列の削除は許可されていたり、オートフィルタが許可されていたりなど、保護状態は千差万別です。

次のサンプルは、シートの保護状態を列挙するものです。具体的な保護状態については、マクロ内のコメントを参考にしてください。

```
With ActiveSheet
  MsgBox .ProtectContents                 '内容の保護
  MsgBox .ProtectDrawingObjects           '描画オブジェクトの保護
  MsgBox .ProtectScenarios                'シナリオの保護
  MsgBox .ProtectionMode                  '画面上での変更のみの保護
  With .Protection
    MsgBox .AllowDeletingColumns          '列削除の許可
    MsgBox .AllowDeletingRows             '行削除の許可
    MsgBox .AllowFiltering                'フィルターの許可
    MsgBox .AllowFormattingCells          'セルの書式変更の許可
    MsgBox .AllowFormattingColumns        '列の書式変更の許可
    MsgBox .AllowFormattingRows           '行の書式変更の許可
    MsgBox .AllowInsertingColumns         '列挿入の許可
    MsgBox .AllowInsertingHyperlinks      'ハイパーリンク挿入の許可
    MsgBox .AllowInsertingRows            '行挿入の許可
    MsgBox .AllowSorting                  '並べ替えの許可
  End With
End With
```

398 ユーザーが再表示できないようにシートを非表示にしたい

サンプルファイル 398.xlsm

365 2019 2016 2013

作業用の式が入力されているシートを手作業では再表示できなくする

構文

プロパティ	意味
シート.Visible = xlSheetHidden	シートを非表示に変更
シート.Visible = xlSheetVeryHidden	シートをマクロからのみ再表示可能な状態で非表示に変更
シート.Visible = xlSheetVisible	シートを表示

みなさんは、非表示にしたシートは、シート見出しを右クリックして表示されるメニューから［再表示］を選択することで、必ず再表示できると思っていませんか。

しかし、VBAを使うと、ユーザーが再表示できないようにシートを隠すことができるのです。次のステートメントは、VisibleプロパティにxlSheetHiddenを代入して「Sheet2」を非表示にしています。

```
Worksheets("Sheet2").Visible = xlSheetHidden
```

こうして非表示になったワークシートは、ユーザー操作で普通に再表示できます。

一方、次のサンプルも「Sheet2」を非表示にするものですが、このようにVisibleプロパティにxlSheetVeryHiddenを代入すると、ユーザー操作ではワークシートを再表示することはできません。

```
Worksheets("Sheet2").Visible = xlSheetVeryHidden
```

なお、再表示するには、VisibleプロパティにxlSheetVisibleを代入します。

```
Worksheets("Sheet2").Visible = Visible
```

サンプルの結果

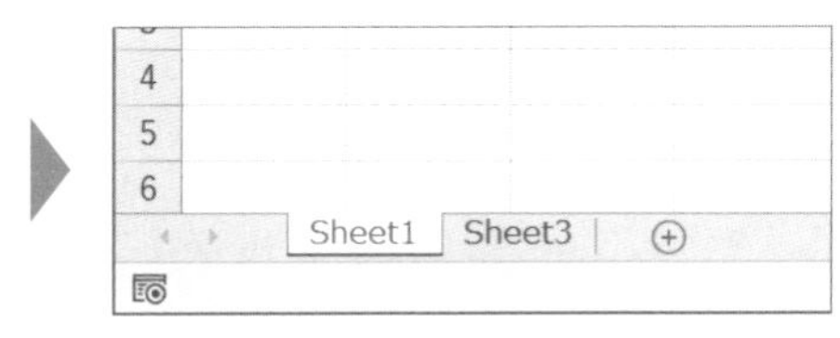

連番でワークシートを複数作成したい

サンプルファイル 399.xlsm

365 2019 2016 2013

利用シーン 連番を持つように複数のシートを追加する

構文

プロパティ	意味
Worksheets.Add.Name = 追加するシート名	シートを追加して名前を設定

P.504では、シート名が連番で並んでいないワークシートを一気に並び替えるテクニックを紹介していますが、なるべくそういったことをしなくていいように、シート名を連番にして複数のワークシートを一度に挿入するテクニックを取り上げます。

サンプルを見てわかるとおり、さほど難しいテクニックではありませんが、ワークシートの名前は、Addメソッドを使用するときに、Nameプロパティで設定できることを学習してください。以下のように2行に分ける必要はありません。

```
Worksheets.Add
ActiveSheet.Name = "売上データ"
```

次のサンプルでは、「WORK1」から「WORK5」の名前で連番でワークシートを作成しています。

```
Dim i As Long, myLastSht as Worksheet
'末尾のシートを取得
Set myLastSht = Worksheets(Worksheets.Count)
For i = 1 To 5
    '末尾に追加して名前を変更
    Worksheets.Add(After:= myLastSht).Name = "WORK" & i
    '末尾のシートを更新
    Set myLastSht = Worksheets(Worksheets.Count)
Next i
```

サンプルの結果

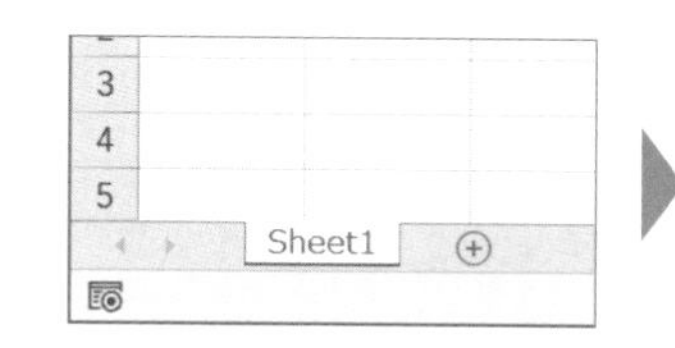

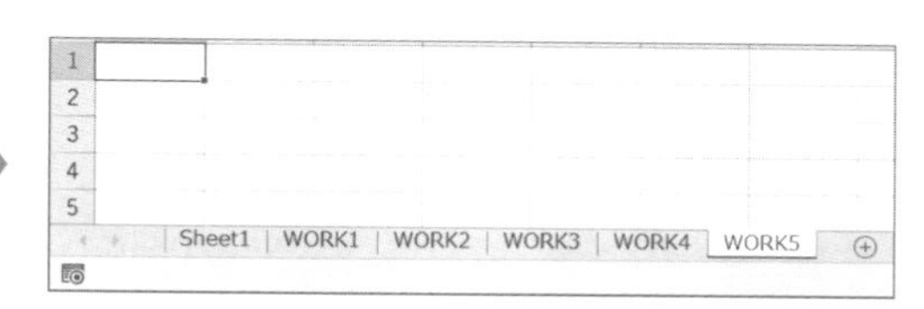

400 他のシートへと移動する前にチェックを行いたい

サンプルファイル 400.xlsm

365 2019 2016 2013

必要項目が入力されているかをチェックする

構文

イベント／キーワード	意味
Deactivateイベント	別のシートへと移動しようとしたときに発生
Meキーワード	オブジェクトモジュールを持つオブジェクトを取得

ワークシートを非アクティブにする、つまり、他のシートを選択しようとすると、該当シートのDeactivateイベントが発生します。すなわち、Worksheet_Deactivateイベントプロシージャ内で、「特定の条件を満たさない限りアクティブシートを非アクティブにさせない処理」を作成すれば、他のシートを選択させないようにすることができます。

次のサンプルは、該当シートのセルB1が空白の場合は、他のシートの選択直後に該当シートを再選択します。結果的に、セルB1に何か入力されるまでは、他のシートを選択させないようにしています。

なお、オブジェクトモジュール内ではMeキーワードで、「そのオブジェクトモジュールを持つオブジェクト自身（サンプルの場合は該当シート）」を明示的に取得します。

```
'シートのオブジェクトモジュールに記述
Private Sub Worksheet_Deactivate()
    If Me.Range("B1").Value = "" Then
        Application.GoTo Me.Range("B1")
        MsgBox "セルB1に作成者が入力されていません"
    End If
End Sub
```

サンプルの結果

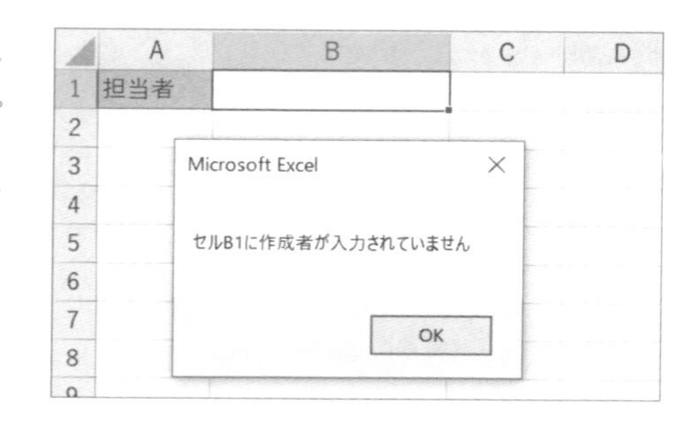

401 複数シートをまとめて作業グループとして選択したい

サンプルファイル 401.xlsm

365 2019 2016 2013

利用シーン シートを1枚おきに選択した作業グループを作成する

構文

メソッド	意味
シート.Select False	指定シートをグループ選択
Worksheets(シートのリスト).Select	リストのシートをグループ選択

個別のシートを選択するSelectメソッドの引数に「False」を指定すると、現在選択しているシートを含んだ作業グループとして選択します。次のコードは、1枚目のシートから1枚おきにシートを選択した作業グループを作成します。

```
Dim i As Long
Worksheets(1).Select
For i = ActiveSheet.Index To Worksheets.Count Step 2
    Worksheets(i).Select False
Next
```

サンプルの結果

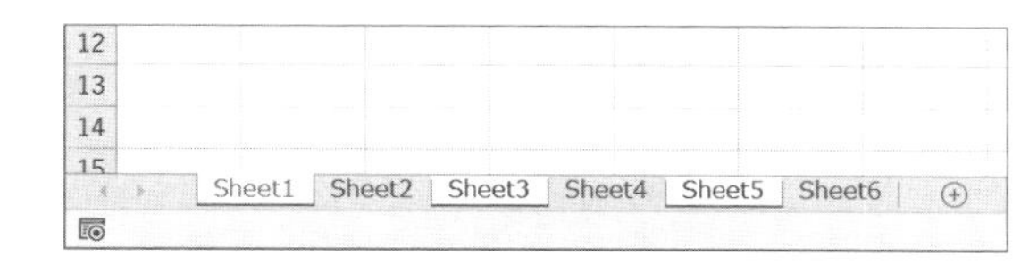

また、作業グループとしたいシートのインデックス番号やシート名が決まっている場合は、次のようにWorksheetsプロパティの引数に、インデックス番号やシート名の配列を指定してもOKです。

```
'2枚目、4枚目、「Sheet6」を作業グループとして選択
Worksheets(Array(2, 4, "Sheet6")).Select
```

作業グループを解除するには、任意のシートを、引数を指定せずにSelectメソッドで選択します。

```
ActiveSheet.Select
```

402 作業グループ内の全シートに同じ処理をしたい

サンプルファイル 402.xlsm

365 2019 2016 2013

利用シーン グループ選択したシートのデータをまとめて集計する

構文

プロパティ	意味
ウィンドウ.SelectedSheets	作業グループのシートのコレクションを取得

作業グループとして選択されているシートのコレクションは、「Windowオブジェクトの」SelectedSheetsプロパティで取得できます。このコレクションに対してループ処理を行えば、作業グループとして選択されているすべてのシートに対して処理を実行できます。

ユーザーに集計したいデータや印刷したいシートを作業グループとして選択してもらい、その作業グループを元に処理を行いたい場合に、知っておくと便利な仕組みです。

次のサンプルは、作業グループとして選択したシートすべてに対して、セルA1に「Excel」と値を入力します。

```
Worksheets(Array(1, 3, 5)).Select
Dim mySht As Worksheet
For Each mySht In ActiveWindow.SelectedSheets
    mySht.Range("A1").Value = "Excel"
Next
```

サンプルの結果

	A	B	C	D	E	F	G	H
1	Excel							
2								
3								
4								

Sheet1 Sheet2 Sheet3 Sheet4 Sheet5 Sheet6

403 特定のシート以外を削除したい

サンプルファイル 403.xlsm

365 2019 2016 2013

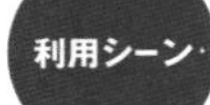

「ひな形」シート以外を削除する

構文

考え方

残したいシートを先頭に移動して2枚目以降を削除

ブック内から特定のシートを除くシートをすべて削除してみましょう。次のサンプルは、「ひな形」シート以外をすべて削除します。

シート数が1枚の場合は処理を抜けます。2枚以上ある場合には、対象シートをインデックス番号1の位置に移動し、その後、インデックス番号が末尾のシートから2番目のシートまでを逆順にシートを削除します。

```
Dim i As Long
'シート数が1枚の場合は処理を抜ける
If Worksheets.Count = 1 Then Exit Sub
'残したいシートを先頭に移動
Worksheets("ひな形").Move Before:=Worksheets(1)
'2枚目以降を削除
Application.DisplayAlerts = False
For i = Worksheets.Count To 2 Step -1
    Worksheets(i).Delete
Next
Application.DisplayAlerts = True
```

サンプルの結果

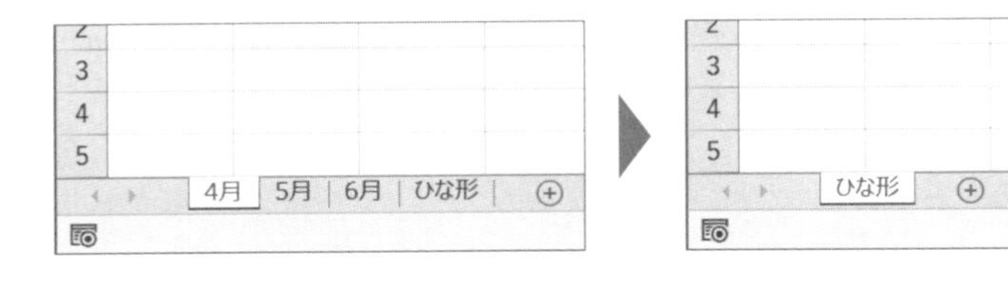

404 ワークシートを名前順に並べ替えたい(バブルソート)

サンプルファイル 404.xlsm

利用シーン ブック内のシートを名前順に並べ替える

構文

考え方

自分でソートアルゴリズムを作成して並べ替えを行う

Excelで日々作業していると、「1」「2」「3」…というワークシートの名前が連番で並ばなくなってしまって、その枚数が10枚を超えてくると、手作業で並べ替えるのも面倒、というケースは少なくありません。

次のサンプルは、バラバラに並んでしまったワークシートを名前順に並び替えるもので、筆者がExcel VBAのコミュニティを運営していた1998年に公開した古い手法ではありますが、ネットを見る限り、今なお多くの人に利用されているようです。

ちなみに、この手法は「バブルソート」という並び替えのアルゴリズムを採用しています。バブルソートは処理速度的には高速ではありませんが、一番わかりやすいソート・アルゴリズムですし、並び替えるワークシートの枚数が数万枚ということはあり得ませんので、処理速度は問題にならないということを考慮すると、この手法が一番適していると思います。

もっとも、「一番わかりやすい」とはいっても、アルゴリズムであることに変わりはないので、もし難しいと感じたら、一度ワークシートの名前をすべてセルに書き出して、それをソートするテクニックをおすすめします。

実際に筆者は、マクロの実行が終了しても値を失わないモジュールレベル変数やPublic変数、Static変数を知らなかった頃は(20年も前の話ですが)、マクロ内の値をセルに記憶させていたこともありますし、セルに値を記憶させる手法は簡便だと今でも感じています。

ちなみに、サンプルでは、最初のワークシート名(A)と最後のワークシート名(B)を比較して、(A)のほうが(B)より大きかったら、(A)と(B)を入れ替えるという処理を基本にしています。すなわち、最初のループでは左のワークシートから順番にループし、入れ子となっているループ処理では右のワークシートから順番にループして、随時、値を比較して、必要に応じて変数「myTemp」に一時的に値を退避させながら並び替えを行っています。

```
Dim i As Long, j As Long
Dim myTemp As String
'シート数と同じ数のメンバーを扱う配列を用意
ReDim myWSName(1 To Sheets.Count)
'シート名を配列に格納
For i = 1 To Sheets.Count
    myWSName(i) = Sheets(i).Name
Next i
'バブルソートアルゴリズムでソート
For i = 1 To Sheets.Count
    For j = Sheets.Count To i Step -1
        If myWSName(i) > myWSName(j) Then
            myTemp = myWSName(i)
            myWSName(i) = myWSName(j)
            myWSName(j) = myTemp
        End If
    Next j
Next i
'ソート結果に従い実際にシートを移動。まずは先頭シート
Sheets(myWSName(1)).Move Before:=Sheets(1)
'残りのシートも移動
For i = 2 To Sheets.Count
    Sheets(myWSName(i)).Move After:=Sheets(i - 1)
Next i
```

サンプルの結果

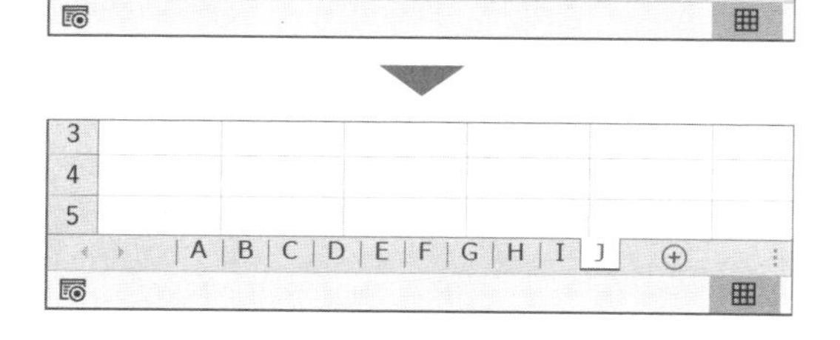

すぐに使える
実用テクニック

Chapter

12

405 VBAでワークシート関数を利用したい

サンプルファイル 405.xlsm

365 2019 2016 2013

SUMワークシート関数をVBAから利用する

構文

メソッド	意味
WorksheetFunction.ワークシート関数名(各種引数)	ワークシート関数を使用

Excelのワークシート関数の多くは、VBAでも利用できます。VBAでワークシート関数を利用するには、WorksheetFunctionオブジェクトに用意されている、ワークシート関数と同名のメソッドを利用します。引数の種類や数は、ワークシート関数と同じです。

また、WorksheetFunctionオブジェクトを取得する際は、ApplicationオブジェクトのWorksheetFunctionプロパティ経由で取得する方法と、ダイレクトにWorksheetFunctionプロパティを記述する方法が用意されています。次の2つのコードは、どちらもSUMワークシート関数で計算を行います。

```
Application.WorksheetFunction.Sum(Range("A1:B5"))
WorksheetFunction.Sum(Range("A1:B5"))
```

どのワークシート関数がWorksheetFunctionオブジェクト経由で利用できるかは、ヘルプページで確認してください。

https://docs.microsoft.com/ja-jp/office/vba/api/excel.worksheetfunction

なお、本書では、ページ幅の関係もあるため、Applicationを省いた方式で記述しています。

ちなみに、古いバージョンのExcelではWorksheetFunctionオブジェクトは存在せず、Applicationオブジェクトのメソッドのようにしてワークシート関数へアクセスできていた頃があります。

```
Application.Sum(Range("A1:B5"))
```

現在でもこの記述方法は使用できますが、あまりおすすめしません。

最終セルの下にSUM関数で合計値を入力したい

サンプルファイル 406.xlsm

365 2019 2016 2013

可変するデータ範囲に合わせた位置へと集計結果を書き出す

構文

メソッド	意味
WorksheetFunction.Sum(合計範囲)	指定セル範囲の値の合計を取得

セルA2を起点に下方向に数値が入力され、セル範囲が可変になっているとします。すなわち、データが更新されるたびに、最終セルが変わる可能性があるということです。この場合にA列の末尾に合計を入力する処理を考えてみましょう。

10件程度でしたら、For Each...Nextを使った次のマクロで十分です。

```
For Each myRange In Range("A2", Range("A2").End(xlDown))
    mySum = mySum + myRange.Value
Next myRange
Range("A2").End(xlDown).Offset(1).Value = mySum
```

もちろん、このマクロが作れれば十分なのですが、実は、ワークシート関数のSUM関数を使うほうがはるかにマクロは簡略化されます。

そして何よりも、ループ処理よりSUM関数で合計値を求めるほうがはるかに処理は高速です（一概にはいえませんが、SUM関数のほうが100倍以上も処理が高速になる場合もあります）。合計値の算出元のセルが数万件ともなると、ぜひともSUM関数を使いたい場面です。

```
Range("A2").End(xlDown).Offset(1).Value = _
        WorksheetFunction.Sum(Range("A2", Range("A2").End(xlDown)))
```

サンプルの結果

	A	B	C	D
1	集計対象			
95	10			
96	10			
97	10			
98	10			
99	10			
100	10			
101	10			
102	1,000			
103				

407 条件に一致するセルの値をSUMIF関数で合計したい

サンプルファイル 407.xlsm

365 2019 2016 2013

利用シーン 可変するデータ範囲に合わせた位置へと集計結果を書き出す

構文

メソッド	意味
WorksheetFunction. _ SumIf(検索範囲, 検索値, 合計範囲)	条件を満たすデータの合計を取得

A列に1万件の市町村名が、そしてB列に対応する数値が入力されています。このケースで、市町村名が「富士市」のセルの数値を合計するマクロを、まずはループ処理で作成してみましょう。

```
For i = 2 To 10001
    If Cells(i, 1).Value = "富士市" Then
        myGokei = myGokei + Cells(i, 2).Value
    End If
Next i
Range("E1").Value = myGokei
```

しかし、このケースではワークシート関数のSUMIF関数を使うこともできます。そして、データ量にもよりますが、SUMIF関数のほうが簡単なマクロになるだけではなく、はるかに高速な処理となります。

```
Dim myGokei As Long
myGokei = WorksheetFunction.SumIf(Range("A:A"), "富士市", ⏎
Range("B:B"))
Range("E1").Value = myGokei
```

サンプルの結果

	A	B	C	D	E	F
1	地域	件数		富士市の合計	26,938	
2	静岡市	5				
3	浜松市	13				
4	静岡市	11				
5	浜松市	14				
6	富士市	6				
7	浜松市	13				

408 文字列の一部が一致する個数をCOUNTIF関数で取得したい

サンプルファイル 408.xlsm

365 2019 2016 2013

利用シーン 可変するデータ範囲に合わせた位置へと集計結果を書き出す

構文	メソッド	意味
	WorksheetFunction.CountIf(セル範囲, 検索値)	検索値を持つセルの個数を取得

セル範囲内で文字列の一部が一致するデータの数（セルの数）を数える場合、Like演算子を知っていれば、すぐに次のマクロが思い浮かびます。

```
For Each myRange In Range("A1:E2000")
    If myRange.Value Like "*村*" Then
        myCount = myCount + 1
    End If
Next myRange
Range("H1").Value = myCount
```

これは「村」を含むセルの個数を求めるマクロで、十分に理想的なものです。ただ、処理速度の向上を意識するのであれば、ワークシート関数のほうが処理が高速ですので（データ量にもよります）、このマクロをCOUNTIF関数を使用したものに書き換えるのも1つの選択肢です。

```
Dim myCount As Long
myCount = WorksheetFunction.CountIf(Range("A1:E2000"), "=*村*")
Range("H1").Value = myCount
```

サンプルの結果

	A	B	C	D	E	F	G	H
1	村上	村上	大村	大村	望月		「村」を含むセル数	4,096
2	太田川	村上	栗山	村上	大村			
3	村上	望月	大村	太田川	村上			
4	村上	望月	望月	大村	村上			
5	太田川	栗山	栗山	栗山	望月			
6	望月	太田川	村上	望月	栗山			
7	太田川	太田川	栗山	望月	大村			

Excel方眼紙状のセルから値を取り出したい

サンプルファイル 409.xlsm

365 2019

複数セルに渡って入力されている一連のデータを取得

構文

メソッド	意味
WorksheetFunction.Concat(セル範囲)	指定セル範囲の値の連結値を取得

複数セルに分割して一連の値を入力する、いわゆる「Excel方眼紙」状のデータを読み取るには、引数に指定したセル範囲の値をすべて連結した値を返すCONCATワークシート関数が便利です。次のサンプルでは、セル範囲C3:H3から1つの値を取り出します。

```
Dim myNum As Long
myNum = CLng(WorksheetFunction.Concat(Range("C3:H3")))
MsgBox "連結した数値：" & myNum
```

サンプルの結果

ただし、CONCAT関数はExcel2019以降から使用可能な関数です。2016以前のバージョンでは、次のサンプルのように、自前でセルの値を連結する処理を用意しましょう。

```
Dim myVal As String, myRange As Range
'指定セル範囲の値をすべて文字列として連結
For Each myRange In Range("C3:H3")
    myVal = myVal & myRange.Value
Next
'CLng関数で数値に変換して表示
MsgBox "連結した数値：" & CLng(myVal)
```

410 フィルター結果のみをFILTER関数で取得したい

サンプルファイル 410.xlsm

365※

利用シーン 抽出結果を2次元配列として取得して操作

構文

メソッド	意味
`WorksheetFunction.Filter([データ範囲], [抽出条件])`	抽出結果の2次元配列を取得

セルの上のデータを抽出するには［フィルター］機能を利用します。このとき、実際にはフィルターをかける必要はないが、抽出結果のみをVBAで扱いたい場合があります。このようなケースでは、Excel2019以降限定となりますが、FILTERワークシート関数が便利です。

引数には抽出を行うデータ範囲と、抽出の条件式となる真偽値の配列を指定しますが、このデータ範囲の指定や、抽出条件の指定は、Application.Evaluateメソッドの簡易記法である角括弧を利用した記法で行うのが便利です。

■ 簡易記法の例

記述	意味
`[A1]`	セルA1。「Range("A1")」と同等
`[売上]`	名前付きセル範囲「売上」。Range("売上")」と同等
`[A1:A5 = "値"]`	セル範囲A1:A5の値が「値」であるかどうかの配列 シート上の「{TRUE;FALSE;TRUE;FALSE;TRUE}」等と同等

410

フィルター結果のみをFILTER関数で取得したい

365※

次のサンプルは、「売上」と名前の付けられたテーブル範囲から、「『名前』列の値が『大村』であるデータ」の抽出結果を2次元配列として取得します。また、取得した値を確認するために、セルへと書き出しています。

```
Dim myResult As Variant
'「売上」テーブルを「名前」列を元に抽出
myResult = WorksheetFunction.Filter([売上], [売上[名前] = "大村"])
'結果の２次元配列をセル上に展開
Range("F1").Resize(UBound(myResult, 1), UBound(myResult, 2)).Value
= myResult
```

●サンプルの結果●

	A	B	C	D	E	F	G	H	I	J
1	日付	地域	名前	金額		44022	静岡	大村	1000000	
2	2020/7/10	静岡	大村	1,000,000		44024	静岡	大村	500000	
3	2020/7/11	東京	望月	700,000		44030	静岡	大村	1200000	
4	2020/7/12	静岡	大村	500,000						
5	2020/7/13	東京	佐野	800,000						
6	2020/7/14	静岡	佐野	2,000,000						
7	2020/7/15	東京	菖川	2,400,000						

値のソート結果のみをSORT関数で取得したい

サンプルファイル 411.xlsm

365※

作成したリストをソートする

構文	メソッド	意味
	WorksheetFunction.Sort (配列 [,列番号] [,ルール] [,方向])	ソートした結果を取得

VBAには配列をソートする仕組みは用意されていませんが、365版であれば、SORTワークシート関数が利用できます。元々がセル範囲のソート結果を返す関数であるため、2次元配列のソートを念頭においた作りになっていますが、仕組みを理解すれば1次元配列のソートにも利用可能です。

■ Sort関数の引数と動作

第1引数	ソートしたい配列を指定
第2引数	基準となる行／列番号を指定。先頭が「1(規定値)」
第3引数	昇順／降順ルールを指定。昇順が「1(規定値)」、降順が「-1」
第4引数	ソート方向を指定。行方向が「False(規定値)」、列方向が「True」

次のサンプルは、セル範囲B2:B11の値をソートして上位3つ（小さい順に3つ）の値を取得します。結果は先頭要素のインデックス番号が「1」の2次元配列の形で返されます。

```
Dim myResult As Variant
myResult = WorksheetFunction.Sort(Range("B2:B11"))
MsgBox "1位：" & myResult(1, 1) & vbCrLf & _
       "2位：" & myResult(2, 1) & vbCrLf & _
       "3位：" & myResult(3, 1)
```

1次元配列を扱う場合は、「列方向」扱いでソートします。

```
Dim myList As Variant
myList = Array(1, 10, 100)
myList = WorksheetFunction.Sort(myList, 1, -1, True)
MsgBox Join(myList, ",")  '結果は「100,10,1」
```

表引き結果をVLOOKUP関数で取得したい

サンプルファイル 412.xlsm

365 2019 2016 2013

商品名に対応する価格を表引き

構文

メソッド	意味
WorksheetFunction.Vlookup (キー値, セル範囲, 列番号, False)	表引き結果を取得

Excelのワークシート上で表引きをするには、VLOOKUPワークシート関数が大変便利です。VBAからも同じように表引きを行いたい場合、WorksheetFunction経由でVLOOKUP関数が利用可能です。

次のサンプルは、セル範囲A1:C7から、「商品名」列が「りんごB」のデータの、2列目の値(「価格」の値)を表引きします。

```
Dim myRange As Range, myPrice As Long
'表引きの元となるセル範囲をセット
Set myRange = Range("A1:C7")
'VLOOKUP関数で表引き
myPrice = WorksheetFunction.VLookup("りんごB", myRange, 2, False)
MsgBox "「りんごB」の価格:" & myPrice
```

サンプルの結果

	A	B	C	D	E	F	G
1	商品名	価格	在庫				
2	りんごA	100	50				
3	りんごB	250	80				
4	蜜柑C	80	30				
5	蜜柑D	180	180				
6	レモンE	160	40				
7	レモンF	300	25				
8							
9							

Microsoft Excel

「りんごB」の価格:250

OK

413 表引き結果をXLOOKUP関数で取得したい

サンプルファイル 413.xlsm

365※

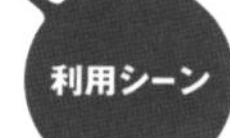

利用シーン 一覧表から「りんごB」のデータを一括取得する

構文

メソッド	意味
WorksheetFunction. XLookup(検索値, 検索範囲, データ範囲 [,見つからない場合の値])	表引き結果を取得

365版では、XLOOKUPワークシート関数を利用して、より柔軟に表引きを行えます。XLOOKUPワークシート関数は、VBAからも利用可能であり、その戻り値は基本的に2次元配列となります。

次のサンプルは、セル範囲A2:C7の表から「『商品名』が『りんごB』のデータの『価格』と『在庫』」の値を表示します。

```
Dim mySearchRange As Range, myDataRange As Range, myResult As
Variant
'表引きの元となるセル範囲をセットしてXLOOKUP関数で表引き
Set mySearchRange = Range("A2:A7")  '検索範囲
Set myDataRange = Range("B2:C7")    '対応する結果データ範囲
myResult = WorksheetFunction. _
    XLookup("りんごB", mySearchRange, myDataRange, "該当なし")
'戻り値が配列かどうかで対象の有無を判定
If IsArray(myResult) Then
    MsgBox "「りんごB」の価格：" & myResult(1, 1) & vbCrLf & _
           "「りんごB」の在庫：" & myResult(1, 2)
Else
    MsgBox "該当するデータはありませんでした"
End If
```

サンプルの結果

	A	B	C
1	商品名	価格	在庫
2	りんごA	100	50
3	りんごB	250	80
4	蜜柑C	80	30
5	蜜柑D	180	180
6	レモンE	160	40
7	レモンF	300	25

Microsoft Excel

「りんごB」の価格：250
「りんごB」の在庫：80

OK

セル範囲の値を2次元配列として変数に代入したい

サンプルファイル 414.xlsm

365 2019 2016 2013

指定セル範囲の値を高速にチェックする

構文

プロパティ	意味
変数 = セル範囲.Value	セル範囲の値を2次元配列の形で変数に代入

一般的にマクロの処理速度は、セルへのアクセス回数を減らしたほうが向上します。そこで、セル範囲の値を配列に格納し、その値をチェックする処理を作成してみましょう。

たとえば、セルA1:C5の値を変数に格納するときに、セル範囲は行と列の2次元の表ですから、2次元配列を知っていると、次のようなステートメントが思い浮かびます。

```
For i = 1 To 5
    For j = 1 To 3
        Cells(i, j).Value = myData(i, j)
    Next j
Next i
```

しかし、Excel VBAでは、セル範囲を指定して、そのValueの値をバリアント型変数に代入すると、変数に2次元配列の形で値が代入されます。上記のように2重ループをする必要はありません。

```
Dim myData As Variant
myData = Range("A1").CurrentRegion.Value
MsgBox "myData(1, 1):" & myData(1, 1) & vbCrLf & _
       "myData(4, 3):" & myData(4, 3)
```

なお、2次元配列の各次元の要素は、インデックス番号「1」から格納されます。

サンプルの結果

	A	B	C
1	大村あつし	不死鳥	静岡
2	井出登志夫	IDE倉庫	東京
3	増根好夫	大富	愛知
4	深田綾子	DORA	神奈川
5	渡辺慎司	日本商事	宮城

Microsoft Excel

myData(1, 1):大村あつし
myData(4, 3):神奈川

OK

2次元配列の値をセル範囲に一括代入したい

サンプルファイル 415.xlsm

365 2019 2016 2013

2次元配列の形で処理したデータをすばやくシート上に入力

構文

プロパティ／関数	意味
セル範囲.Value = 2次元配列	セル範囲に2次元配列の値を一括入力
UBound(配列変数 [,次元数])	配列の要素数(末尾の要素番号)を取得

今度は前トピックとは逆に、2次元配列の値をセル範囲に転記する方法です。もうおわかりだと思いますが、この場合も2重ループする必要はありません。2次元配列と同じ大きさのセル範囲のValueプロパティに、2次元配列をそのまま指定するだけです。

たとえば、変数myDataに各要素のインデックス番号が1から始まる2次元配列が格納されている場合、その値を、セルA1を起点としたセル範囲に転記するには、次のようにコードを記述します。

```
r = UBound(myData, 1)    '1次元目の要素数(行数)を取得
c = UBound(myData, 2)    '2次元目の要素数(列数)を取得
Range("A1").Resize(r, c).Value = myData
```

次のサンプルは、「(行番号,列番号)」という形式で2000行×5列分の値を作成し、セル範囲A1:E2000に書き込みます。1つ1つのセルにそのつど書き込むよりも、高速に値を転記できます。

```
Dim myData(1 To 2000, 1 To 5) As String, r As Long, c As Long
For r = 1 To UBound(myData, 1)
    For c = 1 To UBound(myData, 2)
        myData(r, c) = "( " & r & "," & c & ")"
    Next c
Next r
Range("A1").Resize(r - 1, c - 1).Value = myData
```

サンプルの結果

	A	B	C	D	E	F
1	(1,1)	(1,2)	(1,3)	(1,4)	(1,5)	
2	(2,1)	(2,2)	(2,3)	(2,4)	(2,5)	
3	(3,1)	(3,2)	(3,3)	(3,4)	(3,5)	
4	(4,1)	(4,2)	(4,3)	(4,4)	(4,5)	
5	(5,1)	(5,2)	(5,3)	(5,4)	(5,5)	

416 配列のループ処理を高速化したい

サンプルファイル 416.xlsm

利用シーン

2次元配列の形で処理したデータをすばやくシート上に入力

構文

考え方

配列の値をFor Eachステートメントで走査して取り出す

もし、日曜日～土曜日の7個の要素からなる配列の各要素をイミディエイトウィンドウに出力する場合、多くの人が次のようなステートメントを書くと思います。

```
For i = 0 To 6
    Debug.Print myWeek(i)
Next i
```

もちろん、このステートメントは正解です。ただ、みなさんは、For NextステートメントよりもFor Each Nextステートメントのほうが処理が高速であることも知っていると思います（処理対象の件数にもよります）。

そして、上述のステートメントは、For Each Nextステートメントを使って次のように書き換えることができます（7件程度では、処理が高速になることはありませんが）。

```
Dim myWeek(6) As String, myVar As Variant
myWeek(0) = "日曜日"
myWeek(1) = "月曜日"
myWeek(2) = "火曜日"
myWeek(3) = "水曜日"
myWeek(4) = "木曜日"
myWeek(5) = "金曜日"
myWeek(6) = "土曜日"
For Each myVar In myWeek
    Debug.Print myVar
Next myVar
```

ただし、1つ注意点があります。For...Nextステートメントを使った次の処理なら、配列を初期化できます。

```
For i = 0 To 6
    myWeek(i) = ""
Next i
```

しかし、For Each Nextステートメントを使った次の処理では配列の初期化はできません。

```
For Each myVar In myWeek
    myVar = ""
Next myVar
```

なんとも不思議な話ですが、バリアント型変数とFor Each Nextステートメントを使う場合には、一度、配列変数のデータをメモリ上の別の領域にコピーして、そのコピー領域のデータを高速に読み出します。したがって、値の取得は可能ですが、同じ方法で配列変数を初期化しようとしても、コピーされた領域が初期化されるだけで、オリジナルの配列変数の値は初期化されないからです。

もっとも、VBAには配列を初期化するEraseステートメントがありますので、次のステートメントで配列の値をクリアしてください。

```
Erase myWeek
```

POINT ▶▶ **For Each Nextステートメントで「取り出す順番」**

For Each Nextステートメントで配列内をループ処理する場合、値を取り出す順番というのは、言語仕様的には「保証されていない」状態です。つまり、必ずしもインデックス番号通り、先頭の要素から取り出すわけではない、ということです。

実際に実行してみると、For Each Nextステートメントでもインデックス番号順に処理されるようですが、仕組み的には保証されていません。このため、ループ処理を行う「順番」が重要となる処理の場合には、確実にインデックス番号を指定できるFor Nextステートメントのほうが「安全」です。

417 イベントの発生を一時的に止めたい

サンプルファイル 417.xlsm

365 2019 2016 2013

利用シーン　イベントを一時的に停止して処理速度全般の向上を図る

構文

プロパティ	意味
Application.EnableEvents = False イベントの発生する処理 Application.EnableEvents = True	イベントの発生を一時的に停止し、イベントが発生する処理の実行速度を上げる

Excelではセルの値を変更したときや、ブックを開いたとき等、ユーザーの操作に応じてさまざまなイベントが発生します。このイベントの発生は、ApplicationオブジェクトのEnableEventsプロパティで一時停止することができます。

イベントの発生を一時停止するには、EnableEventsプロパティにFalseを代入します。また、一時停止を解除するには、Trueを代入します。

この仕組みを使って、イベントの発生する処理を次のように挟むと、イベント発生に付随する処理を行わなくて済む分、処理が高速になります。

```
'イベントの発生を一時停止
Application.EnableEvents = False

イベントの発生する処理

'イベントの発生を元に戻す
Application.EnableEvents = True
```

418 画面の更新を一時的に止めたい

サンプルファイル 418.xlsm

365 2019 2016 2013

利用シーン 画面の動きを一時的に停止して処理速度全般の向上を図る

構文

プロパティ	意味
Application.ScreenUpdating = False イベントの発生する処理 Application.ScreenUpdating = True	画面の更新を一時的に停止し、画面が動く処理の実行速度を上げる

Excelでは、VBAを使ってセルの値を変更したりブックを開いたりした場合でも、手作業時と同じように、随時、画面上のセルの値を更新し、開いたブックを表示します。

手作業のときはわかりやすくてよいのですが、マクロのときには画面がチラチラして見づらい上に、アニメーションの分、実行速度も低下してしまいます。

この画面の更新設定は、ApplicationオブジェクトのScreenUpdatingプロパティで変更できます。画面更新を一時停止するには、ScreenUpdatingプロパティにFalseを代入し、一時停止を解除するには、Trueを代入します。

この仕組みを使って、画面更新を伴う処理を次のように挟むと、画面の更新を行わなくて済む分、処理が高速になります。

```
'画面の更新を一時停止
Application.ScreenUpdating = False

画面更新が発生する処理

'画面の更新を再開
Application.ScreenUpdating = True
```

とくに、複数のブックを次々に開いて処理するようなマクロの場合は、処理速度が向上するだけでなく、画面がバタバタと切り替わる煩わしさを防ぐ効果もあります。

「ブックを開き、必要なデータを取得して閉じる」処理を画面更新を行わずに実行すれば、「ブックを開かないでデータを取得する」ように見えるマクロも作成できますね。

419 数式の計算を一時的に止めたい

サンプルファイル 419.xlsm

365 2019 2016 2013

画面の動きを一時的に停止して処理速度全般の向上を図る

構文

プロパティ／メソッド	意味
Application.Caluculation	Excel全体の計算方法を取得／設定
Application.Caluculate	再計算を実行

Excelの初期設定では、値の変更されたセルに関連する数式が入力されている場合、その数式が自動的に再計算されます。この再計算方法の設定は、ApplicationオブジェクトのCalculationプロパティで取得／設定できます。

xlCalculationAutomatic	自動
xlCalculationManual	手動
xlCalculationSemiautomatic	データテーブル以外自動

この仕組みを使って、セルに値を入力する処理を次のように挟むと、再計算を行わなくて済む分、処理が高速になります。

```
'現在の計算方法を変数へと保存
変数 = Application.Calculation
Application.Calculation = xlCalculationManual
セルへの値の入力などの処理
'計算方法を元に戻す
Application.Calculation = 変数
```

Calculationプロパティによる計算方法の設定は、特定ブックの設定ではなく、「Excel全体の設定」である点に注意しましょう。目的の処理を行ったあとは、「元の値」へと戻す仕組みを用意しておくのがベターです。

ちなみに、VBAから任意のタイミングで再計算を行いたい場合には、ApplicationオブジェクトのCalculateメソッドを利用します。

```
Application.Calculate
```

数値の列番号をA1形式の見出し文字列に変換したい

サンプルファイル 420.xlsm

365 2019 2016 2013

「64」列目という情報から「BL」列目という情報を得たい

構文

プロパティ／関数	意味
セル.Address	セルのA1形式のアドレスを取得
Split(Cells(1, 列番号).Address, "$")(1)	列番号に対応する列見出し文字を取得

自分で作成する場合はともかく、他人が作ったマクロで次のようなステートメントがあったらどうでしょうか。

```
Cells(1, 64).Value = 変数
```

もちろん、1行目・64列目に変数を代入していることはわかりますが、64列目がどの列なのかまったくピンときません。

こんなときには、「64」という数値をA1形式のアドレスに変換できると便利です。そこで登場するのがAddressプロパティです。Addressプロパティは、セル番地を「$A$1」のようにA1形式のアドレスで返します。

そして、このA1形式のアドレスは「$」で区切られており、「$列$行」になっていますので、Split関数でこの文字列を「$」で区切り、1番目の要素を取り出せば、それが目的の列のA1形式での見出し文字列になります。

```
Dim myC As String
'列見出し文字列を取得
myC = Split(Cells(1, 64).Address,
"$")(1)
'移動して確認
Application.Goto Columns(myC), True
MsgBox "64列目は、" & myC & " 列です"
```

サンプルの結果

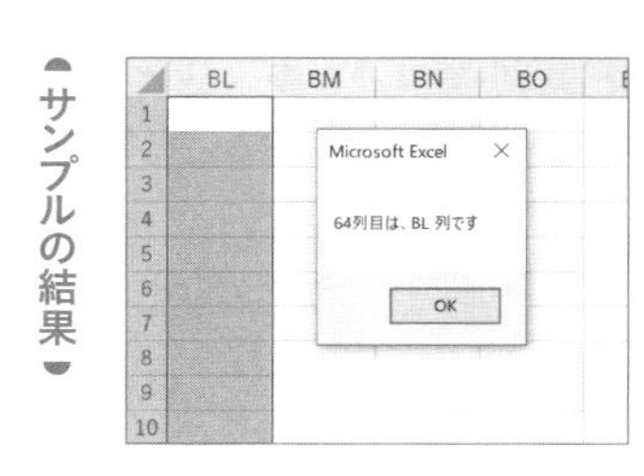

421 全ブック内の全シートから検索を行いたい

サンプルファイル 421.xlsm

利用シーン すべてのブック内からどの位置に検索文字列があるかをリストアップ

構文

考え方

Workbooks、Worksheetsコレクションをループして処理を実行

本サンプルは、開いているすべてのブックのすべてのワークシートごとに、FindメソッドとFindNextメソッドで文字列を検索し、その件数をカウントする処理を行っています。

FindとFindNextメソッドの使用法は48ページを参照してください。

本サンプルでは、FindメソッドやFindNextメソッドで該当セルが見つかるたびに、「検索結果のセル」を変数myUnionへとUnionメソッドで追加しています。そして、任意のシートの検索を終えた時点で、変数myUnionのCountプロパティから「そのシート内での検索ヒット数」を取得し、Addressプロパティから「そのシート内でのセル番地」を取得しています。

また、本サンプルでは、任意のシートごとにヒット件数を書き出していますが、サンプルを変更すれば、すべての件数を算出することも可能です。ご自身のニーズに応じてこのサンプルを修正してご利用ください。

サンプルの結果

	A	B	C	D
1	ブック	シート	ヒット数	セル番地
2	421.xlsm	Sheet2	2	D3,A3
3	421.xlsm	Sheet3	1	A1
4	421.xlsm	Sheet4	1	B2
5	サンプル.xlsx	伝票	2	A1,C5
6				
7				
8				

検索結果 | Sheet2 | Sheet3 | Sheet4

```
Dim myWB As Workbook, myWS As Worksheet
Dim myRange As Range, myFirstCell As Range, myUnion As Range
Dim mySearchStr As String, myResultSht As Worksheet, myResult As ⏎
Range
'検索文字列と、検索を除外する結果出力シートをセット
mySearchStr = "大村あつし"
Set myResultSht = ThisWorkbook.Worksheets("検索結果")
Set myResult = myResultSht.Range("A2:D2")   '結果の書き込み位置
'全ブック・全シートに対してループ
For Each myWB In Workbooks
    For Each myWS In myWB.Worksheets
        '初回検索
        Set myRange = myWS.Cells.Find(What:=mySearchStr)
        '対象が結果出力シートでないか、もしくは検索ヒットなしかをチェック
        If myWS Is myResultSht Or myRange Is Nothing Then
            Debug.Print "検索結果なし：", myWB.Name, myWS.Name
        Else
            Set myFirstCell = myRange   '初回検索結果を保持
            Set myUnion = myRange       '結果リストの初期値セット
            '「次のセル」を検索し、結果セルのリストへ追加
            Do
                Set myRange = myWS.Cells.FindNext(myRange)
                Set myUnion = Union(myUnion, myRange)
            Loop While myRange.Address <> myFirstCell.Address
            '検索結果を書込んで書き込み位置を更新
            With myResult
                .Cells(1).Value = myWB.Name
                .Cells(2).Value = myWS.Name
                .Cells(3).Value = myUnion.Count
                .Cells(4).Value = myUnion.Address(False, False)
            End With
            Set myResult = myResult.Offset(1)
        End If
    Next myWS
Next myWB
MsgBox "検索を終了しました"
```

422 新規ブックを指定のシート数で作成したい

サンプルファイル 422.xlsm

365 2019 2016 2013

利用シーン ワークシートを5枚持つブックを作成する

構文

プロパティ	意味
Application.SheetInNewWorkbook = 規定シート数	新規ブックの規定シート数を設定

新規ブックを作成したときのワークシート数は、SheetsInNewWorkbookプロパティを使うと変更することができます。

次のサンプルでは、まず、現在のSheetsInNewWorkbookプロパティの値を保持しておき、ユーザーに希望の新規ブック作成時のシート数を入力してもらいます。

この値をSheetsInNewWorkbookプロパティに代入して新規ブックを作成し、そのあとに保持していた元のSheetsInNewWorkbookプロパティの値に戻しています。

```
Dim myDefault As Long
Dim myMsg As String, myTitle As String, myRtn As Double
'実行時の設定枚数を保持
myDefault = Application.SheetsInNewWorkbook
'希望枚数を入力してもらう
myMsg = "シートの挿入枚数を入力してください"
myTitle = "シート枚数を指定して新規ブック作成"
myRtn = Application.InputBox(Prompt:=myMsg, Title:=myTitle, Type:=1)
'希望枚数のシートを持つブックを作成し、設定を元に戻す
Application.SheetsInNewWorkbook = myRtn
Workbooks.Add
Application.SheetsInNewWorkbook = myDefault
```

サンプルの結果

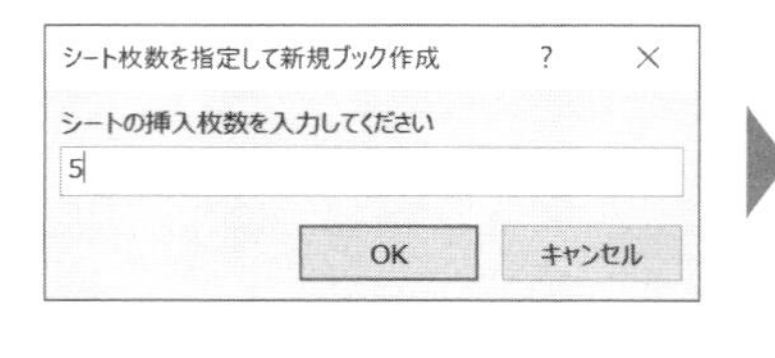

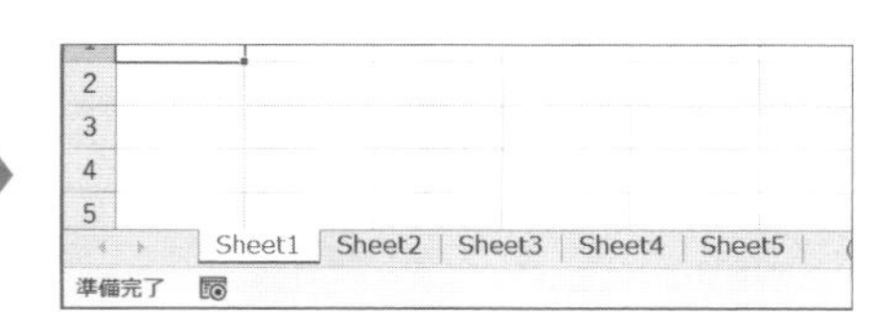

1行おきに行を挿入したい

サンプルファイル 423.xlsm

365 2019 2016 2013

利用シーン 表を見やすくするために1行おきに行を挿入する

構文

メソッド	意味
基準セル.EntireRow.Insert	基準セルの位置に1行挿入

次のサンプルでは、表を見やすくするために、1行おきに行を挿入します。2行目から1行おきに行を挿入していますが、行の挿入を開始したいセルを任意にする場合には、「Range("A2").Select」の一文を削除して、行を挿入したいセルを選択してから次のサンプルを実行するようにしてください。

```
Dim myMsg As String, myTitle As String, myRtn As Double, i As Long
myMsg = "挿入したい行数を入力してください(最大100行)"
myTitle = "1行おきに行を挿入"
myRtn = Application.InputBox(Prompt:=myMsg, Title:=myTitle, Type:=1)
myRtn = Int(myRtn)
If myRtn = 0 Or myRtn > 100 Then Exit Sub
Application.ScreenUpdating = False
Range("A2").Select  '現在の位置から開始したい場合はこの行を削除
For i = 1 To myRtn
    Selection.EntireRow.Insert
    ActiveCell.Offset(2).Select
Next
Application.ScreenUpdating = True
```

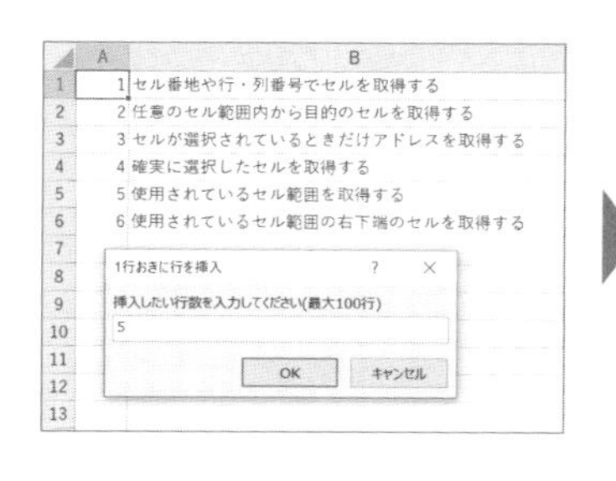

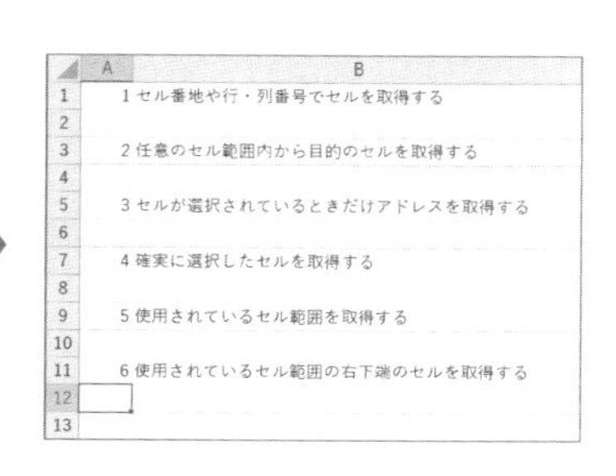

424 5行おきに罫線を引きたい

サンプルファイル 424.xlsm

365 2019 2016 2013

利用シーン 表を見やすくするために5行おきに罫線を引く

構文

演算子	意味
数値 ¥ 除数	数値を除数で割った積の整数値部分を取得

データを5個単位で把握しやすくなるように、5行ごとに罫線を引いてみましょう。

サンプルでは、まず、アクティブセル領域の罫線をすべて削除しています。そして、注目すべきはループ処理の回数を計算している部分です。

対象セル範囲の行数を「5行ごと」の「5」で割っているのですが、このサンプルの場合、少数点以下は必要ありませんので、対象セル範囲の行数を「/」演算子ではなく「¥」演算子で除算し、除算結果の整数部分のみを取得してループ処理の回数を決めています。

```
Dim myRange As Range, i As Integer
Set myRange = Range("A1").CurrentRegion
myRange.Borders.LineStyle = xlNone                '既存の罫線クリア
With myRange
    For i = 1 To (.Rows.Count - 1) ¥ 5            '5行ごとループ
        With .Rows(i * 5).Borders(xlEdgeBottom)
            .LineStyle = xlContinuous
            .Weight = xlThin
        End With
    Next i
End With
```

サンプルの結果

	A	B	C	D
1	1	項目1		
2	2	項目2		
3	3	項目3		
4	4	項目4		
5	5	項目5		
6	6	項目6		
7	7	項目7		
8	8	項目8		
9	9	項目9		
10	10	項目10		
11	11	項目11		
12	12	項目12		
13	13	項目13		
14	14	項目14		

▶

	A	B	C	D
1	1	項目1		
2	2	項目2		
3	3	項目3		
4	4	項目4		
5	5	項目5		
6	6	項目6		
7	7	項目7		
8	8	項目8		
9	9	項目9		
10	10	項目10		
11	11	項目11		
12	12	項目12		
13	13	項目13		
14	14	項目14		

摂氏を華氏に変換するユーザー定義関数を作りたい

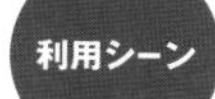

サンプルファイル 425.xlsm

365 2019 2016 2013

利用シーン 独自の計算を行うユーザー定義関数を作成

構文

ステートメント	意味
Function 関数名(引数) As 戻り値のデータ型 引数を利用した計算 関数名 = 戻り値 End Function	独自の関数名や引数を持つユーザー定義関数を作成

VBAでは、Functionプロシージャを利用してコードを記述するとユーザー定義関数が作成できます。例として、華氏を摂氏に変換するユーザー定義関数「FToC」を作成してみましょう。次のサンプルでは、ユーザー定義関数「FToC」を作成し、ユーザーが入力した数値（温度）を摂氏に変換します。

```
Function FToC(f) As Single
    FToC = (f - 32) * 5 / 9
End Function
```

ユーザー定義関数は、他のマクロ内から引数を渡して計算を行い、その結果を戻り値として受け取れます。

```
Dim f As Single
f = InputBox("華氏を入力してください")
MsgBox "華氏" & f & "=摂氏" & FToC(f)
```

サンプルの結果

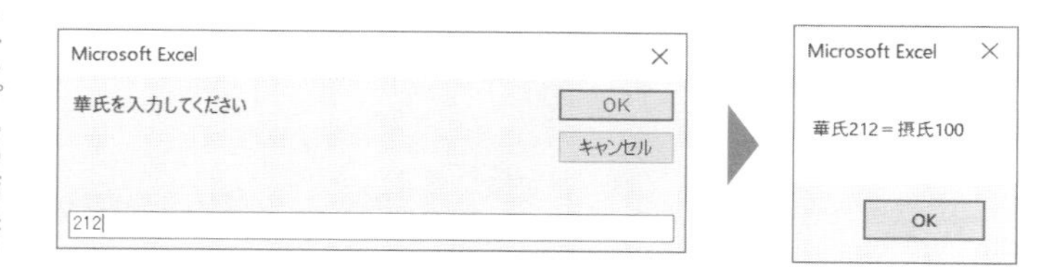

POINT ▶▶ ワークシート関数としても利用できる

Functionプロシージャを利用して作成したユーザー定義関数は、ワークシート上から呼び出して結果を表示することも可能です。

フィルターで抽出されなかったデータを削除する

サンプルファイル 426.xlsm

365 2019 2016 2013

現在表示されている抽出結果以外のデータを削除する

構文

考え方

「フィルター時に可視セルではないセル」を削除

フィルター実行時に抽出されなかったデータをシート上から削除する処理を作成してみましょう。

```
Dim myTableRange As Range, myFilterRange As Range
❶ Set myTableRange = ActiveSheet.AutoFilter.Range
   Set myFilterRange = myTableRange.SpecialCells(xlCellTypeVisible)
❷ myTableRange.AutoFilter
   myFilterRange.EntireRow.Hidden = True
❸ On Error Resume Next
   myTableRange.SpecialCells(xlCellTypeVisible).EntireRow.Delete
   On Error GoTo 0
   myFilterdRange.EntireRow.Hidden = False
```

まず、フィルター適用範囲を変数myTableRangeに格納し、その中の可視セル、つまり、現在抽出されているデータだけを変数myFilterRangeに格納します（❶）。

次に、フィルターを解除して全データを表示し、先ほど表示されていたデータだけを非表示にします。これでフィルター結果と逆の結果のみが表示されました（❷）。

この状態で可視セルのみを削除してデータを再表示すれば、結果的に、「フィルターで抽出されなかったデータを削除する」処理が実現されたことになります（❸）。

サンプルの結果

	A	B	C	D
1	伝票	顧客名	売上金	担当者名
2	1	日本ソフト　静岡支店	305,865	大村あつし
3	2	日本ソフト　静岡支店	167,580	大村あつし
26	25	日本ソフト　本社	915,600	大村あつし
27	26	日本ソフト　本社	94,500	大村あつし
28	27	日本ソフト　本社	305,865	大村あつし
32	31	日本ソフト　愛知支店	220,290	大村あつし
33	32	日本ソフト　愛知支店	512,400	大村あつし
34	33	日本ソフト　愛知支店	47,250	大村あつし
39				
40				

▶

	A	B	C	D
1	伝票No	顧客名	売上金額	担当者名
2	1	日本ソフト　静岡支店	305,865	大村あつし
3	2	日本ソフト　静岡支店	167,580	大村あつし
4	25	日本ソフト　本社	915,600	大村あつし
5	26	日本ソフト　本社	94,500	大村あつし
6	27	日本ソフト　本社	305,865	大村あつし
7	31	日本ソフト　愛知支店	220,290	大村あつし
8	32	日本ソフト　愛知支店	512,400	大村あつし
9	33	日本ソフト　愛知支店	47,250	大村あつし
10				
11				

427 2つの表の両方に存在する行だけを抽出したい

サンプルファイル 427.xlsm

365 2019 2016 2013

利用シーン 2枚のシート上にある同じIDを持つ伝票データを抜き出す

構文

考え方

COUNTIFワークシート関数の結果をもとに２つの列の重複値をチェック

複数の表に同一データがないかをチェックしてみましょう。サンプルでは、2つの表の1列目の値を比較し、同じデータがあったら、その行全体を新規シートに書き出します。

なお、PowerQueryが利用できる環境では、各テーブルを「内部結合」することで同様のチェックが行えます。

```
Dim myFldA As Range, myFldB As Range
Dim myChohuku As Range, myWS As Worksheet, i As Long
Set myFldA = Worksheets(1).Range("A1").CurrentRegion.Columns(1)
Set myFldB = Worksheets(2).Range("A1").CurrentRegion.Columns(1)
Set myWS = Worksheets.Add(After:=Worksheets(2))
i = 0
For Each myChohuku In myFldA.Cells
    If WorksheetFunction.CountIf(myFldB, myChohuku.Value) > 0 Then
        i = i + 1
        myChohuku.EntireRow.Copy myWS.Cells(i, 1)
    End If
Next myChohuku
```

サンプルの結果

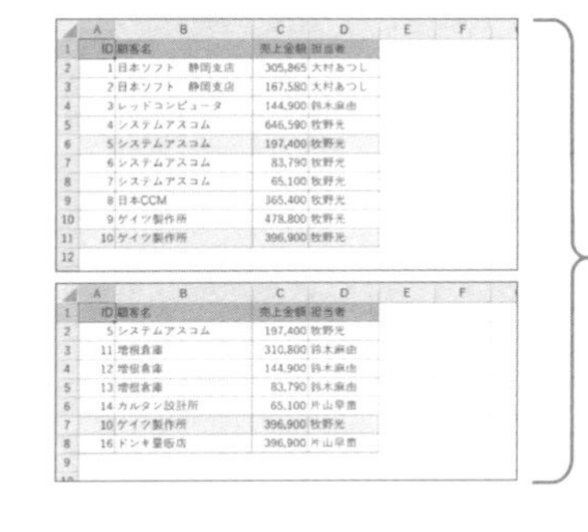

ID	顧客名	売上金額	担当者
1	日本ソフト　静岡支店	305,865	大村あつし
2	日本ソフト　静岡支店	167,580	大村あつし
3	レッドコンピュータ	144,900	鈴木麻由
4	システムアスコム	646,590	牧野光
5	システムアスコム	197,400	牧野光
6	システムアスコム	83,790	牧野光
7	システムアスコム	65,100	牧野光
8	日本CCM	365,400	牧野光
9	ゲイツ製作所	478,800	牧野光
10	ゲイツ製作所	396,900	牧野光

ID	顧客名	売上金額	担当者
5	システムアスコム	197,400	牧野光
11	増根倉庫	310,800	鈴木麻由
12	増根倉庫	144,900	鈴木麻由
13	増根倉庫	83,790	鈴木麻由
14	カルタン設計所	65,100	片山早苗
10	ゲイツ製作所	396,900	牧野光
16	ドンキ量販店	396,900	片山早苗

ID	顧客名	売上金額	担当者
5	システムアスコム	197,400	牧野光
10	ゲイツ製作所	396,900	牧野光

伝票A　伝票B　Sheet3

428 2つの表の片方にしか存在しない行を抽出したい

サンプルファイル 428.xlsm

2枚のシート上に伝票データのうち、重複しないものをすべて抜き出す

考え方

COUNTIFワークシート関数の結果をもとに2つの列の重複値をチェック

前トピックの応用編です。2つの表の両方に存在するデータだけを抽出する場合には、1つ目の表の指定列のデータが、2つ目の表の指定列にあるかどうか（ある場合にはCountIf関数の結果が「0」より大きくなる）だけを判断すれば目的は果たせましたが、今回は次の手順を踏まなければなりません。

1. 1つ目の表のキー列のデータが2つ目の表のキー列にない場合は（CountIf関数の結果が「0」ならば）、新規シートにそのデータの行全体をコピーする。
2. 2つ目の表のキー列のデータが1つ目の表のキー列にない場合は（CountIf関数の結果が「0」ならば）、新規シートにそのデータの行全体をコピーする。

すなわち、ループ処理は2回となります。前ページととても似ている処理だからこそ、とくに「2.」の処理を忘れがちなので、その点に注意しながらサンプルを見てください。

2つの表に入力されているデータ

伝票A

	A	B	C	D
1	ID	顧客名	売上金額	担当者
2	1	日本ソフト　静岡支店	305,865	大村あつし
3	2	日本ソフト　静岡支店	167,580	大村あつし
4	3	レッドコンピュータ	144,900	鈴木麻由
5	4	システムアスコム	646,590	牧野光
6	5	システムアスコム	197,400	牧野光
7	6	システムアスコム	83,790	牧野光
8	7	システムアスコム	65,100	牧野光
9	8	日本CCM	365,400	牧野光
10	9	ゲイツ製作所	478,800	牧野光
11	10	ゲイツ製作所	396,900	牧野光
12				

伝票A　伝票B

伝票B

	A	B	C	D
1	ID	顧客名	売上金額	担当者
2	5	システムアスコム	197,400	牧野光
3	11	増根倉庫	310,800	鈴木麻由
4	12	増根倉庫	144,900	鈴木麻由
5	13	増根倉庫	83,790	鈴木麻由
6	14	カルタン設計所	65,100	片山早苗
7	10	ゲイツ製作所	396,900	牧野光
8	15	ドンキ量販店	396,900	片山早苗
9				
10				
11				
12				

伝票A　伝票B

準備完了

```
Dim myFldA As Range, myFldB As Range
Dim myKatahou As Range, myWS As Worksheet, i As Long
'2つの表のキー列をセット
Set myFldA = Worksheets(1).Range("A1").CurrentRegion.Columns(1)
Set myFldB = Worksheets(2).Range("A1").CurrentRegion.Columns(1)
Set myWS = Worksheets.Add(After:=Worksheets(2))
i = 0
'1つ目の表のキー列についてチェック
For Each myKatahou In myFldA.Cells
    If WorksheetFunction.CountIf(myFldB, myKatahou.Value) = 0 Then
        i = i + 1
        myKatahou.EntireRow.Copy myWS.Cells(i, 1)
    End If
Next myKatahou
'2つ目の表のキー列についてチェック
For Each myKatahou In myFldB.Cells
    If WorksheetFunction.CountIf(myFldA, myKatahou.Value) = 0 Then
        i = i + 1
        myKatahou.EntireRow.Copy myWS.Cells(i, 1)
    End If
Next myKatahou
myWS.UsedRange.EntireColumn.AutoFit
```

サンプルの結果

	A	B	C	D	E
1	1	日本ソフト　静岡支店	305,865	大村あつし	
2	2	日本ソフト　静岡支店	167,580	大村あつし	
3	3	レッドコンピュータ	144,900	鈴木麻由	
4	4	システムアスコム	646,590	牧野光	
5	6	システムアスコム	83,790	牧野光	
6	7	システムアスコム	65,100	牧野光	
7	8	日本CCM	365,400	牧野光	
8	9	ゲイツ製作所	478,800	牧野光	
9	11	増根倉庫	310,800	鈴木麻由	
10	12	増根倉庫	144,900	鈴木麻由	
11	13	増根倉庫	83,790	鈴木麻由	
12	14	カルタン設計所	65,100	片山早苗	
13	16	ドンキ量販店	396,900	片山早苗	
14					
15					

伝票A | 伝票B | Sheet3

セルに名前を定義したい

サンプルファイル 429.xlsm

セル範囲A1:C10に「成績表」と名前を付ける

構文

プロパティ／メソッド	意味
セル範囲.Name = 名前	指定セル範囲に「名前」を付ける
Names(名前).Delete	指定した「名前」の定義を削除

セルA1:C5に名前を定義する操作をマクロ記録すると、次のように記録されます。

```
Range("A1:C5").Select
ActiveWorkbook.Names.Add Name:="成績表", RefersToR1C1:="=Sheet1!R1C1
:R5C3"
```

マクロ記録が生成したステートメントですから、もちろんこれでも動きます。ただし、なんとも無駄の多いステートメントだと感じませんか。

また、このステートメントを簡略化した、次のようなマクロもよく見かけます。

```
Range("A1:C5").Select
ActiveWorkbook.Names.Add Name:="成績表", RefersToR1C1:=Selection
```

もちろんこれでも動くのですが、セルの名前は次のサンプルのようにNameプロパティ一発で定義できます。

```
Worksheets(1).Range("A1:C5").Name = "成績表"
```

サンプルの結果

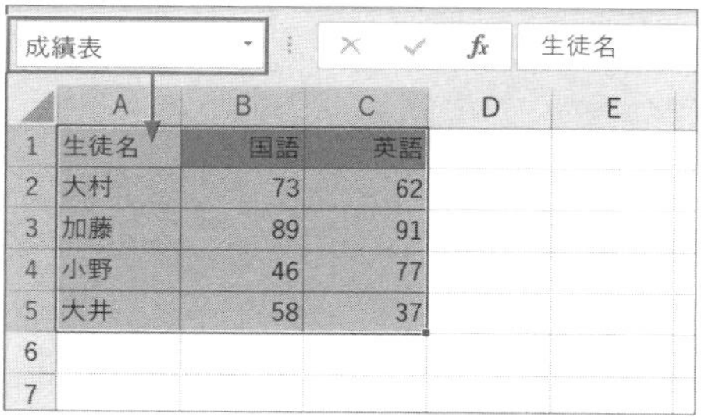

成績表 | 生徒名

	A	B	C	D	E
1	生徒名	国語	英語		
2	大村	73	62		
3	加藤	89	91		
4	小野	46	77		
5	大井	58	37		
6					
7					

ちなみに、名前付きセル範囲の定義はNameオブジェクトとして管理されています。不要になった名前の定義は次の一文で削除できます。

```
Names("成績表").Delete
```

430 任意のセル範囲を画像として貼り付けたい

サンプルファイル 430.xlsm

365 2019 2016 2013

利用シーン セル範囲A1:C4を画像として貼り付ける

構文

ステートメント	意味
セル範囲.CopyPicture 貼り付け基準セル.Select ActiveSheet.Pictures.Paste	指定セル範囲を画像としてコピーし、任意のセルの位置へ貼り付ける

任意の位置のセルに、列幅の異なるデータをスポット的に表示したい場合、「セル範囲を画像として貼り付けてしまう」という解決方法があります。次のサンプルは、セルA1:C4を画像としてコピーし、貼り付け先にセルE1を指定しています。

```
Range("A1:C4").CopyPicture
Range("E1").Select ❶
ActiveSheet.Pictures.Paste
```

なお、一見無意味な❶のステートメントですが、このステートメントがないとセルE1に画像を貼り付けることはできません。貼り付けた画像は、あとから自由に移動できます。

サンプルの結果

	A	B	C	D	E	F	G	H	I	J	K
1	氏名	科目	曜日		氏名			科目		曜日	
2	大村　あつし	システム開発	月・水担当		大村　あつし			システム開発		月・水担当	
3	望月　俊之	コンサル	火・木担当		望月　俊之			コンサル		火・木担当	
4	栗山　恵吉	データ分析	金・土担当		栗山　恵吉			データ分析		金・土担当	
5											

ちなみに、元のセルの背景色が設定されていない場合、そのセルは「透過」した状態となり、下のグリッド線等が透けた状態となります。あらかじめ「白」などの色で塗っておくとよいでしょう。

また、背景色を設定しているセルと、していないセルが混在した状態のセル範囲を画像としてコピーしようとすると、エラーとなる場合があります。注意しましょう。

431 任意のセル範囲をリンク付き画像として貼り付けたい

サンプルファイル 431.xlsm

365 2019 2016 2013

利用シーン セル範囲A1:C4をリンク付き画像として貼り付ける

構文	ステートメント	意味
	セル範囲.Copy 貼り付け基準セル.Select ActiveSheet.Pictures.Paste Link:=True	指定セル範囲を画像としてコピーし、任意のセルの位置へリンク付き画像として貼り付ける

任意のセル範囲を、リンク付きの画像として貼り付けたい場合には、まず、セル範囲をCopyメソッドでコピーし、貼り付け先のシートのPicturesコレクションのPasteメソッドの引数Linkに「True」を指定して実行します。

```
Worksheets(2).Range("A1:C4").Copy
Worksheets(1).Select
Range("A1").Select
ActiveSheet.Pictures.Paste Link:=True
```

サンプルの結果

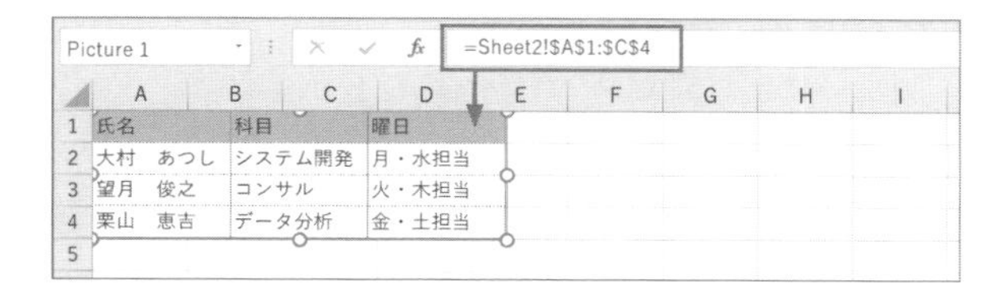

この状態で貼り付けた画像は、元のセル範囲の値が変更されると、表示内容もリンクして変更されます。また、画像をダブルクリックすると、リンク先のセル範囲が選択されます。

432 セルの値から1次元配列を作成したい

サンプルファイル 432.xlsm

365 2019 2016 2013

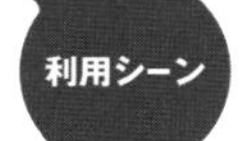

利用シーン 選択セル範囲の値を1次元配列に変換する

構文

メソッド	意味
WorksheetFunction.Transpose(セル範囲.Value)	セル範囲の値を一次元配列に変換

任意のセル範囲の値をまとめてValueプロパティで取得した場合、そのセル範囲がたとえ1行でも、1列でも、2次元配列として取得されます。

2次元配列は便利なのですが、いまいち手軽さに欠けます。このような場合には、TRANSPOSEワークシート関数が利用できます。TRANSPOSEワークシート関数は、「行・列を入れ替える」関数なのですが、セル範囲のValueプロパティで得た値に対して利用すると、値の1次元配列を取り出せます。

セルの範囲が縦方向（1列）の場合は、1回適用します。

```
Dim myArr As Variant
myArr = WorksheetFunction.Transpose(Range("A1:A4").Value)
MsgBox Join(myArr, vbCrLf)
```

セルの範囲が横方向（1行）の場合は、2回適用します。

```
Dim myArr As Variant, wf As WorksheetFunction
Set wf = Application.WorksheetFunction
myArr = wf.Transpose(wf.Transpose(Range("A1:H1").Value))
MsgBox Join(myArr, vbCrLf)
```

サンプルの結果

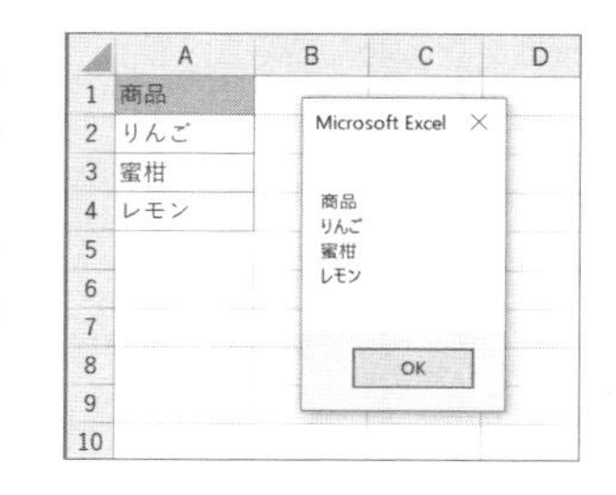

433 Collectionオブジェクトで重複しないデータを取り出したい

サンプルファイル 433.xlsm

365 2019 2016 2013

利用シーン 指定セル範囲から重複を取り除いたリストを作成

構文

ステートメント／メソッド／プロパティ	意味
Set 変数 = New Collection	新規Collectionを作成
コレクション.Add Item:=値, Key:=キー値	コレクションに値を登録
コレクション(インデックス番号／キー値)	コレクションのメンバーを取得

任意のセル範囲の値から、「重複しない値のリスト」、いわゆる「ユニークなリスト」を作成してみましょう。サンプルでは、ユーザーが独自に要素を追加してコレクションを作成できるCollectionオブジェクトを利用しています。

Collectionオブジェクトに Addメソッドで要素を追加するとき、第2引数の「Key」に重複したキーを設定しようとすると、エラーとなります。サンプルではこの特性を利用して、エラートラップをした上ですべての値を登録し、登録できた値のリストを得ることで、結果的に重複しない値のリストを取り出しています。

```
Dim myName As Collection, myRange As Range, i As Long
Set myName = New Collection
On Error Resume Next
For Each myRange In Range("A1:C5")
    myName.Add Item:=myRange.Value, Key:=myRange.Value
Next
For i = 1 To myName.Count
    Cells(i + 1, "E").Value = myName(i)
Next i
```

サンプルの結果

	A	B	C	D	E	F
1	レモン	蜜柑	レモン		ユニークな値	
2	りんご	レモン	レモン		レモン	
3	蜜柑	蜜柑	蜜柑		蜜柑	
4	レモン	蜜柑	レモン		りんご	
5	レモン	りんご	りんご			
6						
7						

ループプ処理で重複データを削除したい

サンプルファイル 434.xlsm

365 2019 2016 2013

指定セル範囲から重複を取り除く

構文

考え方

ソートしてから上下の値をループ処理で比較しながら整理

次のサンプルでは、A列のセルを対象に、重複するデータを削除します。まず、重複データが上下の行で隣り合うようにデータを並べ替え、その上で、下から順にデータを調べ、そのデータが1つ上のデータと重複していたら削除します。

なお、ループの終了を3行目としており、1行目と2行目のデータ比較を行っていないのは、1行目を見出し行と想定しているためです。

```
Dim myRange As Range, i As Long
'値の入力されている1列のセル範囲をセット
Set myRange = Range("A1").CurrentRegion
'見出しありでソート
myRange.Sort myRange.Cells(1).Value, Header:=xlYes
'最終行から順に上の値と比較して重複削除
For i = myRange.Rows.Count To 3 Step -1
    If myRange.Cells(i).Value = myRange.Cells(i - 1).Value Then
        myRange.Cells(i).EntireRow.Delete
    End If
Next i
```

サンプルの結果

	A	B	C
1	氏名		
2	橋本		
3	高山		
4	岡田		
5	平山		
6	須藤		
7	岡田		
8	高山		
9	橋本		
10	平山		
11	高山		

	A	B	C
1	氏名		
2	岡田		
3	橋本		
4	高山		
5	須藤		
6	平山		
7			
8			
9			
10			
11			

RemoveDuplicatesメソッドで重複データを削除したい

サンプルファイル 435.xlsm

365 2019 2016 2013

指定セル範囲から重複を取り除いたリストを作成

構文	メソッド	意味
	セル範囲.RemoveDuplicates キー列, 見出し設定	セル範囲の重複を削除

前トピックでは、ループ処理で重複データを削除する方法を紹介しましたが、ここで紹介するのは、[重複の削除] 機能をVBAから利用するRemoveDuplicatesメソッドで重複データを削除するテクニックです。拍子抜けするほど簡単ですので解説を進めましょう。

RemoveDuplicatesメソッドはセル範囲に対し、引数Columnsで指定した列に重複する値があればその行を削除するメソッドです。引数Headerには、先頭行が見出し行なら「xlYes」を指定します。

次のサンプルは、セル範囲A1:E100のデータのうち、1列目（A列）が重複しているデータを削除します。

```
Range("A1:E100").RemoveDuplicates Columns:=1, Header:=xlYes
```

●サンプルの結果●

	A	B	C	D	E
1	氏名	所属	数量	売上金額	地区
2	橋本	1課	1	130,200	岐阜県
3	高山	2課	2	47,250	岐阜県
4	岡田	3課	1	793,800	三重県
5	平山	4課	2	83,790	三重県
6	須藤	5課	1	65,100	三重県
7	岡田	3課	1	104,790	三重県
8	高山	2課	1	209,580	滋賀県
9	橋本	1課	1	195,300	滋賀県
10	平山	4課	2	478,800	滋賀県
11	高山	2課	1	310,800	静岡県
12	橋本	3課	2	396,900	静岡県
13	橋本	1課	1	94,500	静岡県
14	高山	2課	1	1,018,500	愛知県

▶

	A	B	C	D	E
1	氏名	所属	数量	売上金額	地区
2	橋本	1課	1	130,200	岐阜県
3	高山	2課	2	47,250	岐阜県
4	岡田	3課	1	793,800	三重県
5	平山	4課	2	83,790	三重県
6	須藤	5課	1	65,100	三重県
7					
8					
9					
10					
11					
12					
13					
14					

435

RemoveDuplicatesメソッドで重複データを削除したい

365 2019 2016 2013

また、「同じ苗字だけど、所属している課が異なる違う人物」といったケースに応じて、複数列の組み合わせで重複チェックしたい場合には、列の指定を配列の形で行います。次のサンプルは、セル範囲A1:E100のうち、1列目と2列目、すなわち、A列とB列でともに値が重複している場合、重複行を削除します。

```
Range("A1:E100").RemoveDuplicates Array(1, 2), Header:=xlYes
```

サンプルの結果

	A	B	C	D	E
1	氏名	所属	数量	売上金額	地区
2	橋本	1課	1	130,200	岐阜県
3	高山	2課	2	47,250	岐阜県
4	岡田	3課	1	793,800	三重県
5	平山	4課	2	83,790	三重県
6	須藤	5課	1	65,100	三重県
7	岡田	3課	1	104,790	三重県
8	高山	2課	1	209,580	滋賀県
9	橋本	1課	1	195,300	滋賀県
10	平山	4課	2	478,800	滋賀県
11	高山	2課	1	310,800	静岡県
12	橋本	3課	2	396,900	静岡県
13	橋本	1課	1	94,500	静岡県
14	高山	2課	1	1,018,500	愛知県

▶

	A	B	C	D	E
1	氏名	所属	数量	売上金額	地区
2	岡田	3課	1	793,800	三重県
3	岡田	2課	2	104,790	岐阜県
4	橋本	1課	1	130,200	岐阜県
5	橋本	3課	2	396,900	静岡県
6	橋本	5課	1	251,370	滋賀県
7	高山	2課	2	47,250	岐阜県
8	須藤	5課	1	65,100	三重県
9	平山	4課	2	83,790	三重県
10	平山	1課	1	793,800	三重県
11					
12					
13					
14					

ちなみに、RemoveDuplicatesメソッドは大変手軽で便利なのですが、Excel2007の初期に、[重複の削除]機能自体にバグがあったことが知られています(アップデートにより、バグは修正されました)。そのため、お使いのバージョンやアップデート状況によっては、RemoveDuplicatesメソッドが意図したように動作するとはいい切れません。

筆者としては、個人使用で、かつ、Excel2016以降であればRemoveDuplicatesメソッドをおすすめしますが、ループ処理の古いマクロが社内で流用されていたり、Excelのバージョンが2007、2010、2013であるならば、前ページのテクニックを推奨します。

POINT ▸▸ 残されるデータは「一番上」のデータ

RemoveDuplicatesメソッドは重複を削除しますが、残されるデータは「重複しているデータのうち、一番上の行にあるデータ」となります。

UNIQUE関数でユニークなデータを取得したい

サンプルファイル 436.xlsm

365※

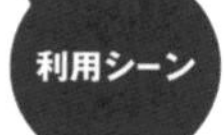

指定セル範囲から重複を取り除いたリストを取得

構文

メソッド	意味
WorksheetFunction.Unique(セル範囲)	セル範囲の重複を削除したリストを取得

Microsoft365版以降の環境では、セル範囲からユニークなリストを取得するUNIQUEワークシート関数が利用できます。このUNIQUE関数をVBAから利用すると、ユニークな値のリストを2次元配列の形で受け取れます。

次のサンプルは、A列から重複を取り除いた値のリストを取得します。

```
Dim myUniqueList As Variant
'ユニークなリストを2次元配列で取得
myUniqueList = WorksheetFunction.Unique(Range("A1:E100"))
'取得したリストをセルへと展開
Range("C1").Resize(UBound(myUniqueList, 1)).Value = myUniqueList
```

サンプルの結果

	A	B	C	D	E
1	氏名				
2	橋本				
3	高山				
4	岡田				
5	平山				
6	須藤				
7	岡田				
8	高山				
9	橋本				
10	平山				
11	高山				
12	橋本				
13	橋本				
14	高山				

↓

	A	B	C	D	E
1	氏名		氏名		
2	橋本		橋本		
3	高山		高山		
4	岡田		岡田		
5	平山		平山		
6	須藤		須藤		
7	岡田				
8	高山				
9	橋本				
10	平山				
11	高山				
12	橋本				
13	橋本				
14	高山				

得られるリストは2次元配列である点に注意しましょう。

Excel上で変更があったセルを記録したい

サンプルファイル 437.xlsm

利用シーン アプリケーションレベルでログを記録

構文

ステートメント	意味
Private WithEvents 変数名 As オブジェクト	イベント処理を記述できるように変数を宣言

サンプルでは、「記録用」シートに変更のあったブック名・シート名・セル番地・値を記録します。

Excel上で変更があったセルを記録する

	A	B	C	D	E	F
1	ブック名	シート名	セル番地	値		
2	サンプル.xlsx	Sheet1	$A$1	Excel		
3	Book1	Sheet2	$B$3	VBA		
4	Book2	Sheet1	$A$1	150		
5	Book3	Sheet3	$A$7	1800		
6						
7						
8						

本サンプルは、いずれかのブックでセルの変更があった場合に発生する、ApplicationオブジェクトのSheetChangeイベントを利用しています

しかし、アプリケーションのイベント処理は、シートやブックのイベント処理と違って、イベント処理を記述する専用のオブジェクトモジュールがありません。このような場合には、任意のオブジェクトモジュール上(もしくはクラスモジュール上)に、WithEventsキーワードを使ってApplicationオブジェクトのイベントを監視する専用の変数を宣言します。

サンプルブックでは、ThisWorkbookモジュール上に、「myApp」と言う名前でイベント監視用の変数を宣言しています。

```
Private WithEvents myApp As Excel.Application
```

WithEventsキーワードでの宣言を記述すると、VBE右上の2つのダイアログボックスから、変数のデータ型に応じたイベント処理のひな形が選択できるようになります。今回の場合は、「SheetChangeイベント」を選択します。

イベント監視用変数の宣言とイベントの選択

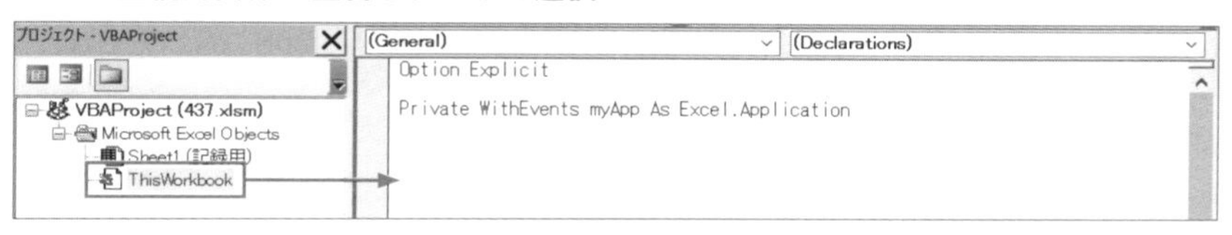

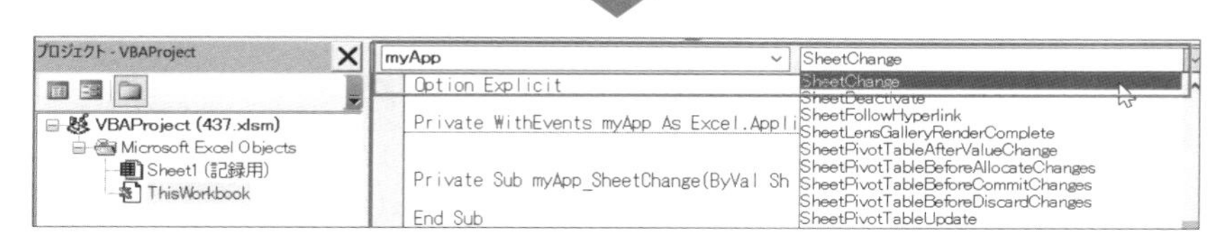

あとはシートやブックのイベントと同様に、ひな形の引数を利用したイベント処理を作成していきます。

また、単にイベント監視用の変数を宣言しただけでは、どの対象を監視するかは空のままです。どこかのタイミングで監視するオブジェクトをセットする必要があります。サンプルでは、ブックのOpenイベントで監視対象をセットし、Closeイベントでクリアしています。

```
'ブックを開いたタイミングでイベント監視用変数に対象をセット
Private Sub Workbook_Open()
    Set myApp = Application
End Sub
'ブックを閉じるタイミングでイベント監視用変数をクリア
Private Sub Workbook_BeforeClose(Cancel As Boolean)
    Set myApp = Nothing
End Sub
```

これで、このブックを開いたら、閉じるまでの間はApplicationオブジェクトのSheetChangeイベントを利用した処理が実行されます。

なお、この仕組みでブックを開いてある間は確実に監視を継続できるかというと、「微妙」です。実は他のマクロによってエラーが発生した場合や、VBEツールバーの［停止］ボタンを押した際等、「マクロの実行がストップした時点」で、監視用変数の値もクリアされてしまいます。つまり、イベントが利用できなくなります。

継続的にイベントの監視を行いたい場合は、上記のケースも考慮し、OnTimeステートメント等で、「一定時間ごとに監視用変数をチェックし、クリアされている場合は再設定する」処理を用意してください。

438 レジストリにデータを保存したい

サンプルファイル 438.xlsm

365 2019 2016 2013

利用シーン 次回ブックを開いた時にも継続して利用できる値を記録

構文

ステートメント	意味
SaveSetting アプリ名, セクション名, キー, 値	レジストリに値を登録

Excelを終了した場合でも、次回起動時以降に持ち越して利用したい値がある場合には、レジストリにその値を保存する方法が選択肢の1つになります。

VBAからレジストリに値を保存するには、SaveSettingステートメントを利用します。SaveSettingステートメントは、Windowsの場合は、次のレジストリキー以下に情報を保存します。VBAやVBから利用するための専用のキーなので、他のアプリケーションに影響を与えることはありません。

VBAから値を保存するレジストリキー

```
HKEY_CURRENT_USER¥SOFTWARE¥VB and VBA Program Settings
```

SaveSettingステートメントは、4つの引数に、「任意のアプリ名」「任意のセクション名」「任意のキー名」、そして、保存したい値の4つを指定して実行します。

次のサンプルは、上記のキー配下の「myApp¥VBAData」セクションに、キー名「user」で、「Omura」という値を保存します。

```
'キー値「user」で値「Omura」を登録
SaveSetting "myApp", "VBAData", "user", "Omura"
```

サンプルの結果

レジストリ エディター
ファイル(F) 編集(E) 表示(V) お気に入り(A) ヘルプ(H)
コンピューター¥HKEY_CURRENT_USER¥Software¥VB and VBA Program Settings¥myApp¥VBAData
SyncEngines
VB and VBA Program Settings
myApp
VBAData
VFPlugin
Wacom
Wow6432Node

名前	種類	データ
(既定)	REG_SZ	(値の設定なし)
user	REG_SZ	Omura

レジストリからデータを取得したい

サンプルファイル 439.xlsm

365 2019 2016 2013

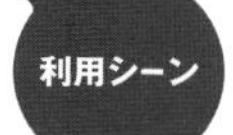

利用シーン レジストリに記録しておいたデータを取得

構文

ステートメント	意味
GetSetting(アプリ名, セクション名, キー名[,ない場合のデフォルト値])	レジストリから値を取得
GetAllSettings(アプリ名, セクション名)	値をまとめて取得

前ページのテクニックでレジストリに保存した値を読み込むには、GetSettingステートメントを利用します。次のコードは、前ページで保存した場所の、キー名「user」の値を取得します。

```
MsgBox "userの値：" & GetSetting("myApp", "VBAData", "user")
```

サンプルの結果

また、GetAllSettingsステートメントを利用すると、任意のセクション以下のキーと値のリストをまとめて2次元配列として取得できます。

次のコードは、「VBAData」セクション以下のキーと値をセルへと書き出します。

```
Dim myArr As Variant, r As Long, c As Long
myArr = GetAllSettings("myApp", "VBAData")
r = UBound(myArr, 1) + 1
c = UBound(myArr, 2) + 1
Range("A1").Resize(r, c).Value = myArr
```

レジストリからデータを削除したい

サンプルファイル 440.xlsm

365 2019 2016 2013

不要になったレジストリに記録しておいたデータを削除

構文

ステートメント	意味
DeleteSetting アプリ名 [,セクション名] [,キー名]	レジストリからデータを削除

2つ前のトピックで追加したレジストリのデータを削除してみましょう。レジストリからデータを削除するには、DeleteSettingステートメントを使用します。

DeleteSettingステートメントは、引数に、アプリ名、セクション名、キー名を指定します。

また、セクション名までを指定すると、そのセクションのキー以下を丸ごと削除し、アプリ名のみを指定すると、そのアプリ名のキー以下を丸ごと削除します(ヘルプではセクション名も必須となっていますが、オブジェクトブラウザで確認・実行したところ、アプリ名のみでも動作しました)。

次のコードは、HKEY_CURRENT_USER¥SOFTWARE¥VB and VBA Program Settings配下の、「myApp¥VBAData¥user」のデータを、キーごと削除します。

```
DeleteSetting "myApp", "VBAData", "user"
```

なお、存在しないキーを削除しようとした場合は、エラーとなります。

サンプルの結果

ファイルやフォルダーを操作するテクニック

Chapter

13

441 カレントフォルダーを取得したい

サンプルファイル 441.xlsm

365 2019 2016 2013

利用シーン カレントフォルダーがどこなのかを確認する

構文

プロパティ	意味
CurDir	カレントフォルダーのパスを取得

カレントフォルダーは、いわば、「現時点でのファイル操作の基準となっているフォルダー」です。ブックを保存するSaveAsメソッドや、ブックを開くOpenメソッドで、フォルダーパスを指定せずにブック名のみを指定した場合、カレントフォルダー内に保存したり、カレントフォルダー内のブックを開いたり、といった結果になります。

このカレントフォルダーのパスを取得するには、CurDirステートメントを使用します。

次のサンプルは、カレントフォルダーのパスを表示し、その場所に新規ブックを保存します。

```
MsgBox "カレントフォルダー：" & CurDir
With Workbooks.Add
    .SaveAs "ブック名のみ指定.xlsx"
    .Close
End With
```

サンプルの結果

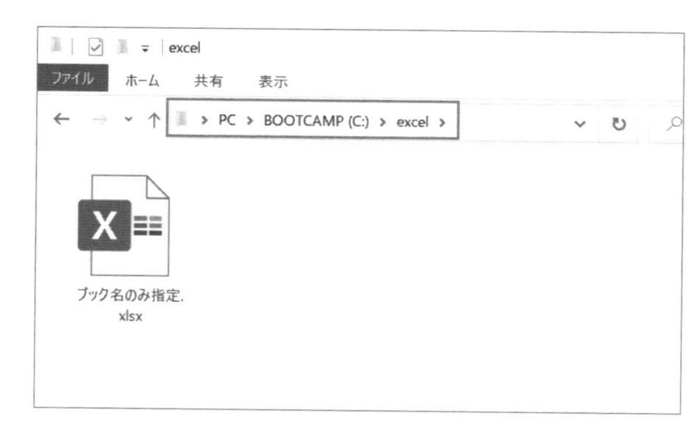

カレントフォルダーを変更したい

サンプルファイル 442.xlsm

365 2019 2016 2013

ブックをまとめて保存するフォルダーへとカレントフォルダーを移動

構文

関数	意味
ChDir パス文字列	カレントフォルダーの場所を変更
ChDrive ドライブパス文字列	カレントドライブを変更

カレントフォルダーを変更するには、ChDirステートメントを使用します。ChDirステートメントは、引数に指定したパス文字列のフォルダーをカレントフォルダーとします。次のサンプルは、カレントフォルダーを「C:¥Macro」に変更します。

```
ChDir "C:¥excel"
MsgBox "カレントフォルダー：" & CurDir
```

サンプルの結果

また、ChDirステートメントでは、異なるドライブへとパスを移動できません。異なるドライブへとカレントフォルダーを移動するには、まず、ChDriveステートメントでドライブを移動後に、ChDirステートメントを利用します。

次のコードは、カレントフォルダーを「F:¥excel」に変更します。

```
Dim myPath As String
myPath = "F:¥excel"
ChDrive myPath
ChDir myPath
```

ブックを選択するダイアログを表示したい

サンプルファイル 443.xlsm

365 2019 2016 2013

ユーザーに集計対象とするブックを選んでもらう

構文

メソッド	意味
Application.GetOpenFilename ([FileFilter:=フィルター文字列])	ブック選択ダイアログを表示

ブックやファイルを選択するダイアログボックスを表示するには、GetOpenFilenameメソッドを使用します。引数FileFilterにファイルフィルター用の文字列を設定すると、任意の種類のみのファイルが表示・選択できるようになります。戻り値は、指定したファイルのフルパス文字列となります。

次のサンプルは、Excelブック(*.xlsx、*.xlsm)のみを選択できるダイアログを表示し、選択したブックのパスを表示します。

```
Dim myFile As Variant
myFile = Application.GetOpenFilename( _
          FileFilter:="Excelブック(*.xlsx;*.xlsm),*.xlsx;*.xlsm")
If myFile = False Then
    MsgBox "ファイル選択はキャンセルされました"
Else
    MsgBox "選択したファイルのパス：" & myFile
End If
```

サンプルの結果

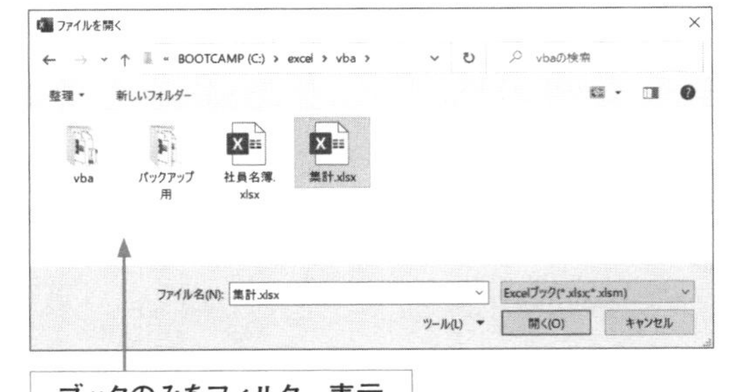

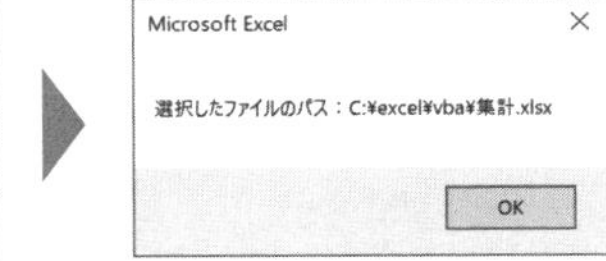

ブックのみをフィルター表示

444 ブックを選択して開くダイアログを表示したい

サンプルファイル 444.xlsm

365 2019 2016 2013

利用シーン ユーザーに集計対象とするブックを選んでもらい、開く

構文

メソッド	意味
Application.FindFile	選択したブックを開くダイアログを表示

前トピックで紹介したGetOpenFilenameメソッドは、選択したブックのパスを取得するだけで、実際にブックを開くわけではありません。

選択したブックをすぐに開きたい場合には、FindFileメソッドを利用します。FindFileメソッドは、Excelブックを開くダイアログを表示し、選択したブックを開きます。また、ブック選択を行った場合には、「True」を返し、キャンセルした場合は、「False」を返します。

```
If Application.FindFile = True Then
    MsgBox "新規に開いたブック：" & ActiveWorkbook.Name
End If
```

サンプルの結果

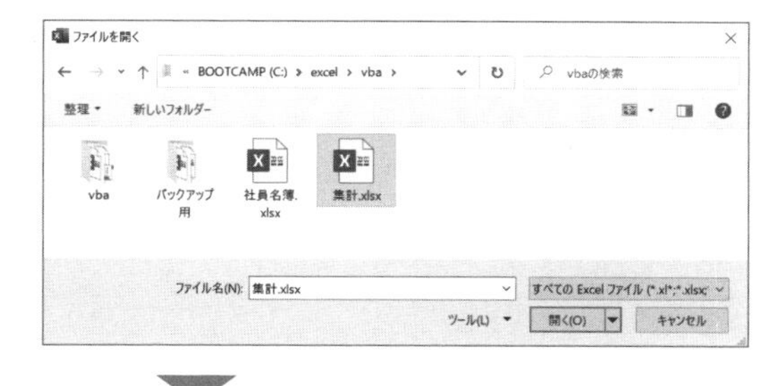

445 ファイルを保存するダイアログを表示したい

サンプルファイル 445.xlsm

365 2019 2016 2013

利用シーン 既存ブックを開いて必要な操作後に閉じる

構文

メソッド	意味
Application.GetSaveAsFilename([FileFilter:=フィルター文字列])	ブック保存ダイアログを表示

ブックを保存する場所と、保存形式を選択してもらうダイアログを表示するには、GetSaveAsFilenameメソッドを利用します。引数FileFilterにファイルフィルター用の文字列を設定すると、[ファイルの種類]欄から選択できるファイルの種類を指定できます。戻り値は、指定したファイルのフルパス文字列となります。

次のサンプルは、「*.xlsm、*.csv、*.xml」の3種類のファイル形式を選択できるダイアログを表示し、ユーザーが指定したフォルダー・ファイル名・ファイル形式を取得します。

なお、この処理は、実際にファイルを保存するわけではありません。保存処理は、得られた値を元に自前で用意する必要があります。

```
Dim myFile As Variant
myFile = Application.GetSaveAsFilename( _
            FileFilter:="Excelブック,*.xlsx,CSV,*.csv,XML,*.xml")
If myFile = False Then
    MsgBox "ファイル保存はキャンセルされました"
Else
    MsgBox "選択ファイルパス：" & myFile & vbCrLf & _
           "拡張子：" & Mid(myFile, InStrRev(myFile, "."))
End If
```

サンプルの結果

446 フォルダーをダイアログから選択したい❶

サンプルファイル 446.xlsm

365 2019 2016 2013

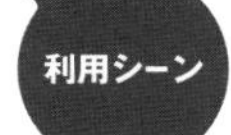

利用シーン ユーザーに集計対象のフォルダーを選択してもらう

構文

プロパティ／メソッド	意味
Application.FileDialog (msoFileDialogFolderPicker)	フォルダー保存ダイアログを取得
ダイアログ.Show	ダイアログを表示
ダイアログ.SelectedItems(1)	選択したフォルダーのパスを取得

フォルダーを選択するダイアログを表示するには、FileDialogプロパティの引数に「msoFileDialogFolderPicker」を指定して取得できる、フォルダー選択タイプのダイアログ（FileDialogオブジェクト）を利用します。

FileDialogオブジェクトはShowメソッドでダイアログを表示し、［開く］等のボタンを押した場合は「-1」を、キャンセル操作をした場合は「0」を返します。また、選択したフォルダーのパスを取得するには、SelectedItemsプロパティに格納されている配列の最初の値を取得します。

```
With Application.FileDialog(msoFileDialogFolderPicker)
    .Title = "フォルダーを選択してください"
    If .Show = -1 Then
        MsgBox "選択フォルダーパス：" & .SelectedItems(1)
    Else
        MsgBox "フォルダー選択がキャンセルされました"
    End If
End With
```

サンプルの結果

447 フォルダーをダイアログから選択したい❷

サンプルファイル 447.xlsm

365 2019 2016 2013

ユーザーに集計対象のフォルダーを選択してもらう

構文

関数	意味
CreateObject("Shell.Application")	Shellオブジェクトを生成

フォルダーを選択するダイアログは、ShellオブジェクトのBrowseForFolderメソッドを利用しても表示できます。

BrowseForFolderメソッドは、第1引数にウィンドウハンドル、第2引数にダイアログに表示する文字列、第3引数に次表のオプションを指定します。

&H1	フォルダーのみ選択可能（[ネットワーク] 等は表示するが選択不可）
&H100	操作ヒントの表示
&H200	[新しいフォルダーを作成] ボタンを非表示
&H4000	ファイルも選択可能

```
Dim myFolder As Object
Set myFolder = CreateObject("Shell.Application").BrowseForFolder( _
        Application.Hwnd, "フォルダーを選択してください", &H1 + &H200)
If Not myFolder Is Nothing Then
    MsgBox "選択フォルダー：" & myFolder.Self.Path
Else
    MsgBox "フォルダー選択がキャンセルされました"
End If
```

サンプルの結果

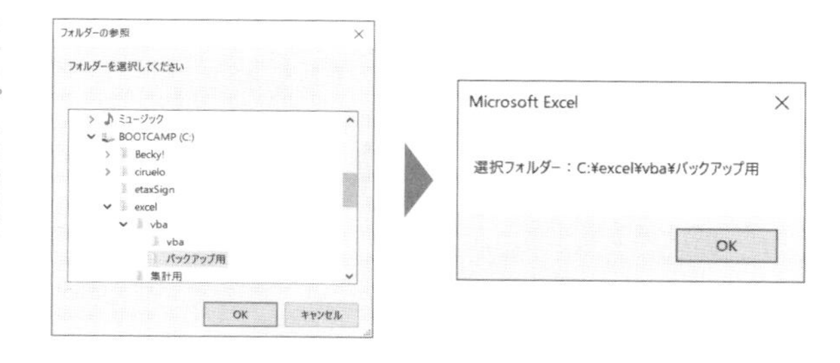

ZIP形式で圧縮するフォルダーを作成したい

サンプルファイル 448.xlsm

365 2019 2016 2013

「バックアップ用.zip」という名前でzipファイルを作成する

構文

考え方

WindowsのエクスプローラーのZIP圧縮機能を利用する

複数のファイルをまとめて送るときや、バックアップ用のファイルをまとめて保存するために、ZIP形式で圧縮する処理を作成してみましょう。

VBAには、直接ZIP形式で圧縮する命令は用意されていませんが、Windowsの標準機能としてZIP圧縮の機能が用意されているので、これを利用します。

まず、「中身が空のZIPファイル」を作成します。Openステートメントで「中身が空のZIPファイル」のファイルストリーム（と同じ値の文字列）を書き出し、拡張子を「*.zip」とすることで、WindowsにZIP形式のファイルとして認識させる、という方法です。

次のサンプルは、「バックアップ用.zip」という名前で、「中身が空のZIPファイル」を作成します。作成後のZIPファイルは、エクスプローラーでフォルダーとして開いて中身を確認し、ファイルをドラッグ&ドロップすることで、圧縮ファイルを作成できます。

```
Dim myZipFile As String, myNo As Long, myArr As Variant
myZipFile = ThisWorkbook.Path & "¥バックアップ用.zip"
myNo = FreeFile
'空のZIPファイルの情報書込み
myArr = Array(Chr(80), Chr(75), Chr(5), Chr(6), String(18, Chr(0)))
Open myZipFile For Output As #myNo
    Print #myNo, Join(myArr, "");
Close
```

サンプルの結果

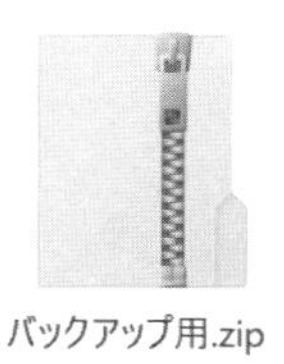

バックアップ用.zip

449 ZIP形式で圧縮したい

サンプルファイル 449.xlsm

利用シーン 指定ファイルをバックアップ用に圧縮する

構文

考え方

Windowsのエクスプローラーのzip圧縮機能を利用する

任意のファイルを圧縮するという処理は、「あらかじめ用意しておいた空のZIPファイルに、圧縮したいファイルをコピー（または移動）する」という処理となります。

さて、本テクニックをご紹介する前に少々注意点を。

本テクニックは、「マクロによって圧縮フォルダーを通常のフォルダーのように扱う」というテクニックが基本となりますが、この操作に関してマイクロソフトは、「動作を保証する物ではない」という見解です。

> CopyHereメソッドからZipファイルを処理することはできません
https://support.microsoft.com/ja-jp/kb/2679832

また、本テクニックのコードは、Shellオブジェクトを利用しますが、「Microsoft Shell Controls And Automation」に参照設定を行った上で実行してください。CreateObject関数でShellオブジェクトを生成した場合、環境によっては動作が安定しない場合があるためです。

「Microsoft Shell Controls And Automation」に参照設定

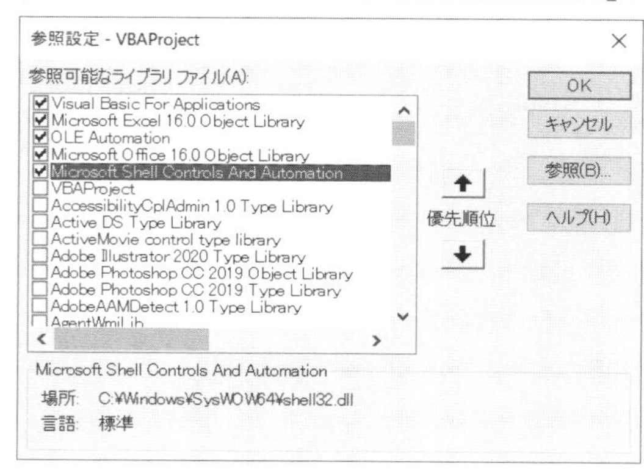

つまり、本サンプルは、「環境によっては安定動作しない場合がある」マクロです。ただし、実行できる環境下においては非常に便利なマクロでもあります。自身の環境や対象ファイルでの動作を確認した上で、利用していただけるようお願いします。

次のサンプルでは、3つのブックを空のZIPファイル内へとコピーすることで、1つのZIP形式のファイルとして圧縮します。

まず、前トピックの方法等であらかじめ用意しておいた「空のZIPファイル」のパスを元に、ZIPファイルをフォルダーとして取得します(❶)。あとは、通常のフォルダーと同じように、CopyHereメソッドでファイルを1つずつコピーします(❷)。

また、複数ファイルを圧縮する場合、前のファイルが完全に圧縮されるまで待機する処理が必要となります。本サンプルでは、フォルダー内のアイテム数が増えているかどうかをチェックすることで、圧縮の完了を待機しています。

```
Dim myShell As New Shell32.Shell, myFolder As Shell32.Folder3
Dim myZipFilePath As String, myFile As Variant, myCount As Long
'空のZIPファイルをセット
myZipFilePath = ThisWorkbook.Path & "¥バックアップ用.zip"        ❶
Set myFolder = myShell.Namespace(myZipFilePath)                  ❶
'空のZIPファイルをフォルダーとみなし圧縮したいファイルをコピー
myCount = myFolder.Items.Count                                    ❷
For Each myFile In Array("A.xlsx", "B.xlsx", "C.xlsx")
    myFolder.CopyHere ThisWorkbook.Path & "¥" & myFile
    Do
        DoEvents
    Loop While (myCount = myFolder.Items.Count)
    myCount = myFolder.Items.Count
Next
```

●サンプルの結果●

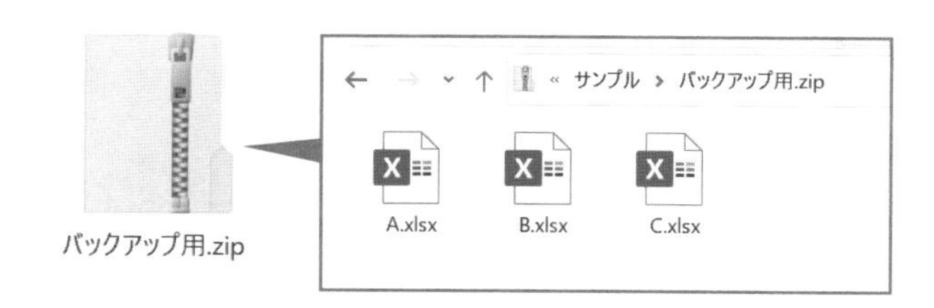

450 ZIP形式のファイルを解凍したい

サンプルファイル 450.xlsm

365 2019 2016 2013

圧縮されているファイルをまとめて取り出す

構文

考え方

WindowsのエクスプローラーのZIP圧縮機能を利用する

ZIP形式で作成されたファイルの中身を取り出してみましょう。なお、本サンプルも前トピック同様に注意点を確認の上、「Microsoft Shell Controls And Automation」に参照設定を行ってから実行してください。

次のサンプルは、「バックアップ用.zip」の中身を、「解凍用フォルダー」へと取り出します。フォルダーが存在しない場合は作成し、ZIPファイル内のファイルとコピー先のフォルダーを取得した上で、CopyHereメソッドで中身をコピーします。なお、CopyHereメソッドの第2引数の「4+16」という箇所は、「進行状況ダイアログの表示キャンセル+上書き確認なしで上書き」というオプション設定となります。

Workbook_Openイベントプロシージャを実行させたくないときには、ApplicationオブジェクトのEnableEventsプロパティにFalseを代入して、一時的にイベントを抑止してください。すると、Workbook_Openイベントプロシージャは実行されません。

```
Dim myShell As New Shell32.Shell
Dim myCopyFolder As Shell32.Folder3, myFiles As Shell32.FolderItems3
Dim myZipFilePath As String, myCopyFolderPath As String
'ZIPファイルを指定
myZipFilePath = ThisWorkbook.Path & "¥バックアップ用.zip"
'解凍先のフォルダーを指定
myCopyFolderPath = ThisWorkbook.Path & "¥解凍用フォルダー"
If Dir(myCopyFolderPath & "¥") = "" Then MkDir myCopyFolderPath
'ZIPファイル内のファイルすべてをまとめてコピーすることにより解凍
Set myFiles = myShell.Namespace(myZipFilePath).Items
Set myCopyFolder = myShell.Namespace(myCopyFolderPath)
myCopyFolder.CopyHere myFiles, 4 + 16
```

サンプルの結果

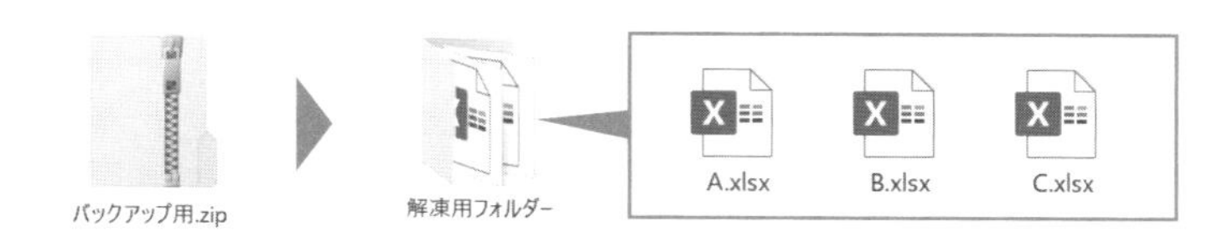

「デスクトップ」や「ドキュメント」のパスを取得したい

サンプルファイル 451.xlsm

365 2019 2016 2013

ユーザーのデスクトップに集計結果を保存

構文

関数／プロパティ	意味
CreateObject("WScript.Shell")	Shellオブジェクトを生成
シェル.SpecialFolders(キーワード)	特殊フォルダーのパスを取得

ユーザーごとの「デスクトップ」や「ドキュメント（マイドキュメント）」フォルダーは、ログインしているユーザーによってパスが異なります。

これらの「特殊フォルダー」のパスを取得するには、WSHShellオブジェクトに用意されているSpecialFoldersプロパティに、取得したい特殊フォルダーに対応するキーワードを指定して実行します。

■ キーワードと対応する特殊フォルダー

キーワード	特殊フォルダー
Desktop	デスクトップ
Favorites	お気に入り
MyDocuments	ドキュメント
NetHood	共有フォルダー履歴
PrintHood	プリンタ
Programs	プログラムメニュー
Recent	最近使った項目
SendTo	送る
StartMenu	スタートメニュー
Startup	スタートアップ
Templates	テンプレート
Fonts	フォント

次のサンプルは、「デスクトップ」へのパスを表示します。

```
Dim myWSHShell As Object
Set myWSHShell = CreateObject("WScript.Shell")
MsgBox myWSHShell.SpecialFolders("Desktop")
```

サンプルの結果

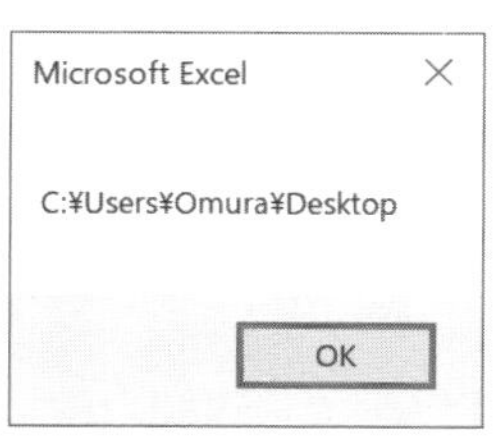

452 FSOを利用してファイル操作をする準備をしたい

サンプルファイル 452.xlsm

ファイルやフォルダーの操作をVBAから行う

構文

関数	意味
CreateObject("Scripting.FileSystemObject")	FileSystemObjectオブジェクトを生成

Windows98以降のWindowsは、「ファイルシステムオブジェクト」(以下、「FSO」)という仕組みを搭載しており、Excel VBAからも利用可能です。

このFSOにはファイル操作関連の命令を行うためのオブジェクトが集められており、極めて簡単にディスク、フォルダー、ファイルを操作できます。

■ FSOのオブジェクト

FileSystemObjectオブジェクト	ファイル操作全般
Driveオブジェクト	ドライブ情報を扱う
Drivesコレクション	Driveオブジェクトのコレクション
Folderオブジェクト	フォルダー情報を扱う
Foldersコレクション	Folderオブジェクトのコレクション
Fileオブジェクト	ファイル情報を扱う
Filesコレクション	Fileオブジェクトのコレクション
TextStreamオブジェクト	テキストストリームを扱う

これらのオブジェクトは、デフォルト設定のVBAには組み込まれていません。「ライブラリ」と呼ばれる、オブジェクトの情報がまとめられたファイルを元に、「拡張機能」として組み込んで利用する仕組みとなっています。この「拡張機能を利用する」方法には、2通りのものが用意されています。

1つ目は、CreateObject関数を利用する方法です。CreateObject関数は、引数に指定した値に応じたオブジェクトを生成して戻り値として返します。FSOのFileSystemObjectオブジェクトの場合には、次のようにObject型で宣言した変数に対して、引数に「Scripting.FileSystemObject」を指定します。

```
Dim myFSO As Object
Set myFSO = CreateObject("Scripting.FileSystemObject")
'以降、myFSO経由でFileSystemObjectのプロパティやメソッドを実行
```

この方式を「実行時バインディング」方式と呼びます。

2つ目は、参照設定を行う方法です。VBEのメニューの[ツール]-[参照設定]を選択し、「Microsoft

Scripting Runtime」にチェックを入れて、[OK] ボタンを押します。

参照設定を行う方法

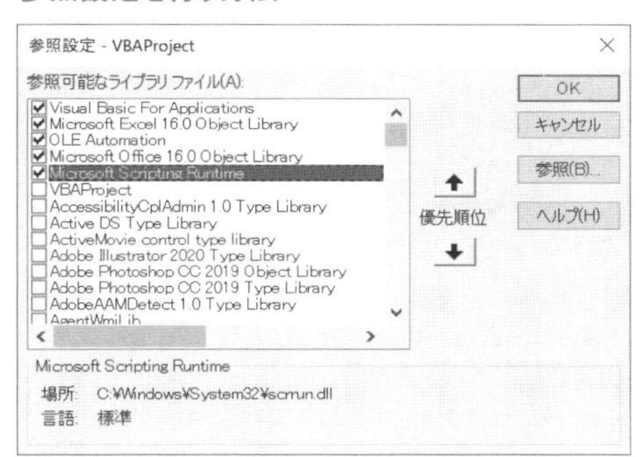

すると、チェックを入れた「ライブラリ」に用意されているオブジェクトのデータ型で変数を宣言できるようになり、「Newキーワード」という、「宣言した変数を最初に利用する際に、自動的にオブジェクトを生成する」仕組みも使えるようになります。この方式を「事前バインディング」方式と呼びます。

```
Dim myFSO As FileSystemObject
Set myFSO = New FileSystemObject
'以降、myFSO経由でFileSystemObjectのプロパティやメソッドを実行
```

参照設定を行うと、コード入力時に、通常のVBAのオブジェクト同様、コードヒントが表示されるようになります（図右）。さらに、[オブジェクトブラウザー]を使ったオブジェクトの検索もできるようになります。

初めてFSO等の外部ライブラリのオブジェクトを利用する際は、事前バインディング方式がおすすめです。注意点は、参照設定がライブラリファイルへの「パス情報」を保存する点です。他のPCに参照設定を行ったブックを持っていった場合、パスが異なるためにうまく動かなくなる可能性があります。ブックの配布を考えているときは、いったん参照設定を外したうえで持ち込み、改めて参照設定を行うか、実行時バインディング方式を検討しましょう。

なお、本書では、FSOをはじめとして外部ライブラリのオブジェクトを利用する際は、基本的にCreateObject関数を利用した事前バインディング方式でサンプルを作成しています。

FSOでファイルやフォルダーを取得したい

サンプルファイル 453.xlsm

365 2019 2016 2013

「C:¥excel」フォルダーを操作対象として取得

構文

メソッド	意味
FileSystemObject.GetFile(パス文字列)	指定ファイル(File)を取得
FileSystemObject.GetFolder(パス文字列)	指定フォルダー(Folder)を取得

特定のファイルやフォルダーを操作の対象にしたい場合には、GetFileメソッド、もしくはGetFolderメソッドの引数に、目的のファイルやフォルダーへのパスを指定します。

次のサンプルは、ファイル「C:¥excel¥サンプル.xlsx」をFileオブジェクトとして取得し、さらにフォルダー「C:¥excel」をFolderオブジェクトとして取得します。その上で、両オブジェクトに用意されているSizeプロパティを利用してサイズを取得しています。

```
Dim myFSO As Object, myFile As Object, myFld As Object
'FSOを生成
Set myFSO = CreateObject("Scripting.FileSystemObject")
'FileとFolderとして指定ファイル、フォルダーを取得
Set myFile = myFSO.GetFile("C:¥excel¥サンプル.xlsx")
Set myFld = myFSO.GetFolder("C:¥excel")
'FileとFolderのプロパティの値を取得
Range("B1").Value = Format(myFile.Size, "#,#バイト")
Range("B2").Value = Format(myFld.Size, "#,#バイト")
```

サンプルの結果

	A	B	C
1	ファイルサイズ	8,089バイト	
2	フォルダーサイズ	184,341バイト	
3			
4			
5			

FSOでファイル情報やフォルダー情報を取得したい

サンプルファイル 454.xlsm

365 2019 2016 2013

指定ファイルの作成日等の情報を確認

構文

メソッド／プロパティ	意味
FileSystemObject.GetBaseName(パス文字列)	ベースネームを取得
FileSystemObject.GetExtensionName(パス文字列)	拡張子を取得
ファイル/フォルダー.各種プロパティ	対応する情報を取得

FileSystemObjectオブジェクトやFileオブジェクト、Folderオブジェクトには、いろいろな情報に対応したプロパティ・メソッドが用意されています。

■ 引数Criteria1に指定する定数と抽出期間

FileSystemObjectオブジェクトのメソッドで取得できる情報	
ベースネーム	GetBaseNameメソッド
拡張子	GetExtensionNameメソッド
Fileオブジェクト・Folderオブジェクトのプロパティで取得できる情報	
作成日	DateCreatedプロパティ
最終アクセス日	DateLastAccessedプロパティ
最終更新日	DateLastModifiedプロパティ
ルートドライブ名	Driveプロパティ
親フォルダー	ParentFolderプロパティ
サイズ	Sizeプロパティ
タイプ	Typeプロパティ

この中で特に注目してほしいのは、GetBaseNameメソッドとParentFolderプロパティです。

GetBaseNameメソッドは、ファイルの「ベースネーム」を取得します。ベースネームとは、ファイル名から拡張子を除いたもので、たとえばファイル名が「Dummy.xlsx」の場合は「Dummy」を取得します。

また、ParentFolderプロパティを使うと、指定したファイルやフォルダーを格納しているフォルダー、つまり親フォルダーが取得できます。ベースネームを取得する場合も親フォルダーを取得する場合も、同じ処理をExcel VBAで実行するためには、StrReverseやLeft、Midなどの文字列関数を使わなければなりませんので、GetBaseNameメソッドやParentFolderプロパティがいかに便利なコマンドかがわかると思います。

次のサンプルは、ファイル「C:¥excel¥サンプル.xlsx」に関するさまざまな情報を取得しています。

454

FSOでファイル情報やフォルダー情報を取得したい

365 2019 2016 2013

```
Dim myFSO As Object
Set myFSO = CreateObject("Scripting.FileSystemObject")
'調べたいファイルのパスを指定（存在するファイルを指定してください）
Const myFN As String = "C:¥excel¥サンプル.xlsx"
With myFSO
    Range("B1").Value = .GetBaseName(myFN)              'ベースネーム
    Range("B2").Value = .GetExtensionName(myFN)         '拡張子
    With .GetFile(myFN)
        Range("B3").Value = .DateCreated                '作成日
        Range("B4").Value = .DateLastAccessed           '最終アクセス日
        Range("B5").Value = .DateLastModified           '最終更新日
        Range("B6").Value = .Drive                      'ルートドライブ名
        Range("B7").Value = .ParentFolder               '親フォルダー
        Range("B8").Value = Int(.Size / 1024) & "KB"    'サイズ
        Range("B9").Value = .Type                       'タイプ
    End With
End With
```

サンプルの結果

	A	B
1	ベースネーム	サンプル
2	拡張子	xlsx
3	作成日	2020/7/17 7:53
4	最終アクセス日	2020/7/17 11:29
5	最終更新日	2020/7/17 11:29
6	ルートドライブ	C:
7	親フォルダー	C:¥excel
8	サイズ	7KB
9	タイプ	Microsoft Excel ワークシート
10		

455 FSOでファイルを作成してデータを書き込みたい

サンプルファイル 455.xlsm

365 2019 2016 2013

利用シーン 作業やマクロのログデータを特定ファイルへ記録

構文

メソッド／プロパティ	意味
FileSystemObject.CreateTextFile(ファイルパス, True)	ファイルを作成
ストリーム.WriteLine 文字列	ファイルに文字列を書き込む
ストリーム.Close	ファイルとの接続を閉じる

次のサンプルは、アクティブブックのあるフォルダーに「FSOSample.txt」というテキストファイルを作成します。

FileSystemObjectオブジェクトのCreateTextFileメソッドを実行すると、指定パスにファイルを作成し、戻り値として作成したファイルのファイルストリームを操作できるTextStreamオブジェクトを返します。

ストリームに対しては、WriteLineメソッドでファイルに1行分の文字列を書き込みます。一連の書き込みが終了したら、最後にCloseメソッドでファイルとの接続を閉じます。

```
Dim myFSO As Object, myTS As Object
Set myFSO = CreateObject("Scripting.FileSystemObject")
'ファイルストリームを作成
Set myTS = myFSO.CreateTextFile(Thisworkbook.Path & "¥FSOSample.
txt", True)
'書込み
With myTS
    .WriteLine "ExcelVBAとファイルシステムオブジェクト"
    .WriteLine "作成日:" & Date
    .Close
End With
```

サンプルの結果

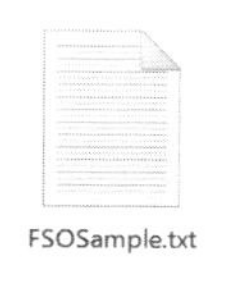

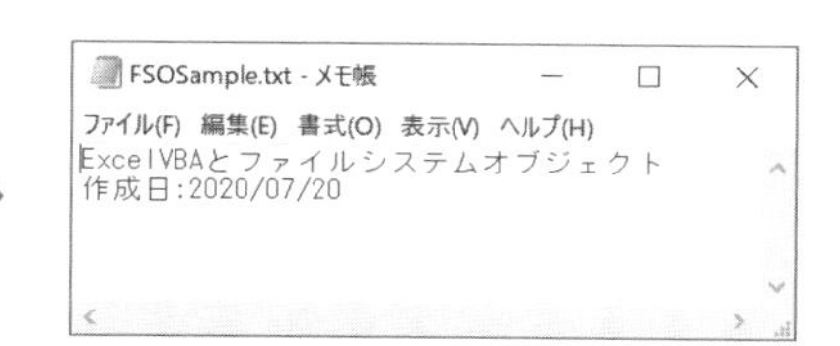

FSOで既存ファイルにデータを追記したい

サンプルファイル 456.xlsm

365 2019 2016 2013

作業やマクロのログデータを特定ファイルへと追記

構文

メソッド	意味
FileSystemObject.OpenTextFile(ファイルパス, 8)	追記モードでファイルと接続

次のサンプルは、アクティブブックのあるフォルダー内の「FSOSample.txt」というテキストファイルに新たなデータを追記します。

OpenTextFileメソッドの引数にファイル名と、「追記モード」を指定する値「8」を指定してファイルを開き、戻り値として開いたファイルのファイルストリームを操作できるTextStreamオブジェクトを取得します。あとは前ページのテクニック同様、WriteLineメソッドでファイルに文字列を書き込み、Closeメソッドで接続を閉じます。

```
Dim myFSO As Object, myTS As Object, myPath As String
myPath = ActiveWorkbook.Path & "¥FSOSample.txt"
Set myFSO = CreateObject("Scripting.FileSystemObject")
'追記モードで接続
Set myTS = myFSO.OpenTextFile(myPath, 8) '「8」は定数ForAppendingの値
'追記して閉じる
With myTS
    .WriteLine "追記したテキスト"
    .Close
End With
```

サンプルの結果

FSOSample.txt - メモ帳
ファイル(F) 編集(E) 書式(O) 表示(V) ヘルプ(H)
ExcelVBAとファイルシステムオブジェクト
作成日:2020/07/20

FSOSample.txt - メモ帳
ファイル(F) 編集(E) 書式(O) 表示(V) ヘルプ(H)
ExcelVBAとファイルシステムオブジェクト
作成日:2020/07/20
追記したテキスト

457 FSOでファイル内容を読み込みたい

サンプルファイル 457.xlsm

365 2019 2016 2013

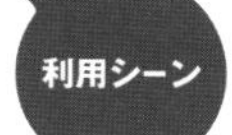

利用シーン 記録しておいたデータをVBAで確認

構文

メソッド	意味
ストリーム.ReadAll	テキストストリームの内容を取得

次のサンプルは、アクティブブックのあるフォルダー内の「FSOSample.txt」というテキストファイルの内容をシートに書き出します。

まず、OpenTextFileメソッドでファイルを開き、戻り値として取得したTextStreamオブジェクトに対して、ReadAllメソッドを使用してファイルの内容を文字列として取得します。あとは、改行コード等を目印に分割し、セルへと書き出しています。

```
Dim myPath As String, buf As Variant, i As Long
myPath = ActiveWorkbook.Path & "¥FSOSample.txt"
'指定ファイルの内容をテキストストリームとして読み込む
With CreateObject("Scripting.FileSystemObject").
OpenTextFile(myPath)
    buf = .ReadAll
    .Close
End With
'読み込んだテキストを改行コードを目印にパースして書き出し
buf = Split(buf, vbCrLf)
For i = 0 To UBound(buf)
    ActiveCell.Value = buf(i)
    ActiveCell.Offset(1).Select
Next
```

サンプルの結果

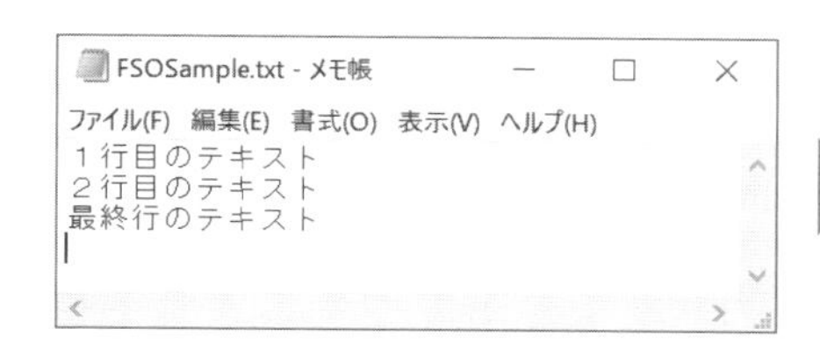

	A	B
1	1行目のテキスト	
2	2行目のテキスト	
3	最終行のテキスト	
4		

FSOでサブフォルダーを取得したい

サンプルファイル 458.xlsm

365 2019 2016 2013

指定フォルダー内のサブフォルダーの情報を取得

構文

プロパティ	意味
フォルダー.SubFolders	フォルダー内のサブフォルダーのコレクションを取得

フォルダー内のサブフォルダーは、Foldersコレクションとして管理されます。このFoldersコレクションを取得するには、FolderオブジェクトのSubFoldersプロパティを使います。

次のサンプルは、「C:¥Windows」フォルダー内のすべてのサブフォルダーを取得し、その名前をセルに表示します。対象のフォルダーを取得し、すべてのサブフォルダーに対してループ処理を行って、個々のサブフォルダーの名前を書き出しています。

```
Dim myFSO As Object, myFld As Object, i As Long
Set myFSO = CreateObject("Scripting.FileSystemObject")
i = 1
'WindowsフォルダーをFolderとして取得
With myFSO.GetFolder("C:¥Windows")
    'サブフォルダーについてループ
    For Each myFld In .SubFolders
        i = i + 1
        Cells(i, 1).Value = myFld.Name
    Next
End With
```

サンプルの結果

	A	B	C
1	サブフォルダー一覧		
2	addins		
3	appcompat		
4	apppatch		
5	AppReadiness		
6	assembly		
7	bcastdvr		
8	BitLockerDiscoveryVolumeContents		
9	Boot		
10	Branding		
11	CbsTemp		
12	Containers		

459 FSOでフォルダー内の合計サイズを取得したい

サンプルファイル 459.xlsm

365 2019 2016 2013

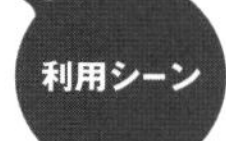

利用シーン 指定フォルダー内の合計サイズを取得

構文

プロパティ	意味
フォルダー.Size	フォルダーのサイズを取得

フォルダー内のファイルサイズの合計を求める場合、Excel VBAのDir関数やFileLen関数を組み合わせてマクロを作ろうとすると、極めて複雑かつ煩雑なものになります。少なくとも、Excel VBAでは、このようなケースでDir関数とFileLen関数を使うべきではありません。なぜなら、FSOを使えば、FolderオブジェクトのSizeプロパティの値を調べるだけで済むからです。

次のマクロは、「C:¥excel」内のファイルとサブフォルダーの合計サイズを取得します。対象フォルダーのサイズを取得し、単位をバイトからKB（バイト数を2^10=1024で割った「キロバイト（キビバイト）」）に変換した値と一緒にメッセージボックスに表示します。

```
Dim myFSO As Object, mySize1 As Variant, mySize2 As Variant
Set myFSO = CreateObject("Scripting.FileSystemObject")
mySize1 = myFSO.GetFolder("C:¥excel").Size
mySize2 = mySize1 / 1024
MsgBox "C:¥excelのファイルの合計サイズ" & vbCrLf & _
        Format(mySize2, "#,##0.0") & "KB" & " (" & _
        Format(mySize1, "#,##0") & "バイト)"
```

サンプルの結果

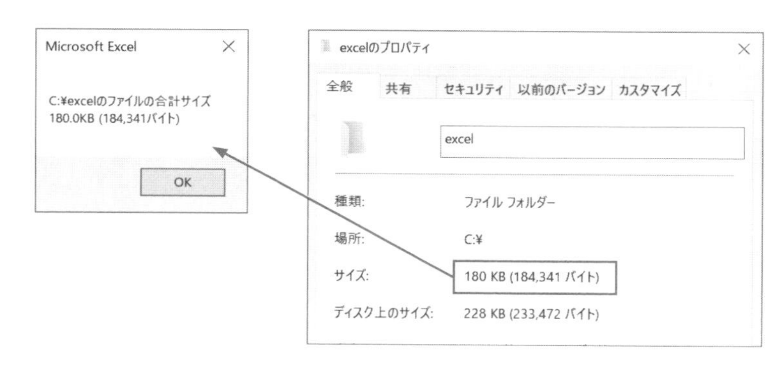

FSOでドライブの一覧表を作成したい

サンプルファイル 460.xlsm

365 2019 2016 2013

実行環境のドライブの状態を取得

構文

プロパティ	意味
FileSystemObject.Drives	ドライブのコレクションを取得
ドライブ.DriveLetter	ドライブレターを取得
ドライブ.DriveType	ドライブの種類に応じた値を取得

FileSystemObjectのDrivesプロパティは、実行環境のドライブに関する情報（Driveオブジェクト）のコレクションを取得できます。

また、個々のDriveオブジェクトのDriveLetterプロパティはドライブ名を返します。また、DriveTypeプロパティは次表のような数値でドライブの種類を返します。

■ DriveTypeプロパティの値と対応する種類

値	種類
0	不明
1	リムーバブルディスク
2	ハードディスク
3	ネットワークドライブ
4	CDドライブやDVDドライブ
5	RAMディスク

次のサンプルは、PCのドライブの種類一覧をセルに書き出します。

```
Dim myFSO As Object, myDrv As Object, myArr As Variant
Set myFSO = CreateObject("Scripting.FileSystemObject")
myArr = Array("不明", "リムーバブルディスク", "ハードディスク", _
            "ネットワークドライブ", "CD-ROM", "RAMディスク")
For Each myDrv In myFSO.Drives
    ActiveCell.Value = myDrv.DriveLetter & ":" & myArr(myDrv.
DriveType)
    ActiveCell.Offset(1).Select
Next
```

サンプルの結果

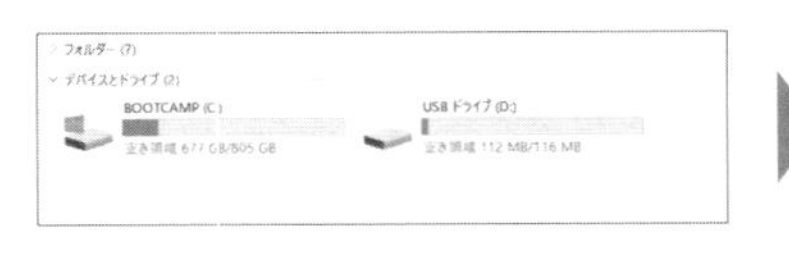

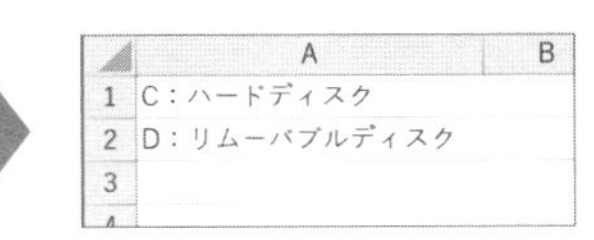

FSOでドライブの空き領域を知りたい

サンプルファイル 461.xlsm

365 2019 2016 2013

USBメモリの空き容量をチェックしてからファイルを移動

構文

プロパティ	意味
ドライブ.TotalSize	総容量を取得
ドライブ.AvailableSpace	空き領域を取得

DriveオブジェクトのTotalSizeプロパティはドライブの総容量を、AvailableSpaceプロパティは空き領域を返します。

次のマクロは、Dドライブの空き領域、使用領域、総容量を求めるものです。

```
Dim myFSO As Object, myDS1 As Variant, myDS2 As Variant
Set myFSO = CreateObject("Scripting.FileSystemObject")
'総容量と空き領域を取得
With myFSO.GetDrive("D")
    myDS1 = .TotalSize
    myDS2 = .AvailableSpace
End With
'結果を書き出し
Range("B1").Value = Format(myDS1 - myDS2, "#,##0")
Range("B2").Value = Format(myDS2, "#,##0")
Range("B3").Value = Format(myDS1, "#,##0")
```

サンプルの結果

	A	B
1	使用領域	4,190,208
2	空き領域	118,364,160
3	総容量	122,554,368
4		
5		

ファイル システム: FAT

使用領域:	4,190,208 バイト	3.99 MB
空き領域:	118,364,160 バイト	112 MB
容量:	122,554,368 バイト	116 MB

462 FSOでデバイスの準備ができているかを調べたい

サンプルファイル 462.xlsm

365 2019 2016 2013

利用シーン DVDがセットされているのを確認してから読み込み

構文

プロパティ	意味
ドライブ.IsReady	ドライブの準備状態を取得

DriveオブジェクトのIsReadyプロパティを使うと、デバイスの準備ができているかどうかを取得することができます。

次のマクロは、IsReadyプロパティを使って、DVDドライブ（ここではDドライブ）にディスクが用意されているかどうかを調べるものです。

```
Dim myFSO As Object
Set myFSO = CreateObject("Scripting.FileSystemObject")
If myFSO.Drives("D").IsReady = True Then
    MsgBox "ディスクは用意されています"
Else
    MsgBox "ディスクは用意されていません"
End If
```

サンプルの結果

463 FSOで指定フォルダーが存在しない場合は作成したい

サンプルファイル 463.xlsm

365 2019 2016 2013

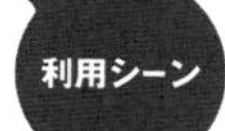

「集計用」フォルダーが無い場合は作成する

構文

プロパティ／メソッド	意味
FileSystemObject.FolderExists パス文字列	フォルダーの有無を判定
FileSystemObject.CreateFolder パス文字列	フォルダーを作成

次のサンプルは、マクロを記述したブックと同じフォルダー内の、「集計済み_当日の日付」という名前のフォルダーを操作対象として取得します。

この際、FolderExistsメソッドを利用してフォルダーが存在しているかどうかをチェックし、ない場合はCreateFolderメソッドでフォルダーを作成して操作対象として取得します。ある場合には既存のフォルダーを操作対象として取得します。

```
Dim myFSO As Object, myFldName As String, myFld As Object
Set myFSO = CreateObject("Scripting.FileSystemObject")
myFldName = ThisWorkbook.Path & "¥集計済み" & Format(Date, "_mmdd")
'指定パスのフォルダーの有無を判定
If myFSO.FolderExists(myFldName) = False Then
    'ない場合は作成
    Set myFld = myFSO.CreateFolder(myFldName)
Else
    'ある場合は既存フォルダーをセット
    Set myFld = myFSO.GetFolder(myFldName)
End If
MsgBox myFld.Path
```

サンプルの結果

集計済み_0720

464 FSOでファイルを移動したい

サンプルファイル 464.xlsm

365 2019 2016 2013

利用シーン 集計の済んだブックを「集計済み」フォルダーへと移動

構文

メソッド	意味
ファイル.Move 移動先フォルダーのパス文字列	ファイルを指定フォルダー内に移動

次のサンプルは、「FSO集計用」フォルダー内のファイル「データA.xlsx」を、同じフォルダー内の「集計済み」フォルダー内へと移動します。

ファイルを移動するには、移動させたいファイルをGetFileメソッドで取得し、Moveメソッドの引数に移動先のフォルダーへのパス文字列を指定して実行します。なお、移動先のフォルダーのパス文字列は、末尾に「フォルダー名¥」と「¥」まで付けて指定します。

```
Dim myFSO As Object, myFile As Object, myFld As Object
Set myFSO = CreateObject("Scripting.FileSystemObject")
'対象フォルダーをセット
Set myFld = myFSO.GetFolder(ThisWorkbook.Path & "¥FSO集計用")
'移動させたいファイルをセット
Set myFile = myFSO.GetFile(myFld.Path & "¥データA.xlsx")
'移動
myFile.Move myFld.Path & "¥集計済み¥"
```

サンプルの結果

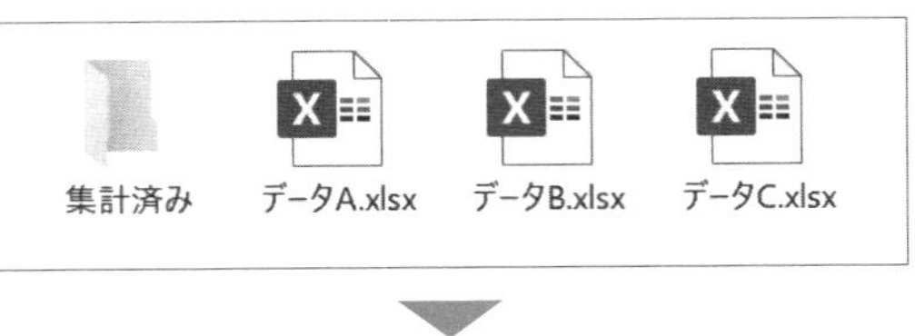

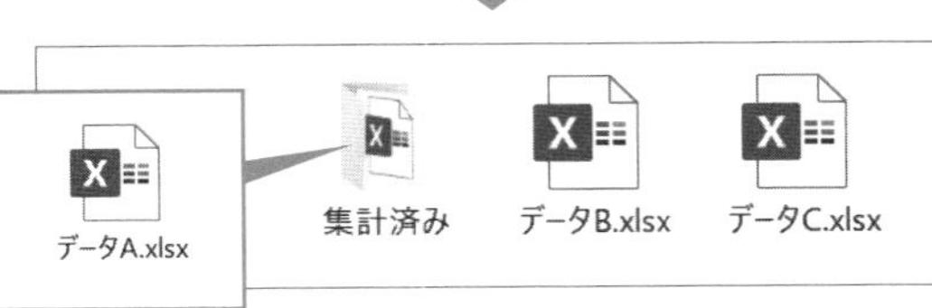

465 FSOでファイルをコピーしたい

サンプルファイル 465.xlsm

365 2019 2016 2013

利用シーン 集計の済んだブックを「集計済み」フォルダーへと移動

構文

メソッド	意味
ファイル.Copy コピー先フォルダー [,上書き設定]	ファイルを指定フォルダー内にコピー

次のサンプルは、「集計用」フォルダー内のファイル「データA.xlsx」を、同じフォルダー内の「バックアップ」フォルダー内へとコピーします。

ファイルをコピーするには、移動させたいファイルをGetFileメソッドで取得し、Copyメソッドの引数にコピー先のフォルダーを指定して実行します。

なお、Copyメソッドの第2引数で、上書きの設定を、「True（上書きする）」「False（同名ファイルがあるとエラーとなる）」に設定できます。

```
Dim myFSO As Object, myFile As Object, myFld As Object
Set myFSO = CreateObject("Scripting.FileSystemObject")
'コピー先のフォルダーをセット
Set myFld = myFSO.GetFolder(ThisWorkbook.Path & "¥FSO集計用¥バックアップ")
'コピーしたいファイルをセット
Set myFile = myFSO.GetFile(ThisWorkbook.Path & "¥FSO集計用¥データA.xlsx")
'コピー
myFile.Copy myFld.Path & "¥", True
```

サンプルの結果

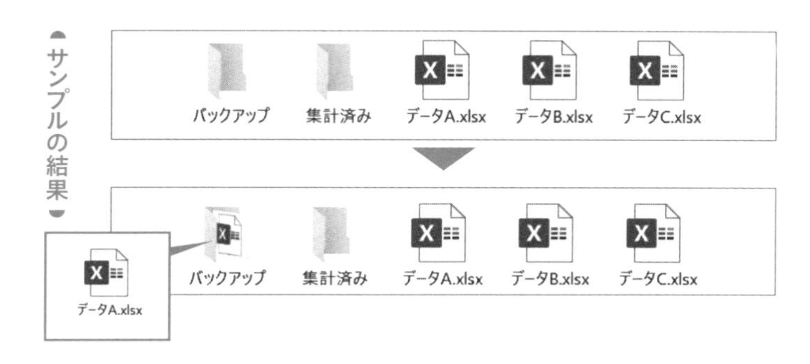

466 FSOでファイル名やフォルダー名を変更したい

サンプルファイル 466.xlsm

365 2019 2016 2013

ファイル名に当日の日付を付加する

構文

プロパティ	意味
ファイル.Name = 新しいファイル名	ファイル名を変更
フォルダー.Name = 新しいフォルダー名	フォルダー名を変更

ファイル名やフォルダー名は、Fileオブジェクト、もしくはFolderオブジェクトのNameプロパティで取得／設定できます。

次のサンプルは、指定したフォルダー内のファイル名を、一括して「元のファイル名_当日の日付.拡張子」という形式に変更します。

```
Dim myFSO As Object, myFldName As String, myFile As Object
Set myFSO = CreateObject("Scripting.FileSystemObject")
myFldName = ThisWorkbook.Path & "¥FSO集計用"
With myFSO
    '指定フォルダー内の全ファイルについてループ
    For Each myFile In .GetFolder(myFldName).Files
        myFile.Name = _
            .GetBaseName(myFile) & Format(Date, "_mmdd.") & _
            .GetExtensionName(myFile)
    Next
End With
```

サンプルの結果

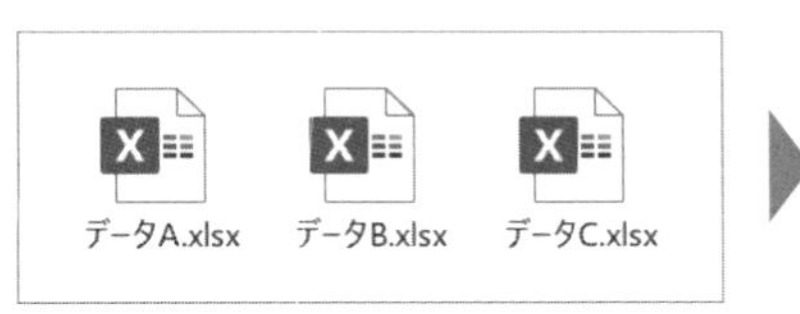

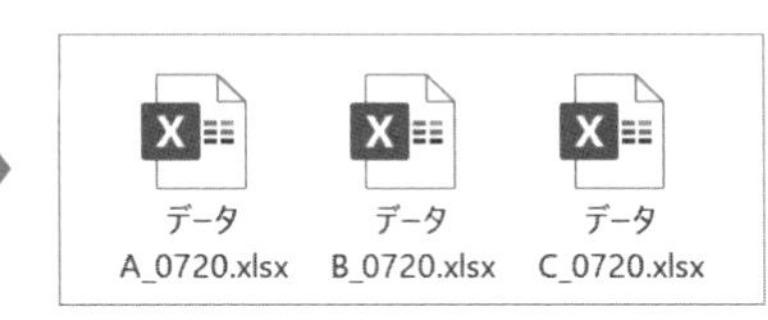

467 FSOでフォルダーごとファイルを移動したい

サンプルファイル 467.xlsm

365 2019 2016 2013

利用シーン 「バックアップ」フォルダーに本日の作業フォルダーを移動する

構文

メソッド／プロパティ	意味
フォルダー.Move 移動先のフォルダー	フォルダーを移動
フォルダー.ParentFolder	親階層のフォルダーを取得

任意のフォルダーを、中に入っているファイルやサブフォルダーごとまとめて移動するには、対象フォルダーをFolderオブジェクトとして取得し、Moveメソッドを使用します。

次のサンプルは、「集計_0820」という名前のフォルダーを、同じ階層の「バックアップ」フォルダー内へと移動します。

```
Dim myFSO As Object, myFld As Object
Set myFSO = CreateObject("Scripting.FileSystemObject")
'フォルダーを取得
Set myFld = myFSO.GetFolder(ThisWorkbook.Path & "¥FSO集計用¥集計
_0820")
'フォルダー単位で移動
myFld.Move myFld.ParentFolder.Path & "¥バックアップ¥"
```

サンプルの結果

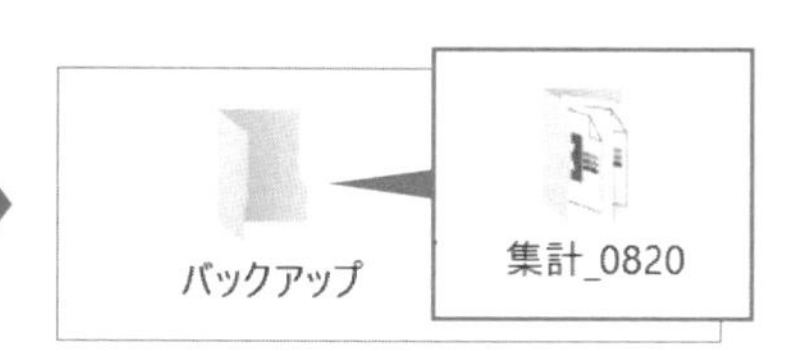

FSOでフォルダーごとコピーしたい

サンプルファイル 468.xlsm

365 2019 2016 2013

現在の作業状態をフォルダーごとバックアップする

構文

メソッド	意味
フォルダー.Copy コピー先のフォルダー[,上書き設定]	フォルダーをコピー

任意のフォルダーを、中に入っているファイルやサブフォルダーごとまとめてコピーするには、対象フォルダーをFolderオブジェクトとして取得し、Copyメソッドを使用します。

次のサンプルは、「バックアップ」という名前のフォルダーを、同じ階層に「バックアップ_0820」という名前でコピーします。

なお、Copyメソッドの第2引数で、上書きの設定を、「True(上書きする)」「False上(同名ファイル／フォルダーがあるとエラーとなる)」に設定できます。

```
Dim myFSO As Object, myFld As Object
Set myFSO = CreateObject("Scripting.FileSystemObject")
'フォルダーを取得
Set myFld = myFSO.GetFolder(ThisWorkbook.Path & "¥FSO集計用¥バックアッ
プ")
'フォルダー単位でコピー
myFld.Copy myFld.Path & "_0820", True
```

サンプルの結果

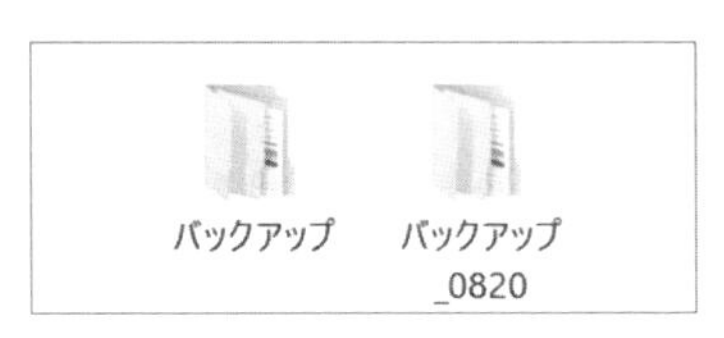

469 FSOでフォルダー内のファイルも含めて一括削除したい

サンプルファイル 469.xlsm

365 2019 2016 2013

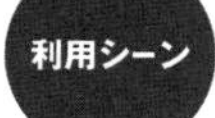

利用シーン フォルダー内のファイルも含めて一括削除

構文

メソッド	意味
ファイル.Delete	ファイルを削除
フォルダー.Delete	フォルダーを削除

FolderオブジェクトやFileオブジェクトに対してDeleteメソッドを実行すると、該当のファイル・フォルダーを削除します。フォルダーの場合は、フォルダー内にあるサブフォルダーやファイルもまとめて一括削除します。

VBAに標準で用意されているRmDirステートメントでもフォルダーを削除できますが、こちらはフォルダー内にファイルが残っていると削除を実行できません。それと比べると、非常に手軽で便利ですね。

次のサンプルは、「バックアップ_0820」フォルダーを中のファイルごと削除します。

```
Dim myFSO As Object, myFld As Object
Set myFSO = CreateObject("Scripting.FileSystemObject")
'フォルダーを取得
Set myFld = myFSO.GetFolder( _
          ThisWorkbook.Path & "¥FSO集計用¥バックアップ_0820")
'フォルダー単位で削除
myFld.Delete
```

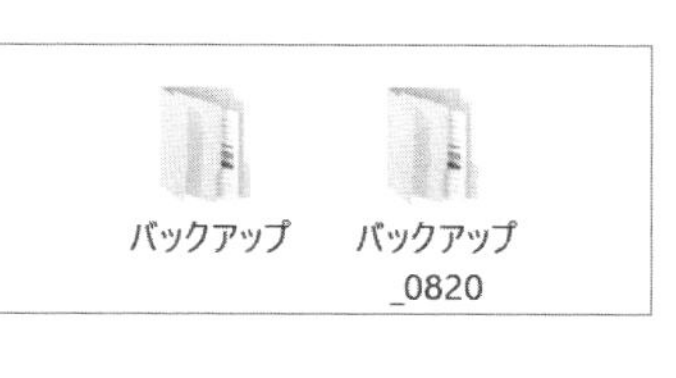

470 FSOでファイル名を入れ替えたい

サンプルファイル 470.xlsm

365 2019 2016 2013

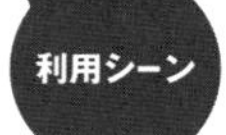

利用シーン 指定した2つのファイル名を入れ替える

構文

プロパティ／関数	意味
ファイル.Name = 新しい名前	ファイル名を変更
Timer	経過ミリ秒数を取得

次のサンプルは、2つのファイル名を入れ替えます。ファイル名を入れ替える際、もう一方と同じ名前に変更しようとするとエラーとなるため、Timer関数から得た「アプリケーション立ち上げ時からの経過ミリ秒数」を「一時的な名前」として用意し、「ファイルAの名前」「ファイルBの名前」「一時的な名前」を順次使用しながら、ファイル名を入れ替えています。

```
Dim myFSO As Object
Dim myFile1 As Object, myFile2 As Object, myName(2) As String
Set myFSO = CreateObject("Scripting.FileSystemObject")
'2つのファイルを取得
Set myFile1 = myFSO.GetFile(ThisWorkbook.Path & "¥pic01.png")
Set myFile2 = myFSO.GetFile(ThisWorkbook.Path & "¥pic02.png")
'一時的な名前、1つ目のファイル名、2つ目のファイル名を保持
myName(0) = CStr(Int(Timer))
myName(1) = myFile1.Name
myName(2) = myFile2.Name
'順次入れ替え
myFile1.Name = myName(0)  'ファイル1を一時的な名前に変更
myFile2.Name = myName(1)  'ファイル２をファイル１の名前に変更
myFile1.Name = myName(2)  'ファイル１をファイル２の名前に変更
```

サンプルの結果

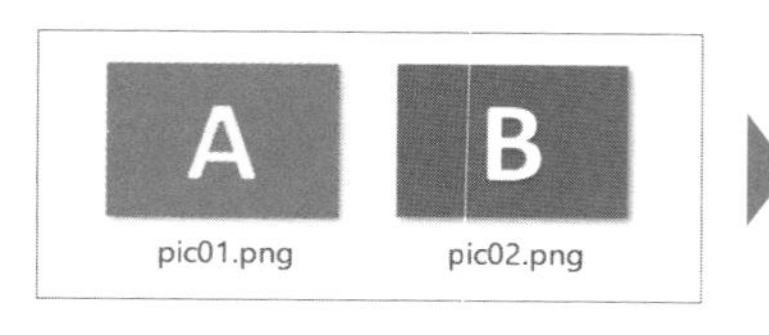

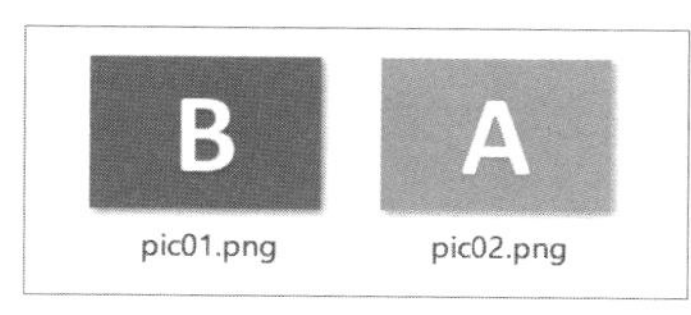

471 ファイル名に連番を付けたい

サンプルファイル 471.xlsm

365 2019 2016 2013

名前がバラバラなファイルを更新日時順に連番を持つ名前に整理

構文

考え方

Fileオブジェクトの任意の情報順にソートして連番を振る

下図左は、フォルダー内のファイルを、エクスプローラーで表示したものです。このファイルのうち、拡張子が「*.xlsx」のブックのみに、下図右のように更新日時を基準とした「新しい順」に連番を振ってみましょう。

フォルダー内のファイルに連番を振る

名前	更新日時
PicA.png	2020/07/20 16:16
PicB.png	2016/01/25 13:45
サンプルA.xlsx	2016/01/25 15:53
サンプルB.xlsx	2020/07/20 16:15
サンプルC.xlsx	2020/07/20 16:15
サンプルD.xlsx	2020/07/20 16:15
サンプルE.xlsx	2020/07/20 16:14

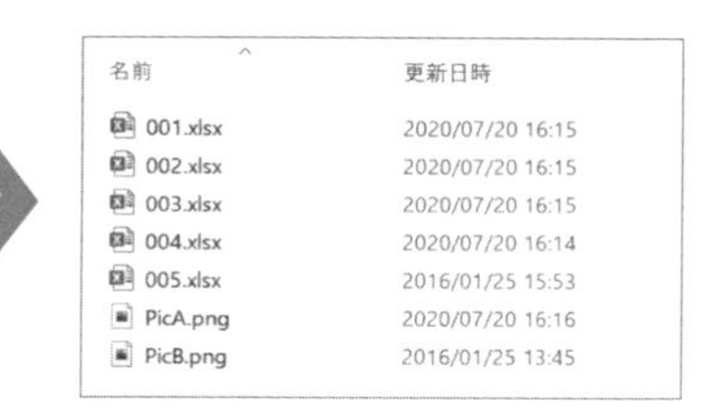

名前	更新日時
001.xlsx	2020/07/20 16:15
002.xlsx	2020/07/20 16:15
003.xlsx	2020/07/20 16:15
004.xlsx	2020/07/20 16:14
005.xlsx	2016/01/25 15:53
PicA.png	2020/07/20 16:16
PicB.png	2016/01/25 13:45

FSOやVBAには、オブジェクトの任意のプロパティの値を元に並べ替えるような仕組みは用意されていないので、今回は自前で用意します。

まず、Typeステートメントを利用して、下記の構造体「mySortFile」を作成します。構造体は、対象ファイルを扱うためのFileオブジェクトを格納する「FileObject」と、並べ替え時に比較する値を格納する「SortValue」を用意してみました。

```
Type mySortFile
    FileObject As Object
    SortValue As Variant
End Type
```

次のサンプルでは、FSOを使って対象フォルダー内の各ファイルの拡張子をチェックし、拡張子が「xlsx」だった場合には、ファイル名を一時的な適当な名前に変更し、ファイルを扱うFileオブジェクトと、並べ替えの際に比較対象となる「更新日時」の値を1つの構造体に記録し、リストに追加していきます（❶）。

リストが出来上がったら、いわゆるバブルソートで「更新日時」順に並べ替えを行い（❷）、並べ替えられたリストにそってFileオブジェクト経由で、順番に連番を持つ名前へと変更します（❸）。

471

365 2019 2016 2013

```
Dim myFSO As Object, myFld As Object, myFile As Object, myExt As
String
Dim myList() As mySortFile, tmp As mySortFile
Dim i As Long, j As Long, tmpNameSeed As String
'オブジェクトや初期値を準備
Set myFSO = CreateObject("Scripting.FileSystemObject")
Set myFld = myFSO.GetFolder(ThisWorkbook.Path & "¥連番用")
myExt = "xlsx"
i = 1
tmpNameSeed = CStr(Int(Timer))  '一時的な名前用の適当な文字列
'対象ファイルすべてを一時的な名前に変更し、ソート用情報のリスト作成
For Each myFile In myFld.Files
    If myFSO.GetExtensionName(myFile) = myExt Then
        ReDim Preserve myList(1 To i)
        Set myList(i).FileObject = myFile
        myList(i).SortValue = myFile.DateLastModified  '更新日時
        i = i + 1
        myFile.Name = tmpNameSeed & i
    End If
Next
'リストをSortValue(更新日)順にバブルソート
For i = 1 To UBound(myList)
    For j = UBound(myList) To i Step -1
        If myList(i).SortValue < myList(j).SortValue Then
            tmp = myList(i)
            myList(i) = myList(j)
            myList(j) = tmp
        End If
    Next j
Next i
'ソート結果の順番に連番を振る
For i = 1 To UBound(myList)
    myList(i).FileObject.Name = Format(i, "000.") & myExt
Next
```

472 ファイル名の連番をずらしたい

サンプルファイル 472.xlsm

365 2019 2016 2013

利用シーン フォルダー内のファイルの連番をずらして整理する

構文

考え方

Format関数と組み合わせて連番ファイル名を作成しながら名前を変更

次のサンプルは、下図左のファイルの内「003.xlsx」~「005.xlsx」に付けられた連番を「2つずつ」後ろにずらします。Format関数による書式の設定を工夫することで、さまざまなファイル形式や連番形式に対応できますので、環境に応じて適宜変更して試してください。

```
Dim myFSO As Object, myFldPath As String, myFilePath As String, i As Long
Dim myStart As Long, myEnd As Long, myStep As Long, myFmt As String
Set myFSO = CreateObject("Scripting.FileSystemObject")
myFldPath = ThisWorkbook.Path & "¥連番用¥"
myStart = 3         '開始番号
myEnd = 5           '終了番号
myStep = 2          'ずらす数
myFmt = "000.xlsx"  '連番ファイルを取得するための書式文字列
'処理中にファイル名の重複が発生しないよう、番号の大きい方から順に変更
For i = myEnd To myStart Step -1
    myFilePath = myFldPath & Format(i, myFmt)
    If myFSO.FileExists(myFilePath) Then
        myFSO.GetFile(myFilePath).Name = Format(i + myStep, myFmt)
    End If
Next
```

サンプルの結果

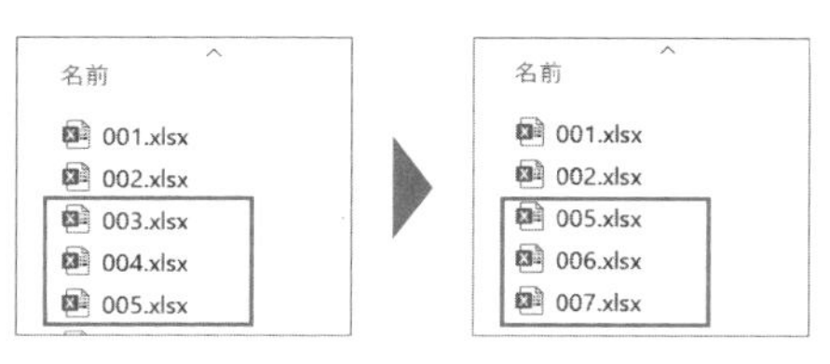

シート上の一覧表に沿ってファイル名を変更したい

サンプルファイル 473.xlsm

シート上に作成した一覧表に従ってファイル名を一括変更する

構文

考え方

一時的な名前を挟みながらシート上の値に沿ってファイル名を変更

ファイル名を一括で変更する際、なんらかの規則性があればよいのですが、そういう場合ばかりではありません。そんなときには、Excelのシート上で元のファイル名と変更後のファイル名の対応表を作成し、その表を元にファイル名を変更してみましょう。

シート上の一覧表

	A	B	C
1	元のファイル名	変更後のファイル名	結果
2	001.xlsx	サンプルE.xlsx	
3	002.xlsx	サンプルA.xlsx	
4	005.xlsx	サンプルC.xlsx	
5	006.xlsx	サンプルD.xlsx	
6	007.xlsx	サンプルB.xlsx	
7			

次ページのサンプルはセル範囲A2:C6を元に、ファイル名を一括変更します。

まず、「元のファイル名」が存在するかをひと通りチェックし、存在する場合には、とりあえず、他のファイル名との重複の恐れがない一時的な名前を付けます（❶）。その後、今度は一時的な名前を「変更後のファイル名」に順次変更していきます（❷）。

サンプルの結果

名前	→	名前
001.xlsx		サンプルE.xlsx
002.xlsx		サンプルA.xlsx
005.xlsx		サンプルC.xlsx
006.xlsx		サンプルD.xlsx
007.xlsx		サンプルB.xlsx

```
Dim myFSO As Object, myFldPath As String, myFilePath As String
Dim myRange As Range, i As Long, myFail As String, tmpNameSeed As String
'オブジェクトや初期値を準備
Set myFSO = CreateObject("Scripting.FileSystemObject")
myFldPath = ThisWorkbook.Path & "¥連番用¥"
Set myRange = Range("A2:C6")
myFail = "該当ファイルなし"
tmpNameSeed = CStr(Int(Timer))
'セルの値にそって該当ファイルを一時的な名前に一括変更
For i = 1 To myRange.Rows.Count                                  ❶
    myFilePath = myFldPath & myRange(i, 1).Value
    If myFSO.FileExists(myFilePath) Then
        myRange(i, 3).Value = tmpNameSeed & i
        myFSO.GetFile(myFilePath).Name = myRange(i, 3).Value
    Else
        myRange(i, 3).Value = myFail
    End If
Next
'一時的な名前をセルの値にそって一括変更
For i = 1 To myRange.Rows.Count                                  ❷
    If myRange(i, 3).Value <> myFail Then
        myFilePath = myFldPath & myRange(i, 3).Value
        myFSO.GetFile(myFilePath).Name = myRange(i, 2).Value
        myRange(i, 3).Value = "成功"
    End If
Next
```

POINT ▸▸ **「一時的な名前」の作り方**

本サンプルでは、「一時的な適当な名前」を、「取得しておいたTimer関数の値+ループカウンタの値」という形で作成しています。重複する可能性は低いですが、確実に重複しない、というわけではありません。「限りなく重複する可能性の低いユニークな値」を得たい場合には「UUIDの作り方」等の検索ワードで検索してみると、ヒントが得られるでしょう。

COLUMN ▶▶ 外部ライブラリの有無はWindowsのバージョンに大きく依存する

Excelだけでは実行するのが面倒な処理も、外部ライブラリを利用すれば簡単に実行可能なケースは多々あります。本書でも外部ライブラリを利用した方法を数多くご紹介しています。

特定の外部ライブラリが使えるか使えないかは、Windowsの環境に大きく依存します。現状、Windows環境は32bit版の環境と64bit版の環境が混在している時期であり、外部ライブラリの有無も少々異なるケースもあります。

また、かつては利用できていた外部ライブラリが廃止されるというケースもあります。例えば、かつてユニークなID（いわゆるUUID）を生成する際に便利だった「Scriptlet.TypeLib」ライブラリは、2017年のある時期のWindowsアップデートにより利用できなくなりました。今後も、古いライブラリが突然利用できなくなってしまう、ということが出てくるかもしれません。

外部ライブラリを利用した処理が現場で動かない、という場合には、まずWindowsのバージョンをチェックしたうえで対処方法を決めていきましょう。

ショートカットキー等に登録して使いたいマクロ

Chapter

14

474 どのブックからも利用できるマクロを作成したい

サンプルファイル なし

365 2019 2016 2013

よく利用するマクロを常に使用できるよう個人用マクロブックに作成

構文

考え方

個人用マクロブックにマクロを作成する

Excelには、「どのブックでも使用したい汎用的なマクロ」を登録するための特殊なブックである「個人用マクロブック」という仕組みが用意されています。個人用マクロブックを作成するには、一度、[マクロの記録]を行う際に、[マクロの保存先]欄から「個人用マクロブック」を選択し、適当な操作を記録します。

個人用マクロブックを作成する

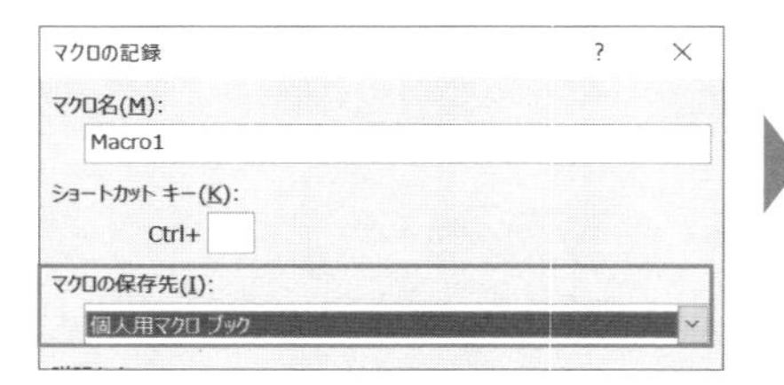

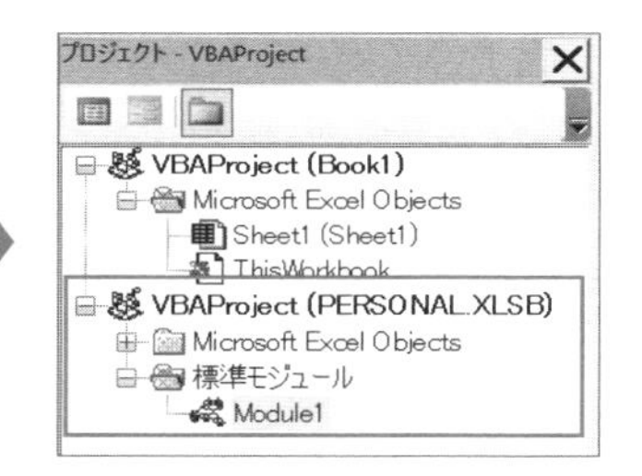

マクロを記録し終えたら、VBA画面を開いてみましょう。すると、「PERSONAL.XLSB」という名前のプロジェクトが追加されています。これが「個人用マクロブック」のプロジェクトです。以降、PERSONAL.XLSB上に、汎用的なマクロを作成していけば、そのマクロは、どのブックからでも呼び出せるマクロとなります。

なお、この個人用マクロブックは、Excelを起動すると自動的に開かれる仕組みとなっています。通常のブックのように画面上に表示されることはありませんが、「Workbooks.Count」等のカウント対象には含まれます。

このため、「すべてのブックに対してループ処理を行う」ような処理を作成する場合は、対象から外す処理を別途付け加えるか、カウント対象に含まれないアドインブックの利用（トピック496～501参照）を検討してください。

475 個人用マクロブックの場所を調べて削除したい

サンプルファイル なし

365 2019 2016 2013

利用シーン 個人用マクロブックを削除する

構文

ステートメント	説明
Debug.Print ThisWorkbook.Path	ブックのあるフォルダーのパスを出力

個人用マクロブックの本体は、「PERSONAL.XLSB」というバイナリ形式のブックです。お使いのPC上で個人用マクロブックが不要になった場合は、このファイルをExcel終了後に削除すると、以降、Excel起動時に個人用マクロブックは読み込まれなくなります。

ファイルの場所は、個人用マクロブックのモジュールに、以下のサンプルのようにコードを記述して確認しましょう。

なお、一度削除しても、[マクロの記録]で保存先に「個人用マクロブック」を指定すれば、何度でも「PERSONAL.XLSB」を作成できます。

```
'個人用マクロブックのモジュールに作成
Sub sample475()
    Debug.Print ThisWorkbook.Path
End Sub
```

サンプルの結果

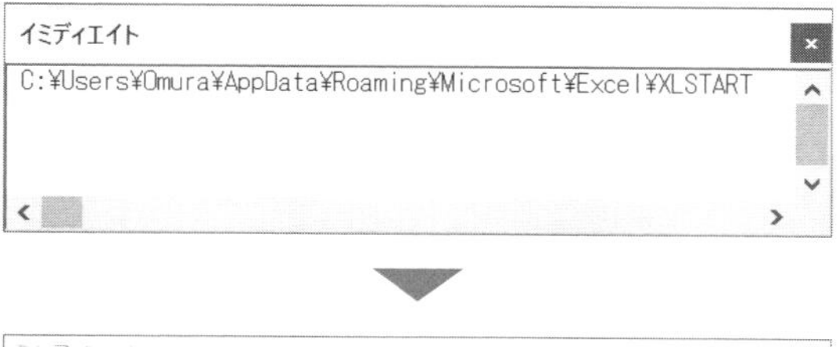

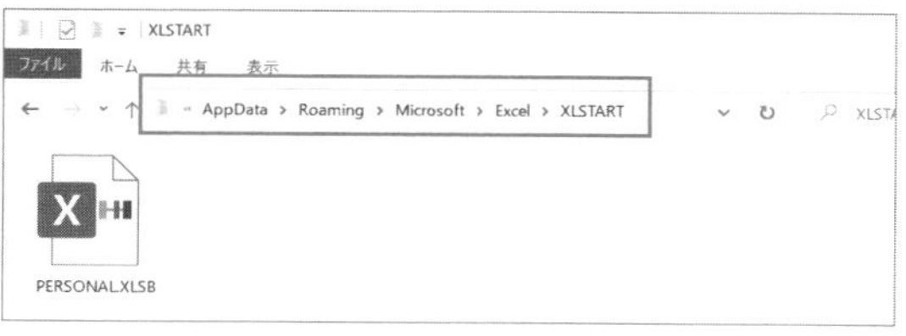

476 マクロをショートカットキーに登録したい

サンプルファイル  なし

365 2019 2016 2013

利用シーン

よく使うマクロをショートカットキーに登録

構文

考え方

［マクロ］ダイアログからマクロをショートカットキー登録

通常操作で、任意のマクロにショートカットキーを割り当て／解除するには、［マクロ］ダイアログを開き、ショートカットキーを登録したいマクロを選択したうえで、［オプション］ボタンを押して［マクロオプション］ダイアログを表示します。

［マクロオプション］ダイアログ上の［ショートカットキー］欄で、ショートカットキーとして割り当てたいキーを実際に押せば登録完了です。このとき、Shiftキーを押しながらZキー等を押すと、Ctrl + Shift + Zキーにマクロが割り当てられます。

マクロにショートカットキーを割り当てる

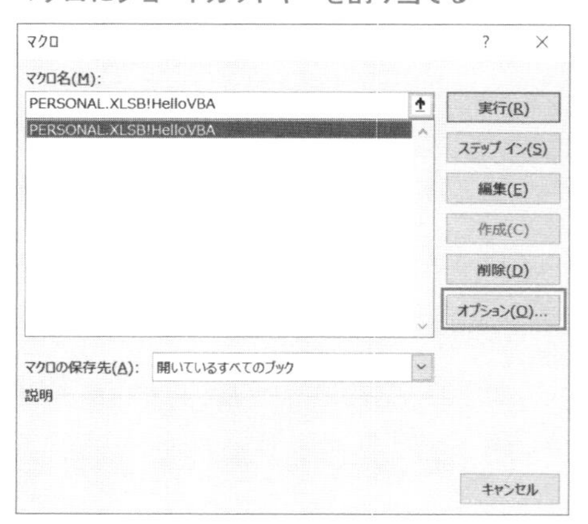

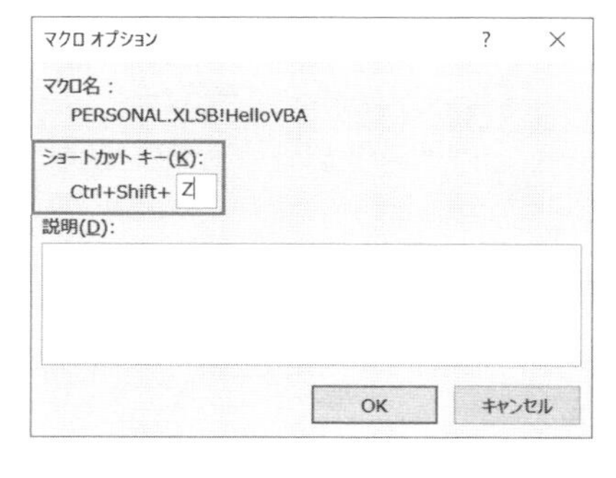

この設定は、いったんExcelを閉じて開き直しても有効なままです。

なお、ショートカットキーを解除したい場合は、再び、［マクロオプション］ダイアログを開き、該当マクロを選択したうえで、［ショートカットキー］欄を空欄にして［OK］ボタンを押します。

477 VBAからマクロをショートカットキーに登録したい

サンプルファイル 477.xlsm

365 2019 2016 2013

ブックに応じてショートカットキーに割り当てるマクロを調整

構文

メソッド	説明
Application.Onkey キー [,マクロ名]	ショートカットキーにマクロを登録

VBAからマクロを割り当て／解除するには、OnKeyメソッドを利用します。OnKeyメソッドは、ショートカットキーを指定する文字列と、割り当てるマクロ名の文字列とを引数に指定します。ショートカットキーを指定する文字列には、次の書式が利用できます。

■ ショートカットキーの指定に利用できる書式

Shift	+
Ctrl	^
Alt	%

各種矢印キー	{UP},{DOWN},{RIGHT},{LEFT}
Enter(テンキー)	{ENTER}
Return	{RETURN}
F1～F15	{F1}～{F15}

たとえば、個人用マクロブックの標準モジュール内に、以下のように、Private修飾子を付けて［マクロ］ダイアログには表示させないようにしているマクロ、「HelloVBA」があるとします。

```
Private Sub HelloVBA()
    MsgBox "Hello!"
End Sub
```

このとき、次のコードは、Ctrl + Shift + Z キーで上記マクロ「HelloVBA」を実行するように設定します。

```
Application.OnKey "^+z", "HelloVBA"
```

割り当てたショートカットキーを解除するには、マクロ名を指定せずにOnKeyメソッドを実行します。次のコードは、Ctrl + Shift + Z キーに割り当てたマクロを解除します。

```
Application.OnKey "^+z"
```

なお、OnKeyメソッドによる設定は、いったんExcelを終了するとクリアされます。個人用マクロブックのマクロに常にショートカットキーを割り当てておきたい場合は、前ページのテクニックのように手作業で行うか、PERSONAL.XLSBのThisWorkbookモジュール上のWorkbook_Openイベントプロシージャ内に、OnKeyメソッドを利用したコードを記述しましょう。

```
'個人用マクロブックのThisWorkbookモジュールに記述
Private Sub Workbook_Open()
    Application.Onkey "^+z", "HelloVBA"
End Sub
```

また、特定のブックを開いたときに、特定のショートカットキーにマクロを割り当てたい場合には、そのブックのThisWorkbookモジュール内のWorkbook_OpenイベントプロシージャにOnKeyメソッドを記述します。このとき、個人用マクロブックのマクロを割り当てる等、他のブックのマクロを割り当てたい場合には、「ブック名!マクロ名」の形式で指定します。

```
'個人用マクロブックの「HelloVBA」を[Ctrl]+[Shift]+[z]に割り当てる
Application.Onkey "^+z", "PERSONAL.XLSB!HelloVBA"
```

特定ブックから他のブックのマクロにショートカットキーを割り当てる

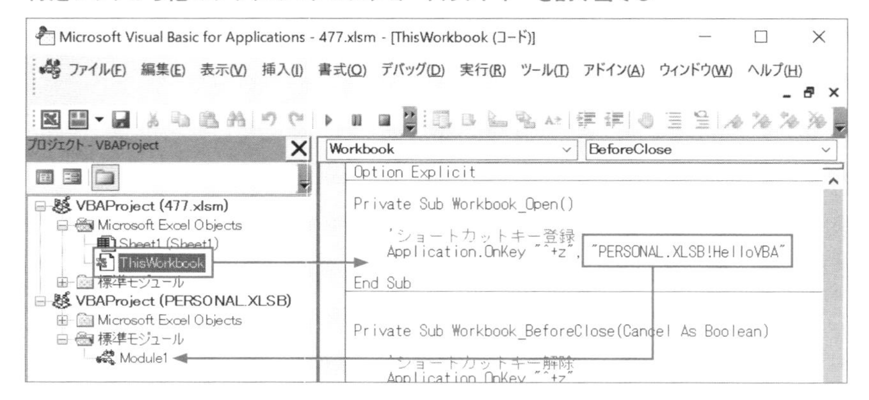

特定ブックを閉じた際にショートカットキーを解除したい場合には、そのブックのWorkbook_BeforeCloseイベントプロシージャ内に解除用のコードを用意しましょう。

478 数式の表示／非表示を切り替えたい

サンプルファイル 478-表示切替.xlsm

365 2019 2016 2013

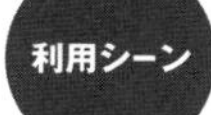

利用シーン シート上の数式の内容を確認する

構文

プロパティ	説明
ウィンドウ.DisplayFormulas = True／False	数式を表示／非表示

数式の表示／非表示を切り替えます。数式が表示されていたら非表示にし、非表示だったら表示します。ちょっと数式を確認したいときに便利です。

```
With ActiveWindow
    .DisplayFormulas = Not .DisplayFormulas
End With
```

479 セルの枠線の表示／非表示を切り替えたい

サンプルファイル 478-表示切替.xlsm

365 2019 2016 2013

利用シーン 非表示の枠線を表示してグリッドを確認する

構文

プロパティ	説明
ウィンドウ.DisplayGridlines = True／False	枠線を表示／非表示

セルの枠線の表示／非表示を切り替えます。セルの枠線が表示されていたら非表示にし、非表示だったら表示します。

```
With ActiveWindow
    .DisplayGridlines = Not .DisplayGridlines
End With
```

480 数式バーの表示／非表示を切り替えたい

サンプルファイル 478-表示切替.xlsm

365 2019 2016 2013

利用シーン 数式バーを非表示にして表示画面を広くとる

構文

プロパティ	説明
Application.DisplayFormulaBar = True／False	数式バーを表示／非表示

数式の表示／非表示を切り替えます。数式が表示されていたら非表示にし、非表示だったら表示します。ちょっと数式を確認したいときに便利です。

```
With Application
    .DisplayFormulaBar = Not .DisplayFormulaBar
End With
```

481 ステータスバーの表示／非表示を切り替えたい

サンプルファイル 478-表示切替.xlsm

365 2019 2016 2013

利用シーン メッセージを表示するためにステータスバーを表示

構文

プロパティ	説明
Application.DisplayStatusBar = True／False	ステータスバーを表示／非表示

ステータスバーの表示／非表示を切り替えることによって、画面を有効に活用します。ステータスバーが表示されていたら非表示にし、非表示だったら表示します。

```
With Application
    .DisplayStatusBar = Not .
DisplayStatusBar
End With
```

482 フリガナの表示／非表示を切り替えたい

サンプルファイル 478-表示切替.xlsm

365 2019 2016 2013

利用シーン フリガナの状態を確認する

構文

プロパティ	説明
セル範囲.Phonetics.Visible = True／False	フリガナを表示／非表示

選択範囲のセルのフリガナの表示／非表示を切り替えます。セルのフリガナが表示されていたら非表示にし、非表示だったら表示します。

```
With Selection.Phonetics
    .Visible = Not .Visible
End With
```

483 改ページの区切り線の表示／非表示を切り替えたい

サンプルファイル 478-表示切替.xlsm

365 2019 2016 2013

利用シーン 印刷範囲とレイアウトを確認する

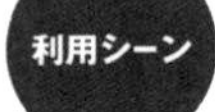

構文

プロパティ	説明
シート.DisplayPageBreaks = True／False	区切り線を表示／非表示

頻繁に印刷するようなワークシートの場合、常に改ページの区切り線が表示された状態になりますが、この区切り線が邪魔になるときと、印刷時のイメージができて便利に感じるときがあります。改ページの区切り線は良し悪しといったところでしょうか。

次のサンプルは、改ページの区切り線の表示／非表示を切り替えます。改ページの区切り線が表示されていたら非表示にし、非表示だったら表示します。

```
With ActiveSheet
    .DisplayPageBreaks = Not ⏎
.DisplayPageBreaks
End With
```

484 シートを一括で再表示したい

サンプルファイル 478-表示切替.xlsm

365 2019 2016 2013

利用シーン すべての非表示シートを再表示する

構文

プロパティ	説明
シート.Visible = True	シートを表示

　複数のシートを非表示にした場合、1つずつ再表示しなければなりません。このマクロは、非表示のシートを一括で再表示します。

```
Dim myWS As Worksheet
For Each myWS In Worksheets
    myWS.Visible = True
Next
```

485 フィルターのオン／オフを切り替えたい

サンプルファイル 478-表示切替.xlsm

365 2019 2016 2013

利用シーン フィルターの状態を切り替える

構文

プロパティ	説明
基準セル.AutoFilter	基準セルのフィルターを解除

　VBAには、フィルターが設定されているかどうかを調べるAutoFilterModeプロパティがあるので、フィルターのオン／オフを切り替えるマクロを作成するときに、このプロパティが必要になりそうな気がしますが、実はこのプロパティは必要ありません。

　次のサンプルを実行すれば、アクティブセルの位置にある表やテーブルのフィルターがオフならオンになり、オンならオフになります。

```
ActiveCell.AutoFilter
```

486 数式が入力されているセルだけを保護したい

サンプルファイル 478-表示切替.xlsm

365 2019 2016 2013

利用シーン

数式セルの編集の許可／ロックをまとめて設定する

構文

プロパティ	説明
セル範囲.SpecialCells(xlCellTypeFormulas, 23).Locked = True	数式セルのみロック

選択範囲中、数式が入力されているセルだけを保護します。シートにパスワードはかけないので、簡単にシートの保護が解除できます。

SpecialCellsメソッドの第2引数の「23」は、「xlErrors」「xlLogical」「xlNumbers」「xlTextValues」の4つの組み込み定数をすべて加算した値です。

```
Selection.Locked = False
Selection.SpecialCells(xlCellTypeFormulas, 23).Locked = True
ActiveSheet.Protect
```

487 表示倍率を切り替えたい

サンプルファイル 478-表示切替.xlsm

365 2019 2016 2013

利用シーン

画面表示を一時的にズームして戻す

構文

プロパティ	説明
ActiveWindow.Zoom = 倍率	画面の表示倍率を変更

次のサンプルは、25％刻みでアクティブなウィンドウの表示倍率を増加させます。減少させたい場合は変数zoomStepに負の値を指定します。

```
Dim num As Long, minZoom As Long, maxZoom As Long, zoomStep As Long
minZoom = 10
maxZoom = 400
zoomStep = 25
num = ActiveWindow.Zoom + zoomStep
If num < minZoom Then num = maxZoom
If num > maxZoom Then num = minZoom
ActiveWindow.Zoom = num
```

488 新規シートを末尾に追加したい

サンプルファイル 488-入力と修正.xlsm

365 2019 2016 2013

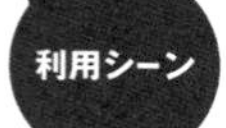

アクティブシートの位置に関わらずに常に末尾にシートを追加する

構文

プロパティ	説明
Worksheets.Add After:= Worksheets(Worksheets.Count)	末尾にシート追加

新規シートを末尾（一番右）に追加します。わざわざシートを移動する必要がありません。

```
Worksheets.Add After:=Worksheets(Worksheets.Count)
```

489 罫線を除いてセルを貼り付けたい

サンプルファイル 488-入力と修正.xlsm

365 2019 2016 2013

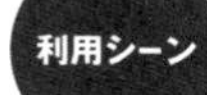

表内の書式のまま罫線を除いてコピー

構文

メソッド	説明
基準セル.PasteSpecial Paste:= xlPasteAllExceptBorders	罫線を除いて貼り付け

セルをコピーすると、データと一緒に罫線までコピーされてしまうことに不便を感じることはありませんか。このマクロは、罫線を除いてセルを貼り付けます。セルをコピーして、貼り付け先のセルを選択してからこのマクロを実行してください。

また、数式の結果のみを貼り付けたい場合によく使う［値のみ貼り付け］をマクロから行いたい場合は、引数Pasteに定数「xlPasteValues」を指定します。

```
Selection.PasteSpecial Paste:=xlPasteAllExceptBorders
Application.CutCopyMode = False
```

490 セルの内容を数式からその結果に置き換えたい

サンプルファイル 488-入力と修正.xlsm

365 2019 2016 2013

利用シーン 数式ではなく結果の値を一括入力する

構文

プロパティ	説明
セル範囲.Value = セル範囲.Value	数式の結果の値をセルへと入力

選択されたセルの数式をその結果に置き換えます。なんとも単純なマクロのようですが、選択されたセルの数式の結果を右辺のValueプロパティで取得し、その値を同一のセル範囲に代入することで、セルの上書きを実現しています。

```
Selection.Value = Selection.Value
```

491 エラーを含む数式をクリアしたい

サンプルファイル 488-入力と修正.xlsm

365 2019 2016 2013

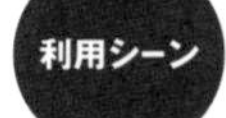

利用シーン エラー箇所を一括クリア

構文

メソッド	説明
セル範囲.SpecialCells (xlCellTypeFormulas, xlErrors)	エラーを含む数式のセルを取得

次のサンプルは、アクティブシート上のエラー値を含む数式のみをクリアします。

```
Cells.SpecialCells(xlCellTypeFormulas, xlErrors).Clear
```

492 セルの名前定義を一括で削除したい

サンプルファイル 488-入力と修正.xlsm

365 2019 2016 2013

利用シーン 不要な名前の定義を一括クリア

構文

メソッド	説明
名前定義.Delete	名前定義を削除

ワークシートをコピーした際などに、意図していないセルの名前がブックに残ってしまうことがあります。このマクロは、ブック内の名前定義を一括で削除します。

```
Dim myName As Name
For Each myName In ActiveWorkbook.Names
    myName.Delete
Next
```

493 ブックを保存しているフォルダーをエクスプローラーで開きたい

サンプルファイル 488-入力と修正.xlsm

365 2019 2016 2013

利用シーン ブックの保存場所を素早く確認

構文

メソッド	説明
CreateObject("Wscript.Shell"). Run フォルダーのパス	指定フォルダーをエクスプローラーで開く

次のサンプルを実行すると、アクティブなブックが保存されているフォルダーを、エクスプローラーで開きます。なお、クラウド上のブック等では意図通りに動作しない場合があります。

```
If ActiveWorkbook.Path = "" Then
    MsgBox "まだ保存されていないブックです"
Else
    CreateObject("Wscript.Shell").Run ActiveWorkbook.Path
End If
```

494 重複した値に色を付けたい

サンプルファイル 494.xlsm

365 2019 2016 2013

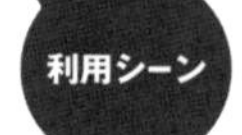

利用シーン　指定セル範囲で重複している箇所をチェック

構文

メソッド	説明
セル範囲.FormatConditions.AddUniqueValues	「重複する値」ルールの条件付き書式を追加
セル範囲.FormatConditions.Delete	条件付き書式を削除

次のサンプルは、選択したセル範囲に「_重複チェック範囲_」と名前を付け、条件付き書式を利用して、範囲内で重複している値の背景色を黄色に設定します（❶）。

確認後、もう一度実行すると、条件付き書式とセル範囲に付けた名前を削除します（❷）。

```
Sub 重複チェック()
    Dim myName As String
    myName = "_重複チェック範囲_"
    On Error GoTo ERR_HANDLER
    Range(myName).FormatConditions.Delete ――――――――――❷
    ActiveWorkbook.Names(myName).Delete
    Exit Sub
ERR_HANDLER:
     '[名前]ボックスに表示したくない場合は第3引数に「False」を指定
    ActiveWorkbook.Names.Add myName, Selection ', False ――❶
    With Selection.FormatConditions.AddUniqueValues
        .DupeUnique = xlDuplicate
        .Interior.Color = rgbYellow
    End With
End Sub
```

サンプルの結果

	A	B	C	D	E
1	りんご	蜜柑	レモン	ぶどう	
2	なし	りんご	オレンジ	西瓜	
3	いちご	パイン	アボカド	きゅうり	
4	トマト	レモン	茄子	茗荷	
5	大葉	紫蘇	枝豆	りんご	
6					
7					

	A	B	C	D	E	F
1	りんご	蜜柑	レモン	ぶどう		
2	なし	りんご	オレンジ	西瓜		
3	いちご	パイン	アボカド	きゅうり		
4	トマト	レモン	茄子	茗荷		
5	大葉	紫蘇	枝豆	りんご		
6						
7						

入力値を元に選択セル範囲の値を一括更新したい

サンプルファイル 495.xlsm

365 2019 2016 2013

指定セル範囲の値を一律10％増加

構文

メソッド	説明
Application.InputBox(各種設定)	入力用のダイアログを表示

数値が入力されているセル範囲を選択して、次のサンプルを実行すると、インプットボックスが表示されます。
たとえば、売上金額が10％上昇した場合をシミュレーションしたければ、インプットボックスに「10」と入力します。すると、選択されているセルの数値が10％増加します。

```
Dim myMsg As String, myTitle As String, myRtn As Double, myCell As Range
myMsg = "増減率を % で入力してください"
myTitle = "数値データのシミュレーション"
myRtn = Application.InputBox(Prompt:=myMsg, Title:=myTitle, Type:=1)
If myRtn = 0 Then Exit Sub
myRtn = 1 + (myRtn / 100)
For Each myCell In Selection
    myCell.Value = myCell.Value * myRtn
Next
```

サンプルの結果

	A	B	C	D	E	F	G	H
1	2,000	1,700	1,000					
2	1,800	1,700	2,600					
3	1,800	2,900	1,900					
4	2,600	2,700	2,100					
5								
6								
7								

数値データのシミュレーション ? ×
増減率を % で入力してください
10
OK キャンセル

▼

	A	B	C	D	E	F	G	H
1	2,200	1,870	1,100					
2	1,980	1,870	2,860					
3	1,980	3,190	2,090					
4	2,860	2,970	2,310					

496 マクロをアドインブックとして配布したい

サンプルファイル なし

365 2019 2016 2013

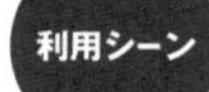

作成したマクロをアドインとして配布

構文

考え方

マクロを記述したブックをアドイン形式で書き出し

Excelに、「どのブックでも使用したい汎用的なマクロ」を登録したい場合、「アドイン」形式で保存したブックをアドインとして組み込む、という方法も用意されています。

まずはアドイン形式のブックを作成してみましょう。マクロを含むブックを[名前を付けて保存]する際に、[ファイルの種類]欄から「Excelアドイン(*.xlam)」を選択します。

アドイン用ブックの作成

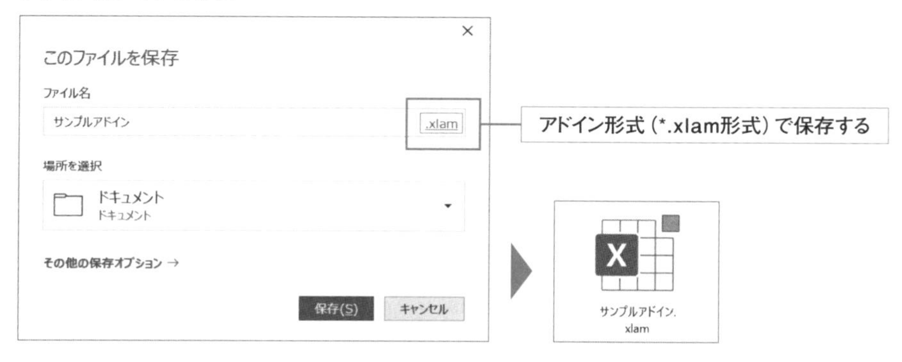

またこのとき、ファイルの保存先として、ユーザー定義のアドインを保存しておくための専用フォルダーが選択されます。保存先は環境によって多少異なりますが、筆者の環境では次のような場所となっています。

```
C:¥Users¥Omura¥AppData¥Roaming¥Microsoft¥AddIns
```

他の場所に保存してもかまいませんが、とくにこだわりがないのであれば、この「AddInsフォルダー」内に保存しておきましょう。

また、他の場所で作成したアドインファイルを持ち込む場合にも、信頼性をチェックしたうえで、AddInsフォルダー内に配置して使用するのがおすすめです。

アドインブックをExcelに組み込みたい

サンプルファイル なし

365 2019 2016 2013

アドインブックのマクロを利用できるようにアドインとして登録

構文

考え方

アドイン内のマクロを利用できるようにExcelにアドイン登録する

アドインブックを利用するには、Excelにアドインとして登録し、組み込む必要があります。[開発]リボン内の[Excelアドイン]ボタンを押すと、[アドイン]ダイアログボックスが表示されます(Excel2007等では、Excelのオプションダイアログボックスを開き、さらに[アドイン]項目右下の[設定]ボタンを押します)。

アドインブックをアドインとして組み込む

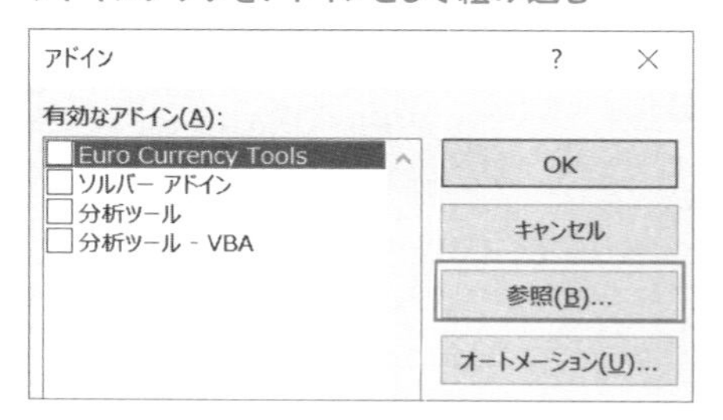

[参照]ボタンを押すと、ファイル選択ダイアログボックスが開くので、登録したいアドインブック(*.xlam形式のブック)を選択すれば登録と組み込み完了です。ファイルが表示されない場合は、[ファイルの種類]欄を、「全てのファイル(*.*)」にしてみましょう。

以降、[アドイン]ダイアログボックスには、登録したブック名が表示され、チェックをオン/オフすることで組み込み/解除を設定できるようになります。

なお、アドインとして組み込んだアドインブックは画面上には表示されません。内容の修正・確認は、VBEからのみ行えます。また、「Workbooks.Count」等のカウント対象にも含まれません。

不要になった場合の処理は少々手間がかかります。まず、チェックを外し、いったんExcelを終了します。エクスプローラー等からアドインブックのxlamファイルを削除し、Excelを再起動して[アドイン]ダイアログを表示しましょう。この時点ではまだリストにアドイン名が残っていますが、チェックを付け外しすると、確認メッセージが表示され、リストから削除されます。

498 アドインブックをマクロで組み込みたい

サンプルファイル 498.xlsm

365 2019 2016 2013

ブックに応じたアドインの組み込み状況をチェックして組み込む

構文

プロパティ	説明
Application.AddIns.Add(ファイルパス [,コピー設定])	アドインを登録
アドイン.Installed = True	アドインを組み込む

アドインブックをExcelに登録するには、AddInsコレクションのAddメソッドの引数に、アドインファイルへのパスを指定して実行します。

アドイン内のマクロは登録しただけでは実行できません。組み込む必要があります。マクロから組み込むには、該当アドインをAddInオブジェクトとして取得し、Installedプロパティの値を「True」に設定します。

次のサンプルは、アドインファイル「サンプルアドイン.xlam」をアドインとして登録し、組み込んだうえで、アドイン内のマクロ「macro1」を実行します。

```
Const ADDIN_FILE_NAME As String = "サンプルアドイン.xlam"
Dim myAddIn As AddIn
'アドインを登録
Set myAddIn = Application.AddIns.Add( _
    ThisWorkbook.Path & "¥" & ADDIN_FILE_NAME, False _
)
'アドインを組み込む
myAddIn.Installed = True
'アドイン内のマクロを実行
Application.Run ADDIN_FILE_NAME & "!macro1"
```

アドインブックをマクロで組み込み解除したい

サンプルファイル 499.xlsm

365 2019 2016 2013

指定アドインの組み込みを解除

構文

プロパティ	説明
Application.AddIns(アドイン名)	アドインを取得
アドイン.Installed = False	アドインの組み込みを解除

アドインの組み込みをマクロから解除するには、対象アドインを指定して、Installedプロパティの値に「False」を指定します。組み込みを解除するのみなので、アドインのリストには残ります。リストからも削除したい場合には、「いったんExcel終了→アドインファイルを削除→Excelを再起動してリストのチェックを付け外し」という手順が必要です。

次のサンプルは、「サンプルアドイン」という名前で登録されているアドインの組み込みを解除し、該当アドインファイルのフルパスを表示します。

```
Const ADDIN_NAME As String = "サンプルアドイン"
Dim myAddIn As AddIn
On Error Resume Next
Set myAddIn = Application.AddIns(ADDIN_NAME)
If Err.Number > 0 Then
    MsgBox "指定アドインは登録されていません"
    Exit Sub   '指定アドインが見つからない場合は処理を抜ける
End If
On Error GoTo 0
'アドインの組み込みを解除してアドインファイルの場所を表示
myAddIn.Installed = False
MsgBox "指定アドインの組み込みを解除しました。" & vbCrLf & _
        "ファイルパス：" & myAddIn.FullName
```

サンプルの結果

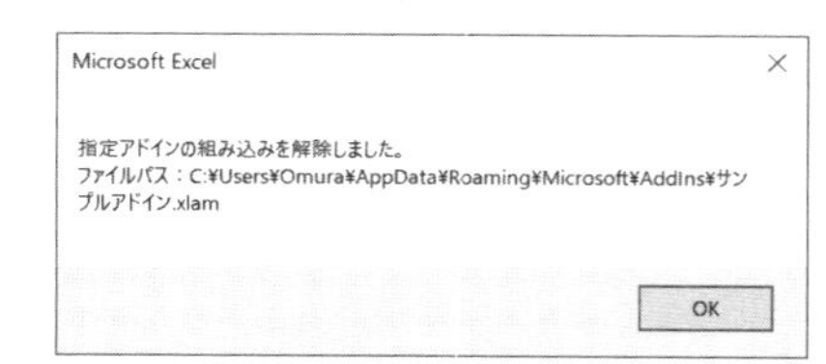

500 アドインを組み込んだ時点でショートカットキー登録したい

サンプルファイル 500.xlsm

365 2019 2016 2013

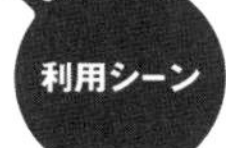

アドインブックのマクロを使いやすいようにショートカットキーに登録

構文

イベント	説明
AddinInstallイベント	アドインとして組み込まれた時に実行したい処理を記述

アドインブックに含まれるマクロは、[マクロ]ダイアログボックスから実行することはできません。別途、呼び出す仕組みを用意する必要があります。

そこで、アドインブックを組み込んだときに発生するAddinInstallイベントを利用して、ショートカットキーの登録を行ってみましょう。

次のサンプルは、アドインブックのThisWorkbookモジュール内のWorkbook_AddinInstallイベントプロシージャを利用し、アドインを組み込んだタイミングでアドインブック内のマクロ「macro1」と「macro2」をショートカットキー登録します。

```
'アドイン用ブックのThisWorkbookモジュール内に記述
Private Sub Workbook_AddinInstall()
    Application.OnKey "^+a", "macro1"
    Application.OnKey "^+s", "macro2"
    MsgBox "[Ctrl]+[Shift]+[a]/[s]にマクロ登録しました"
End Sub
```

サンプルの結果

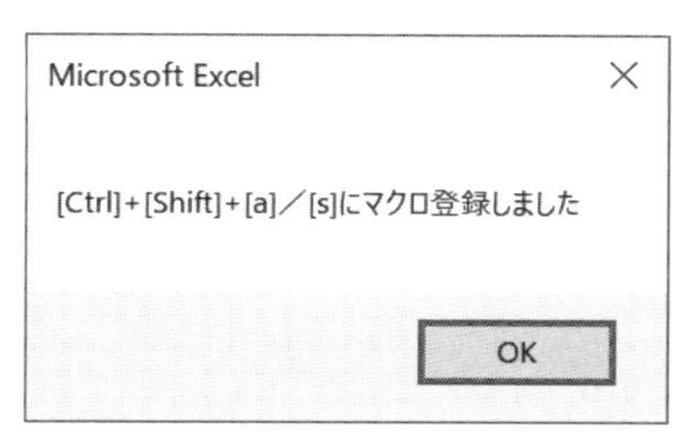

アドインを組み込み解除した時点でマクロを実行したい

サンプルファイル 501.xlsm

365 2019 2016 2013

登録しておいたショートカットキーを解除

構文

イベント	説明
AddinUninstallイベント	アドインの組み込みを解除した時に実行したい処理を記述

アドインブックの組み込みを解除すると、AddinUninstallイベントが発生します。このイベントを利用して、ショートカットキーの登録解除処理を行ってみましょう。

次のサンプルは、アドインブックのThisWorkbookモジュール内のWorkbook_AddinUninstallイベントプロシージャを利用し、Ctrl + Shift + a キーと、Ctrl + Shift + s キーに割り当てていたマクロの登録を解除します。

```
'アドイン用ブックのThisWorkbookモジュール内に記述
Private Sub Workbook_AddinUninstall()
    Application.OnKey "^+a"
    Application.OnKey "^+s"
    MsgBox "[Ctrl]+[Shift]+[a]／[s]のマクロ登録を解除しました"
End Sub
```

サンプルの結果

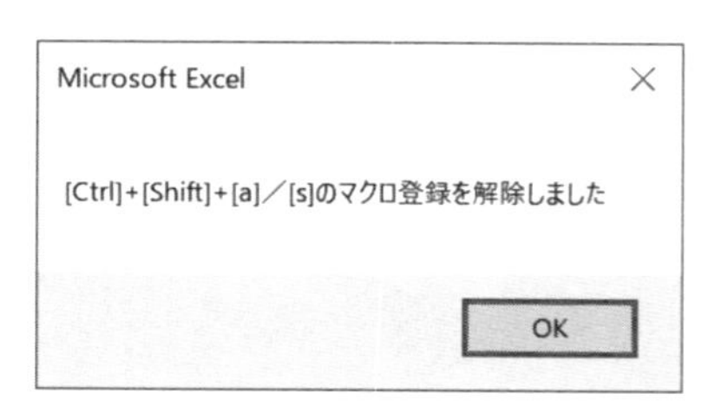

502 ユーザーフォームからマクロを実行したい

サンプルファイル 502.xlsm

365 2019 2016 2013

利用シーン 登録しておいたマクロを手軽に実行する

構文

考え方

モードレス表示したユーザーフォームからマクロを実行

作成したさまざまなマクロを実行するための手段の1つとして、モードレス表示したユーザーフォームからマクロを実行する、という方法があります。方法は簡単で、実行したいマクロに対応したボタンを配置したユーザーフォームを作成し、ボタンのClickイベントプロシージャ内で対応するマクロを呼び出すようにしておきます。

```
Private Sub CommandButton1_Click()
    Call Module1.macro1    'Module1に作成した「macro1」を実行
End Sub
```

あとはこのユーザーフォームをモードレス表示するだけです。

```
UserForm1.Show vbModeless   'UserForm1をモードレス表示
```

すると、ユーザーフォームを表示したままセルの操作などの通常操作が行えます。マクロが実行したくなったら、ボタンを押せばよいわけですね。特定の作業を行う際に使いたいマクロを集めたユーザーフォームを作成しておくと、作業が効率化します。

モードレス表示したユーザーフォームからマクロを実行

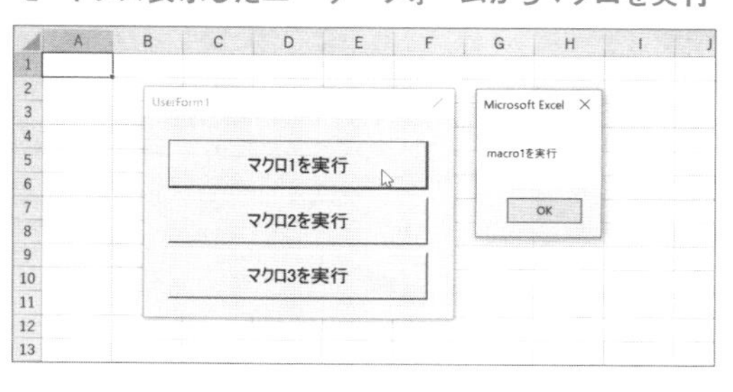

ユーザーフォームの作成方法や利用法に関しては、トピック505(P.618)以降をご覧ください。

カスタムリボンから マクロを実行したい

サンプルファイル なし

365 2019 2016 2013

登録しておいたマクロを手軽に実行する

構文

考え方

リボンによく使うマクロを登録して利用する

よく利用するマクロは、リボンから呼び出せるようにしておくのも便利です。Excelでは、リボン上で右クリックし、[リボンのユーザー設定]を選択すると、リボンの編集ができます。このとき、[コマンドの種類]欄から「マクロ」を選択すると、開いているブック中に作成してあるマクロがリスト表示されます。

右側のリストボックスからマクロを登録したいタブやタブ内の位置を選択し、[追加] ボタンを押すと、そのマクロが実行できるボタンとして登録されます。

リボンにマクロを登録する

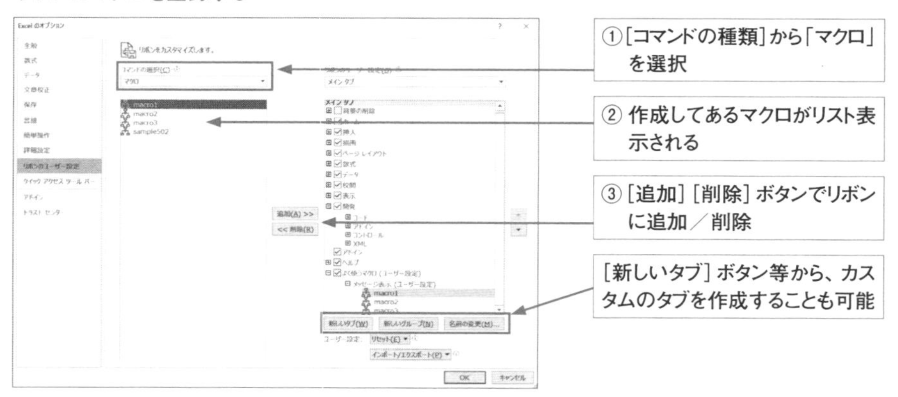

カスタムリボンを作成してマクロを登録したところ

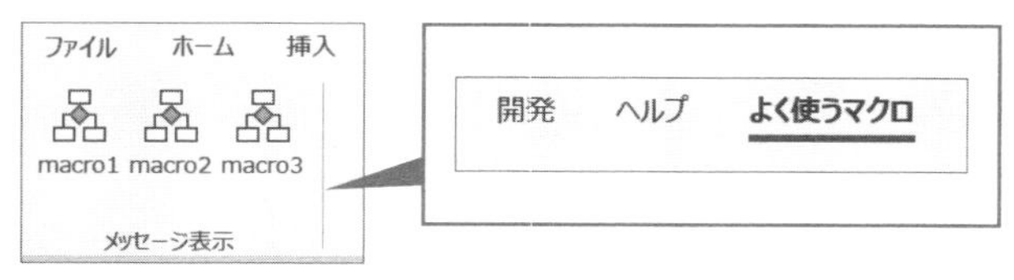

個人用マクロブックのマクロも登録できるので、よく使うマクロを個人用マクロブックにまとめておき、登録するのもよいですね。

504 個人用マクロブックをWorkbooksの対象から外したい

サンプルファイル なし

365 2019 2016 2013

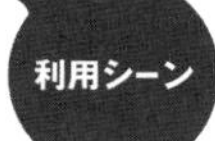

Workbooksをループするマクロから個人用マクロブックを除外

構文

プロパティ	説明
Workbooks("PERSONAL.XLSB").IsAddin = True	アドイン設定を一時的にオン

個人用マクロブックは、Workbooksコレクションに含まれます。そのため、「全ブックをループ処理する」意図でWorkbooksコレクションを走査するマクロを作成すると、個人用マクロブックも対象に含まれてしまいます。

これを除外するには、個人用マクロブックのIsAddinプロパティの値を一時的にTrueにしてしまいましょう。すると、アドインブックであるとみなされて、Workbooksコレクションに含まれなくなります。あまり利用する機会はありませんが、知っておくとピンポイントで役に立つ、ちょっとしたテクニックです。

```
Dim myBK As Workbook
'そのままループ
For Each myBK In Workbooks
    Debug.Print myBK.Name
Next
'PERSONAL.XLSBを外してループ
Debug.Print "-----"
Workbooks("PERSONAL.XLSB").IsAddin = True
For Each myBK In Workbooks
    Debug.Print myBK.Name
Next
```

マクロの結果

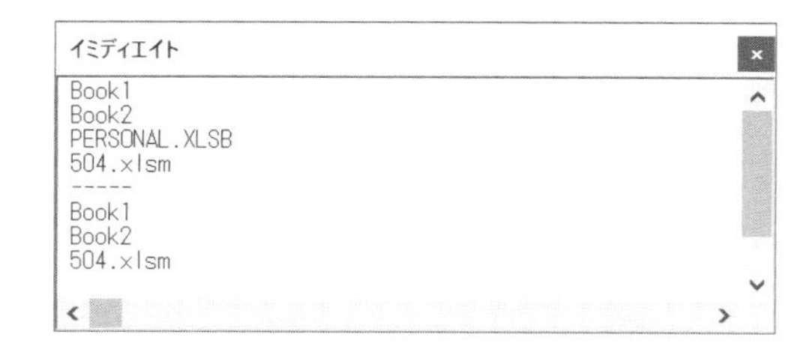

ユーザーフォーム作成時のテクニック

Chapter

15

505 ユーザーフォームを作成したい

サンプルファイル 505.xlsm

利用シーン ユーザーフォームを作成する

構文

考え方

フォーム上にコントロールを配置し、微調整は［プロパティ］ウィンドウを利用

新規ユーザーフォームを追加するにはVBEのメニューから［挿入］-［ユーザーフォーム］を選択します。このユーザーフォームに、ツールボックスからボタンやリストボックス等の「コントロール」をドラッグ&ドロップして配置し、大きさなどを調整します。

おおまかな位置や大きさはドラッグ操作で設定できますが、微調整したい場合には、［プロパティ］ウィンドウを利用して、各種プロパティの値を手入力して設定することも可能です。

ユーザーフォームの作成画面

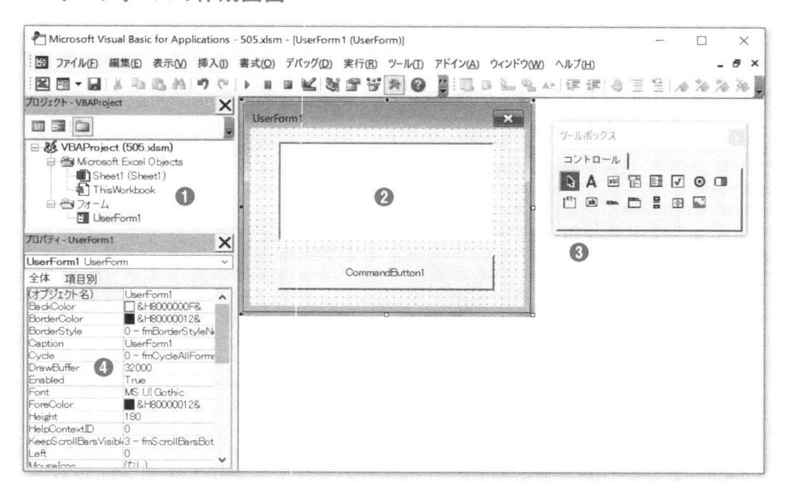

❶プロジェクトエクスプローラー	ユーザーフォームの選択を行う
❷ユーザーフォーム	ユーザーフォームのエディット画面
❸ツールボックス	ボタンやリストボックスなどのコントロールの一覧
❹プロパティウィンドウ	選択対象のプロパティ一覧。値の確認／設定が可能

作成したユーザーフォームは、[▶] ボタン ([Sub／ユーザーフォームの実行] ボタン) を押す、もしくは、F5 キーを押すと、Excel画面に表示されます。実際に表示されるユーザーフォームは、編集中とは異なり、角の丸みはとれ、グリッド点線も非表示になります。表示したユーザーフォームは、右上の [×] ボタンを押すと消去されます。

ユーザーフォームは画面を作るだけではなく、「ボタンを押したときの処理」や「リストから選択したときの処理」等の処理を、プログラムとして追加できます。

コードを記述したいユーザーフォームやコントロールを選択し、[表示]-[コード] を選択、もしくは、F7 キーを押すと、コードウィンドウにユーザーフォームごとのモジュール (オブジェクトモジュール) が表示されます。プログラムのコードを記述する方法はいくつかありますが、基本的には、ここにコントロールごとのイベント処理などを記述していきます。

ユーザーフォームを表示

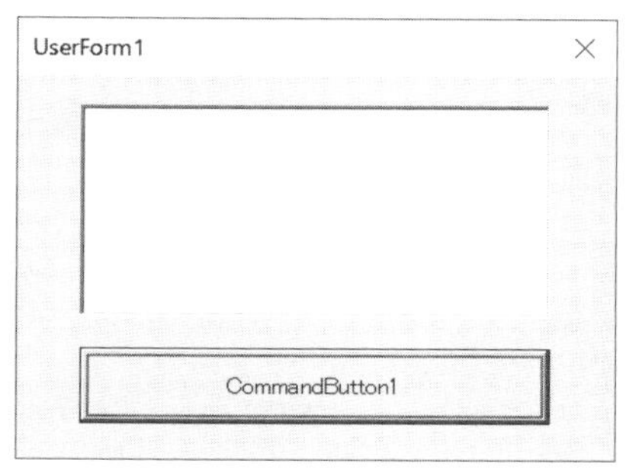

ユーザーフォームのオブジェクトモジュールに処理を記述していく

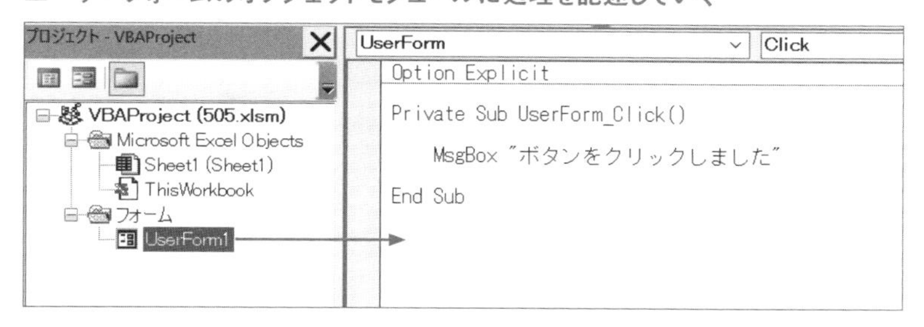

なお、コード画面からユーザーフォーム配置画面に戻りたいときには、メニューから[表示]-[オブジェクト]を選択、もしくは、Shift ＋ F7 キーを押します。

POINT ▸▸ ダブルクリックでもコード画面が表示される

配置画面では、ユーザーフォームやコントロールをダブルクリックしても、コード画面が表示されます。

ユーザーフォームの基本フォントサイズを決めたい

サンプルファイル 506.xlsm

365 2019 2016 2013

ユーザーフォームに配置するコントロールの基本フォントサイズを指定

構文

考え方

最初に［プロパティ］ウィンドウでユーザーフォームのフォントを決める

ユーザーフォームは、フォーム上へと各種コントロールを配置していくわけですが、コントロールを配置する前に、設定しておいたほうがよい項目があります。それは、ユーザーフォーム自体のフォント設定です。

ユーザーフォーム自体にフォント設定をしておくと、以降、配置したコントロールのフォント設定は、ユーザーフォーム自体のフォント設定を引き継ぎます。ユーザーフォームの仕組みは、かなり古い時代から変わっていないため、基本フォントが「MS UIゴシックの9ポイント」と、小さめです。現場の環境に合わせて大きめにしておくのがおすすめです。

ユーザーフォーム自体のフォント設定を行うには、ユーザーフォームを選択した状態で、［プロパティ］ウィンドウ内の［フォント］欄右端のボタンを押します。

［プロパティ］ウィンドウからフォントを設定

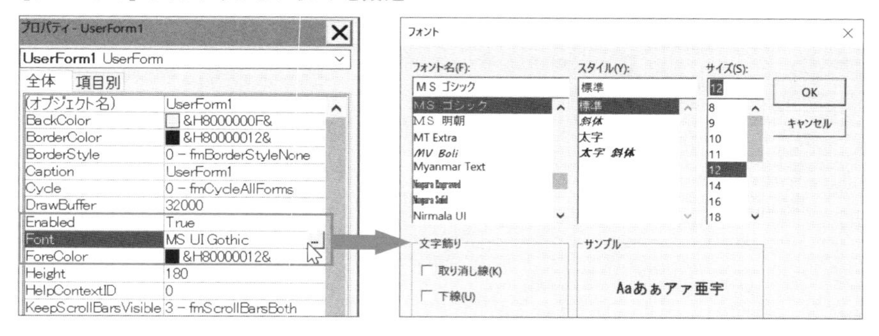

すると、［フォント］ダイアログが表示されるので、希望のフォントの種類とサイズを指定しましょう。

個々のコントロールもそれぞれフォントの設定は可能です。ですが、数が多いと1つ1つを修正するのは大変です。まずは基本的なフォントをユーザーフォーム自体のフォント設定で決めておき、その後、調整したいコントロールのみを独自設定するという流れのほうが、作業効率もアップすることでしょう。

2種類の方法でユーザーフォームを表示したい

サンプルファイル 507.xlsm

365 2019 2016 2013

セルの編集ができる状態でユーザーフォームを表示

構文

メソッド	説明
ユーザーフォーム.Show vbModal/vbModeless	モーダル／モードレスで表示

ユーザーフォームを表示する際には、Showメソッドを利用します。次のコードはUserForm1を「モーダルな状態」で画面上に表示します。

```
UserForm1.Show vbModal
```

モーダルな状態でユーザーフォームを表示すると、ユーザーフォームを閉じるまではセルの選択等のExcelの操作はできません。ユーザーフォーム上での値の入力や操作をまずきっちりと行わせたい場合に有効です。

それに対し、次のコードは、UserFrom1を「モードレスな状態」で画面上に表示します。

```
UserForm1.Show vbModeless
```

モードレスな状態でユーザーフォームを表示した場合は、ユーザーフォームを表示しながらセルの選択等のExcelの操作を行うことができます。選択範囲を変化させながらユーザーフォーム上の操作を行い、選択範囲に対して処理をするような場合に有効です。

なお、引数を指定せずにShowメソッドを実行した場合には、［プロパティ］ウィンドウの「ShowModal」の設定値に従って表示されます。

サンプルの結果

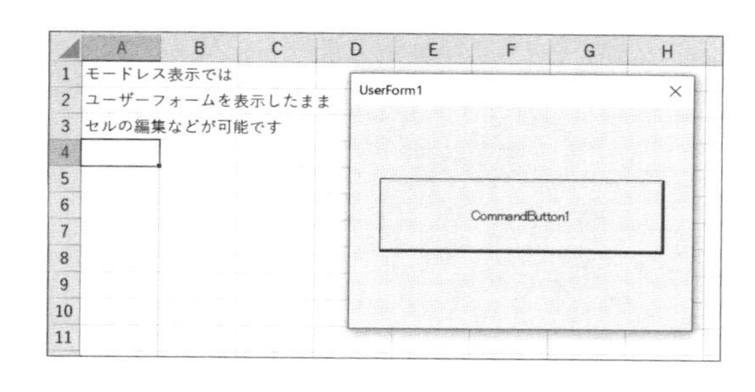

508 ユーザーフォームの表示位置を指定したい

サンプルファイル 508.xlsm

365 2019 2016 2013

利用シーン 作業中のセルに近い位置にユーザーフォームを表示

構文

プロパティ	説明
ユーザーフォーム.StartUpPosition = 設定値	表示位置の方式を設定
ユーザーフォーム.Top = 値	上端の位置を指定
ユーザーフォーム.Left = 値	左端の位置を指定

ユーザーフォームの表示位置は、StartUpPositionプロパティに次の値を設定します。

■ StartUpPositionプロパティに設定できる値と設定

0	手動
1	オーナーフォームの中央
2	画面の中央
3	Windowsの規定値

また、「手動」にした際に、TopプロパティとLeftプロパティを利用すると、表示位置をポイント単位で指定できます(1ポイントは1／72インチ≒0.35mm)。

次のサンプルは、ユーザーフォームをExcel画面上端から200ポイント、左端から150ポイントの位置に表示します。

```
UserForm1.StartUpPosition = 0
UserForm1.Top = Application.Top + 200
UserForm1.Left = Application.Left + 150
UserForm1.Show
```

サンプルの結果

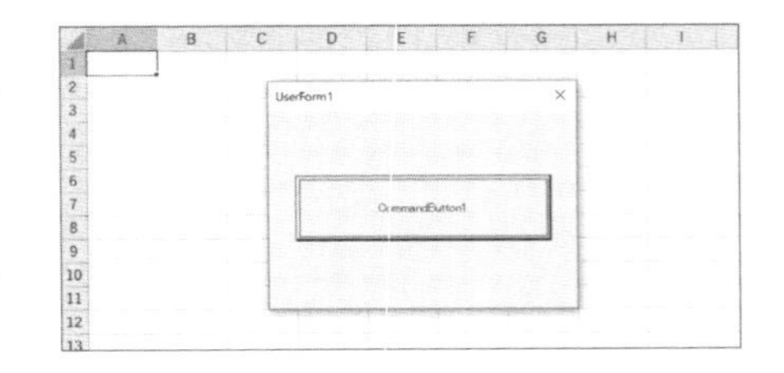

2種類の方法で ユーザーフォームを閉じたい

サンプルファイル 509.xlsm

365 2019 2016 2013

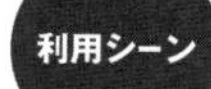

任意の操作後にユーザーフォームを閉じる

構文

ステートメント／メソッド	説明
Unload ユーザーフォーム	ユーザーフォームをメモリからも消去
ユーザーフォーム.Hide	ユーザーフォームを画面から非表示にする

ユーザーフォームを閉じる場合には、Unloadステートメントを利用します。

```
Unload UserForm1
```

Unloadステートメントは、一般操作でいうと、ユーザーフォーム右上の［×］ボタンを押したときと同じ動きをします。Showメソッドで再表示した際には、ユーザーフォーム上で入力した値などはクリアされた状態となります。

一方、Hideメソッドを利用してもユーザーフォームを「閉じる」ことができます。

```
UserForm1.Hide
```

Hideメソッドは、一般操作でいうと、Excel等を最小化したときと同じ動きをします。つまり、隠すのみで完全に閉じるわけではありません。そのため、ユーザーフォーム上に入力した値などは記憶したままとなります。Showメソッドで再表示した場合には、そのままの状態で画面に表示されます。

サンプルの結果

510 ユーザーフォームを閉じる時に処理を実行したい

サンプルファイル 510.xlsm

365 2019 2016 2013

必要な作業が終わるまでユーザーフォームを閉じられなくする

構文

イベント	説明
QueryCloseイベント	ユーザーフォームを閉じようとした時に発生

ユーザーフォームを閉じようとすると、QueryCloseイベントが発生します。QueryCloseイベントのイベントプロシージャを利用すると、ユーザーフォームを閉じようとした際に任意の処理を実行できます。

また、イベントプロシージャには、引数Cancelが渡されます。イベントプロシージャ内で引数Cancelに「True」を指定すると、閉じようとしている操作をキャンセルできます。

次のサンプルは、QueryCloseイベントを利用して、TextBox1に値が入力されていない場合には、ユーザーフォームを閉じられなくします。

なお、QueryCloseイベントは、Hideメソッドによってユーザーフォームを閉じた場合（一時隠した場合）には発生しません。

```
Private Sub UserForm_QueryClose(Cancel As Integer, CloseMode As Integer)
    If TextBox1.Value = "" Then
        MsgBox "ユーザー名を入力してから閉じてください"
        Cancel = True
    End If
End Sub
```

サンプルの結果

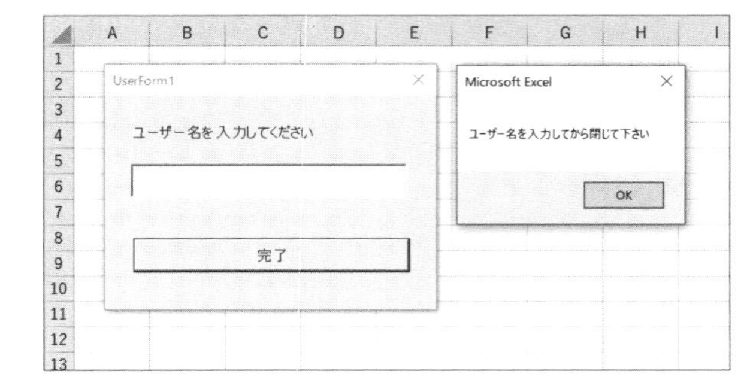

511 現在のセル位置によって表示するユーザーフォームを切り替えたい

サンプルファイル 511.xlsm

365 2019 2016 2013

セルA2をダブルクリックした場合は「担当選択」フォームを表示

構文

メソッド	説明
Not Intersect(判定セル, セル範囲) Is Nothing	判定セルがセル範囲に含まれている場合はTrueを返す

入力補助用のユーザーフォームを作成した場合には、現在のセル範囲に応じてユーザーフォームの内容や、表示するユーザーフォームを切り替える仕組みを用意しておくのが便利です。

次のサンプルは、ワークシートのBeforeDoubleClickイベントを利用し、ダブルクリックしたセルがセルA2だった場合にはUserForm1を表示し、セル範囲A5:A9内のセルだった場合にはUserForm2を表示します。

```
Private Sub Worksheet_BeforeDoubleClick(ByVal Target As Range,
Cancel As Boolean)
  'ダブルクリックしたセル（Target）の場所によって表示フォーム切り替え
  If Not Intersect(Target, Range("A2")) Is Nothing Then
      UserForm1.Show  'セルA2の場合はUserForm1
      Cancel = True
  ElseIf Not Intersect(Target, Range("A5:A9")) Is Nothing Then
      UserForm2.Show  'セル範囲A5:A9内の場合はUserForm2
      Cancel = True
  End If
End Sub
```

サンプルの結果

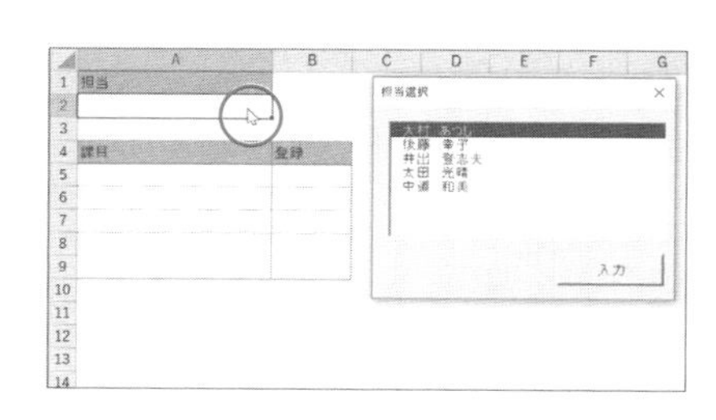

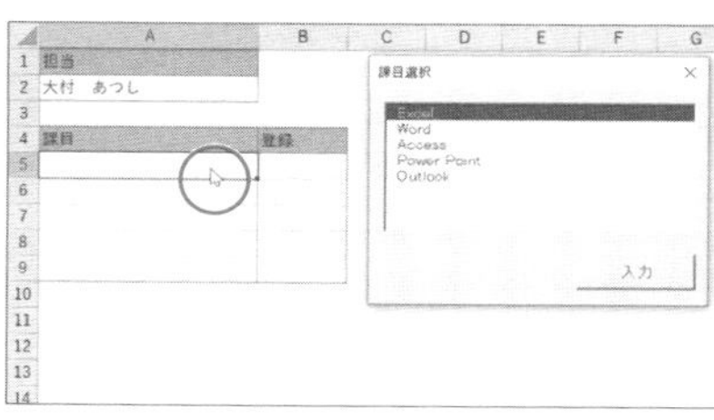

ユーザーフォームから標準モジュールのマクロを実行したい

サンプルファイル 512.xlsm

365 2019 2016 2013

ユーザーフォーム上に各種マクロを実行するボタン配置して実行

構文

ステートメント	説明
Call 標準モジュールのマクロ名	指定したマクロを実行

ユーザーフォーム内のコードから標準モジュールに作成したマクロを呼び出すには、Callステートメントの引数にマクロを指定します。

マクロを複数作成してある場合、ユーザーフォーム上に対応するマクロを実行するボタンを用意して表示すると使い勝手がよくなります。

```
'ユーザーフォームのモジュールに記述するコードの例
Private Sub CommandButton1_Click()
    Call 左右の空白を取り除く
    'Call module1.左右の空白を取り除く 'モジュール名を付加しても可
End Sub
'標準モジュール「module1」に記述するコードの例
Sub 左右の空白を取り除く()
    Dim myRange As Range
    For Each myRange In Selection
        myRange.Value = Trim(myRange)
    Next
End Sub
```

サンプルの結果

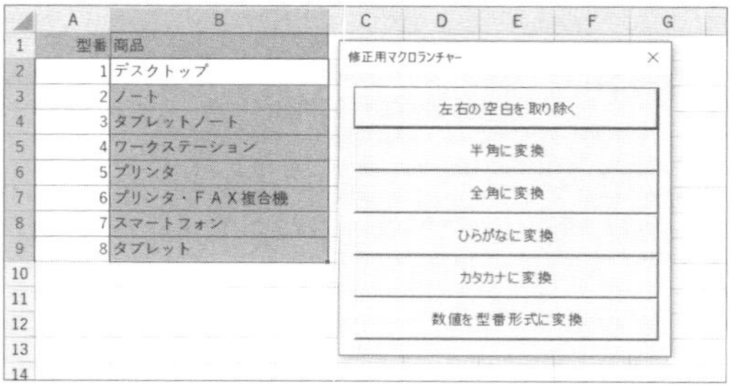

	A	B
1	型番	商品
2	1	デスクトップ
3	2	ノート
4	3	タブレットノート
5	4	ワークステーション
6	5	プリンタ
7	6	プリンタ・ＦＡＸ複合機
8	7	スマートフォン
9	8	タブレット

修正用マクロランチャー

左右の空白を取り除く

半角に変換

全角に変換

ひらがなに変換

カタカナに変換

数値を型番形式に変換

ユーザーフォームのタイトルとサイズを設定したい

サンプルファイル 513.xlsm

365 2019 2016 2013

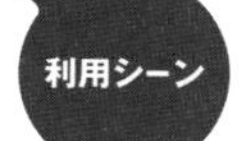

実行時にコードからタイトルや大きさを設定して表示

構文

プロパティ	説明
ユーザーフォーム.Caption = タイトル文字列	タイトルを指定
ユーザーフォーム.Width = 幅	幅を指定
ユーザーフォーム.Height = 高さ	高さを指定

コードからユーザーフォームのタイトルを変更するには、ユーザーフォームのCaptionプロパティに表示したい文字列を設定します。

また、幅を数値で設定したい場合には、ユーザーフォームのWidthプロパティを利用し、高さを設定したい場合にはHeightプロパティを利用します。

```
With UserForm1
    .Caption = "VBAから設定したキャプション"
    .Width = 200
    .Height = 100
    .Show
End With
```

ユーザーフォームの幅・高さを表す数値の単位はポイントとなります。ただし、OSの種類やExcelのバージョンによって、ユーザーフォームを表示する枠部分の厚みが少々変わるので、ユーザーフォーム全体としてみると、指定した値と多少ずれます。少々余裕を持った値を設定しておくのがよいでしょう。

サンプルの結果

514 オブジェクト名でコントロールを操作したい

サンプルファイル 514.xlsm

365 2019 2016 2013

「Label1」という文字列を使ってLabel1を取得する

構文

プロパティ	説明
ユーザーフォーム.Controls(コントロール名)	指定した名前のコントロールを取得

VBE画面でユーザーフォーム上に配置したラベルやテキストボックス等のコントロールは、「ユーザーフォーム.オブジェクト名」の形式で取得できるようになります。たとえば、「UserForm1」に「Label1」を配置した場合には、次のコードでキャプションを設定します。

```
UserForm1.Label1.Caption = "VBA"
```

また、Controlsプロパティに、0から始まるインデックス番号、もしくはコントロールのオブジェクト名を指定する文字列を指定しても取得できます。このときのインデックス番号は、VBEによって配置順に付けられます。

次の2つのコードは、いずれも「UserForm1」に最初に配置した「Label1」のキャプションを「VBA」に変更します。

```
UserForm1.Controls(0).Caption = "VBA"
UserForm1.Controls("Label1").Caption = "VBA"
```

ちなみに、上記コードは、UserForm1のモジュール上に記述する場合は、「UserForm1」の部分は省略できます。

```
Label1.Caption = "VBA"
Controls("Label1").Caption = "VBA"
```

サンプルの結果

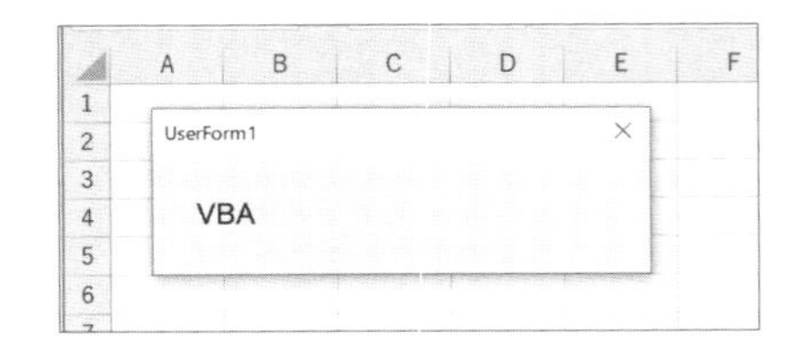

515 コントロールの位置やサイズを設定したい

サンプルファイル 515.xlsm

365 2019 2016 2013

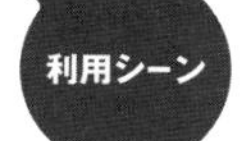

利用シーン コードからまとめて各コントロールの位置やサイズを調整

構文

プロパティ	説明
コントロール.Top = 値	上端の位置を指定
コントロール.Left = 値	左端の位置を指定
コントロール.Width = 幅	幅を指定
コントロール.Height = 高さ	高さを指定

ユーザーフォーム上のコントロールの位置やサイズを実行時に変更するには、対象コントロールのTop、Left、Width、Heightの各プロパティを使用します。単位はポイントです。実行時の環境に合わせてコントロールを再配置して見やすくしたい場合等に便利です。

次のサンプルは、ラベル・テキストボックス・コマンドボタンの3種類のコントロールの位置と大きさを「幅150」「高さ30」「左端10」、「上端は1つ目が10、以降は15ポイント間隔」にそろえます。

```
Dim i As Long, myContorols As Variant
myContorols = Array(Label1, TextBox1, CommandButton1)
For i = 0 To UBound(myContorols)
  With myContorols(i)
    .Top = 10 + (30 + 15) * i
    .Left = 10
    .Width = 150
    .Height = 30
  End With
Next
```

サンプルの結果

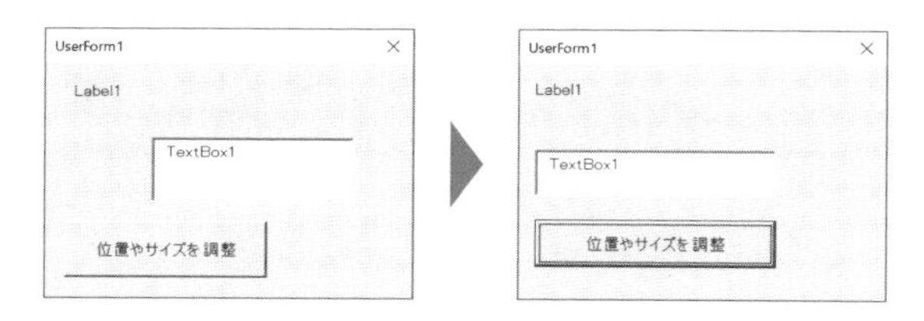

516 コントロールの使用可否を切り替えたい

サンプルファイル 516.xlsm

365 2019 2016 2013

利用シーン 状況に応じて使用できるボタンを切り替える

構文

プロパティ	説明
コントロール.Enabled = True/False	使用を許可/不許可
コントロール.Visible = True/False	表示をする/しない

コントロールを一時的に使用できなくするには、対象コントロールのEnabledプロパティの値に、「False」を指定します。「False」を指定したコントロールはグレーアウトした状態となり、表示はされているものの、操作はできない状態となります。使用できる状態に戻すには「True」を指定します。

また、一時的に非表示にするには、対象コントロールのVisibleプロパティの値に「False」を指定します。こちらも再表示するには「True」を指定します。

次のサンプルでは、実行するたびにラベル、テキストボックス、オプションボタン、フレームの使用可否や表示/非表示を切り替えます。

```
TextBox1.Enabled = Not TextBox1.Enabled
OptionButton1.Enabled = Not OptionButton1.Enabled
OptionButton2.Enabled = Not OptionButton2.Enabled
Label1.Visible = Not Label1.Visible
Frame2.Visible = Not Frame2.Visible
```

サンプルの結果

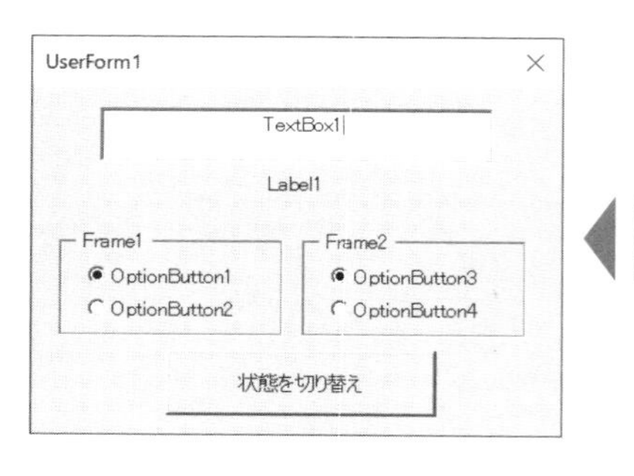

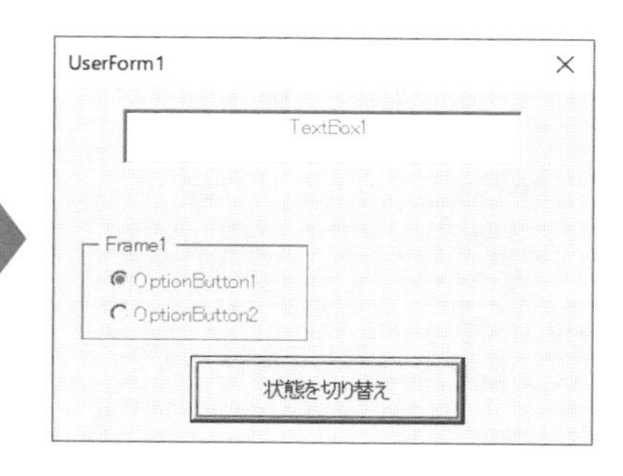

517 テキストをラベルを使って配置したい

サンプルファイル 517.xlsm

365 2019 2016 2013

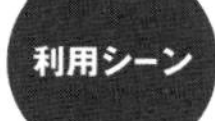

ユーザーフォーム上に操作のガイドとなるテキストを配置

構文

使用コントロール／プロパティ	説明
Labelコントロール	テキストの表示に使用する
ラベル.Caption = 値	表示するテキストを設定

ユーザーフォーム上に任意の文字列を表示するには、Labelコントロールを利用します。Labelコントロールは、Captionプロパティに設定した文字列を表示します。

表示文字列やフォントといった設定は、［プロパティ］ウィンドウを利用して、事前に設定しておくことが多いかと思いますが、コードから動的に指定することも可能です。

次のサンプルでは、実行時にUserForm1に配置したLabelコントロール、「Label1」を利用して、文字列を表示します。

```
With UserForm1.Label1
    .Caption = "Excel VBA"                 '表示テキスト
    .Font.Name = "メイリオ"                 'フォントの種類
    .Font.Bold = True                      '太字設定
    .Font.Size = 20                        'フォントサイズ
    .ForeColor = rgbWhite                  '文字色
    .BackColor = rgbGreen                  '背景色
    .TextAlign = fmTextAlignCenter         '表示位置
    .Height = 40                           '高さ
    .Width = 200                           '幅
End With
```

サンプルの結果

518 操作をボタンで実行したい

サンプルファイル 518.xlsm

365 2019 2016 2013

利用シーン セルへと値を入力するボタンを配置

構文

使用コントロール／イベント	説明
CommandButtonコントロール	ボタンの作成に使用する
Clickイベント	ボタンをクリック時に発生

ユーザーフォーム上にボタンを配置し、クリック時に任意の処理を実行するには、CommandButtonコントロールを利用します。また、ボタンをクリックした際にはClickイベントが発生します。

VBE画面上でユーザーフォーム上にCommandButtonを配置したあと、そのままダブルクリックしてみましょう。すると、ユーザーフォームのオブジェクトモジュールに、該当CommandButtonのClickイベント用のイベントプロシージャのひな形が作成されます。ここにコードを記述すれば、ボタンクリック時に実行する処理を指定できます。

```
Private Sub CommandButton1_Click()
    Selection.Value = "Excel"
End Sub
```

また、ボタンに表示する文字列を変更するには、Captionプロパティを利用します。

```
CommandButton1.Caption = "ボタンに表示する文字列"
```

サンプルの結果

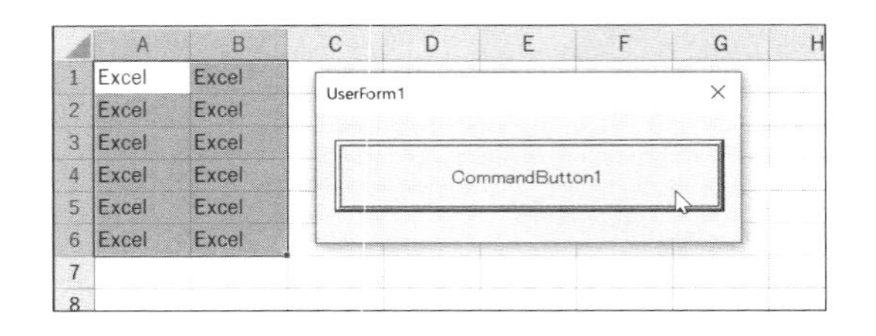

既定のボタンとキャンセルボタンを設定したい

サンプルファイル 519.xlsm

365 2019 2016 2013

Enter を押したら値を入力し、ESC を押したらフォームを閉じる

構文

プロパティ	説明
ボタン.Default = True	ボタンを「既定のボタン」にする
ボタン.Cancel = True	ボタンを「キャンセルボタン」にする

CommandButtonコントロールのDefaultプロパティに「True」を指定すると、そのボタンを「既定のボタン」とすることができます。「既定のボタン」とすることで、Enter キーを押すと、そのボタンのClickイベントが発生するようになります。

同じように、CommandButtonコントロールのCancelプロパティに「True」を指定すると、そのボタンを「キャンセルボタン」とすることができます。「キャンセルボタン」とは、Esc キーを押すと、そのボタンのClickイベントが発生するボタンを指します。

サンプルでは、CommandButton1を「既定のボタン」、CommandButton2を「キャンセルボタン」に設定して表示します。結果、それぞれのボタン操作の他にも、Enter キーや Esc キーを押した時点で、それぞれのボタンのClickイベントに記述した処理が実行されます。

```
With UserForm1
    .CommandButton1.Default = True
    .CommandButton2.Cancel = True
    .Show vbModeless
End With
```

サンプルの結果

	A	B	C	D	E	F
1	Excel					
2						
3						
4						
5						
6						
7						
8						
9						
10						

UserForm1

Excel

CommandButton1(値を入力して閉じる)

CommandButton2(何もせずに閉じる)

520 テキストを入力するテキストボックスを配置したい

サンプルファイル 520.xlsm

365 2019 2016 2013

利用シーン 必要な情報の入力欄を用意する

構文

使用コントロール／プロパティ	説明
TextBoxコントロール	主にテキストの入力に利用する
テキストボックス.Text	入力テキストを取得／設定

ユーザーフォーム上に、ユーザーからの入力を求めるテキストボックスを用意するには、TextBoxコントロールを利用します。TextBoxコントロールは、Textプロパティから内容を取得／設定できます。

各種設定は、［プロパティ］ウィンドウを利用して、事前に設定しておくことが多いかと思いますが、コードから動的に指定することも可能です。

次のサンプルでは、ユーザーフォーム上に配置した3つのテキストボックスに対して、初期値を設定して選択状態にしたり（❶）、パスワード入力用設定にしたり（❷）、入力できる文字数を5文字にしたり（❸）、といった設定を行います。

```
TextBox1.Text = "値を入力して下さい"          '❶
TextBox1.SelStart = 0                         '❶
TextBox1.SelLength = .TextBox1.TextLength     '❶
TextBox2.PasswordChar = "*"                   '❷
TextBox2.IMEMode = fmIMEModeAlpha             '❷
TextBox3.MaxLength = 5                        '❸
```

いずれの場合も、入力した値は、Textプロパティで取り出せます。

サンプルの結果

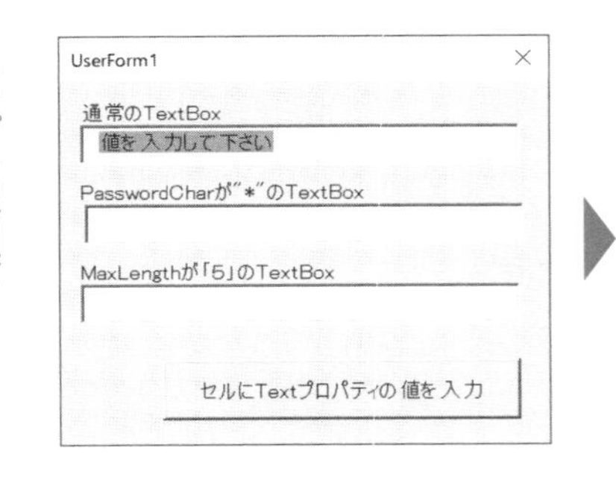

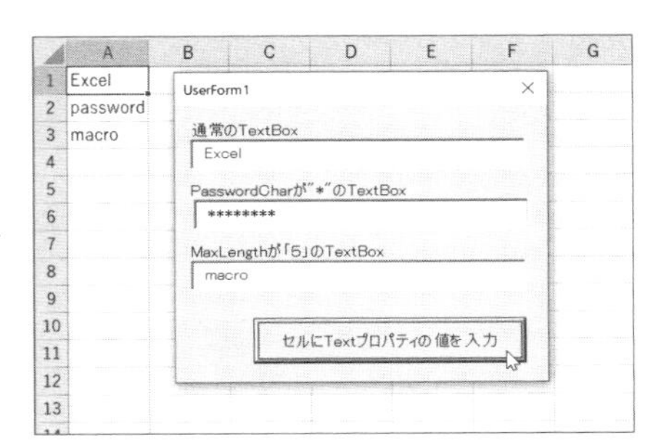

521 複数行入力が可能なテキストボックスを配置したい

サンプルファイル 521.xlsm

365 2019 2016 2013

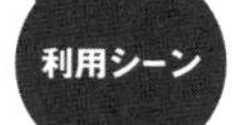

利用シーン まとまった量のテキストを入力してもらう

構文

プロパティ	説明
テキストボックス.MultiLine = True テキストボックス.WordWrap = True テキストボックス.EnterKeyBehavior = True	テキストボックスを複数行の入力可能な設定にする

複数行のテキストが入力可能になるようにテキストボックスを設定してみましょう。まず、MultiLineプロパティで、複数行表示を有効（True）にします。次に、WordWrapプロパティで、折り返し表示を有効（True）にします。最後に、EnterKeyBehaviorプロパティを有効（True）にし、Enter キーを押した際に既定のボタン等の処理を実行せずに改行できるようにします。

次のコードはTextBox1を複数行入力可能な状態に設定します。

```
With UserForm1.TextBox1
    .MultiLine = True
    .WordWrap = True
    .EnterKeyBehavior = True
    .Text = "1行目" & vbCrLf & "2行目"
End With
```

サンプルの結果

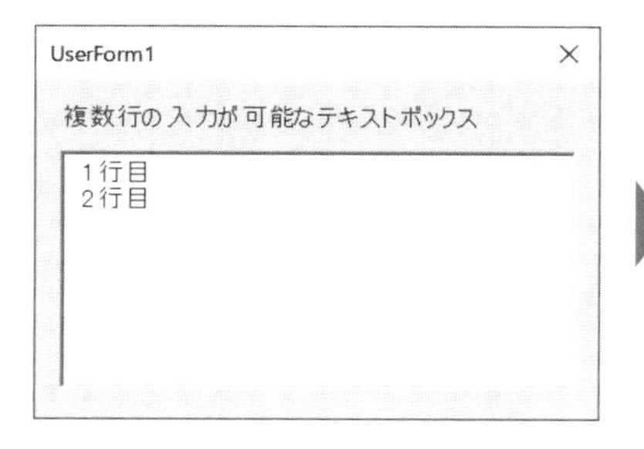

UserForm1

複数行の入力が可能なテキストボックス

MultiLineとWardWrapをTrueに設定すると、長いテキストも折り返し表示して入力可能なテキストボックスとなります。

また、EnterKeyBehaviorをTrueにする事で、[Enter]キーによりテキストボックス内で改行コードを入力可能になります。

522 長いテキストをテキストボックスで表示したい

サンプルファイル 522.xlsm

365 2019 2016 2013

利用シーン まとまった量のテキストを表示

構文

プロパティ	説明
テキストボックス.Locked = True テキストボックス.ScrollBars = fmScrollBarsVertical	編集をロックし、縦方向のスクロールバーを表示

テキストボックスは通常、値の入力に使用しますが、値の編集をロックすることで、Labelコントロールでの表示に向かないような長いテキストの表示にも使用できます。

次のサンプルは、複数行表示可能なテキストボックスを、編集をロックして、垂直スクロールバーを表示したうえで、テキストボックス内の表示位置を「0」、つまり先頭の位置へと設定しています。

なお、CurLineプロパティは、フォーカスが当たっていないときに実行するとエラーとなるので、SetFocusプロパティとセットで使用します。

```
With UserForm1.TextBox1
    .MultiLine = True
    .WordWrap = True
    .Locked = True
    .ScrollBars = fmScrollBarsVertical
    .SetFocus
    .CurLine = 0        '初期表示の位置を調整
End With
```

サンプルの結果

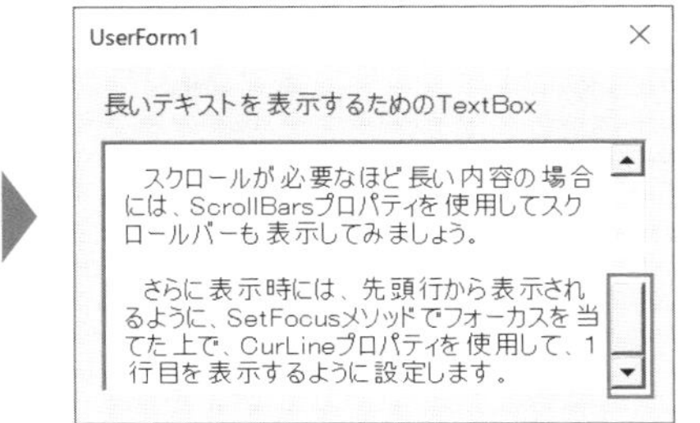

必要の有無をチェックボックスで確認したい

サンプルファイル 523.xlsm

365 2019 2016 2013

必要の有無を個別にチェックボックスで設定してもらう

構文

使用コントロール／プロパティ	説明
CheckBoxコントロール	項目のチェックに使用
チェックボックス.Value	チェック状態を取得

ユーザーにいくつかの項目のリストを提示し、必要な項目のみにチェックをしてほしい場合には、CheckBoxコントロールを利用します。

CheckBoxコントロールは、Valueプロパティでチェック状態を取得／設定できます。チェックされている状態が「True」、チェックが外れた状態が「False」となります。

チェックボックスを複数個まとめて配置している場合には、Controlsプロパティとループ処理を組み合わせ、オブジェクト名を使って取得する手法が便利です。

次のサンプルは、3つのチェックボックスのチェック状態を取得して表示します。

```
Dim cb As MSForms.CheckBox, i As Long, myArr(1 To 3) As Variant
For i = 1 To 3
    '個別のチェックボックスを取得してチェック状態を取得
    Set cb = Controls("CheckBox" & i)
    myArr(i) = cb.Caption & ":" & cb.Value
Next
MsgBox Join(myArr, vbCrLf)
```

サンプルの結果

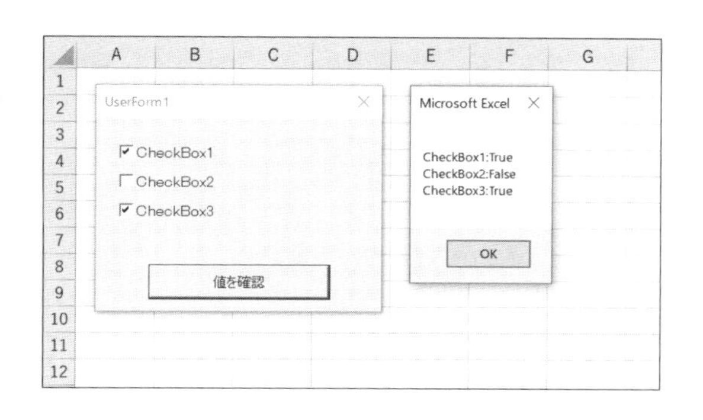

524 チェック状態が変わった時点で処理を実行したい

サンプルファイル 524.xlsm

365 2019 2016 2013

利用シーン チェックボックスの状態をリアルタイムに反映する

構文

イベント	説明
Changeイベント	チェック状態が変化した時点で発生

CheckBoxコントロールのChangeイベントを利用すると、チェックボックスの状態が変化したときに任意の処理を実行できます。

次のサンプルは、CheckBox1~CheckBox3の状態が変化した際に、セルへとValueプロパティの値を書き出します。

```
Private Sub CheckBox1_Change()
    Call changeCBValue(1)
End Sub
Private Sub CheckBox2_Change()
    Call changeCBValue(2)
End Sub
Private Sub CheckBox3_Change()
    Call changeCBValue(3)
End Sub
Sub changeCBValue(index As Long)
    Dim cb As MSForms.CheckBox
    Set cb = Controls("CheckBox" & index)
    Cells(index, 2).Value = cb.Value
End Sub
```

サンプルの結果

	A	B
1	CheckBox1	TRUE
2	CheckBox2	FALSE
3	CheckBox3	TRUE

UserForm1
☑ CheckBox1
☐ CheckBox2
☑ CheckBox3

複数チェックボックスのイベント処理をまとめて記述したい

サンプルファイル 525.xlsm

365 2019 2016 2013

イベント処理を1つのプロシージャで管理する

構文

考え方

カスタムクラスでイベントを集中監視する

VBAでは、CheckBoxコントロールのChangeイベント等は、個々のコントロールごとに記述する必要があります。3つであれば3個、10個であれば10個イベントプロシージャを記述します。数が増えてくると少々面倒ですね。

そこで発想を転換し、「特定のオブジェクトの特定のイベントを監視するカスタムクラス(P.703)」を用意し、そのクラスの監視対象オブジェクトとしてイベントコントロールを登録してしまう、という処理を作成してみましょう。

まずは、「チェックボックスのChangeイベントを監視するクラス」として、「CBListener」を作成します。

カスタムクラスを作成する

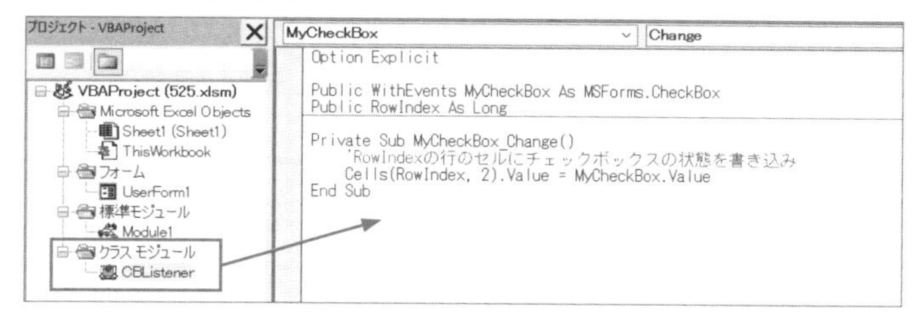

CBListenerは、監視対象をセットする「MyCheckBoxプロパティ」と、書き込み時の行番号を保持する「RowIndexプロパティ」を持ち、MyCheckBoxプロパティにセットされたチェックボックスのイベントを監視するクラスとして定義します。

```
'※カスタムクラス「CBListener」のクラスモジュールの記述
Public WithEvents MyCheckBox As MSForms.CheckBox
Public RowIndex As Long
Private Sub MyCheckBox_Change()
    'RowIndexの行のセルにチェックボックスの状態を書き込み
    Cells(RowIndex, 2).Value = MyCheckBox.Value
End Sub
```

Chap 15 ユーザーフォーム 作成時のテクニック

525

複数チェックボックスのイベント処理をまとめて記述したい

365 2019 2016 2013

カスタムクラス内にMyCheckBoxのChangeイベントプロシージャを作成し、ここにChangeイベント発生時に実行したい処理をまとめます。つまりはチェックボックスの数が増えた場合でも、常にこのChangeイベントプロシージャの内容が実行されるわけですね。

あとは、このCBListener型のオブジェクトを必要数作成し、MyCheckBoxプロパティと、RowIndexプロパティに監視対象のチェックボックスと書き込み行をセットします。

通常は、ユーザーフォームを表示中は参照が消えないように、ユーザーフォームの宣言セクションでカスタムクラス型の配列を作成しておき（❶）、ユーザーフォームのInitializeイベントで必要数だけオブジェクトを生成し、初期化を行い（❷）、配列に格納しておくのがよいでしょう。

```
'※UserForm1のモジュールの記述
Dim myCBListeners() As CBListener ―――――― ❶
'ユーザーフォームの初期化時に実行されるイベントプロシージャ
Private Sub UserForm_Initialize() ―――――― ❷
  Dim i As Long
  ReDim myCBListeners(1 To 3)
  For i = 1 To 3
    '監視用カスタムオブジェクトを生成
    Set myCBListeners(i) = New CBListener
    '監視対象と書き込み行をセット
    Set myCBListeners(i).MyCheckBox = Me.Controls("CheckBox" & i)
    myCBListeners(i).RowIndex = i
  Next
End Sub
```

これで、チェックボックスの数が増えてもChangeイベントを追記する必要がなくなりますね。

サンプルの結果

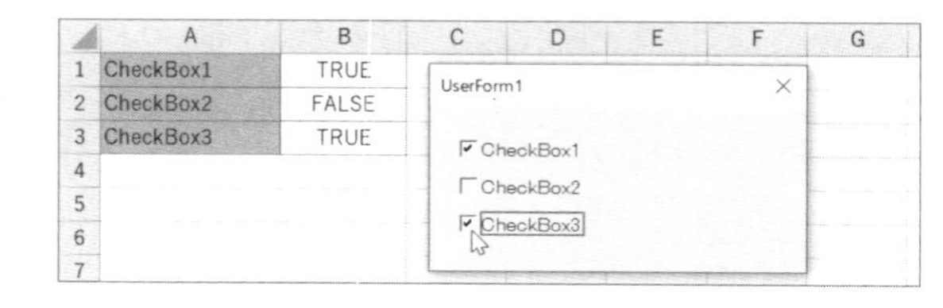

526 どの選択肢を選んだのかをオプションボタンで確認したい

サンプルファイル 526.xlsm

365 2019 2016 2013

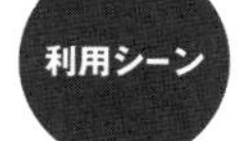

利用シーン 複数の選択肢の中からひとつを選んでもらう

構文

利用するコントロール／プロパティ	説明
OptionButtonコントロール	複数候補からの選択に利用
Valueプロパティ	選択状態を取得

ユーザーに複数の選択肢の中から1つを選択してほしい場合には、OptionButtonコントロールを利用します。

OptionButtonコントロールは、Valueプロパティで選択状態を取得／設定できます。選択されている状態が「True」、選択されていない状態が「False」となります。このとき、同じグループ内のオプションボタンのいずれかのValueプロパティが「True」であると、他のオプションボタンは自動的に「False」に設定されます。

次の例では、ボタンをクリックした際に、3つのオプションボタンのうちどれを選択したのかを表示します。

```
Dim i As Long
For i = 1 To 3
    If Controls("OptionButton" & i).Value = True Then
        Exit For
    End If
Next
MsgBox "選択された項目：OptionButton" & i
```

サンプルの結果

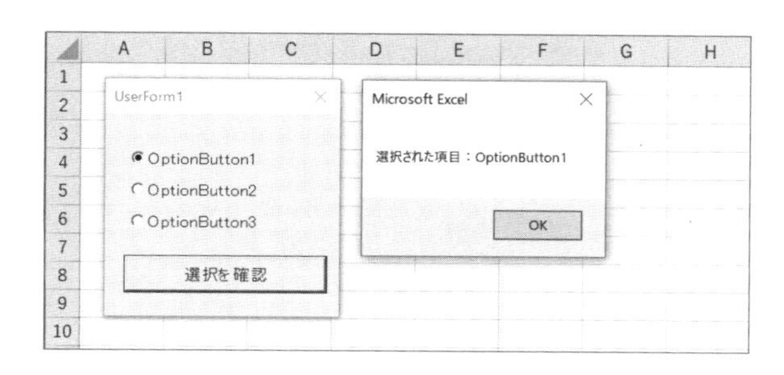

2つ以上の設問の選択肢をオプションボタンで確認したい

サンプルファイル 527.xlsm

365 2019 2016 2013

いくつかの設問を用意してオプションボタンで選択してもらう

構文

利用するコントロール／プロパティ	説明
Frameコントロール	オプションボタンのグループ化に利用
フレーム.Controls	フレーム内のコントロールのコレクションを取得

OptionButtonコントロールとFrameコントロールを併用すると、選択項目の整理と、チェック処理の作成が簡単になります。

オプションボタンをフレーム内に配置すると、そのフレーム内のオプションボタンは、独立した1つのグループとして管理され、他のグループの選択の影響を受けなくなります。

また、フレームを管理するFrameコントロールから得られるControlsコレクションに対してループ処理を行うことで、フレームごとに選択されている項目を取得できます。

```
Dim opt1 As MSForms.OptionButton, opt2 As MSForms.OptionButton
For Each opt1 In Frame1.Controls
    If opt1.Value = True Then Exit For
Next
For Each opt2 In Frame2.Controls
    If opt2.Value = True Then Exit For
Next
MsgBox "Frame1で選択された項目：" & opt1.Caption & vbCrLf & _
       "Frame2で選択された項目：" & opt2.Caption
```

サンプルの結果

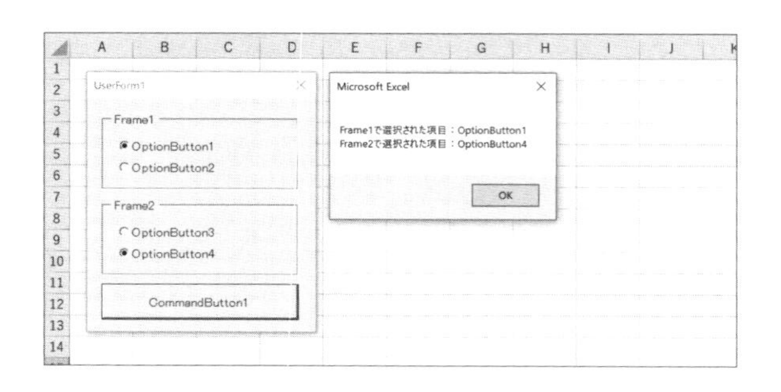

ユーザーフォーム上にリストを表示したい

サンプルファイル 528.xlsm

365 2019 2016 2013

商品のリストを表示して選択してもらう

構文

利用するコントロール／プロパティ	説明
ListBoxコントロール	リストの表示／選択に利用
リストボックス.List = リスト配列	表示するリストを設定

項目のリストを表示するには、ListBoxコントロールを利用します。ListBoxコントロールにリストを表示する手順は、以下のようになります。

1. 表示する列数をColumnCountプロパティに設定（規定は1列）
2. 表示するリストの元となるデータをListプロパティに設定

Listプロパティには、リストの元となるデータを配列の形で指定します。列数が1つのリストを表示したい場合は1次元配列で指定し、複数列を持つリストを表示したい場合は2次元配列の形で指定します。

指定する配列は、Array関数で作成するか、セル範囲に入力してある値をValueプロパティで配列の形で取得したものを利用するのがお手軽です（次ページ参照）。もちろん、きちんと2次元配列を宣言・作成したものを利用してもかまいません。

次のサンプルは、1次元配列で作成したリストを表示します。

```
UserForm1.ListBox1.List = _
      Array("りんご", "蜜柑", "レモン", "ぶどう", "パイナップル")
```

サンプルの結果

UserForm1 ? ×
りんご
蜜柑
レモン
ぶどう
パイナップル

ユーザーフォーム上にシート上の表を表示したい

サンプルファイル 529.xlsm

365 2019 2016 2013

シート上に作成してある商品リストを表示して選択してもらう

構文

プロパティ	説明
リストボックス.ColumnCount = セル範囲の列数	セル範囲の値をそのままリスト表示
リストボックス.ColumnWidth = 列幅文字列	
リストボックス.List = セル範囲.Value	

任意のセル範囲の値をListBoxコントロールに表示するには、ColumnCountプロパティに列数を指定し、ColumnWidthプロパティに各列の列幅を「;」で区切った文字列の形で指定したうえで、Listプロパティにセル範囲のValueプロパティの値を指定します。

次のサンプルは、ListBox1に、セル範囲A1:C6の内容を表示します。

```
'3列それぞれの幅を80、60、70に設定
With UserForm1.ListBox1
    .Width = 80 + 60 + 70 + 4
    .ColumnCount = 3
    .ColumnWidths = "80;60;70"
    .List = Range("A1:C6").Value
End With
```

サンプルの結果

	A	B	C
1	商品名	受注点数	受注金額
2	ブラウス	250	375,000
3	チノパン	130	546,000
4	ボトム	80	264,000
5	アロハシャツ	300	810,000
6	綿シャツ	400	480,000

UserForm1

商品名	受注点数	受注金額
ブラウス	250	375000
チノパン	130	546000
ボトム	80	264000
アロハシャツ	300	810000
綿シャツ	400	480000

530 リストボックスで選択した内容を取得したい

サンプルファイル 530.xlsm

365 2019 2016 2013

利用シーン リストボックスで選択した商品のデータを取得して転記

構文

プロパティ	説明
リストボックス.ListIndex	選択リストのインデックス番号を取得
リストボックス.List(インデックス番号, 列番号)	指定した位置の値を取得

ListBoxコントロールで選択している項目の値は、Listプロパティの引数にインデックス番号（行番号）と列番号を指定して取得します。

```
リストボックス.List(1, 2)  'リストの1行目、2列目の値を取得
```

また、現在選択している行番号は、ListIndexプロパティから取得できます。この2つの仕組みを組み合わせると、現在選択しているリストの内容が取得できます。

```
Dim myIdx As Long, myArr As Variant
myIdx = ListBox1.ListIndex
myArr = Array("1列目：" & ListBox1.List(myIdx, 0), _
              "2列目：" & ListBox1.List(myIdx, 1), _
              "3列目：" & ListBox1.List(myIdx, 2))
MsgBox Join(myArr, vbCrLf)
```

なお、選択している項目の1列目の値は、Valueプロパティでも取り出せます。1列のリストから選択した値を取り出すには、こちらを利用してもOKです。

サンプルの結果

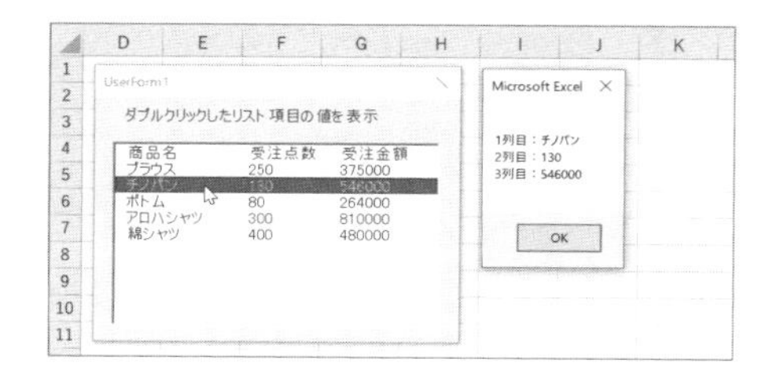

Chap 15 ユーザーフォーム作成時のテクニック

531 リストボックスに表示されている値を変更したい

サンプルファイル 531.xlsm

365 2019 2016 2013

リストボックス内の任意の値を調整する

構文

プロパティ	説明
リストボックス.List(行番号, 列番号) = 値	リスト内の指定位置の値を設定

リスト内の任意の位置の値を変更するには、Listプロパティの引数にインデックス番号（行番号）、列番号の順番で位置を指定し、新しい値を代入します。

また、リスト表示した値にはセルの書式設定のような仕組みで書式は適用できません。そのため、書式を適用したい場合には、元の値にFormat関数を適用した値をセットする形で対応します。次のサンプルは、現在表示中のリストの値を、列ごとに調整して更新します。

```
Dim i As Long
With ListBox1
    For i = 1 To .ListCount - 1
        .List(i, 0) = Format(.List(i, 0), "000")
        .List(i, 1) = .List(i, 1) & "売上"
        .List(i, 2) = Format(.List(i, 2) * 100, "#,##0")
    Next
End With
```

サンプルの結果

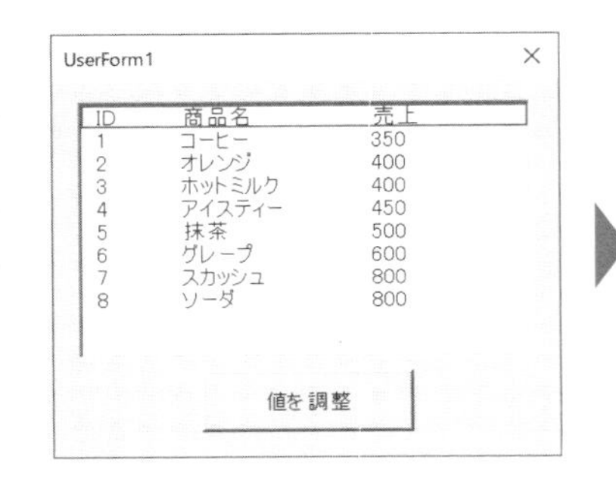

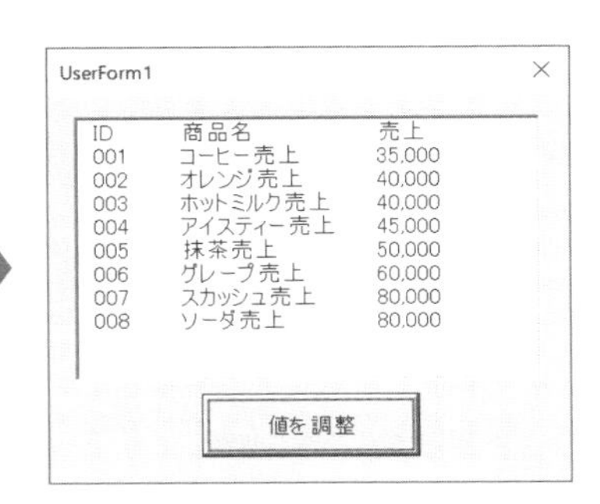

なお、RowSourceプロパティを利用してセル範囲の値をリスト表示している場合には、個別の値の編集や、リストの追加・削除などの操作はできません。

リストボックスから複数のリストを選択したい

サンプルファイル 532.xlsm

365 2019 2016 2013

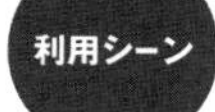

商品リストから該当するものすべてを選択してもらう

構文

プロパティ	意味
リストボックス.MultiSelect = 定数	リストの選択方法を設定
リストボックス.Selected(インデックス番号)	選択状態を取得
リストボックス.ListCount	リストの項目数を取得

ListBoxコントロール内のリストを複数選択できるようにするには、ListBoxコントロールのMultiSelectプロパティに複数選択の方法を表す定数を設定します。

リストの選択方法は、fmMultiSelect列挙の定数で指定します。複数選択を行うには、「fmMultiSelectMulti（クリックごとに切り替え方式）」か、「fmMultiSelectExtend（Ctrl、Shiftキー利用方式）」のいずれかを指定します。

また、任意のインデックス番号の項目が選択されているかどうかを取得するには、Selectedプロパティを利用します。引数としてリストのインデックス番号を指定すると、選択されている場合は「True」が、していない場合は「False」が得られます。

サンプルでは、リストボックスを複数選択可能な状態で表示し、ボタンを押した際にリストボックス内で選択している項目すべての値を表示します。

●サンプルの結果●

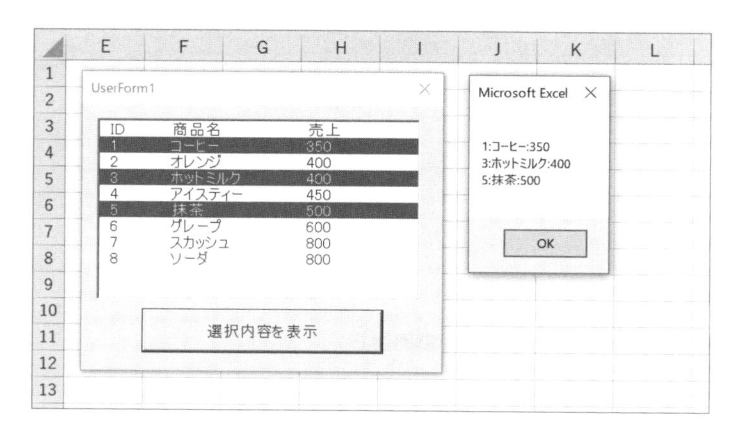

```
'標準モジュールに記述
With UserForm1.ListBox1
    .ColumnCount = 3
    .ColumnWidths = "40;90;70"
    .List = Range("A1:C9").Value
    .MultiSelect = fmMultiSelectExtended
End With
UserForm1.Show vbModeless

'ユーザーフォームのモジュールに記述
Private Sub CommandButton1_Click()
   Dim i As Long, buf As String
   With ListBox1
      For i = 0 To .ListCount - 1
         If .Selected(i) = True Then
            buf = buf & _
                   .List(i, 0) & ":" & .List(i, 1) & _
                   ":" & .List(i, 2) & vbCrLf
         End If
      Next
   End With
   MsgBox buf
End Sub
```

なお、MultiSelectプロパティの設定は、リストの表示内容をひと通り設定し終えたあとで設定しましょう。順序が逆になると、リスト表示の際に余計な線が描画されることがあります。

POINT ▶▶ Ctrlは追加選択、Shiftは範囲選択

複数項目を選択する場合、Ctrl キーを押しながらの選択は、現在の項目に付け加える「追加選択」操作となり、Shift キーを押しながらの選択は、現在の項目から、新たな項目までの間の範囲を一括選択する「範囲選択」操作となります。離れた位置にあるセルを選択する際や、セル範囲を選択する際の操作と同じですね。

リストボックスに項目を追加／削除したい

サンプルファイル 533.xlsm

365 2019 2016 2013

動的にリストに項目を追加／削除する

構文

メソッド	説明
リストボックス.AddItem 項目の値	リストに項目を追加
リストボックス.RemoveItem インデックス番号	リストから項目を削除
リストボックス.Clear	リストをクリア

次のサンプルは、3つのボタンによって、アクティブセルの値をリストに追加、選択項目の削除、リストのクリア、の3つの操作を行います。

```
Private Sub CommandButton1_Click()
    ListBox1.AddItem ActiveCell.Value  '追加
End Sub
Private Sub CommandButton2_Click()
    With ListBox1
        If .ListIndex > -1 Then
            .RemoveItem (.ListIndex)  '削除
        End If
    End With
End Sub
Private Sub CommandButton3_Click()
    ListBox1.Clear  'クリア
End Sub
```

サンプルの結果

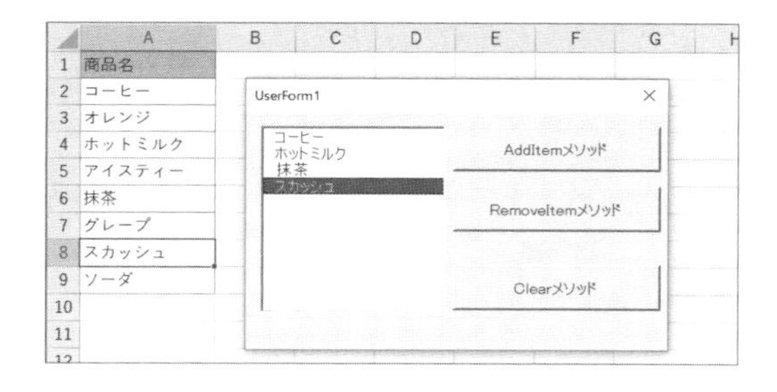

ドロップダウン形式のリストから選択したい

サンプルファイル 534.xlsm

365 2019 2016 2013

選択リストをドロップダウン表示して選択

構文

使用コントロール／プロパティ	説明
ComboBoxコントロール	ドロップダウン形式のリスト表示／選択に利用
コンボボックス.Value	選択した値を取得

いわゆるドロップダウンリストを利用するには、ComboBoxコントロールを利用します。ComboBoxコントロールは、ほとんどがListBoxコントロールと同名のプロパティやメソッドで構成されていますので、値の設定等はトピック530～を参考にしてください。

次のサンプルは、コンボボックスに3つのリストを設定し、ボタンを押した際に選択している値をセルに記入します。

```
'標準モジュールに記述
With UserForm1.ComboBox1
    .List = Array("あんぱん", "食パン", "カレーパン")
    .ListIndex = 0
    .Style = fmStyleDropDownCombo
End With
UserForm1.CommandButton1.Default = True
UserForm1.Show vbModeless
'ユーザーフォームに記述
Private Sub CommandButton1_Click()
    Selection.Value = ComboBox1.Value
    Unload Me
End Sub
```

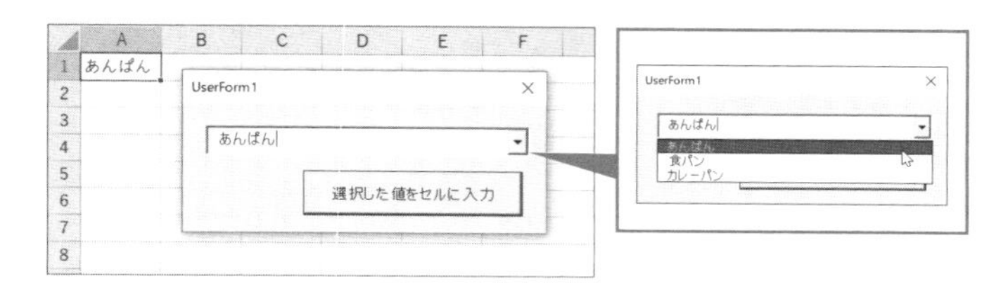

535 任意のコントロールにフォーカスを当てたい

サンプルファイル 535.xlsm

365 2019 2016 2013

利用シーン 操作してほしいコントロールにフォーカスを当てる

構文

メソッド／イベント	説明
コントロール.SetFocus	コントロールにフォーカスを当てる
Enterイベント	コントロールにフォーカスが移った時点で発生

任意のユーザーフォーム上のコントロールにフォーカスを当てるには、SetFocusメソッドを利用します。次のコードは、CommadButton2にフォーカスを当てた状態でユーザーフォームを表示します。

```
UserForm1.CommandButton2.SetFocus
UserForm1.Show
```

また、SetFocusメソッドや、ユーザーの操作によって、各コントロールにフォーカスが当たった際にはEnterイベントが発生します。Enterイベントのイベントプロシージャを利用すると、フォーカスが当たった際に、任意の処理を実行できます。

次のコードは、TextBox1にフォーカスが当たったタイミングでテキストを表示します。

```
Private Sub TextBox1_Enter()
    TextBox1.Text = " TextBox1にフォーカスが当たりました"
End Sub
```

サンプルの結果

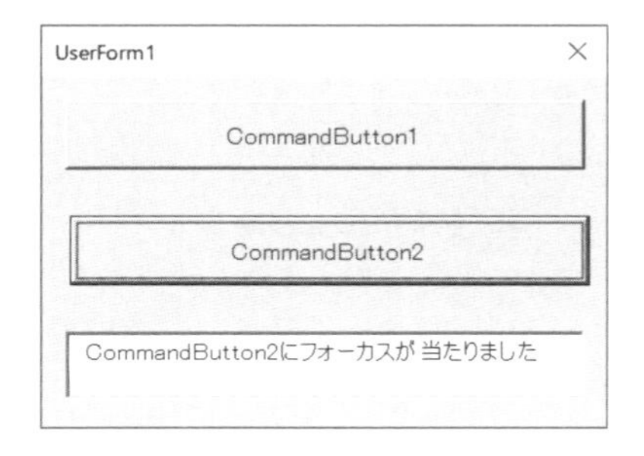

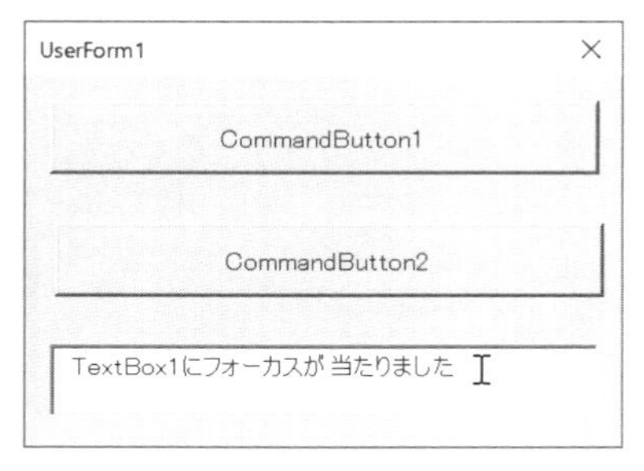

Chap 15 ユーザーフォーム 作成時のテクニック

536 タブオーダーを設定して使いやすいフォームにしたい

サンプルファイル 536.xlsm

365 2019 2016 2013

キーボードによる操作効率を高めたい

構文

プロパティ	説明
コントロール.TabIndex = 番号	タブオーダーを設定

各コントロールには、TabIndexプロパティの値に応じた「タブオーダー」が設定されています。タブオーダーとは、「コントロールの選択順」を表す数値です。

通常、まずタブオーダー0番のコントロールにフォーカスが当たり、以降、Tab キーを押すと、次のタブオーダーを持つコントロールにフォーカスが移動します。また、Shift+Tab キーを押すと、前のタブオーダーを持つコントロールにフォーカスが移動します。

TabIndexプロパティの値は、VBE画面の［プロパティ］ウィンドウであらかじめ設定しておくことが多くなりますが、実行時にVBAから変更することも可能です。

次のコードでは、バラバラに設定されているユーザーフォーム上のタブオーダーを再設定し、Tab を押すたびに上から下に向かって選択できるように変更します。

```
Private Sub CommandButton1_Click()
    TextBox1.TabIndex = 0
    OptionButton1.TabIndex = 1
    OptionButton3.TabIndex = 2
    OptionButton2.TabIndex = 3
    CommandButton1.TabIndex = 4
    TextBox1.SetFocus
End Sub
```

サンプルの結果

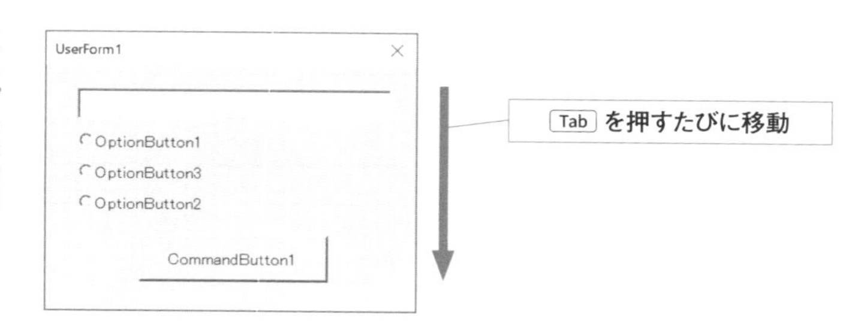

537 実行時に動的にコントロールを配置したい

サンプルファイル 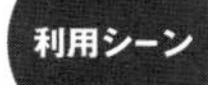 537.xlsm

365 2019 2016 2013

利用シーン 多数のコントロールをコードから配置する

構文

メソッド	説明
Controls.Add(OLEプログラム識別子, コントロール名)	コントロールを追加

ユーザーフォームのControlsオブジェクトのAddメソッドを利用すると、動的にコントロールを配置することができます。次のコードは、コントロール名（Nameプロパティの値）「btn1」のCommandButtonオブジェクトをユーザーフォーム上に作成します。

```
UserForm1.Controls.Add("Forms.CommandButton.1", "btn1")
```

しかし、ボタンは配置できたものの、Clickイベントを記述できませんね。このような場合には発想を転換して、「CommandButtonのイベントを監視するカスタムクラス（P.703）」を用意し、そのクラスのオブジェクトに、イベント処理を行いたいコントロールを登録してしまう、という考えで処理を作成してみましょう。

サンプルでは、ユーザーフォームをクリックすると5つのボタンを配置し、Clickイベントを監視して押したボタンに応じた処理を実行します。

動的にコントロールを配置してイベント処理を行う

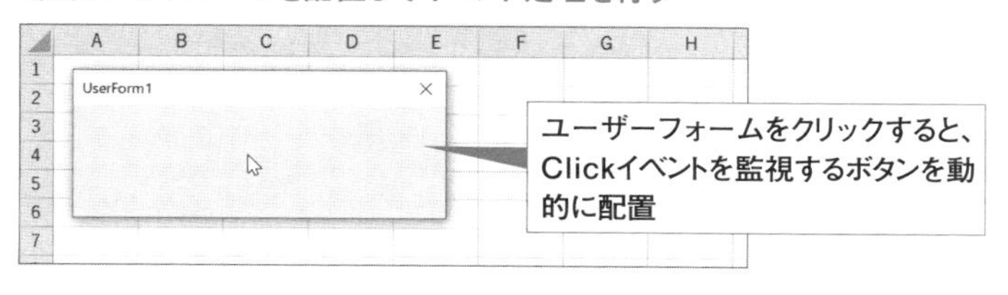

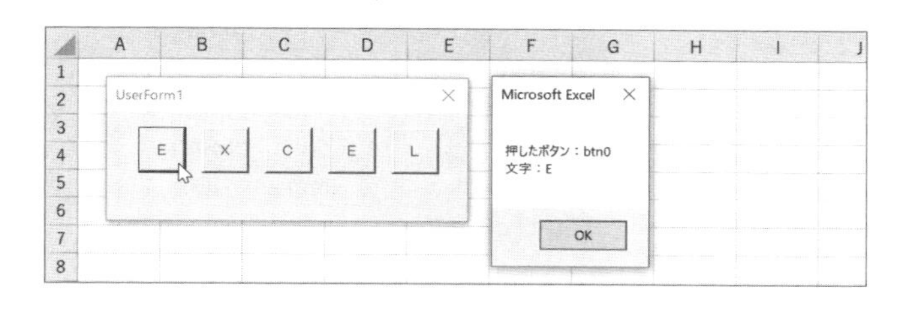

```
'クラスモジュール「BtnListener」のコード
Public WithEvents MyButton As MSForms.CommandButton
Public Value As Variant
Private Sub MyButton_Click()
  MsgBox "押したボタン：" & MyButton.Name & vbCrLf & "文字：" & Value
End Sub
'ユーザーフォームのコード
Private myButtonList() As BtnListener
Private Sub UserForm_Click()
    Dim i As Long, myArr As Variant
    Dim btn As MSForms.CommandButton, tmp As BtnListener
    myArr = Array("E", "X", "C", "E", "L")
    ReDim myButtonList(0 To UBound(myArr))
    For i = 0 To UBound(myArr)
        Set btn = Controls.Add("Forms.CommandButton.1", "btn" & i)
        btn.Caption = myArr(i)
        btn.Top = 10
        btn.Width = 30
        btn.Height = 30
        btn.Left = 20 + (i * (btn.Width + 10))
        Set tmp = New BtnListener
        tmp.Value = myArr(i)
        Set tmp.MyButton = btn
        Set myButtonList(i) = tmp
    Next
End Sub
```

■ コントロールを動的に配置する際のOLEプログラム識別子

コントロール	OLEプログラム識別子	コントロール	OLEプログラム識別子
CheckBox	Forms.CheckBox.1	MultiPage	Forms.MultiPage.1
ComboBox	Forms.ComboBox.1	OptionButton	Forms.OptionButton.1
CommandButton	Forms.CommandButton.1	ScrollBar	Forms.ScrollBar.1
Frame	Forms.Frame.1	SpinButton	Forms.SpinButton.1
Image	Forms.Image.1	TabStrip	Forms.TabStrip.1
Label	Forms.Label.1	TextBox	Forms.TextBox.1
ListBox	Forms.ListBox.1	ToggleButton	Forms.ToggleButton.1

入力用シート
作成時のテクニック

Chapter

16

538 シート上にボタンやリストを配置したい

サンプルファイル 538.xlsm

365 2019 2016 2013

利用シーン 選択やチェックを簡単に行えるシートを作成する

構文

考え方

シート上にコントロールを配置して入力作業を補助する

リボン内の[開発]タブ内の[挿入]ボタンを押すと、[フォームコントロール]の一覧が表示されます。[フォームコントロール]とは、シート上に配置できるボタンやチェックボックス、スピンボタンなどです。配置したいコントロールをクリックし、そのあとにシート上の配置したい位置をドラッグすることで配置可能です。

なお、同じダイアログ内に[ActiveXコントロール]もありますが、こちらは本書では扱いません。

[フォーム]コントロールをシート上に配置したところ

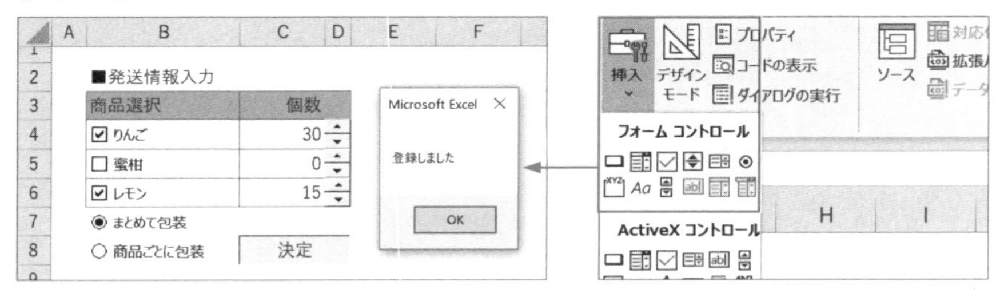

配置したコントロールは、クリックしただけで操作できます。また、Ctrl+クリックで編集モードで選択ができます。編集モード時に右クリックし、メニューから[コントロールの書式設定]を行うと、コントロールに応じて、表示状態や値をリンクするセル、ボタンを押したときの変化量、表示するリスト等々の設定が可能です。

各種コントロールは、そのままでも十分役に立ちますが、マクロによって設定・操作したり、状態を取得したりすることも可能です。

POINT ▶▶ [フォーム]コントロールはフォントサイズが指定できない

[フォーム]コントロールは手軽で便利なのですが、フォントサイズが指定できないという弱点があります。大きく表示したい場合には、シートの表示倍率を上げるしかありません。あらかじめ、倍率を決めてから入力画面を作成していくのがよいでしょう。

539 コントロールに共通の仕組みを知りたい

サンプルファイル 539.xlsm

365 2019 2016 2013

シート上に配置したコントロールをVBAから操作する

構文

プロパティ	説明
Shapes(コントロール名).ControlFormat	コントロールの基本情報へアクセス

シート上のコントロールは図形の一種として管理されています。そのため、マクロからコントロールの基本情報へアクセスするには、Shapesプロパティにコントロール名を指定し、さらにControlFormatプロパティ経由でアクセスします。たとえば「チェック1」の選択状態は、次のコードで取得します。

```
ActiveSheet.Shapes("チェック1").ControlFormat.Value
```

コントロール名は、編集モード選択したうえで［名前］ボックスで確認可能です。

コントロール名は［名前］ボックスで確認可能

Ctrl ＋クリックでコントロールを編集モード選択し、［名前］ボックスでコントロール名を確認

なお、ControlFormatは「全種類のコントロールをざっくりと扱えるようにしたオブジェクト」という、結構いい加減な作りのオブジェクトです。そのため、用意されているプロパティやメソッドの中には、特定のコントロールでしか使用できないものも多くあります。

■ ControlFormatのプロパティ(抜粋)

プロパティ	説明
Value	チェックボックスやラジオボタンの選択状態
ListFillRange	リストボックスなどのリスト元となるセル範囲のアドレス文字列
ListIndex	リストボックスなどの選択されているリストのインデックス番号
Max／Min	スピンボタンの最大値と最小値
SmallChange	スピンボタンの1回の変化量
Enabled	コントロールの利用可否。Falseにするとグレーアウト表示
LinkedCell	値をリンク表示するセルのアドレス文字列

540 コントロール固有の機能を活用したい

サンプルファイル 540.xlsm

365 2019 2016 2013

利用シーン リストボックスやコンボボックスならではの機能をマクロから利用する

構文

メソッド	説明
シート.取得メソッド(インデックス番号／名前)	任意のコントロールを取得

コントロールの種類に応じた固有の機能をきちんと利用したい場合には、Worksheetに用意されていた各コントロールの種類ごとに対応した専用のメソッド経由でコントロールを取得します。

■ コントロールと対応取得メソッド（抜粋）

メソッド	コントロール
Buttons	ボタン
CheckBoxes	チェックボックス
DropDowns	コンボボックス
ListBoxes	リストボックス
OptionButtons	オプションボタン
Spinners	スピンボタン

各メソッドの引数には、インデックス番号、もしくは、コントロール名を指定します。次のコードは「リスト1」のリストのうち、3番目の項目の選択状態を取得します。

```
ActiveSheet.ListBoxes("リスト1").Selected(3)
```

サンプルの結果

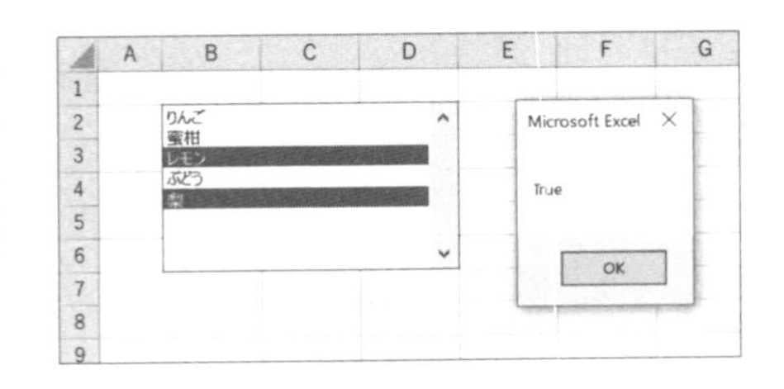

POINT ▶▶ コントロールを取得するメソッドは「非表示メンバー」

各種コントロールを取得するメソッドは、2020年現在、「非表示メンバー」のメソッドです。つまり、「かつては使われていたけど、現在は使われていない」仕組みです。そのため、いつかはメソッド自体が削除されるかもしれません。継続して利用する際はそのあたりを念頭に入れてご利用ください。

541 リストボックスを活用したい

サンプルファイル 541.xlsm

365 2019 2016 2013

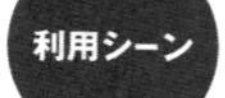

利用シーン リストボックスを複数選択モードにして値を取得する

構文

メソッド	説明
シート.ListBoxes(インデックス番号／名前)	任意のリストボックスを取得

リストボックスをより細かく操作したい場合には、ListBoxesメソッド経由で対象リストボックスを取得し、各種プロパティを利用します。

■ リストボックス操作に利用できるプロパティ(抜粋)

List	表示するリストの配列
ListCount	リスト数
ListIndex	選択されているリストのインデックス番号
MultiSelect	選択モードを定数で指定 単独:xlNone、複数選択:xlSimple、拡張選択:xlExtended
Selected	複数選択モードの場合、選択状態を配列で取得／設定

次のサンプルは、「リスト1」の表示リストを設定し、単一選択リストにしたうえで、先頭の項目を初期選択とします。

```
Dim myLB As ListBox
Set myLB = ActiveSheet.ListBoxes("リスト1")
'表示リストを設定し、単一選択にする
myLB.List = Array("りんご", "蜜柑", "レモン", "ぶどう", "梨")
myLB.MultiSelect = xlNone
myLB.ListIndex = 1
```

サンプルの結果

	A	B	C	D	E	F	G	H
1								
2		りんご						
3		蜜柑				リスト設定		
4		レモン						
5		ぶどう						
6		梨						
7								

542 コンボボックスを活用したい

サンプルファイル 542.xlsm

365 2019 2016 2013

利用シーン コンボボックスに表示するリストを動的に変更

構文

メソッド	説明
シート.DropDowns(インデックス番号/名前)	任意のコンボボックスを取得

コンボボックス(ドロップダウンリストボックス)をより細かく操作したい場合には、DropDownsメソッド経由で対象コンボボックスを取得し、各種プロパティを利用します。

選択した値はValueプロパティで取得できそうですが、返ってくるのは選択した項目のインデックス番号です。そこで、値を取得するには、Listプロパティと Valueプロパティを組み合わせます。

```
コンボボックス.List(コンボボックス.Value)
```

■ コンボボックス操作に利用できるプロパティ(抜粋)

List	表示するリストの配列
Value	選択されているリストのインデックス番号
ListIndex	選択されているリストのインデックス番号(Valueと同じ)
DropDownLines	表示リスト数

次のコードはコンボボックス「コンボ1」にリストを設定します。

```
Dim myCB As DropDown
Set myCB = ActiveSheet.DropDowns("ドロップ1")
'リストとリスト表示数、初期選択項目を設定
myCB.List = Array("項目1", "項目2", "項目3", "項目4", "項目5")
myCB.DropDownLines = 3
myCB.ListIndex = 1
```

サンプルの結果

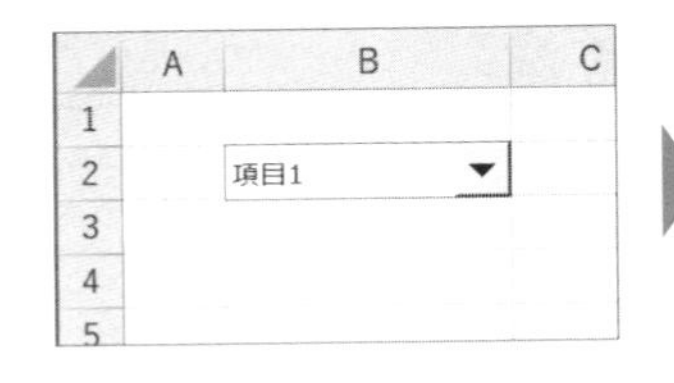

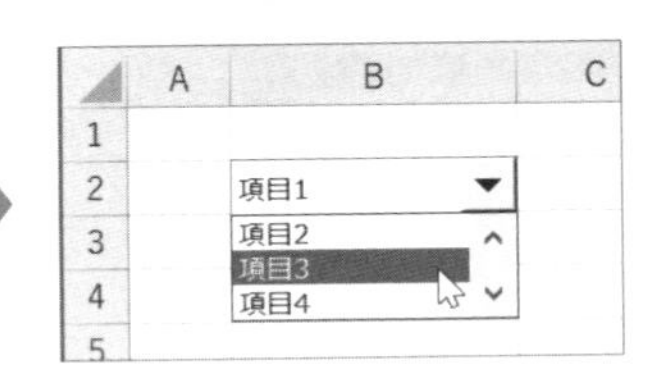

543 チェックボックスを活用したい

サンプルファイル 543.xlsm

365 2019 2016 2013

構文

メソッド	説明
シート.CheckBoxes(インデックス番号／名前)	任意のチェックボックスを取得

チェックボックスをより細かく操作したい場合には、CheckBoxesメソッド経由で対象コンボボックスを取得します。チェック状態はValueプロパティで確認できます。

■ **チェックボックス操作に利用できるプロパティ(抜粋)**

Caption	キャプション文字列を取得／設定
Value	選択状態:1、未選択状態:-4146　の値で取得

右のサンプルはシート上のチェックボックスの状態を一括確認します。

```
Dim myChkB As CheckBox
For Each myChkB In ActiveSheet.CheckBoxes
    Debug.Print myChkB.Caption, myChkB.Value
Next
```

544 オプションボタンを活用したい

サンプルファイル 544.xlsm

365 2019 2016 2013

構文

メソッド	説明
シート.OptionButtons(インデックス番号／名前)	任意のオプションボタンを取得

オプションボタンをより細かく操作したい場合には、OptionButtonsメソッド経由で対象オプションボタンを取得します。キャプションやチェック状態は、チェックボックス同様にCaptionプロパティとValueプロパティで確認できます。

右のサンプルはシート上でどのチェックボックスが選択されているかを確認します。

```
Dim myOptB As OptionButton
For Each myOptB In ActiveSheet.OptionButtons
    If myOptB.Value = 1 Then Exit For
Next
MsgBox "選択項目：" & myOptB.Caption
```

545 オプションボタンをグループ管理したい

サンプルファイル 545.xlsm

365 2019 2016 2013

利用シーン グループボックスでオプションボタンを分割して管理

構文

考え方

グループボックスでオプションボタンを囲んでグループ化する

オプションボタンは、グループボックスで囲むとそれぞれが独立した選択グループとなります。複数の設問ごとに選択肢を選んでもらいたい場合に活用しましょう。

サンプルでは、6つのオプションボタンを2つのグループに分け、それぞれのグループで選択されているボタンを取得します。

サンプルの結果

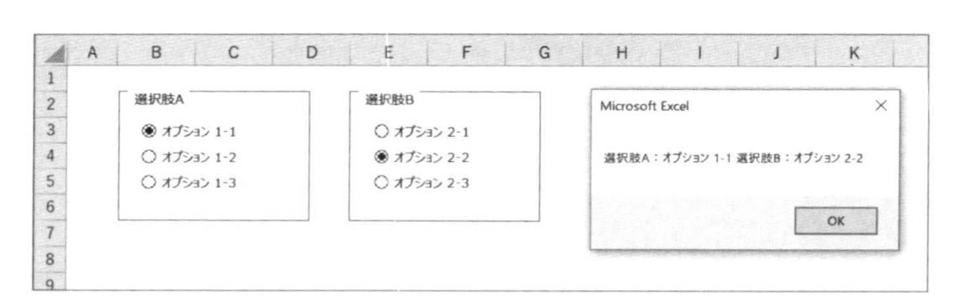


```
Dim myGroupA As Variant, myGroupB As Variant, tmpName As Variant
Dim myA As String, myB As String
myGroupA = Array("オプション1", "オプション2", "オプション3")
myGroupB = Array("オプション4", "オプション5", "オプション6")
For Each tmpName In myGroupA
    If ActiveSheet.OptionButtons(tmpName).Value = 1 Then Exit For
Next
myA = ActiveSheet.OptionButtons(tmpName).Caption
For Each tmpName In myGroupB
    If ActiveSheet.OptionButtons(tmpName).Value = 1 Then Exit For
Next
myB = ActiveSheet.OptionButtons(tmpName).Caption
MsgBox "選択肢A：" & myA & " 選択肢B：" & myB
```

546 スピンボタンを活用したい

サンプルファイル 546.xlsm

365 2019 2016 2013

利用シーン スピンボタンの状態をマクロから設定

構文

メソッド	説明
シート.Spinners(インデックス番号／名前)	任意のスピンボタンを取得

スピンボタンをより細かく操作したい場合には、Spinnersメソッド経由で対象スピンボタンを取得し、各種プロパティを利用します。

■ スピンボタン操作に利用できるプロパティ(抜粋)

Max	最大値を取得／設定
Min	最小値を取得／設定
SmallChange	ボタン操作時の変化量を取得／設定
LinkedCell	値をリンクするセルのアドレス文字列を指定
Value	現在の値を取得／設定

次のサンプルは、シート上の1つ目のスピンボタンに各種設定を行い、値を表示します。

```
With ActiveSheet.Spinners(1)
    .Max = 1000
    .Min = 0
    .SmallChange = 10
    .Value = 500
    .LinkedCell = Range("B2").Address
End With
MsgBox "現在値：" & ActiveSheet.Spinners(1).Value
```

サンプルの結果

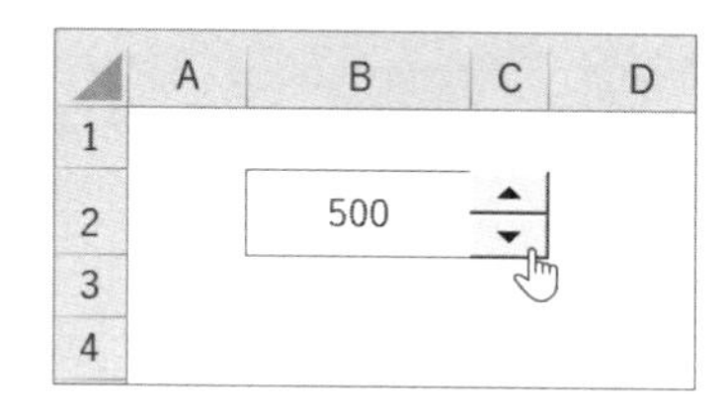

547 ボタンや図形に登録するマクロを切り替えたい

サンプルファイル 547.xlsm

365 2019 2016 2013

ボタンを押す度に実行する処理を切り替える

構文

メソッド	説明
図形.OnAction = マクロ名	マクロを登録

ボタンや図形に登録するマクロは、実行時にOnActionプロパティで変更可能です。次のサンプルでは、ボタン「ボタン1」に「macroA」が登録されていますが、ボタンを押すたびに、実行するマクロを「macroA」⇔「macroB」と切り替えながら実行します。

```
Sub macroA()
    MsgBox "マクロAを実行しました"
    With ActiveSheet.Shapes("ボタン1")
        .OnAction = "macroB"
        .TextFrame.Characters.Caption = "macroBを実行"
    End With
End Sub
Sub macroB()
    MsgBox "マクロBを実行しました"
    With ActiveSheet.Shapes("ボタン1")
        .OnAction = "macroA"
        .TextFrame.Characters.Caption = "macroAを実行"
    End With
End Sub
```

サンプルの結果

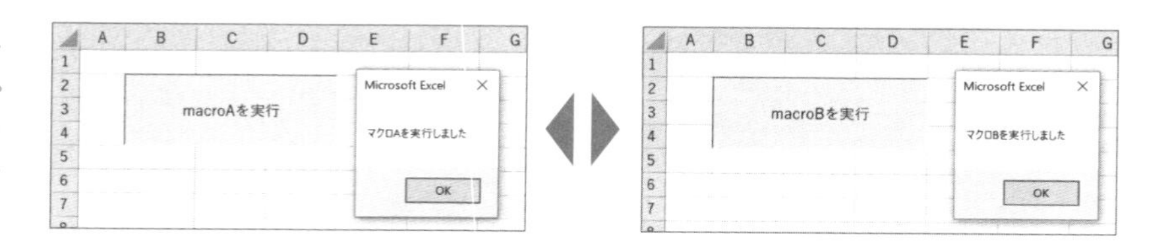

セル範囲の値を読み上げて確認したい

サンプルファイル 548.xlsm

365 2019 2016 2013

入力値を耳で聞いて確認する

構文

メソッド	説明
セル範囲.Speak [優先方向]	セル範囲の値を読み上げる

セル範囲を指定してSpeakメソッドを実行すると、指定セル範囲の値を音声合成エンジンで読み上げます。また、引数を指定することで、読み上げの優先方向を指定可能です。

■ 優先方向の指定に利用する定数

定数	説明
xlSpeakByColumns	列方向優先。1列分読んでから次の列を読む
xlSpeakByRows	行方向優先。1行分読んでから次の行を読む（規定値）

セル範囲に入力した値が妥当な値かどうかをチェックしたい際に、耳でも確認しながらチェックできるようになります。

なお、空白セルの場合は何も読み上げずに次のセルの読み上げに移ります。たとえば、「商品名、価格」の順で読み上げるはずなのに、「商品名」が連続した場合は「価格」欄に入力漏れがある可能性が高い、というわけですね。

次のサンプルは、セル範囲A1:B5の値を読み上げます。

```
Range("A1:B5").Speak
```

サンプルの結果

	A	B	C
1	商品	数量	
2	商品A	300	
3	商品B	500	
4	商品C	500	
5	商品D	700	
6			
7			

「ショウヒン」「スウリョウ」「ショウヒンエー」「サンビャク」…といった形で読み上げる

549 指定テキストを読み上げたい

サンプルファイル 549.xlsm

365 2019 2016 2013

利用シーン 操作結果に応じたナビゲーションや注意を読み上げる

構文	メソッド	説明
	Speech.Speak テキスト [,SpeakAsync:=終了待ち設定] [,Purge:=割込み設定]	テキストを読み上げる

指定したテキストを読み上げるには、SpeechオブジェクトのSpeakメソッドの引数に、読み上げたいテキストを指定して実行します。

基本設定では、Speakメソッドに続く処理はテキストを読み終えるまで実行されません。引数SpeakAsyncを「True」に指定して実行すると、読み上げの終了を待たずに処理を続行します。

また、複数回Speakを実行した際、前の読み上げの終了を待ってから次の読み上げを開始します。こちらは、引数Purgeを「True」に指定して実行すると、読み上げ終了を待たずに新しい読み上げを開始します。

次のサンプルは、シートのActivateイベントプロシージャにSpeakメソッドを記述することで、シート選択時にメッセージを読み上げ、読み上げ終了を待ってからセルC4を選択します。

```
Private Sub Worksheet_Activate()
    Application.Speech.Speak _
            "伝票ナンバーと日付を忘れずに入力してください"
    Range("C4").Select
End Sub
```

サンプルの結果

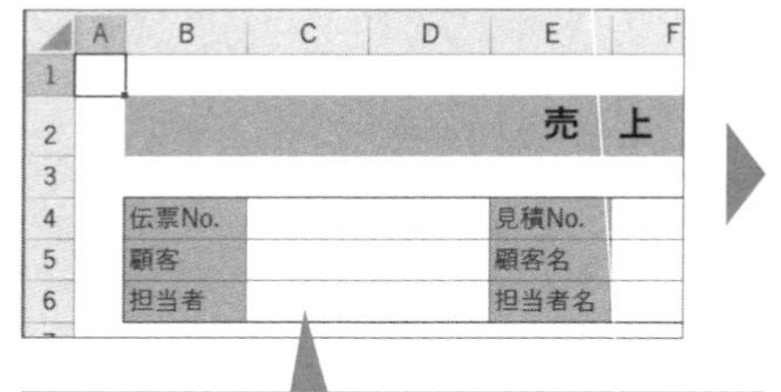

伝票ナンバーと日付を忘れず入力してください

550 セル入力した値を読み上げたい

サンプルファイル 550.xlsm

365 2019 2016 2013

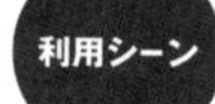

利用シーン セルに値を入力しながら耳で入力値を確認したい

構文

メソッド	説明
Speech.SpeakCellOnEnter = True	入力時の値読み上げをオンにする

SpeechオブジェクトのSpeakCellOnEnterプロパティを「True」に設定すると、セルに値を入力した際に、その値を読み上げるようになります。読み上げを停止するには、SpeakCellOnEnterプロパティを「False」に設定します。

伝票から手入力で数字を入力するときなど、耳でもチェックしながら入力を行いたい場合に、読み上げモードをオンにして入力するのがよいでしょう。

次のサンプルは、実行するたびに読み上げモードのオン／オフを切り替えます。

```
Dim mySp As Speech
Set mySp = Application.Speech
If mySp.SpeakCellOnEnter = False Then
    mySp.Speak "読み上げをオンにします", SpeakAsync:=True
Else
    mySp.Speak "読み上げをオフにします", SpeakAsync:=True
End If
mySp.SpeakCellOnEnter = Not mySp.SpeakCellOnEnter
```

サンプルの結果

B5

	A	B
1	伝票	金額
2	伝票 1	1,500
3	伝票 2	180,000
4	伝票 3	25,000
5	伝票 4	
6	伝票 5	
7	伝票 6	

ニマンゴセン

押さえておくと便利な文法

Chapter

17

551 変数や定数を利用したい

サンプルファイル 551.xlsm

VBAで変数や定数を宣言して値を代入する

構文

ステートメント	説明
Dim 変数名 As データ型	変数の宣言
変数名 = 値	変数に値を代入
Set 変数名 = オブジェクト	オブジェクト変数をセット

変数や定数の宣言方法やスコープを、改めて整理してみましょう。

宣言と代入

変数を宣言するには、Dimステートメント、定数を宣言するにはConstステートメントを利用します。データ型はAsキーワードに続けて記述します。

```
Dim myValue As Long                        'Long型で変数を宣言
Dim myRange As Range                       'Range型で変数を宣言
Const MY_NAME As String = "大村あつし"       'String型で定数を宣言
```

変数に値を代入するには、「=」演算子を利用します。また、オブジェクト型の変数に値を代入するには、Setステートメントを併用します。

```
myValue = 10                        '変数に「10」を代入
Set myRange = Range("A1")           '変数にセルA1への参照を代入
```

変数は、宣言しなくても使用できますが、宣言をしておくとエラーチェックが働くようになります。また、変数名を途中まで入力して、Ctrl+Spaceキーを押した際に自動入力してくれるようになります。複数候補がある場合は、リストが表示され、その中から選択できます。

変数の自動入力

```
Sub macro1()
    Dim myValue As Long
    my
```

```
Sub macro1()
    Dim myValue As Long
    myValue
```

「my」まで入力してCtrl+Spaceで残りが自動入力される

データ型を指定せずに使用することもできますが、指定しておくと、データ型に応じたエラーチェックやコードヒントが表示されるようになります。また、データ型を自動判別するコストがなくなることによる処理速度の向上が期待できます。

モジュールレベル変数とスコープ

プロシージャ内で宣言した変数は、そのプロシージャ内でのみ有効です。モジュール内のどのプロシージャからもアクセス可能な変数を作成するには、標準モジュール冒頭の宣言セクションで宣言します。右記の状態で、macro1、macro2を連続で実行すると、メッセージボックスには「30」と表示されます。

```
Dim myVariable As Long
Sub macro1()
    myVariable = 10
End Sub
Sub macro2()
    myVariable = myVariable + 20
    MsgBox myVariable
End Sub
```

他のモジュールからも参照可能にする場合には、Publicステートメントで宣言します。

```
Public myPublicVariable As Long
```

よく使うデータ型

VBAでよく使うデータ型には、以下のようなものが用意されています。

バイト型（Byte）	0～255の正の整数値
ブール型（Boolean）	TrueまたはFalse
整数型（Integer）	−32,768～32,767の整数値
長整数型（Long）	−2,147,483,648 ～ 2,147,483,647の整数値
通貨型（Currency）	−922,337,203,685,477.5808 ～ 922,337,203,685,477.5807の小数点も含む数値
単精度浮動小数点型（Single）	小数点を含む数値 正の値：約1.4 × 10（−45乗）～1.8 × 10（38乗） 負の値：約−3.4 × 10（38乗）～−1.4 × 10（−45乗）
倍精度浮動小数点型（Double）	Singleよりも大きな桁の小数点を含む数値 正の値：約4.9 × 10（−324乗）～1.8 × 10（308乗） 負の値：約−1.8 × 10（308乗）～−4.0 × 10（−324乗）
日付型（Date）	日付と時刻
文字列型（String）	文字列
オブジェクト型（Object）	任意のオブジェクト
バリアント型（Variant）	あらゆる種類の値・オブジェクト

変数名に工夫して扱いやすくしたい

サンプルファイル 552.xlsm

365 2019 2016 2013

変数には基本的に接頭辞として「my」を付けておく

構文

考え方

自分なりのルールを決めておき、変数を扱いやすくする

VBAでは、一部の例外を除き、変数名を比較的自由に付けられます。大文字・小文字の区別はされません。少し複雑なマクロを作成する際には変数を利用することが多くなりますが、その際には「自分なりの名付けルール(命名規則)」を決めておくのがよいでしょう。

自分なりの「おなじみの名前」を決めておくことで、あとからコードを見返した際に「あ、これは変数だな」というのがわかりやすくなります。

ちなみに筆者、本書では、「基本的には頭に『my』を付ける」というルールで変数名を決めています。コードを見返した際、「myが頭に付いているから変数」と判断できるだけでなく、マクロ作成時には「my」までタイプして Ctrl ＋ Space を押せば、入力補助機能が働いて変数名を半自動で入力できるようになるためです。

■ よく使われる変数名の例

変数名の例	理由やルール
tmp, buf	英単語の「Temporary」「buffer」を縮めたもの。一時的に扱う変数ということを示す意図がある
str, num	文字列(String)、数値(Number)等、扱うデータ型を短くした名前
rng, sh, sht, bk	Range、Worksheet等の扱うオブジェクト名をごく短く省略した名前
i, j	ループカウンタ用。伝統的に「i」や「j」が利用される
arr, strList, numList	配列やリストを扱う際の名前
targetRange, dataBook	用途+オブジェクト名というルールの名前
myRng, mySht	すべての変数に統一した接頭辞を付けるルール。変数であることを明示する他、入力補助機能を活用しやすくなる
foo, bar, hoge, piyo	「適当な変数名」としてよく使われている名前

553 配列を利用したい

サンプルファイル 553.xlsm

365 2019 2016 2013

VBAで値のリストを作成して利用する

構文

ステートメント	説明
Dim 配列名(要素数) As データ型	指定要素数の長さの配列を宣言

VBAで配列を利用するには、配列名と長さ(扱う要素数)を指定して宣言します。次のコードは長さ「3」の文字列型の配列「myList」を宣言します。

```
Dim myList(2) As String
```

長さが「3」なのに指定するのは「2」なのは、基本的に、配列のインデックス番号(添え字)は「0」から始まるためです。配列myListは「0、1、2」の3つの要素を持つ長さ「3」の配列となります。

配列に値を代入したり取り出すには、配列名とインデックス番号を組み合わせて指定します。次のサンプルは、長さ3の配列myListを宣言し、値を入力し、取り出します。

```
Dim myList(2) As String, i As Long
'値の代入
myList(0) = "りんご"
myList(1) = "蜜柑"
myList(2) = "レモン"
'値を取り出す
For i = 0 To 2
    Range("A1").Offset(i).Value = myList(i)
Next
```

サンプルの結果

	A	B	C	D
1	りんご			
2	蜜柑			
3	レモン			
4				
5				

配列の先頭番号と末尾の番号を指定したい

サンプルファイル 554.xlsm

365 2019 2016 2013

インデックス番号「1」から始まる長さ「3」の配列を用意する

構文

ステートメント	説明
Dim 配列名(開始値 To 末尾値) As データ型	開始・末尾の値を指定して配列を宣言

配列を宣言するときには、インデックス番号の開始値と末尾値を指定しての宣言も可能です。次のコードは開始値「1」、末尾値「3」で文字列型の配列「myList」を宣言します。

```
Dim myList(1 To 3) As String
```

VBAではセルやシートのコレクションのインデックス番号が「1」から始まるため、開始値が「1」のほうが違和感なく使える方も多いでしょう。また、長さを指定する際にも、0始まりのときとは違い、長さの値をダイレクトに末尾値に指定できますね。

次のサンプルは3つの値を配列myListに代入し、取り出します。

```
Dim myList(1 To 3) As String, i As Long
'値の代入
myList(1) = "ぶどう"
myList(2) = "メロン"
myList(3) = "苺"
'値を取り出す
For i = 1 To 3
    Cells(i, "A").Value = myList(i)
Next
```

サンプルの結果

	A	B	C	D
1	ぶどう			
2	メロン			
3	苺			
4				
5				

Array関数で手軽に配列を作成したい

サンプルファイル 555.xlsm

365 2019 2016 2013

指定した要素を持つ配列を簡単に作成

構文

関数	説明
Array(要素1, 要素2…)	指定要素を持つ配列を作成

手軽に値のリスト（配列）を作成したい場合にはArray関数が便利です。Array関数は、引数に要素をカンマで区切って列記すると、その要素を持つ配列を返します。次のコードは、「りんご」「蜜柑」「レモン」の3つの文字列を要素に持つ配列を作成します。

```
Array("りんご", "蜜柑", "レモン")
```

作成された配列は、「Variant型」の「インデックス番号が0から始まる」一次元配列となります。通常、Variant型の変数を用意しておき、そこにArray関数で作成した配列を代入して利用します。

次のサンプルは、Array関数で作成した3つの値を持つ配列を変数myListに代入し、その値を取り出します。

```
Dim myList As Variant, i As Long
'配列の作成と変数への代入
myList = Array("りんご", "蜜柑", "レモン")
'値を取り出す
For i = 0 To 2
    Range("A1").Offset(i).Value = myList(i)
Next
```

サンプルの結果

	A	B	C	D
1	りんご			
2	蜜柑			
3	レモン			
4				
5				

556 2次元配列を利用したい

サンプルファイル 556.xlsm

365 2019 2016 2013

利用シーン セル範囲に対する値の取得や値の入力を一気に行う配列を用意する

構文

ステートメント	説明
Dim 配列名(1次元目の要素数, 2次元目の要素数)	指定要素数の2次元配列を作成

VBAで2次元配列を利用するには、配列名に加え、1次元目の要素数と2次元目の要素数をカンマで区切って宣言します。次のコードは1次元目の要素数「3」、2次元目の要素数「5」のVariant型の配列「myList」を宣言します。

```
Dim myList(1 To 3, 1 To 5) As Variant
```

2次元配列はちょうどワークシートの行・列と同じように扱えます。次のコードは2次元配列の1次元目「1」、2次元目「2」の位置の要素に値を設定します。

```
myList(1, 2) = "1・2の要素"
```

2次元配列は、そのまま同じ大きさのセル範囲のValueプロパティを通じて値のやりとりができるため、セルへの値の入出力に便利な形式の配列です。

次のサンプルは2×3の要素数を持つ配列を使って、セル範囲A1:C3に値を入力します。

```
Dim myList(1 To 2, 1 To 3) As String, ⏎
idx1 As Long, idx2 As Long
For idx1 = 1 To 2
    For idx2 = 1 To 3
        myList(idx1, idx2) = "(" & ⏎
idx1 & "," & idx2 & ")"
    Next
Next
Range("A1:C2").Value = myList
```

◀ サンプルの結果 ▶

	A	B	C
1	(1,1)	(1,2)	(1,3)
2	(2,1)	(2,2)	(2,3)
3			
4			

配列の先頭番号と末尾の番号を知りたい

サンプルファイル 557.xlsm

365 2019 2016 2013

配列の先頭と末尾の番号を取得してループ処理などに生かす

構文

関数	説明
LBound(配列 [,次元数])	配列の先頭要素のインデックス番号を取得
UBound(配列 [,次元数])	配列の末尾要素のインデックス番号を取得

配列の先頭要素のインデックス番号を知りたい場合には、LBound関数を利用します。

```
LBound(mtList)   '配列myLstの先頭要素のインデックス番号取得
```

対象が2次元配列以上の場合は、2番目の引数で次元数を指定できます。

```
LBound(mtList, 1)   '配列myLstの1次元目の先頭要素のインデックス番号取得
LBound(mtList, 2)   '配列myLstの2次元目の先頭要素のインデックス番号取得
```

同じく、末尾の要素のインデックス番号を知りたい場合は、UBound関数を利用します。

```
UBound(mtList)   '配列myLstの末尾の要素のインデックス番号取得
```

次のサンプルは、Array関数で作成した配列の長さをUBound関数で取得し、セル範囲へと入力します。

```
Dim myList As Variant, myCount As Long
myList = Array("りんご", "蜜柑", "レモン")
'Array関数の配列は「0」始まりなので1だけ加算
myCount = UBound(myList) + 1
'基準セルを元に配列の長さの分だけ列方向に伸ばして入力
Range("A1").Resize(1, myCount).Value = 
myList
```

◀サンプルの結果▶

	A	B	C
1	りんご	蜜柑	レモン
2			
3			
4			

558 配列で扱う要素数を実行中に変更したい

サンプルファイル 558.xlsm

365 2019 2016 2013

値のリストを更新しながら管理

構文

ステートメント	説明
Dim 配列名() As データ型	要素数が不定な配列を宣言
ReDim 配列名(要素数)	配列の要素数を再定義
ReDim Preserve 配列名(要素数)	元の要素を保持したまま配列数を再定義

VBAではDimステートメントで配列の要素数を指定して宣言した場合、配列の要素数の変更はできません。実行中に要素数が変化する、いわゆる「動的配列」を利用したい場合には、次の手順を踏みます。

1. Dimステートメントで要素数を指定せずに配列を宣言
2. ReDimステートメントで要素数を再定義
3. 通常の配列と同じように利用

なお、ReDimステートメントで配列の要素数を再定義した場合は、それまで配列に格納されていた要素はすべて破棄されます。元の要素を保持したまま配列数を再定義するには、ReDim Preserveステートメントを利用します。

次のサンプルは、配列myListの要素数を拡張しながらセルへと値を入力します。

```
Dim myList() As String
ReDim myList(1 To 2)
myList(1) = "りんご"
myList(2) = "蜜柑"
ReDim Preserve myList(1 To 4)
myList(3) = "レモン"
myList(4) = "ぶどう"
Range("A1:D1").Value = myList
```

サンプルの結果

	A	B	C	D
1	りんご	蜜柑	レモン	ぶどう
2				
3				
4				

配列の先頭要素の番号を常に「1」から始めたい

サンプルファイル 559.xlsm

365 2019 2016 2013

配列宣言時に長さをわかりやすくする

構文

ステートメント	説明
Option Base 1	先頭要素の番号を「1」に固定

モジュールの冒頭に「Option Base 1」ステートメントを記述しておくと、そのモジュール内では、配列の先頭要素のインデックス番号が「1」となります。

次のサンプルを実行すると、配列myListは「0～3の要素を持つ長さ4の配列」ではなく、「1～3の要素を持つ長さ3の配列」として作成されます。また、Array関数で作成した配列も、先頭要素のインデックス番号が「1」となります。

```
Option Base 1
Sub sample559()
    '要素数のみを宣言した配列のインデックス番号を確認
    Dim myList(3)
    Range("B2").Value = LBound(myList)
    Range("C2").Value = UBound(myList)
    'Array関数で作成した配列のインデックス番号を確認
    Dim myArr As Variant
    myArr = Array("りんご", "蜜柑", "レモン")
    Range("B3").Value = LBound(myArr)
    Range("C3").Value = UBound(myArr)
End Sub
```

サンプルの結果

	A	B	C	D
1	作成方法	先頭	末尾	
2	Dimで宣言した配列	1	3	
3	Arrayで作成した配列	1	3	
4				
5				

区切り文字を基準に文字列から配列を作りたい

サンプルファイル 560.xlsm

365 2019 2016 2013

句点を基準に文字列から配列を作成

構文

関数	説明
Split(文字列, 区切り文字)	文字列を区切り文字ごとに分割して配列を作成

特定の区切り文字を目印にして、文字列を配列へと分割するには、Split関数を利用します。1つ目の引数に分割したい文字列を、2つ目の引数に区切り文字を指定します。

作成された配列をVariant型の変数で受け取ると、変数を通じて各インデックス番号を指定し、個々の要素の値を取り出せます。

次のサンプルは、セルA1の値を、句点(「、」)を区切り文字として配列に分割し、それぞれの値を取り出します。

```
Dim myList As Variant
'文字列を分割
myList = Split(Range("A1").Value, "、")
'値を取り出す
Range("C2").Value = myList(0)
Range("C3").Value = myList(1)
Range("C4").Value = myList(2)
```

サンプルの結果

	A	B	C	D
1	りんご、蜜柑、レモン		取り出した値	
2			りんご	
3			蜜柑	
4			レモン	
5				
6				

配列の値を連結して表示したい

サンプルファイル 561.xlsm

365 2019 2016 2013

利用シーン 配列の値をメッセージダイアログで確認

構文

関数	説明
Join(配列 [,区切り文字])	配列を区切り文字で連結した文字列を取得

マクロの作成中に配列の値を確認したいときには、Join関数が便利です。Join関数は引数に指定した配列の要素すべてを、区切り文字で連結した文字列を返します。次のコードは、配列myListの値をカンマで連結した文字列を返します。

```
Join(myList, ",")    '「りんご,蜜柑,レモン」等の文字列を返す
```

なお、引数に指定する配列は、1次元配列である必要があります。

ちなみに、区切り文字に改行コードを意味する「vbCrLf」を指定すれば、要素の値ごとに改行して表示する文字列の作成も簡単です。

次のサンプルは、配列myListの値をメッセージボックスに表示します。

```
Dim myList As Variant
'3つの要素を持つ配列を作成
myList = Array("りんご", "蜜柑", "レモン")
'配列を改行コードで連結した文字列を表示
MsgBox Join(myList, vbCrLf)
```

サンプルの結果

562 値の追加・削除が簡単なリストを利用したい

サンプルファイル 562.xlsm

365 2019 2016 2013

増減するリストをVBAで扱う

構文

ステートメント／メソッド／プロパティ	説明
Set 変数 = New Collection	新規コレクションを生成して変数にセット
コレクション.Add メンバー	メンバーをコレクションに追加
コレクション.Remove インデックス番号	指定メンバーをコレクションから削除
コレクション.Count	コレクションのメンバー数を取得

実行中に値の増減するリストを扱いたい場合は、配列よりもCollectionオブジェクトが向いています。Collectionオブジェクトは「New Collction」で生成し、Addメソッドでメンバーを追加、Removeメソッドで削除します。なお、先頭メンバーのインデックス番号は「1」であり、メンバー数はCountプロパティで取得可能です。

次のサンプルは変数myListにCollectionオブジェクトをセットし、リストを増減させながら値を取り出しています。

```
Dim myList As Collection, idx As Long
Set myList = New Collection   'Collectionを初期化してセット
myList.Add "りんご"            '要素の追加はAddメソッド
myList.Add "蜜柑"
myList.Add "レモン"
For idx = 1 To myList.Count   '要素数はCountで取得
    Range("A1").Offset(idx).Value = myList(idx)
Next
myList.Remove myList.Count    '要素の削除はRemoveメソッド
For idx = 1 To myList.Count
    Range("B1").Offset(idx).Value = myList(idx)
Next
```

サンプルの結果

	A	B	C
1	追加後	削除後	
2	りんご	りんご	
3	蜜柑	蜜柑	
4	レモン		
5			

563 連想配列を利用したい ❶

サンプルファイル 563.xlsm

365 2019 2016 2013

利用シーン キー値と値をセットで扱う仕組みを用意する

構文

ステートメント／メソッド	説明
Set 変数 = New Collection	新規コレクションを生成して変数にセット
コレクション.Add メンバー, キー値	キー値とメンバーをセットにして追加

VBAで、「値とキーをセットで扱える配列（連想配列・ハッシュテーブル）」を利用するには、Collectionオブジェクトを利用します。

Collectionオブジェクトのメソッドの引数を第2引数まで指定すると、値やオブジェクトなどの「メンバー」と、そのメンバーに対応するキー値をセットで登録できます。登録したメンバーは、キー値、もしくはインデックス番号を使って取り出せます。全体のメンバー数は、Countプロパティで取得できます。

次のサンプルは、3つの数値をキー値とともにコレクションに登録し、キー値「チキンリブ」の値と、3番目のメンバーの値、そしてメンバーの総数を表示します。

```
Dim myList As Collection
Set myList = New Collection
myList.Add 600, "チキンリブ"
myList.Add 250, "ミックスベジダブル"
myList.Add 1500, "サーモンブロック"
MsgBox myList("チキンリブ") & vbCrLf & _
    myList(3) & vbCrLf & _
    "登録アイテム数：" & myList.Count
```

サンプルの結果

Microsoft Excel

600
1500
登録アイテム数：3

OK

564 連想配列を利用したい ❷

サンプルファイル 564.xlsm

キー値と値をセットで扱う仕組みを用意する

構文

関数	説明
CreateObject("Scripting.Dictionary")	Dictionaryオブジェクトを生成
ディクショナリ.Add キー値, メンバー	キー値とメンバーをセットにして追加

VBAで連想配列を利用する際には、前トピックのCollectionオブジェクトの他にも、Dictionaryオブジェクトも利用できます。次のサンプルは、Dictionaryオブジェクトを利用してキーと値をセットで登録し、取り出します。

なお、値を追加するAddメソッドの引数は「キー値が先で、メンバーが後」です。Collectionオブジェクトとは逆な点に注意しましょう。

次のサンプルは、3つの数値をキー値とともにディクショナリに登録し、キー値「チキンリブ」の値とメンバーの総数を表示します。

```
Dim myList As Object
Set myList = CreateObject("Scripting.Dictionary")
myList.Add "チキンリブ", 600
myList.Add "ミックスベジダブル", 250
myList.Add "サーモンブロック", 1500
MsgBox "チキンリブ：" & myList("チキンリブ") & vbCrLf & _
    "登録アイテム数：" & myList.Count
```

サンプルの結果

Microsoft Excel

チキンリブ：600
登録アイテム数：3

OK

Dictionaryオブジェクトには、下記のプロパティ・メソッドが用意されています。

■ Dictionaryオブジェクトのプロパティ／メソッド

Add	新しいキーと値のセットを登録
Exists	キー値が既存かどうかを返す
Keys	すべてのキー値を含む配列を返す
Items	すべての値を含む配列を返す
Remove	指定したキー値の要素を削除
RemoveAll	すべての要素を削除
Count	要素数を返す

Collectionオブジェクトよりもリストを扱うための仕組みが充実しており、扱いやすいオブジェクトです。登録した値のリストとキー値のリストは、それぞれItemsプロパティとKeysプロパティを使えば、一次元配列の形で一括取得できます。

また、覚えておきたいのが「Existsメソッド」です。Existsメソッドは、引数に指定したキー値が存在するかどうかを確認できるメソッドですが、重複を取り除いた、いわゆるユニークな値のリストを作成したい場合にも利用できます。

次のサンプルは、セル範囲A1:C6内のユニークな値のリストを取得します。

```
Dim myList As Object, myRange As Range
Set myList = CreateObject("Scripting.Dictionary")
For Each myRange In Range("A1:C6")
    'セルの値がキー値になければディクショナリに登録
    If Not myList.Exists(myRange.Value) Then
        myList.Add myRange.Value, 1
    End If
Next
'Keysプロパティでキー値の配列を取得して表示
MsgBox "ユニークなリスト：" & Join(myList.keys, ",")
```

サンプルの結果

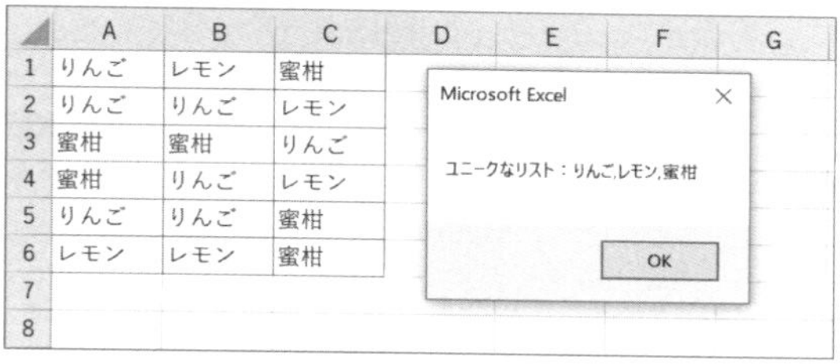

	A	B	C
1	りんご	レモン	蜜柑
2	りんご	りんご	レモン
3	蜜柑	蜜柑	りんご
4	蜜柑	りんご	レモン
5	りんご	りんご	蜜柑
6	レモン	レモン	蜜柑

Microsoft Excel

ユニークなリスト：りんご,レモン,蜜柑

OK

565 列挙で選択肢をひとつのグループにまとめたい

サンプルファイル 565.xlsm

365 2019 2016 2013

選択肢の候補をわかりやすく表示する

構文

ステートメント	説明
Enum 列挙名 　定数名 = 値 End Enum	列挙名と、列挙に属する定数のリストを定義する

決まった数の選択肢から特定の選択肢を選択してもらう場合、「列挙」の仕組みを使うと選択肢を整理できます。列挙は、複数のLong型の定数を、任意の列挙名でまとめられる仕組みです。次のコードは、3つの定数を、列挙名「myApp」でまとめます。

```
Enum myApp
    appExcel = 1
    appWord = 2
    appAccess = 3
End Enum
```

次の2つのコードはともに、変数「mySelect」に、「Excel」を意図した値である「1」が入力されている場合にメッセージを表示するものです。列挙の定数を利用したほうが、ひと目で意図が伝わりますね。

```
If mySelect = 1 Then MsgBox "Excelを選択しました"
If mySelect = appExcel Then MsgBox "Excelを選択しました"
```

また、列挙名は変数のデータ型に指定可能です。この変数に値を代入しようとすると、列挙に属する定数一覧がコードヒントとして表示されます（下図左）。さらに、コード内で「列挙名.」とタイプしても定数一覧が表示されます（下図右）。「あの選択肢を設定する定数は何だったかな？」と忘れてしまったときでも、列挙名さえ押さえておけば、適切なものを選択できるようになり、コードの作成効率が高まります。

サンプルの結果

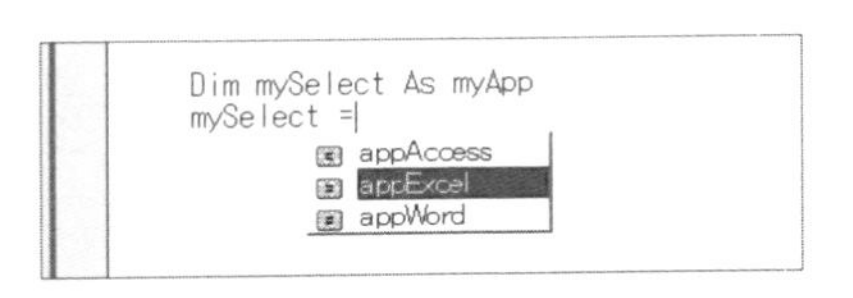

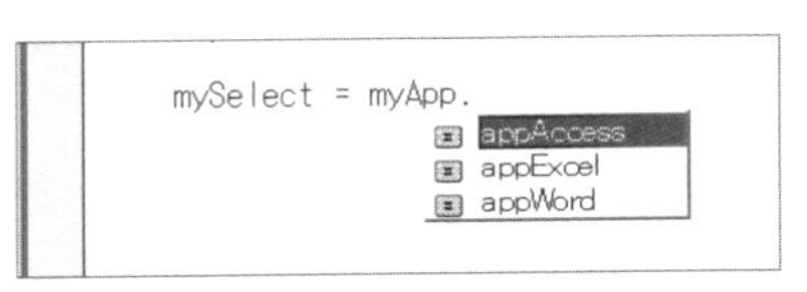

複数の定数を使って選択肢を管理したい

サンプルファイル 566.xlsm

365 2019 2016 2013

「選択肢1と選択肢2」を両方選択した状態を把握したい

構文

考え方

定数値に2のn乗の値を持たせてフラグ管理できるようにする

「選択肢1と選択肢2の両方を選んだ状態」等、複数の選択肢を重ねて選んだ状態を定数値で管理したい場合には、定数値に2のn乗の値を付けておくと判定しやすくなります。

```
Enum myApp
    appNone = 0             '「0」 2進数で考えると000
    appExcel = 2 ^ 0        '「1」 2進数で考えると001
    appWord = 2 ^ 1         '「2」 2進数で考えると010
    appAccess = 2 ^ 2       '「4」 2進数で考えると100
End Enum
```

2のn乗の値というのは、2進数で考えると「各桁のビットが立った状態の値」です。そのため、2のn乗同士の値を加算すると(Or演算すると)、その値は、「特定のビットが立った状態を組み合わせたもの」となります。次のサンプルは、列挙myAppの定数を利用して、変数mySelectに指定された選択内容を判定します。

```
mySelect = appExcel + appWord
Select Case mySelect
    Case appExcel + appWord + appAccess
        MsgBox "全選択コース"
    Case appExcel + appWord
        MsgBox "Excel&Wordコース"
    Case appExcel, appWord, appAccess
        MsgBox "個別選択コース"
    Case appNone
        MsgBox "何も選択していません"
    Case Else
        MsgBox "カスタムプランコース"
End Select
```

ユーザー定義型を利用したい

サンプルファイル 567.xlsm

365 2019 2016 2013

関連するデータをひとまとめにし、用途に合わせた名前で扱えるようにする

構文

ステートメント	説明
Type ユーザー定義型名 　キー名 [As データ型] End Type	ユーザー定義型名と、 属するキー値のリストを定義する

複数の情報をひとまとめにして扱いたい場合は、ユーザー定義型を利用します。ユーザー定義型はTypeステートメントとEnd Typeステートメントの間に、ひとまとめにして扱いたいキー名とデータ型を列記します。次のコードは、3つの商品に関する情報「ID」「Name」「Price」をまとめたユーザー定義型「goodsData」を作成します。

```
Type goodsData
    ID As String
    Name As String
    Price As Currency
End Type
```

ユーザー定義型を変数や配列のデータ型として使用すると、その変数や配列は、定義したキー名の情報をまとめて格納できるようになります。

```
Dim myGoods As goodsData
myGoods.ID = "VBA-001"
myGoods.Name = "チキンリブ"
myGoods.Price = 600
MsgBox myGoods.ID & ":" & myGoods.Name & ":" & myGoods.Price
```

サンプルの結果

Variant型変数に格納されたデータ型を確認したい

サンプルファイル 568.xlsm

365 2019 2016 2013

データ型を確認し、データ型に沿った処理を実行

構文

関数	説明
TypeName(判定対象)	引数のデータ型文字列を返す

実行時にVariant型の変数に格納されているデータ型を確認するには、TypeName関数を利用します。TypeName関数は、戻り値としてデータ型に応じた文字列を返します。

次のユーザー定義関数は、引数「kanji」のデータ型が文字列の場合はそのフリガナ候補を、Rangeオブジェクトであればその1つ目のセルの値のフリガナ候補を、それ以外であれば、「判別不明」という文字列を返します。

```
Function GetFurigana(kanji As Variant) As String
  Select Case TypeName(kanji)
    Case "String"
      GetFurigana = Application.GetPhonetic(kanji)
    Case "Range"
      GetFurigana = Application.GetPhonetic(kanji.Cells(1).Value)
    Case Else
      GetFurigana = "判別不明"
  End Select
End Function
```

セルA1に「大村」と入力されている場合、次の2つのコードは共に「オオムラ」という結果を返します。

```
Debug.Print "文字列で指定", GetFurigana("大村")
Debug.Print "セルで指定", GetFurigana(Range("A1"))
```

サンプルの結果

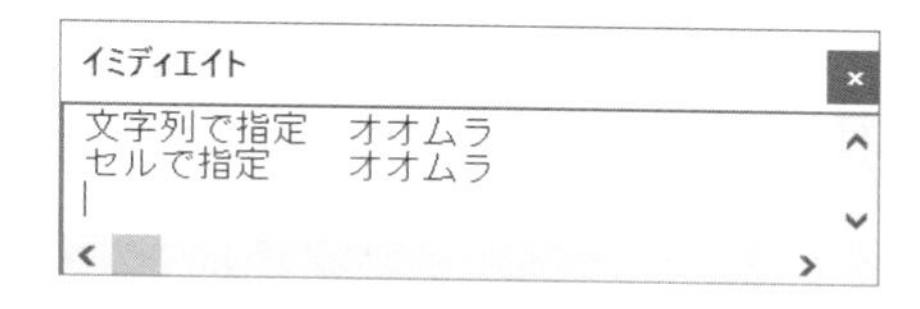

569 開発時に任意の変数に格納されたデータ型や値を調べたい

サンプルファイル 569.xlsm

365 2019 2016 2013

特定の変数のデータ型を確認し、データ型に沿った処理を実行

構文

考え方

[ウォッチ] ウィンドウにチェックしたい変数を登録して確認

VBEの [表示] - [ウォッチ ウィンドウ] で表示される [ウォッチ] ウィンドウには、監視したい変数やプロパティを、ドラッグ&ドロップする等の操作で登録できます。

この状態で、F8 キーを押してステップ実行を行ったり、エラーによりマクロが中断されて一時停止状態になった場合、その時点で変数に格納されている値やデータ型が、[ウォッチ] ウィンドウにより確認できます。

なお、登録を解除するには、[ウォッチ] ウィンドウ上の項目を選択して、Delete キーを押します。

[ウォッチ] ウィンドウで確認

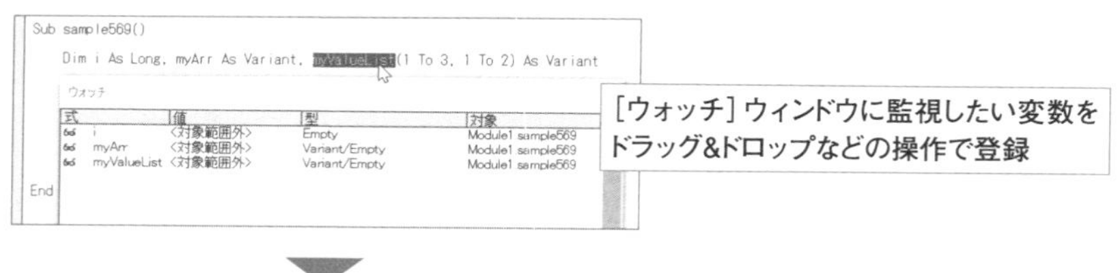

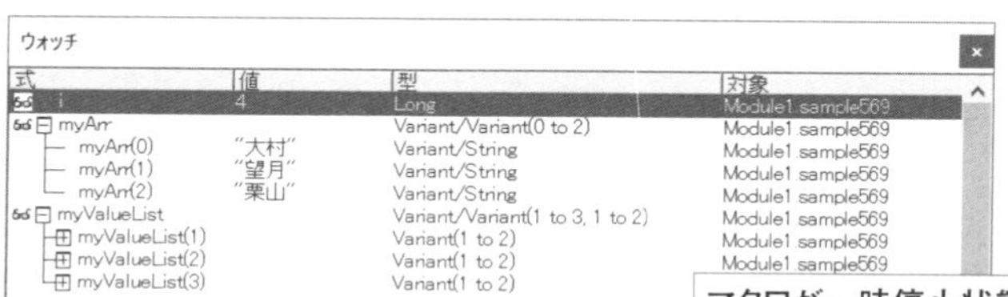

開発時にすべての変数に格納されたデータ型や値を調べたい

サンプルファイル 570.xlsm

365　2019　2016　2013

すべての変数のデータ型を確認し、データ型に沿った処理を実行

構文

考え方

［ローカル］ウィンドウで変数の状態を確認

VBEの［表示］-［ローカル ウィンドウ］で表示される［ローカル］ウィンドウには、現在実行中のプロシージャ内の変数すべてがリストアップして表示されます。

F8 キーを押してステップ実行を行ったり、エラーによりマクロが中断されて一時停止状態になった場合、その時点で対象プロシージャ内のすべての変数に格納されている値やデータ型が、［ローカル］ウィンドウにより確認できます。

監視したい変数が一部の場合は、［ウォッチ］ウィンドウを利用し、すべての場合は、［ローカル］ウィンドウを利用してみましょう。

［ローカル］ウィンドウで変数の状態をチェック

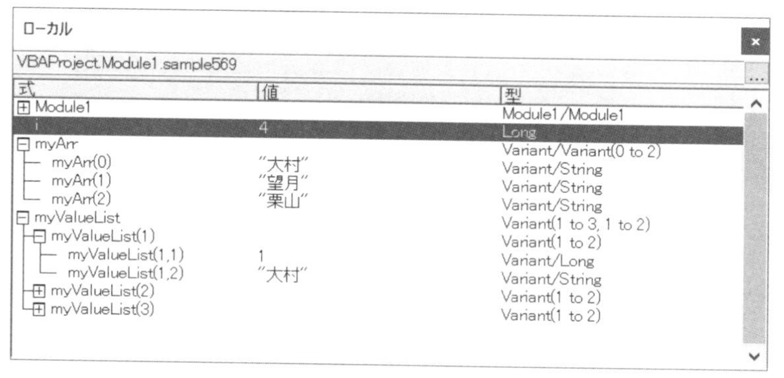

571 変数の値が変化したら一時停止して確かめたい

サンプルファイル 571.xlsm

365 2019 2016 2013

特定の変数に代入されている値が意図通りかを随時チェック

考え方

［ウォッチ］ウィンドウで変数の監視方法を設定

［デバッグ］-［ウォッチ式の追加］を選択すると、［ウォッチ］ウィンドウに「ウォッチ式」を追加できます。

ウォッチ式とは、監視する対象を「式」で表したものです。また、ウォッチ式は、［ウォッチの種類］を、「式のウォッチ」「式がTrueの時に中断」「式の内容が変化したときに中断」の3つから選択できます。

［ウォッチ］ウィンドウでウオッチの種類を指定する

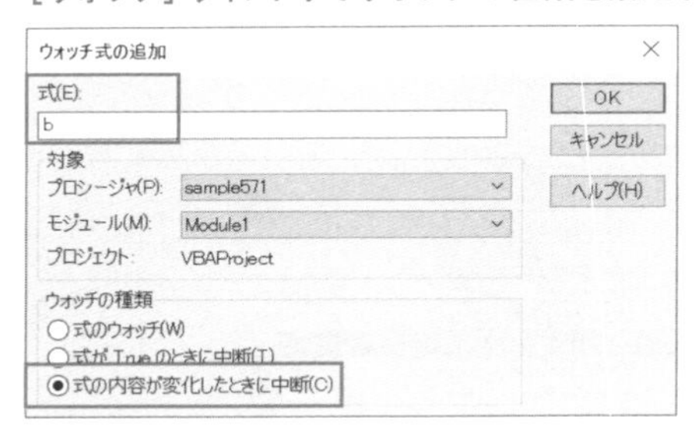

ウォッチ式の追加
式(E):
c = 50
OK
キャンセル
ヘルプ(H)
対象
プロシージャ(P): sample571
モジュール(M): Module1
プロジェクト: VBAProject
ウォッチの種類
式のウォッチ(W)
式が True のときに中断(T)
式の内容が変化したときに中断(C)

たとえば、「変数bの値が変化したときに一時停止したい」場合には、［式］に「b」、［ウォッチの種類］に「式の内容が変化したときに中断」を指定します（図左）。

「変数cの値が『50』になったときに一時停止したい」場合には、［式］に「c = 50」、［ウォッチの種類］に「式がTrueのときに中断（図右）」を指定します。

設定したウォッチ式に応じてコードを一時停止状態にし、その時点での他の変数やシート上の状態などを確認したい場合に便利ですね。

572 処理の一部をサブルーチン化したい

サンプルファイル 572.xlsm

365 2019 2016 2013

大きなマクロの処理を小分けにして管理する

構文

ステートメント	説明
Call マクロ名	他のマクロを実行

Callステートメントを利用すると、任意のプロシージャ内から、他のプロシージャを呼び出して実行できます。この仕組みを利用すると、一連の処理を複数の小さな処理単位（サブルーチン）に分けて記述し、それらを呼び出す形で処理の流れを整理できます。

次のコードは、1つのプロシージャ内で、「macro1」「macro2」を順番に呼び出します。なお、サブルーチン部分は、Privateステートメントを利用して作成しておくと、Excelの［マクロ］ダイアログには表示されないマクロとなります。

```
Sub sample572()
    Call macro1
    Call macro2
End Sub
Private Sub macro1()
    Range("B2").Value = "Excel"
End Sub
Private Sub macro2()
    Range("B2").Borders.LineStyle = xlContinuous
End Sub
```

サンプルの結果

	A	B	C
1			
2			
3			
4			

▶

	A	B	C
1			
2		Excel	
3			
4			

サブルーチンに引数を指定して実行したい

サンプルファイル 573.xlsm

365 2019 2016 2013

処理対象としたいセル範囲を渡してサブルーチンを実行

構文

ステートメント	説明
Call マクロ名(引数1, 引数2,…)	引数を渡して他のマクロを実行

プロシージャに引数を設定するには、プロシージャ名の後ろの括弧の中に、引数名とデータ型をセットにして列記します。括弧の中の表記は、ちょうどDimステートメントで変数を宣言するときのようになります。

設定した引数は、プロシージャ内で変数のように扱えます。また、引数を指定してプロシージャを呼び出すには、Callステートメントの引数名の後ろに括弧を付け、括弧内に渡したい引数の値を列記します。

次のサンプルは、2つの引数を持つmacro1と、1つの引数を持つmacro2を、引数を指定して呼び出します。macro2に関しては、名前付き引数を利用して呼び出しています。

```
Sub sample573()
    Call macro1(Range("A1:C3"), "VBA")
    Call macro2(pRange:=Range("A1:C3"))
End Sub
Private Sub macro1(pRange As Range, pStr As String)
    pRange.Value = pStr
End Sub
Private Sub macro2(pRange As Range)
    pRange.Borders.LineStyle = xlContinuous
End Sub
```

サンプルの結果

	A	B	C	D
1				
2				
3				
4				

▶

	A	B	C	D
1	VBA	VBA	VBA	
2	VBA	VBA	VBA	
3	VBA	VBA	VBA	
4				

574 参照渡しと値渡しの違いを知りたい

サンプルファイル 574.xlsm

365 2019 2016 2013

引数として渡す変数が影響を受けないよう値渡しで渡す

構文

キーワード	説明
ByVal 引数	引数を値渡しで扱う
ByRef 引数	引数を参照渡しで扱う

VBAでは通常、引数を「参照渡し」という方式で渡します。参照渡しとは、引数の値そのものを渡すのではなく、「引数の参照しているもの」を渡す方式です。そのため、引数として変数を渡した場合、呼び出された側で変数の値を変更すると、呼び出し元の変数の値も変化します。

たとえば、次のサンプルは、セルに変数myStrの値である「Excel」を出力後、macro1に変数myStrを渡して実行します。その後、セルに変数myStrの値を出力してみると、「VBA」に変わっています。これは、変数myStrを参照渡しでmacro1に渡し、macro1内部で引数を通じて値を変更しているためです。

```
Sub sample574()
    Dim myStr As String
    myStr = "Excel"
    Range("B1").Value = myStr          'myStrの値は「Excel」
    Call macro1(myStr)                 'サブルーチンの引数として渡す
    Range("B2").Value = myStr          'myStrの値は「VBA」
End Sub
Private Sub macro1(pStr As String)
    pStr = "VBA"                       '参照渡しの引数の値を変更
End Sub
```

サンプルの結果

	A	B	C	D	E
1	サブルーチン呼び出し前の値	Excel			
2	サブルーチン呼び出し後の値	VBA			
3					
4					
5					

574

参照渡しと値渡しの違いを知りたい

365 2019 2016 2013

参照渡しに対して、「値のみを渡す（値のコピーを渡す）」方式を「値渡し」と呼びます。引数を値渡しに設定するには、引数名を、ByValキーワードを使って定義します。前述のmacro1を修正し、引数を値渡しで扱うサブルーチン「macro2」を作成すると、次のようになります。

```
Private Sub macro2(ByVal pStr As String)
    Range("A1").Value = pStr
    pStr = "VBA"
End Sub
```

この形式であれば、引数を渡されたサブルーチン側で引数の値を変更しても、呼び出し元の値には影響を与えません（下図）。

サンプルの結果

	A	B	C	D	E
1	サブルーチン呼び出し前の値	Excel			
2	サブルーチン呼び出し後の値	Excel			
3					
4					
5					

また、明示的に参照渡しであることを提示したい場合には、ByValキーワードの代わりにByRefキーワードを使用します。

```
'参照渡しであることを明示する書き方
Private Sub macro1(ByRef pStr As String)
```

ちなみに、呼び出す側で引数を括弧で囲って呼び出すと、呼び出される側の設定に関わらず、値渡しで引数を渡すこともできます。

```
'サブルーチン側の設定に関わらず変数myStrを値渡しで渡す
Call macro1((myStr))
```

あまり見かけない表記ですが、他の人が作成したサブルーチンを呼び出す際、中で変数を書き換えられてしまうのが心配な場合には、この記述方法を使って呼び出しましょう。

引数で必要な情報を渡せる関数を作成したい

サンプルファイル 575.xlsm

365 2019 2016 2013

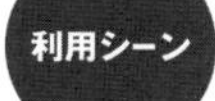

独自の関数を作成してコードを整理

構文

ステートメント	説明
Function 関数名(引数1, 引数2…) As 戻り値のデータ型 　関数名 = 戻り値 End Function	引数を持つユーザー定義関数を定義

戻り値を返すユーザー定義の関数を作成するには、Functionプロシージャを利用します。

Functionプロシージャでは、関数名の後ろの括弧内に、受け取りたい引数をカンマで区切って列記します。

また、括弧の後ろには、戻り値のデータ型を指定できます。戻り値の具体的な値は、関数内の任意の位置で、「関数名 = 戻り値」の形で指定します。

次のサンプルでは、引数として渡した日付の和暦表記での文字列を取得する関数「GetWareki」を定義します。

```
Function GetWAREKI(pDate As Date) As String
    GetWAREKI = Format(pDate, "ggge年m月d日")
End Function
```

この関数は、次のようなコードで利用します。

```
'引数を指定して利用
Range("B1").Value = GetWAREKI(#8/1/2020#)
'引数を名前付き引数形式で指定して利用
Range("B2").Value = GetWAREKI(pDate:=#12/31/2020#)
```

サンプルの結果

	A	B	C
1	2020/8/1	令和2年8月1日	
2	2020/12/31	令和2年12月31日	
3			
4			

引数を省略可能にしたい

サンプルファイル 576.xlsm

365 2019 2016 2013

個数を指定しない場合は規定値の「5」を利用して計算

構文

キーワード	説明
Optional 引数名 As データ型 [= 規定値]	引数を省略可能にする

SubプロシージャやFunctionプロシージャに設定した引数を、省略可能にするには、Optionalキーワードを利用します。

また、Optionalキーワードで省略可能にした引数には、続けて「= 規定値」と指定することで、引数を指定しなかった場合の規定の値を設定できます（オブジェクト型の場合は指定できません）。

次のサンプルは、第1引数に指定した値をゼロパティングした文字列を返す関数「Padding」を定義します。この関数の第2引数「pLen」はパディングする桁数を指定します。指定しない場合には、規定値の「5」桁になります。

```
Function Padding(pValue, Optional pLen As Long = 5) As String
    Padding = Right(String(pLen, "0") & pValue, pLen)
End Function
```

Padding関数は次のように使用します。

```
MsgBox "Padding(12)：" & vbTab & Padding(12) & vbCrLf & _
       "Padding(12, 3)：" & vbTab & Padding(12, 3)
```

サンプルの結果

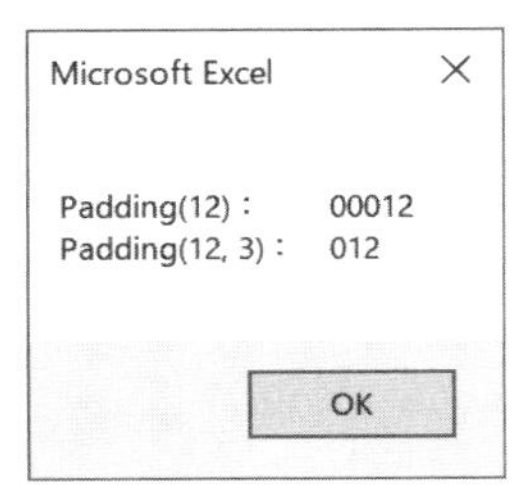

引数が省略されているかどうかを知りたい

サンプルファイル 577.xlsm

365 2019 2016 2013

利用シーン 日付型の引数が省略されていたら当日の日付を使用

構文

判定式/関数	説明
値を扱う引数 = データ型の初期値	引数の値が指定されていないと判定
オブジェクトを扱う引数 Is Nothing	引数のオブジェクトが指定されていないと判定
IsMissing(Variant型変数)	Variant型の引数の省略を判定

Optionalキーワードに指定した引数が省略されているかどうかを判定する方法を考えてみましょう。シンプルな方法は、省略可能な引数の値が、宣言したデータ型の初期値のままであれば「引数が省略された」と見なす方法です。

■ データ型に応じた初期値

データ型	初期値
Boolean	FALSE
Byte/Integer/Long/Single/Double	0
String	"" ※空白文字列
Date	#12:00:00 AM# ※シリアル値の「0」
Object	Nothing
Collection	Nothing
Variant	Empty

初期値と同じ値を指定した場合との区別がつかないのが難点ですが、関数の目的や計算方法によってはこの方法で運用可能です。

次の関数「GetWareki」は、引数pDateが省略された場合には当日の日付を代入して処理を続行します。

```
Function GetWareki(Optional pDate As Date) As String
    If pDate = #12:00:00 AM# Then pDate = Date
    GetWareki = Format(pDate, "ggge年m月d日")
End Function
'実行結果の例
GetWareki(#10/8/2020#)          '結果は「令和2年10月8日」
GetWareki()                     '結果は実行時の和暦
```

また、Variant型の引数をOptionalキーワードで省略可能にした場合には、IsMissing関数で判定可能です。IsMissing関数は、指定した引数が省略されている場合には「True」を、省略されていない場合には、「False」を返します。

次のサンプルは、IsMissing関数の仕組みを使って省略可能なVariant型の引数をチェックし、設定されていない場合にはアクティブシートを対象にセットする関数「GetA1ValueAt」を定義します。

```
Function GetA1ValueAt(Optional pSheet As Variant) As Variant
    '引数が省略されていたらアクティブシートを指定したとみなす
    If IsMissing(pSheet) Then Set pSheet = ActiveSheet
    Select Case TypeName(pSheet)
        '数値もしくは文字列の場合はインデックス番号/シート名と見なす
        Case "Integer", "String"
            GetA1ValueAt = Worksheets(pSheet).Range("A1").Value
        'Worksheet型の場合
        Case "Worksheet"
            GetA1ValueAt = pSheet.Range("A1").Value
        'それ以外の値
        Case Else
            GetA1ValueAt = "判別不能"
    End Select
End Function
```

GetA1ValueAtは、引数を「指定なし」「シートのインデックス番号を指定」「シート名を指定」「Worksheetオブジェクトを指定」の、4つのパターンで指定して使用できる関数となります。

```
'指定なしで利用
Debug.Print "引数なし", GetA1ValueAt()
'シートのインデックス番号を指定して利用
Debug.Print "1", GetA1ValueAt(1)
Debug.Print "2", GetA1ValueAt(2)
'シート名を指定して利用
Debug.Print "Sheet1", GetA1ValueAt("Sheet1")
'Worksheetオブジェクトを指定して利用
Debug.Print "Worksheets(1)", GetA1ValueAt(Worksheets(1))
```

複数の引数をパラメータとして受け取りたい

サンプルファイル 578.xlsm

365 2019 2016 2013

渡された引数をすべて加算する関数を作成

構文

キーワード	説明
ParamArray 引数名 As Variant	以降の引数を配列の形で受け取る

ParamArrayキーワードを利用して、Variant型の配列を引数として定義すると、その引数には、呼び出し側で列記した引数が配列の形で格納されます。

次のサンプルは、すべての引数を加算した値を返す関数「MySum」を定義します。引数「pValues()」を、ParamArrayキーワードを使って定義することで、数の値を配列として受け取って利用しています。

```
Function MySum(ParamArray pValues() As Variant) As Long
    Dim v As Variant
    For Each v In pValues
        MySum = MySum + v
    Next
End Function
```

MySumは次のように、複数の引数を指定して呼び出せます。

```
MsgBox MySum(1, 2) & vbCrLf & _
        MySum(1, 2, 3, 4, 5, 6, 7, 8, 9, 10)
```

サンプルの結果

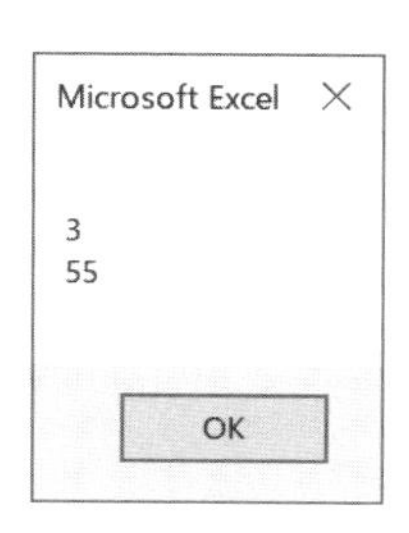

オブジェクトを返すユーザー定義関数を作成したい

サンプルファイル 579.xlsm

365 2019 2016 2013

見出しを除くセル範囲を返すユーザー定義関数を作成

構文

ステートメント	説明
Function 関数名() As 戻り値のデータ型 Set 関数名 = 戻り値 End Function	任意のオブジェクト型の戻り値を返すユーザー定義関数を定義

オブジェクトを返すユーザー定義関数を作成するには、関数内で戻り値としたいオブジェクトに対応したデータ型の値を、「Set 関数名 = 値」の形式でセットします。

次のサンプルでは、「任意のセルのアクティブセル領域から、1行目のセルを除いたセル範囲」をRange型で返すユーザー定義関数「GetBodyRange」を作成します。

```
Private Function GetBodyRange(ByVal pRange As Range) As Range
    Set pRange = pRange.CurrentRegion
    Set pRange = pRange _
        .Resize(pRange.Rows.Count - 1, pRange.Columns.Count) _
        .Offset(1)
    Set GetBodyRange = pRange
End Function
```

GetBodyRangeは次のようなコードで使用します。

```
MsgBox GetBodyRange(Range("A1")).Address
```

サンプルの結果

	A	B	C	D	E	F
1	顧客名	売上金額	担当者名			
2	日本ソフト　愛知支店	220,290	大村あつし			
3	日本ソフト　愛知支店	512,400	大村あつし			
4	日本ソフト　愛知支店	47,250	大村あつし			
5	増根倉庫	65,100	鈴木麻由			
6	増根倉庫	197,400	鈴木麻由			
7						
8						
9						

Microsoft Excel
$A$2:$C$6
OK

580 カスタムクラス(オブジェクト)を作成したい

サンプルファイル 580.xlsm

365 2019 2016 2013

利用シーン 商品データを扱いやすくするオブジェクトを作成

構文

考え方

クラスモジュールを使ってオブジェクトを定義する

自作オブジェクト(カスタムクラス)の作成には、クラスモジュールを利用します。[挿入]-[クラスモジュール]で追加し、[プロパティ]ウィンドウの「(オブジェクト名)」欄でオブジェクト名を設定します。その後、プロパティやメソッドを作成していきます。

次の図は、カスタムクラス「CustomItem」を作成したところです。CustomItemはNameプロパティとPriceプロパティ、ShowNameAndPriceメソッドを持ちます(定義方法は次トピック以降で解説)。

カスタムクラスの作成

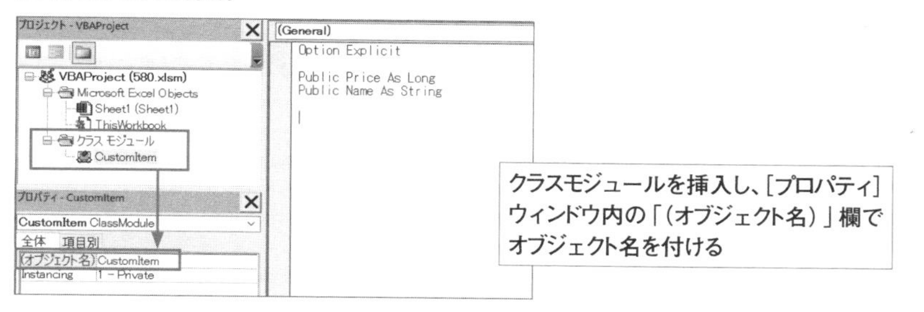

作成したカスタムクラスはNewキーワードで個々のオブジェクト(インスタンス)を生成し、プロパティやメソッドを利用していきます。

```
Dim myItem As CustomItem              'CustomItem型の変数を宣言
Set myItem = New CustomItem           '新規CustomItemをセット
myItem.Name = "タブレットノート"      'Nameプロパティの値を設定
myItem.Price = 78000                  'Priceプロパティの値を設定
myItem.ShowNameAndPrice               'ShowNameAndPriceメソッドを実行
```

カスタムクラスにプロパティを定義したい

サンプルファイル 581.xlsm

365 2019 2016 2013

商品名と価格を扱うNameプロパティとPriceプロパティを定義する

構文

ステートメント	説明
Public プロパティ名 As データ型	プロパティを定義
Property Let／Get／Setプロシージャ	カプセル化したプロパティを定義

カスタムクラスにプロパティを作成するには、クラスモジュール内の宣言セクションに、Publicキーワードを使って定義します。

次のコードは、Nameプロパティ、Priceプロパティ、Shapeプロパティを定義します。

```
'※「CustomItem」のクラスモジュールに記述
Public Name As String
Public Price As Currency
Public Shape As Shape
```

定義したプロパティは、VBAの組み込みオブジェクトと同様の形式で値を取得／設定できます。また、コード記述時にはコードヒントが表示されるようになります。

```
Set myItem = New CustomItem
myItem.Name = "タブレットノート"
myItem.Price = 78000
Set myItem.Shape = ActiveSheet.Shapes(1)
```

ただし、Publicステートメントで定義したプロパティは、自由に値を取得／設定「できてしまう」プロパティとなります。たとえば、価格を意図したPriceプロパティにマイナスの値を設定してしまうことも可能です。このような設定を行わせたくない場合は、Property LetステートメントとProperty Getステートメントを利用します。

```
'価格を保持するプライベートなプロパティを用意
Private p_Price As Currence
'Priceプロパティに値を設定するときの処理
Property Let Price(pPrice As Currency)
    If pPrice < 0 Then pPrice = 0
    p_Price = pPrice 'p_Priceに値を保持
```

```
End Property
'Priceプロパティから値を取得するときの処理
Property Get Price() As Currency
    Price = p_Price   'p_Priceの値をPriceの値として返す
End Property
```

Property Let／Getステートメントは、プロパティ値の設定／取得時に実行される特殊なプロシージャを定義します。上記定義を行った場合は、Priceプロパティに対して値の設定を行うとProperty Let Priceプロシージャの引数に指定した値が渡され、実行されます。値の取得を行う際にはProperty Get Priceプロシージャの内容が実行されます（図左）。

```
Dim myItem As New CustomItem
myItem.Price = -2000                        'Letプロシージャが実行される
Debug.print "Priceの値：" & myItem.Price  'Getプロシージャが実行される
```

また、Property Letプロシージャのみを用意すると、いわゆる「読み取り専用プロパティ」も作成できます。次のコードは、p_Priceの80％の価格を返す、読み取り専用プロパティ「SalePrice」を定義します。

```
Property Get SalePrice() As Currency
    SalePrice = Int(p_Price * 0.8)
End Property
```

読み取り専用プロパティは、値の設定はできませんが、取得のみ可能となります（図右）。

```
Dim myItem As New CustomItem
myItem.Price = 10000
Debug.Print "SalePriceの値：" & myItem.SalePrice
```

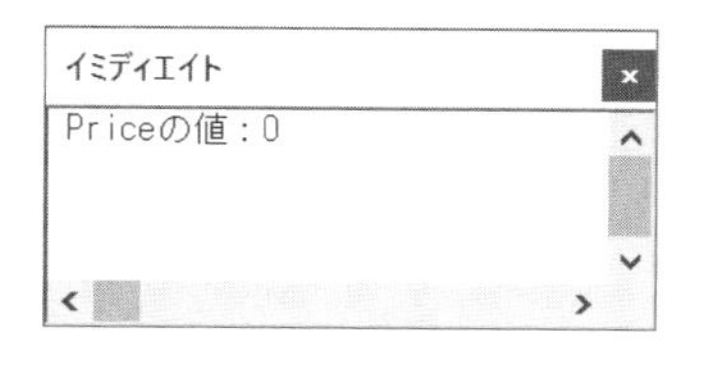

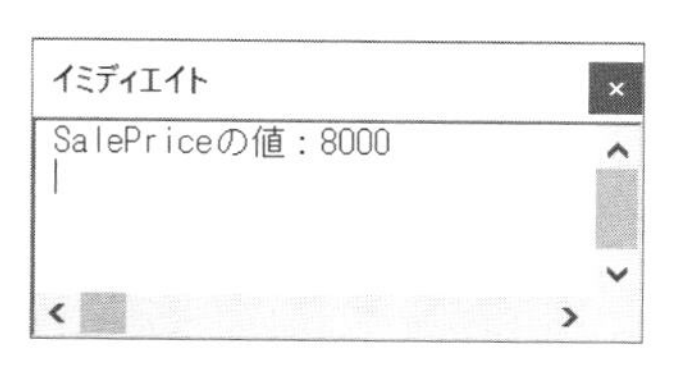

オブジェクト型のプロパティの場合は、Property Letの代わりにProperty Setプロシージャを利用します。いわゆる「カプセル化」を行う際に利用できますね。

582 カスタムクラスにメソッドを定義したい

サンプルファイル 582.xlsm

365 2019 2016 2013

利用シーン 商品名と価格を扱うNameプロパティとPriceプロパティを定義する

構文

ステートメント	説明
Sub メソッド名(引数)	メソッドを定義
Function メソッド名(引数) As 戻り値のデータ型	戻り値を持つメソッドを定義

カスタムクラスにメソッドを作成するには、値を返さないメソッドは、Subプロシージャで定義し、値を返すメソッドは、Functionプロシージャで定義します。

次のコードは、NameプロパティとPriceプロパティをまとめて設定するための「Initメソッド」と、プロパティと値のセット文字列を返す「ToStringメソッド」を定義します。

```
'※「CustomItem」のクラスモジュールに記述
Public Sub Init(pName As String, pPrice As Currency)
    Me.Name = pName
    Me.Price = pPrice
End Sub
Public Function ToString() As String
    ToString = Join(Array("Name:" & Name, "Price:" & Price), ",")
End Function
```

定義したメソッドは、次のように使用できます。

```
Set myItem = New CustomItem
myItem.Init "タブレットノート", 78000
MsgBox myItem.ToString()
```

サンプルの結果

583 カスタムクラスに初期化処理を定義したい

サンプルファイル 583.xlsm

365 2019 2016 2013

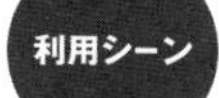

利用シーン プロパティの初期値をまとめてセットする

構文

イベント	説明
Initializeイベント	新規カスタムオブジェクト生成時に発生する

新規カスタムオブジェクトの生成時には、Initializeイベントが発生します。対応するClass_Initializeイベントプロシージャを用意すれば、いわゆる初期化処理が作成可能です。

```
Private Sub Class_Initialize()
    Me.Name = "未設定" 'Nameプロパティの規定値をセット
    Me.Price = 999999 'Priceプロパティの規定値をセット
End Sub
```

なお、Class_Initializeイベントプロシージャには引数が設定できません。そこで、初期値をまとめて設定できるメソッドを別途用意しておくのが便利です。次のコードでは、Nameプロパティとpriceプロパティをまとめて設定できる「Initメソッド」を定義します。

```
Public Sub Init(pName As String, ⏎
pPrice As Currency)
    Me.Name = pName
    Me.Price = pPrice
End Sub
```

2つのプロシージャを用意するのが二度手間になる場合には、「必ずInitメソッドを実行してから利用する」といった運用ルールを決めて対応するのがよいでしょう。

```
Set myItem = New CustomItem
Debug.Print myItem.ToString()                '規定値を確認
myItem.Init "タブレットノート", 78000        '自前の初期化メソッドを実行
Debug.Print myItem.ToString()                '実行後の値を確認
```

サンプルの結果

```
イミディエイト
Name:未設定,Price:999999
Name:タブレットノート,Price:78000
```

584 カスタムクラスをまとめて扱うコレクション風のオブジェクトを作成したい

サンプルファイル 584.xlsm

自作のカスタムクラスをまとめて扱えるようにする

構文

考え方

カスタムクラスのコレクションを持つカスタムクラスを用意する

カスタムクラスのオブジェクトを複数個生成する場合には、カスタムクラスをまとめて使えるコレクション風のクラスを用意しておくと便利です。

たとえば、トピック580～583で作成したカスタムクラス「CustomItem」をまとめて扱うために、コレクション風のカスタムクラス「CustomItems」を作成してみましょう。

新規のクラスモジュールを追加し、オブジェクト名を「CustomItems」に変更して次のサンプルのようにコードを記述します。

```
'※カスタムクラス「CustomItems」のクラスモジュール
Private p_Items() As CustomItem  'CustomItemを保持する配列
Private p_Count As Long          'メンバー数を保持するプロパティ
'新規メンバー追加用メソッド「Add(名前, 価格)」
Public Function Add(pName As String, pPrice As Currency) As
CustomItem
    p_Count = p_Count + 1
    ReDim Preserve p_Items(1 To p_Count)
    Set p_Items(p_Count) = New CustomItem
    p_Items(p_Count).Name = pName
    p_Items(p_Count).Price = pPrice
    Set Add = p_Items(p_Count)
End Function
'メンバー数を取得する読み取り専用プロパティ「Count」
Property Get Count() As Long
    Count = p_Count
End Property
'ループ処理等用読み取り専用プロパティ「Item(インデックス番号)」
Property Get Item(pIndex As Long) As CustomItem
    Set Item = p_Items(pIndex)
End Property
```

カスタムクラス「CustomItems」は、以下の3つのプロパティ・メソッドを持ちます。

■ CustomItemsのプロパティ／メソッド

プロパティ／メソッド	説明
Addメソッド	引数に指定した「名前」、「価格」を持つCustomItemを生成して戻り値として返す
Countプロパティ	保持しているCustomItemオブジェクトのメンバー数を返す
Itemプロパティ	引数に指定したインデックス番号のCustomItemを返す

どれも、VBAの既存のコレクションと同じ名前でプロパティやメソッドを定義してみました。これなら使い方が類推できますね。

実際にCustomItemsオブジェクトを利用してカスタムクラスをまとめて扱う際には、次のようなコードとなります。

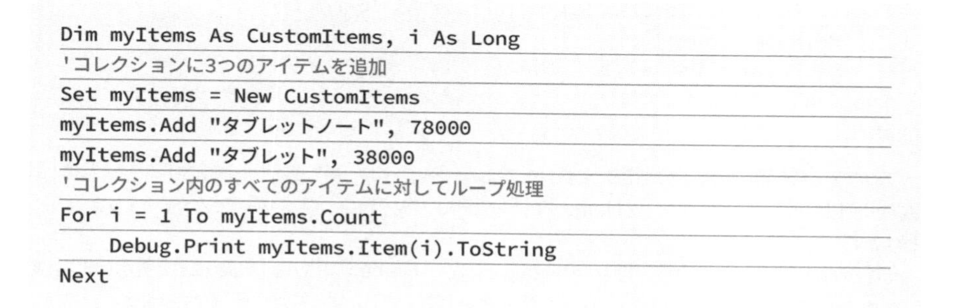

```
Dim myItems As CustomItems, i As Long
'コレクションに3つのアイテムを追加
Set myItems = New CustomItems
myItems.Add "タブレットノート", 78000
myItems.Add "タブレット", 38000
'コレクション内のすべてのアイテムに対してループ処理
For i = 1 To myItems.Count
    Debug.Print myItems.Item(i).ToString
Next
```

サンプルの結果

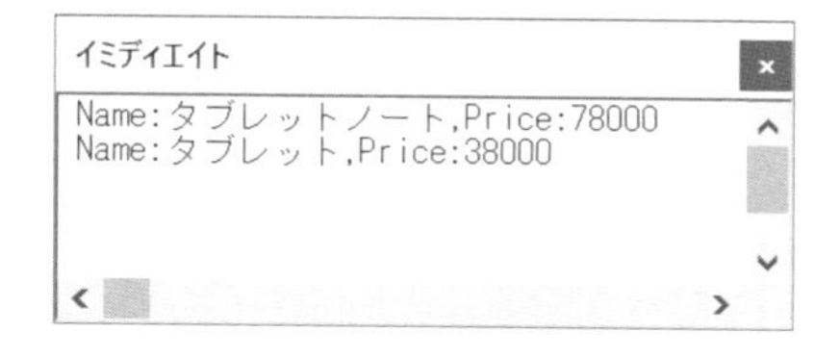

とくにVBAのカスタムクラスでは、いわゆるコンストラクタ・メソッドが作成できないので、サンプルのようなコレクション風クラスのAddメソッドに、必要な引数を指定する形で新規のオブジェクトを作成する仕組みを用意しておくと、初期化処理を忘れてしまう、といった単純なミスを防ぐことにも役立ちます。

クラスモジュール特有の同じ「名前」の解決方法を知りたい

サンプルファイル 585.xlsm

365 2019 2016 2013

名前の解決ルールを押さえてプロパティ名と同じ名前の引数を併用する

構文

キーワード	説明
Meキーワード	オブジェクト自身を参照

クラスモジュール内ではMeキーワードを利用すると、「オブジェクト自身」を参照します。この仕組みを利用すると、メソッドの引数名にプロパティと同じ「名前（識別子）」を指定することも可能です。

次のコードは、Nameプロパティ、Priceプロパティを持つカスタムクラス「MyItem」のInitメソッドです。引数名として、「Name」、「Price」というプロパティ値と同じ値を利用しています。

```
Public Sub Init(Name As String, Price As Currency)
    Me.Name = Name
    Me.Price = Price
End Sub
```

プロパティ名と同じ識別子の引数を定義したプロシージャ内では、単に識別子を記述すると、それは「引数を扱う」という意味となります。「Name」では「Nameプロパティ」へアクセスできなくなってしまうというわけです。

そこでMeキーワードを併用し、「引数のNameではなく、Nameプロパティ」を扱うことを明示します。すると「カスタムクラスのNameプロパティ」に「引数Name」の値を代入する処理も記述できるようになります。

とくにプロパティに値を設定する引数は、実際のプロパティ名と同じほうがコードヒントもわかりやすくなりますね。

コードヒントもわかりやすくなる

```
    Dim myData As MyItem
    Set myData = New MyItem

    myData.Init
          Init(Name As String, Price As Currency)
```

既存シートを カスタムオブジェクトと見なして 扱いたい

サンプルファイル 586.xlsm

365 2019 2016 2013

「1枚目のシート」ではなく「データ管理用のオブジェクト」と捉えて操作

構文

考え方

特定シートを特定処理に特化したオブジェクトと考えてメソッドを追加していく

Excelではシート1枚ごとに1つのオブジェクトモジュールが割り当てられます。実は、個々のオブジェクトモジュールは、それぞれが独立したクラスモジュールのような仕組みとなっており、いってみれば、シートごとにカスタムメソッドを自由に追加できる仕組みになっています。

たとえば、データを蓄積する用途のシートがあったとします。このシートのオブジェクト名を「DataSheet」に変更します。

既存シートのオブジェクトモジュールにSubプロシージャを作成

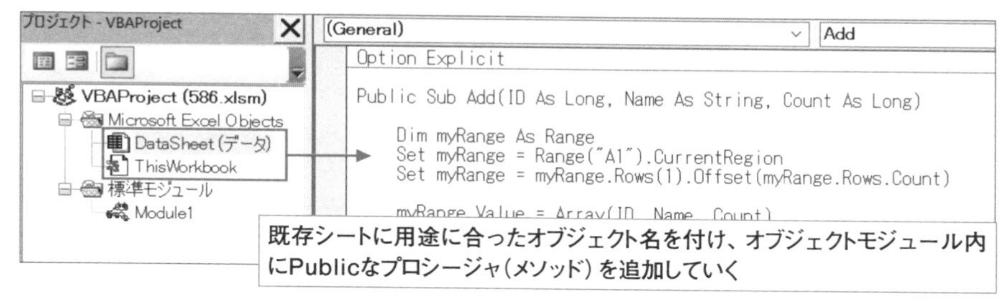

さらに、オブジェクトモジュール内に、以下のような「Addメソッド」を定義します。

```
'※「DataSheet」のオブジェクトモジュール内に記述
Public Sub Add(ID As Long, Name As String, Count As Long)
    Dim myRange As Range
    Set myRange = Range("A1").CurrentRegion
    Set myRange = myRange.Rows(1).Offset(myRange.Rows.Count)
    myRange.Value = Array(ID, Name, Count)
End Sub
```

内容は、「ID、名前、数量」をシートの適切な位置に入力」しているものです。こういった準備を行っておくと、次のコードでシートへ新規のデータを入力できます。

```
DataSheet.Add ID:=4, Name:="梨", Count=:18
DataSheet.Add 5, "ぶどう", 28
```

サンプルの結果

	A	B	C	D
1	ID	商品	数量	
2	1	りんご	50	
3	2	蜜柑	20	
4	3	レモン	30	
5				
6				
7				
8				

データ

→

	A	B	C	D
1	ID	商品	数量	
2	1	りんご	50	
3	2	蜜柑	20	
4	3	レモン	30	
5	4	梨	18	
6	5	ぶどう	28	
7				
8				

データ

コードが簡潔になり、ざっと読んだだけで「たぶんデータを扱うシートがあって、そこに新規データを加えているんだろうな」と、何をやりたいのかがわかりやすくなりましたね。

このように、決まった役割のあるシートは「1枚目のシート」として扱うのではなく、「データを蓄積するためのオブジェクト」といった目線で捉え、用途に合わせた処理を「メソッド」として追加していくと、既存のオブジェクトを扱うのと同じような考え方と記述でコードが整理できるようになります。

なお、シートのオブジェクトモジュール内で「Range("A1")」と記述した場合は、「該当シートのRangeプロパティを利用する」と見なされます。いってみれば「Me.Range("A1")」と見なされます。標準モジュールのように「アクティブなシートのセルA1」ではなく、「オブジェクトモジュールを持つシートのセルA1」と解釈される点に注意しましょう。

POINT ▸▸ **プロパティ値の保持は「無理」と思っておいた方がよい**

シートをカスタムオブジェクトとして扱うと考えるなら、シートで利用する値をカスタムプロパティとして保持させるのも便利ではないかと思う方も多いかと思います。結論からいうと、ほぼ無理です。

VBAでは、いったんマクロが停止すると、カスタムオブジェクトで保持していたプロパティ値はクリアされます。そして、マクロを使い慣れている方であればご存じのとおり、マクロはわりと止まります。修正のために自分で[■(停止)]ボタンを押すこともあれば、エラーにより中断することもあります。そこでクリアされてしまうのです。

永続的な値を保持したい場合には、「シートの決まったセルに書き込んでおく」などの他の手段を用意するのが無難なようです。

エラーが発生したら処理を分岐したい

サンプルファイル 587.xlsm

365 2019 2016 2013

削除したいシートが存在しなかった場合はメッセージを表示する

構文

ステートメント	説明
On Error GoTo ラベル名	エラー発生時に指定ラベルまでジャンプする

エラー発生時に専用のエラー処理を実行するには、On Error GoToステートメントを利用します。

On Error GoToステートメントを記述すると、それ以降のコードでエラーが発生した場合、指定した「ラベル」の位置までジャンプします。そして、ラベルの後ろの行に記述したコードが実行されます。また、ラベルは、マクロ内で「ラベル名：」の形式で、任意の名前の後ろに「:（コロン）」を付加して記述します。

次のサンプルは、特定のシートをSelectしようと試み、エラーとなった場合とならない場合で異なるメッセージを表示します。

```
Sub sample587()
    On Error GoTo ERR_HANDLER:
    Worksheets("存在しないシート").Select
    MsgBox "正常に処理を終了しました"
    Exit Sub
ERR_HANDLER:
    MsgBox "エラーが発生しました。処理を終了します"
End Sub
```

サンプルの結果

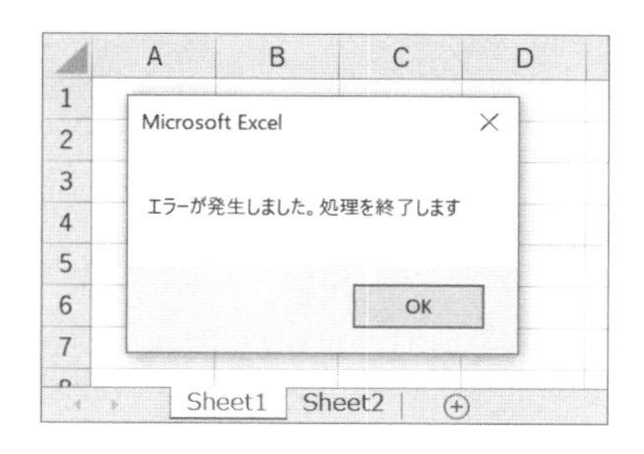

588 エラーの監視を解除したい

サンプルファイル 588.xlsm

365 2019 2016 2013

利用シーン 一部分だけエラー処理を行う

構文

ステートメント	説明
On Error GoTo 0	エラートラップを解除する

On Errorステートメントによりエラー発生時に任意の処理へと移行する仕組みを「エラートラップ」と呼びます。

エラートラップは強力な仕組みですが、一方で、エラートラップをしない場合に開発時に表示されていたエラーが表示されなくなってしまうという面もあります。エラーはマクロの間違っている部分を知らせてくれる重要な役割ですので、少々困ります。

そんな場合は、エラートラップを終えたい位置にOn Error GoTo 0ステートメントを記述しましょう。その時点でエラートラップを終了します。

マクロの一部だけエラートラップを行いたい場合の典型的な構成

```
Sub 任意のマクロ()
    通常の処理
    On Error GoTo ラベル名
    エラーをトラップしたい処理
    On Error GoTo 0
    通常の処理
    Exit Sub
エラー用ラベル:
    エラー時の処理
End Sub
```

この間に挟まれた部分のコードだけ、エラートラップの対象となる

つまり、エラートラップを行いたい範囲のみを、「On Error GoTo ラベル名」と、「On Error GoTo 0」で挟んでおけば、エラートラップが機能するのは、その部分のみとなります。

POINT ▶▶ エラー処理用のラベルの前にはExit Subステートメントを置いておこう

エラー処理を完全に独立した処理とする場合には、エラー処理用のラベルの前にExit Subステートメント置いておきましょう。ない場合には、正常処理時にもラベル以降の処理を実行してしまいます。

エラーを無視して次の行の処理を実行したい

サンプルファイル 589.xlsm

365 2019 2016 2013

エラーが起きる事を想定済みのコードをシンプルに記述する

構文

ステートメント	説明
On Error Resume Next	エラー発生時に次の行へとジャンプ

エラーが発生した場合、そのステートメントを無視して次の行のステートメントから処理を続行したい場合には、On Error Resume Nextステートメントを利用します。

「エラーが起きたら無視して続行」という、ちょっと乱暴な仕組みなのですが、「エラーが起きることが想定済みな処理」の場合にはマクロをシンプルに記述する助けにもなります。

次のサンプルは、既存の「集計」シートを削除し、新規の「集計」シートをブックの先頭に追加します。この手の処理の場合、「集計」シートが存在しない場合、削除処理の箇所で該当シートが見つからないためエラーとなりますが、On Error Resume Nextステートメントにより無視して次の行の処理から再開します。

結果、「集計」シートの有無に関わらず、新規の「集計」シートを追加するマクロとして機能します。

```
Application.DisplayAlerts = False
On Error Resume Next
Worksheets("集計").Delete  '「集計」シートがない場合エラーとなる処理
On Error GoTo 0
Application.DisplayAlerts = True
Worksheets.Add(Before:=Worksheets(1)).Name = "集計"
```

サンプルの結果

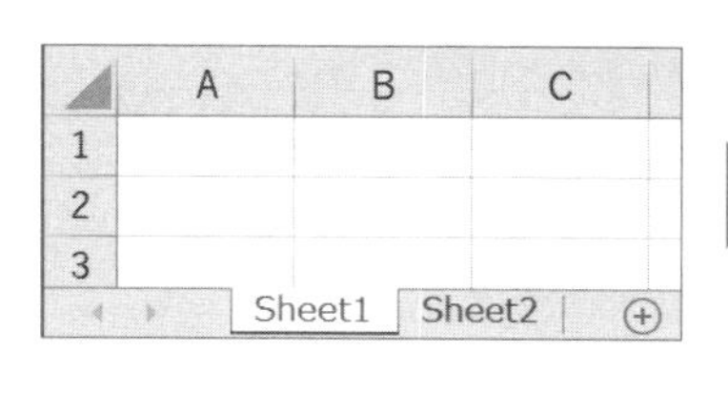

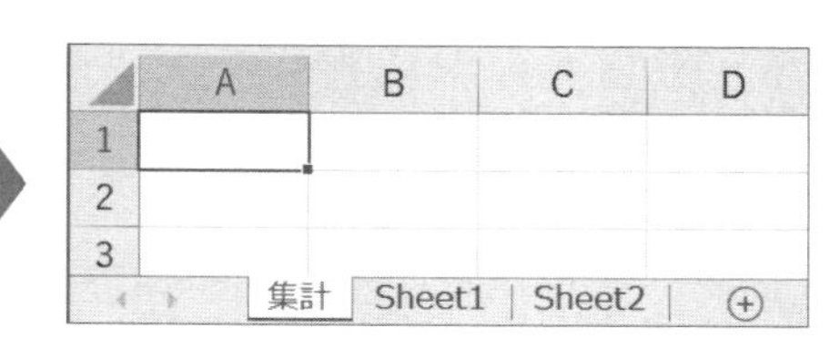

590 エラーの種類を確認して処理を分岐したい

サンプルファイル 590.xlsm

365 2019 2016 2013

発生したエラーの種類を取得して処理を分岐

構文

オブジェクト／プロパティ	説明
ErrObjectオブジェクト	エラー発生時に次の行へとジャンプ
Err.Number	記録されているエラー番号を取得

On Error Resume Nextステートメントを利用したエラートラップを行った場合でも、発生したエラーの情報は、ErrObjectオブジェクトに記録されています。ErrObjectオブジェクトには、「Err関数」からアクセス可能です。

どんなエラーが起きたかは、ErrObjectオブジェクトのDiscriptionプロパティや、Numberプロパティで知ることができます。

■ ErrObjectオブジェクトの2つのプロパティ

Description	エラーに関する説明文
Number	エラー番号。エラーの種類によって固有の番号が割り当てられている。エラーが発生していない場合は「0」

次のサンプルは、「集計」シートの削除処理を行い、エラーが発生した場合、「正常に削除できたか、もしくは、元々対象シートがない(エラー番号:0、もしくは9)」、「保護機能などによりシートが削除できない(エラー番号:1004)」「その他のエラー」の3つのケースに分けてメッセージを表示します。

```
On Error Resume Next            'エラー発生時も中断せずに続行
Worksheets("集計").Delete       'エラー発生の可能性のある処理
Select Case Err.Number          'エラーの種類によって処理を分岐
    Case 0, 9
        MsgBox "「集計」シートを取り除きました"
    Case 1004
        MsgBox "ブック構成が保護されている可能性があります"
    Case Else
        MsgBox "想定外のエラーです"
End Select
```

591 エラーに対応後に元の処理をやり直したい

サンプルファイル 591.xlsm

365 2019 2016 2013

エラーの種類に応じた補助処理を実行後に元のマクロの流れを再開

構文

ステートメント	説明
Resume [復帰位置]	エラー処理から指定した位置へと復帰

On Errorステートメントでエラーをトラップ中にResumeステートメントを実行すると、次の3つの方法でマクロ内の指定した位置へジャンプし、処理を再開します。

Resume Resume 0	エラーの発生したステートメントの行
Resume Next	エラーの発生したステートメントの次の行
Resume ラベル名	指定したラベル位置

次のサンプルは、「記録」シートのセルA1に「Excel」と入力します。「記録」シートがない場合は❶の箇所でエラーとなりますが、エラー処理内で「記録」シートを作成し、エラーの発生したステートメントからやり直します。

結果として、「記録」シートがない場合は作成して値を書き込む処理となります。

```
Sub sample591()
    Const SHEET_NAME As String = "記録"
    On Error GoTo ERR_HANDLER
    Worksheets(SHEET_NAME).Range("A1").Value = "Excel" ——❶
    Exit Sub
ERR_HANDLER:
    If Err.Number = 9 Then  '「該当シートなし」のエラー
        MsgBox SHEET_NAME & "シートを追加します"
        Worksheets.Add(Before:=Worksheets(1)).Name = SHEET_NAME
        Resume
    Else
        MsgBox "予期せぬエラーが発生しました"
    End If
End Sub
```

Chap 17 押さえておくと便利な文法

592 エラー情報をクリアしたい

サンプルファイル 592.xlsm

365 2019 2016 2013

エラーに対応する処理を実行後に保持している
エラー情報をクリア

構文

メソッド	説明
Err.Clear	現在保持しているエラー情報をクリア

次のサンプルは、各シートのセルA1に「Excel」と入力します。ただ、ブック内には保護をかけてあるシートが混在しているため、On Error Resume Nextステートメントでエラーを無視しながら実行し、エラーの発生したシート名を「ErrObjectのNumberが0かどうか」で判定して出力します。

```
Dim myWS As Worksheet
On Error Resume Next
For Each myWS In Worksheets
    myWS.Range("A1").Value = "Excel"
    If Err.Number <> 0 Then
        Debug.Print "書込み失敗：" & myWS.Name
    End If
Next
```

サンプルの結果

1
2
3
4
5
通常1 保護2 通常3 保護4 通常5

イミディエイト

書込み失敗：保護2
書込み失敗：通常3
書込み失敗：保護4
書込み失敗：通常5

しかし、結果を見てみると、保護のかけられているシートは5枚中2枚であるにも関わらず、4枚のシート名が出力されています。これは、最初に起きたエラーのエラー情報をクリアせずに処理を続行しているためです。意図したように動作させるには、Clearメソッドで現在保持しているエラー情報をクリアする処理を付け加えます。

```
Debug.Print "書込み失敗：" & myWS.Name
Err.Clear    'エラーをクリア
```

593 決まった文字数のデータを作成したい

サンプルファイル 593.xlsm

365 2019 2016 2013

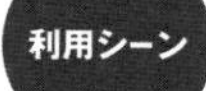

決まった長さの商品データを作成する

構文

ステートメント	説明
Dim 変数名 As String * 長さ	長さを指定して文字列型の変数を宣言

「1つのデータにつき、10文字で必要な情報を作成してほしい」という形式でデータを作成する際には、固定長形式で宣言した文字列型の変数を利用するのが簡単です。

次のサンプルは、3つの変数を「2文字」「4文字」「4文字」の合計10文字で宣言し、値を代入して連結しています。固定長形式の変数に値を代入した場合、長さが足りない場合は半角スペースでパディングされ、超過する場合は切り落とされます。

```
'文字数を指定して固定長文字列を宣言
Dim myID As String * 2
Dim myName As String * 4
Dim myCount As String * 4
Dim myStr As String
'固定長文字列変数に値を代入
myID = 1
myName = "りんご"
myCount = 30
'連結して長さと値を確認
myStr = myID & myName & myCount
MsgBox "長さ：" & Len(myStr) & vbCrLf & "値：" & myStr
```

サンプルの結果

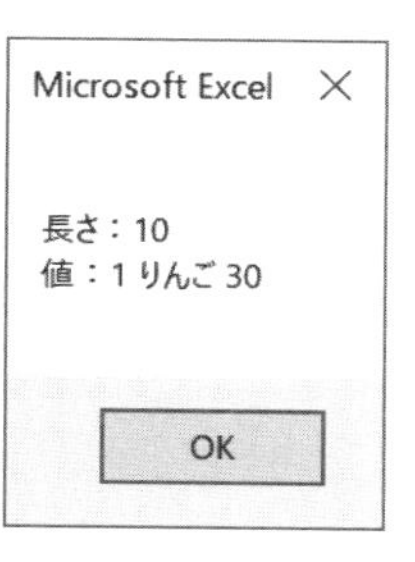

右詰め、左詰めでデータを作成したい

サンプルファイル 594.xlsm

365 2019 2016 2013

数値は右詰め、文字列は左詰めでデータを作成

構文

ステートメント	説明
RSet 固定長文字列変数 = 文字列	右詰めで代入
LSet 固定長文字列変数 = 文字列	左詰めで代入

固定長のデータを作成する際、「数値は右詰めで、文字列は左詰めで」というように、詰める方向を決めておきたい場合があります。このようなケースでは、RSetステートメントとLSetステートメントが便利です。RSetステートメントは右詰め、LSetステートメントは左詰めで値を代入します。

次のサンプルは、「数値は右詰め、文字列は左詰め」ルールで固定長データを作成します。

```
Dim myID As String * 3
Dim myName As String * 5
Dim myCount As String * 4
Dim myStr As String
RSet myID = 1          '右詰め
LSet myName = "りんご" '左詰め
RSet myCount = 30      '右詰め
myStr = myID & myName & myCount
MsgBox "長さ：" & Len(myStr) & vbCrLf & _
        "値：" & myStr
```

サンプルの結果

イミディエイトウィンドウに見やすく値を表示したい

サンプルファイル 595.xlsm

365 2019 2016 2013

利用シーン 比較する値が上下に並ぶように文字列を作成

構文

考え方

比較する値が上下に並ぶように右詰め・左詰めしてデータを出力

複数のデータを［イミディエイト］ウィンドウに出力する場合、同じ種類のデータであれば、上下の表示位置が揃っていたほうが見た目にわかりやすくなり、数値であれば右詰めで並んでいたほうが桁数を踏まえた比較がしやすくなります。

そこで、次のサンプルでは、確認したいデータをいったん固定長形式の文字列に格納し、連結したうえで表示しています。

```
Dim myID As String * 3
Dim myName As String * 10
Dim myCount As String * 10
Dim i As Long
For i = 2 To 4
    RSet myID = Cells(i, "A").Value
    LSet myName = Cells(i, "B").Value & String(10, "　")
    RSet myCount = Cells(i, "C").Text
    Debug.Print myID & myName & myCount
Next
```

サンプルの結果

	A	B	C
1	ID	商品	数量
2	1	りんご	1,400
3	2	蜜柑	2,315
4	3	ドラゴンフルーツ	12,345

イミディエイト

```
  1りんご                   1,400
  2蜜柑                     2,315
  3ドラゴンフルーツ        12,345
```

日本語などの2バイト文字の場合、半角スペースによるパディングではズレてしまうため、全角スペースを連結した値をLSetし、全角スペースでパディングしています。

596 マクロを途中で抜けたい

サンプルファイル 596.xlsm

365 2019 2016 2013

構文

ステートメント	説明
Exit Subステートメント	その時点でマクロを終了する

マクロ中にExit Subステートメントを記述すると、その時点でマクロを終了します。サブルーチンとして呼ばれていた場合には、Exit Subステートメントを記述したマクロの処理を終了し、呼び出し元のマクロの処理へと戻ります。

次のサンプルは、セルB1の値が当日の日付である場合は処理を終了します。

```
If Range("B1").Value = Date Then
    MsgBox "本日の集計は終了しています"
    Exit Sub
End If
'以降、集計処理
```

597 マクロを途中で完全に終了したい

サンプルファイル 597.xlsm

365 2019 2016 2013

構文

ステートメント	説明
Endステートメント	その時点でマクロを完全に終了する

マクロ中にEndステートメントを記述すると、その時点でマクロを完全に終了します。サブルーチンとして呼ばれていた場合でもマクロの実行自体を終了し、呼び出し元のマクロの処理へも戻りません。

次のサンプルは、セルB1の値が当日の日付である場合はマクロを完全終了します。

```
If Range("B1").Value = Date Then
    MsgBox "本日の集計は終了しています"
    End
End If
'以降、集計処理
```

598 ループ処理内の残りの処理をスキップしたい

サンプルファイル 598.xlsm

365 2019 2016 2013

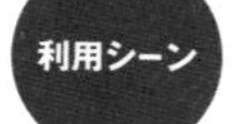

利用シーン 特定条件を満たす場合は次のループへとジャンプ

構文

ステートメント	説明
GoTo ラベル名	指定ラベルの位置へジャンプ

VBAでは、他言語でいうところのContinue文のような、「ループ処理の残りの部分はスキップして、次のループを実行する」仕組みは用意されていません。

そこで、GoToステートメントを利用して似た仕組みを作成してみましょう。GoToステートメントは、引数に指定したラベルの位置へと処理をジャンプさせます。この仕組みを使い、ループ処理の末尾の位置にラベルを配置し、ジャンプします。

次のサンプルは、2行目から6行目のデータについてループ処理を行いますが、A列の値が「なし」の場合は、ループ処理の残り部分をスキップします。

```
Dim i As Long
For i = 2 To 6
    'A列が「なし」の場合はループの末尾までジャンプ
    If Cells(i, "A").Value = "なし" Then GoTo LOOP_END
    '本来ループ処理内で行いたい処理を記述
    Cells(i, "C").Value = Int(Cells(i, "B").Value * 0.8)
LOOP_END:
Next
```

サンプルの結果

	A	B	C
1	割引	価格	割引価格
2	あり	142,800	
3	なし	64,100	
4	あり	262,000	
5	なし	39,800	
6	あり	30,000	
7			

▶

	A	B	C
1	割引	価格	割引価格
2	あり	142,800	114,240
3	なし	64,100	
4	あり	262,000	209,600
5	なし	39,800	
6	あり	30,000	24,000
7			

シート名を返す ワークシート関数を作成したい

サンプルファイル 599.xlsm

365 2019 2016 2013

シート名を返すワークシート関数を作成

構文

プロパティ／メソッド	説明
Application.ThisCell	「自セル」を取得
Application.Volatile	自動再計算関数として運用する

標準モジュール上にFunctionプロシージャで作成した関数は、シート上からユーザー定義関数として呼び出せます。このとき、Application.ThisCellプロパティを記述すると、「シート上でユーザー定義関数が入力されたセル（通称「自セル」）」への参照が取得できます。

次のサンプルは、自セル経由でユーザー定義関数の入力されているシート名を取得します。なお、関数内の「Application.Volatile」メソッドは、関数を「自動再計算関数」として使いたい場合に記述します（ない場合は、シート名を変更しても、再計算しなければ新しい名前を取得しません）。

```
Public Function SHEETNAME()
    Application.Volatile
    SHEETNAME = Application.ThisCell.Parent.Name
End Function
```

サンプルの結果

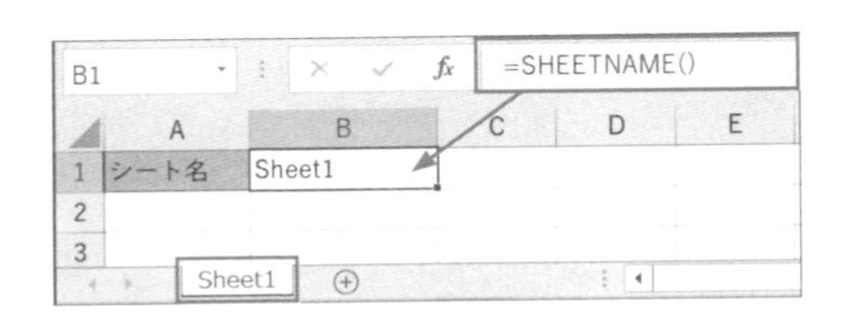

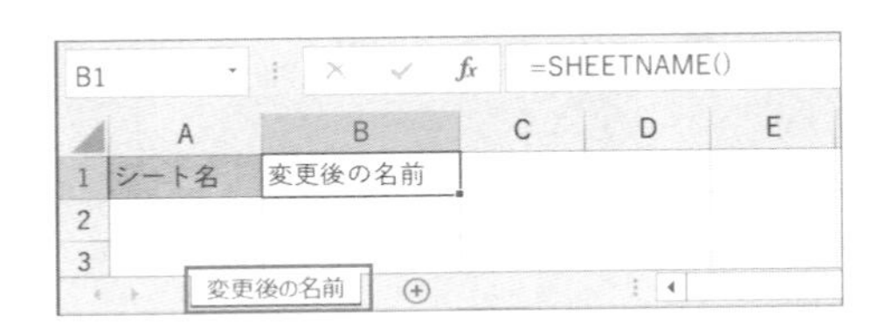

処理にかかった時間を計測したい

サンプルファイル 600.xlsm

365 2019 2016 2013

マクロのアルゴリズムを変更して実行速度を測定

構文

関数	説明
Timer	経過時間を取得

マクロの内容を変更し、以前のマクロと実行速度の比較をしたい場合は、Timer関数の値を利用すると実行時間を手軽に計測できます。Timer関数は「午前0時（真夜中）から経過した秒数」をSingle型の精度で返します。Windowsであれば、ミリ秒単位で経過時間を保持します。

処理開始時のTimer関数の値を保持し、処理終了後のTimer関数の値と比較すれば、処理にかかった時間が算出できます。次のサンプルは、セル範囲A1:Z500に1つ1つ「Excel」と入力する処理の実行時間を計測します。

```
Dim t As Single, myRange As Range
t = Timer                                  '開始時の値を保持
For Each myRange In Range("A1:Z500")
    myRange.Value = "Excel"
Next
MsgBox "処理時間：" & Timer - t            '終了時の値から開始時の値を減算
```

サンプルの結果

Microsoft Excel

処理時間：9.324219

OK

開発時や確認時に役立つテクニック

Chapter

18

601 イミディエイトウィンドウに値を出力したい

サンプルファイル 601.xlsm

365 2019 2016 2013

コード実行時に変数やセルの値を手軽に確認する

構文

ステートメント	説明
Debug.Print 値1 [, 値2, 値3…]	[イミディエイト] ウィンドウに出力

Debug.Printステートメントに続けて、値や変数を列記すると、その内容を [イミディエイト] ウィンドウへとタブ区切りで書き出します。開発時に複数の変数の状態を確認したい場合に非常に便利なので、ぜひ使い方を押さえておきましょう。

次のサンプルは、ループ処理中の変数a,b,cの値の推移を書き出します。ちなみに、[イミディエイト] ウィンドウは、キャプション部分をドラッグすると独立したウィンドウとして取り出せます (元に戻す場合は、VBE下端へとドラッグします)。値を確認する際には、取り出したうえで、見やすい大きさで見やすい場所に置いておくのがよいでしょう。

```
Dim i As Long, a As Long, b As Long, c As Long
a = 2
b = 3
c = 4
For i = 1 To 5
    a = a * 2
    b = b * 2
    c = c * 2
    Debug.Print i & "回目：", a, b, c
Next
```

サンプルの結果

```
イミディエイト
1回目：    4     6     8
2回目：    8     12    16
3回目：    16    24    32
4回目：    32    48    64
5回目：    64    96    128
```

602 イミディエイトウィンドウに値を続けて出力したい

サンプルファイル 602.xlsm

365 2019 2016 2013

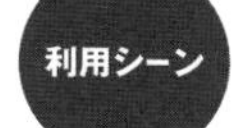

利用シーン 確認する値を見やすく出力したい

構文

メソッド	説明
Debug.Print 値1;値2;値3	[イミディエイト] ウィンドウに出力

Debug.Printステートメントで複数の値を列記して出力する際、カンマ区切りではなく、セミコロン区切りの形でコードを記述すると、前の出力の末尾の位置へと次の値を出力します。

文字列の場合は完全に連結して表示され、数値の場合は少し空白が入って出力されます。カンマ区切りで列記した場合、間が空きすぎて見にくい場合、セミコロン区切りにしてみると見やすくなる場合があります。なお、引数を何も指定せずにDebug.Printステートメントを実行した場合は、1行分改行します。

```
'文字列のカンマ区切りとセミコロン区切り
Debug.Print "文字列1", "文字列2"
Debug.Print "文字列1"; "文字列2"
'空白行の出力
Debug.Print
'文字列に続けて数値をカンマ区切りとセミコロン区切り
Debug.Print "見出し：", 10
Debug.Print "見出し："; 10
```

サンプルの結果

```
イミディエイト
文字列1          文字列2
文字列1文字列2

見出し：          10
見出し： 10
```

POINT 覚えておくと便利なショートカットキー

VBEでは Ctrl + g でイミディエイトウィンドウの表示／非表示を切り替えます。また、ウィンドウ内で Ctrl + a で、現在の出力内容を全選択します。

ちょっとしたステートメントを手軽に実行したい

サンプルファイル 603.xlsm

365 2019 2016 2013

[イミディエイト]ウィンドウで変数の現在値を確認

構文

考え方

[イミディエイト]ウィンドウに実行したいステートメントを直接入力

[イミディエイト]ウィンドウは、値の出力をするだけではなく、直接ステートメントを記述し、実行することもできます。

1行ステートメントを書き込んで Enter キーを押すと、そのステートメントが実行されます。次のように記述して Enter キーを押せば、アクティブシートのセルA1に「Excel」と書き込みます。

```
Range("A1").Value = "Excel"
```

次のように記述して Enter キーを押せば、現在の日付が出力されます。

```
Debug.Print Date
```

また、デバッグ中など、一時停止状態の場合には、その時点で実行されているプロシージャのスコープでステートメントが実行されます。つまり、実行中のプロシージャの変数の状態などが確認できる、というわけです。

入力したコードを直接実行

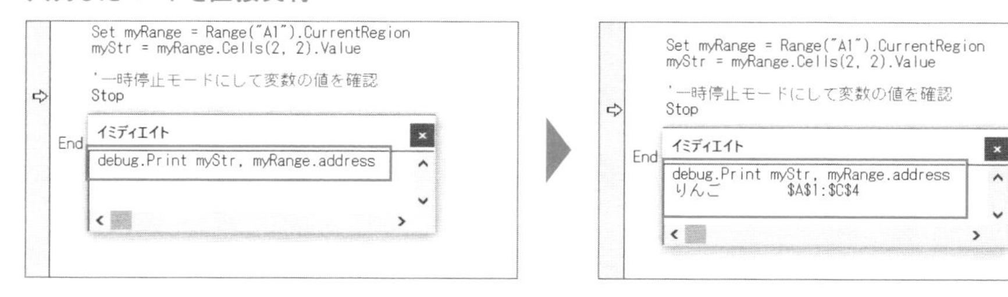

ちなみに、Privateではないプロシージャの実行や、ユーザー定義関数の戻り値の確認なども行えます。ちょっとした確認や、テストを行う際に覚えておくと便利な仕組みですね。

もっと手軽に変数やセルの値を出力したい

サンプルファイル 604.xlsm

365 2019 2016 2013

［イミディエイト］ウィンドウですばやく変数の値を確認

構文

考え方

各種のシンタックスシュガーを利用する

［イミディエイト］ウィンドウ内では、「?（クエスチョンマーク）」を、Debug.Printステートメントのシンタックスシュガー（簡易入力）として使用できます。

クエスチョンマークを使って出力

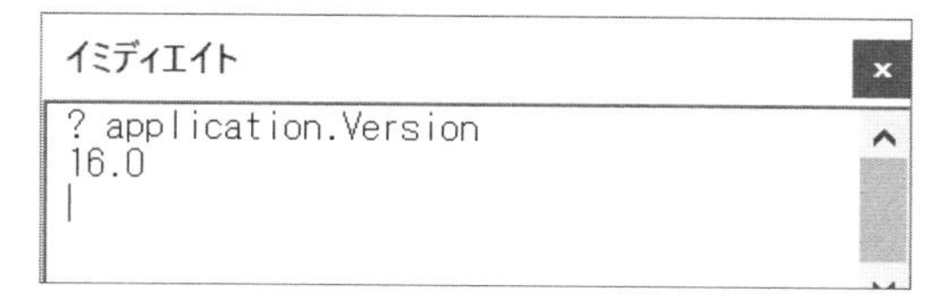

```
? application.Version
16.0
```

また、［　］（角括弧）で囲んだ範囲は、Application.Evaluateメソッドのシンタックスシュガーとなります。Evaluateメソッドは、「VBAではなく、Excelの環境上で指定した文字列をコマンドと見なして実行した結果を返す」という、いわゆるエミュレートを行うメソッドです。角括弧内にセル番地を記述すれば、そのセルを返し、ワークシート関数の文字列を記述すれば、その結果を返します。

角括弧を使って出力

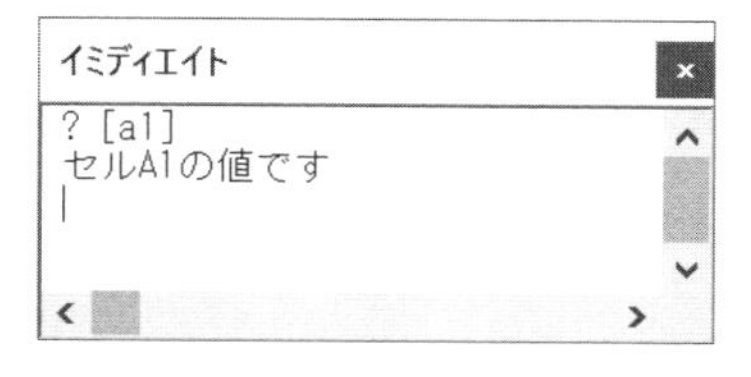

```
? [a1]
セルA1の値です
```

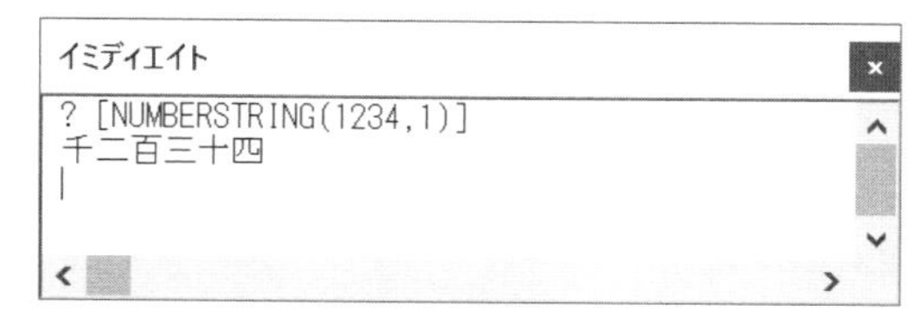

```
? [NUMBERSTRING(1234,1)]
千二百三十四
```

RangeオブジェクトのValueプロパティは省略可能なので、単に「? [a1]」と入力して Enter を押すだけで、セルA1の値が出力されます。

あとから見返すコードとしては非常に見づらいのですが、パッと入力して値を確認したい場合には非常に便利な仕組みです。ちなみに、VBAは大文字・小文字を区別しない言語ですので、すべて小文字で記述してもOKです。

少し長いステートメントを手軽に実行したい

サンプルファイル 605.xlsm

365 2019 2016 2013

全シートのセルA1を選択

構文

考え方

コロンを使って複数ステートメントを1行で記述

VBAでは、複数行に渡るステートメントを「:(コロン)」を使って1行にまとめることができます。たとえば、変数の宣言と代入は、通常、異なる行に記述します。

```
Dim myStr As String
myStr = "Excel"
```

これは、次のようにまとめられます。

```
Dim myStr As String:myStr = "Excel"
```

この仕組みを応用すると、少し複雑な処理も[イミディエイト]ウィンドウで実行可能です。たとえば、「全シートをセルA1を選択した状態にする」処理は、右のようになります。

```
Dim sh As Worksheet
For Each sh In Sheets
    Application.Goto sh.Range("A1"), True
Next
```

この処理を1行で書くと、次のようになります。

```
'複数行のコードをコロンで連結し簡易構文も利用
For Each sh In Sheets: Application.Goto sh.[A1], True: Next
```

これを[イミディエイト]ウィンドウに入力して Enter キーを押せば、全シートのセルA1が選択された状態になります。

[イミディエイト]ウィンドウに記述して実行

イミディエイト

```
for each sh in sheets:application.Goto sh.[a1],true:next
```

開発中に手早く他のマクロに移動したい

サンプルファイル 606.xlsm

365 2019 2016 2013

目的のマクロをすばやく探す

構文

ショートカットキー	説明
Ctrl + ↑ ↓	前後のマクロへジャンプ
変数名/マクロ名選択後に Shift + F2	変数の定義位置やマクロの位置にジャンプ
ジャンプ後に Ctrl + Shift + F2	元の位置へ戻る

ブック内に複数のマクロがある場合、Ctrl + ↑↓を押すと、現在カレットがある位置のマクロから、前後のマクロの位置へとジャンプします。

マクロ間をCtrl + ↑↓キーでジャンプ

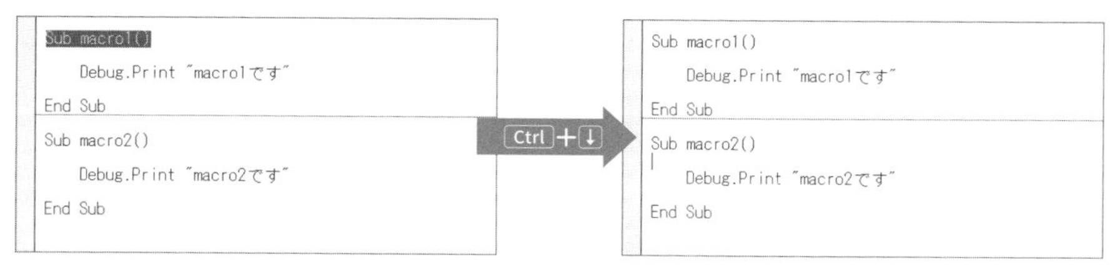

また、マクロ内で利用している変数名やマクロ名を選択してShift + F2キーを押すと、変数の定義位置や、マクロの記述位置へとジャンプします。

変数名やマクロ名を選択して Shift + F2 キーでジャンプ

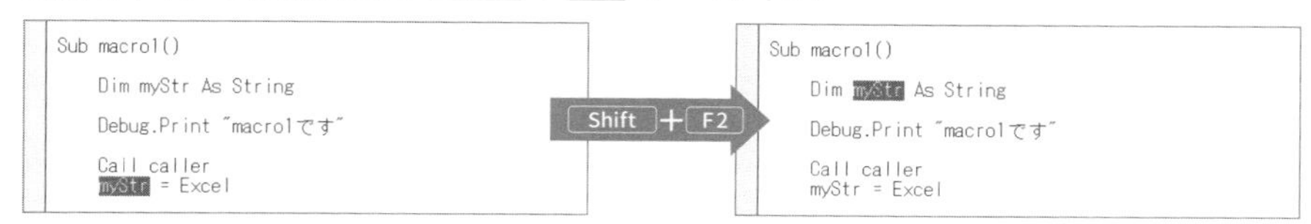

なお、Shift + F2キーを押してジャンプ後に、Ctrl+Shift + F2キーを押すと、元の位置へと戻ります。

607 範囲を指定して検索や置換を行いたい

サンプルファイル 607.xlsm

365 2019 2016 2013

利用シーン 任意のマクロ内だけ変数名を一括して置換する

構文

ショートカットキー	説明
Shift + ↑ ↓	行単位でコードを選択
Ctrl + H キー	[置換] ダイアログを表示
Ctrl + F キー	[検索] ダイアログを表示

コード内の一部の範囲のみを対象に、値の置換を行いたい場合には、まず、対象範囲のみをドラッグ、もしくは、Shift + ↓キーなどの操作で選択します。

この状態で [置換] ダイアログで置換を行うと、選択範囲内の値のみが置換の対象となります。なお、1文字で宣言してしまった変数名などを置換する際には、[完全に一致する単語だけを検索する] にチェックを入れておくと、単語内に該当する文字を持っているだけの部分を置換対象から除外できます。

範囲を選択して一括置換する

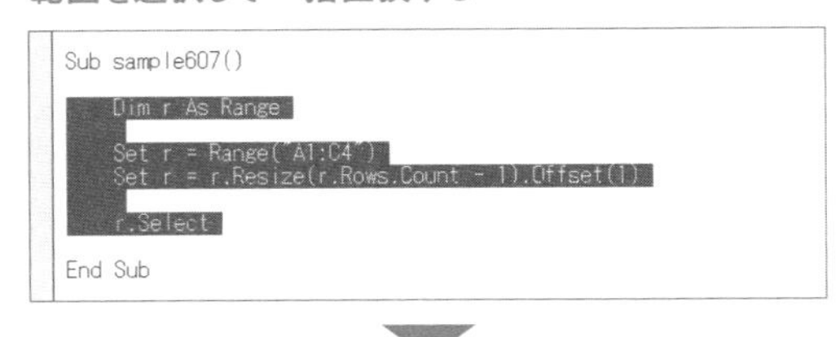

置換したい範囲のみを選択

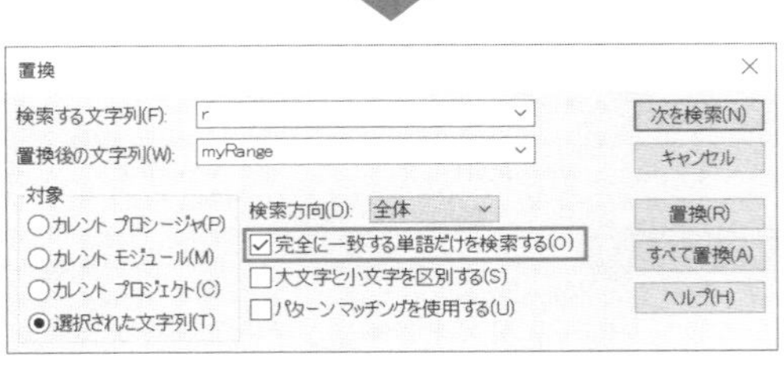

[編集] - [置換] を選択して [置換] ダイアログを表示

```
Sub sample607()

    Dim myRange As Range

    Set myRange = Range("A1:C4")
    Set myRange = myRange.Resize(myRange.Rows.Count - 1).Offset(1)

    myRange.Select

End Sub
```

置換したい文字列と置換後の文字列を入力して置換

608 チェック項目を満たさない場合は一時停止したい

サンプルファイル 608.xlsm

365 2019 2016 2013

利用シーン 変数iの値を確認して4以上になった場合は中断モードに移行

構文

ステートメント	説明
Debug.Assert 条件式	条件式がFalseの場合は一時停止状態に移行

コード中の任意の位置に、Debug.Assertステートメントに続けて条件式を記述しておくと、その時点で条件式を満たさない場合にコードを一時停止状態にします。

次のコードは、❶の箇所の時点で、変数iの値が4より小さくない場合には、コードの実行を一時停止します。開発中に任意の変数が想定外の値になっていた場合、一時中断して現状の値やチェックしたい場合に便利ですね。

```
Dim i As Long
For i = 1 To 5
    Debug.Print i
    Debug.Assert i < 4 ──❶
Next
```

サンプルの結果

実行中に変数iの値が4以上になっていたら中断モードに移行

開発中だけ実行する箇所を用意したい

サンプルファイル 609.xlsm

365 2019 2016 2013

定数「TEST_MODE」がTrueの時はテスト用の処理も実行

構文

ステートメント	説明
#Const 条件付きコンパイル定数 = True／False	条件付きコンパイル定数と値を設定
#If 条件付きコンパイル定数 Then 　　定数がTrueの時のみ実行したい処理 #End If	条件付きコンパイル定数がTrueの時のみ#Ifディレクティブ内のコードを実行

#Constディレクティブを利用すると、条件付きコンパイル定数を定義できます。条件付きコンパイル定数の値には、True、もしくはFalseを設定します。

また、コード内で対応する#Ifディレクティブを作成しておくと、定数値に応じて、その部分をコンパイルするかどうかを決められます。

次のサンプルは、定数TEST_MODEがTrueのときのみ、❶の部分をコンパイルするように設定します。

```
#Const TEST_MODE = True
Sub sample609()
    Dim i As Long
    For i = 1 To 5
#If TEST_MODE Then
        Debug.Print i ―――――――――――――――― ❶
#End If
        Cells(i, 1).Value = i
    Next
End Sub
```

開発中のみに❶の部分のステートメントを実行し、本番環境になった場合には条件付きコンパイル定数TEST_MODEの値を「False」に設定し、チェック用のステートメントをコンパイル・実行しないように設定する、等の運用に使用できます。

VBA7ベースや64ビットOSベースを条件にコンパイル箇所を変更したい

サンプルファイル 610.xlsm

365 2019 2016 2013

実行環境に応じてライブラリへのリンク方法を変更

構文

ステートメント	説明
#If VBA7 Then ~ #End If	VBAのバージョンに応じてコンパイル箇所を指定
#If Win64 Then ~ #End If	Officeの環境に応じてコンパイル箇所を指定

#VBA7定数を利用すると、「VBAのバージョンが7.0以上かどうか（Office2010以上かどうか）」を条件にコンパイルする箇所を変更できます。

とくにAPIを利用する場合には、VBA7.0以上の環境ではPtrSafeキーワードを利用しますが、それ以前の環境では利用しません（できません）。このようなケースに、自動的にコンパイルする部分が変更可能となります。

また、同じく#Win64定数を利用すると、「インストールされているOfficeが64ビット版かどうか」を条件にコンパイルする箇所を変更できます。

次のサンプルは、上記2つの条件によってコンパイルする部分を変更し、環境に応じたメッセージを表示し、API関数MessageBeepを使ってビープ音を鳴らします。

```
#If VBA7 Then
    Declare PtrSafe Sub MessageBeep Lib "User32" (ByVal N As Long)
#Else
    Declare Sub MessageBeep Lib "User32" (ByVal N As Long)
#End If

Sub sample610()
#If Win64 Then
    Debug.Print "Win64ベースです"
#Else
    Debug.Print "Win64ベースではありません"
#End If
    Call MessageBeep(0)
End Sub
```

ブレークポイントを設定せずにコードを一時中断するポイントを作成したい

サンプルファイル 611.xlsm

365 2019 2016 2013

特定の箇所で一旦流れを止めて状態をチェック

構文

ステートメント	説明
Stop	記述した位置で中断モードに移行

VBEではコードウィンドウ左端のインジケーター部分をクリックすると、ブレークポイントを設定／解除できます。この状態でマクロを実行すると、ブレークポイント部分で中断モードに移行します。

ブレークポイント

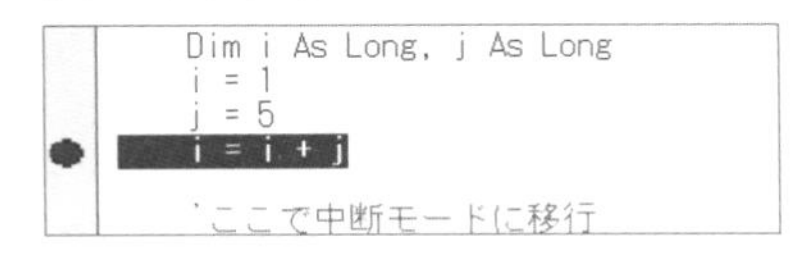

ウィンドウ左端のインジケーターバーをクリックして設定／解除する

この設定は一度ブックを閉じるとクリアされてしまいます。そんな場合には、Stopステートメントを利用してみましょう。Stopステートメントは記述した位置で中断モードへと移行します。

```
Dim i As Long, j As Long
i = 1
j = 5
i = i + j
Stop
j = j + i
Debug.Print i, j
```

サンプルの結果

```
    Dim i As Long, j As Long
    i = 1
    j = 5
    i = i + j

    'ここで中断モードに移行
    Stop

    j = j + i
    Debug.Print i, j

End Sub
```

612 VBEのフォントや背景色を変更したい

サンプルファイル なし

365 2019 2016 2013

利用シーン

黒背景に白字でコードを表示したい

構文

メニュー項目	説明
[ツール] - [オプション] - [エディターの設定] タブ	フォントや背景色を設定

VBEでは、[ツール] - [オプション] からたどって表示される [オプション] ダイアログ内の [エディターの設定] 内でコードウィンドウの背景色やフォントを設定可能です。

オプションダイアログでフォントを変更

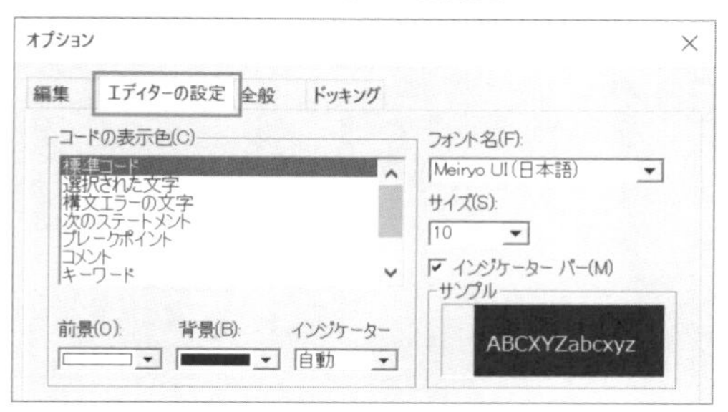

[コードの表示色] 欄から項目を選択して個々に背景色やフォントを指定していく

[コードの表示色] 欄から、項目を選択し、ダイアログ左下の [前景] と [背景] から色を設定します。[前景] が文字色、[背景] が背景色となります。さらにダイアログ右側でフォントの種類やサイズを設定します。次表の4つの項目の色を変更するのがおすすめです。

■ 主な変更箇所

標準コード	数値や文字列、記号などの表示
コメント	コメント部分の表示
キーワード	VBAのキーワード部分の表示
識別子	マクロ名や変数名、プロパティ・メソッド部分の表示

変更後の画面の例

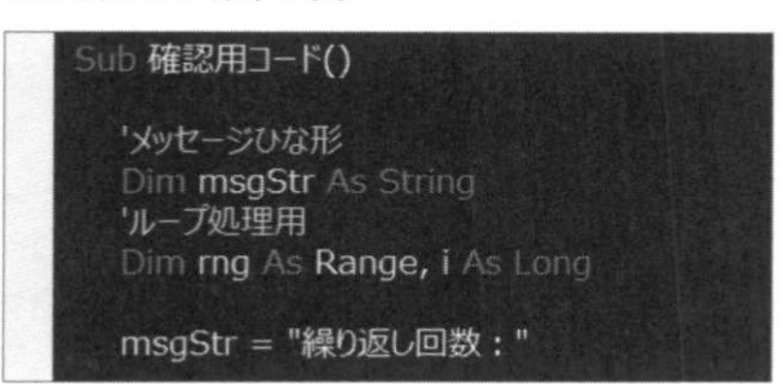

項目ごとに設定した配色とフォントで表示されるようになる

613 構文エラー時にエラーダイアログを表示させないようにしたい

サンプルファイル なし

365 2019 2016 2013

スペルミス時のダイアログ表示を防止し、コーディングのスピードを上げる

構文

メニュー項目	説明
[ツール] - [オプション] - [編集] タブ	オプションダイアログを表示

コード入力中にちょっとしたスペルミスをした際、「コンパイルエラー」のダイアログが表示されます。エラーを知らせてくれるのはありがたいのですが、モーダルなダイアログのため、修正作業に移る前にいちいち[OK]ボタンを押さなくてはなりません。

コンパイルエラー時に表示されるダイアログ

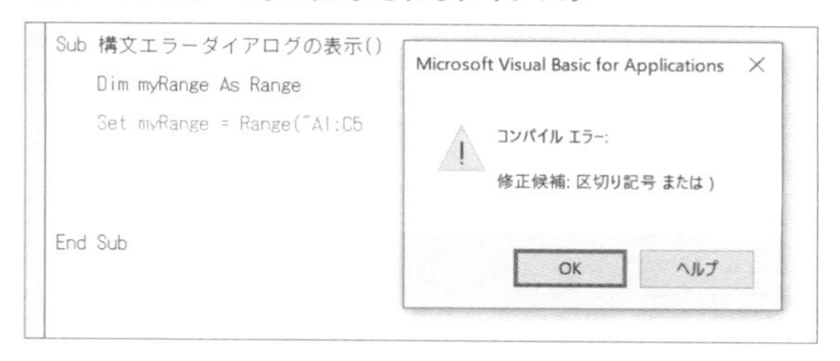

このダイアログ表示は、設定でオフにできます。[ツール]－[オプション]を選択し、[オプション]ダイアログ内の[編集]タブを選択し、[自動構文チェック]のチェックを外します。

[自動構文チェック]を切る

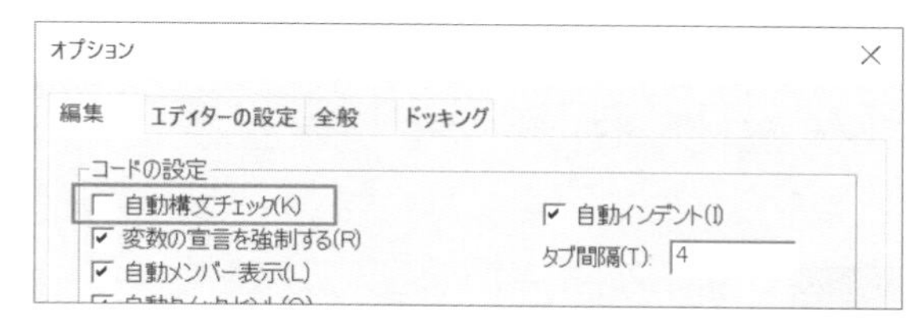

これで構文エラー発生時にダイアログが表示されなくなります。なお、自動構文チェックの設定をオフにしても、ダイアログが表示されなくなるだけです。VBEが構文エラーを感知した箇所は、オンのときと変わらず赤くハイライト表示されます。そのため、見た目ですぐに構文エラーがあることに気付き、すばやく修正作業に移ることができます。

614 プリンター一覧を取得したい

サンプルファイル 614.xlsm

365 2019 2016 2013

利用シーン WSHでWindowsの特殊フォルダー内の項目を操作

構文

関数	説明
CreateObject("Shell.Application")	WSHShellオブジェクトを生成

WSHShellオブジェクトのNameSpaceプロパティは、引数に特殊フォルダーに応じた定数を指定することで、そのフォルダーを取得できます。

■ 特殊フォルダーと対応する定数

デスクトップ	&H0
プリンター	&H4
[送る]メニュー	&H9
PC(ドライブ)	&H11
フォント	&H14
ピクチャ	&H27

各フォルダー内の項目はItemsコレクションで一括管理されており、ループ処理で走査することで個々の項目を取り出せます。

次のサンプルは、[プリンター]フォルダーを取得し、フォルダー内の個々の項目のNameプロパティを出力します。結果として、プリンターの一覧リストを出力します。

```
Dim myShell As Object, myItem As Object
Set myShell = CreateObject("Shell.Application")
For Each myItem In myShell.Namespace(&H4).Items
    Debug.Print myItem.Name
Next
```

サンプルの結果

615 セル内改行に合わせて数式バーの表示行数を調整したい

サンプルファイル 615.xlsm

365 2019 2016 2013

利用シーン セル内改行のあるセルの内容を数式バーで確認

構文

プロパティ	説明
Application.FormulaBarHeight = 数式バーの行数	数式バーの表示行数を設定

Excelでは Alt + Enter でセル内改行ができるため、テキストや数式をわかりやすく入力するためにセル内改行を利用しているケースがあります。この場合、数式バーが1行分だけしか表示されていないと、先頭行の内容しか表示されません。

そこで次のサンプルでは、アクティブセル内のセル内改行の数を数え、その数を元に数式バーの表示行数を調整します。

```
Dim myLfCount As Long
'セル内改行（vbLf）で数式を分割してその要素数を取得
myLfCount = UBound(Split(ActiveCell.Formula, vbLf))
If myLfCount < 0 Then myLfCount = 0
Application.FormulaBarHeight = myLfCount + 1
```

サンプルの結果

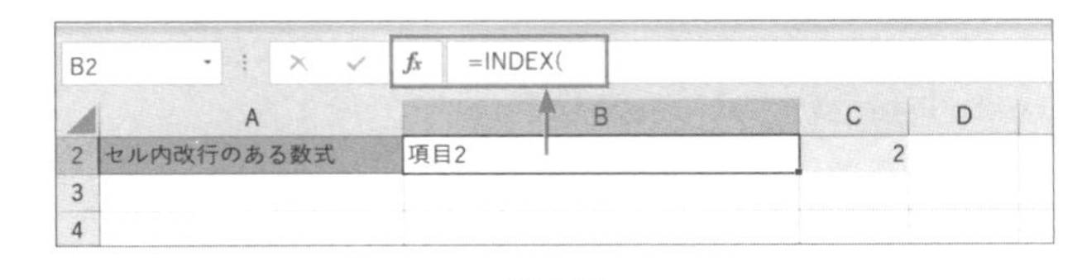

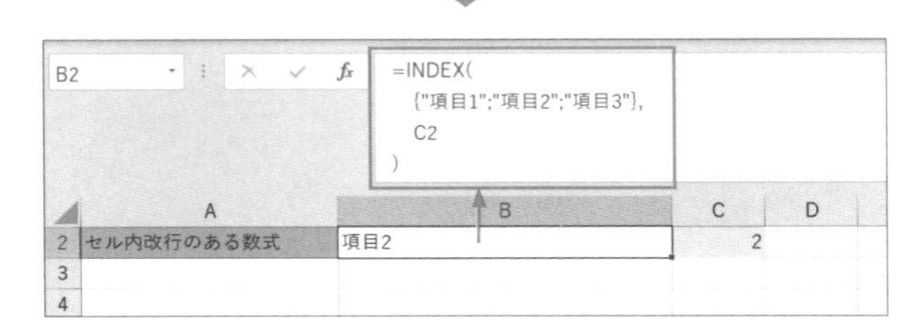

ファイルのヘッダ情報を取得したい

サンプルファイル 616.xlsm

365 2019 2016 2013

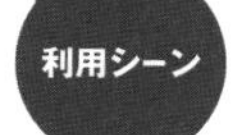

テキストファイルのBOMの状態を確認

構文

関数	説明
CreateObject("ADODB.Stream")	Streamオブジェクトを生成

テキストファイルのBOM判定や、JPEGファイルのEXIF情報の取得等、対象ファイルをバイナリ形式で読み込んで、ヘッダ部分の値を確認したい場合があります。このような場合は、Streamオブジェクトを使うのが便利です。

次のサンプルは、テキストファイルにBOMが付加されているかどうかを判定します。バイナリデータを読み込むバイト配列型の変数を用意し（❶）、Streamオブジェクトの読み取り設定をバイナリ形式に設定したうえで（❷）、ダイアログで指定したテキストファイルを開き、先頭の3バイトの値を取得します（❸）。あとは、取得した値がBOMの値（EE BB BF）であるかどうかを判定しています。

```
Dim byteArr() As Byte, byteStr As String ―――――――――― ❶
With CreateObject("ADODB.Stream")
    .Open                                    ❷
    .Type = 1  'adTypeBynary
    .LoadFromFile Application.GetOpenFilename("テキスト(*.txt),*.txt")
    byteArr = .read(3) ―――――――――――――――――――――――― ❸
    .Close
End With
'見た目にわかりやすいように16進数文字列に変換
byteStr = Join(Array(Hex(byteArr(0)), Hex(byteArr(1)), 
Hex(byteArr(2))))
MsgBox "先頭3バイトの値：" & byteStr & vbCrLf & _
       "BOM判定：" & (byteStr = "EF BB BF")
```

サンプルの結果

OS名やバージョン番号を取得したい

サンプルファイル 617.xlsm

365 2019 2016 2013

実行環境のOS情報を取得して書き出す

構文

関数	説明
CreateObject("WbemScripting.SWbemLocator")	SWbemLocatorオブジェクトを生成

WMI（Windows Management Instrumentation）を利用すると、Windows環境でのさまざまなシステム情報へとアクセスできます。

次のサンプルは、OSの名前・バージョン・アーキテクチャを取り出して表示します。

```
Dim myResult As Object, myItem As Object
Set myResult = CreateObject("WbemScripting.SWbemLocator"). _
    ConnectServer.ExecQuery("Select * From Win32_OperatingSystem")
For Each myItem In myResult
    MsgBox myItem.Caption & vbCrLf & _
           myItem.Version & vbCrLf & _
           myItem.OSArchitecture
Next
```

サンプルの結果

Excelのバージョン情報を取得したい

サンプルファイル 618.xlsm

365 2019 2016 2013

利用シーン 実行環境のExcelのバージョンを確認

構文

プロパティ	説明
Application.Version	バージョン番号を取得
Application.Build	ビルド番号を取得
Application.OperatingSystem	OS情報を取得

ApplicationオブジェクトのVersionプロパティを利用すると、Excelのバージョン番号が取得できます。

Excel のバージョン	Application.Versionの値
Excel 2010	14.0
Excel 2013	15.0
Excel 2016	16.0
Excel 2019	16.0
Microsoft 365のExcel（※2020年現在）	16.0

また、Buildプロパティを利用するとビルド番号が、OperatingSystemプロパティを利用すると、Excelのアーキテクチャ（32ビット版か64ビット版か）に関する情報が取得できます。

```
MsgBox _
    "Excelのバージョン：" & Application.Version & vbCrLf & _
    "Excelのビルド番号：" & Application.Build & vbCrLf & _
    "Excelのアーキテクチャ：" & Application.OperatingSystem
```

サンプルの結果

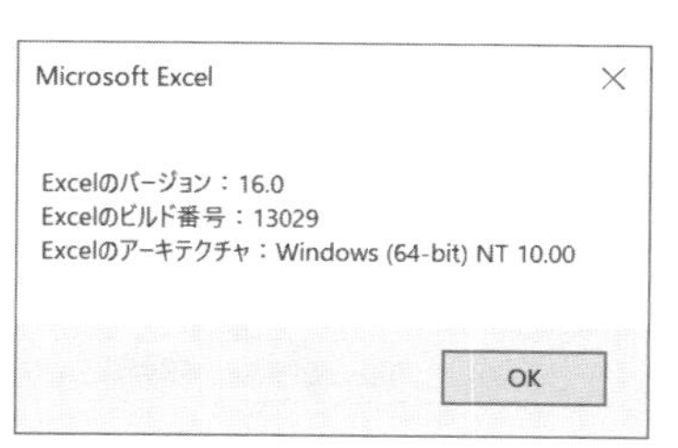

619 VBEをコードから操作したい

サンプルファイル なし

365 2019 2016 2013

利用シーン VBEをマクロ操作できるようにセキュリティ設定を変更

構文

プロパティ

```
Application.Version
```

コードからVBE内のモジュールなどを操作したい場合には、Excelのセキュリティ設定を変更する必要があります。

［開発］リボン内の左のほうにある［マクロのセキュリティ］ボタンを押し、［トラストセンター］ダイアログを表示します。「開発者向けのマクロ設定」欄の、「VBAプロジェクトオブジェクトモデルへのアクセスを信頼する」にチェックを入れて、［OK］ボタンを押せば完了です。

VBEの操作を行う必要がなくなったら、この設定は元に戻しておきましょう。

セキュリティ設定を変更する

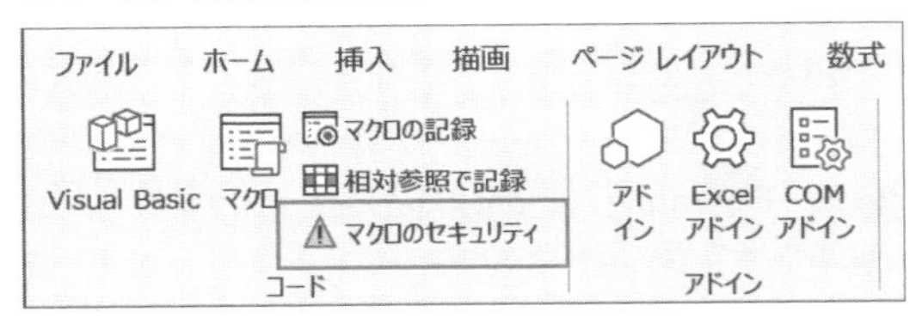

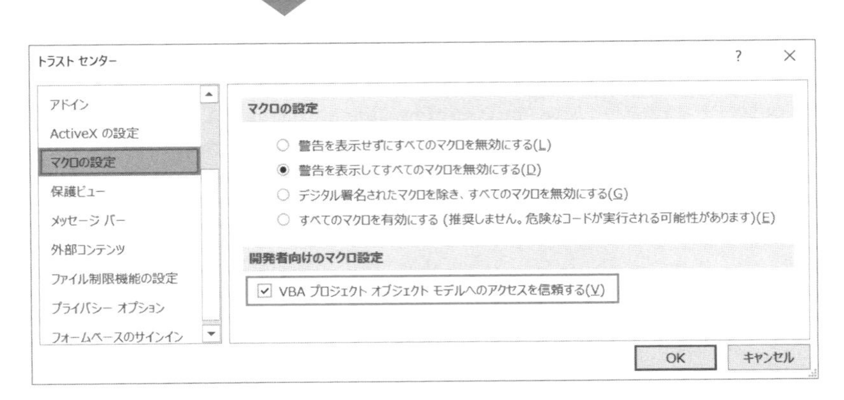

620 モジュールをエクスポートしたい

サンプルファイル 620.xlsm

365 2019 2016 2013

利用シーン マクロのバックアップ用にモジュールをファイルとして出力

構文

プロパティ/メソッド	説明
ブック.VBProject	プロジェクト(VBProject)を取得
プロジェクト.VBComponents(モジュール名)	モジュール(VBComponent)を取得
モジュール.Export ファイルパス	モジュールをエクスポート

標準モジュールやクラスモジュールなどの個々のモジュール、もしくは、「ThisWorkbookモジュール」などのオブジェクトモジュールを取得するには、VBComponentsプロパティに、インデックス番号、もしくはモジュール名を指定します。モジュールをエクスポートするには、引数にファイル名を含むパス文字列を指定してExportメソッドを実行します。

次のサンプルは、「Module1」を、「Module1.bas」という名前でエクスポートします。

```
Dim myPath As String
'保存パスを指定
myPath = ThisWorkbook.Path & "¥Module1.bas"
'エクスポート
ThisWorkbook.VBProject _
    .VBComponents("Module1").Export myPath
```

サンプルの結果

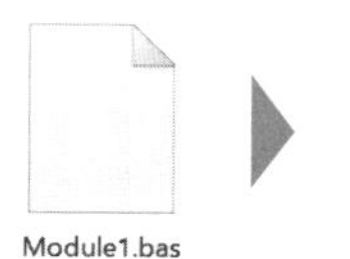

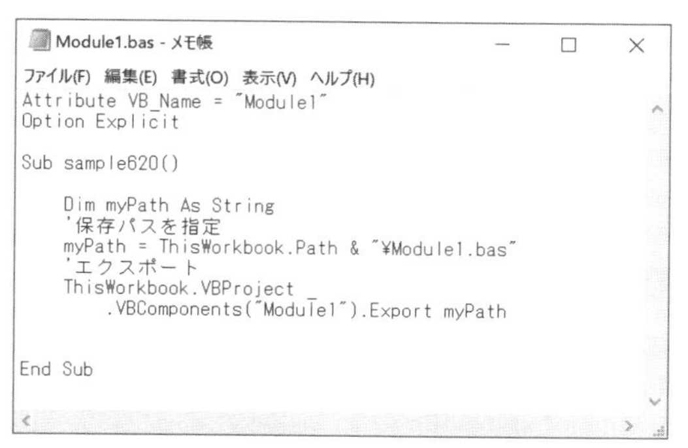

621 モジュールを削除(解放)したい

サンプルファイル 621.xlsm

365 2019 2016 2013

利用シーン 不要なモジュールを一括削除

構文

メソッド	説明
VBComponents.Remove 削除したいモジュール	モジュールを削除

任意のモジュールを解放(削除)するには、VBComponentsコレクションのRemoveメソッドの引数に、解放したいモジュールオブジェクトを指定して実行します。

次のサンプルは、「Module2」を開放します。

```
With ThisWorkbook.VBProject.VBComponents
    .Remove .Item("Module2")
End With
```

サンプルの結果

POINT ▶▶ **VBEを操作するオブジェクトライブラリへの参照設定**

本文中のマクロでは利用していませんが、モジュールを扱うVBComponentオブジェクト等のオブジェクトを、データ型を宣言して利用したい場合には、「Microsoft Visual Basic for Applications Extensibility x.x」(通称「VBIDE」)に参照設定を行います。

622 モジュールをインポートしたい

サンプルファイル 622.xlsm

365 2019 2016 2013

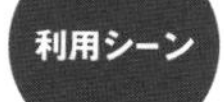

バックアップを取っておいたモジュールをインポート

構文

メソッド	説明
VBComponents.Import basファイルのパス	モジュールをインポート

ファイルとして保存しておいた任意のモジュールをインポートするには、VBComponentsコレクションのImportメソッドの引数に、ファイルパスを指定して実行します。

次のサンプルは、「バックアップ用.bas」というファイル名でエクスポートしておいた、「HelloVBA」という名前の標準モジュールをインポートします。

```
Dim myPath As String
'インポートするファイルのパスを指定
myPath = ThisWorkbook.Path & "¥バックアップ用.bas"
'インポート
ThisWorkbook.VBProject.VBComponents.Import myPath
```

サンプルの結果

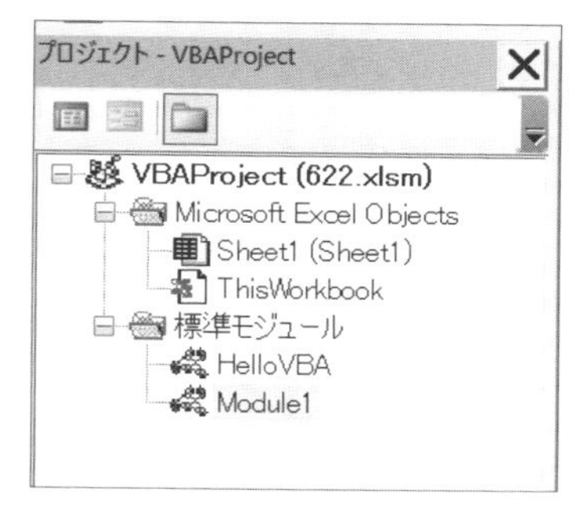

623 モジュール内容を検索して マクロ一覧を作成したい

サンプルファイル 623.xlsm

記述してあるコードの内容を取得して解析

構文

オブジェクト	説明
CodeModuleオブジェクト	モジュール内のコードテキストを扱うオブジェクト

モジュール内に記述してあるコードのテキストを取得するには、モジュールのCodeModuleプロパティから取得できる、CodeModuleオブジェクトを利用します。

CodeModuleオブジェクトには、以下のプロパティが用意されています。

■ CodeModuleオブジェクトのプロパティ

プロパティ	説明
CountOfLines	コードの行数
CountOfDeclarationLines	宣言セクションのコードの行数
Lines(開始行, 行数)	開始行から行数分のコードのテキスト
ProcStartLine(プロシージャ名, タイプ定数)	プロシージャの開始行番号(プロシージャ前の空白行も含む)
ProcBodyLine(プロシージャ名, タイプ定数)	プロシージャの開始行番号
ProcCountLines(プロシージャ名, タイプ定数)	プロシージャの行数
ProcOfLine(行番号, タイプ定数)	指定行が属するプロシージャの名前

また、プロシージャに関するテキストを取得するプロパティ内で、プロシージャの「タイプ定数」を指定する必要がありますが、その場合には、下記の値を使用します。

■ モジュールのタイプを指定する定数(vbext_ProcKind列挙内の定数値)

値	対応プロシージャ
0	通常のプロシージャ(定数vbext_pk_Proc)
1	Property Letプロシージャ(定数vbext_pk_Let)
2	Property Setプロシージャ(定数vbext_pk_Set)
3	Property Getプロシージャ(定数vbext_pk_Get)

次のサンプルでは、Module2に記述してあるSubプロシージャとFunctionプロシージャの一覧を作成します。

まず、Linesプロパティを利用してモジュール内のコードテキスト全文を取得し(❶)、正規表現を使って、Sub、もしくはFunctionの定義行と思われる部分をマッチング条件に指定したうえ(❷)でマッチングを行います。最後にマッチした部分の文字列を取り出してシート上へと書き込みます(❸)。

```
Dim myCodeStr As String
Dim myMatches As Object, myMatch As Object
'Module2のコードテキストを一括取得
With ThisWorkbook.VBProject.VBComponents("Module2").CodeModule
    '先頭行から最終行までのコードを取得
    myCodeStr = .Lines(1, .CountOfLines)
End With
'正規表現を使ってプロシージャ名と見なせる部分とマッチング
With CreateObject("VBScript.RegExp")
    .Global = True
    .MultiLine = True
    .Pattern = "(Sub|Function)¥s(.*)¥(.*$"
    Set myMatches = .Execute(myCodeStr)
End With
'マッチング結果を書き出す
Range("A2").Select
For Each myMatch In myMatches
    ActiveCell.Value = myMatch.SubMatches(1)
    ActiveCell.Next.Value = myMatch.SubMatches(0)
    ActiveCell.Offset(1).Select
Next
```

●サンプルの結果●

	A	B	C	D
1	プロシージャ名	種類		
2	macro1	Sub		
3	macro2	Sub		
4	macro3	Sub		
5	func1	Function		
6	func2	Function		
7	func3	Function		
8				
9				

コードテキストを追加・修正したい

サンプルファイル 624.xlsm

365 2019 2016 2013

既存のコードの任意の位置にコードテキストを追記する

構文

オブジェクト	説明
CodeModuleオブジェクト	モジュール内のコードテキストを扱うオブジェクト

記述してあるコードを追加・修正するには、CodeModuleオブジェクトを利用します。

■ CodeModuleオブジェクトのメソッド

メソッド	説明
AddFromString テキスト	コードテキストを宣言セクションに追加
InsertLines 行番号, テキスト	指定行にコードテキストを挿入
AddFromFile ファイルパス	テキストファイルの内容を宣言セクションに追加
ReplaceLine 行番号, テキスト	指定行の内容を置換
DeleteLines 行番号 [,行数]	指定行を削除

次のサンプルは、Module2の宣言セクションにOption Explicitステートメントを追加し、「Func1」「Func2」の先頭部分に、用途や引数を記入するコメントのひな形を挿入します。

```
Dim myCodeStr As String
'追加するテキストを用意し、先頭行と2つのプロシージャの手前に追加
myCodeStr = Join(Array("'用途：", "'@引数：", "'@戻り値："), vbCrLf)
With ThisWorkbook.VBProject.VBComponents("Module2").CodeModule
    .AddFromString "Option Explicit"
    .InsertLines .ProcBodyLine("func1", 0), myCodeStr
    .InsertLines .ProcBodyLine("func2", 0), myCodeStr
End With
```

サンプルの結果

```
Function func1() As String
    func1 = "func1"
End Function

Function func2(pStr As String) As String
    func2 = "func2"
End Function
```

```
Option Explicit

'用途：
'@引数：
'@戻り値：
Function func1() As String
    func1 = "func1"
End Function

'用途：
'@引数：
'@戻り値：
Function func2(pStr As String) As String
```

モジュール名を指定してマクロを呼び出したい

サンプルファイル 625.xlsm

365 2019 2016 2013

モジュールごとにマクロを整理して呼び出す

構文

ステートメント	説明
Call モジュール名.マクロ名	指定モジュール内のマクロを呼び出す

たとえば、「Util」モジュール内にマクロが複数作成してあるとします。このとき、コードウィンドウ内で「Util.」までタイプすると、モジュール内に作成されているマクロや関数がリスト表示されます。

Utilモジュール内には複数のマクロが作成されている

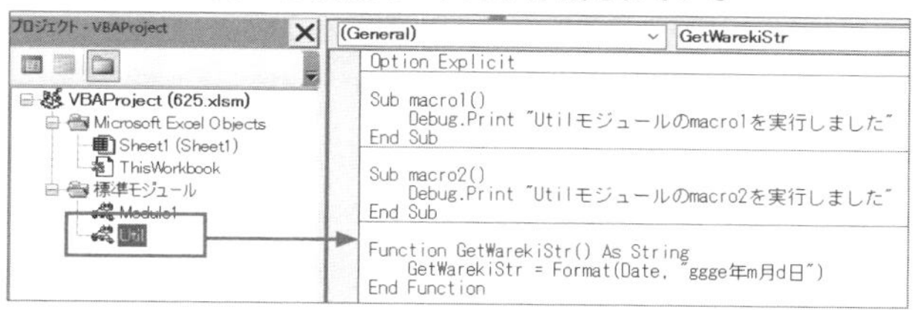

モジュールに属するマクロがリスト表示される

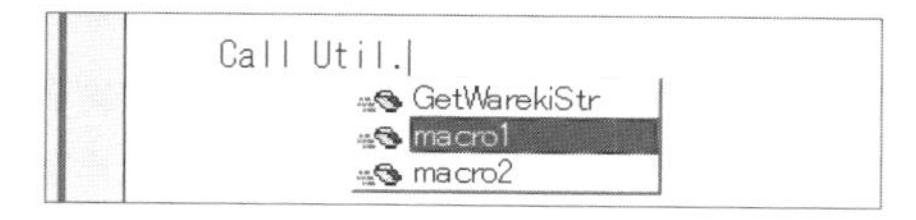

「モジュール名.」までタイプするとマクロ名や関数名がヒント表示される

このため、複数のマクロがある場合、用途ごとに適切な名前のモジュールにまとめておくと、簡単に目的のマクロや関数が入力できるようになります。

次のサンプルは「Util」モジュール内の2つのマクロと1つのユーザー定義関数を利用します。

```
Call Util.macro1
Call Util.macro2
Debug.Print Util.GetWarekiStr
```

サンプルの結果

イミディエイト

```
Utilモジュールのmacro1を実行しました
Utilモジュールのmacro2を実行しました
令和2年8月15日
```

626 特定のプログラムを実行したい

サンプルファイル 626.xlsm

365 2019 2016 2013

利用シーン マクロから「電卓」を呼び出す

構文

関数	説明
Shell プログラム名／実行ファイルへのパス, 表示設定	指定プログラムを実行

Shell関数の第1引数に、実行したいプログラムのパスを指定して実行すると、そのプログラムが立ち上がります。また、第2引数では実行するプログラムの表示の設定を定数で指定できます。

■ Shell関数の第2引数に設定できる値と設定

vbNormalFocus	標準	vbNormalNoFocus	標準・フォーカスなし
vbMinimizedFocus	最小化	vbMinimizedNoFocus	最小化・フォーカスなし
vbMaximizedFocus	最大化	vbHide	非表示

次のコードは、電卓(Calc.exe)を立ち上げます。Calcのように環境変数によりパスが通ってる場合は、単に「Calc.exe」や「Calc」だけでも立ち上がります。

```
Shell "Calc", vbNormalFocus
```

パスが通っていないアプリケーションを起動するには、アプリケーションの実行ファイルへのフルパスを指定します。次のコードは、筆者の環境において、Edgeブラウザーを起動します。

```
Shell "C:¥Program Files (x86)¥Microsoft¥Edge¥Application¥msedge.exe"
```

サンプルの結果

627 DOSコマンドを実行したい

サンプルファイル 627.xlsm

365 2019 2016 2013

利用シーン マクロからDOSのtreeコマンドを実行する

構文

関数／メソッド	説明
CreateObject("Wscript.Shell")	WSHShellオブジェクトを生成
WSHShell.Run コマンド文字列	DOSコマンドを実行

VBAからDOSコマンドを実行したい場合には、WSHShellオブジェクトのRunメソッドを利用します。

Runメソッドは、引数に指定した文字列をコマンドとして実行します。そこで、DOSコマンドを実行する、cmd.exe（環境変数ComSpecで登録されています）を利用して、任意のDOSコマンドを実行します。

次のサンプルでは、DOSコマンドの「tree」を利用して、「C:¥Macro」フォルダー以下のファイル構成を、「fileTree.txt」へと出力します。

```
Dim myCmd As String
myCmd = "tree C:¥Macro /F >C:¥Macro¥fileTree.txt"
CreateObject("Wscript.Shell").Run "%ComSpec% /c " & myCmd
```

サンプルの結果

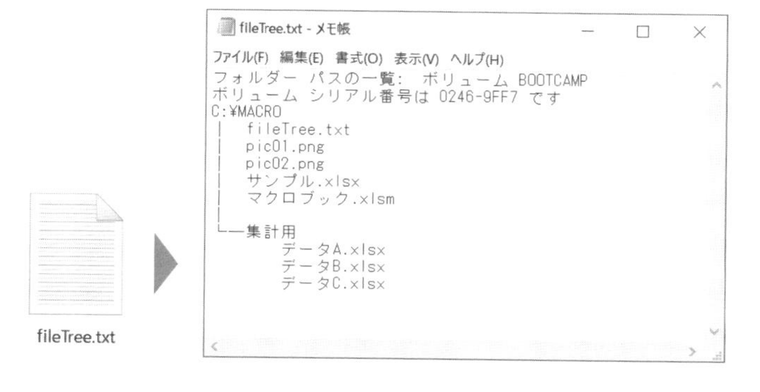

DOSコマンドは「枯れた技術」ですが、便利なものも揃っています。いろいろと調べてみると、目的に合ったコマンドが見つかるかもしれませんね。

DOSコマンドの出力を受け取りたい

サンプルファイル 628.xlsm

365 2019 2016 2013

マクロからpingコマンドを実行して結果を受け取る

構文

関数/メソッド	説明
CreateObject("Wscript.Shell")	WSHShellオブジェクトを生成
Set Object型変数 = WSHShell.Exec(コマンド文字列) Object型変数.StdOut.ReadAll	DOSコマンドを実行し、実行結果の出力を取得

VBAからDOSコマンドを実行し、その出力結果を得たい場合には、WSHShellオブジェクトのExecメソッドを利用します。

次のサンプルは、DOSコマンドの「ping」を実行し、結果を標準出力(StdOut)に出力し、出力された値を読み取って表示します。なお、DOSコマンド実行中は、DOS窓の黒い枠が表示されます。

```
Dim myWSHShell As Object, myResult As Object, myCmd As String
myCmd = "ping 192.168.1.1"
Set myWSHShell = CreateObject("Wscript.Shell")
Set myResult = myWSHShell.Exec("%ComSpec% /c " & myCmd)
Do While myResult.Status = 0
    DoEvents
Loop
MsgBox myResult.StdOut.ReadAll
```

サンプルの結果

```
Microsoft Excel

192.168.1.1 に ping を送信しています 32 バイトのデータ:
192.168.1.1 からの応答: バイト数 =32 時間 <1ms TTL=64
192.168.1.1 からの応答: バイト数 =32 時間 <1ms TTL=64
192.168.1.1 からの応答: バイト数 =32 時間 <1ms TTL=64
192.168.1.1 からの応答: バイト数 =32 時間 <1ms TTL=64

192.168.1.1 の ping 統計:
    パケット数: 送信 = 4、受信 = 4、損失 = 0 (0% の損失)、
ラウンド トリップの概算時間 (ミリ秒):
    最小 = 0ms、最大 = 0ms、平均 = 0ms

OK
```

629 10分後にマクロを実行したい

サンプルファイル 629.xlsm

365 2019 2016 2013

利用シーン 決まった時刻やタイミングでマクロを自動実行する

構文

メソッド	説明
Application.OnTime 時刻, マクロ名	指定時刻にマクロを実行

ApplicationオブジェクトのOnTimeメソッドは、第1引数に指定した時刻に、第2引数に指定したプロシージャを実行します。

```
Application.OnTime 時刻, マクロ名
```

この仕組みを利用し、現在の時刻から指定しただけの秒数や分数の時刻を得て実行すれば、そのマクロを指定したタイミングで実行できます。

次のサンプルは、5秒後にマクロ「HelloVBA」を実行します。

```
Sub sample629()
    Application.OnTime Now + TimeValue("00:00:05"), "HelloVBA"
End Sub
Sub HelloVBA()
    MsgBox "Hello VBA!"
End Sub
```

なお、OnTimeメソッドでは1秒より小さい間隔でマクロを実行させることはできません。また、セル内編集モードであったり、実行する処理の負荷の大きさによっては、必ずしも指定した時間ぴったりに処理が実行されない場合もあります。

サンプルの結果

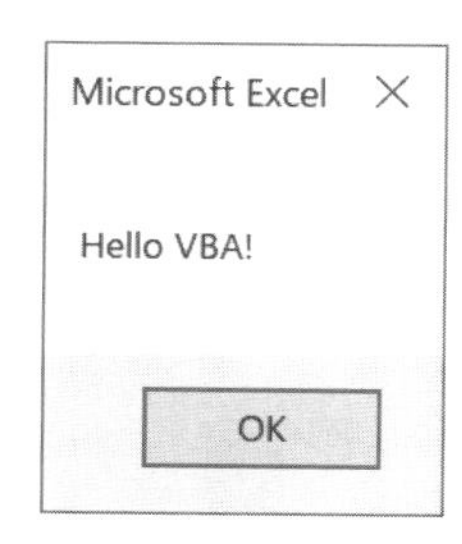

630 一定間隔でマクロを実行したい

サンプルファイル 630.xlsm

365 2019 2016 2013

利用シーン 10分ごとにデータを取得する

構文

メソッド	説明
Application.OnTime 時刻, マクロ名	指定時刻にマクロを実行

一定間隔の時間でマクロを実行するには、OnTimeメソッドで実行するマクロ内で、再びOnTimeメソッドでスケジュールを設定します。

次のサンプルでは、マクロ「ChangeSheet」を実行すると、1秒ごとにシートを切り替える処理を10回繰り返します。

```
Dim myTime As Date,myCount As Long
Sub ChangeSheet()
    If myCount < 10 Then
        Worksheets(myCount Mod Worksheets.Count + 1).Select
        myCount = myCount + 1
        myTime = Now + TimeValue("00:00:01")
        Application.OnTime myTime, "ChangeSheet"
    Else
       MsgBox "タイマー処理を終了しました"
       myCount = 0
    End If
End Sub
```

また、OnTimeメソッドで設定したスケジュールは、同じ時刻、同じマクロ名、そして、引数ScheduleをFalseに設定してOnTimeメソッドを実行することで取り消せます。

```
Application.OnTime myTime, "ChangeSheet", Schedule:=False
```

サンプルの結果

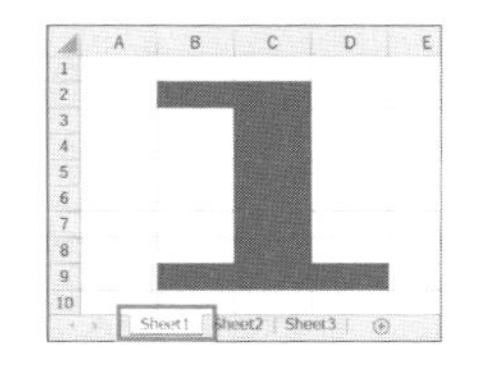

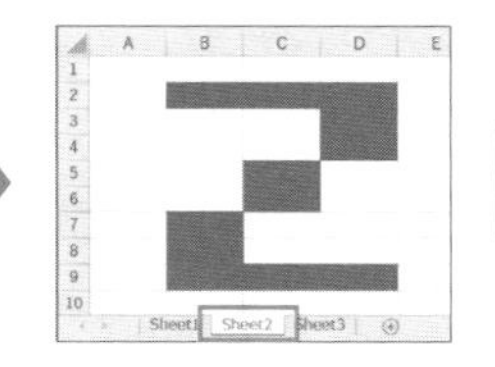

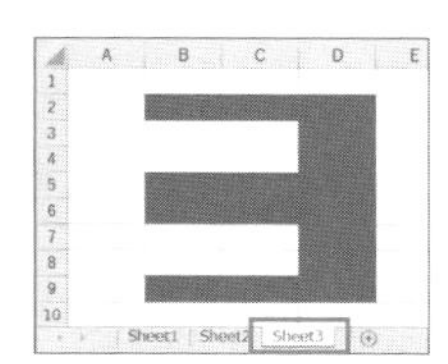

631 1秒以下の間隔でマクロを実行したい

サンプルファイル 631.xlsm

365 2019 2016 2013

利用シーン リアルタイムで動きのある処理を作成する

構文

API関数の宣言	説明
Declare PtrSafe Function GetTickCount Lib "kernel32"	GetTickCountを宣言

1秒以下の間隔でマクロを実行するには、API関数「GetTickCount」を利用してミリ秒単位の秒数を取得し、ポーリング処理を行います。次のサンプルは、1/10秒ごとにシート上のシェイプの位置を変更し、横方向に流れるようなアニメーションを表示します。

```
Declare PtrSafe Function GetTickCount Lib "kernel32" () As Long
Const MY_FPS = 100
Const MY_MAX = 100 * 10
Dim myTickCount As Long, myCount As Long
Sub sample631()
  Dim myShape As Shape, tmp As Long
  myCount = 0
  myTickCount = GetTickCount
  Do While myCount < MY_MAX
    If GetTickCount > myTickCount + MY_FPS Then
      For Each myShape In ActiveSheet.Shapes
        tmp = (myShape.Left + (10 * 70 / myShape.Width)) Mod 500
        myShape.Left = tmp
      Next
      myCount = myCount + 1
    End If
    DoEvents
  Loop
  MsgBox "処理を終了しました"
End Sub
```

632 配列を並べ替えたい（マージソート）

サンプルファイル 632.xlsm

利用シーン 配列の値をマージソートで並べ替える

構文

考え方

マージソートアルゴリズムを実装する

Excelには「並べ替え」機能があり、VBAではSortメソッドで実行できますが、ここでは外部から取り込んだデータをワークシートに展開することなく、VBAのコードだけでソートして、そのソート結果を外部ファイルに書き出すようなプログラムを開発するときに役に立つアルゴリズムを紹介します。本テクニックで学習するのは、俗に「マージソート」と呼ばれるアルゴリズムで、概略は以下のとおりです。

1. 配列全体を2つに分ける。
2. 分割された2つの集合体をさらに2つに分ける。
3. すべての集合体が1になるまで繰り返す。
4. 分割が完了したら、隣どうしの集合体を整列しながら統合する。
5. 集合体が1つに統合されるまで処理を繰り返す。

なお、このマージソートのときには、「再帰呼び出し」を行うのが特徴です。「再帰呼び出し」とは、自分自身を呼び出す、すなわち、「A」というプロシージャが、「A」の中で「A」をサブルーチンとして呼び出すことです。言葉にすると難解ですが、実際にサンプルを読んで、また実行することでマスターできると思います。なお、一般的に、マージソートはバブルソートよりも処理が高速です。

なお、サンプルでは、ソートする要素数をたったの10個にしていますが、これは、ソートされたことがひと目でわかるようにするためです。実際には、10,000件程度の要素数で実行時間を確認してみることをおすすめします。

```
Sub Merge_Sort()
  Dim myArray() As Variant, myCount As Long
  Dim myTemp As Long, i As Long, j As Long
  '配列の要素数を10個にする(好みの個数で試してください)
  myCount = 10
  ReDim myArray(1 To myCount)
  '配列の数値を乱数で作成してA列に表示する
  For i = 1 To myCount
    Randomize
```

```
      myArray(i) = Int((myCount * 10) * Rnd + 1)
      Worksheets("Sheet1").Range("A1").Cells(i) = myArray(i)
    Next
    'ソートを実行する
    myArray = F_Run_Sort(myArray)
    'ソート結果をB列に表示する
    With Worksheets("Sheet1").Range("B1")
      For i = 1 To myCount
        .Cells(i) = myArray(i)
      Next
    End With
    MsgBox "A列の値を昇順ソートしてB列に書き込みました"
End Sub

Function F_Run_Sort(myArray As Variant) As Variant
    Dim myTemp As Long
    Dim myArray1() As Long, myArray2() As Long
    Dim mySpilit As Long, myUbound As Long
    Dim i As Long, j As Long, k As Long
    myUbound = UBound(myArray)
    Select Case myUbound
      Case 2
        If myArray(1) > myArray(2) Then
          myTemp = myArray(1)
          myArray(1) = myArray(2)
          myArray(2) = myTemp
        End If
        F_Run_Sort = myArray    '再帰呼び出し
        Exit Function
      Case Else
        mySpilit = myUbound ¥ 2
        '全体を2分割した前半部分
        ReDim myArray1(1 To mySpilit) As Long
        For i = 1 To mySpilit
          myArray1(i) = myArray(i)
        Next
```

```
      If mySpilit > 1 Then
        myArray1 = F_Run_Sort(myArray1)
      End If
      '全体を2分割した後半部分
      ReDim myArray2(1 To myUbound - mySpilit) As Long
      For i = 1 To myUbound - mySpilit
        myArray2(i) = myArray(mySpilit + i)
      Next
      If myUbound - mySpilit > 1 Then
        myArray2 = F_Run_Sort(myArray2)
      End If
      '全体を統合する
      i = 1
      j = 1
      k = 1
      Do
        If i > mySpilit Then
          myArray(k) = myArray2(j)
          j = j + 1
        ElseIf j > myUbound - mySpilit Then
          myArray(k) = myArray1(i)
          i = i + 1
        Else
          If myArray1(i) < myArray2(j) Then
            myArray(k) = myArray1(i)
            i = i + 1
          Else
            myArray(k) = myArray2(j)
            j = j + 1
          End If
        End If
        k = k + 1
      Loop Until k > myUbound
      F_Run_Sort = myArray    '関数に結果を格納
      Exit Function
  End Select
End Function
```

配列を並べ替えたい（マージ・クイックソート）

サンプルファイル 633.xlsm

365 2019 2016 2013

配列の値をマージ・クイックソートで並べ替える

構文

考え方

マージ・クイックソートアルゴリズムを実装する

数あるソートのアルゴリズムでもっとも人気があるのは、一番わかりやすいバブルソートか、もっとも処理が高速なクイックソートでしょうか。

ただし、この「クイックソート」には、とてもよく似たアルゴリズムが複数存在し、どのアルゴリズムを「クイックソート」と呼ぶのかは、プログラマの中でも意見が分かれます。もっとも、根幹となるのは「配列を並べて中間に位置する要素（これを「ピボット」と呼びます）を使用する」という考え方で、このピボットを元にどのように処理するかで、クイックソートにはいくつもの「流派」があるという感じでしょうか。

ここで紹介する「マージ・クイックソート」は筆者の造語で、ピボットを基準として、それよりも大きい要素の配列と、小さい要素の配列に分割して、最後に「統合」、すなわち「マージ」しているので、このように名付けました。

ちなみに、次のテクニックで紹介するクイックソートよりは処理速度は落ちますが、配列の並び順によっては、「マージ・クイックソート」のほうが処理が速いときもあります。

なお、ここでも再帰呼び出しの手法を用いてソートしています。

今回のサンプルも、ソートする要素数をたったの10個にして、ソートされたことがひと目でわかるようにしています。

```
Sub Quick_Sort1()
    Dim myArray() As Variant, myCount As Long, i As Long
    '配列の要素数を10個にする(好みの個数でお試しください)
    myCount = 10
    ReDim myArray(1 To myCount)
    '配列の数値を乱数で作成してA列に表示する
    For i = 1 To myCount
        Randomize
        myArray(i) = Int((myCount * 10) * Rnd + 1)
        Worksheets("Sheet1").Range("A1").Cells(i) = myArray(i)
    Next
    'ソートを実行する
    myArray = F_Run_Sort(myArray)
    'ソート結果をB列に表示する
    With Worksheets("Sheet1").Range("B1")
        For i = 1 To myCount
            .Cells(i) = myArray(i)
        Next
    End With
    MsgBox "A列の値を昇順ソートしてB列に書き込みました"
End Sub

Function F_Run_Sort(myArray As Variant) As Variant
    Dim myTemp As Long
    Dim myArray1() As Long, myArray2() As Long
    Dim myCounter As Long, myUBound As Long
    Dim i As Long, j As Long, k As Long
    myUBound = UBound(myArray)
    myCounter = myArray((myUBound) ¥ 2 + 1)
    i = 0
    j = myUBound + 1
    Do
        Do
            i = i + 1
        Loop While myArray(i) < myCounter
        Do
```

```
            j = j - 1
        Loop While myArray(j) > myCounter

        If i >= j Then Exit Do
        myTemp = myArray(j)
        myArray(j) = myArray(i)
        myArray(i) = myTemp
    Loop
    i = i - 1
    '中央値の前半
    ReDim myArray1(1 To i) As Long
    For k = 1 To i
        myArray1(k) = myArray(k)
    Next
    If i > 1 Then
        myArray1 = F_Run_Sort(myArray1)    '再帰呼び出し
    End If
    '中央値の後半
    ReDim myArray2(1 To myUBound - i) As Long
    For k = 1 To myUBound - i
        myArray2(k) = myArray(k + i)
    Next
    If myUBound - i > 1 Then
        myArray2 = F_Run_Sort(myArray2)     '再帰呼び出し
    End If
    '全体を統合する
    For k = 1 To i
        myArray(k) = myArray1(k)
    Next
    For k = 1 To myUBound - i
        myArray(k + i) = myArray2(k)
    Next
    F_Run_Sort = myArray                      '関数に結果を格納
    Exit Function
End Function
```

634 配列を並べ替えたい(クイックソート)

サンプルファイル 634.xlsm

配列の値をクイックソートで並べ替える

構文

考え方

クイックソートアルゴリズムを実装する

本テクニックで紹介するのもクイックソートです。前述したテクニックの「マージ・クイックソート」との大きな違いは、ここではFunctionプロシージャは使用せずに、Subプロシージャの中でソートをしている点と、そのSubプロシージャに3つの引数を渡している点です。

```
Sub Quick_Sort2()
    Dim myArray() As Variant, myCount  As Long, i As Long
    '配列の要素数を10個にする(好みの個数でお試しください)
    myCount = 10
    ReDim myArray(1 To myCount)
    '配列の数値を乱数で作成してA列に表示する
    For i = 1 To myCount
        Randomize
        myArray(i) = Int((myCount * 10) * Rnd + 1)
        Worksheets("Sheet1").Range("A1").Cells(i) = myArray(i)
    Next
    'ソートを実行する
    S_Run_Sort myArray, 1, myCount
    'ソート結果をB列に表示する
    With Worksheets("Sheet1").Range("B1")
        For i = 1 To myCount
            .Cells(i) = myArray(i)
        Next
    End With
    MsgBox "A列の値を昇順ソートしてB列に書き込みました"
End Sub

Sub S_Run_Sort(myArray() As Variant, myStart As Long, myEnd As Long)
```

```
    Dim myTemp  As Long
    Dim myCounter As Long
    Dim i As Long, j As Long
    myCounter = myArray((myEnd + myStart) ¥ 2)
    i = myStart - 1
    j = myEnd + 1
    Do
        Do
            i = i + 1
        Loop While myArray(i) < myCounter
        Do
            j = j - 1
        Loop While myArray(j) > myCounter
        If i >= j Then Exit Do
        myTemp = myArray(j)
        myArray(j) = myArray(i)
        myArray(i) = myTemp
    Loop
    If i - myStart > 1 Then
        S_Run_Sort myArray, myStart, i - 1  '再帰呼び出し
    End If
    If myEnd - j > 1 Then
        S_Run_Sort myArray, j + 1, myEnd    '再帰呼び出し
    End If
End Sub
```

以上、トピック632～634の3つのソート方法に加え、トピック404でのバブルソートのアルゴリズムを利用した並べ替え方法の、都合4つのソート方法を紹介しました。こんなことをいうと身も蓋もありませんが、Excelには並べ替え機能がありますので、取り込んだデータをワークシートに展開して、Sortメソッドでソートしたほうがプロシージャもはるかに簡便ですし、実は、処理速度もSortメソッドのほうが断然高速です。

しかし、その方法だと、Excel2003以前では65,536件までのデータしか処理できません。それに対して、「アルゴリズムのソート」であれば、メモリが許す限り、10万件でも50万件でもソートできます。それに、バブルソートで紹介したワークシートの並べ替えのように、ワークシートにデータを展開するのが面倒で、アルゴリズムでソートしてしまったほうが楽なケースもあります。

ですから、Excel VBAにはSortメソッドがあることを忘れずに、しかし「ソートはアルゴリズムでもできる」ことを意識して、両者を使い分けてください。

APIを利用した
テクニック

Chapter

19

Windows APIの概要を知りたい

サンプルファイル なし

365 2019 2016 2013

構文

考え方

Windows APIの仕組みを知る

Windowsでは、VBAから「Windows API (以下、「API」)」を利用して、VBAだけではできないさまざまな処理を行えます。「API」は、「Application Programming Interface」の頭文字です。要約すると、「プログラマがアプリケーションをプログラミングする際に、必要となる機能を提供してくれるインターフェース」ということになります。

APIでは、Windowsのさまざまな機能が関数の形で公開されています。つまり、VBAプロシージャの中からAPI内の希望の関数をコールすれば、その関数が持つWindowsの機能を、自作のVBAプロシージャから利用することが可能となるわけです。

このAPIは、DLL (Dynamic Link Library) というファイル形式で作成されています。プログラマは、DLLの中から目的に合ったAPIの関数を取り出して、自分のVBAプロシージャにリンクすることで利用可能になります。

DLLから目的に合ったAPI関数を取り出して利用する

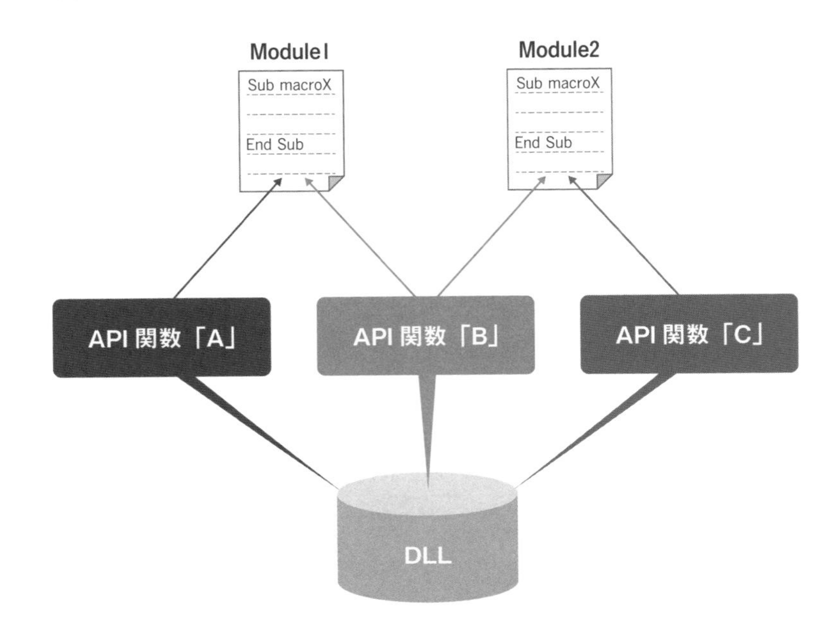

636 2種類のWindows APIについて知りたい

サンプルファイル なし

365 2019 2016 2013

構文

考え方

OSのアーキテクチャによって異なるAPIの仕組みを理解する

2020年現在、Windows上で利用できるAPIは、大きく分けて2種類のものが存在します。1つは、32ビット版WindowsのAPI（Win32 API）、もう1つは、64ビット版WindowsのAPI（Win64 API）です。

Win32 APIとWin64 APIは、基本的な仕組みや呼び出し方、関数名といった内容はほぼ同じなのですが、渡す引数や受け取る戻り値のサイズが異なる場合が多くあります。VBAにも、この違いを吸収するための特別なデータ型が用意されています（次トピックで紹介）。

Win32 APIとWin64 APIのどちらが利用できるかは、実行する環境によって変わってきます。そのため、APIを利用するコードも環境によって異なってきます。基本的にWin64 API用のコードは、そのままではWin32 API環境では動きませんし、逆の場合も同様です。

そこで本書では、数が多いであろう環境の「Win64 APIが使えるOSの環境、かつ、VBA7.0以上（Excel2000以上）」を前提に、Win64 APIのサンプルコードを提示しながらWin64 APIについて解説していくこととします。

なお、もし本書のサンプルをWin32 API環境で利用したい場合は、サンプルコードに次の2つの修正を加えて下さい。

1. PtrSafeキーワードを削除する
2. LongPtr型の定義をLong型に変更する

ほぼすべてのサンプルが動作するはずです。なお、PtrSafeキーワードとLongPtr型に関する詳しい用途や仕組みの解説は、次ページ以降をご覧ください。

Windows APIをVBAから使用できるようにしたい

サンプルファイル なし

構文	ステートメント	説明
	Declareステートメント	指定API関数をリンクして使用できるようにする

VBAからAPI関数を利用するには、まず、Declareステートメントを使ってどのAPI関数を利用したいのかを宣言し、リンクします。

API関数はDLLとして提供されていますが、「呼び出したいAPI関数がどのライブラリにあるのか」「どのような引数をAPI関数に渡せばよいのか」等の定義を、Declareステートメントを使って宣言します。

たとえば、以下の構文はGetDriveType関数の宣言ステートメントです。整理しやすいように改行を入れてありますが、1行で記述することもできます。

```
Declare PtrSafe Function GetDriveType Lib "kernel32" _ ―――❶
Alias "GetDriveTypeA" ( _ ―――❷
    ByVal sDrive As String _ ―――❸
) As LongPtr ―――❹
```

1. 関数名と格納されているライブラリ名の指定

関数名を、PtrSafeキーワードとFunctionキーワードとともに指定します。すなわち、多くのAPI関数はFunctionプロシージャなのです。ただし、まれに戻り値のない関数がありますが、その場合にはSubプロシージャで指定します。

続けて、Libキーワードとともに API関数が格納されているDLLを指定します。これがないと、API関数の所在がVBAにはわかりません。「DLLはKernel32.dllである」と指定しています。

2. DLLで公開されている正式な関数名の指定

APIは、DLLの中では別の名前で公開されているケースがあります。その場合には、Aliasキーワードと共に公開されている関数名を宣言します。ちなみにGetDriveType関数は、「GetDriveTypeA(ANSI用)」と「GetDriveTypeW(Unicode用)」の2つの関数名がDLLの中で公開されており、「GetDriveType」という関数は実際には存在しません。ここでは2つの関数の中から「GetDriveTypeA」を選択しています。

3. 引数の指定

API関数に引き渡す引数を定義します。

4. 戻り値のデータ型の指定

GetDriveType関数は、「LongLong型（符号付き64ビットの数値）」の値を返します。VBAでLongLong型の値を扱うには、「LongPtr型」で受け取ります（後述）。

なお、APIはOSのアーキテクチャによって、扱うデータのサイズが変わります。32ビット版WindowsのAPI（Win32 API）と、64ビット版WindowsのAPI（Win64 API）では、引数や戻り値のサイズが異なる場合があります。

たとえば、GetDriveType関数の戻り値は、Win64 APIの場合は64ビットの「LongLong型」のサイズの値を返し、Win32 APIの場合は、32ビットの「Long型」のサイズの値を返します。

この違いを吸収するため、VBA7.0以降（Excel2010以降）では、❹の部分で利用している「LongPtr型」というデータ型が用意されています。LongPtr型は、32ビット環境では内部的にLong型のサイズで値を扱い、64ビット環境では内部的にLongLong型のサイズで値を扱う特殊なデータ型です。

また、Win64 APIを扱う場合には、❶の関数名の宣言部分で、PtrSafeキーワードを含める必要があります。こちらも、VBA7.0以降で利用できます。

本書では、前述の宣言文を始め、Win64 API・VBA7.0以上の環境でのコードを紹介します。

ちなみに、本書のサンプルコード、サンプルファイルでは、API関数の宣言をはじめ、APIで利用する構造体・定数の宣言は、Module0でまとめて行っています。本文中や、サンプルのModule1以降のモジュールを見ても、どこにも関数と構造体は記述されていないので注意してください。なお、具体的なAPI関数の宣言方法は、サンプルファイル内のModuleの内容をご覧ください。

アプリケーションの重複起動を回避したい

サンプルファイル 638.xlsm

365 2019 2016 2013

メモ帳が起動していなければ起動する

構文

API関数	説明
FindWindow関数	指定クラス名のウィンドウを取得

Shell関数でメモ帳を起動するプロシージャを作成し、ボタンに登録するケースを想定してみましょう。この場合、メモ帳が起動済みであるかどうかを判断しないと、ボタンをクリックするたびに次々にメモ帳が起動してしまいます。この重複起動を回避してみましょう。

次のサンプルは、メモ帳が起動していなかったらメモ帳を起動します。

```
Dim strClassName As String, hwnd As LongPtr
'メモ帳のクラス名を指定
strClassName = "Notepad"
'メモ帳のウィンドウハンドルを取得
hwnd = FindWindow(strClassName, vbNullString)
'ウィンドウハンドルが取得できた場合は起動しない
If hwnd <> 0 Then
    MsgBox "メモ帳はすでに起動しています"
    Exit Sub
End If
'メモ帳を起動する
Shell "Notepad.exe", vbNormalFocus
```

サンプルの結果

アプリケーションが終了するまで待機したい

サンプルファイル 639.xlsm

365 2019 2016 2013

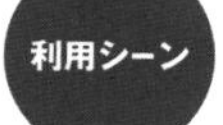

メモ帳での作業が終わるまで待機する

構文

API関数	説明
GetExitCodeProcess関数	プロセスの実行状態を取得

VBAでは、Shell関数でアプリケーションを起動した場合、そのアプリケーションが終了しなくても次のステートメントを実行してしまいます。これを非同期実行といいます。

次のサンプルは、Shell関数で起動したメモ帳が終了するまでプロシージャの実行を中断するものです。メモ帳の終了が認識できるまでDoEvents関数でWindowsに制御を戻し続ける「ポーリング」という手法で、非同期実行を回避しています。

```
Dim notepadID As Long            'ノートパッドのタスクのID
Dim notepadProcess As LongPtr    'ノートパッドのプロセスハンドル
Dim exitCode As Long             '終了コード
MsgBox "メモ帳が起動したのを確認したらメモ帳を終了してください"
'メモ帳を起動する
notepadID = Shell("Notepad.exe", vbNormalFocus)
'Shell関数で起動したメモ帳のプロセスハンドルを取得
notepadProcess = OpenProcess(PROCESS_QUERY_INFORMATION, 1,notepadID)
'GetExitCodeProcess関数でプロセスの終了状態を取得し、
'終了していない間はDoEventsでOSに制御を戻す
Do
    GetExitCodeProcess notepadProcess, exitCode
    DoEvents
Loop While exitCode = STILL_ACTIVE
'オープンしているオブジェクトハンドルをクローズする
CloseHandle notepadProcess
MsgBox "メモ帳が終了しました"
```

サンプルの結果

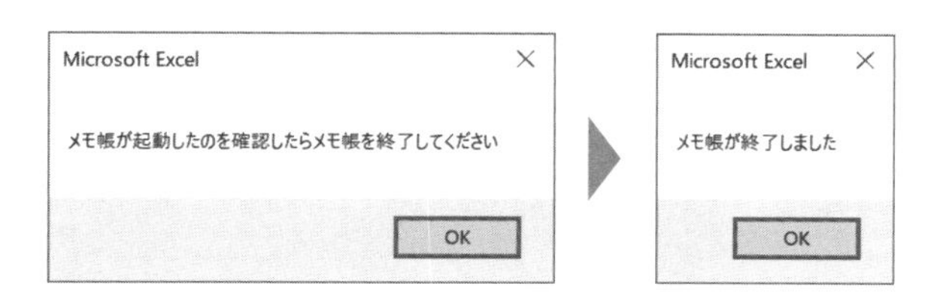

すべてのメモ帳を閉じたい

サンプルファイル 640.xlsm

365 2019 2016 2013

起動中のメモ帳をまとめて閉じる

構文

API関数	説明
SendMessage関数	指定アプリケーション（ウィンドウ）にメッセージを送信する

メッセージキューを介さずに直接ウィンドウにメッセージを送るときにはSendMessage関数を使います。ここでは、SendMessage関数を使って、特定のアプリケーションを閉じる方法の例として、メモ帳を閉じる方法を紹介します。

次のサンプルでは、すべてのメモ帳を閉じるために、Do While...Loopを使って、FindWindow関数がメモ帳のアプリケーションウィンドウのハンドルを返せなくなるまで、メモ帳を閉じ続けています。

SendMessage関数で送信するメッセージ（設定）は、サンプルファイル内のModule0で定義してある定数「WM_SYSCOMMAND」「SC_CLOSE」の値を利用しています。それぞれ「システムコマンドを使用」「『閉じる』システムコマンド」に相当する値です。

```
Dim hwnd As LongPtr           'メモ帳のウィンドウハンドル
'メモ帳のウィンドウハンドルを取得
hwnd = FindWindow("Notepad", vbNullString)
If hwnd = ERROR_SUCCESS Then
    MsgBox "メモ帳は起動していません", vbExclamation
    Exit Sub
End If
'「メモ帳」のハンドルが返せなくなるまで「閉じる」メッセージを送信
Do While hwnd <> ERROR_SUCCESS
    SendMessage hwnd, WM_SYSCOMMAND, SC_CLOSE, 0
    hwnd = FindWindow("Notepad", vbNullString)
    DoEvents
Loop
```

641 ウィンドウを前面に表示したい

サンプルファイル 641.xlsm

365 2019 2016 2013

利用シーン メモ帳を画面の一番上に表示する

構文

API関数	説明
SetForegroundWindow関数	指定アプリケーション（ウィンドウ）を最前面に表示

SetForegroundWindow関数は、アプリケーションウィンドウのハンドルを引数として渡すだけで、特定のアプリケーションを最前面に表示することができます。

SetForegroundWindow関数は、戻り値を持たないため、Subプロシージャとして定義しますが、その使用法は非常に容易です。これを機会に覚えておきましょう。

次のサンプルは、起動中のメモ帳のウィンドウハンドルを取得し、画面の前面に表示します。FindWindow関数（トピック638参照）を使ってメモ帳のウィンドウハンドルを取得したら、あとはその値をSetForegroundWindow関数の引数に指定するだけです。ウィンドウハンドルを取得するアプリケーションを変更すれば、好みのアプリケーションを前面に表示できますね。

```
Dim hwnd As LongPtr
'対象のウィンドウハンドルを取得
hwnd = FindWindow("Notepad", vbNullString)
If hwnd = 0 Then
    MsgBox "メモ帳は起動していません", vbExclamation
    Exit Sub
End If
'指定ウィンドウを前面に表示
SetForegroundWindow hwnd
```

POINT ▶▶ ウィンドウハンドルはHwndプロパティから取得できる

ExcelのWindowオブジェクトにはHwndプロパティが用意されています。これは、そのウィンドウのウィンドウハンドルを返すプロパティです。Excelの任意のウィンドウを対象にAPIを利用した場合に覚えておくと便利なプロパティです。

ファイルやフォルダーをごみ箱に移動したい

サンプルファイル 642.xlsm

365 2019 2016 2013

テキストファイルをまとめて「ごみ箱」に移動

構文

API関数	説明
SHFileOperation関数	ファイル操作に関する処理を実行する

VBAではKillステートメントを使うと、指定したファイルを削除できます。しかしこの場合、削除したファイルはごみ箱に移動せずにそのままディスクから消滅してしまいます。

そこでSHFileOperation関数の出番です。次のサンプルプログラムは、フォルダー「C:¥Macro」と、その中のファイルをすべてごみ箱に移動するものです。もちろん、ごみ箱から「元に戻す」を選択すれば、復元することができます。

```
'動作方法を指定する構造体を生成
Dim udtSHFILEOPSTRUCT As SHFILEOPSTRUCT
With udtSHFILEOPSTRUCT
    .hwnd = Application.hwnd
    .wFunc = FO_DELETE              '操作内容を「削除」に設定
    .pFrom = "C:¥Macro"             '削除するフォルダを指定
    .fFlags = FOF_ALLOWUNDO         '「ごみ箱」から復元可能に設定
End With
'ファイルの削除を実行
SHFileOperation udtSHFILEOPSTRUCT
```

サンプルの結果

643 画面解像度を取得したい

サンプルファイル 643.xlsm

365 2019 2016 2013

画面の解像度を取得して ウィンドウの位置や大きさを調整

構文

API関数	説明
GetSystemMetrics関数	画面の解像度を取得

GetSystemMetrics関数は、極めて用途の広いシステムメトリック関数です。ここでは、画面の解像度を取得する方法を解説します。ちなみに、システムメトリックとは、画面のデザインを構成する要素のサイズのことです。

なお、GetSystemMetrics関数は値をピクセル単位で返します。

```
Dim rc1 As Long, rc2 As Long
rc1 = GetSystemMetrics(SM_CXSCREEN)
rc2 = GetSystemMetrics(SM_CYSCREEN)
MsgBox "画面の解像度: " & rc1 & " * " & rc2
```

このサンプルプログラムを筆者の環境で実行したら、次のダイアログボックスが表示されました。

サンプルの結果

Excelの［閉じる］ボタンを無効にしたい

サンプルファイル 644.xlsm

365 2019 2016 2013

誤操作によってExcelが閉じられてしまうのを防ぐ

構文

API関数	説明
DeleteMenu関数	ウィンドウの特定のメニューを削除

DeleteMenu関数を使うと、Excelのタイトルバー右端の［×］ボタンを無効にすることができます。本テクニックは、システムメニューの Alt ＋ F4 キー（閉じる）を使用不能にすることによって、連動してタイトルバーの［×］ボタンも無効にするものです。

ポイントは、DeleteMenu関数の第2引数にSC_CLOSEを指定している点です。これで、Excelの［×］ボタンは無効になります。

```
Dim hMenu As LongPtr
'ウィンドウのメニューに関する情報を取得
hMenu = GetSystemMenu(Application.hwnd, 0&)
'［閉じる］ボタンを無効にする
DeleteMenu hMenu, SC_CLOSE, MF_BYCOMMAND
'ウィンドウのメニューバーを再描画
DrawMenuBar Application.hwnd
```

なお、元に戻すには、ウィンドウメニューをリセットした上で再描画します。

```
'ウィンドウのメニューをリセットする
hMenu = GetSystemMenu(Application.hwnd, 1&)
'ウィンドウのメニューバーを再描画
DrawMenuBar Application.hwnd
```

ユーザーフォームの[閉じる]ボタンを無効にしたい

サンプルファイル 645.xlsm

365 2019 2016 2013

誤操作によってユーザーフォームが閉じられてしまうのを防ぐ

構文

API関数	説明
DeleteMenu関数	ウィンドウの特定のメニューを削除

前トピックではExcelの［×］ボタンを無効にしましたが、今度は任意のユーザーフォームの［×］ボタンを無効にしてみましょう。FindWindow関数でユーザーフォームのウィンドウハンドルを取得し、その値を前トピックと同様に利用すればOKです。

サンプルではユーザーフォームを初期化したタイミングで、［×］ボタンを無効にしています。

```
Private Sub UserForm_Initialize()
    Dim hwnd As LongPtr, hMenu As LongPtr
    'ユーザーフォームのウィンドウのハンドルを取得
    hwnd = FindWindow("ThunderDFrame", Me.Caption)
    'ウィンドウに関する情報を取得
    hMenu = GetSystemMenu(hwnd, 0&)
    '［×］ボタンを無効にする
    DeleteMenu hMenu, SC_CLOSE, MF_BYCOMMAND
    'ウィンドウのメニューバーを再描画
    DrawMenuBar hwnd
End Sub
```

サンプルの結果

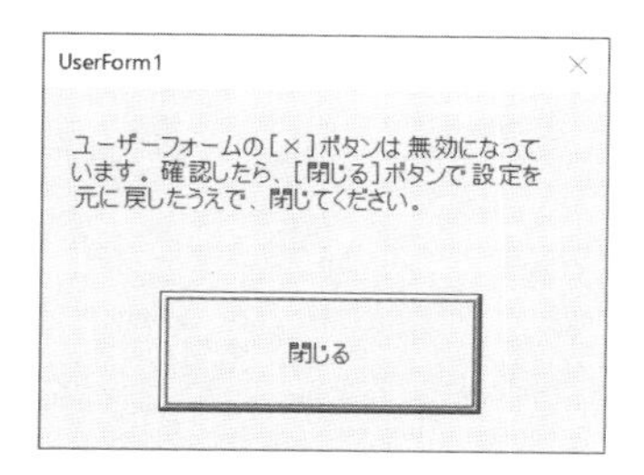

ユーザーフォームの[閉じる]ボタンを消去したい

サンプルファイル 646.xlsm

365 2019 2016 2013

誤操作によってユーザーフォームが閉じられてしまうのを防ぐ

構文

API関数	説明
GetWindowLongPtr関数	ウィンドウに関する情報を取得
SetWindowLongPtr関数	ウィンドウに関する情報を設定

ユーザーフォームの[×]ボタンを消去してしまうには、GetWindowLongPtr関数とSetWindowLongPtr関数とを利用します。

```
Private Sub UserForm_Initialize()
    Dim hwnd As LongPtr, newLong As LongPtr
    'ウィンドウのハンドルを取得
    hwnd = FindWindow("ThunderDFrame", Me.Caption)
    'ウィンドウに関する情報を取得
    newLong = GetWindowLongPtr(hwnd, GWL_STYLE)
    'ウィンドウの属性を変更
    SetWindowLongPtr _
        hwnd, _
        GWL_STYLE, _
        newLong And (Not WS_SYSMENU)
    'ウィンドウのメニューバーを再描画
    DrawMenuBar hwnd
End Sub
```

サンプルの結果

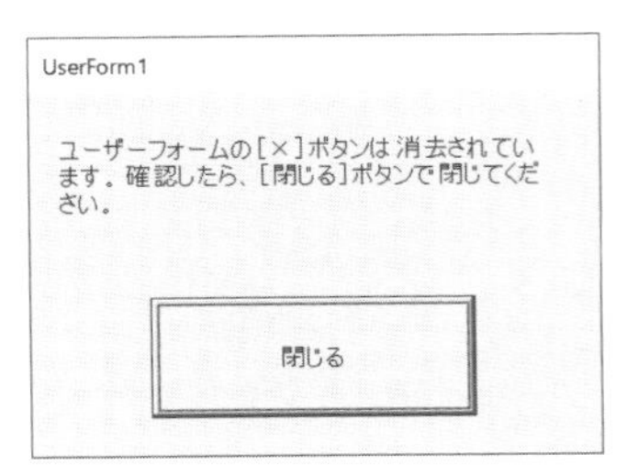

647 ユーザーフォームの最大化・最小化・リサイズを可能にしたい

サンプルファイル 647.xlsm

365 2019 2016 2013

利用シーン

実行時にドラッグ操作でサイズを調整できるユーザーフォームを作成

構文

API関数	説明
GetWindowLongPtr関数	ウィンドウに関する情報を取得
SetWindowLongPtr関数	ウィンドウに関する情報を設定

VBAのユーザーフォームには最大化・最小化ボタンがありません。また、表示されているユーザーフォームのサイズを、ユーザーが手作業で変更することもできません。これを可能にするためには、SetWindowLongPtr関数を次のように使います。

```
Private Sub UserForm_Initialize()
    Dim hwnd As LongPtr, newLong As LongPtr
    'ウィンドウのハンドルを取得
    hwnd = FindWindow("ThunderDFrame", Me.Caption)
    'ウィンドウに関する情報を取得
    newLong = GetWindowLongPtr(hwnd, GWL_STYLE)
    'ウィンドウの設定を更新し、再描画
    SetWindowLongPtr _
        hwnd, _
        GWL_STYLE, _
        newLong Or WS_THICKFRAME Or WS_MAXIMIZEBOX Or WS_MINIMIZEBOX
    DrawMenuBar hwnd
End Sub
```

サンプルの結果

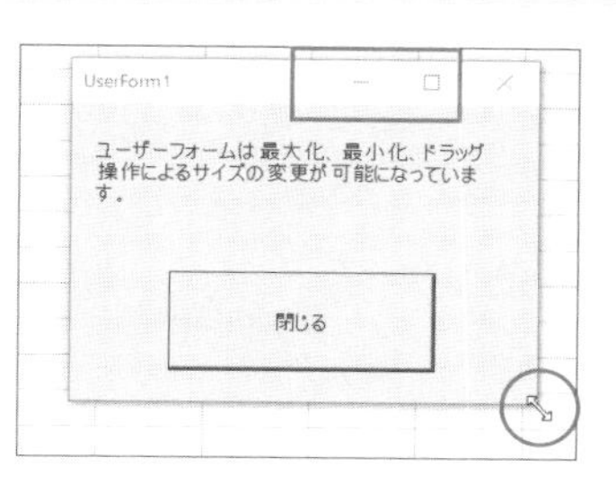

648 ミリ秒単位でコードの実行速度を計測する

サンプルファイル 648.xlsm

365 2019 2016 2013

利用シーン 一連のコードにかかる時間をミリ秒単位で確認

構文

API関数	説明
GetTickCount関数	システム起動後の経過時間をミリ秒単位で返す

どのようなロジックにしたらプログラムがより高速になるか。たとえば、Excelで目的の文字列を検索するときに、「セルを順番にループしながら検索する」「Findメソッドを使う」「Matchワークシート関数を使う」の3つの方法が考えられますが、どの検索方法がもっとも高速なのかを知りたい。このように、コードの実行速度を精密に計測しなければならないケースに直面することもあります。

VBAにはTimer関数がありますので、これを使っても速度はわかりますが、APIのGetTickCount関数でも速度の計測が可能です。この関数を使えば、コードの実行速度をミリ秒単位で計測可能です。

```
Dim lngTimer1 As Long, lngTimer2 As Long
'現在時間の取得
lngTimer1 = GetTickCount()
MsgBox "［OK］を押してください"
'経過時間の取得
lngTimer2 = GetTickCount() - lngTimer1
MsgBox "［OK］を押すまでに "  & lngTimer2 & " ミリ秒かかりました"
```

サンプルの結果

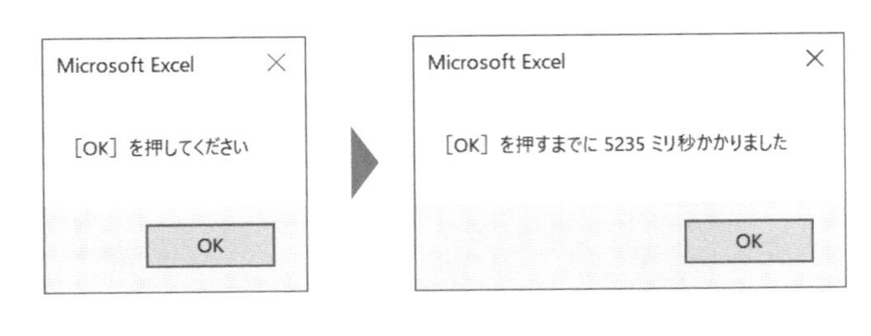

649 ミリ秒単位でコードの実行を中断する

サンプルファイル 649.xlsm

365 2019 2016 2013

利用シーン 非同期処理を実行する際にマクロの実行を一時待機する

構文

API関数	説明
Sleep関数	指定ミリ秒実行を停止する

VBAでは、Waitメソッドでコードの実行を中断することができますが、時刻の差を利用するWaitメソッドでは、秒単位でしか中断時間を制御できません。

しかし、APIのSleep関数を使えば、VBAでもミリ秒単位でコードの実行を中断することができます。

Sleep関数は、戻り値を持たない非常に単純な関数です。次のサンプルプログラムでは、100ミリ秒ごとにセルの背景色を上から下に移動しています。

```
Dim i As Long
For i = 1 To 20
    Cells(i, 1).Interior.ColorIndex = 3
    Sleep 100
    Cells(i, 1).Interior.ColorIndex = xlNone
    Sleep 100
Next i
MsgBox "処理を完了しました"
```

サンプルの結果

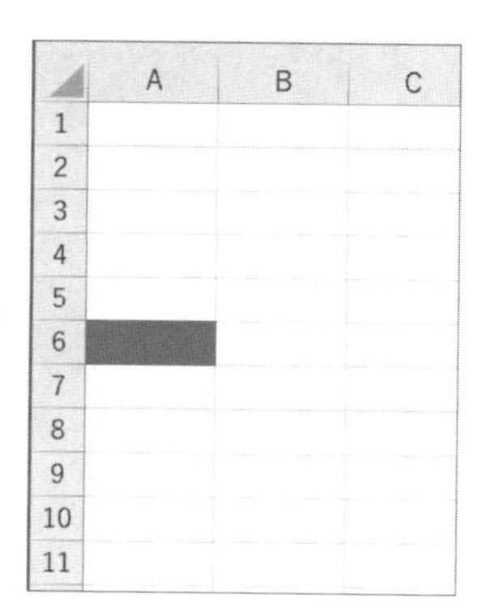

650 拡張子に関連付けられているプログラムを知りたい

サンプルファイル 650.xlsm

365 2019 2016 2013

実行環境での拡張子とファイルの関連付けを確認する

構文

API関数	説明
FindExecutable関数	ファイルに関連付けられたプログラムのパスを取得

Windowsでは、拡張子ごとに利用するファイルとプログラムが関連付けられています。この関連付けは、APIのFindExecutable関数から取得可能です。

次のサンプルは、拡張子「*.txt」に関連付けられているプログラムを取得します。

```
Dim strFile As String, strDirectory As String, result As LongPtr
Dim strResult As String * MAX_PATH  'プログラム名を受け取るバッファ
'調べたい拡張子を持つ適当なファイルを作成
strFile = "存在しない名前.txt"
Open strFile For Output As 1
Close #1
'関連付けられているプログラム名とハンドルを取得
result = FindExecutable(strFile, CurDir, strResult)
If result > 32 Then                    '関数呼び出し成功
    MsgBox "拡張子 txt に関連付けられたファイル: " & _
           Left(strResult, InStr(strResult, vbNullChar) - 1)
Else
    MsgBox "関連付けられているプログラムがない、もしくはエラーです"
End If
Kill strFile    '一時的なファイルを削除
```

サンプルの結果

INDEX

記号・数字

*……273
?……273, 731
¥……338
=……670
:……713, 732
;……392
"……76, 346
#Constディレクティブ……736
#Ifディレクティブ……736
#table関数……258
#VBA7定数……737
#Win64定数……737
1次元配列……540
2次元配列……518, 676
32ビット版……771
64ビット版……737, 771

A

A1形式……525
AboveAverageオブジェクト……324
AboveBelowプロパティ……324
Access……189, 235, 414
Access.Database関数……235
ACE……189
Activateイベント……666
ActivePrinterプロパティ……441
ActiveSheetプロパティ……495
ActiveWorkbook……450
Addメソッド……300, 486
Add2メソッド……149, 300
AddAboveAverageメソッド……324
AddChart2メソッド……301
AddCommentメソッド……86
AddCommentThreadedメソッド……90
AddFromFileメソッド……752
AddFromStringメソッド……752
AddinInstallイベント……611
AddInオブジェクト……609
AddInsコレクション……609
AddinUninstallイベント……612
AddNewメソッド……414
AddReplyメソッド……92
Addressプロパティ……49, 525
AddShapeメソッド……371
AddToMru……457
AddTop10メソッド……323
AddUniqueValues……605
Adjustmentsプロパティ……381
ADODB……176
AdvancedFilterメソッド……291
ANSI……396
API……770
Append……395
AppendChildメソッド……397
Applicationオブジェクト……57, 595, 724, 757
ApplyDataLabelsメソッド……313
Applyメソッド……264
Areasコレクション……46
Arrangeメソッド……478
Array関数……158, 263, 675
Asキーワード……670
ATOM……208
Authorオブジェクト……93
Authorプロパティ……93
AutoFilterメソッド……270, 600
AutoFilterModeプロパティ……270
AutoFitメソッド……343, 364
AutoSaveOnプロパティ……455
AutoShapeTypeプロパティ……380
AvailableSpaceプロパティ……575
AxisGroupプロパティ……307
Axisオブジェクト……313

B

bas……747, 749
BeforeCloseイベント……470
BeforeDoubleClickイベント……625
BeforePrintイベント……443
BeforeRightClickイベント……309
BeforeSaveイベント……455
BeginTransメソッド……420
BOM……743
Boolean型……671, 699
Bordersプロパティ……340
BottomRightCellプロパティ……51
BrowseForFolderメソッド……558
Buildプロパティ……745
BuiltinDocumentPropertiesプロパティ……467

Busyプロパティ……200
ByRefキーワード……695
Byte型……671, 699
ByValキーワード……695

C

CalculateBeforeSaveプロパティ……475
Calculationプロパティ……524
CallByName関数……211
Callステートメント……626, 693
Cancelプロパティ……633
Captionプロパティ……476, 627
Cellsプロパティ……30, 31
CentimetersToPointsメソッド……434
Changeイベント……395, 638
Charactersプロパティ……345
CharacterTypeプロパティ……96
Charsetプロパティ……177
ChartObjectsプロパティ……303
Chartプロパティ……303
Chartsコレクション……300
Chartsオブジェクト……303
ChartTitleオブジェクト……306
ChDirステートメント……553
CheckBoxesメソッド……661
CheckBoxコントロール……637
CircleInvalidメソッド……110
Clearメソッド……718
ClearAllFiltersメソッド……149
ClearCirclesメソッド……110
ClearCommentsメソッド……94
ClearContentsメソッド……61
ClearHyperlinksメソッド……117
Clickイベント……613, 632
CodeModuleオブジェクト……750
CodeModuleプロパティ……750
CodeNameプロパティ……489
Collection型……699
Collectionオブジェクト……541, 682
ColorIndexプロパティ……376
Colorプロパティ……376
ColumnCountプロパティ……643
Columnsプロパティ……31
ColumnWidthプロパティ……365
ComboBoxコントロール……650
CommandButtonオブジェクト……652
CommandButtonコントロール……632
Commentオブジェクト……85, 86
Commentプロパティ……86
CommentsThreadedコレクション……94
CommentThreadedオブジェクト……85, 90
CommentThreadedプロパティ……90
CommitTransメソッド……420
CONCATワークシート関数……74, 512
Constステートメント……670
ControlFormatプロパティ……657
Controlsオブジェクト……652
Controlsプロパティ……628, 637
CopyFromRecordsetメソッド……191
CopyHereメソッド……560
Copyメソッド……491
CopyPictureメソッド……538
CopyToRange……296
COUNTIFワークシート関数……511, 534
Countメソッド……477
Countプロパティ……35, 46, 53, 146, 357
CountOfDeclarationLinesプロパティ……750
CountOfLinesプロパティ……750
CreateElementメソッド……398
CreateFieldメソッド……416
CreateFolderメソッド……577
CreatePivotTableメソッド……327
CreateProcessingInstructionメソッド……397
CreateTextFileメソッド……569
CreateTextNodeメソッド……398
Criteria1……273, 281
CSV形式……170, 236, 390
Csv.Document関数……236
CurDirステートメント……552
CurLineプロパティ……636
Currency型……671
CurrentRegionプロパティ……34

D

DAO……189, 414
Date型……671, 699
Date関数……77
DataBaseオブジェクト……189
DataBodyRangeプロパティ……141
DataRangeプロパティ……331
DataSeriesメソッド……269
DateAdd関数……80

DateSerial関数……73, 79
DateValue関数……74
Day関数……77
DBEngineオブジェクト……189, 415
DCOUNTAワークシート関数……127
Deactivateイベント……500
Debug.Assertステートメント……735
Debug.Printステートメント……728
Declareステートメント……772
decodeURI……206
Defaultプロパティ……633
Deleteメソッド……493
DeleteLinesメソッド……752
DeleteMenu関数……780
DeleteSettingステートメント……550
Dictionaryオブジェクト……684
Dimステートメント……670, 678
Dir関数……168
Discriptionプロパティ……716
DisplayFormulasプロパティ……597
DisplayGridlinesメソッド……597
DisplayPageBreaksプロパティ……439, 599
DisplayStatusBarプロパティ……598
DLL……770
Do…Loopステートメント……49
Documentオブジェクト……202, 404
Documentプロパティ……202
DoEvents関数……775
DOMDocumentオブジェクト……186, 209, 397, 423
DOSコマンド……755
Double型……671, 699
DrawingObjectsプロパティ……383
DriveLetterプロパティ……574
Drivesプロパティ……574
DriveTypeプロパティ……574
DropDownsメソッド……660
Duplicateメソッド……382
Duplicateプロパティ……308

E

Enabledプロパティ……630
EnableEventsプロパティ……458, 522
EncordURLワークシート関数……205
Endプロパティ……50, 142
Endステートメント……722
Enterイベント……651
EnterKeyBehaviorプロパティ……635
EntireColumnプロパティ……40
EntireRowプロパティ……39
Enumステートメント……686
EOSプロパティ……180
Eraseステートメント……521
Err.Number……106
Err関数……716
ErrObjectオブジェクト……716
ErrorMessageプロパティ……105
ErrorTitleプロパティ……105
Evaluateメソッド……129, 731
Excel.CurrentWorkbook関数……221
Excel.Workbook関数……223, 228
Excel8CompatibilityModeプロパティ……453
Excelアドイン……607
Excelバージョン……745
Execメソッド……756
Executeメソッド……357, 418
EXIF情報……743
Existsメソッド……685
Exit Subステートメント……454, 722
ExportAsFixedFormatメソッド……444
Exportメソッド……386, 445, 747

F

FieldInfo……172
Fieldsコレクション……192
Fileオブジェクト……567
File.Contents関数……223
FileDialogオブジェクト……557
FileDialogプロパティ……557
FileSystemObjectオブジェクト……564
FILTERワークシート関数……513
FilterModeプロパティ……278
Findメソッド……47, 118, 159
FindExecutable関数……786
FindFileメソッド……555
FindFormatオブジェクト……119
FindNextメソッド……48
FindWindow関数……774
FitToPagesTallプロパティ……435
FitToPagesWideプロパティ……435
Folder.Files関数……242
FolderExistsメソッド……577
Folderオブジェクト……567

Foldersコレクション……572
Followメソッド……115
FontStyleプロパティ……345
For Eachステートメント……165
For Each Nextステートメント……520
ForeColorプロパティ……375
FormatConditionオブジェクト……320
FormatConditionsコレクション……320
Format関数……81, 347, 394
Formulaプロパティ……67, 150
Formula2プロパティ……129
FormulaArrayプロパティ……66
FormulaBarHeightプロパティ……742
FormulaR1C1プロパティ……65
Frameコントロール……642
FreeFile関数……392
FreezePanesプロパティ……480
FSO……564
FullNameプロパティ……459
Functionキーワード……772
Functionプロシージャ……697, 706

G

GetAllSettingsステートメント……549
GetBaseNameメソッド……567
GetChartElement……316
GetExitCodeProcess関数……775
GetFileメソッド……566, 578
GetFolderメソッド……566
GetOpenFilenameメソッド……554
GetPhoneticメソッド……97
GetPivotDataメソッド……333
GetSaveAsFilenameメソッド……556
GetSettingステートメント……549
GetSystemMetrics関数……779
GetTickCount……759
GetTickCount関数……784
GetWindowLongPtr関数……782
GoToメソッド……57, 58
GoToステートメント……723

H

HasArrayプロパティ……68
HasFormulaプロパティ……68
HasSpillプロパティ……130
HasTitleプロパティ……306
HasVBProjectプロパティ……464
Headerプロパティ……262
HeaderRowRangeプロパティ……141
Heightプロパティ……304, 373, 627
Hideメソッド……623
Hour関数……77
HPageBreaksオブジェクト……439
HTML……202, 422
Hwndプロパティ……777
HyperLinksコレクション……112

I

Importメソッド……749
Initializeイベント……640, 707
InputBoxメソッド……606
InputMessageプロパティ……104
InputTitleプロパティ……104
InsertLinesメソッド……752
Installedプロパティ……609
InStr関数……89
InStrRev関数……460
Integer型……671, 699
Internet Explorer……199
InternetExplorerオブジェクト……199
Intersect関数……625
Intersectメソッド……45
IsAddinプロパティ……615
IsDate関数……63
IsEmpty関数……61
IsError関数……69
IsMissing関数……700
IsNumeric関数……62
IsReadyプロパティ……576
Itemsコレクション……741
Itemsプロパティ……685

J

Jet……189
Join関数……681
JScript……206, 211
Json.Document関数……239
JSON形式……211, 239, 431

K

Keysプロパティ……685
Killステートメント……778

L

Labelコントロール……631
LabelRangeプロパティ……331
LBound関数……677
LCase関数……496
Left関数……348
Leftプロパティ……304, 373
Len関数……61
Libキーワード……772
Like演算子……359, 511
Lineプロパティ……377
LineSeparatorプロパティ……178
Linesプロパティ……750
LineStyleメソッド……340
List.Transform関数……246
ListBoxコントロール……643
ListBoxesメソッド……659
ListColumnコレクション……146
ListCountメソッド……647
ListIndexプロパティ……645
ListObjectsコレクション……136
ListObjectsオブジェクト……140
ListObjectsプロパティ……139
Listプロパティ……643, 645
ListRowsコレクション……143
ListRowsオブジェクト……144, 145
ListRowsプロパティ……145
LoadFromFileメソッド……176
LoadXMLメソッド……425
Lockedメソッド……601
Long型……671, 699
LongPtr型……771
LSetステートメント……720
LTrim関数……349

M

MatchByte……350
Matchesコレクション……357
MATCHワークシート関数……123, 360
MaximumScaleプロパティ……313
Meキーワード……500, 710
MergeAreaプロパティ……43
MergeCellsプロパティ……43
Microsoft ActiveX Data Objects Library……176
Microsoft Internet Control……199
Microsoft Office Access database engine Object Library……189
Microsoft Scripting Runtime……564
Microsoft Shell Controls And Automation……560
Microsoft Visual Basic for Application Extensibility……748
Microsoft XML……186
MinimumScaleプロパティ……313
Minute関数……77
Modifyメソッド……109
Month関数……77
MouseDownイベント……316
Moveメソッド……196, 487
MoveNextメソッド……196
MsoAutoShapeType列挙……372
MSXML2.DOMDocument……186
MultiLineプロパティ……635
MultiSelectプロパティ……647
MultiUserEditingプロパティ……466
M数式言語(M言語)……217

N

Nameオブジェクト……537
Nameプロパティ……93, 136, 461, 488
NBSP……344
NetworkDays_Intlメソッド……82
NewWindowメソッド……476
Nextプロパティ……494
Now関数……77
Numberプロパティ……716
NumberFormatプロパティ……72, 339
NumberFormatLocalプロパティ……338

O

Object型……671, 699
ObjectThemeColorプロパティ……375
Offsetプロパティ……158
OLEプログラム識別子……654
On Error GoToステートメント……713
On Error GoTo 0ステートメント……714
On Errorステートメント……714
On Error Resume Nextステートメント……106, 715
OnActionプロパティ……309, 664
OnKeyメソッド……595
OnTimeメソッド……386, 757
Openイベント……458

Openメソッド……167, 451
Openステートメント……392
OpenDatabaseメソッド……190
OpenRecordsetメソッド……191
OpenTextメソッド……170
OperatingSystemプロパティ……745
Option Base 1ステートメント……679
Option Explicitステートメント……752
Optionalキーワード……698
OptionButtonコントロール……641
OptionButtonsメソッド……661
Orientationプロパティ……329
Origin……175
OS名……744

P

PageBreakメソッド……438
PageSetupオブジェクト……435, 436
Paneオブジェクト……477
Panesコレクション……477
Paragraphオブジェクト……405
Paragraphプロパティ……405
ParamArrayキーワード……701
Parametersプロパティ……194
ParentFolderオブジェクト……581
ParentFolderプロパティ……567
Passwordプロパティ……473
Pasteメソッド……539
PasteExcelTableメソッド……403
PasteSpecialメソッド……174, 602
Patternプロパティ……120, 357
PDF……444
Pdf.Tables関数……240
Phoneticコレクション……98
Phoneticプロパティ……95
PHONETICワークシート関数……354
PivotCacheオブジェクト……327
PivotItemコレクション……334
PivotItemオブジェクト……331
PivotSelectメソッド……332
Pointオブジェクト……312
Pointsプロパティ……313
Power Query……214
Power Queryエディター……217
PowerPoint.Application……409
PowerPointプレゼンテーション……409
PowerShell……207
Precedentsプロパティ……70
Presentationオブジェクト……411
Previousプロパティ……494
Print #ステートメント……392
PrintCommunicationプロパティ……442
PrintGridlinesプロパティ……440
PrintHeadingsプロパティ……440
PrintOutメソッド……432
Priorityプロパティ……326
ProcBodyLineプロパティ……750
ProcCountLinesプロパティ……750
ProcOfLineプロパティ……750
ProcStartLineプロパティ……750
Property Getステートメント……704
Property Letステートメント……704
Property Setプロシージャ……705
Protectメソッド……496
ProtectStructureプロパティ……465
ProtectWindowsプロパティ……465
PtrSafeキーワード……737, 771, 772
Publicステートメント……671, 704

Q

Queriesコレクション……215
QueryCloseイベント……624
QueryTableオブジェクト……184, 219

R

Rangeプロパティ……30, 31
RangeSelectionプロパティ……33
ReadAllメソッド……571
ReadOnlyプロパティ……454
ReadTextメソッド……176
ReadyStateプロパティ……200
Recordsetオブジェクト……191, 193, 414
ReDimステートメント……678
ReDim Preserveステートメント……678
Refreshメソッド……185, 219
RegExpオブジェクト……268, 355
Removeメソッド……682
RemoveDuplicatesメソッド……543
Replaceメソッド……121, 342
ReplaceFormatオブジェクト……121
ReplaceLineメソッド……752
Repliesプロパティ……92

Resizeメソッド 142
Resumeステートメント 717
RGBプロパティ 375
RGB方式 375
Right関数 348
RollBackメソッド 420
Rotationプロパティ 373
RowHeightプロパティ 365
RowIndexプロパティ 640
RowSourceプロパティ 646
Rowsプロパティ 31
RSetステートメント 720
RSS 208
RTrim関数 349
Runメソッド 198, 469, 755

S

Saveメソッド 397, 462, 474
Saveプロパティ 471
SaveAsメソッド 390, 462
SaveCopyAsメソッド 463
SaveSettingステートメント 548
SchemeColorプロパティ 375
ScreenTipプロパティ 114
ScreenUpdatingプロパティ 523
Script.FileSystemObject 564
ScriptControlオブジェクト 206
ScrollAreaプロパティ 55
ScrollColumnプロパティ 56
ScrollRowプロパティ 56
Selectメソッド 140, 501
Selectedプロパティ 647
SelectedItemsプロパティ 557
SelectedSheetsプロパティ 502
Selectionオブジェクト 403
Selectionプロパティ 32, 384
SelectNodesメソッド 188
SelectSingleNodeメソッド 188
SendMessage関数 776
SeriesCollectionプロパティ 307
SetAttributeメソッド 399, 425
SetFocusメソッド 651
SetFocusプロパティ 636
SetForegroundWindow関数 777
SetPropertyメソッド 209
Setステートメント 670
SetSourceDataメソッド 303
SetWindowLongPtr関数 782
Shapeオブジェクト 51, 301, 371
ShapeRangeオブジェクト 378
Shapesコレクション 371
ShapeStyleプロパティ 378
SheetChangeイベント 546
Sheetsプロパティ 485
SheetsInNewWorkbookプロパティ 528
Shell関数 754
Shellオブジェクト 558, 560
SHFileOperation関数 778
Showメソッド 557, 621
ShowAllDataメソッド 285
ShowAutoFilterDropDownプロパティ 138
ShowHeadersプロパティ 138
ShowModal 621
ShowTableStyleColumnStripesプロパティ 138
ShowTableStyleFirstColumnプロパティ 138
ShowTableStyleLastColumnプロパティ 138
ShowTableStyleRowStripesプロパティ 138
ShowTotalsプロパティ 138, 153
ShrinkToFitプロパティ 343
Single型 671, 699
Sizeプロパティ 345
SkipLineメソッド 178
Sleep関数 785
Slicerオブジェクト 149
SlicerCacheオブジェクト 148
SlicerCachesコレクション 148
Slideオブジェクト 412
Slidesコレクション 411
Sortメソッド 262, 263
Sortオブジェクト 262, 264
SORTワークシート関数 515
SortMethodプロパティ 265
Speakメソッド 665
SpeakCellOnEnterプロパティ 667
SpecialCellsメソッド 36, 52
SpecialFoldersプロパティ 563
Speechオブジェクト 666
SpillingToRangeプロパティ 131
SpillParentプロパティ 130
Spinnersメソッド 663
Split関数 122, 680
SQL文 195, 418

StartUpPositionプロパティ 622
Stopステートメント 738
StrConv関数 266, 268, 351
Streamオブジェクト 176, 396, 422
String型 671
String関数 319, 348
Subプロシージャ 706
SubFoldersプロパティ 572
SubMatchesプロパティ 357
Submitアクション 204
SUBTOTALワークシート関数 283
SUMワークシート関数 509
SUMIFワークシート関数 510
Superscriptプロパティ 345

T

Tableオブジェクト 405
TabIndexプロパティ 652
Table.AddColumn関数 257
Table.ColumnNames関数 252, 256
Table.Combine関数 225
Table.ExpandTableColumn関数 226
Table.FillDown関数 244
Table.Group関数 259
Table.Join関数 230
Table.PrefixColumns関数 255
Table.PromoteHeaders関数 224
Table.Range関数 233
Table.SelectColumns関数 234
Table.SelectRows関数 227, 232
Table.TransformColumnNames関数 254
Table.TransformColumnTypes関数 253
Table.UnpivotOtherColumns関数 244
TableDefオブジェクト 416
TableStyleプロパティ 137, 139
Textメソッド 87
Textプロパティ 306, 336
TEXTワークシート関数 352
Text.Replace関数 254
TextBoxコントロール 634
TextFrameオブジェクト 379
TextFrame2オブジェクト 379
TEXTJOINワークシート関数 74
TextStreamオブジェクト 569
TextToColumnメソッド 182
ThisCellプロパティ 724
ThisWorkbookプロパティ 450
Time関数 77
Timer関数 584, 725
TimeValue関数 75
TintAndShadeプロパティ 375
Topプロパティ 304, 373
TopLeftCellプロパティ 51
TotalsCalculationプロパティ 153
TotalSizeプロパティ 575
TRANSPOSEワークシート関数 540
Trim関数 349
Typeプロパティ 385
Typeステートメント 688
type tableステートメント 258
TypeName関数 32, 64, 161, 689
TypeParagraphメソッド 403
TypeTextメソッド 403

U

UBound関数 122, 519, 677
UCase関数 496
Underlineプロパティ 345
Unionメソッド 44, 526
UNIQUEワークシート関数 132, 545
Unlistメソッド 139
Unloadステートメント 623
Unprotectメソッド 496
UpDateメソッド 414
URL 198
URLDecodeメソッド 207
URLエンコード 205
UsedRangeプロパティ 34
UserStatusプロパティ 466
UTF-8 396

V

Validationオブジェクト 102, 109
Val関数 266
Valueプロパティ 60, 336
Value2プロパティ 71
Variant型 671, 675, 689, 699
VBA7 737
VBComponentsコレクション 748
VBComponentsプロパティ 747
VBE 415, 489, 618, 690, 746
VBIDE 748

vbModal 621
vbModeless 621
VBScript.RegExp 355
Versionプロパティ 745
Visibleプロパティ 375, 498, 630
VisibleDropDown 271
VisibleRangeプロパティ 54, 481
VLOOKUPワークシート関数 126, 516
Volatileメソッド 724
VPageBreaksオブジェクト 439

W

Webページ 198, 237
Web.Contents関数 237
Web.Page関数 237
Weekday関数 77
Widthプロパティ 304, 373, 627
WindowNumberプロパティ 479
Windows API 770
Windows Management Instrumentation 744
WindowStateプロパティ 482
WithEventsステートメント 317
WMI 744
Wordドキュメント 402
Word.Application 402
WordWrapプロパティ 635
WorkbookQueryオブジェクト 215
Workbooksコレクション 166
Workbooksプロパティ 446
WorksheetFunctionプロパティ 508
Worksheetsコレクション 164
Worksheetsプロパティ 485
WorkSpaceオブジェクト 420
WriteLineメソッド 569
WritePasswordプロパティ 473
WSHShellオブジェクト 198, 207, 563, 741, 755

X

xlam 607
xlBottom10Items 277
xlCellTypeAllFormatConditions 321
xlCellTypeAllValidation 107, 111
xlCellTypeBlanks 41, 42
xlCellTypeComments 88
xlCellTypeConstants 38
xlCellTypeFormulas 36
xlCellTypeVisible 52, 53
xlCSV 390
xlDelimited 170
xlErrors 603
xlFilterCellColor 275
xlfixedwidth 171
xlNumbers 36
xlPasteAllExceptBorders 602
xlPatternSolid 120
xlPinYin 265
xlSheetVeryHidden 498
xlText 391
xlTextValues 38
xlTop10Items 277
XLOOKUPワークシート関数 133, 517
Xml.Table関数 238
XML形式 186, 210, 238, 369, 397
XMLHTTP 208
XPath式 188

Y

Year関数 77

Z

ZIP形式 560
Zoomメソッド 601
Zoomプロパティ 484

あ行

空き容量 575
アクティブシート 432, 495
アクティブセル領域 34
アクティブブック 450
値渡し 695
圧縮 560
アドイン形式 607
アドインブック 607
アドレス 525
アロー関数 246
一時停止 692, 735
イベント 522, 546
イミディエイトウィンドウ 721, 728
印刷 432
インチ 434
インデックス番号 446, 673, 679
インデント 401

インプットボックス……606
インポート……749
ウィンドウハンドル……777
上付き……345
ウォッチウィンドウ……690
ウォッチ式……692
上書き保存……462
エクスプローラー……604
エクスポート……747
エスケープ……423
エディターの設定……739
エラー……603, 713
エラー値……69
エラーダイアログ……105, 740
エラートラップ……714
オブジェクト型……671
オブジェクト定義……703
オブジェクトブラウザー……415
オプションボタン……641, 661
音声……665

か行

カーソル……197
改行……401
改行禁止記号……344
改行コード……178, 344, 398
解答……562
外部データの取り込み……184
改ページ……438, 599
拡張機能……564
拡張子……460, 567, 786
重なり合うセル範囲……45
可視セル……52
カスタムクラス……639, 703
カスタムリボン……614
画像……445, 538
カタカナ……351, 354
稼働日数……82
カプセル化……705
画面解像度……779
画面の更新……523
カレントフォルダー……552
カレントレコード……196
簡易グラフ……319
関連付け……786
期間……280
規定のボタン……633
基本フォントサイズ……620
キャリッジリターン……179
キャンセルボタン……633
行の高さ……364
共有ブック……466
クイックソート……766
偶数行……325
空白……349
空白セル……41, 61, 272
クエリ……193, 214
クエリと接続……215
区切り線……439, 599
区切り文字……182, 680
クラスモジュール……703
グラフオブジェクト……301
グラフシート……300
グラフタイトル……306
グラフの種類……302
グリッド線……440
グループ化（Power Query）……259
グループボックス……662
警告メッセージ……105
形式を選択して貼り付け……174
罫線……340, 367, 530, 602
系列……307, 312
桁……348
結合（Power Query）……230
結合セル……43
検索……47, 526
検索ダイアログ……734
構造化参照式……150
コードウィンドウ……739
互換モード……453
個人用マクロブック……592, 615
固定見出し……480
固定長形式……171, 719
コピー……491
コミット……420
ごみ箱……778
コメント……85, 90
コレクション……708
コントロール……385, 618, 656
コンパイル……737
コンボボックス……650, 660

さ行

最近使ったアイテム……457
再計算……475
最小化……783
サイズ……573
最前面表示……777
最大化……783
削除……493
座標情報……316
サブフォルダー……572
サブルーチン……469, 693
参照渡し……695
軸……307
時刻……757
実行環境……737, 744
実行速度……784
指定位置……408
自動構文チェック……740
自動調整……364
自動保存……455
ジャンプ……58, 733
集計……259
終端セル……50
重複……295, 541, 605
重複起動……774
縮小……343
上位……277, 323
条件付きコンパイル定数……736
条件付き書式……320
詳細エディター……217
ショートカットキー……594, 611
初期化処理……707
書式置換……121
シリアル値……71
新規ウィンドウ……476
数式セル……36
数式バー……598, 742
数値セル……62
スクロール……56
スクロールエリア……55
スクロールバー……636
スコープ……670
スタイル……378, 404
スタイル書式……137
ステータスバー……598
ステップ実行……690
スピル形式……129
スピル範囲……130
スピンボタン……663
スライサー……148
正規表現……268, 355
整数型……671
セキュリティ設定……746
接続情報……260
セル内改行……742
セル範囲……31
セル範囲の集合……44
セル番地……30
線……377
全角……351, 354
選択肢……687
センチメートル……434
相対参照……65
ソート……262
属性……399

た行

ダイアログ……554, 557
ダイナミックフィルター……281
タブオーダー……652
タブ区切り形式……391
単語数……122
単精度浮動小数点型……671
チェックボックス……637, 661
置換……342, 603
置換ダイアログ……734
抽出……232, 270
抽出結果……284
抽出件数……283
抽出条件……289
中断時間……785
長整数型……671
追記……395, 570
通貨型……671
ツールボックス……618
月の最終日……78
ツリー形式……366, 368
データ型……64, 253, 671, 689, 699
データの取得と変換……214
データベース……189
テーブル……136, 416
テーブル要素……428

テーマカラー方式 375
テキスト形式 391
テキストボックス 634
デコード 206
デスクトップ 563
動的配列セル範囲 131
ドキュメント 563
特殊フォルダー 563
閉じるボタン 780
ドライブ 574
トランザクション処理 420
ドロップダウン形式 650
ドロップダウンリストボックス 660

な行

名前定義 604
並べ替え 262
入力規則 102, 385
入力値 606
年月日 73
ノードツリー 188
ノンブレークスペース 344

は行

バージョン 737
倍精度浮動小数点型 671
バイト型 671
バイナリデータ 743
ハイパーリンク 112, 425
配列 673, 675
配列数式 66
パスワード 452, 473
パターンマッチング 355
バックアップ 582, 747
ハッシュテーブル 683
パディング 348
バブルソート 504
バリアント型 671
バレット番号方式 375
半角 351
非アクティブセル 57
引数 698
左詰め 720
日付型 671
日付シリアル値 77
日付セル 63
日付の書式設定 81
日付フィルター 281
非表示 498
ピボット 244
ピボットテーブル 327
描画系メソッド 372
表記揺れ 353
表示位置 56, 622
表示エリア 55
表示形式 338
表示倍率 601
標準モジュール 626
ひらがな 351
ファイル 242
ファイルシステムオブジェクト 564
ファイル情報 567
フィールド 147, 161
フィールド名 192
フィルター 270, 513, 600
フィルターの詳細設定 291, 297
フィルター矢印 271
ブール型 671
フォーカス 651
フォーム 204
フォームコントロール 656
フォルダー 242, 557
フォルダー情報 567
吹き出し 381
複製 308, 382
複製ウィンドウ 479
ブック名 460
フッター 436
フリガナ 95, 265, 599
プリンター 741
プリンターの設定 441
ブレークポイント 738
プレフィックス 255
プログラム 754
プロシージャ 671, 693
プロジェクトエクスプローラー 489, 618
プロセスの実行状態 775
プロパティ 467
プロパティウィンドウ 618
プロパティ値 712
分割 477
分岐 713

平均値……311
平均ルール……324
ペイン……477
ページ数……439
ヘッダー……436
ヘッダ情報……743
別名保存……462
変数……670
ポイント……434
方眼紙……248, 512
ポーリング……775
保護……496, 601
保護状態……465, 497
保存場所……459
ボタン……632, 664
ポップアップ……104
ポップヒント……114

ま行

マーカー……313, 315
マージ・クイックソート……763
マージソート……760
マクロ……464, 592, 722, 753
マクロブック……592
末尾……406, 602
右クリック……309
右詰め……720
見出し……480
命名規則……672
メソッド……706
メタ文字……356
メモ……85, 86
モーダル……621
モードレス……621
文字コード……175, 396
モジュール……747
モジュールレベル変数……671
文字列型……671
文字列セル……38, 64

や行

ユーザー定義型……688
ユーザー定義関数……697
ユーザーフォーム……613, 618, 781
優先順位……326
要素数……678
余白……434
読み上げ……665
読み取り専用……454

ら・わ行

ラインフィード……179
ラベル……631
リサイズ……783
リスト……643
リストアップ形式……362
リストボックス……643, 659
リボン……614
履歴……457
リンク……456
リンク付き画像……539
ループ処理……164, 542, 723
レガシデータインポートウィザードの表示……214
レジストリ……548
列挙……686
列幅……337, 364
連結……681
連想配列……683
連続データの作成……269
連番……499, 585
ローカルウィンドウ……691
ロールバック……420
ワークシート関数……508
ワークシート分析……70
ワイルドカード……168, 273, 359
枠線……597

著者紹介

大村 あつし

Excel VBAを得意とするテクニカルライター。過去にはAmazonのVBA部門で1～3位を独占し、上位14冊中9冊がランクイン。Microsoft Officeのコミュニティサイト「moug.net」と技能資格「VBAエキスパート」の創設者。主な著書は『かんたんプログラミングExcel VBA』シリーズ、『新装改訂版Excel VBA本格入門』(以上、技術評論社)など多数。業務の自動化を請け負う国内随一の開発者サイト「VBAid (https://vbaid.com/)」代表。

古川 順平

富士山麓でExcelを扱う案件を中心に活動するテクニカルライター兼インストラクター。Excelに関する著書には『Excel VBAの教科書』『かんたんだけどしっかりわかるExcelマクロ・VBA入門』『Excelマクロ&VBA やさしい教科書』(以上、SBクリエイティブ)など。趣味は散歩とサウナ巡り。

アートディレクション・カバーデザイン　山川香愛(山川図案室)
カバー写真　川上尚見
スタイリスト　浜田恵子
本文デザイン　原真一朗
編集・制作　田中望(Hope Company)

Excel VBA コードレシピ集

2021年 1月22日　初版　第1刷発行
2022年 2月 1日　初版　第2刷発行

著　者　大村　あつし・古川　順平
発行者　片岡　巌
発行所　株式会社技術評論社
東京都新宿区市谷左内町21-13
電話　03-3513-6150　販売促進部
03-3513-6166　書籍編集部
印刷／製本　日経印刷株式会社

定価はカバーに表示してあります

本書の一部または全部を著作権法の定める範囲を超え、無断で複写、複製、転載、テープ化、ファイルに落とすことを禁じます。

©2021　大村あつし・古川順平

造本には細心の注意を払っておりますが、万一、乱丁(ページの乱れ)や落丁(ページの抜け)がございましたら、小社販売促進部までお送りください。送料小社負担にてお取り替えいたします。

ISBN978-4-297-11785-6　C3055
Printed in Japan

お問い合わせに関しまして

本書に関するご質問については、本書に記載されている内容に関するもののみとさせていただきます。本書の内容を超えるものや、本書の内容と関係のないご質問につきましては、一切お答えできませんので、あらかじめご了承ください。また、電話でのご質問は受け付けておりませんので、ウェブの質問フォームにてお送りください。FAXまたは書面でも受け付けております。

本書に掲載されている内容に関して、各種の変更などの開発・カスタマイズは必ずご自身で行ってください。弊社および著者は、開発・カスタマイズは代行いたしません。

ご質問の際に記載いただいた個人情報は、質問の返答以外の目的には使用いたしません。また、質問の返答後は速やかに削除させていただきます。

質問フォームのURL

https://gihyo.jp/book/2021/978-4-297-11785-6

※本書内容の訂正・補足についても上記URLにて行います。あわせてご活用ください。

FAXまたは書面の宛先

〒162-0846
東京都新宿区市谷左内町21-13
株式会社技術評論社　書籍編集部
「Excel VBAコードレシピ集」係
FAX:03-3513-6183